# DICTIONNAIRE
**D'ARCHITECTURE ET DE CONSTRUCTION**

# DICTIONARY
**OF ARCHITECTURE AND CONSTRUCTION**

**J.R. FORBES**
L.ES. L., D.E.S., F.I.L.

# DICTIONNAIRE
## D'ARCHITECTURE ET DE CONSTRUCTION

# DICTIONARY
## OF ARCHITECTURE AND CONSTRUCTION

3ᵉ édition revue et augmentée

**Technique & Documentation**
**Lavoisier**
11, rue Lavoisier
F-75384 Paris Cedex 08

**Lavoisier Publishing Inc.**

44 Hartz Way
Secaucus, N.J. 07096, USA

*Du même auteur :*

**DICTIONNAIRE DES TECHNIQUES ET TECHNOLOGIES MODERNES**
MODERN DICTIONARY OF ENGINEERING AND TECHNOLOGY
— 40 000 entrées —

français / anglais
592 p., 15,5 x 24, 1$^e$ éd, 1993
ISBN : 2-85206-880-X

anglais / français
608 p., 15,5 x 24, 2$^e$ éd revue et augmentée, 1993
ISBN : 2-85206-888-5

© **TECHNIQUE & DOCUMENTATION - LAVOISIER, 1995**
11, rue Lavoisier - F 75384 Paris Cedex 08

ISBN : 2-7430-0010-4

Toute reproduction ou représentation intégrale ou partielle, par quelque procédé que ce soit, des pages publiées dans le présent ouvrage, faite sans l'autorisation de l'éditeur ou du Centre Français d'Exploitation du droit de copie (3, rue Hautefeuille - 75006 PARIS), est illicite et constitue une contrefaçon. Seules sont autorisées, d'une part, les reproductions strictement réservées à l'usage privé du copiste et non destinées à une utilisation collective, et, d'autre part, les analyses et courtes citations justifiées par le caractère scientifique ou d'information de l'œuvre dans laquelle elles sont incorporées (Loi du 1$^{er}$ juillet 1992 - art. L 122-4 et L 122-5 et Code Pénal art. 425).

# SOMMAIRE

# *CONTENTS*

| | | | |
|---|---|---|---|
| Préface | VII | Preface | VII |
| Avant-Propos | IX | Foreward | IX |
| Notes explicatives | XI | Explanatory notes | XI |
| Abréviations | XIII | Abbreviations | XIII |

## PREFACE (de la première édition)

## PREFACE (to the first edition)

Il existe à l'heure actuelle très peu de dictionnaires bilingues anglais-français concernant l'architecture et la construction, ce qui est surprenant car les besoins dans ce domaine sont plus importants que jamais. Le présent dictionnaire répond à ces besoins et couvre une grande diversité de sujets allant de l'architecture de nos monuments anciens et des techniques traditionnelles à une technologie de la construction internationale et moderne. Il pourrait avoir pour symbole le Centre Pompidou, conçu par des architectes britanniques, réalisé dans un quartier historique de Paris en faisant appel à une technologie ultramoderne, et abritant des archives internationales sur l'histoire de l'art et l'architecture.

Je suis heureux d'avoir été quelque peu associé à cet ouvrage, qui a eu comme point de départ les notes préliminaires préparées par Mme Forbes en vue de la traduction d'une dissertation que j'avais rédigée pour le Ministère de la Culture français. Travaillant maintenant avec des architectes dont les activités dépassent nos frontières, je sais combien un dictionnaire de ce genre sera utile et me réjouis de sa parution.

*There are at present surprisingly very few bilingual English and French dictionaries of building and architectural terms, although the needs in that field are wider than ever. In response, this dictionary covers a full range, from historic architecture and traditional techniques through to modern international building technology. It could well be symbolised by the Centre Pompidou, designed by a British architectural practice, built in historic Paris using the latest French technology, and housing international archive material on the history of arts and architecture.*

*I am delighted to have been associated in a small way with this book: from the initial notes Mrs Forbes made for the translation of a dissertation of mine for the Ministry of Culture in Paris, grew the present dictionary. And today as an architect working for a practice whose activities are international I know the need for an English and French dictionary of this kind and I welcome its publication.*

Michael Brackenbury,
M.A. Dip. Arch Cantab

## AVANT-PROPOS

## FOREWORD

De l'étude des monuments historiques à la réalisation d'un complexe industriel, le vocabulaire de l'architecture et de la construction est riche et varié, de même que les techniques mises en oeuvre. Cette troisième édition conserve la base large des éditions précédentes: les outils courants figurent tout aussi bien que les engins que nécessitent les grands chantiers et, à notre époque où on se préoccupe davantage de réparer et transformer les constructions anciennes, les techniques du passé sont toujours largement présentes, ainsi que des techniques modernes, le génie civil, la géologie, la mécanique des sols, le contrôle de la qualité, la terminologie des marchés, les techniques routières, l'urbanisme. Les quelque 5000 additions de cette nouvelle édition font une large place à tout ce qui concerne l'eau, de l'adduction à l'épuration et, reflétant les préoccupations actuelles, de nombreuses entrées portent sur des domaines comme le chauffage solaire, l'énergie éolienne, la lutte contre la pollution, la protection de l'environnement, et l'aménagement des espaces verts.

Dans tous ces domaines une distinction est faite le cas échéant lorsqu'il existe une nette différence entre l'usage anglais et l'usage américain.

Le dictionnaire devrait donc faciliter la tâche des architectes et concepteurs, et aussi de tous ceux, y compris les fabricants de matériaux et négociants, qui exercent leurs activités dans le secteur du bâtiment et de la construction.

*From the study of ancient monuments to the erection of an industrial complex the vocabulary of architecture is rich and varied, and so are the techniques used. This third edition has retained the broad base of the previous ones, ranging for instance from common tools to the machinery required on large sites and, given the present growing trend towards the repair and conservation of older buildings, the techniques of the past are still well represented, and so are modern techniques, civil engineering, geology, soil mechanics, road engineering, quality control, contract terminology, town or city planning. In the 5000 or so additions of this new edition, water figures prominently, from water supply to sewage treatment and, reflecting present concerns, there are many entries in such fields as solar heating, wind energy, pollution control, the protection of the environment and landscaping.*

*In all these fields a distinction is made if necessary when there is a clear difference between English usage and American usage.*

*This dictionary should therefore prove useful to architects and designers, and also to all those, including manufacturers and merchants, who are connected with the building or construction industry*

# NOTES EXPLICATIVES

# *EXPLANATORY NOTES*

**Usage anglais et usage américain**

Les simples différences d'orthographe ne sont indiquées qu'une fois, au mot-clé, et les traductions sont regroupées sous le vocable anglais. Lorsqu'il existe un usage spécifiquement américain, il figure sous une entrée américaine séparée.

**Symboles**

~ remplace le mot-clé

[ ] les lettres entre crochets indiquent une simple variante orthographique; les mots entre crochets sont fréquemment omis dans la langue courante.

( ) les mots entre parenthèses précisent le sens ou l'emploi d'un mot-clé ou d'une expression lorsqu'il en existe plusieurs traductions possibles.

; les points-virgules séparent le cas échéant différents sens d'un mot auxquels correspondent des traductions différentes.

→ renvoie à une autre entrée

*English usage and American usage*

*Mere differences in spelling are only given once with the key-word and the translations are given under the English spelling. However when there is a specifically American usage, a separate entry will be found under the American spelling.*

*Symbols*

*~ replaces the key word*

*[ ] letters in square bracket denote an alternative spelling; words in square brackets are frequently omitted in everyday language from the phrase given.*

*( ) the words in brackets differentiate between the various meanings or uses of a key word or phrase when several translations are possible.*

*; semi-colons separate if necessary the various meanings of a word which call for different translations.*

*→ refers to another entry*

## ABREVIATIONS

## *ABBREVIATIONS*

| | | | |
|---|---|---|---|
| *adj* | adjectif | **a.c.** | *air conditioning* |
| **arch** | architecture | **adj** | *adjective or modifier* |
| **b.a.** | béton armé | **carp** | *carpentry* |
| **clim** | climatisation | **c.e.** | *civil engineering* |
| **constr** | construction | **ceram** | *ceramics* |
| **él** | électricité | **el** | *electricity* |
| *f* | féminin | **GB** | *British usage* |
| **g.c.** | génie civil | **geol** | *geology* |
| **géol** | géologie | **hort** | *horticulture* |
| **hort** | horticulture | **join** | *joinery* |
| *m* | masculin | **mas** | *masonry* |
| **maç** | maçonnerie | **mech** | *mechanics* |
| **méc** | mécanique | **NA** | *Norht American usage* |
| **men** | menuiserie | **plbg** | *plumbing* |
| **m.s.** | mécanique des sols | **r.c.** | *reinforced concrete* |
| **plb** | plomberie | **s.m.** | *soil mechanics* |
| **sdge** | soudage | **stats** | *statistics* |
| **stats** | statistiques | **surv** | *surveying* |
| **tél** | télephone | **wldg** | *welding* |
| **topo** | topographie | | |

# ABREVIATIONS

# A

**abaissement** *m* **de la nappe [souterraine]**: lowering of the groundwater

**abaisser une perpendiculaire**: to drop a perpendicular

**abaque** *m* : (arch) abacus; (design) [calculation] chart

**abat-jour** *m* : (arch) splay (to a light opening); (de lampe) lampshade

**abat-son** *m* : lever boards, luffer boards, louvre boards

**abat-vent** *m* : (de cheminée) cowl; (de fenêtre) lever boards, luffer boards, louvre boards

**abat-voix** *m* : sound[ing] board (over pulpit)

**abattant** *m* : trapdoor, flap, hinged leaf
~ **anti-contact**: open-front seat
~ **double**: toilet seat and lid
~ **simple**: (de w.c.) seat

**abattre**: (un bâtiment) to knock down, to pull down; (un angle, une arête) to cant, to chamfer; (un arbre) to fell
~ **la poussière**: to lay the dust

**abbaye** *f* : abbey, abbey church

**abée** *f* : mouth of a mill

**abiès** *m* : fir

**abonné** *m* : (eau, gaz, él) user, consumer; (tél) subscriber

**abord** *m* : approach
~s **d'une ville**: approaches to a town

**abouchement** *m* : butt joining (of pipes)

**aboucher des tuyaux**: to butt pipes

**about** *m* : (d'arêtier, de faîtière) stop end
~ **de faîtage**: ridge end

**aboutage** *m*, **aboutement** *m* : butt joining, butting

**abouter**: to join end to end, to butt

**abrasif** *m*, *adj* : abrasive

**abrasion** *f* : abrasion

**abreuver**: (avant enduit) to wet, to water; (avant peinture) to seal a porous surface

**abri** *m* : shelter
~ **anticyclone**: cyclone cellar
~-**auto**: carport
~ **de chantier**: site hut
~ **public**: public shelter
~-**serre**: plastic greenhouse
à l'~: under cover
à l'~ **des intempéries**: protected from the weather

**abribus** *m* : bus shelter

**abrité**: sheltered (from the sun, the wind)

**abrivent** *m* : windbreak; matting (as windbreak)

**absidal**: apsidal

**abside** *f* : apse
~ **en demi-cercle**: semicircular apse
~ **latérale**: side apse
~ **outrepassée**: horseshoe apse
~ **tréflée**: trefoil apse
~ **voûtée en cul-de-four**: semidomical apse

**absidiole** *f* : apsidal chapel, apsidiole

**absorbant**: absorptive

**absorbeur** *m* : (solaire) absorber [panel], absorbing plate, collector panel, collector plate

**absorption** *f* : absorption
~ **acoustique**: sound absorption
~ **capillaire**: capillary absorption
~ **par le sol**: (assainissement) soil absorption

**absorptivité** *f* : absorptivity, absorptive power

**AC** → **amiante-ciment**

**acajou** *m* : mahogany
~ **sapelli**: sapele mahogany

**accélérateur** *m* : (chauffage central) accelerator, [circulating] pump; (béton) accelerator, accelerating agent, accelerating admixture
~ **de durcissement**: hardening agent
~ **de prise**: setting agent
~ **de tirage**: draught inducer

**accès** *m* : access

**accession** *f* **à la propriété**: home ownership

**accessoire** *m* : accessory; (distribution d'eau, assainissement) appurtenance; *adj* : accessory, ancillary, secondary

**accident** *m* : accident; break, irregularity, change (in a line, in a plane)
~ **de parcours**: deviation from straight line of pipe
~ **de terrain**: unevenness in level of ground, irregularity
~ **du travail**: work injury
~**s horizontaux**: horizontal features (on general plane of a building)

**acclimaté**: (plante) hardened

**accolade** *f* : (décor) accolade

**accord** *m* : agreement

**accotement** *m* : verge
~ **non stabilisé**: soft verge

**accoudoir** *m* : (de fenêtre) window rail

**accouplé**: (colonnes, fenêtres) coupled, geminated

**accrochage** *m* : (de plâtre, de feuil de peinture) bond
~ **mécanique**: mechanical bond

**accroissement** *m* : increase
~ **par alluvionnement**: accretion

**accumulateur** *m* : accumulator; (de compresseur) air receiver
~ **hydraulique**: hydraulic accumulator
~ **thermique**: heat store

**accumulation** *f* : (chauffage) storage
~ **d'eau chaude**: hot-water storage
~ **sur lit de galets**: pebble-bed storage

**acétate** *m* : acetate
~ **de polyvinyle**: polyvinyl acetate

**acheminement** *m* : (de câbles, de tuyauterie) routing

**achèvement** *m*; completion
~ **des travaux**: completion of the project
~ **du gros œuvre**: topping out

**aciculaire**: needle-shaped

**acier** *m* : steel; → aussi **aciers**
~ **à haute résistance**: high-tensile steel
~ **au carbone**: carbon steel
~ **cuivré**: copper clad steel
~ **de charpente**: structural steel
~ **de construction**: structural steel
~ **de couture**: continuity rod
~ **de précontrainte**: tendon, prestressing bar, prestressing wire
~ **de tension**: tendon
~ **doux**: mild steel
~ **en attente**: starter bar
~ **inoxydable**: stainless steel
~ **laminé à froid**: cold-rolled steel
~ **moulé**: cast steel
~ **non allié**: nonalloy steel
~ **patinable**: weathering steel
~ **plombé étamé**: terne plate
~ **pré-revêtu d'étain-plomb**: terne plate
~ **rond**: (béton) reinforcing bar

**aciers** *m* : (béton) reinforcement
~ **actifs**: active reinforcement
~ **de couture**: continuity reinforcement
~ **de répartition**: distribution bars, distribution reinforcement
~ **en attente**: projecting reinforcement
~ **passifs**: passive reinforcement
~ **transversaux**: (de poteau, de poutre) ties, binders

**acompte** *m* : progress payment, interim payment

**à-coup** *m* : jolt, jerk
~ **de pression**: pressure surge

**acoustique** *f* : acoustics; *adj* : acoustic, sound

**acrotère** *m* : acroter, acroterium; (de toit moderne) parapet wall (above roof level)

**actinomètre** *m* : actinometer

**actionneur** *m* : actuator

**activé**: (boue, mortier) activated

**actualisation** *f* : (des prix) revision, updating

**adaptateur** *m* : (él) adaptor

**adaptation** *f* : adaptation; (pour mise en conformité) backfitting

**additif** *m* : additive
~ **antimousse**: defoamer
~ **hydrofuge**: waterproofing additive

**adduction** *f* : piped water supply
~ **gravitaire**: gravity supply

**adent** *m* : joggle

**adhérence** *f* : adhesion; bond, bond strength
~ **des armatures**: reinforcement bond

**adhésif** *m, adj* : adhesive
~ **par contact**: dry-bond adhesive, contact-bond adhesive

**adhésivité** *f* : tackiness

**adjudicataire** *m* : GB selected tenderer, successful tenderer; NA selected bidder, successful bidder

**adjudication** *f* : award of contract

**adjuvant** *m* : admixture
~ **antigel**: antifrost agent
~ **de filtration**: filter aid
~ **pour injection**: grouting admixture

**admettre**: to allow, to assume (in design)

**admissible**: allowable; (calculs) safe

**admission** *f* : (d'air, de liquide) inlet
~ **et extraction**: (clim) supply and exhaust

**adobe** *f* : adobe

**adouci**: (eau) softened; (arête) bullnosed

**adoucir**: to soften (water), to smooth off (an angle), to ease (a curve)

**adoucisseur** *m* **d'eau**: water softener

**Adx** → **acier doux**

**AEP** → **alimentation en eau potable**

**aérateur** *m* : (d'un espace) ventilator; (d'un liquide) aerator; (de robinet) aerator nozzle; (de pelouse) spiked roller
~ **à lames**: louvered vent
~ **brise-jet**: aerator fitting (on a tap)
~ **de toiture**: roof ventilator
~ **exutoire**: smoke and heat vent
~ **statique**: (toit) outlet ventilator

**aération** *f* : (d'un espace) ventilation; (du sol, d'un milieu) aeration
~ **naturelle**: natural through ventilation
~ **par barbotage**: bubble aeration
~ **transversale**: cross ventilation

**aérien**: (él) overhead

**aéro-éjecteur** *m* : [compressed] air ejector

**aérogénérateur** *m* : wind-driven generator

**aéroréfrigérant**: cooling tower

**aérotherme** *m* : forced air heater
~ **à chauffage direct**: direct-fired air heater

**aéroturbine** *f* : wind turbine

**affaiblissement** *m* : weakening (of a structure)
~ **sonore**: sound reduction GB, [sound] transmission loss NA

**affaissement** *m* : collapse; (béton) slump; (de paroi) cave-in; (du terrain) subsidence
~ **au cône d'Abrams**: Abrams slump test

**affaisser, s'~**: to yield, to sag, to sink

**affectation** *f*, ~ **d'un bâtiment**: use of a building, type of occupancy
~ **des sols**: allotment of land
~**s multiples**: multiple occupancy

**affleuré**: flush

**affleurement** *m* **rocheux**: outcrop

**affleurer**: to make flush

**affouillement** *m* : underwash[ing], undermining, scouring (by water)

**affranchir**: to give a clearance, to trim (a selvedge), to cut off (an end), to crop (a bar)

**affronter des panneaux**: to join panels edge to edge

**affûter**: to sharpen, to grind

**agence** *f* **immobilière**: estate agent GB, realtor NA

**agencement** *m* : layout, arrangememt
- **~ de l'intérieur**: fitting out
- **~ de magasin**: shop fitting
- **~ paysager**: open-space planning

**agent** *m* : agent
- **~ antipeaux**: antiskinning agent
- **~ caloporteur**: heat carrier
- **~ chimique de traitement**: treatment chemical
- **~ de blanchiment**: bleaching agent
- **~ de décoffrage**: stripping agent, parting agent, parting compound, [form] release agent
- **~ de démoulage**: release agent, stripping agent
- **~ de matité**: flatting agent
- **~ de sécurité**: safety officer
- **~ émulsionnant**: emulsifier
- **~ expansif**: expansive agent
- **~ frigorigène**: coolant
- **~ hydrofuge**: water repellent
- **~ inhibiteur de corrosion**: corrosion inhibitor
- **~ matant**: flatting agent
- **~ mouillant**: wetting agent
- **~ moussant**: foaming agent
- **~ stabilisant**: stabilizer

**agglo** → **aggloméré**

**agglomération** *f* : (urbaine) built-up area, conurbation; (charbon) briquetting

**aggloméré** *m* : (de houille) patent fuel, briquette; (panneau de fibres agglomérées) fibreboard, fibre building board, composition board; (de pierre) artificial stone
- **~ de béton**: concrete block
- **~ de laitier**: clinker block
- **~ de mâchefer**: breeze block

**aggravé**: increased (design requirements)

**agitateur** *m* : stirrer
- **~ à boue**: sludge stirrer

**agrafe** *f* : staple, clip; (maç) metal cramp, masonry tie, wall tie
- **~ en double queue d'aronde**: double-dovetail masonry tie
- **~ filetée**: U-bolt
- **~ H**: H-clip
- **~ ondulée**: corrugated fastener

**agrafeuse** *f* : staple gun, stapler

**agrafure** *f* : lock seam, lock joint, welt
- **~ à deux plis**: (de couverture métallique) double lock welt
- **~ plate**: (de couverture métallique) flat seam
- **~ simple**: saddle joint, horsed joint

**agrandissement** *m* : extension (to a building)

**agréé**: approved

**agrégat** *m* : soil aggregate, soil mixture

**aide** *m* : mate GB, helper NA

**aide** *f* **au logement**: housing assistance

**aigre**: (métal) short

**aigrette** *f* : (él) brush discharge

**aiguille** *f* : needle; (d'instrument) pointer; (huisserie) ceiling strut; (poinçon de toiture) king post, king rod
- **~ de tirage**: draw wire
- **~ pendante latérale**: queen post
- **~ vibrante**: vibrating poker, vibrating needle

**aile** *f* : (d'un bâtiment) wing; (de poutre) flange
- **~ à épaisseur variable**: sloping flange
- **~ en retour**: el, ell
- **à ~s larges**: broad-flanged

**ailette** f: (de radiateur) fin

**ailetage** *m* : fins

**air** *m* : air
- **~ aspiré**: suction air
- **~ comburant**: air of combustion
- **~ comprimé**: compressed air
- **~ de reprise**: (clim) return air
- **~ entraîné**: (béton) entrained air
- **~ évacué**: exhaust air
- **~ expulsé**: expelled air
- **~ extrait**: exhaust air
- **~ frais**: fresh air
- **~ intérieur**: (clim) room air
- **~ neuf**: fresh air

~ **normal**: (clim) standard air
~ **occlus**: entrapped air
~ **pulsé**: (ventilation) forced air
~ **rejeté**: (PAC) exit air
~ **usé**: exhaust air
~ **vicié**: stale air, foul air
à ~ **comprimé**: air-operated, air-powered
à ~ **conditionné**: air-conditioned

**aire** f : area
~ **brute**: gross area
~ **d'agrément**: amenity area
~ **commune**: common area
~ **de coulage**: casting bed
~ **de jeux**: play area GB, play lot NA
~ **de stationnement de véhicules**: parking area
~ **en dur**: hardstand
~ **nette**: net area (of room, building, floor)

**aisselier** m : angle brace (in roof structure)
~ **courbe**: arch brace
~ **suspendu**: suspension strut

**ajouré**: pierced (work), open (work)

**ajustement** m : fit, fitting

**ajutage** m : nozzle
~ **à sphère**: ball nozzle

**alaise** f : eke piece
~ **de porte plane**: edging strip, banding
~ **embrevée**: concealed edge band, inset edge band
~ **rapportée**: lipping

**alarme** f : alarm
~ **antieffraction**: intruder alarm
~ **contre le vol**: burglar alarm
~ **d'évacuation d'urgence**: fire alarm
~ **sonore**: audible alarm

**albâtre** m : alabaster

**alcalin**: alkaline

**alcalinophile**: (plante) lime-loving

**alcool** m : alcohol
~ **à brûler**: methylated spirit, meths
~ **dénaturé**: methylated spirit, meths

**alèse** → **alaise**

**alésoir** m : reamer

**alette** f : alette

**algicide** m : algicide; adj : algicidal

**alidade** f : alidade
~ **à pinnules**: sight rule

**alignement** m : alignment
~ **d'un mur**: wall line
~ **d'une construction**: building line
~ **de voirie**: street line
~ **des fondations**: neat line, net line
~ **des prix**: pegging of prices

**alimentation** f : feed, supply
~ **de chaudière**: boiler feed
~ **en charge**: gravity supply
~ **en eau potable**: drinking water supply
~ **par gravité**: gravity feed, gravity supply
~ **par le dessus**: (d'un appareil sanitaire) over-the-rim supply

**allée** f : garden path, walk
~ **dallée**: paved path
~ **pour voitures**: drive GB, driveway NA

**allège** f : (sous fenêtre) breast, breast wall; (de façade rideau) spandrel

**allégé**: (béton, brique, bloc etc.) lightweight

**allègement** m **de la charge**: removal of load

**alléger une poutre**: to ease a beam

**aller** m : (d'un circuit) supply, flow pipe
~ **et retour**: (plb) feed and return

**allongement** m : elongation; strain
~ **de fluage**: creep strain
~ **pour cent**: (à la rupture) percentage elongation

**allumer**: to light (a fire)
**s'~**: to ignite

**allure**: speed, rate
~ **de chauffe**: heat setting (on heater)
~ **poussée**: boost

**alluvial**: alluvial

**alluvionnaire**: alluvial

**alluvionnement** m : alluviation

**alluvions** f : alluvia

**alterner les joints**: to break joints

**alumine** *f* : alumina
 ~ **activée**: activated alumina

**aluminium** *m* : aluminium GB, aluminum NA
 ~ **filé**: extruded aluminium

**alvéolaire, alvéolé**: honeycomb[ed]

**alvéole** *f* : (d'un bloc de maçonnerie) core

**amaigrir**: (une poutre, une pierre) to reduce, to thin down

**ambiant**: (bruit, température) ambient

**ambon** *m* : ambo

**âme** *f* : (de poutre) web; de (contreplaqué) core; (de T) stalk, stem
 ~ **cloisonnée**: (de panneau) hollow core
 ~ **en treillis**: open web, lattice web
 ~ **évidée**: (de poutre) castellated web
 ~ **pleine**: solid web
 ~ **triangulée**: open web

**amélioration** *f* : improvement
 ~ **de l'habitat**: home improvement
 ~ **des taudis**: slum improvement
 ~**s locatives**: tenant's improvements and betterments

**aménagement** *m* : (d'une région) development; **aménagements**: amenities
 ~ **des combles**: loft conversion
 ~ **dispersé**: scattered development
 ~ **du terrain**: land development, site development
 ~ **du territoire**: country planning
 ~ **groupé**: cluster development
 ~ **intérieur**: fitting out; (disposition) internal arrangement
 ~ **paysager**: open-space planning; (espaces verts) landscaping
 ~ **paysager minéral**: hard landscaping
 ~ **paysager végétal**: soft landscaping
 ~**s collectifs**: community facilities

**amendement** *m* : improvement (of soil)
 ~ **humifère**, ~ **organique**: organic manure

**amenée** *f* **d'air**: air admission, air inlet
 ~ **d'eau**: water inlet, feed pipe, supply pipe
 ~ **de courant**: lead

**amener à pied d'œuvre**: to bring to the building site

**ameublissement** *m* : loosening (of the soil)

**amiante** *f* : asbestos
 ~**-ciment en feuille**: asbestos-cement sheeting

**amincissement** *m* : (surface d'un joint) feathering

**amont, en ~**: (d'un cours d'eau) upstream; (d'un appareil) before, on inlet side

**amorce** *f* : (explosifs) blasting cap; (coffrage de colonne) starter frame; (verre) edge crack, surface crack, surface check
 ~ **de crique**: start of crack
 ~ **de rupture**: incipient failure
 ~ **de tuyau de descente**: pap

**amortir**: (un son, un choc) to absorb

**amortissement** *m* : (arch) amortisement GB, amortizement NA; (d'un choc) damping; (du bruit) deadening
 ~ **acoustique**: sound damping
 ~ **décoratif**: (arch) terminal

**amortisseur** *m* : damper, shock absorber
 ~ **hydraulique**: oil buffer

**amovible**: removable, relocatable

**amphithéâtre** *m* : amphitheatre GB, amphitheater NA; (d'université) lecture room

**ampoule** *f* : (d'éclairage) light bulb, lamp bulb, bulb
 ~ **dépolie**: frosted bulb
 ~ **insectifuge**: bug bulb
 ~ **opale**: pearl bulb GB, opal lamp bulb NA

**anaérobie** *m* : anaerobe, anaerobium; *adj* : anaerobic

**analyse** *f* : analysis
 ~ **de prix**: cost analysis
 ~ **de projet**: project evaluation
 ~ **de sol**: soil testing
 ~ **granulométrique**: particle analysis, grain size analysis
 ~ **sédimentométrique**: sedimentation analysis

**anas** *m* **de lin**: flax shives

**ancon** *m* : ancon[e]

**ancrage** *m* : anchorage, anchoring; (massif d'ancrage) anchor [block]
~ **mécanique**: mechanical anchor
~ **mobile d'appui**: movable anchorage of bearing
~ **mort**: dead man, dead anchorage, dead anchor block
~ **par serrage**: grip anchorage

**ancre** *f* : anchor
~ **à fourchette**: forked tie
~ **de mur**: wall tie
~ **de tête**: beam anchor (wood beam framing)
~ **en forme de S**: S-anchor, S-plate

**ancrer**: to anchor

**anéchoïque**: anechoic

**anémographe** *m* : anemograph

**anémomètre**: wind gauge, anemometer
~ **à coquilles et compteur**: cup counter wind gauge

**angle** *m* : angle; (changement de direction d'une ligne) break; (d'un mur) corner
~ **abattu**: canted angle, cut corner
~ **aigu**: acute angle
~ **d'attaque**: cutting angle
~ **d'attaque de la lame**: (terrassement) blade pitch
~ **d'éboulement**: angle of repose, angle of rest
~ **d'incidence**: incident angle
~ **de cisaillement**: angle of shear
~ **de coupe**: (terrassement) blade pitch, mouldboard pitch
~ **de déclivité**: angle of gradient, angle of slope
~ **de frottement interne**: angle of internal friction
~ **de glissement**: angle of slide, angle of slip
~ **de pénétration**: (terrassement) blade pitch, mouldboard pitch
~ **de pente**: angle of slope
~ **de résistance au cisaillement**: angle of shearing resistance
~ **de talus naturel**: angle of repose
~ **droit**: right angle
~ **du biais**: (d'un pont) angle of skew
~ **obtus**: obtuse angle
~ **rentrant**: internal angle, reentrant corner
~ **saillant**: salient angle
~ **stadimétrique**: stadia angle
~ **vif**: sharp angle
à ~ **arrondi**: bullnose
à ~ **droit par rapport à**: at right angle to

en ~ **sur la rue**: at an angle to the street
**faisant angle sur**: at an angle to

**angledozer** *m* : angledozer

**anglet** *m* : V-channel

**anhydrite**: anhydrite

**animal** *m* **nuisible**: pest

**animation** *f* : architectural effect, pattern

**anneau** *m* : ring
~ **de fissuration**: cracking ring
~ **de puits**: shaft ring
~ **dynamométrique**: proving ring (of penetrometer)
~ **fendu**: split-ring connector

**année** *f* : year
~ **hydrologique**: water year, annual run-off
~ **moyenne**: average year, normal year

**annelet** *m* : annulet

**annonciateur** *m* : (appareil) annunciator
~ **de cabine**: car annunciator

**anode** *f* : anode
~ **soluble**: sacrificial anode, consumable anode

**anodisé**: anodized

**antagoniste**: (force, couple) opposed, opposing

**ante** *f* : anta

**antéfix** *f* : antefix

**antenne** *f* : aerial GB, antenna NA; local office; (alimentation en dérivation) spur, branch circuit
~ **commune**: common aerial

**antibélier** *m* : water hammer arrester

**antibois** *m* : chair rail

**antichambre** *f* : anteroom

**anticlinal** *m* : anticline; *adj* : anticlinal

**anticorrosif**: anticorrosive

**anti-coup de liquide**: antisurge

**antidéflagrant**: explosion proof, flameproof

**antidérapant**: nonskid, nonslip

**antieffraction**: security (device)

**antiévaporant** *m* : curing membrane

**antifarinant**: (peinture) antichalking

**antigel** *m* : antifreeze

**antigélif**: frost preventing, frostproof

**antimousse**: antifoaming, antifrothing

**antioxydant** *m*, *adj* : antioxidant

**antipeaux**: antiskinning

**antique**: ancient

**antireflet**: antireflection

**antirefouleur** *m* : cowl (with vertical louvres and solid top)

**antirouille**: antirust, rust-inhibiting

**antisiccatif**: antidryer

**antitartre** *m* : scale preventive, boiler compound

**antivide** *m* : vacuum breaker; back siphonage preventer

**aplomb, à l'~ de**: plumb with
  **d'~**: plumb
  **prendre l'~**: to take the plumb

**apophyge** *f* : apophyge, hypophyge
  ~ **inférieure**: (de colonne) escape

**appareil** *m* : appliance; (de mesure) instrument; (maç) bond
  ~ **à gaz**: gas appliance
  ~ **à gaz immobilisé**: fixed heater
  ~ **à gaz non raccordé**: flueless gas appliance
  ~ **à joints croisés**: running bond
  ~ **à trois allures de chauffe**: three-heat heater
  ~ **alterné**: common bond
  ~ **alterné simple**: English bond
  ~ **anglais croisé**: St Andrew's cross bond
  ~ **assisé**: coursed masonry, course work
  ~ **assisé en dalles**: ragwork
  ~ **d'éclairage**: light fitting GB, luminaire NA
  ~ **d'étalonnage**: master instrument
  ~ **de chauffage**: heating appliance, heater
  ~ **de chauffage d'ambiance**: air heater
  ~ **de chauffage mobile**: portable freestanding heater
  ~ **de levage**: lifting tackle
  ~ **en besace**: in-and-out bond
  ~ **en circuit étanche**: room-sealed appliance
  ~ **en damier**: stack[ed] bond
  ~ **en damier mixte**: chequerwork GB, checkerwork NA
  ~ **en épi**: zigzag bond, herringbone work, opus spicatum
  ~ **en panneresses**: stretcher bond, running bond
  ~ **encastré**: built-in appliance
  ~ **harpé**: in-and-out bond
  ~ **ménager**: domestic appliance
  ~ **non raccordé à une conduite d'évacuation**: unvented heater
  ~ **raccordé**: flued gas appliance
  ~ **rampant**: raking bond
  ~ **régulier en damier**: stack bond, vertical bond
  ~ **sanitaire**: plumbing fixture, sanitary fitting, sanitary fixture, sanitary appliance
  ~ **topographique**: surveying instrument
  ~ **totalement équipé**: packaged unit

**appareillage** *m* : (maç) bonding; (de mesure) instrumentation
  ~ **de commutation**: switchgear

**apparent**: visible; (béton, maçonnerie) exposed

**appartement** *m* : flat GB, apartment NA; (dans immeuble sans ascenseur) walk-up
  ~ **en duplex**: maison[n]ette GB, duplex apartment NA
  ~ **témoin**: show flat, model apartment

**appartenances** *f* **et dépendances**: appurtenances

**appel** *m* : call
  ~ **d'air**: suction
  ~ **d'offres**: invitation to tender GB, invitation for bids NA
  ~ **d'offres ouvert**: open tendering, open bidding
  ~ **d'offres restreint**: selective tendering, restricted tendering, limited tendering GB, selective bidding NA
  ~ **d'offres sur concours**: competitive tendering, competitive bidding

**appentis**                      9                      **araser**

**faire un ~ d'offres, lancer un ~ d'offres**: to invite tenders, to invite bids

**appentis** *m* : (construction) appentice, pent[ice], lean-to; (toit) monopitch roof, half-span roof

**application** *f* : application
~ **au pistolet**: spraying, gun application
~ **au rouleau**: roller coating
~ **au trempé**: dipping
~ **de colle en cordons**: continuous gluing
~ **de colle en plots**: spot gluing
~ **ponctuelle**: spot application

**applique** *f* : (d'éclairage) wall fitting, wall lamp, wall light, bracket lamp; (pour lampe) lamp bracket; (étai de mur) wall piece, wall plate
~ **murale**: wall bracket

**appliquer**: to apply
~ **une baguette, ~ un couvre-joint**: to bead

**appoint, d'~**: (chauffage, éclairage) auxiliary, stand-by
**avec ~ d'énergie solaire**: solar-assisted

**apport**: gain; (hort) dressing, manure
~ **calorifique**: heat input
~ **d'air**: air supplied, air supply, air input
~ **d'eau**: (hort) irrigation, watering
~ **de chaleur**: heat input
~ **personnel**: deposit (on purchase of a property)
~ **pluvial**: stormwater run-off
~ **solaire**: (clim) solar heat gain, solar load
~ **thermique**: heat input, heat gain

**apprêt** *m* : priming paint, prime coat; (pose de papier peint) sizing, size, lining paper
~ **pour bois**: wood primer

**approbation** *f* : approval, clearance

**approuver**: (autoriser) to approve, to clear

**approvisionnement** *m* : procurement, supply

**appui** *m* : bearing, support; (de baie) sill; (accoudoir) guard bar, window rail
~ **à encastrement**: fixed support, fixed bearing
~ **à oreillons**: lug sill
~ **à rouleaux**: roller support
~ **avec larmier**: throated sill
~ **de fenêtre**: window sill; (accoudoir) guard bar, window rail
~ **de limon**: apron piece, pitching piece
~ **de poutre**: beam bearing, beam support, pad, padstone, template
~ **de rive**: edge bearing
~ **encastré**: fixed bearing
~ **extérieur**: (de fenêtre) outer sill
~ **fixe**: fixed bearing
~ **libre**: simple support, unrestrained bearing
~ **oscillant**: rocker bearing
~ **oscillant à pivot sphérique**: ball-jointed rocker bearing
~ **rampant**: sloping support

**appuyer, s'~ sur, s'~ contre**: to abut on, to abut against, to bear on

**apsidial**: apsidal

**aptère**: apteral

**aptitude** *f* **à l'emploi**: suitability

**AQ** → **assurance qualité**

**aquastat**: boiler thermostat

**aqueduc** *m* : aqueduct

**aqueux**: aqueous

**aquifère**: aquiferous, water bearing

**arabesque** *f* : arabesque

**arase** *f* : levelling course, last course (of masonry)

**arasé**: flush; (pieu) struck [off]
~ **sur les deux parements**: (panneau-cadre) flush on both sides
~ **sur un parement**: (panneau-cadre) flush on one side

**arasement** *m* : levelling course, last course (of masonry)
~ **avec compaction**: compacted strike-off

**araser**: to make level, to level off; to saw off (to length), to trim off [level]; (une tête de pieu) to cut off, to strike off; (un mur) to make level; (une pierre) to make flush
~ **à la règle**: (excès de béton etc) to strike off

**arbalétrier** *m* : principal [rafter]; top chord (of roof truss)

**arbalétrière** *f* : loophole

**arbitrage** *m* : arbitration

**arboriculteur** *m* : arboriculturist

**arboriste** *m* : tree expert

**arbuste** *m* : shrub
- **à feuillage**: foliage shrub
- **à fleurs**: flowering shrub
- **d'ornement**: ornamental shrub
- **feuillu**: foliage shrub

**arbre** *m* : (plante) tree; (méc) shaft
- **à feuilles persistantes**: evergreen tree
- **champêtre**: isolated tree (in field or hedge)
- **conduit en buisson**: bush tree
- **d'abri**: nurse tree
- **d'alignement**: avenue tree, roadside tree
- **d'ombrage**: shade tree
- **d'ornement**: ornamental tree
- **de plein vent**: isolated tree
- **demi-tige**: half-standard tree
- **feuillu**: deciduous tree, broad-leaved tree
- **haute tige**: standard tree
- **nain**: dwarf tree
- **pleureur**: weeping tree

**arc** *m* : (géom) arc; (architecture) arch; → aussi **arcs**
- **à appuis encastrés**: arch with fixed ends
- **à clef**: keyed arch
- **à crossettes en escalier**: stepped arch
- **à trois articulations**: three-hinged arch, three-pinned arch
- **à tympan rigide**: spandrel-braced arch
- **à tympan plein**: solid-filled arch
- **à tympan ajouré**: (pont) open-spandrel arch
- **articulé aux naissances**: arch hinged at the abutments
- **articulé aux appuis**: arch hinged at the abutments
- **aveugle**: blind arch
- **biais**: skew arch
- **bloqué au mortier**: rubble arch, rustic arch
- **brisé**: pointed arch
- **brisé à deux segments**: two-centered arch
- **brisé aplati**: four-centred pointed arch
- **brisé outrepassé**: pointed Norse arch
- **brisé surbaissé**: drop arch
- **brisé surélevé**: stilted pointed arch
- **chantourné**: shaped arch
- **d'ogive**: diagonal arch
- **de décharge**: discharging arch, relieving arch, safety arch
- **de pénétration**: penetration arch
- **de plissement**: (géol) arc of fold
- **de rampant**: (escalier) wreath arch
- **de triomphe**: triumphal arch
- **déprimé**: diminished arch
- **doubleau**: transverse arch
- **doubleau rayonnant**: radial arch
- **droit à encorbellement**: shouldered arch, square-headed trefoil arch
- **ébrasé**: splayed arch
- **en accolade**: four-centred arch, ogee arch
- **en anse-de-panier**: basket arch, basket-handle arch
- **en brique taillée**: gauged arch
- **en carène**: Tudor arch
- **en chaînette**: catenary arch
- **en lancette**: lancet arch
- **en mitre**: mitre arch, triangular arch, pediment arch
- **en plate-bande**: flat arch, jack arch
- **en plein cintre**: circular arch, round arch, semicircular arch
- **en plein cintre surhaussé**: surmounted arch
- **en segment**: segmental arch
- **en tas-de-charge**: false arch, corbel arch
- **en tiers point**: three-pointed arch, equilateral arch
- **encastré**: arch with fixed ends, fixed arch, hingeless arch
- **extradossé**: extradossed arch
- **extradossé en escalier**: stepped arch
- **festonné**: scalloped arch
- **formeret**: wall rib, wall arch
- **infléchi**: inflected arch
- **outrepassé**: horseshoe arch
- **polylobé**: cusped arch, multifoil arch
- **rampant**: rampant arch
- **renversé**: inverted arch, inflected arch
- **sans articulation**: hingeless arch, fixed arch
- **segmentaire**: segmental arch, scheme arch
- **segmentaire brisé**: (au-dessus de porte ou fenêtre) broken arch
- **surbaissé**: surbased arch
- **surélevé**: stilted arch
- **tréflé**: trefoil arch
- **trilobé**: trefoil arch
- **triomphal**: chancel arch

**arcades**        11        **armature**

~ **Tudor**: Tudor arch, four-centred pointed arch
**en ~**: arcuate

**arcades** *f* : arcade, arches

**arcature** *f* : blind arcade

**arc-boutant** *m* : arch[ed] buttress, flying buttress

**arc-bouter**: to buttress
**s, ~**: (contre un mur) to abut on, to abut against

**arche** *f* : arch (civil engineering)
~ **de rive**: (d'un pont) land arch
~ **de soutènement**: (g.c.) relieving arch
~ **marinière**: navigation arch

**archère** *f* : arrow slit, arrow loop, loophole

**architecte** *m* : architect
~ **conseil**: consulting architect
~ **d'intérieur**: interior architect, interior designer
~ **de paysage**: landscape designer

**architectonique**: architectonic

**architecture** *f* : architecture
~ **de paysage**: landscape design
~ **intérieure**: interior design
~ **solaire**: solar architecture
~ **textile**: fabric architecture, soft architecture
~ **verticale**: high-rise construction

**architrave** *f* : architrave

**archivolte** *f* : archivolt

**arcs** *m* : arcade
~ **aveugles**: blind arcade, arcading, surface arcade
~ **entrecroisés**: intersecting arches, intersecting arcade
~ **entrelacés**: interlacing arches, interlacing arcade

**ardoise** *f* : slate
~ **carrée à deux épaulements**: diamond slate
~ **d'échantillon**: sized slate
~ **en contre-fil**: cross-grained slate
**~s posées au crochet**: hung slating

**arête** *f* : arris, edge; (de toit) hip, ridge
~ **arrondie**: bullnose arris, eased arris, rounded arris

~ **d'une colonne**: arris of a column
~ **de croupe**: hip
~ **de voûte**: groin, nervure
~ **vive**: sharp edge, square edge
**à ~ vive**: (bois) square-edged
**en ~ de poisson**: herringbone

**arêtier** *m* : (de charpente de toit) angle rafter, arris rafter, angle ridge; (de toit en plomb) hip bead
~ **à double tranchis**: close-cut hip
~ **cornier**: hip tile
~ **cornier angulaire**: arris hip tile, angle hip tile
~ **de croupe**: hip rafter
~ **de noue**: valley rafter, valley piece

**arêtière** *f* : hip tile

**argile** *f* : clay
~ **à blocaux**: boulder clay
~ **à haute plasticité**: high-plasticity clay
~ **expansée**: expanded clay
~ **extrasensible**: extrasensitive clay, quick clay
~ **feuilletée**: laminated clay, varved clay
~ **fine**: fine clay
~ **fluide**: quick clay
~ **gonflante**: expanding clay, swelling clay
~ **grasse**: fatty clay
~ **inorganique**: inorganic clay
~ **limoneuse**: silty clay
~ **litée**: bedded clay
~ **réfractaire**: fireclay
~ **schisteuse**: shaly clay
~ **sensible**: sensitive clay
~ **téguline**: tile clay

**argileux**: (matériau, sol, roche) argillaceous, argillous, clayey

**argilière** *f* : clay pit

**argillite** *f* : argillite

**armature** *f* : (b.a.) reinforcement
~ **à deux directions croisées**: two-way reinforcement GB, bar mat NA
~ **à quatre directions**: four-way reinforcement
~ **active**: active reinforcement
~ **comprimée**: compression reinforcement
~ **croisée**: crosswise reinforcement
~ **d'âme**: web reinforcement
~ **d'angle**: corner reinforcement
~ **d'encastrement**: fixing reinforcement
~ **de frettage**: binding reinforcement

~ **de moment négatif**: negative reinforcement
~ **de pieu**: pile cage
~ **de poinçonnement**: punching shear reinforcement
~ **de poutre**: beam reinforcement
~ **de précontrainte**: tendons
~ **de répartition**: distribution bars
~ **de retrait**: shrinkage reinforcement
~ **de traction**: tension reinforcement
~ **diagonale**: cross reinforcement
~ **en quart de cercle**: quadrant steel, quadrant mat
~ **en travée**: mid-span reinforcement
~ **en treillis**: mesh reinforcement
~ **en treillis soudé**: wire mesh reinforcement
~ **inclinée**: (poutre) inclined bar
~ **lisse**: plain reinforcemnet
~ **longitudinale**: longitudinal reinforcement
~ **munie d'ancrage**: end-anchored reinforcement
~ **passive**: passive reinforcement
~ **principale**: principal reinforcement
~ **rigide**: rigid reinforcement
~ **tendue**: tensile reinforcement
~ **transversale**: transverse reinforcement

**armé**: reinforced; (robinet, appareil) fully equipped; (instrument) set
~ **dans les deux sens**: two-way reinforced

**armoire** f: (de rangement) cupboard, wardrobe, closet; (él) enclosure
~ **aux vases sacrés**: armarium, ambry, almary, almery, aumbry
~ **de commande**: cubicle
~ **frigorifique**: cold room
~ **de séchage**: drying closet
~ **sèche-linge**: drying cupboard

**armurerie** f: armory

**arpentage** m: land survey[ing]

**arpenter**: to measure the ground

**arpenteur** m: surveyor

**arqué**: arcuate, arched; (défaut) bowed; (poutre) bending under a strain

**arquer**: to bend (under a strain)

**arrache-pieu** m: pile drawer, pile extractor

**arrachement** m: tearing [off]
~ **lamellaire**: (construction soudée) lamellar tearing
~**s**: (mur en partie démoli) toothing

**arrache-pieu** m: pile drawer, pile extractor, pile puller

**arrêt** m: stop; (de machine, d'installation) shutdown, stoppage
~ **d'eau**: water bar
~ **d'enduit**: plaster ground
~ **d'imposte**: transom stop
~ **de chanfrein**: moulding stop
~ **de châssis**: casement stay
~ **de coulage**: pour break
~ **de dalle**: slab stop, stop board
~ **de faîte**: ridge stop
~ **de fuite**: leak sealing
~ **de larmier**: label stop
~ **de porte**: door stop

**arrêté** m **municipal**: by[e]-law

**arrête-flammes** m: flame arrester

**arrière-âtre** m: back hearth, inner hearth

**arrière-bec** m: (de pile de pont) downstream cutwater

**arrière-boutique** f: backroom (of a shop)

**arrière-chœur** m: retrochoir

**arrière-cour** f: backyard GB, rear yard NA

**arrière-cuisine** f: scullery, back kitchen

**arrière-saison** f: autumn

**arrière-voussure** f: rear vault, rear arch

**arrivée** f: intake
~ **d'eau**: feed water
~ **d'escalier**: stairhead

**arrondi** m: (d'une couche de peinture) smoothness; adj: round; (angle, arête) bull, bullnose

**arrosage** m: watering; (d'espaces verts) irrigation
~ **en pluie**: overhead irrigation
~ **par aspersion**: spray irrigation, sprinkler irrigation

**arroser**: (des plantes) to water
~ **les coffrages**: to wet the forms

**arroseur** *m* : sprinkler
 ~ **à brise-jet tournant**: rotary sprinkler with intermittent jet
 ~ **rotatif**: rotary sprinkler

**arroseuse** *f* : water cart

**art** *m* : art
 ~ **du trait**: (taille de la pierre) setting out, marking out

**artère** *f* **principale**: (urbanisme) main street

**articulation** *f* : (d'un arc, d'un portique) hinge
 ~ **aux naissances**: abutment hinge
 ~ **cylindrique**: pin[ned] joint

**articulé**: (structure) pinned, pin-jointed, hinged
 ~ **aux appuis**, ~ **aux naissances**: hinged at the abutments

**ascenseur** *m* : passenger lift GB, passenger elevator NA
 ~ **de service**: service lift (for staff)
 ~ **mixte**: personnel and material hoist

**asismique**: earthquake resistant

**aspergeur** *m* : spray nozzle, sprayer

**aspérité** *f* : (sur parement) high spot

**asperseur** *m* : sprinkler

**asphalte** *m* : asphalt
 ~ **coulé**: top mop, pour coat
 ~ **fluide**: liquid asphalt
 ~ **d'étanchéité**: waterproofing asphalt
 ~ **sablé**: sand asphalt

**aspirateur** *m* : (de cheminée) exhauster, extractor; (ventilateur) exhauster; (nettoyage) vacuum cleaner
 ~ **de toit**: roof ventilator
 ~ **statique**: aspirator

**aspiration** *f* : (pompe) intake, suction

**assainissement** *m* : sanitation, sanitary engineering, sewerage
 ~ **des eaux usées**: sewage disposal

**assèchement** *m* : land drainage, dewatering

**assécher**: (une fouille) to drain
 ~ **par pompage**: to pump dry

**assemblage** *m* : (montage) mounting; (men) joint
 ~ **à adent**: cogged joint
 ~ **à cadre sur un parement**: single measure
 ~ **à cadre sur deux parements**: double measure
 ~ **à clé**: keyed joint
 ~ **à couvre-joint**: strap [butt] joint
 ~ **à double tenon**: double tenon joint
 ~ **à embrèvement**: housed joint
 ~ **à enfourchement**: open-mortise tenon, slot mortise joint
 ~ **à entaille simple**: house joint
 ~ **à entures multiples**: finger joint
 ~ **à fausse languette**: feather joint
 ~ **à feuillure**: rabbet joint, rebated joint
 ~ **à fourche**: slip mortise joint, slot mortise joint
 ~ **à francs bords**: butt joint
 ~ **à grain d'orge**: Vee-joint, Vee-shaped joint
 ~ **à mi-bois**: halflap joint, halved joint, halving [joint]
 ~ **à mi-bois à queue**: dovetail halflap joint, dovetail halved joint
 ~ **à mi-bois avec coupe droite**: square corner halving
 ~ **à mi-bois en croix**: crosslap joint
 ~ **à mi-bois en sifflet**: bevel[led] halving
 ~ **à onglet**: mitre joint
 ~ **à peigne**: dowel joint
 ~ **à plat joint**: straight joint, square joint
 ~ **à queue d'aronde**: dovetail joint
 ~ **à queues droites**: combed joint, corner locked joint, laminated joint
 ~ **à rainure et languette**: tongue-and-groove joint GB, plow and tongue NA
 ~ **à recouvrement**: lap joint
 ~ **à sec**: dry joint
 ~ **à [simple] sifflet**: scarf joint, splayed joint
 ~ **à tenon**: (pierre) joggle joint
 ~ **à tenon et mortaise**: mortise-and-tenon joint
 ~ **à tenon passant**: through-tenon joint
 ~ **avec baguette en plein bois**: bead joint
 ~ **bord à bord**: edge jointing
 ~ **bouveté**: match[ed] joint
 ~ **cloué**: nailed joint
 ~ **d'about**: end joint, butt joint
 ~ **d'angle**: angle joint, corner joint
 ~ **de rencontre**: abutting joint, Tee joint
 ~ **droit à mi-bois**: square corner halving [joint]
 ~ **du type à appui**: bearing-type connection
 ~ **en adent**: cogged joint
 ~ **en biais**: scarf joint

~ **en équerre double**: T-joint, Tee joint
~ **en équerre simple**: square corner joint, square angle joint
~ **en trait de Jupiter**: indented scarf joint, splayed scarf joint
~ **jointif**: close joint
~ **par aboutage**: end joint, butt joint
~ **sur chant**: edge joint
~ **témoin**: test joint

**assemblé**: assembled; (men) jointed
~ **à baguette rainure et grain d'orge**: tongued and grooved and V-jointed
~ **à rainure et languette**: tongued and grooved

**assembler**: to mount, to assemble; (men) to join

**asseoir**: (les pierres, les fondations) to bed

**asservissement** *m* : interlock

**assiette** *f* : (d'un édifice) site, siting; (d'une chaussée, de fondation) bed

**assise** *f* : (d'une charge) base; (d'une machine) bedplate, baseplate; (de maçonnerie) course GB, range NA; (de gros œuvre) foundation
~ **allongée**: stretcher course, stretching course
~ **d'embase**: plinth course
~ **de bahut**: soldier course
~ **de base**: (mur) base course
~ **de bout**: brick-on-end course, soldier course
~ **de boutisses**: heading course, header course, binder course
~ **de briques posées debout**: soldier course
~ **de couronnement**: blocking course, crown course
~ **de grand appareil**: course of large stones
~ **de panneresses**: stretcher course, stretching course
~ **de parpaings**: course of perpends
~ **de pignon**: barge course
~ **de retombée**: springing course
~ **de soubassement**: plinth course
~ **des fondations**: foundation bed
~ **en dents d'engrenage**: dogtooth course
~ **en dents de scie**: dogtooth course
~ **en épi**: course of diagonal bricks
~ **en saillie**: oversailing course
~ **en surplomb sur le nu d'un mur**: [over]sailing course
~ **en tas-de-charge**: corbel course

~ **naturelle**: natural bed, quarry bed
~ **rampante**: raking course
~ **refendue**: split course
~ **rocheuse**: bedrock, ledge rock, ledge
~ **saillante**: projecting course
~ **supérieure**: top course
à ~**s réglées**: irregular coursed

**assisé**: coursed

**assistance** *f* **technique**: technical assistance

**assujettir**: to hold down, to fix, to fasten, to secure

**assurance** *f* : insurance
~ **aux tiers**: third party insurance
~ **contre les bris de glace**: glass insurance
~ **des bâtiments et de leur contenu**: building and contents insurance
~ **des chantiers**: builder's risk insurance
~ **globale**: blanket insurance
~ **patronale contre accidents du travail**: employer's liability insurance
~ **professionnelle**: professional liability insurance
~ **qualité**: quality assurance
~ **responsabilité civile**: public liability insurance
~ **tous risques**: all-risk insurance
~ **valeur à neuf**: new for old insurance

**astragale** *f* : astragal

**astyle**: astylar

**asymétrique**: asymmetrical; one-sided (structure, connection)

**atelier** *m* : workshop, shop

**atlante** *m* : atlas

**âtre** *m* : hearth, hearthstone, back hearth, inner hearth

**attache** *f* : tie; (armature de béton) wire tie; (de mur creux) wall tie; (sur plan) arrow

**attaquer**: (un sol compact) to break up
~ **le terrain**: (à la pioche, au pic) to break the ground (with a pick)

**atteindre**: to reach; (la roche, une nappe d'eau) to strike

**attenant à**: adjacent to, abutting on

**attente** *f* : wait, waiting time
 ~ **de vidange**: (d'appareil sanitaire) waste tail
 **en ~**: (machine) on standby
 **laisser en ~**: (des briques, des pierres) to indent

**attention à la peinture**: wet paint

**attique**: attic

**attribution** *f* **du marché**: award of contract

**aubage** *m* : vanes, blades
 ~ **directionnel**: guide vanes

**aube** *f* : (de turbine, de ventilateur) blade
 ~ **de diffusion**: (pompe) diffusion vane
 ~ **incurvée vers l'avant**: forward-curved blade
 ~ **incurvée vers l'arrière**: backward-curved blade

**aubier** *m* : alburnum, sapwood, sap

**auditorium** *m* : auditorium

**auge** *f* : trough
 ~ **à joints**: (pose de briques à rupture joints) mortar tray

**aumônerie** *f* : almonry, chaplaincy

**autel** *m* : altar

**auteur** *m* **de projet**: designer

**autobloquant**: (pavés) interlocking

**autoclavage** *m* : autoclave curing

**autocollant** *m* : sticker; *adj* : self-adhesive

**autocommutateur** *m* : private automatic branch exchange

**autocurage** *m* : (égouts) self-cleansing

**autoétuvage** *m* : isothermal curing, self-curing

**autoextinguible**: self-extinguishing

**auto-induction** *f* : self-induction

**autolavable, autolaveur**: self-cleansing, self-cleaning

**automoteur**: self-propelled

**autonivelant**: self-levelling

**autonome**: freestanding, packaged; (logement) self-contained

**autonomie**: self-sufficiency

**autoportant**: freestanding, self-supporting

**autosiphonage** *m* : self-siphonage

**autothermique**: autothermal

**auvent** *m* : awning; (d'échafaudage) fan; (de station service) station roof
 ~ **portail**: lynch gate
 ~ **queue de vache**: eaves overhang

**aval, en ~**: (d'un cours d'eau) downstream; (d'un appareil) on the outlet side

**avaloir** *m* : (de cheminée) throat, gathering; (de chaussée) gully inlet, gully hole; (de toiture terrasse) rainwater outlet
 ~ **de balcon**: balcony outlet
 ~ **de sol**: floor drain GB, area drain Na
 ~ **de terrasse**: flat-roof outlet

**avance** *f* (él): lead

**avancée** *f* : overhang; (de dalle, de toiture) apron

**avancement** *m* **des travaux**: progress

**avant-bec** *m* : upstream cutwater

**avant-corps** *m* : (d'église) antechurch; (de chapelle) antechapel

**avant-cour** *f* : forecourt

**avant-pieu** *m* : dolly

**avant-projet** *m* : preliminary design

**avant-toit** *m* : front overhang, eaves

**avant-train [tracteur]** *m* : prime mover

**avant-trou** *m* : pilot hole

**avarié**: damaged

**avenant** *m* : (à un contrat) amendment; (assurance) endorsement

**averse** *f* : shower
 ~ **nominale**: design storm

**avertisseur** *m* : alarm
 ~ **d'incendie**: fire alarm

**aveugle**: (fenêtre, porte) blind

**avis** *m* **d'appel d'offres**: tender notice GB, bid notice NA

**avivé**: (métal) burnished; (peinture, vernis) brightened
 ~ **d'équerre**: (bois) square-edged
 ~ **d'équerre et sain**: square-edged and sound

**aviveur** *m* : brightener

**avoisinant**: adjoining

**avoyer**: to set (a saw)

**axe** *m* : axis, centre line
 ~ **central polaire**: central polar axis
 ~ **neutre**: neutral axis

**axial**: (charge, contrainte) axial

**axonométrie** *f* : axonometry

# B

**b.a.** → **béton armé**

**bac** *m* : bin, tub; (de coffrage, de couverture) deck; (de plafond, de toiture) trough, pan
~ **à cendres**: ashpan
~ **à douche**: shower tray GB, receptor NA
~ **à fleurs**: flower tub
~ **à graisse**: grease box, grease interceptor, grease separator, grease trap
~ **à linge**: laundry tub, wash tub
~ **acier**: (couverture) steel tray
~ **d'expansion**: (PAC) surge chamber, surge tank
~ **de couverture**: roof decking
~ **de récupération des condensats**: (clim) drip tray
~ **dégraisseur**: grease box, grease interceptor, grease separator, grease trap
~ **en métal perforé**: perforated metal pan
~ **évaporatoire**: evaporation tank
~ **métallique**: (de coffrage, d'armature) metal decking; (de plafond) metal pan
~ **tampon**: surge tank

**bâche** *f* : (récipient) tank; (de protection) waterproof sheet
~ **d'alimentation**: feed tank
~ **d'aspiration**: (poste de pompage) wet well
~ **de mise en pression**: head tank
~ **de turbine**: turbine casing
~ **goudronnée**: tarpaulin
~ **journalière**: service tank
~ **plastique**: plastic sheet

**bacula** *m* : wood lathing

**badigeon** *m* : colour wash
~ **à la chaux**: whitewash, limewash
~ **de cure**: (béton) liquid membrane curing compound

**bagasse** *f* : bagasse

**bague** *f* : ring, band

**baguette** *f* : bead moulding; (en bois) batten, bead[ing]
~ **à chant rond**: pencil round beading
~ **à perles**: list of pearls, chaplet
~ **affleurée**: flush bead
~ **couvre-joint**: cover bead
~ **d'angle**: (pour enduits) guard bead, corner bead, plaster bead, staff bead
~ **d'apport**: (sdge) filler rod
~ **de calibrage**: (maç) gauge rod
~ **demi-ronde**: half-round moulding
~ **et carré**: quirk[ed] bead
~ **métallique**: metal trim
~ **saillante**: cock bead

**bahut** *m* : (d'un parapet) coping, saddle coping, saddleback coping

**baie** *f* : opening (in wall)
~ **couverte d'un arc**: arched opening
~ **de porte**: door opening
~ **palladienne**: Venetian window, Palladian window
~ **vitrée**: large window

**baignoire** *f* : bath GB, bathtub NA
~ **à tablier**: built-in bath, double-shell bathtub
~ **encastrée**: built-in bath, double-shell bathtub
~ **sabot**: slipper bath

**bail** *m* : lease
~ **emphythéotique**: building lease

**bâillement** *m* : (d'un joint) gaping

**bailleur** *m* : lessor

**bain** *m* : bath
~ **de mortier**: mortar bed
~ **usé**: exhausted bath
**à ~ d'huile**: oil-immersed

**baisse** *f* : fall, drop, lowering
~ **de niveau**: drop in level

**baissière** *f* : depression, hollow (in ground, where water collects)

**bajoyer** *m* : chamber wall, side wall (of lock)

**bakélite** *f* : bakelite

**baladeuse** *f* : inspection lamp

**balai** *m* : sweeping brush; (él) brush

**balancement** *m* : (escalier) balancing, turning

**balayer**: to sweep

**balayeuse** f: road sweeper

**balcon** *m* : balcony

**balèvre** *f* : (béton banché) fin; (pierre) lip; (mortier) overplus

**baliveau** *m* : scaffold pole, scaffold standard

**ballast** *m* : (gravier, de lampe) ballast

**ballastière** *f* : gravel pit

**ballon** *m* : tank
  ~ **d'eau chaude**: hot water cylinder, hot water tank
  ~ **d'eau froide**: (chauffage solaire) cold water feed tank
  ~ **direct**: direct cylinder

**balustrade** *f* : balustrade, balusters, banisters (under a coping); (main courante) handrail
  ~ **du sanctuaire**: altar rail

**balustre** *m* : (d'escalier, de chapiteau) baluster
  ~ **à console**: bracket baluster
  ~ **carré**: square-turned baluster
  ~ **col-de-cygne**: bracket baluster
  ~ **de départ**: newel post
  ~ **en console**: bracket baluster
  ~ **fuseau**: spindle baluster

**banc** *m* : bench
  ~ **à armatures**, ~ **à torons**: stretching bed, stretching bench
  ~ **continu au socle**: bench table (around a column)
  ~ **d'église**: pew
  ~ **d'essai**: test bench
  ~ **d'étirage**: stretching bed, stretching bench
  ~ **d'œuvre**: churchwarden's pew
  ~ **de mise en tension**: stretching bed, stretching bench
  ~ **de précontrainte**: pretensioning bed, pretensioning bench

**banchage** *m* : wall shuttering, wall forming

**banche** *f* : [shuttering] panel, [form] panel, wall form

**banchée** *f* : lift (concreting)

**bandage** *m* : (d'engin) tyre GB, tire NA
  ~ **plein**: solid tyre, solid tire

**bande** *f* : strip; (de manutention) belt; (accessoire de couverture) flashing
  ~ **couvre-joint**: capping
  ~ **d'arrêt d'eau**: water bar
  ~ **d'arrêt d'urgence**: hard shoulder
  ~ **d'égout**: (bardeaux d'asphalt) starter strip, starting strip
  ~ **d'étanchéité**: damp-proof course, dampcourse GB, damp check NA
  ~ **de chant**: edging strip, edge moulding
  ~ **de clouage**: nailing strip
  ~ **de protection de nez de marche**: nosing strip
  ~ **de renforcement**: (sdge) backing strip
  ~ **de solin**: flashing
  ~ **enherbée**: grass strip
  ~ **filtrante continue**: continuous filter belt
  ~ **lombarde**: pilaster strip, lesene
  ~ **médiane**: (de dalle) middle strip
  ~ **pour joints**: joint tape
  ~ **transporteuse**: conveyor belt
  ~ **végétale**: (antiérosion) plant strip

**bandeau** *m* : (décoration) plain moulding, listel, fillet; (maç) band [moulding], band course, belt course, string course

**bandelette** *f* : bandelet

**bander un arc**: to key [in] an arch

**banlieue** *f* : suburb
  ~ **jardin**: garden suburb
  ~ **pavillonnaire**: suburbia
  **de** ~: suburban

**banne** *f* : (sur camion) tarpaulin; (de magasin) blind, shop awning

**banquette** *f* : (siège) bench, seat; (sous fenêtre) window seat; (d'égout) benching; (terrassement) bench

**baraque** *f* : hut
  ~ **de chantier**: site hut

**baraquement** *m* : hut, shanty; prefabricated building, temporary building

**barbacane**: (fortification) barbican, barbacan; (de tir) loophole; (dans mur de soutènement) weephole

**barbette** *f* : barbette

**barbotine** *f* : cement grout, cement slurry, grouting

**bardage** *m* : cladding; (en ardoise) weather slating, hung slating, slate hanging; (en bardeaux) hanging shingling, vertical shingling, weather shingling; (en planches) weather boarding GB, siding NA
- ~ **à clins**: bevel[ed] siding, lapsiding
- ~ **double peau**: double-skin cladding
- ~ **en planches à feuillure**: shiplap siding
- ~ **en verre**: patent glazing
- ~ **simple peau**: single-skin cladding

**bardeau** *m* : shingle
- ~ **d'amiante-ciment**: asbestos shingle
- ~ **de revêtement**: siding shingle
- ~ **bituminé**: strip slate, asphalt shingle
- ~ **canadien**: strip slate, asphalt shingle
- ~ **d'asphalt**: strip slate, asphalt shingle

**barême** *m* **de prix**: price list
- ~ **des honoraires**: scale of professional charges

**barillet** *m* : (de serrure) barrel

**barlotière**: (vitraux) saddle bar

**barrage** *m* : dam
- ~ **d'enrochements**: rockfill dam
- ~ **en terre et enrochements**: earth-and-rockfill dam
- ~ **gonflable**: inflatable dam
- ~**-poids**: gravity dam

**barre** *f* : bar; (de porte en frises) ledge
- ~ **à empreintes**: indented bar
- ~ **à haute adhérence**: high-bond bar, deformed bar
- ~ **à mine**: (sondage) jumper [bar]
- ~ **antipanique**: panic bolt, panic exit device
- ~ **crénelée**: toothed round reinforcing bar
- ~ **crochetée**: hooked bar
- ~ **d'appui**: (de fenêtre) guard bar
- ~ **d'armature**: reinforcement bar, rebar
- ~ **d'écartement**: (d'huisserie) spreader [bar]
- ~ **d'échantillon uniforme**: bar of uniform section
- ~ **de poussée**: (de porte) push bar
- ~ **de tirage**: duct rod
- ~ **de treillis**: lacing bar
- ~ **en U**: channel bar, channel iron
- ~ **lisse**: plain bar
- ~ **omnibus**: busbar, bus
- ~ **principale d'armature**: main bar
- ~ **relevée**: bent-up bar
- ~ **torsadée**: (b.a.) twisted bar
- ~ **unie**: plain bar

**barreau** *m* : bar
- ~ **d'échelle**: stave, rung
- ~ **de fenêtre**: window bar
- ~ **de grille**: (de foyer) fire bar, grate bar
- ~ **de rampe**: [rail] post, baluster
- ~ **entaillé**: notched bar

**barreaudage** *m* : bars (of a balcony, banisters etc); (antieffraction) window bars

**barrette** *f* : (construction métallique) stay plate, batten plate
- ~ **à bornes**: (él) terminal block

**barrière** *f* : (de clôture) gate
- ~ **à bascule**: drop-arm barrier
- ~ **d'étanchéité**: damp course, damp-proof course, NA damp check
- ~ **de champ**: farm gate
- ~ **de péage**: toll gate GB, turnpike NA
- ~ **étanche**: damp-proof course, damp check NA
- ~ **pivotante**: swing gate
- ~ **thermique**: heat barrier

**baryte** *f* : barita

**barytine** *f* : barite

**bas** *m* : bottom; *adj* : low; → aussi **basse**
- ~ **gothique**: late gothic
- ~ **roman**: late romanesque

**bas-côté** *m* : (d'église) side aisle, aisle; (de route) grass verge

**bas-relief** *m* : bas-relief, low-relief

**bascule** *f* : (de pesage) weigher, weighbridge; (poutre) outrigger
- ~ **à ciment**: cement weigher
- **en ~**: cantilevered

**basculement** *m* : (déversement de déblais) dumping; (renversement) overturning

**base** *f* : (partie inférieure) base; (de piédestal) base, plinth; (de tuile,

d'ardoise) tail; (de colonne, au-dessus du piédestal) base
~ **d'implantation**: datum line, reference line
~ **d'opérations**: datum line; (topo) base line
~ **élargie**: (de pieu) bulbous toe, clubfoot

**basiphile**: (plante) lime-loving

**basilique** f: basilica
~ **à colonnes**: colonnade basilica

**basse, ~ nef**: side aisle
~ **tension**: low voltage
**~s eaux**: low flow

**basse-cour** f: (de château fort) outer bailey, base-court

**basses-fosses** f: dungeon

**bassin** m: (géogr) basin; (de jardin) garden pond, fish pond; (de piscine) pool; (d'épuration) tank
~ **à boues**: sludge holding tank
~ **collecteur**: catch basin
~ **d'aération**: aeration tank
~ **d'agrément**: ornamental garden pond
~ **d'alimentation**: (d'une zone aquifère) catchment area
~ **de décantation**: settling tank, sedimentation tank
~ **de dessablement**: grit chamber
~ **de filtration**: filter bed
~ **de floculation**: flocculating tank, flocculation tank, flocculator
~ **de réception**: catch basin, catchment area
~ **dégrossisseur**: roughing tank
~ **doseur**: dosing tank
~ **hydrographique**: catchment area GB, watershed NA, drainage area
~ **versant**: catchment area GB, watershed NA, drainage area

**bastide** f: (sud de la France) a fortified town (in the middle ages); a cottage

**bastion** m: bastion

**batardeau** m: cofferdam

**bateau**: (verre) concave bow; (trottoir) dropped curve

**bâti** m: frame
~ **dormant de fenêtre**: window frame
~ **dormant de porte**: door frame

**bâtière** f: saddle back

**bâtiment** m: building, building industry, building trade
~ **à étages**: tier building, tier structure
~ **à ossature en bois**: timber-framed building
~ **à simple rez-de-chaussée**: single-storey building
~ **à usage d'habitation**: residential building
~ **à usage industriel**: industrial building
~ **à usages multiples**: multiple-occupancy building
~ **d'habitation collectif**: multiple dwelling
~ **démontable**: portable building
~ **en dur**: permanent building
~ **en appentis**: lean-to, appentice
~ **existant**: existing buildling

**bâtir**: to build

**bâtisseur** m: (qui fait bâtir) builder

**bâtons** m **rompus**: herringbone pattern

**battage** m: (de pieux) pile driving, driving, piling
~ **d'essai**: trial driving, test piling

**battant** m: (montant de porte, de fenêtre) stile; (vantail de porte) leaf; (vantail de fenêtre) casement
~ **ouvrant le premier**: swing leaf, active leaf
~ **supérieur**: upper leaf (of stable door)
à **~s**: hinged

**battée** f: scuncheon, sconcheon

**battellement** m: eaves; (de tuiles ou d'ardoises) undercloak

**battement** m: (mouvement d'une porte) swing; (de fenêtre à la française, de porte à deux battants) overlapping astragal, wraparound astragal

**batterie** f: battery; (échangeur de chaleur) coil
~ **chaude**: (clim) heating coil, heating unit
~ **coffrante**: battery mould
~ **d'étais**: gang shore
~ **de capteurs**: (chauffage solaire) array
~ **de chauffe**: (clim) heating coil, heating unit
~ **de coffrage**: ganged form

~ **de contrefiches**: raking shores, raking shore system
~ **de puits filtrants**: wellpoint system
~ **évaporateur**: evaporation coil
~ **froide**: (clim) cooling coil

**batteuse** f: thumb latch

**battre**: to beat; (des pieux) to drive
~ **à mort**: (plâtre) to overtrowel
~ **à refus**: (pieu) to drive to refusal

**bauge** f: clay-and-straw mortar

**bavette** f: apron flashing

**baveur** m: (irrigation) trickler

**bavure** f: (de démoulage) fin, flash; (métal) burr

**BCN** → béton à caractéristiques normalisées

**bec** m: beak; (de robinet) nozzle; (de pile de pont) cutwater
~ **courbe**: (de robinet) bib nozzle
~ **de brûleur**: burner tip
~ **orientable**: (de robinet) swivel nozzle
~ **pulvérisateur**: spray nozzle

**bec-de-cane** m: [door] latch, latch lock

**bec-de-corbin** m: beak moulding

**bêche** f: (outil) spade; (de mur de soutènement) keel, rib

**becquet** m: drip cap

**bédane** m: heading chisel, mortise chisel

**beffroi** m: (édifice) belfry; (de clocher) bell cage

**bélier** m: battering ram; (plmb) water hammer

**belle**, ~ **face** f: fair face
~ **saison**: summer months

**belvédère** m: belvedere

**bénitier** m: (dans un mur) stoup; (sur pied) font

**benne** f: (à gravats, à ordures) container, skip; (d'engin) skip, bucket
~ **à béton**: concreting bucket
~ **à fond ouvrant**: drop-bottom bucket, drop-bottom skip

~ **basculante**: tilting skip
~ **preneuse**: clamshell [bucket], clamshell grab, grab

**benner**: to tip

**bentonite** f: bentonite

**béquille** f: (poignée de porte) lever handle, door handle; (de portique) leg

**berceau** m: (d'une conduite) cradle

**berge** f: (de canal, de rivière) bank

**berme** f: berm[e]
~ **de pied**: toe berm

**besace** f: (appareil de maçonnerie) coin bonding, quoin bonding, in-and-out bond; (derrière cheminée) cricket, saddle

**besant** m: besant, bezant

**besoin** m: requirement, demand
~**s calorifiques**: thermal requirements, heat requirements
~**s d'énergie**: energy requirements
~**s totaux d'énergie**: total energy requirements

**béton** m: concrete
~ **à air occlus**: air-entrained concrete
~ **à caractéristiques normalisées**: standardised ready-mixed concrete
~ **aéré**: aerated concrete, air-entrained concrete
~ **alvéolaire**: cellular concrete
~ **antiacide**: acid-resisting concrete
~ **apparent**: exposed concrete
~ **architectonique**, ~ **architectural**: architectural concrete
~ **armé**: reinforced concrete
~ **armé de fibres**: fibrous concrete
~ **armé de [fibres de] verre**: glass-reinforced concrete, glassfiber reinforced concrete
~ **asphaltique**: asphaltic concrete
~ **autoclavé**: autoclaved concrete
~ **banché**: formed concrete, shuttered concrete
~ **binaire**: two-component concrete
~ **bitumeux**: bituminous concrete, NA asphaltic concrete
~ **blanc**: white concrete
~ **bouchardé**: bushhammered concrete
~ **brut**: untreated concrete
~ **brut de décoffrage**: unsurfaced exposed concrete, off-form concrete

~ **caverneux**: no-fines concrete
~ **cellulaire**: foam concrete
~ **centrifugé**: spun concrete
~ **chaud**: hot concrete
~ **chauffé**: heated concrete
~ **colloïdal**: colloidal concrete
~ **coloré**: coloured concrete
~ **coulé au sol**: precast concrete (on site)
~ **coulé en masse**: mass concrete
~ **coulé en place**: cast-in-place concrete, cast-in-situ concrete
~ **coulé sous l'eau**: underwater concrete
~ **courant**: plain concrete, unreinforced concrete
~ **cyclopéen**: rubble concrete, cyclopean concrete
~ **d'argile**: rammed clay
~ **d'asphalte**: asphalt concrete
~ **damé**: tamped concrete
~ **de blocage**: preplaced-aggregate concrete, prepared aggregate concrete, prepacked concrete
~ **de centrale**: plant-mixed concrete
~ **de consistance plastique**: plastic concrete, high-slump concrete
~ **de consistance "terre humide"**: no-slump concrete
~ **de masse**: mass concrete
~ **de mousse de laitier**: expanded-slag concrete
~ **de parement**: fair-faced concrete
~ **de plâtre**: gypsum concrete
~ **de ponce**: pumice concrete
~ **de propreté**: (fondations) blinding concrete; (sous dalle) oversite concrete
~ **de rebuts**: waste aggregate concrete, rubble concrete
~ **de remplissage**: filler concrete
~ **de terre**: rammed earth, puddled earth
~ **décapé**: scoured concrete
~ **durci**: hardened concrete
~ **émaillé**: glazed concrete
~ **en sacs**: packaged concrete
~ **essoré sous vide**: vacuum concrete
~ **étuvé**: steam-cured concrete
~ **frais**: fresh concrete
~ **-gaz**: gas concrete
~ **goudronné**: tar concrete
~ **gras**: fat concrete
~ **grésé**: ground concrete
~ **hydrocarboné**: bituminous concrete
~ **immergé**: tremie concrete
~ **injecté**: grout-intruded concrete
~ **jeune**: immature concrete, green concrete
~ **lavé**: washed concrete, exposed aggregate finish concrete
~ **léger**: lightweight concrete

~ **lourd**: dense concrete, high-density concrete, heavy concrete
~ **maigre**: lean concrete
~ **malaxé durant le transport**: truck-mixed concrete, transit-mixed concrete
~ **manufacturé**: precast concrete
~ **mis en place sous l'eau**: tremie concrete
~ **monolithe**: monolithic concrete
~ **moulé**: cast concrete
~ **mousse**: foam[ed] concrete
~ **non armé**: plain concrete, unreinforced concrete
~ **ordinaire**: plain concrete
~ **pervibré**: internally vibrated concrete
~ **piqué**: rodded concrete
~ **plein**: dense concrete
~ **pompé**: pumped concrete
~ **postcontraint**: post-tensioned concrete
~ **précontraint**: prestressed concrete
~ **préfabriqué**: precast concrete
~ **prémalaxé**: ready-mixed concrete
~ **prêt à l'emploi**: ready-mixed concrete, transit-mixed concrete, truck-mixed concrete
~ **projeté**: shotcrete, sprayed concrete
~ **raide**: harsh concrete
~ **réfractaire**: refractory concrete
~ **routier**: paving concrete, pavement concrete
~ **sablé**: sandblasted concrete
~ **sans granulats fins**: no-fines concrete
~ **sans sable**: no-fines concrete
~ **sec**: dry concrete, stiff concrete, no-slump concrete
~ **sous vide**: vacuum concrete
~ **taloché**: floated concrete
~ **ternaire**: three-component concrete
~ **translucide**: glass concrete
~ **vert**: green concrete
~ **vibré**: vibrated concrete
~ **vibré sur coffrage**: form-vibrated concrete

**bétonnage** *m* : concreting, placing of concrete

**bétonnière** *f* : concrete mixer
~ **à couloir**: airslide mixer, chute mixer
~ **à débit discontinu**: batch mixer
~ **à tambour basculant**: tilting mixer
~ **de centrale à béton**: concrete plant mixer
~ **motorisée**: concrete-mixer paver
~ **portée**: truck mixer, transit mixer

**biais** *m* : skew
  **ayant du ~**: (bâtiment) out of straight
  **en ~**: at an angle, on the skew

**bicombustible**: dual fuel

**bidet** *m* : bidet

**bidonville** *m* : shanty town

**bielle** *f* : truss rod
~ **de triangulation**: bracing strut

**bien**, ~ **aménagé**: well appointed
~ **calibré**: well graded
~ **entretenu**: [kept] in good repair, well maintained
~ **nourri**: (couche) generous

**bien-fonds** *m* : real estate (land only)

**biens** *m* : goods, property
~ **assurés**: property covered
~ **endommagés**: property damaged, property destroyed
~ **expressément assurés**: scheduled property
~ **fonciers**: real estate (land only)
~ **garantis**: property covered
~ **immobiliers**: real estate, real property
~ **sinistrés**: damaged property, destroyed property

**bigue** *f* : gin, sheerlegs, shearlegs, shears

**bilame** *m* : bimetallic strip

**bilan** *m*, ~ **énergétique**: energy balance
~ **hydrique**: (hort) moisture balance, water economy, water regime
~ **hydrologique**: water balance, water budget
~ **radiatif**: (chauffage solaire) net radiation
~ **thermique**: heat balance, thermal balance, heat budget

**billage** *m* : ball impact test

**bille** *f* : ball; (de bois) log
~ **de pied**: butt log, butt length
~ **de placage**: veneer bolt
~ **No 2**: second length, second log

**billette** *f* : billet (moulding)

**binaire**: two-pack, two-part, two-component

**biocide** *m* : biocide; *adj* : biocidal

**biofiltration** *f* : biological filtration, biofiltration

**biofloculation** *f* : biflocculation

**biogaz** *m* : biogas

**bipasse** *m* : by-pass

**biseau** *m* : bevel; (couverture métallique) feint
**en ~**: bevelled, splayed

**biseauter**: to bevel

**bistrage** *m* : brown discoloration (on chimney wall), soot stain

**bitume** *m* : bitumen GB, asphalt NA
~ **asphaltique routier**: asphalt cement
~ **direct**: straight-run asphalt NA
~ **fluxé**: cutback asphalt, cutback bitumen
~ **-goudron**: bitumen tar [mixture]
~ **pour couche d'impression**: asphalt primer
~ **routier**: paving asphalt, road asphalt NA, penetration grade bitumen GB
~ **soufflé**: blown asphalt
~ **sous vide**: vacuum asphalt

**bitumineux**: bituminous

**blanc**: white; (vernis, verre) clear
~ **cassé**: broken white, offwhite
~ **d'Espagne**: whiting
~ **de charge**: (peinture) extender
~ **de Meudon**: whiting
~ **de zinc**: zinc oxide, zinc white
~ **fixe**: barium white, blanc fixe

**blanchiment** *m* : bleaching

**blanchir**: (bois) to dress

**blanchisserie** *f* : laundry

**bleu** *m* : blueprint; *adj* : blue

**bleuissement** *m* : (bois) blue stain, blueing

**blindage** *m* : (de fouilles) sheeting, sheathing; (de pieu moulé dans le sol) casing; (de tunnel, de puits) lining
~ **à claire-voie**: crib, cribbing
~ **de puits**: (fondations) well curbing NA, pit boards GB
~ **par planches horizontales**: horizontal sheeting

**blinder**: (une tranchée) to sheet

**bloc** *m* : block, unit
~ **à feuillure**: jamb block

~ **autonome**: (d'alarme, d'éclairage de sécurité) self-contained unit
~ **creux**: (maç) hollow block
~ **d'angle**: corner [return] block
~ **de linteau**: lintel block, U-block
~ **de maçonnerie**: building block, masonry unit
~ **de maçonnerie placé debout**: soldier
~ **de parement**: facing block
~ **de ponçage**: sanding block
~ **éclaté**: split block, split-face block
~ **en béton**: precast concrete block
~ **en U**: lintel block, U-block
~ **normalisé**: standard concrete block
~ **perforé à perforations verticales**: end construction tile
~ **perforé en terre cuite**: structural clay tile NA, hollow tile
~ **refroidisseur**: cooling unit
~ **sanitaire**: lavatory block, toilet block

**bloc-eau** *m* : prefabricated plumbing unit

**bloc-évier** *m* : sink unit

**bloc-fenêtre** *m* : window unit

**bloc-porte** *m* : [prehung] door unit

**blocage** *m* : (de mur) rubble work, random rubble backing, core; (chargeant un arc) backfill over an arch

**blocaille** *f* : rubble stones (for backfill); hardcore

**blochet** *m* : hammer beam

**blondin** *m* : aerial cableway

**bobiné**: wound

**bois** *m* : wood, timber, lumber; (d'un puits) crib
~ **à pores disséminés**: diffuse porous wood
~ **à pores épars**: diffuse porous wood
~ **à zones poreuses**: ring porous wood
~ **abouté**: end-jointed timber
~ **aligné**: square-sawn timber (without wane)
~ **amélioré**: improved wood
~ **avivé d'équerre**: square-edged timber
~ **blanc**: deal, whitewood
~ **carré**: square-sawn timber
~ **classé selon sa résistance**: stress-graded timber
~ **corroyé**: NA dressed lumber, surfaced lumber, GB surfaced timber, dressed timber, wrought timber
~ **d'échantillon**: dimension timber, dimension stock
~ **d'équarrissage**: scantlings, square-sawn timber
~ **d'été**: summer wood
~ **d'œuvre**: timber
~ **de bout**: end-grain wood
~ **de brin**: whole timber, timber in the log
~ **de caisserie**: box boards
~ **de charpente**: structural timber, structural lumber
~ **de cœur**: heartwood
~ **de compression**: compression wood
~ **de droit fil**: straight-grained wood
~ **de fente**: cleft timber, split stuff
~ **de fil**: ripsawn timber, ripped timber
~ **de placage**: veneer
~ **de placage déroulé**: rotary cut veneer
~ **de printemps**: spring wood, early wood
~ **de rose**: rosewood
~ **de sapin**: deal
~ **de sciage**: converted timber, quartered timber, sawn timber
~ **de sciage brut**: undressed timber, unwrought timber
~ **de souche**: stump wood, butt wood
~ **de tension**: (cœur excentré) tension wood
~ **débité**: converted timber
~ **déclassé**: below-grade timber
~ **densifié**: compressed wood, densified wood
~ **échauffé**: doty timber, dozy timber, foxy timber
~ **en grumes**: unbarked timber, round timber, timber in the log
~ **équarri**: square-sawn timber
~ **essevé**: bled timber
~ **étuvé**: kiln-dried wood
~ **feuillu**: hardwood
~ **fin**: fine-grained wood, fine-textured wood, fine-grown wood
~ **final**: late wood
~ **flache**: flitch
~ **franc de nœuds**: clean timber
~ **hétérogène**: uneven-grained wood, uneven-textured wood
~ **homogène**: even-grained wood, even-textured wood
~ **imprégné**: resin-impregnated wood, resin-treated wood
~ **imprégné densifié**: densified impregnated wood GB, compregnated wood NA
~ **initial**: early wood

~ **lamellé**: laminated
~ **lamellé collé**: glued-laminated timber
~ **liquide**: plastic wood
~ **madré**: figured wood
~ **maillé**: comb-grained wood, vertical-grained wood, edge-grained wood, rift-grained wood
~ **massif**: solid timber, solid wood
~ **moucheté**: bird's eye
~ **net**: bright wood
~ **non corroyé**: unwrought timber GB, undressed lumber NA
~ **noueux**: knotty wood
~ **parfait**: heartwood
~ **pelucheux**: wooly-grained wood
~ **pour marches**: stepping
~ **raboté**: dressed timber
~ **refendu**: resawn timber
~ **résineux**: softwood
~ **ronceux**: curly wood
~ **rond**: round wood, round timber, timber in the round
~ **rubané**: ribbon-grained wood
~ **saigné**: bled timber
~ **sain**: sound wood
~ **scié sur maille**, ~ **scié sur quartier**: quarter sawn timber
~ **traité**: preserved wood
~ **vert**: green timber, green lumber
~ **vissé**: spiral-grain wood, twisted-grain wood

**boisage** *m* : (de fouille) timbering, lining, casing; (peinture) graining; (hort) tree planting, young trees, saplings

**boisement** *m* : tree planting

**boiserie** *f* : fine trim, trim, wood panelling
~ **métallique**: metal trim

**boisseau** *m* : (de cheminée) flue block, chimney block; (de robinet) body GB, barrel NA
~ **de terre cuite**: flue tile

**boîte** *f* : box
~ **à fusibles**: fuse box
~ **à graisse**: grease trap
~ **à lettres**: letter box GB, mail box NA
~ **à masse de remplissage**: (él) sealing box
~ **à onglets**: mitre box
~ **à ordures**: dustbin GB, garbage can NA
~ **à rideaux**: pelmet
~ **à sable**: (décintrement) sand box, sand jack
~ **d'artère**: feeder box
~ **de cisaillement**: shear box

~ **de cisaillement à déformation contrôlée**: shear box with strain control
~ **de dérivation**: junction box
~ **de jonction**: junction box
~ **de tirage**: draw-in box GB, pull box NA

**boîtier** *m* : box; (de serrure) case

**bol** *m* : (de scraper) bowl

**bombé**: dished; (paroi) bellied, bellying; (route) cambered

**bombe** *f* : (de pulvérisation) aerosol
~ **fumigène**: rocket tester

**bombement** *m* : (mur) bulge; (route) camber; (poutre) hog
~ **anticlinal**: anticlinal bulge

**bon** *m*, ~ **d'achat**: purchase order
~ **de livraison**: delivery order
~ **de sortie**: issue order

**bon** *adj* : good
~ **sol**: firm soil, firm ground, good ground
**ayant un** ~ **rendement énergétique**: energy efficient
**en** ~ **état**: in good repair, in good condition
**en** ~ **ouvrier**: in a workmanlike manner

**bonde** *f* : (d'appareil sanitaire) outlet, plughole, waste
~ **à bouchon**: plug waste
~ **siphoïde**: trapped waste

**bonification** *f* : (de terres incultes) reclamation

**boqueteau** *m* : copse, spinney

**bord** *m* : edge
~ **à effet d'eau**: (d'appareil sanitaire) flushing rim
~ **abaissé et replié**: (toiture) turned-in nosing
~ **aminci**: feather edge, tapered edge; (plaque de plâtre) recessed edge
~ **avant**: (de pale) leading edge
~ **d'attaque**: (de pale) leading edge
~ **de fuite**: (d'éolienne) trailing edge
~ **de trottoir**: kerb GB, curb NA
~ **en biseau**: feather edge
~ **flacheux**: waney edge
~ **mouillé**: (peinture) wet edge
~ **rabattu**: (renfort d'étanchéité) feint
à ~ **tombé**: (tôle) flanged

**bordereau** *m* **de prix**: schedule of rates, schedule of prices, price schedule

**bordure** *f*: edge trim, edging; (papier peint) frieze; (décorative) border
~ **de parquet**: margin strip
~ **de pignon**: barge board, verge board
~ **de toit**: eaves fascia, fascia
~ **de trottoir**: GB kerb[stone], NA road curb, curbstone

**bordurette** *f* **en béton**: concrete edging

**bornage** *m*: setting, marking (of boundary), staking out
**faire le ~**: to mark out, to peg out, to stake out, to set (the boundary)

**borne** *f*: (de propriété) boundary stone, boundary mark; (él) terminal
~ **d'abonné**: consumer's terminal
~ **d'éclairage**: (espaces verts) lighting bollard
~ **d'incendie**: fire plug
~ **de terre**: earth terminal
~**-fontaine**: street fountain

**borner**: to mark out the boundary, to set the boundary

**bossage** *m*: (devant être travaillé ultérieurement) bossage; (bossage rustique) bossage, rustic work, rustication
~ **à anglet**: chamfered rustication
~ **à chanfrein**: chamfered rustication
~ **à pointes de diamant**: diamond rustication
~ **adouci**: bolster work
~ **continu**: banded rustication
~ **en table**: channel-jointed rustication with reticulated quoins
~ **un sur deux**: banded rustication (on columns)

**bouchardage** *m*: bushhammer finish

**boucharde** *f*: bushhammer
~ **d'enduiseur**: cement roller, granulating roller

**bouche** *f*: inlet, outlet
~ **à ailettes**: vaned outlet
~ **à clé**: stop box (over curb cock), curb stop box, surface box, key-operated service box
~ **avaloir**: gulley, gully
~ **d'aération**: air vent
~ **d'air chaud**: warm air register
~ **d'égout**: gulley, gully
~ **d'évacuation**: exhaust outlet

~ **d'incendie**: [fire] hydrant, fireplug
~ **d'incendie à compression**: compression type hydrant
~ **d'incendie à sphère**: ball hydrant
~ **d'introduction de l'air neuf**: fresh air inlet
~ **de chaleur**: warm air outlet; (réglable) register
~ **de chaleur de plinthe**: bottom register, baseboard register
~ **de lavage**: wash-out hydrant
~ **de reprise**: return air inlet
~ **de soufflage**: outlet grille

**bouche-pores** *m*: [surface] filler
~ **liquide**: sealer
~ **pâteux**: sealing compound

**bouchon** *m*: stopper; (d'évier, de lavabo) waste plug; (placage) patch, plug
~ **d'air**: air lock
~ **de dégorgement**: access eye, cleaning eye, cleanout
~ **de vapeur**: vapour lock
~ **de visite**: cleaning eye, cleanout, inspection fitting
~ **femelle**: cap plug
~ **fusible**: fusible plug
~ **mâle**: pipe plug
~ **taraudé**: screw cap

**boucle** *f*: loop
~ **de dilatation**: expansion loop
~ **de régulation**: control loop
~ **fermée**: closed loop

**bouclier** *m*: (de bulldozer) blade; (d'enduiseur) float; (de protection) shield
~ **antitermites**: termite shield
~ **feutré**: carpet float, felt-faced float

**boudin** *m*: roll moulding
~ **d'étanchéité**: sealing strip

**boue** *f*: (terre et eau) mud; (assainissement) sludge
~ **activée**: activated sludge
~ **alluvionnaire**: sullage
~ **bentonitique**: bentonite mud
~ **brute**: fresh sludge, raw sludge, green sludge, undigested sludge
~ **d'épuration**: sewage sludge
~ **digérée**: digested sludge
~ **épaisse**: heavy sludge
~ **essorée**: dewatered sludge
~ **floculée**: flocculated sludge
~ **fraîche**: fresh sludge, raw sludge, green sludge, undigested sludge
~ **liquide**: slurry

**bouger**: (bois, sol) to move

**bouilleur** *m* : boiler; (de foyer ouvert) back boiler, water back

**bouillie** *f* **de ciment**: cement grout

**boule** *f* : ball
~ **d'argile**: ball of clay
~ **de balustre**: banister knob

**bouleau** *m* : birch

**boulets** *m* : patent fuel

**boulevard** *m* : (fortification) bulwark; (urbanisme) boulevard

**boulin** *m* : (d'échafaudage) putlog; (de colombier) pigeonhole

**boulon** *m* : bolt
~ **à haute résistance**: high-strength friction grip bolt
~ **à œil**: eye bolt
~ **à serrage contrôlé**: high-strength friction grip bolt
~ **à tête hémisphérique**: round-headed bolt
~ **brut**: black bolt
~ **crochet**: hook bolt
~ **d'ancrage**: anchor rod, holding-down bolt
~ **d'assemblage**: tack bolt
~ **de scellement**: anchor bolt, holding-down bolt; (dans mur creux) expansion bolt
~ **de scellement à crans**: barb[ed] bolt, rag bolt
~ **de scellement à queue de carpe**: fishtail bolt
~ **de suspension**: hanger bolt
~ **mécanique**: machine bolt
~ **noir**: black bolt
~ **tourné**: turned bolt

**bourrage** *m* : stopping, packer

**bourrelet** *m* : draught excluder, draught strip; (blessure d'arbre) callus; (de tuile faîtière, de tuyau) flange; (de tuile romane) roll
~ **antipince-doigts**: finger guard

**boursault** *m*, **bourseau** *m* : curb roll

**bousouflure** *f* : (enduit) blub NA, blistering GB; (peinture) blister

**bout** *m* : end
~ **aveugle**: (plb) dead end
~ **droit**: (de tuyau) barrel

~ **mâle**: (joint à emboîture) spigot
~ **uni**: (joint à emboîture) spigot

**bouteille** *f* : bottle
~ **d'air**: (antibélier) air bottle, air vessel
~ **de gaz comprimé**: gas cylinder

**bouterolle** *f* : rivet set, rivet snap

**bouteur** *m* : bulldozer
~ **à chenilles**: crawler dozer
~ **à pneus**: wheeled dozer
~ **biais**: angledozer

**boutisse** *f* : bonding brick, bonder, header
~ **parpaigne**: bond header
~ **posée de chant**: rowlock

**bouton** *m* : button; (de serrure) knob; (ornement) ball flower
~ **coup de poing**: mushroom-headed pushbutton
~ **d'étage**: landing button
~ **de condamnation**: locking button
~ **de porte**: door knob
~ **de sonnerie**: bell push
~ **pression**: (chasse d'eau) pushbutton
~ **tournant**: turn button

**bouton-poussoir** *m* : pushbutton

**boutonnière** *f* : slotted hole

**bouvet** *m* : plane (tool)
~ **à approfondir**: plough plane GB, plow plane NA
~ **à joindre**: match plane
~ **à rainure**: grooving plane
~ **en deux morceaux**: match planes, tonguing and grooving planes
~ **femelle**: grooving plane
~ **mâle à languette**: tonguing plane
~ **mixte**: tonguing and grooving planes

**bouvetage** *m*, ~ **d'about**: end matching
~ **triangulaire**: Vee tongue and groove

**bouveté**: matched

**bouveteuse** *f* : matcher

**bow-window** *m* : bay window, bow window

**box** *m* : lockup garage

**bracon** *m* : stay, strut, brace (against a wall)

**brai** *m* : (de houille) coal tar pitch; (liant hydrofuge) tar

**branche** *f* : branch
~ **d'ogive**: diagonal rib

**branchement** *m* : branch, branching; (eau, gaz, él) connection
~ **d'abonné**: service cable, service pipe
~ **d'appareil**: fixture drain (for single fixture)
~ **d'eau**: service connection
~ **d'eau général**: service pipe (from public main to meter)
~ **d'égout**: house sewer, building sewer
~ **de ventilation**: branch vent
~ **de vidange de WC**: soil branch
~ **de vidange**: branch drain, fixture drain
~ **particulier**: consumer connection, house connection; (d'égout) house sewer, building sewer (into public sewer)
~ **sur ligne aérienne**: (él) service drop

**brancher**: to connect; (él) to plug in

**bras** *m* : arm
~ **de godet**: (de pelle mécanique) dipper arm
~ **mort**: (de tuyau) dead end
à ~ : hand [operated]

**brasage** *m* : brazing

**brasero** *m* : brazier

**brasure** *f* : hard soldering

**brèche** *f* : (géol) breccia

**bretèche** *f* : bartizan, bartisan

**bretelle** *f* : (construction métallique) stay plate, batten plate

**bretteler, bretter**: (la pierre) to notch, to tool (with roughing hammer)

**bricolage** *m* : do-it-yourself, d.i.y, home improvement

**bride** *f* : (de tuyau) flange
~ **angulaire**: angle flange
~ **coulissante**: slip-on flange
~ **de sol**: floor flange
~ **folle**: loose flange
~ **pleine**: blank flange

**brigade** *f* : gang, shift (of workmen)

**brillant** *m* : (d'une peinture) gloss

**brillantage** *m* : (du métal) brightening

**briquaillons** *m* : broken brick

**brique** *f* : brick
~ **à arrêt de chanfrein**: chamfer stop brick
~ **à paver**: paving brick
~ **à résistance garantie**: engineering brick
~ **à rupture de joint**: double-leaf block
~ **allégée**: lightweight brick
~ **alvéolaire**: cellular brick
~ **calibrée**: gauged brick
~ **chanfreinée**: bevel brick
~ **claveau**: arch brick
~ **couteau**: arch brick
~ **creuse**: GB hollow masonry unit, hollow clay block, NA structural clay tile
~ **creuse à perforations horizontales**: side construction tile
~ **creuse à perforations verticales**: end construction tile, vertically perforated brick, V-brick
~ **crevassée**: chuff [brick]
~ **crue**: green brick, unburnt brick
~ **d'adobe**: adobe brick
~ **d'aération**: air brick
~ **d'angle**: angle brick
~ **d'échantillon**: brick of standard dimensions
~ **de bois**: wooden brick, nailing brick, fixing brick
~ **de parement**: facing brick
~ **de pavage**: paving brick
~ **de placage**: veneer brick
~ **de silice**: silica brick
~ **de ventilation**: air brick
~ **de verre**: glass block, glass brick
~ **déchaussée**: loose brick
~ **destinée à rester apparente**: face brick
~ **en attente**: toother, tusk
~ **en coin**: compass brick, gauged brick, arch brick, radial brick
~ **en sifflet**: splay brick, cant brick, slope brick
~ **en terre cuite**: clay brick
~ **extrudée**: wirecut brick
~ **filée**: wirecut brick
~ **flammée**: flashed brick
~ **moulurée**: moulded brick
~ **normalisée**: standard brick
~ **perforée**: perforated brick
~ **plâtrière**: hollow clay block, partition block
~ **pleine**: solid brick
~ **posée de chant**: rowlock
~ **pressée**: pressed brick

**~ quart de rond**: bullnose brick
**~ réfractaire**: fire brick, refractory brick
**~ résistant aux acides**: acid-resistant brick
**~ rustique**: rustic brick
**~ sablée**: sandfaced brick
**~ silico-calcaire**: sand-lime brick, calcium silicate brick
**~ sur chant**: brick on edge
**~ tendre**: cutter, rubber

**briquet** *m* : (men) flap hinge

**briquetage** *m* : brickwork, imitation brickwork
**~ irrégulier**: skintled brickwork
**~ rustique**: skintled brickwork

**briqueteau** *m* : brickbat, bat

**briqueter**: to brick, to face with brick, to face in imitation brickwork

**briqueterie** *f* : brickworks

**briqueteur** *m* : bricklayer

**briqueton** *m* : brickbat, bat

**briquette** *f* : brick slip

**brise-béton** *m* : concrete breaker, road breaker

**brise-jet** *m* : antisplash nozzle

**brise-soleil** *m* : brise-soleil, sunbreaker

**brise-vent** *m* : windbreak, windscreen

**brisis** *m* : lower slope of a Mansard roof

**brisure** *f* : break (in a curve); folding joint (of a shutter)
**~ de comble**: knuckle joint (of roof)

**broche** *f* : (de prise de courant, de charnière, d'assemblage) pin
**~ d'assemblage**: drift [pin]
**~ de serrure**: key pinch

**bronzage** *m* : (peinture) bronzing

**brosse** *f* : brush
**~ à peinture**: paint brush
**~ de dépoussiérage**: dusting brush
**~ métallique**: wire brush

**brouette** *f* : barrow, wheelbarrow
**~ automotrice**: power barrow

**brouillard** *m* : fog; (défaut de peinture) haze
**~ salin**: (pour essais) salt spray

**broussailles** *f* : undergrowth, scrub, brushwood

**broussin** *m* : burr (rough surface)

**broutage** *m* : (d'un outil) chatter[ing]

**broyeur** *m* : crusher
**~ à barres**: rod mill
**~ à boulets**: ball mill, ball crusher
**~ à cône**: gyratory crusher
**~ à ordures**: waste disposal unit GB, garbage disposal unit NA
**~ d'évier**: waste disposal unit GB, garbage disposal unit NA

**bruit** *m* : noise
**~ aérien**: airborne noise
**~ blanc**: white noise
**~ d'environnement**: ambient noise
**~ d'impact**: impact noise
**~ de fond**: background noise
**~ de structure**: structure-borne noise
**~ extérieur**: external noise
**~ rose**: pink noise

**brûler**: to burn; (vieille peinture) to burn off

**brûleur** *m* : burner
**~ à flamme bleue**: (gaz) aerated burner
**~ à flamme blanche**: (gaz) nonaerated burner
**~ à pulvérisé**: powdered fuel burner
**~ de mise en route**: starting burner, priming burner

**brûloir** *m* : (peinture) blowlamp

**brunir**: (métal) to burnish

**brut**: rough, untreated
**~ de fonderie**: as cast
**~ de laminage**: as rolled

**BTE** → besoins totaux d'énergie

**buanderie** *f* : laundry

**bucrâne** *m* : bucrane, bucranium

**buffet** *m* : (de restaurant) buttery

**buisson** *m* : bush

**bulbe** *m* : bulb
**~ de pression**: pressure bulb
**~ formant semelle**: (de pieu) belled-out bottom bulb, widened bulb

**bullage** *m* : (béton banché) surface voids, blowholes, bug holes; (paint) bubbling

**bulldozer** *m* : bulldozer; → aussi **bouteur**
~ **à lame orientable**: angledozer
~ **à lame inclinable**: tiltdozer

**bureau** *m* : office; (dans un immeuble sans ascenseur) walk-up
~ **cloisonné**: partitioned office
~ **d'études**: design office
~ **de chantier**: field office, job office, site office
~ **de dessin**: drawing office
~ **paysagé**, ~ **paysager**: open-plan office

**burette** *f* **à huile**: oil can

**burin** *m* : chipping chisel
~ **à mater**: ca[u]lking tool, ca[u]lking chisel

**buse** *f* : (tronçon de canalisation) duct; (sortie d'appareil de projection) nozzle; (fumisterie) flue collar; (irrigation) water channel
~ **à fente**: fan nozzle
~ **à turbulence**: cone nozzle

**butée** *f* : end stop; thrust (of ground, of retained earth); abutment (of bridge pier)
~ **de coude**: (de canalisation) concrete surround to bend
~ **des terres**: passive earth pressure, passive earth resistance

**buter**: (contre) to butt against, to rest against

**butoir** *m* : (de porte) door bumper, doorstop

**buton** *m* : (blindage de fouille) stay, strut; (de coffrage) spreader

# C

**c.a.** → **courant alternatif**

**cabane** *f* : hut, shed; (logement) shanty

**cabine** *f* : (d'ascenseur) car; (d'engin) cab; (de douche, de w.c.) cubicle
~ **de douche**: shower cubicle GB, shower stall NA
~ **de peinture**: spray booth
~ **téléphonique**: call box, telephone box

**câblage** *m* : wiring

**câble** *m* : cable; (d'armature de béton armé) tendon
~ **aérien**: (de manutention) aerial cableway, aerial ropeway; (él) overhead cable
~ **blindé**: armoured cable, sheathed cable, shielded cable
~ **concordants**: concordant tendons
~ **de distribution**: main cable
~ **de tirage**: draw cable, fishing wire
~ **électrique**: electric cable
~ **métallique**: wire rope
~ **non adhérent**: unbonded tendon
~ **sous gaine**: sheathed cable
~ **relevé**: (b.a.) deflected tendon

**cabochon** *m* : (de voyant) lens

**cache** *m* : mask

**cache-entrée** *m* : (de serrure) drop escutcheon, drop key plate, drop guard

**cache-radiateur** *m* : radiator casing

**cache-tête** *m* : (de vis) dome top

**cachetage** *m* : (du béton) sealing (with cement paste)

**cachot** *m* **de basse-fosse**: dungeon

**cadastre** *m* : land register

**cadenas** *m* : padlock

**cadette** *f* : a small paving stone

**cadran** *m* : dial
~ **mobile d'appareil**: selector dial
~ **solaire**: sundial

**cadranure** *f* : star shake

**cadre** *m* : frame; (de bas-relief) quadra; (de fouille, de regard) frame; (de pose de briques à rupture de joints) mortar tray
~ **d'entretoisement**: crossbracing, lateral bracing, transverse bracing, sway bracing
~ **de mise en charge**: loading frame
~ **dormant**: doorframe, doorcase
~ **élastique**: elastic frame
~ **et tampon**: (de regard d'égout) manhole frame and cover
~ **fermé**: closed frame
~ **métallique**: mortar tray (for V bricks)
~ **rigide**: rigid frame
à ~ **sur un parement**: (men) single measure
à ~ **aux deux parements**: (men) double measure

**cage** *f* : cage
~ **d'ascenseur**: lift shaft GB, elevator shaft, hoistway NA
~ **d'escalier**: staircase, stairway, stairwell, well
~ **d'escalier en surpression**: (désenfumage) pressurized staircase

**cahier** *m* : log
~ **des charges [général]**: general conditions (of the contract); specifications (by employer or architect)
~ **des clauses générales**: general conditions of contract
~ **des clauses particulières**: supplementary general conditions
~ **des clauses spéciales**: special conditions of contract
~ **des clauses techniques**: technical specifications

**caillasse** *f* : hardcore, road metal

**caillebotis** *m* : (en bois) duckboards; (formant plancher) grating

**caillou** *m* : stone

**cailloutis** *m* : broken stone, stone chippings

**caisse** *f* : case; (en bois) crate; (de magasin) cash desk
~ **de soupirail**: areaway

**caisson** *m* : (de plafond) cassoon, coffer, lacunar; (clim) air terminal unit; (men) box
~ **à air comprimé**: pneumatic caisson
~ **de contrepoids**: (de fenêtre à guillotine) weight pocket, weight box
~ **de traitement d'air**: air handler
~ **havé**: drop caisson
~ **hydraulique**: cofferdam

**caissonné**: coffered

**calamine** *f* : mill scale, scale (on steel)

**calcaire** *m* : chalk, limestone
~ **oolithique**: oolitic limestone
~ **sableux**: sandy limestone

**calcicole**: calcicolous, lime-loving

**calcifuge**: calcifugous, lime-hater

**calcin** *m* : cullet

**calcul** *m* : calculation, computation; (études) design
~ **à la limite**: limit design
~ **à la rupture**: ultimate design
~ **de la force de poussée**: earth pressure calculation, earth pressure computation
~ **des constructions**: structural design
~ **des déblais**: excavation calculation
~ **des égouts**: sewer design
~ **des ouvrages**: structural design
~ **du dosage**: proportioning design, mix design
~ **en élasticité**: elastic design
~ **en plasticité**: plastic design

**cale** *f* : shim; setting block; distance piece; (pose de pierres à joints réglés) skid
~ **biaise**: wedge
~ **d'espacement**: (armature de b.a.) spacer
~ **de pose**: (de ferraillage) bar spacer
~ **de serrage**: (de coffrage) easing wedge, striking wedge

**cale-porte** *m* : doorstop

**calendrier** *m* : calendar; time schedule
~ **d'exécution des travaux**: work schedule, construction schedule
~ **de projet**: project [time] schedule

**calfater**: (un joint) to caulk, to pack

**calfeutrage** *m*, **calfeutrement** *m* : joint filler, sealing, packing; weather strip, draughtproofing

**calibrage** *m* : (selon la taille) grading; (maç) gauging

**calibre** *m* : gauge; (de fusible) carrying capacity, current rating
~ **à traîner**: (plâtre) horse mould, running mould
~ **de profondeur**: depth gauge
~ **pour fils**: wire gauge

**calibré**: graded; gauged; (tamisé) screened, sized

**caloduc** *m* : heat duct, heat pipe, heat tube

**caloporteur**: heat carrying, heat conducting

**calorifère** *m* : (chauffage à air chaud) furnace

**calorifugeage** *m* : insulating jacket, lagging

**calquer**: to trace (a drawing)

**cambium** *m* : cambium, growth wood

**cambriolage** *m* : break-in

**cambrure** *f* : bow, bowing

**came** *f* : (de vitrail) came

**camion** *m* : lorry GB, truck NA; (pour rouleau de peinture) tray
~ **à benne basculante**: dump truck, tipping lorry
~~**benne**: tipping lorry, tipping truck, tipper
~~**bétonnière**: agitating lorry, truck mixer, agitating truck
~~**citerne** *m* : tanker
~ **de chantier**: off-highway truck, off-road hauler
~ **malaxeur**: agitating truck, transit mixer, transit-mix truck, truck mixer
~~**tribenne**: three-way tipper

**camionnage** *m* : haulage

**campagne** *f* : countryside; (de travaux) season
~ **d'exploration**: exploratory program

**campaniforme**: bell-shaped

**canal** *m* : canal, channel
~ **à écoulement libre**: open channel
~ **à surface libre**: open channel
~ **d'amenée**: (à un moulin) mill leat GB, headrace
~ **d'écoulement**: drain
~ **d'évacuation**: (irrigation) overflow channel
~ **de décharge**: outfall channel
~ **de fuite**: tailrace
~ **de trop-plein**: overflow channel

**canalisation** *f* : pipe, conduit; (eau, gaz, él, air comprimé) service main
~ **amont**: inlet pipe
~ **bouclée**: ring main
~ **d'évacuation**: drainage pipe, waste pipe, drain pipe
~ **d'évacuation enterrée**: underground drain pipe
~ **de jonction**: (entre secteur et abonné) service pipe
~ **électrique**: cable trunking, trunk; conduit, raceway
~ **en aval**: outlet pipe
~ **en boucle**: loop circuit
~ **en ceinture**: ring main
~ **enfouie**: buried pipe
~ **principale**: main [pipe]
~ **sous plancher**: floor duct
~**s**: piping

**candélabre** *m* : (éclairage public) lighting column

**canevas** *m* **de base**: (topo) control points

**caniveau** *m* : channel; (écoulement ouvert) drain, drainage gutter; (de rue) gutter; (défaut de soudage) groove; (él) conduit, raceway
~ **à double dévers**: Vee gutter, V-channel
~ **à fentes**: slot drain
~ **de soudage**: undercut

**canne** *f*, ~ **d'arrosage**: standpipe
~ **de dégorgement**: drain rod

**cannelé**: corrugated, fluted

**cannelure** *f* : (d'un poteau) groove; (de rejet d'eau, en sous-face) throating
~**s**: fluting
~**s à listel**: ribbed fluting

**canon** *m* : gun; (de serrure de sûreté) cylinder
~ **à ciment**: cement gun
~ **d'arrosage**: raingun, giant rainer
~ **de passage**: (él) bush

**canton** *m* : (de voûte) section of a vault

**cantoné**: cantoned

**caoutchouc** *m* : rubber
~ **butylique**: butyl rubber
~ **chloré**: chlorinated rubber
~ **mousse**: foam rubber, sponge rubber
~ **néoprène**: neoprene rubber
~ **silicone**: silicone rubber
~ **synthétique**: synthetic rubber

**capacité** *f* : capacity; (de production) throughput
~ **à ras**: struck capacity
~ **à refus**: heaped capacity
~ **avec dôme**: heaped capacity
~ **calorifique**: heat capacity
~ **de réservoir**: tankage
~ **limite**: ultimate capacity
~ **nominale**: design capacity
~ **portante**: (d'un sol) bearing capacity
~ **portante admissible**: safe bearing capacity, allowable bearing capacity
~ **portante limite**: ultimate bearing capacity
~ **prévue**: design capacity
~ **utile**: (d'un ouvrage hydraulique) useful storage, effective storage

**capillarité** *f* : capillarity, capillary attraction

**capricorne** *m* : longhorn beetle

**capsule** *f* **manométrique**: pressure cell

**capteur** *m* : sensor; (d'un instrument) probe; (solaire) collector
~ **à absorbeur en spirale**: spiral collector
~ **à air**: air-type collector
~ **à circulation d'eau**: liquid-cooled collector
~ **à concentration**: concentrating collector
~ **à double vitrage**: two-glass collector
~ **à foyer**: concentrating collector
~ **à liquide**: liquid-type collector
~ **à ruissellement**: trickling-water collector
~ **d'énergie radiante**: radiant sensor
~ **de mesure**: pickup, transducer
~ **de pression**: pressure cell

~ **plan fixe**: flat-plate collector
~ **solaire**: solar collector

**caractéristique** *f*: characteristic, property
~ **géotechnique**: engineering property
**~s en régime permanent**: continuous rating
**~s techniques de performance**: performance specifications

**carbonatation** *f*: carbonation

**carcasse** *f*: (ossature) frame, carcass, carcase
~ **de compresseur**: compressor housing compressor

**carneau** *m*: (de four) flue

**carnet** *m*: notebook, logbook
~ **de battage**: driving record, penetration record
~ **de bord**: housekeeping logbook, maintenance logbook
~ **de ferraillage**: bending schedule
~ **de nivellement**: level book
~ **de relevés**: field book
~ **de tours d'horizon**: angle book

**carottage** *m*: core boring, core drilling, coring

**carotte** *f*: core, core sample
~ **de sondage**: drill core
~ **plein diamètre**: full-size core

**carottier** *m*: core drill, core bit, corer, sampler
~ **à piston**: piston core sampler, piston corer
~ **à chute libre**: free-fall corer
~ **battu**: driven sampler, hammer sampler

**carré** *m*: square; (de moulure) quirk; *adj*: square; (baie de fenêtre, de porte) square-headed
~ **de manœuvre**: (de serrure) knob stem
~ **et baguette**: quirk bead, bead and quirk

**carreau** *m*: (de fenêtre) pane; (de pierre) stretcher; (de revêtement de mur ou de sol) tile
~ **d'argile non vernissé**: quarry tile
~ **d'asphalte**: asphalt tile
~ **de céramique**: ceramic tile
~ **de chant**: bull stretcher
~ **de liège**: cork tile
~ **de mosaïque de marbre**: terrazzo tile

~ **de pavage**: paving tile
~ **de plâtre**: precast plaster block, plaster slab, partition slab, partition tile, gypsum block
~ **de terre cuite**: quarry tile
~ **de verre**: square, quarry glass
~ **de vitrail**: (surtout en diagonale) quarrel, quarry glass
~ **en béton**: concrete tile
~ **en terre cuite**: clay tile

**carrelage** *m*: tiling

**carrelé**: tiled

**carreleur** *m*: tiler GB, tile setter NA

**carrière** *f*: quarry; (de granulats) pit
~ **d'emprunt**: borrow area, borrow pit, NA barrow pit

**carrossable**: suitable for motor vehicles, trafficable

**carrousel** *m*: lazy susan, revolving shelf

**carte** *f*: map
~ **météorologique**: weather map
~ **pluviométrique**: rain chart

**carter** *m*: (méc) housing; (de ventilateur) case, casing
~ **d'huile**: oil sump

**carton** *m*: cardboard
~ **d'amiante**: asbestos millboard
**~-fibre**: fibreboard, fiberboard
~ **fort**: millboard
**~-paille**: strawboard

**cartouche** *f*: cartridge
~ **filtrante**: filter canister, filter cartridge
~ **fumigène**: smoke rocket, rocket tester

**cartouche** *m*: (de plan) title panel, title block

**caserne** *f*: barracks
~ **de pompiers**: fire station

**casque** *m*: helmet; (de chantier) hard hat
~ **de battage**: pile helmet, pile cap, driving cap, driving helmet
~ **de pieu**: pile cap, pile helmet, driving cap, driving helmet
~ **protecteur**: crash helmet, hard hat

**cassant**: brittle; (bois) brash[y]; (métal) short
~ **à froid**: cold short

**casse** f : break, breakage
 ~ **en long**: (verre) snake
 ~ **en travers**: (verre) cross break

**casse-vide** m : vacuum breaker

**casse-vitesse** m : traffic calmer

**cassure** f : break, fracture
 ~ **dentelée**: jagged failure, jagged fracture
 ~ **en sifflet**: splayed failure, splayed fracture
 ~ **fibreuse**: fibrous fracture
 ~ **franche**: clean break, sharp break
 ~ **nette**: clean break, sharp break
 ~ **par fendage**: splitting failure, splitting fracture
 ~ **soyeuse**: silky failure, silky fracture

**cathédrale** f : cathedral

**caution** f **de participation à une adjudication**: bid bond

**cautionnement** m : bond
 ~ **d'exécution [de contrat]**: performance bond
 ~ **de bonne fin**: performance bond
 ~ **de soumission**: bid bond, tender bond
 ~ **pour salaires et matériaux**: labor and material payment bond

**cavage** m : (terrassement) crowding

**cavalier** m : (fixation) staple; (él) jumper lead
 ~ **de déblais**: spoil bank

**cave** f : cellar

**cavet** m : cavetto, quarter hollow

**cavitation** f : cavitation

**CCG** → **cahier des clauses générales**

**CCS** → **cahier des clauses spéciales**

**CCT** → **cahier des clauses techniques**

**CE** → **colonne d'eau**

**Cé** m : (profilé) beaded channel, half-round

**céder**: to give [way] under a load, to yield

**cellule** f : cell; (él) cubicle
 ~ **fermée**: closed cell
 ~ **manométrique**: pressure cell
 ~ **ouverte**: open cell
 ~ **photoélectrique**: photoelectric cell

**cémenté**: case hardened

**cendre** f : ash
 ~**s volantes**: fly ash
 ~**s volantes agglomérées**: sintered fuel ash

**cendrier** m : ash box, ashpan, ashpit

**central** m **téléphonique**: telephone exchange

**centrale** f : plant, station
 ~ **à béton**: concrete mixing plant
 ~ **d'enrobage**: asphalt plant, coating plant
 ~ **de chauffage urbain**: district heating station
 ~ **de climatisation**: air-handling unit
 ~ **de dosage**: batching plant
 ~ **électrique**: power station
 ~ **électrosolaire**: solar power farm, solar power plant
 ~ **éolienne**: wind power plant, wind power station
 ~ **hélio-électrique**: solar power farm, solar power plant
 ~ **mobile**: mobile plant, travelling plant
 ~ **pluricombustible**: multifired power station

**centre** m : centre GB, center NA
 ~ **commercial**: GB shopping centre, NA mall, shopping precinct
 ~ **de cisaillement**: shear centre
 ~ **de flexion**: flexural centre
 ~ **de gravité**: centre of gravity; (d'une surface ou aire) centroid
 ~ **de pression**: centre of pressure
 ~ **de torsion**: center of twist, torsional center
 ~ **de tracé d'un arc**: striking point
 ~ **medical**: medical centre, clinic
 ~ **social**: community centre
 ~ **ville**: town centre, city centre GB, downtown NA

**centrifugation** f : (béton, tuyau) spinning

**centrifugé**: spun

**cerce** f : template (for curved profile)

**cerclage** m : banding

**cercle** m : circle
 ~ **de glissement**: circle of failure, circle of shear, circle of sliding
 ~ **de Mohr**: Mohr's circle

~ **de pied**: toe circle
~ **de talus**: slope circle

**cerne** *m* : (bois) growth ring

**certificat** *m* : certificate
~ **d'assurance**: insurance certificate
~ **d'avancement**: progress certificate
~ **d'origine**: certificate of origin
~ **de conformité**: certificate of compliance
~ **de paiement**: payment certificate
~ **de réception provisoire**: certificate of completion

**céruse** *f* : white lead

**CF** → **coupe-feu**

**chaînage** *m* : (topo) chaining; (maç) chain bond, joint reinforcement, masonry reinforcement

**chaîne** *f* : chain; (maç) belt course, string course
~ **à godets**: bucket chain, Persian wheel, noria
~ **d'angle**: coin stones, coins, quoin stones, quoins; (en matière noble) dresssing
~ **d'angle appareillée d'avance**: [corner] leader
~ **d'arpenteur**: engineer's chain, measuring chain
~ **d'encoignure**: coin stones, coins, quoin stones, quoins, corner stones
~ **de liaison verticale**: stone pier (in brickwork), brick pier (in rubble work)
~ **de sûreté**: safety chain, door chain
~ **horizontale**: lacing course

**chaîner**: (topo) to chain

**chaire** *f* : pulpit

**chaise** *f* : chair; (construction métallique) angle cleat; (de tuyau) hanger; (d'armature, de cloison) chair; (de clocher, de tour) timberwork, frame
~ **d'implantation**: (de talus, de fouilles) profile GB, batter board NA
~ **pendante**: pendant bracket
~ **suspendue**: pendant bracket

**chalet** *m* : holiday bungalow

**chaleur** *f* : heat
~ **consommée**: heat input
~ **d'hydratation**: heat of hydration
~ **dissipée**: waste heat
~ **émise**: (par radiateur) heat output

~ **extraite du milieu**: environmental heat
~ **fournie**: heat input
~ **latente**: latent heat
~ **massique**: specific heat
~ **perdue**: waste heat; (par dissipation) stray heat
~ **rayonnante**: radiant heat
~ **résiduelle**: residual heat, afterheat
~ **sensible**: sensible heat
~ **solaire**: solar heat
~ **tirée du milieu**: environmental heat

**chalumeau** *m* : blowlamp GB, blowtorch NA
~ **à acétylène**: acetylene blowlamp, acetylene torch
~ **à flamme oxyacétylénique**: oxyacetylene torch

**chambranle** *m* : (de cheminée) chimney piece, chimney surround; (de fenêtre, de porte) casing, jamb lining, door lining, liner, doorcase
~ **rapporté**: architrave, trim

**chambre** *f* : (une pièce) room; (une enceinte) chamber
~ **à coucher**: bedroom
~ **à écume**: scum chamber
~ **à fumée**: smoke chamber
~ **de combustion**: (de chaudière) furnace
~ **de combustion et accessoires**: combustor
~ **de fermentation**: fermentation tank
~ **de maître**: master bedroom
~ **de tirage**: draw-in box
~ **des cloches**: bell chamber
~ **des pompes**: pump pit
~ **des vannes**: gate house
~ **du Trône**: presence chamber
~ **forte**: strongroom
~ **froide**: cold room, chill room
~ **sourde**: dead room

**chamotte** *f* : grog

**champ** *m* : field; (parfois utilisé à tort au lieu de **chant**)
~ **d'écoulement en tourbillons libres**: (éolienne) trailing vortex flow field
~ **d'épandage**: sewage farm
~ **de miroirs**: (chauffage solaire) array
~ **des contraintes**: stress field
~ **des vitesses du vent**: wind field
~ **libre**: (acoustique) free field

**champignon** *m* : (végétal) fungus; (de cheminée) metal chimney cowl; (de dalle pleine) column head
~ **de rouille**: tubercule

**champignonnage** *m* : tuberculation

**chancel** *m* : choir enclosure (particularly in paleo-christian churches)

**chandelle** *f* : (étai) dead shore

**chanfrein** *m* : chamfer

**chanfreiné**: chamfered, splayed

**changement** *m* : change
~ **de destination**: (d'immeuble existant) change of use
~ **de pente**: break in grade
~ **de signe**: (d'une force) reversal

**chanlatte** *f* : cant board, cant strip, eaves board, eaves catch, tilting fillet

**chant** *m* : edge
~ **avivé**: splayed edge
~ **biais**: splayed edge
~ **rond**: (baguette) pencil round
**de ~, sur ~**: on edge

**chantepleure** *f* : weephole (in wall)

**chantier** *m* : site
~ **de construction**: building site GB, job site NA, construction site, project site
~ **de démolition**: demolition site
**au ~**: in the field
**de ~**: field, job

**chantigno[l]le** *f* : (maç) split [brick]; (toiture) purlin cleat, angle cleat

**chantourné**: (pignon) shaped

**chanvre** *m* : hemp

**chape** *f* : (attache) clevis; (couche) topping, layer; (floor finishing) screed
~ **bitumineuse**: bituminous covering
~ **d'étanchéité**: (cuvelage) damp-proof membrane
~ **de ragréage**: levellling screed
~ **de sol**: floor screed
~ **désolidarisée**: unbonded screed
~ **en ciment**: cement screed
~ **étanche**: impervious blanket, waterproof blanket
~ **incorporée**: built-in screed

**chapeau** *m* : (d'armature de dalle) top bar; (de cheminée en tôle) chimney hood, cowl; (d'égout) scum; (de palée) pile cap; (de poteau) bolster; (de poutre en béton) top bar
~ **de continuité**: (b.a.) continuity bar
~ **de gendarme**: eyebrow window
~ **de ventilation**: vent cap

**chapelet** *m* : astragal, bead moulding, chaplet

**chapelle** *f* : chapel; (d'une fondation) chantry
~ **absidale**: apse chapel
~ **de la Vierge**: Lady chapel
~ **en absidiole**: apsidal chapel
~ **rayonnante**: radiating chapel, radial chapel, peri-apsidal chapel
~ **royale**: chapel royal

**chaperon** *m* : (mur) cope, coping
~ **à deux égouts**: saddle coping, saddleback coping
~ **à un versant**: feather-edged coping, splayed coping, wedge coping
~ **en glacis**: splayed coping, featheredge coping, wedge coping

**chapiste** *m* : topping applicator

**chapiteau** *m* : capital
~ **à balustres**: baluster capital
~ **à crochets**: crocket capital
~ **à godrons**: scalloped capital
~ **angulaire**: angle capital
~ **campaniforme**: bell capital
~ **cubique**: cushion capital, pillow capital
~ **cubique festonné**: scalloped cushion capital
~ **festonné**: scalloped capital
~ **godronné**: gadrooned capital
~ **hathorique**: Hathoric capital
~ **historié**: historiated capital
~ **imposte**: impost capital
~ **palmiforme**: palm capital
~ **papyriforme**: papyriform capital

**chapitre** *m* : chapter

**charbon** *m* : coal
~ **actif**: activated charcoal, activated carbon
~ **activé**: activated charcoal, activated carbon
~ **de bois**: charcoal
~ **domestique**: house coal
~ **flambant**: free-burning coal, gas flame coal, long flame coal, open burning coal
~ **gras**: caking coal
~ **maigre**: lean coal, [dry] steam coal, low volatile coal
~ **tout venant**: through coal, unscreened coal, run-of-mine coal

**charge** *f* : (force) load, stress NA; (de peinture) filler; (de plâtre, d'enduit) thickness; (colonne de liquide) head, pressure head, static head; (en fluide frigorigène) charge
~ **à admettre**: design load, permissible load
~ **admise**: design load; (supposée) assumed load
~ **admissible**: allowable load, safe load
~ **alternée symétrique**: completely reversed load
~ **au milieu**: midspan loading
~ **axiale**: axial load
~ **combustible**: combustible load
~ **composée**: compound load
~ **concentrée**: concentrated load
~ **critique**: critical load
~ **d'exploitation**: service load, working load, operating load
~ **d'incendie**: fire load
~ **d'un lit**: (épuration de l'eau) filter loading
~ **de base**: (él) baseload
~ **de circulation**: traffic load
~ **de crête**: peak load
~ **de flambement**: buckling load, crippling load
~ **de fonctionnement**: operating load
~ **de longue durée**: sustained load
~ **de pointe**: peak load
~ **de réfrigération**: cooling load
~ **de rupture**: breaking load, failure load, fracture load, ultimate load
~ **de service**: service load, working load
~ **de traction**: tensile load, NA tensile stress
~ **due au poids propre**: dead load
~ **dynamique**: dynamic load, impact load
~ **élémentaire isolée**: single-point load
~ **en pollution**: pollution load
~ **excentrée**: eccentric load, off-centre load
~ **excentrique**: eccentric load, off-centre load
~ **fixe**: dead load
~ **hydraulique**: (pression) hydraulic head; (traitement de l'eau) hydraulic load
~ **isolée**: single-point load
~ **latérale dans toutes les directions**: all-round loading
~ **limite**: ultimate load
~ **longitudinale**: axial load
~ **nominale**: (de levage) safe working load
~ **payante**: payload GB, pay dirt NA
~ **périodique**: pulsating load
~ **permanente**: permanent load, dead load, own load
~ **polluante**: pollutional load
~ **ponctuelle**: point load
~ **pratique**: service load
~ **répartie**: distributed load
~ **roulante**: rolling load
~ **statique**: static load
~ **superficielle**: surface loading
~ **supposée**: assumed load
~ **thermique**: heat load
~ **ultime**; ultimate load
~ **uniforme équivalente**: equivalent uniform live load
~ **uniformément répartie**: uniformly distributed load
~ **utile**: (godet) pay load GB, pay dirt NA; (levage) duty load
~ **variable**: live load
~**-tassement**: load-settlement
~**s et surcharges de service**: dead and live loads

**chargeur** *m* → **chargeuse**

**chargeuse** *f* : loader
~ **à l'avancement**: front-end loader, scoop loader
~ **pelleteuse**: loading shovel
~ **sur pneus**: wheel[ed] loader

**chariot** *m* : (transport d'objets lourds) dolly; (de grue) crab
~ **baladeur**: (assainissement) travelling distributor
~ **électrique**: industrial truck
~ **élévateur**: forklift truck

**charmille** *f* : arbour; tree-covered walk

**charnier** *m* : charnel house, charnel

**charnière** *f* : butt hinge
~ **anticlinale**: arch bend
~ **à billes**: ball bearing hinge
~ **à broche démontable**: loose-pin butt hinge
~ **à broche rivée**: fast-pin hinge
~ **dégondable**: loose-joint hinge, lift-off hinge
~ **en Té**: T-hinge
~ **invisible**: blind hinge
~ **piano**: piano hinge, continuous hinge

**charnon** *m* : hinge knuckle

**charpente** *m* : frame; (ossature) framework, framing; (en bois) timbers, timberwork
~ **à plate-forme**: (ossature en bois) platform framing, western framing

**charpenterie** / **chauffage**

~ **de toit**: roof framing, roof timbers, roof timberwork
~ **en bois**: timber frame; (de gros-œuvre) first fixings, structural timbers
~ **métallique**: steel construction, steel structure, steel frame, structural steelwork
**de ~**: structural

**charpenterie** f : carpentry work

**charpentier** m : carpenter
~ **en fer**: steelwork erector

**chasse** f : (outil) pitching chisel, pitching tool
~ **d'eau**: (de w.c.) flush; (curage à l'eau) flushing

**chasse-boulon** m : driftbolt

**chasse-clou** m : nail punch

**chasse-cloué**: punched (with a nail punch)

**chasse-pointe** m : brad punch

**chasse-roue** m : fender, guard stone

**châssis** m : sash, light
~ **à guillotine**: hanging sash, double-hung sash
~ **à pivot**: casement
~ **articulé**: casement
~ **coulissant**: sliding sash
~ **d'aération à lames mobiles**: louver sash, louver window
~ **de fenêtre**: (surtout à guillotine) sash
~ **de plafond**: laylight
~ **de toiture**: skylight, rooflight
~ **de tympan**: transom light
~ **de tympan fixe**: non-operable transom light
~ **dormant**: deadlight, fixed sash, fixed light, fast sheet, stand sheet
~ **fixe**: deadlight, fixed sash, fixed light, fast sheet, stand sheet
~ **ouvrant à l'italienne**: top-hung window
~ **vitré**: glazed sash

**châtaignier** m : chestnut tree, chestnut wood

**château** m : Mansion, Hall, House
~ **d'eau**: water tower
~ **fort**: castle

**châtière** f : ventilating tile, small roof vent

**chatterton** m : insulating tape GB, friction tape NA

**chaudière** f : boiler
~ **à bois et à charbon**: coal/wood combination boiler
~ **à circuit étanche**: balanced-flue boiler
~ **à combustible solide**: solid-fuel boiler
~ **à combustible liquide**: liquid-fuel boiler
~ **à trémie de combustible**: hopper-feed boiler
~ **à tubes de fumée**: firetube boiler
~ **aquatubulaire**: water-tube boiler
~ **bi-énergie**: dual-fuel boiler
~ **de récupération**: waste-heat boiler
~ **marchant au gaz**: gas-fired boiler
~ **mixte**: (bicombustible) dual-fuel boiler; (chauffage central et eau chaude) combined boiler GB, combination boiler NA

**chauffage** m : heating
~ **à air chaud**: warm-air heating
~ **à surface radiante**: panel heating
~ **à vapeur à basse pression**: vapour heating
~ **à vapeur à haute pression**: steam heating
~ **bivalent**: dual-system heating
~ **central**: central heating
~ **central à air chaud**: hot-air heating
~ **central à circulation naturelle**: gravity hot water heating
~ **central à circulation forcée**: small-bore central heating GB, forced circulation hot water heating NA
~ **central d'immeuble**: whole-house central heating
~ **central en commun**: block heating, group heating
~ **central général**: full central heating
~ **central individuel**: tenant-controlled central heating
~ **d'ambiance**: background heating, space heating
~ **d'appoint**: supplementary heating, auxiliary heating
~ **de demi-saison**: between-season heating GB, spring-and-fall heating NA
~ **des locaux**: space heating
~ **direct**: direct heating
~ **en commun**: block heating, group heating
~ **et climatisation**: heating and cooling
~ **par accumulation**: storage heating
~ **par air pulsé**: forced-air heating
~ **par convection**: convection heating
~ **par le sol**: underfloor heating

| chauffagiste | 40 | chevalet |

~ **par rayonnement**: radiant heating
~ **périmétrique**: perimeter heating
~ **urbain**: district heating

**chauffagiste** *m* : heating engineer

**chauffe** *f*, ~ **au charbon**: coal firing
~ **au mazout**: oil firing

**chauffe-bain** *m* : bathroom water heater, bath heater

**chauffe-eau** *m* : [sink] water heater
~ **à accumulation**: storage water heater
~ **instantané**: direct-fired water heater

**chauffe-linge** *m* : airing cupboard

**chaufferie** *f* : boiler room, boiler house

**chaume** *m* : thatch

**chaussée** *f* : roadway GB, pavement NA, carriageway
~ **flexible**: flexible pavement
~ **pavée**: block pavement
~ **rétrécie**: road narrows GB, pavement narrows NA
~ **rigide**: rigid pavement
~ **souple**: flexible pavement

**chaux** *f* : lime
~ **aérienne**: nonhydraulic line
~ **anhydre**: anhydrous lime
~ **en mottes**: lump lime, plastering lime, plasterer's putty
~ **en pâte**: lime putty
~ **éteinte**: hydrated lime, slaked lime
~ **éteinte à sec**: air-slaked lime
~ **grasse**: fat lime
~ **hydratée**: hydrated lime
~ **hydraulique**: hydraulic lime
~ **hydraulique artificielle**: artificial hydraulic lime
~ **hydraulique naturelle**: natural hydraulic lime
~ **libre**: free lime
~ **maigre**: quiet lime, lean lime
~ **pure**: high-calcium lime
~ **vive**: quick lime, burnt lime

**chef** *m* : (d'ardoise) any edge of a slate
~ **d'atelier**: (d'architecte) job captain
~ **d'équipe**: charge hand
~ **d'équipe de sécurité**: chief safety officer
~ **de base**: tail edge
~ **de brigade**: (g.c.) gang foreman, ganger
~ **de chantier**: job superintendent
~ **de dépense**: item of expenditure
~ **de projet**: project leader
~ **de tête**: head, top edge (of slate, of tile)
~ **foreur**: drilling foreman
~ **sondeur**: boring foreman

**chemin** *m* : (de circulation) lane, path; (plâtre) screed, screed strip; (béton) grade strip NA, screed [rail] GB
~ **critique**: critical path
~ **de câble**: cable tray
~ **de grue**: crane track
~ **de guidage**: guide track, guide rail
~ **de moindre résistance**: easier path
~ **de ronde**: parapet walk, rampart walk
~ **de roulement**: (de porte à coulisse) track
~ **lumineux**: troffer
~ **vicinal**: local road, by-road

**cheminée** *f* : chimney
~ **de regard**: manhole shaft
~ **ouverte**: fireplace

**cheminement** *m* : (écoulement) progression; (topo) traversing, survey traverse
~ **à la planchette**: plane table traversing
~ **des canalisations**: routing of pipes
~ **fermé**: closed traverse

**chemisage** *m* : lining; (de fouille, de trou) casing
~ **de cheminée**: flue lining, chimney lining
~ **de fouille**: casing

**chemise** *f* : (de refroidissement, de chauffage) jacket; (de cheminée) lining

**chêne** *m* : oak

**chéneau** *m* : gutter (heavy type, as used on industrial buildings), parallel trough gutter; valley gutter, internal eaves gutter
~ **à encaissement**: a wood gutter lined with metal
~ **à l'anglaise**: box gutter
~ **encaissé**: secret gutter, concealed gutter, parapet gutter, sunk gutter

**chenille** *f* : (d'engin) caterpillar track
à ~**s**: track-laying

**chevalet** *m* : A-frame; (de sciage) saw horse; (transport de l'eau) saddle
~ **d'implantation**: profile GB, batterboard NA
~ **de levage**: gantry
~ **vibrant**: vibrating table, vibrating trestle

**chevauchement** *m* : lap, overlap, lapped joint
  **à ~**: lapped, overlapped, overlapping

**chevelu** *m* : (armature) pencil bar, starter bars

**chevet** *m* : East end (of a church)
  **~ plat**: flat end

**chevêtre** *m* : trimmer, trimmer joist GB, header, header joist NA
  **~ sous marche palière**: landing trimmer

**cheville** *f* : peg, pin
  **~ à expansion**: expansion bolt
  **~ à ressort**: spring bolt
  **~ à segment basculant**: toggle bolt
  **~ basculante**: toggle bolt
  **~ de scellement**: concrete insert
  **~ en plomb**: lead plug

**chevillette** *f* : (maç) line pin

**chèvre** *f* : shear legs, sheer legs, shears, sheers
  **~ à trois pieds**: shear legs
  **~ à haubans**: gin pole

**chevron** *m* : common rafter, intermediate rafter, main rafter (as opposed to jack rafter, not to be confused with principal rafter), spar
  **~ d'arêtier**: hip rafter, angle rafter
  **~ de long pan**: common rafter
  **~ de noue**: valley rafter
  **~ en porte-à-faux**: lookout rafter
  **~s de pignon**: barge couple

**CHF** → ciment de haut-fourneau

**chicane** *f* : baffle

**chien-assis** *m* : shed dormer

**chiffonnage** *m* : sack rub, sack finish

**chignole** *f* : hand drill

**chimère** *f* : chimera

**chloration** *f* : chlorination

**chlore** *m* : chlorine

**chlorure** *m* : chloride
  **~ de polyvinyle**: polyvinyl chloride
  **~ de polyvinyle non plastifié**: unplasticised polyvinyl chloride
  **~ de polyvinyle surchloré**: postchlorinated polyvinyl chloride

**choc** *m* : impact, shock
  **~ thermique**: thermal shock

**chocage** *m* : jigging compaction

**chœur** *m* : choir
  **~ liturgique**: chancel

**chouleur** *m* : front-end loader, scoop loader

**chute** *f* : fall, drop; (de matériaux façonnés) waste; (tuyau) stack
  **~ à ventilation primaire**: main stack
  **~ d'eaux usées**: (réseau séparatif) waste stack
  **~ d'eaux vannes**: soil pipe, soil stack
  **~ de pression**: pressure drop
  **~ de tension**: voltage drop
  **~ unique**: soil and waste stack
  **~s de scierie**: sawmill residues

**ciel** *m* : sky
  **à ~ ouvert**: open

**cimaise** *f* : cyma; (de corniche classique) cymatum; (de lambris) dado cap, wainscot cap; (moulure à hauteur d'œil) picture rail

**ciment** *m* : cement
  **~ à faible chaleur d'hydratation**: low-heat cement
  **~ à haute résistance chimique aux sulfates**: sulfate-resistant cement
  **~ à haute résistance initiale**: high early strength cement
  **~ à haute teneur en silice**: high silica content cement
  **~ à maçonner**: masonry cement
  **~ à prise rapide**: quick setting cement
  **~ alumineux**: aluminous cement
  **~ aluminosulfaté**: sulfoaluminate cement
  **~ amaigri**: weakened cement
  **~ anti-acide**: anti-acid cement
  **~ asphaltique**: asphalt cement
  **~ aux pouzzolanes**: pozzolan cement
  **~ bitumineux**: asphalt cement
  **~ blanc**: white cement
  **~ colle**: cement-based adhesive, cement, tiling cement, tiling adhesive
  **~ de hourdage**: masonry cement
  **~ de laitier**: slag cement
  **~ de laitier à la chaux**: lime-slag cement
  **~ de Trass**: Trass cement
  **~ des hauts fourneaux**: Portland blastfurnace cement
  **~ en vrac**: bulk cement
  **~ expansif**: expansive cement

~ **fondu**: high alumina cement GB, calcium aluminate cement, aluminous cement NA
~ **Keene**: Keene's cement, flooring cement, gypsum cement
~ **magnésien**: magnesia cement
~ **métallurgique mixed**: Portland blastfurnace cement
~ **naturel**: natural cement
~ **Portland**: Portland cement
~ **Portland de fer**: Portland blastfurnace slag cement
~ **Portland sans constituants secondaires**: ordinary Portland cement
~ **pouzzolanique**: pozzolan cement
~ **pouzzolanométallurgique**: pozzolanic blastfurnace cement
~ **prompt**: quick setting cement
~ **réfractaire**: refractory cement, fire cement
~ **romain**: roman cement
~ **sans retrait**: expansive cement
~ **sorel**: magnesium oxychloride cement
~ **sursilicé**: siliceous cement
~ **sursulfaté**: supersulphated cement GB, supersulfated cement NA

**cimentation** $f$: (de roches) grouting, cementation

**cimetière** $m$: cemetory; (autour d'une église) churchyard

**cingleau** $m$: snapping line

**cingler**, ~ **une ligne**, ~ **un trait**: to chalk a line, to snap a line

**cintrage** $m$: bending
~ **de tuyaux**: pipe setting, pipe bending
~ **des armatures**: bar bending

**cintré**: bent, curved

**cintre** $m$: centres, centring GB, centers, centering NA

**cintreuse** $f$: hickey, bender

**circuit** $m$: circuit
~ **de retour**: return [circuit]
~ **de retour par la terre**: earth return circuit GB, ground return circuit NA
~ **de terre**: earth circuit GB, ground circuit NA
~ **dérivé**: branch circuit
~ **en ceinture**: ring-main system
~ **en dérivation**: shunt circuit
~ **fermé**: closed-loop system; (él) complete circuit
~ **frigorifique**: refrigerating system
~ **mis à la terre**: earthed circuit GB, grounded circuit NA
~ **ouvert**: open circuit

**circulation** $f$: circulation; (transports) traffic
~ **à sens unique**: one-way traffic
~ **de transit**: through traffic
~ **horizontale**: (dans un immeuble) passageway
~ **lourde**: heavy traffic
~ **non forcée**: (chauffage) natural circulation
~ **par thermosiphon**: gravity circulation, natural circulation (of hot water)
~ **piétonne**, ~ **piétonnière**: pedestrian traffic
~ **souterraine d'eau**: groundwater flow
~**s horizontales**: passageways

**cisaille** $f$: shears, shearing machine
~ **à tôle**: snips
~ **de ferblantier**: [tin] snips

**cisaillement** $m$: shear
~ **à l'appui**: reaction shear
~ **au contour**: perimeter shear
~ **direct**: direct shear, simple shear
~ **du vent**: (éolienne) wind shear
~ **périmétral**: permimeter shear
~ **simple**: direct shear, simple shear

**cisailler**: to shear
~ **un rivet**: to cut off a rivet

**cisailleuse** $f$: bar cropper

**ciseau** $m$: chisel; (de tailleur de pierre) bolster
~ **à biseau**: bevelled-edge chisel
~ **à froid**: cold chisel
~ **grain-d'orge**: claw chisel

**ciselage** $m$: (de parement) tooling

**ciseler**: to carve

**ciselure** $f$: (de bossage) margin
~ **relevée**: drafted margin, margin draft

**cité** $f$: town, city
~ **ouvrière**: cheap housing for workers before the war
~ **universitaire**: students' halls of residence
~**-jardin**: garden city

**citerne** *f*: cistern, tank

**claie** *f*: (de clôture) hurdle
~ **à ombrer**, ~ **d'ombrage**: shading screen

**clair**: (mortier, plâtre) thin; (métal) bright

**claire-voie, à ~**: open work

**clameau** *m*: cramp, dog, dog anchor, dog iron

**clapet**: a type of valve
~ **à bille**: ball valve
~ **antipollution**: backflow valve
~ **articulé**: clack valve
~ **casse-vide**: vacuum breaker valve
~ **coupe-feu**: fire damper
~ **d'arrêt**: check valve
~ **de contresiphonnage**: back siphonage preventer
~ **de décharge**: relief valve
~ **de non retour**: non-return valve
~ **de retenue**: backwater flap, backflow valve

**clarificateur** *m*: (épuration) clarifier

**classe** *f*: (de qualité) grade
~ **granulaire de sable**: sand fraction

**classement** *m*: grading
~ **au feu**: fire grading

**classification** *f*: grading

**clause** *f*: clause, condition of contract
~ **compromissoire**: arbitration clause
~ **d'échelle mobile**: escalation clause, escalator clause
~ **d'indexation**: escalation clause, escalator clause
~ **d'usage**: customary clause
~ **de compétence**: jurisdiction clause
~ **de révision de prix**: price adjustment clause
~**s générales**: general conditions
~**s techniques**: technical specifications

**clausoir** *m*: closer

**claustra** *m*: screen wall

**claveau** *m*: voussoir (with extrados and/or intrados)
~ **à crossette**: shouldered voussoir
~ **en escalier**: stepped voussoir

**clavetage** *m*: (d'un joint de dalle) keying

**clavette** *f*: key; slip tongue, feather
~ **encastrée**: sunk key

**clé** *f*: key; (outil) spanner GB, wrench NA; (d'assemblage) key; (d'arc) key, keystone, headstone
~ **à béquille**: valve key
~ **à chocs**: impact spanner, impact wrench
~ **à douille**: box spanner, socket spanner
~ **à molette**: adjustable spanner, adjustable monkey wrench
~ **à panneton**: bit key
~ **américaine**: adjustable spanner, adjustable monkey wrench
~ **anglaise**: adjustable spanner, adjustable monkey wrench
~ **bénarde**: pin key
~ **brute**: key blank
~ **coudée**: bent spanner
~ **de groupe**: grand master key
~ **de manœuvre**: (de robinet) stop key
~ **de serrure de sûreté**: latchkey
~ **de voûte**: keystone
~ **de voûte ornée**: boss, roof boss
~ **dynamométrique**: torque wrench
~ **forée**: barrel key, hollow key
~ **individuelle**: servant key, change key
~ **maîtresse**: great grand master key
~ **particulière**: servant key, change key
~ **pendante**: (maç) hanging keystone, pendant keystone
~ **pneumatique**: impact spanner, impact wrench, power wrench
~ **polygonale**: box wrench
~ **serre-tubes à chaîne**: chain pipe wrench, chain tongs, stillson wrench

**climatisation** *f*: air conditioning
~ **des locaux**: space cooling
~ **par absorption**: absorption air conditioning
~ **totale**: full air conditioning

**climatisé**: air-conditioned

**climatiseur** *m*: air conditioner
~ **de fenêtre**: window conditioner
~ **en allège**: window conditioner
~ **en deux blocs séparés**: split-component air conditioner
~ **individuel**: [packaged] room air conditioner, unit air conditioner, unit cooler

**clinique** *f*: private hospital

**clinomètre** *m*: clinometer, batter level

**clins** *m* : clapboard, lap siding, bevel siding; (bardage) weather boarding

**clip** *m* : clip

**clipsable**: clip-on

**clivage** *m* : cleavage

**cloche** *f* : bell
~ **à gaz**: (épuration de l'eau) floating cover
~ **d'ancrage**: anchor cup
~ **gazométrique**: bell gasholder

**clocher** *m* : bell tower
~**-mur**: bell gable

**clocheton** *m* : bell turret, pinnacle

**cloison** *f* : partition
~ **à ossature**: stud partition
~ **ajourée**: honeycomb wall
~ **amovible**: relocatable partition
~ **basse**: dwarf partition
~ **creuse**: hollow partition
~ **d'appui**: dwarf partition
~ **de 11 cm**: half-brick wall
~ **de bureau paysage**: office landscape screen
~ **démontable**: relocatable partition
~ **en carreaux de plâtre**: precast plasterwork partition
~ **en charpente**: framed partition
~ **mobile**: operable partition
~ **pleine**: solid partition
~ **porteuse**: bearing partition
~ **sèche**: dry partition
~ **verticale**: (d'une mansarde) ashlaring

**cloisonnement** *m* : (de distribution) division, separation
~ **de sécurité**: fire separation, compartmentation

**cloisonnette** *f* : partial-height partition
~ **mobile**: room divider

**cloquage** *m* : (peinture, brique) blistering

**closoir** *m* : (tôle, plaque ondulée) infill piece, closure

**clôture** *f* : fence, fencing; (grille) rails, railings
~ **à claire-voie**: open fence
~ **à entrelacs**: interwoven fencing
~ **à mailles en losanges**: chain link fence
~ **de chantier**: site fence
~ **du chœur**: choir screen, choir enclosure
~ **en lattis**: lath fence

**clou** *m* : nail
~ **à deux têtes superposées**: double-headed nail, scaffold nail, form nail
~ **à patte**: holdfast
~ **à river**: clinch nail
~ **à tête de diamant**: rose nail
~ **à tête plate**: clout nail
~ **à tête perdue**: brad
~ **annelé**: annular grooved nail
~ **torsadé**: drive screw

**clouage** *m* : nailing
~ **à tête perdue**: blind nailing, concealed nailing, secret nailing
~ **caché**: blind nailing, concealed nailing, secret nailing
~ **de face**: face nailing, straight nailing
~ **droit**: face nailing, straight nailing
~ **en biais**: skew nailing, toe nailing, tusk nailing

**cloueuse** *f* : gun nailer, nailing gun
~ **marteau**: hammer tacker

**CLX** → ciment de laitier à la chaux

**CM** → ciment métallurgique

**cochonnet** *m* : stop bead, stop, bead

**coefficient** *m* : coefficient, factor, ratio
~ **d'absorption**: absorptance
~ **d'absorption acoustique**: sound absorption coefficient, acoustical absorptivity
~ **d'absorption d'eau**: (brique) absorption rate
~ **d'échanges superficiels**: (isolation thermique) surface coefficient
~ **d'effet d'entaille en fatigue**: fatigue strength reduction factor
~ **d'encastrement**: end-fixity constant
~ **d'occupation des sols**: floor area ratio, plot ratio
~ **d'uniformité**: (granulométrie) uniformity coefficient
~ **de capillarité**: (brique) absorption rate
~ **de concentration des contraintes en fatigue**: stress concentration factor in fatigue
~ **de dilatation thermique**: coefficient of thermal expansion
~ **de fissuration**: cracking ratio
~ **de majoration dynamique**: (sollicitation) impact factor
~ **de performance**: (PAC) coefficient of performance

~ **de plénitude**: (énergie éolienne) solidity
~ **de Poisson**: Poisson's ratio
~ **de rigueur climatique**: weather coefficient
~ **de sécurité**: safety factor
~ **de striction [pour cent]**: percent reduction of area
~ **de susceptibilité à l'entaille en fatigue**: fatigue strength reduction factor
~ **de traction**: (d'un engin) tractive resistance
~ **de transmission calorifique**: heat transmission coefficient
~ **de transmission thermique utile**: transmittance
~ **de variation**: (stats) coefficient of variation
~ **K**: K value
~ **volumétrique**: (d'un granulat) volumetric coefficient

**cœur** *m* : (bois) heart; (cheminée) fireback, chimneyback
~ **enfermé**: boxed heart
~ **excentré**: reaction wood
~ **rouge**: red heartwood

**coffrage** *m* : (habillage) box, casing; (béton) form, formwork, shuttering; (de fouille) sheeting, sheathing, timbering
~ **autoportant**: suspended shuttering
~ **de poteau**: column casing; column form
~ **de poutre**: beam box, beam casing; beam form
~ **de route**: road form
~ **glissant**: slip formwork. slip forms
~ **grimpant**: climbing form
~ **métallique**: sheathing
~ **mobile**: moving form[s], travelling forms
~ **outil**: sectional formwork
~ **perdu**: sacrificial form, absorptive form, permanent form
~ **roulant**: travelling form
~ **suspendu**: suspended formwork
~ **travelling**: travelling form
~ **tunnel**: tunnel formwork

**coffre** *m* : (de cheminée) chimney breast; (de serrure) lock case
~ **à charbon**: coal bunker

**coffret** *m* : box
~ **à fusibles**: fuse box
~ **d'alarme incendie**: fire alarm call point
~ **de coupe-circuit**: cutout box
~ **de sortie**: (él) outlet box

**coffreur** *m* : formwork carpenter

**cohérent**: (sol) cohesive

**cohésion** *f* : cohesion
~ **drainée**: drained cohesion
~ **efficace**: available cohesion

**coiffeuse** *f* : vanity table
~-**lavabo**: vanity unit, vanity cabinet

**coin** *m* : corner, recess; (cale) wedge
~ **cuisine**: kitchenet[te]
~ **de blocage**: lowering wedge, striking wedge, easing wedge, folding wedge
~ **de décoffrage**: striking wedge
~ **de glissement**: sliding wedge
~ **de mouchoir**: (toiture métallique) dog ear
~ **repas**: dining area, dining recess

**coke** *m* : coke
~ **en morceaux**: lump coke
~ **moulé**: formed coke

**col** *m* : neck; (de balustre) sleeve

**col-de-cygne** *m* : gooseneck, swan neck; (de tuyau) offset; (de balustre) baluster bracket

**collaborant**: acting compositely

**collage** *m* : gluing, sticking; (métaux) bonding; (défaut de soudage) incomplete fusion
~ **bord à bord**: edge jointing
~ **en plots**: splot gluing
~ **sur chant**: edge gluing

**collapse** *m* : (séchage du bois) collapse

**collatéral** *m* : side aisle

**colle** *f* : glue, adhesive; (pour matières plastiques) solvent
~ **à béton**: concrete adhesive
~ **à bois**: wood glue
~ **à chaud**: hot glue
~ **à dissoudre**: dry-mixing glue
~ **à froid**: cold glue, cold-setting adhesive
~ **à la caséine**: casein glue
~ **animale**: animal glue
~ **binaire**: two-part adhesive, two-pack adhesive
~ **blanche**: [flour] paste
~ **d'amidon**: starch paste GB, starch gum NA
~ **d'apprêt**: (pour papier peint) size
~ **de bureau**: gum GB, mucilage NA

~ **de contact**: contact adhesive, dry-bond adhesive
~ **de poisson**: fish glue
~ **de remplissage**: gap-filling adhesive
~ **en feuille**: film glue
~ **moussante**: foaming adhesive
~ **pour joints**: edge-jointing adhesive
~ **pour joints épais**: gap-filling adhesive
~ **préparée**: mixed glue
~ **résorcine-formol**: resorcinol adhesive
~ **thermodurcissable**: hot-setting adhesive
~ **urée-formol**: urea-formaldehyde glue
~ **végétale**: vegetable glue

**collé**: glued, stuck, bonded, joined

**collecte** $f$ : collection
~ **des ordures ménagères**: refuse collection

**collecteur** $m$ : (bâche) receiver, reservoir; (égout, évacuation) drain, collector; (plb) header, manifold; (solaire) collector
~ **à série de tubes**: tube-in-strip collector, integral tube-and-sheet collector
~ **d'appareil**: fixture drain, fixture branch
~ **d'appareils**: waste pipe
~ **d'immeuble**: building drain
~ **mural**: vertical [wall] collector
~ **orienté**: tracking collector
~ **collecteur pluvial**: storm drain
~ **principal**: building drain, house drain; main sewer, trunk sewer
~ **sous vide**: vacuum collector
~ **sur façade**: vertical [wall] collector

**collectivité** $f$: institution, local authority

**coller**: to glue, to stick; (du papier à tapisser) to hang

**collerette** $f$: (tuyau traversant un mur ou un toit) collar

**collet** $m$ : (de marche) narrow end; (de tuyau) flange
~ **adouci**: curved narrow end
~ **maître**: (plb) collar boss
~ **rabattu**: turned-up flange

**collier** $m$ : (de câble, de flexible) clip; (pose de canalisations) pipe ring
~ **à câbles**: cable cleat
~ **à vis sans fin**: jubilee clip
~ **de fixation**: (de tuyau) pipe clip

~ **de prise en charge**: pipe saddle, saddle [fitting], service clamp
~ **de serrage**: pipe clamp (on gas riser)
~ **de tuyau**: band clamp, pipe clip, pipe bracket

**colmatage** $m$ : clogging (of filter)

**colombe** $f$: upright wall member (in timber frame construction)

**colonne** $f$: column
~ **à bossages**: rusticated column, banded column
~ **à cannelures torses**: wreathed column
~ **adossée**: attached column
~ **annelée**: annulated column
~ **baguée**: ringed column
~ **câblée**: twisted column
~ **cannelée aux 2/3 supérieurs**: stopped flute column
~ **d'eau**: water gauge
~ **d'incendie**: fire riser
~ **d'incendie armée**: wet riser
~ **de distribution**: service cable, service conductor
~ **de lavabo**: washbasin pedestal
~ **de ventilation secondaire**: vent stack, main vent
~ **descendante**: (distribution en parapluie) downcomer
~ **en charge**: wet riser
~ **engagée**: engaged column
~ **fasciculée**: clustered column
~ **feuillée**: foliated column
~ **humide**: wet riser
~ **lisse**: column with a plain shaft
~ **montante**: rising main, riser; (él) feeder, riser, service conductor
~ **sèche**: dry riser
~ **torsadée**: twisted column
~ **torse**: spiral column, barley sugar column; (medieval and Renaissance architecture) torso
~ **travaillant en pointe**: end-bearing column
~**s jumelées**: coupled columns

**colophane** $f$: rosin

**coloration** $f$ **brune**: (du bois) brown stain

**combinateur** $m$ : (régulation) controller

**combiné** $m$ : fused switch, switch and fuse

**comble** $m$ : (au singulier) roof; (souvent au pluriel) attic, roof space; → aussi **combles**

**combler**     47     **composé**

~ **à charpente apparente**: open roof
~ **à deux égouts**: double-pitch roof
~ **à deux versants**: double-pitch roof
~ **à entraits retroussés**: collar roof
~ **à la Mansart**: mansard roof GB, gambrel roof NA
~ **à lanterneau**: monitor roof
~ **à pignons**: gable roof
~ **accessible**: loft
~ **brisé**: curb roof, gambrel roof
~ **sur entrait**: close-couple roof, couple-close roof
~ **sur pignons**: gable roof

**combler**: (une tranchée) to fill in

**combles**: attic, roof space
~ **aménageables**: expansion attic NA, loft suitable for conversion GB
~ **perdus**: lost roof space
~ **s'intersectant**: hip-and-valley roof

**combustible** *m* : fuel; *adj* : combustible
~ **facile à mettre en œuvre**: controllable fuel
~ **fossile**: fossil fuel
~ **liquide**: liquid fuel
~ **non fumigène**: smokeless fuel
~ **sans fumée**: smokeless fuel
~ **propre**: clean fuel
~ **solide**: solid fuel
~ **souple**: controllable fuel

**combustion** *f* : combustion, burning
~ **à l'air libre**: open burning
~ **en lit fluidisé sous pression**: pressurized fluid bed combustion
~ **en phase aqueuse**: (assainissement) wet combustion
~ **incomplète**: underfiring

**commande** *f* : (commerciale) order; (de régulation) control
~ **asservie**: feedback control
~ **de travaux**: work order

**commerce** *m* : shop
  **du ~**: stock

**communication** *f* **directe**: direct access

**commutateur** *m* : selector switch

**compacité** *f* : compactness, compaction factor

**compactage** *m* : compaction, compacting (of soil)
~ **du sol**: soil compacting
~ **jusqu'à la limite de compressibilité**: rolling till complete compaction

~ **par arrosage**: compaction by watering
~ **par cylindrage**: compaction by rolling
~ **par damage**: compaction by tamping
~ **par roulage**: compaction by rolling
~ **par vibroflottation**: compaction by vibroflotation, vibrocompaction

**compacteur** *m* : compactor, compactor roller, roller
~ **à pneus**: rubber-tyred roller, pneumatic-tyred roller
~ **à pneus isostatique**: wobble wheel roller
~ **automoteur**: self-propelled compactor
~ **mixte**: combination roller
~ **pour enfouissement sanitaire**: landfill compactor
~ **tracté**: towed roller

**compartiment** *m* : (de sécurité incendie) compartment; (caisson de plafond cassoon, coffer

**compas** *m* : (instrument) compass, pair of compasses; (quincaillerie) stay
~ **à balustre**: bow compass
~ **à balustre à pointes sèches**: bow divider
~ **d'arrêt**: (de fenêtre) casement stay

**compenser**: to balance

**compétence** *f* : (d'une entreprise) capability

**complexe** *m* : complex; *adj* : composite
~ **d'étanchéité**: built-up roofing, roofing membrane
~ **de fondation**: foundation system

**comportement** *m* : behaviour, performance
~ **au feu**: fire performance, fire behaviour
~ **au froid**: reaction to cold
~ **mécanique**: engineering behaviour

**composant** *m* : component
~ **modulaire**: modular component
~**s d'évacuation des eaux pluviales**: rainwater goods

**composante** *f* : (d'une force) component
~ **de la pression**: pressure component

**composé** *m* : compound; *adj* : compound, composite
~ **d'addition**: additive compound

**composition** f : (chimie) composition; (du béton) mix, proportions

**compost** m : compost
 ~ **d'ordures ménagères**: town refuse compost
 ~ **urbain**: town compost

**compostage** m : composting

**compresseur** m : compressor
 ~ **à piston**: (PAC) reciprocating compressor
 ~ **alternatif**: reciprocating compressor
 ~ **frigorifique**: refrigeration compressor
 ~ **hermétique**: sealed compressor

**compression** f : compression
 ~ **adiabatique**: adiabatic compression
 ~ **diamétrale**: diametral compression
 ~ **pure**: direct compression
 ~ **simple**: direct compression

**comprimé**: (gaz, matière) compressed; (membre, structure) in compression

**comptage** m : counting, metering
 ~ **collectif**: bulk metering
 ~ **global**: bulk metering

**compteur** m : meter
 ~ **à cadran**: dial-type meter
 ~ **à dérivation**: by-pass meter
 ~ **à double tarif**: two-part tariff meter GB, two-rate meter NA
 ~ **à flotteur**: float meter
 ~ **à moulinet**: screw flowmeter, vane flowmeter
 ~ **à paiement préalable**: slot meter, prepayment meter
 ~ **à turbine**: turbine meter
 ~ **d'eau**: water meter
 ~ **de décompte**: check meter, secondary meter GB, submeter NA
 ~ **de gaz**: gas meter
 ~ **divisionnaire**: service meter
 ~ **étalon**: standard meter
 ~ **général**: main meter, primary meter GB, master meter NA
 ~ **humide**: wet meter
 ~ **sec**: dry meter
 ~ **volumétrique**: positive displacement meter, volumeter

**concassé** m : crushed stone, angular aggregate
 ~ **de fermeture**: (route) keystone

**concasseur** m : [primary] crusher, breaker
 ~ **à mâchoires**: jaw crusher

 ~ **à percussion**: hammer breaker, impact breaker
 ~ **giratoire**: gyratory crusher

**concentrateur** m : solar concentrator
 ~ **parabolique**: dish concentrator

**concentration** f, ~ **de contraintes**: stress concentration
 ~ **de lignes de courant**: concentration of flow lines

**concepteur** m : designer

**conception** f : design
 ~ **architecturale**: architectural design
 ~ **et réalisation**: design and build

**concessionnaire** m **de service public**: statutory undertaker

**concevoir**: to design

**concierge** m, f : GB caretaker, porter, NA janitor

**conciergerie** f : porter's lodge

**condamnation** f : (serrure) locking; (de porte) boarding up

**condenseur** m : condenser
 ~ **à air**: air-cooled condenser
 ~ **à évaporation**: evaporative condenser
 ~ **à faisceau tubulaire**: shell-and-tube condenser
 ~ **à ruissellement**: evaporative condenser

**condition** f, ~ **d'ambiance sèche**: dry room condition; → aussi **conditions**
 ~ **à la limite**: boundary condition

**conditionnement** m : (de marchandises) packaging; (du bois etc) conditioning; (d'air) → **climatisation**
 ~ **thermique**: thermal conditioning

**conditions** f, ~ **d'exploitation**: service conditions, working conditions
 ~ **de service**: service conditions, working conditions
 ~ **générales**: (d'un contrat) general conditions
 ~ **normalisées**: standard conditions
 ~ **particulières**: (assurance) schedule; (d'un contrat) special conditions

**conducteur** m : (de véhicule) driver; (de machine) operator; (él) conductor
 **à ~ à pied**: pedestrian-controlled

**conductibilité** *f* **thermique**: heat conductivity, thermal conductivity

**conduit** *m* : duct, pipe
~ **à tirage équilibré**: balanced-draught flue
~ **aéraulique**: air flue, air duct
~ **d'évacuation**: flue [pipe]
~ **d'évacuation de fumée**: [chimney] flue
~ **d'évacuation des gaz brûlés**: gas vent
~ **de cheminée**: chimney flue
~ **de fumée**: [chimney] flue, flue pipe, flue tile
~ **de ventilation**: air flue
~ **shunt**: branched flue system, shunt system
~ **souterrain**: culvert
~**s groupés**: grouped flues

**conduite** *f* : (surtout pour adduction d'eau et gaz) pipe, main; → aussi **canalisation**
~ **d'abonné**: service pipe
~ **d'alimentation**: supply line
~ **d'amenée**: water main
~ **de distribution**: (gaz, eau) main
~ **en charge**: live main, pressure pipe
~ **enterrée**: buried pipe
~ **montante**: riser, rising main, rising pipe
~ **principale**: common main
~ **sèche**: dry riser

**cône** *m* : cone; (plb) increaser; (convergent) reducer, reducing pipe
~ **d'Abrams**: slump cone
~ **d'ancrage**: (précontrainte) cone grip, anchorage cone
~ **de dépression**: cone of depression
~ **femelle**: (précontrainte) anchor cone
~ **mâle**: (précontrainte) wedging cone
~-**réduction**: adapter

**configuration** *f* : configuration
~ **d'écoulement**: flow pattern

**confirmé**: (ouvrier) experienced

**conflit** *m* : dispute (with labour force)

**conforme à la norme**: to standard

**conformité** *f* : compliance

**confortation** *f* : strengthening, reinforcing (of a structure)

**conforter**: to reinforce, to strengthen a construction

**congé** *m* : apophyge, congé; (moulure) coving; (de larmier, de moulure) stop; (travail) holiday, leave
~ **de raccordement**: (sdge) radius
~**s payés**: annual holiday

**conicité** *f* : taper

**conifère** *m* : conifer

**conique**: conical, tapered

**connecteur** *m* : connecteur
~ **à pointes**: spike connector

**connexion** *f* : connection
~ **volante**: jumper lead

**conservation** *f* : (du bois) preservation

**consistance** *f* : (de résultats) consistency; (d'un fluide) consistency, body

**console** *f* : (de commande) console; (structure) cantilever, cantilever beam; (pour étagères) angle bracket; (étai métallique) T-head (of shore); (d'échafaudage) bracket
~ **murale**: wall bracket
~ **murale triangulaire**: gallows bracket

**consolidation** *f* : reinforcement, strengthening; (sol cohérent) consolidation

**consolider**: to reinforce, to strengthen

**consommable**: consumable

**consommation** *f* : consumption
~ **calorifique en réfrigération**: cooling load
~ **d'énergie**: energy conosumption
~ **domestique**: domestic consumption
~ **par personne**: consumption per capita

**constante** *f* : constante
~ **de station**: station constant, bearing of reference object

**constructeur** *m* : builder; (promoteur) promotor
~ **métallique**: steelwork contractor

**construction** *f* : construction, building; (ouvrage) structure
~ **à charpente d'acier**: steel frame construction
~ **à étagères**: stepped structure

**construit**

~ **à ossature métallique**: steel-frame construction
~ **à ossature en bois**: [timber] frame construction, [timber] frame structure
~ **à poteaux et poutres**: post-and-beam construction, post-and-lintel construction
~ **à revêtement travaillant**: stressed-skin construction
~ **désolidarisée**: discontinuous construction
~ **en caisson**: box construction
~ **en dur**: permanent building
~ **en contrainte**: stressed construction
~ **en régime accéléré**: fast-track construction
~ **en voile mince**: shell construction
~ **flottante**: discontinuous construction Hs
~ **gonflable**: air-supported structure
~ **hors toit**: (recouvrant citerne etc) bulkhead, top enclosure, penthouse, pentice
~ **immobilière**: building construction
~ **industrialisée**: pre-engineered construction
~ **mixte**: composite construction
~ **modulaire**: modular construction, unit construction
~ **par tranches**: phased construction
~ **sans mortier**: dry construction
~ **tentaculaire**: ribbon development
**de ~**: structural (GB, carries a load, NA, wider sense)

**construit**: built, constructed
~ **en éléments préfabriqués**: unit built

**contaminant** *m* : contaminant

**contenu** *m* : content
~ **calorifique**: heat content
~ **énergétique**: energy content

**contigu**: adjoining, adjacent

**contour** *m* **du sol**: grade line

**contracture** *f* : (de colonne) contractura

**contrainte** *f* : stress, unit stress; (impératif) constraint
~ **à la limite**: boundary stress
~ **admissible**: allowable stress
~ **au contour**: edge stress
~ **biaxiale**: two-dimensional stress, biaxial stress
~ **circonférentielle**: hoop stress
~ **conjugée**: conjugate stress
~ **d'adhérence**: bond stress
~ **d'étirage**: yield stress
~ **de base admise**: basic design stress
~ **de cisaillement**: shear[ing] stress
~ **de compression**: compressive stress
~ **de flambage**, ~ **de flambement**: buckling stress
~ **de flexion**: bending stress
~ **de poinçonnement**: punching stress
~ **de précontrainte**: jacking stress
~ **de rupture**: breaking stress
~ **de torsion**: torsional stress
~ **déviatorique**: deviator stress
~ **due au serrage**: clamping stress
~ **fléchissante**: bending stress
~ **initiale de précontrainte**: initial stress
~ **intergranulaire**: intergranular stress, grain-to-grain stress
~ **limite**: maximum stress
~ **normale**: direct stress
~ **octahédrale**: octahedral stress
~ **omnilatérale**: hydrostatic stress
~ **plane**: two-dimensional stress, biaxial stress
~ **pluriaxiale**: multiaxial stress
~ **simple**: one-dimensional stress
~ **thermique**: thermal stress GB, temperature stress NA
**~s complexes, ~s composées**: combined stresses

**contrat** *m* : contract
~ **à forfait**: lump-sum contract
~ **de sous-traitance**: subcontract
~ **entretien**: maintenance contract

**contre-bâti** *m* : inner casing, inside casing, inside trim

**contre-bride** *f* : companion flange, mating flange, backing flange

**contre-chambranle** *m* : casing trim; (contre-bâti) inside casing, inner casing, inside trim

**contre-châssis** *m* : storm sash, storm window

**contre-courant** *m* : backflow, counterflow, contraflow

**contre-écrou** *m* : backnut, locknut

**contre-essai** *m* : control test, retest

**contre-expertise** *f* : counter valuation

**contre-face** *f* : back of ply, back veneer

**contre-fenêtre** f : storm window, double window

**contrefiche** f : corner brace; (étaiement) raking shore, raker, back shore; (de ferme de toit) angle brace diagonal

**contre-fil** m : (bois) cross grain
~ **à ~**: against the grain, cross-grained

**contre-flèche** f : (de poutre) camber, hogging

**contrefort** m : abutment, buttress; (de mur de soutènement) counterfort; (demi-pilier) pier
~ **angulaire**: diagonal buttress
~ **cornier**: clasping buttress
~**s d'angle jumelés en équerre**: angle buttresses

**contre-fruit** m : inner batter, counter batter

**contre-latte** f : counter lath

**contre-limon** m : outer string, face string, finish outer string

**contre-marche** f : riser
~ **chanfreinée**: raking riser

**contre-masticage** m : bed putty, back putty

**contre-mur** m : inner wall, strengthening wall

**contre-noix** f : (fenêtre à la française) half-round groove

**contre-pêne** m : auxiliary latch

**contre-pente** f : (du terrain) reverse gradient; (de tuyau) backfall

**contreplaqué** m : plywood
~ **à âme complexe**: composite plywood
~ **à fil en travers**: cross-grained plywood
~ **à fil en long**: long-grained plywood
~ **alvéolaire**: cellular board
~ **cintré**: curved plywood
~ **composite**: composite plywood
~ **en étoile**: star plywood
~ **jointé**: scarfed plywood
~ **lamellé**: laminboard
~ **latté**: blockboard
~ **longue durée**: marine plywood
~ **moulé**: moulded plywood
~ **multipli**: multiply
~ **poncé**: sanded plywood
~ **raclé**: scraped plywood
~ **revêtu**: overlaid plywood
~ **transformé**: transformed plywood

**contre-plinthe** f : base shoe, shoe moulding

**contrepoids** m : counterweight; (de châssis à guillotine) sash weight, mouse
**à ~**: counterbalanced

**contre-porte** f : inner door, storm door, weather door
~ **à moustiquaire**: screen door

**contrepression** f : back pressure

**contre-profil** m : reverse profile
~ **de moulure**: opposite moulding

**contre-siphonnement** m : backsiphonage

**contre-tirage** m : back draught

**contre-tirant** m : counter brace

**contreventement** m : wind brace, wind bracing
~ **en croix de St André**: cross bracing, X-bracing

**contrôle** m : check, inspection
~ **d'aspect**: visual inspection
~ **de l'utilisation de l'énergie**: energy auditing
~ **de la flamme**: (brûleur) flame monitoring
~ **de qualité**: quality control
~ **de qualité à plusieurs variables**: multivariate control
~ **en cours de fabrication**: in-process inspection
~ **en première présentation**: original inspection
~ **réduit**: reduced inspection
~ **tronqué**: curtailed inspection
~ **visuel**: visual inspection

**contrôleur** m : (sur chantier) clerk of [the] works
~ **de flamme**: (de brûleur) flame detector

**convecteur** m : convector

**convention** f **d'arbitrage**: arbitration agreement

**convergent** m : reducer, reducing pipe, taper pipe

**convoi** *m* **type**: typical highway loading GB, typical truck loading NA

**convoyeur** *m* : conveyor
~ **à bande**: belt conveyor

**coopérative** *f* **de construction**: building cooperative

**coordination** *f* **modulaire**: dimensional coordination

**coordonnées** *f*, ~ **bipolaires**: bipolar coordinates
~ **polaires**: polar coordinates

**copropriétaire** *m* : joint owner; condominium owner, unit owner

**coque** *f* : (voûte) shell
~ **cylindrique**: barrel shell, barrel roof

**coquille** *f* : (isolation de tuyau) moulded insulation, sectional insulation
~ **d'eau**: (m.s.) aqueous sheath

**corbeau** *m* : corbel; (support de tuyau) pipe console
~ **filant**: continuous corbel

**corbeille** *f* : (de chapiteau corinthien) bell, vase, basket; (mobilier urbain) litter bin GB, trash basket NA; (hort) round or oval flower bed

**cordage** *m* : rope; (de joint au plomb) joint runner, pouring rope; (peinture) ropiness

**cordeau** *m* : string, line
~ **de marquage**: snappping line
~ **détonant**: detonating cord, detonating fuse
~ **passé à la craie**: chalk line

**cordelière** *f* : rope moulding

**cordoir** *m* : caulking chisel

**cordon** *m* : (formé par niveleuse) windrow
~ **d'amiante**: asbestos cord, asbestos rope, joint pourer
~ **de sonnette**: bell pull
~ **de soudure**: weld bead
~ **prolongateur**: extension lead
~ **souple**: cord, flex

**corne** *f* : (de chapiteau ionique) hem

**cornette** *f* **protège-angle**: corner bead, corner guard, angle bead

**corniche** *f* : cornice; (de piédestal) cornice, surbase
~ **à talon**: (entre mur et plafond) coving
~ **rentrante**: raking cornice

**cornière** *f* : angle bar, angle iron, angle section
~ **à ailes égales**: equal angle
~ **à ailes inégales**: unequal angle
~ **à boudin**: bulb angle
~ **d'assemblage**: clip angle
~ **de fixation**: clip angle
~**s adossées**: double angle

**corps** *m* : (d'un bâtiment) main part, main section; (de pompe) barrel; (consistance) body
~ **creux**: (de plancher) hollow block GB, hollow clay tile NA
~ **d'enduit**: browning coat, rendering coat
~ **d'état**: trade
~ **d'état secondaire**: finishing trade
~ **de chaussée**: pavement
~ **de garde**: gatehouse
~ **de joint prémoulé**: preformed joint filler, preformed sealant
~ **de logis**: main part of a dwelling
~ **de métier**: trade
~ **de moulures**: band of mouldings
~ **mort**: deadman
~ **noir**: black body

**corroi** *m* : clay puddle, puddle, puddling

**corrosion** *f* : corrosion
~ **bactérienne**: bacterial corrosion
~ **cathodique**: cathodic corrosion
~ **électrolytique**: electrolytic corrosion
~ **galopante**: breakaway corrosion
~ **par courants vagabonds**: stray-current corrosion
~ **sous contrainte**: stress corrosion
~ **tellurique**: soil corrosion

**corroyage** *m* : (métal) hot working

**corroyer**: (bois) to rough plane, to dress

**corroyeuse** *f* : rough planer

**corset** *m* : tree guard

**cosse** *f* : (de câble) lug

**costière** *f* : (de lucarne) curb

**cote** *f* : dimension (on drawing)
~ **d'implantation**: layout dimension
~ **de fil d'eau**: invert level
~ **de gel**: frost line

**côté** m : side
　~ **amont**: inlet side
　~ **aval**: outlet side
　~ **ouvert**: (du placage) loose side, slack side

**couche** f : layer; (de béton, de mortier) bed; (de peinture, d'enduit) coat; (géol) stratum; (étaiement) sole plate, solepiece
　~ **annuelle**: (bois) annual ring, growth ring
　~ **antiréfléchissante**: antireflection coating, antireflective coating
　~ **antireflet**: antireflection coating, antireflective coating
　~ **aquifère**: aquifer, aquifer formation
　~ **arable**: topsoil
　~ **bien nourrie**: generous coat
　~ **d'accrochage**: bond coat, tack coat, scratch coat
　~ **d'accrochage au bitume**: asphalt tack coat
　~ **d'apprêt**: base coat; (peinture) prime coat
　~ **d'arrêt**: damp-proof course, dampcourse
　~ **d'impression**: (sur surface absorbante) seal[ing] coat, sealer; (sur surface non absorbante) prime coat, primer
　~ **d'indépendance**: roofing underlay
　~ **d'usure**: wearing course, wearing surface
　~ **de base**: (voirie) base course
　~ **de dégrossissage**: (enduit) levelling-up coat
　~ **de finition**: final coat, finishing coat; (de plâtre) finishing coat, setting coat, white coat; (d'enduit) skim[ming] coat; (de peinture) top coat
　~ **de fond**: (enduit) floated coat, browning coat, topping coat
　~ **de fondation**: subgrade
　~ **de guide**: guide coat
　~ **de liaison**: binding course, binder
　~ **de lissage**: skim[ming] coat
　~ **de reprise**: (béton) bonding layer
　~ **de roulement**: (route) carpet, topping
　~ **de surface**: (voirie) surface course, surface coat, surfacing
　~ **finale**: (peinture) finishing coat
　~ **frettée**: confined stratum
　~ **géologique**: stratum
　~ **inférieure**: (route) subbase
　~ **limite**: boundary layer
　~ **perméable**: pervious bed
　~ **portante**: bearing course, bearing bed, bearing layer
　~ **primaire**: prime coat
　~ **sous-jacente**: underlayer

　~ **talochée**: floated layer
à ~**s larges**: (bois) wide-ringed, coarse-grown, fast-grown, open-grown
à ~**s minces**: (bois) close-ringed, fine-grown, slow-grown, narrow-ringed

**coucher** m **du soleil**: sunset

**couchis** m : (de cintre) lagging; (étaiement) sole piece, sole plate (under raking shore); (de reprise en sous-œuvre) needle; (de pavage) bed (of earth or sand)

**coude** m : (de tuyauterie) elbow; (fait par un mur) break
　~ **à 180°**: return bend
　~ **à grand rayon**: slow bend
　~ **à patin**: duckfoot bend, rest bend
　~ **au 1/8**: 45° elbow, eighth bend, 1/8 bend
　~ **au quart**: 90° elbow, quarter bend, 1/4 bend
　~ **de chasse**: (w.c.) flush bend
　~ **double**: return bend
　~ **en équerre**: quarter bend
　~ **en U**: return bend
　~ **mâle et femelle**: service ell, street ell

**couder**: (un tuyau) to bend

**coulable**: castable, pourable

**coulage** m : (du béton) pouring, casting

**coulé au sol**: precast on site

**coulée** f : pour

**couler**: (liquide) to run; (fuir) to leak; (pipe joint) to bleed

**couleur** f : colour GB, color NA
　~ **de fond**: ground colour

**coulis** m : grout
　~ **au ciment**: cement grout
　~ **d'argile**: clay mud

**coulisse** f : U-channel; (de porte, de cloison) track

**couloir** m : passage, passageway, corridor
　~ **d'autobus**: bus lane

**coulure** f : (peinture) run

**coup** m : (de marteau, de mouton) blow
　~ **arrière**: (topo) back observation, backsight

~ **de battage**: hammer blow
~ **de bélier**: water hammer
~ **de feu**: hot spot, baking stain
~ **de liquide**: surge
~ **de pointeau**: centre mark

**coupe** f : cut, cutting; (de bois) cut length; (vue en coupe) section
~ **franche**: clean cut
~ **géologique d'un forage**: borehole log
~ **longitudinale**: longitudinal section
~ **transversale**: cross cut; cross section, transverse section

**coupe-boulons** m : bolt cutter, bolt cropper

**coupe-circuit** m : cutout, breaker, NA circuit protector
~ **à fusion enfermée**: enclosed cutout

**coupe-feu** m : fire check, fire stop, NA draft stop; adj : fire-resisting

**coupe-larme** m : (de larmier) drip

**coupe-tirage** m : draught-limiting device

**coupe-tubes** m : pipe cutter, tube cutter

**coupe-vent** m : windbreak

**couper**: to cut; (l'eau, l'électricité) to cut off, to disconnect
~ **à fausse équerre**: to cut out of square, to cut on the bevel
~ **d'onglet**: to mitre
~ **de droit fil**: to cut with the grain, to cut along the grain

**couple** m : torque
~ **antagoniste**: opposing torque

**coupole** f : dome, cupola
~ **d'éclairage**: domelight

**coupure** f : cut; break (in a line)
~ **de capillarité**: capillary break, capillary groove; GB damp course, damp-proof course, NA damp check
~ **de courant**: (panne) power cut, NA outage
~ **étanche**: GB damp course, damp-proof course, NA damp check
~ **franche**: clean cut, sharp cut
~ **thermique**: thermal break

**cour** f : court, courtyard
~ **anglaise**: areaway
~ **carrée**: (d'un édifice public) quadrangle

~ **d'honneur**: main quadrangle
~ **de récréation**: school playground
~ **intérieure**: inner courtyard

**courant** m : (d'un fluide) current, flow; (él) current; adj : (mesure) running; (modèle, type) standard
~ **alternatif**: alternating current
~ **continu**: direct current
~ **d'air**: draught GB, draft NA
~ **débité**: current drain
~ **faible**: light current
~ **monophasé**: single-phase current
~ **triphasé**: three-phase current
~ **vagabond**: stray current
~ **watté**: active current

**courbe** f : (dessin) curve; (plb) bend
~ **cumulative**: accumulation curve
~ **d'égal tassement**: settlement contour
~ **d'équerre**: right-angle bend
~ **d'intensité sonore**: loudness contour
~ **de charge-tassement**: load-settlement curve
~ **de consommation**: demand curve
~ **de croisement**: crossover bend
~ **de dilatation**: expansion bend, expansion loop
~ **de distribution granulométrique**: [grain] size distribution curve
~ **de distribution normale**: normal distribution curve
~ **de Gauss**: Gaussian curve
~ **de grand rayon**: sweep
~ **de niveau**: contour line
~ **de raccordement**: junction curve, easement curve, transition[al] curve
~ **de saturation**: saturation curve
~ **des contraintes-déformations**: stress-strain curve
~ **en cloche**: Gaussian curve
~ **enveloppe**: envelope curve
~ **extensiométrique**: stress-strain curve
~ **granulométrique**: grading curve, particle size grading curve

**courbé en arc**: arcuate

**courber**: to bend

**courbure** f : curvature

**courette** f : small courtyard; air well, light well, light court
~ **anglaise**: areaway

**couronne** f : crown; (de forage) crown bit
~ **à grenaille**: shot bit
~ **à molettes**: core bit
~ **de gravier**: (puits) gravel packing

**couronnement** *m* : crown, top; crowning termination, decorative terminal, ornamental terminal; (de mur) cap, capping; (de grille en fer forgé) overthrow
 ~ **de cheminée**: chimney cap (in masonry)

**courroie** *f* : belt
 ~ **transporteuse**: conveyor belt
 ~ **trapézoïdale**: V-belt

**cours** *m*, ~ **d'eau**: stream
 ~ **de planches**: (fouille) setting of runners
 **en** ~ **de construction**: under construction

**coursière** *f* : passageway (within thickness of a wall)

**coursive** *f* : (d'immeuble) gallery, external access balcony

**coussin** *m* **chauffant**: heating pad

**coût** *m* : cost
 ~ **d'exploitation**: operating cost, cost in use
 ~ **de remplacement**: replacement cost
 ~ **global**: life cycle cost
 ~ **prévisionnel**: estimated cost

**couteau** *m* : knife; (brique) arch brick
 ~ **à égrener**: broad knife, stripping knife
 ~ **à mastiquer**: putty knife
 ~ **à reboucher**: stopping knife
 ~ **de peintre**: filling knife

**couture** *f* : (sdge) seam

**couvercle** *m* : lid
 ~ **de regard**: manhole cover

**couvert** *m* : cover; *adj* : covered
 ~ **d'arcades**: arcaded
 ~ **d'un arc**: arched
 ~ **en plein cintre**: (porte, fenêtre) round-headed
 ~ **végétal**: plant cover, tree cover, vegetation cover

**couverture** *f* : roof covering, roof cladding, roofing; (de tranchée de canalisation) cover
 ~ **à claire-voie**: (ardoise) open slating, spaced slating
 ~ **à clous de milieu**: centre-nailed slating
 ~ **d'ardoises en modèle carré**: honeycomb slating, NA drop-point slating
 ~ **de regard**: inspection cover
 ~ **de tribune**: stand roof
 ~ **en ardoises**: slating
 ~ **en ardoises sans liaison**: spaced slating
 ~ **en bacs acier**: trough decking
 ~ **en chaume**: thatch roof
 ~ **en écailles**: imbrication
 ~ **en tuiles**: tiled roof
 ~ **solaire**: solar blanket
 ~ **tiercée**: (ardoise) double-lap slating
 ~ **transparente**: (chauffage solaire) glazing (of a collector)
 ~ **végétale**: plant cover, tree cover, vegetation cover

**couvre-chant** *m* : edge [cover] strip, edge moulding, edging

**couvre-joint** *m* : cover fillet, cover moulding, cover strip; (autour d'une porte) architrave, casing trim; (de porte à deux battants, porte-croisée) wraparound astragal, overlapping astragal; (de porte-croisée) surface [mounted] astragal; (entre des panneaux) panel strip; (construction métallique) cover plate; (de joint métallique) butt strap, cover strap; (de couverture métallique) capping

**couvrement** *m* : (de porte, de fenêtre) head

**couvreur** *m* : roofer, tiler, slater

**coyau** *m* : cocking piece, sprocket

**coyer** *m* : dragon beam

**craint l'humidité**: keep dry

**crampon** *m* : clamp, cramp, dog, hook nail; (de charpente en bois) clamping plate; (de linçoir) iron corbel, corbel bracket; (connecteur) toothed plate, bulldog plate
 ~ **fileté**: hook bolt

**cran** *m* : notch
 **à ~s**: (cheville) indented

**cranté**: indented, notched, serrated

**crapaudine** *f* : (de porte) crapaudine, socket (of door pivot): (de toit) balloon grating, gravel guard (to rainwater outlet)

**craquellement** *m* : (céramique) crackling

**craquelure** *f* : (peinture) cracking, crazing

**cratère** *m* : crater; (béton) popout; (sdge) crater

**créancier** *m* : debtor
~ **hypothécaire**: mortagee

**crémaillère** *f* : rack; (d'escalier) [rough] carriage, rough stringer
~ **centrale**: (escalier large) carriage [piece]

**crémone** *f* : casement bolt

**créneau** *m* : crenel, crenelle
~ **de stationnement**: parking place
~**x**: crenellation, battlements

**crénelé**: castellated

**créosote** *f* : creosote

**crépi** *m* : rough coat, rendering coat; (mouchetis) roughcast
~ **rustique**: wet dash finish, roughcast
~ **tyrolien**: Tyrolean finish

**crépine** *f* : strainer; (before a pump) screen, inlet filter

**crépir et enduire**: to render and set

**crête** *f* : (de toit) crest
**de ~**: peak

**crevaison** *f* : (d'un tuyau) burst; (d'un filtre) breakthrough

**crevasse** *f* : deep crack (in wall, in ground)

**crever**: (tuyau) to burst

**crible** *m* : screen
~ **à deux étages**: double decker screen
~ **classeur**: sizing screen
~ **vibrant**: vibrating screen

**crin** *m* : hair
~ **de cheval**: horsehair

**crinoline** *f* : (d'échelle) safety hoop

**crise** *f* **du logement**: housing shortage

**crochet** *m* : hook
~ **d'ardoise**: wire clip
~ **d'assemblage**: dog anchor, dog iron

~ **d'établi**: bench hook, side hook
~ **de gouttière**: gutter hook
~ **de serrurier**: skeleton key
~ **et piton**: hook and eye

**crochetage** *m* : (plâtre) pricking-up coat

**crocodilage** *m* : (peinture) crocodiling, alligatoring

**croisée** *f* : (fenêtre) casement window
~ **d'ogives**: intersecting ribs
~ **du transept**: crossing

**croisement** *m* : (routier) crossroads GB, intersection NA
~ **en as de trèfle**: clover-leaf intersection

**croisillon** *m* : cross brace; X-brace; (d'église) transept; (de vitrage) window bar

**croix** *f* : cross
~ **de pied-de-biche**: sanitary cross
~ **de Saint André**: Saint Andrew's cross

**croquis** *m* : rough sketch, preliminary sketch

**crosse** *f* : anchor bar (with ordinary hook); (de rampe d'escalier) monkey tail, gooseneck, swan-neck
~ **d'échelon**: gooseneck
~ **de douche**: bent shower arm
~ **de main courante**: scroll

**crossette** *f* : (de chambranle de porte) ear, elbow; (de voussoir) crossette, shoulder

**croupe** *f* : (de toit) hip end, hip

**cru**: raw
**à ~**: (fondations) directly on the ground

**crucifix**: (sur poutre de gloire, jubé) rood

**crue** *f* : flood (of river)

**crypte** *f* : undercroft, crypt

**CSS** → **ciment sursulfaté**

**cubage** *m* : cubing
~ **au quart**: quarter-girth measurement

**cubature** *f*, **faire la ~ des terres à remuer**: to calculate the earthwork quantities

**cuber**: (le bois, la pierre) to measure

**cueillie** *f*: internal angle (between two plaster surfaces); (guide) screed strip

**cuirasse** *f* **de canon**: (serrure) cylinder guard, guard ring

**cuire**: to bake; (briques) to burn, to fire
~ **au four**: (peinture) to bake

**cuisinière** *f*: (à gaz, à électricité) cooking stove, cooker GB, range NA; (à charbon) range GB
~ **encastrée**: built-in cooker
~ **mixte**: combination stove

**cuisson** *f*: (de briques) firing, burning
~ **au four**: (peinture) stoving, baking NA

**cul** *m* **de basses-fosses**: deepest dungeon

**cul-de-four** *m* : concha, half dome, semidome

**cul-de-sac** *m* : close, cul-de-sac

**culée** *f*: (de pont) abutment; (d'ardoise) tail; (de grume) thick end, butt length
~ **d'arc-boutant**: pier buttress
~ **poids**: gravity abutment

**culot** *m* : (de lampe) cap, lamp cap GB, lamp base NA

**culotte** *f*: Y-branch, wye branch, Y-fitting, breeching fitting

**cultivateur** *m* : (machine) cultivator

**cunette** *f*: (d'égout) benching

**curage** *m* : cleaning (of pipes)

**cure** *f*: (du béton) cure, curing
~ **sous antiévaporant**: membrane curing

**curer**: (un égout, un fossé) to clean

**cutellation** *f*: drop chaining

**cuve** *f*: tank; (d'évier) bowl
~ **de digestion**: digester tank, digestion tank
~ **de fermentation**: fermentation tank

**cuvelage** *m* : tanking
~ **d'un puits**: well cribbing

**cuvette** *f*: cup; (d'ascenseur) elevator pit; (de chéneau) hopper head; (de descente pluviale) rainwater head, conductor head, leader head; (de poignée) cup pull; (de vis) cup; (de w.c.) bowl, pan; (rondelle) dished washer; (relief du sol) depression, bassin
~ **à action siphonique**: siphon action w.c., syphonic w.c.
~ **à chasse directe**: washdown closet
~ **de lavabo**: wash bowl, washbasin
~ **encastrée**: (de porte) flush cup pull
~ **incongelable**: frostproof closet
~ **suspendue**: wall-hung closet, wall-hung w.c. pan
**en ~**: dished

**cyclone** *m* : cyclone

**cyclopéen**: (béton, mur) cyclopean

**cylindrage** *m* : (du sol) rolling
~ **à refus**: rolling until complete compaction
~ **en filaments, ~ en fils**: rolling out into thin threads

**cylindre** *m* : cylinder; (compacteur) roller
~ **à pneus**: multiwheel roller, pneumatic-tyred roller
~ **vibrant**: vibrating roller

**cymaise** → **cimaise**

**cyprès** *m* : cypress tree

# D

**dallage** *m* : paving GB; (mainly NA) pavement; paved area; (sur hérisson) slab on grade, slab on ground
 ~ **éclairant**: pavement light
 ~ **en opus incertum**: crazy paving, random paving
 ~ **en verre**: pavement light
 ~ **irrégulier**: crazy paving
 ~ **rustique**: crazy paving

**dalle** *f* : (d'une construction) slab; (revêtement de sol) floor tile; (en pierre) paving slab, flagstone
 ~ **alvéolée**: hollow slab
 ~ **armée dans un seul sens**: one-way slab
 ~ **caissonnée**: coffer slab, waffle slab
 ~ **champignon**: mushroom slab
 ~ **coffrante**: shuttering slab
 ~ **de compression**: topping (of hollow tile floor)
 ~ **de fondation**: base slab, foundation slab
 ~ **de foyer**: fronthearth, outer hearth
 ~ **de répartition**: topping
 ~ **de verre**: glass block
 ~ **en béton**: concrete slab
 ~ **en corps creux**: hollow floor slab
 ~ **flottante**: floating slab, floating floor
 ~ **nervurée**: ribbed slab
 ~ **non continue**: discontinuous slab
 ~ **plancher**: floor slab
 ~ **simple**: flat slab, plate
 ~ **sur le sol**: slab on grade, slab on ground
 ~ **thermoplastique**: thermoplastic tile GB, asphalt tile NA
 ~ **vinyl-amiante**: vinyl-asbestos tile

**dalot** *m* : box culvert, box drain

**damage** *m* : tamping, ramming; (léger, à la main) punning
 ~ **par couches**: tamping in layers

**dame** *f* : beetle, earth rammer, hand punner
 ~ **de paveur**: pavior's beetle
 ~ **pour remblais**: backfill rammer
 ~ **sauteuse**: frog rammer, jitterbug, jumping jack

**damer**: (béton) to tamp; (terre) to beat down, to pun

**damet** *m* : (plb) dummy

**damier** *m* : (dallage) chequerboard GB, checkerboard NA
 ~**s**: chequer pattern GB, checker pattern NA

**dangereux**: dangerous, hazardous

**dard** *m* : (flamme de brûleur) inner cone; (motif) dart (of egg-and-dart pattern)

**date** *f* : ~ **contractuelle**: contract date
 ~ **d'achèvement des travaux**: completion date
 ~ **de prise d'effet**: (assurance) commencement date
 ~ **de réalisation au plus tard**: latest finish time
 ~ **limite**: closing date, final date

**dauphin** *m* : leader shoe, rainwater shoe

**DBO** → demande biochimique d'oxygène

**dé** *m* : (piédestal) dado, die; (sous poteau) pedestal

**déambulatoire** *m* : ambulatory

**débarras** *m* : lumber room, boxroom, trunk room

**débillardé**: (limon, rampe) wreathed

**débit** *m* : (d'un fluide) [rate of] flow; (de production) throughput; (bois) conversion, sawing
 ~ **d'étiage**: dry-weather flow
 ~ **d'orage**: storm flow
 ~ **de crue**: high flow
 ~ **de ruissellement**: runoff rate
 ~ **de temps sec**: dry-weather flow
 ~ **en circulation**: (tour de refroidissement) circulation rate, windage

~ **en plots**: through-and-through sawing, plain sawing, flat sawing, slash sawing
~ **incendie requis**: required fire flow
~ **massique**: mass flow rate
~ **sur dosse**: flat sawing
~ **sur faux quartier**: alternate quarter sawing
~ **sur maille**: rift sawing, quarter sawing
~ **sur quartier**: quarter sawing, rift sawing
~ **sur quartier hollandais**: common quarter sawing

**débiter**: (bois) to convert, to cut

**débiteur** *m* : debtor
~ **hypothécaire**: mortgager, mortgagor

**débitmètre** *m* : flowmeter

**déblai** *m* : cut, cutting (earthworks), excavated material GB, muck NA
~ **et remblai**: cut-and-fill work
**~s**: spoils

**déblayer**: (le terrain) to clear the site

**déboisement** *m* : deforestation

**débord** *m* : (avancée) overhang
~ **de semelle**: projection of footing
~ **de toit**: roof overhang, eaves
~ **de toit dégouttant**: dripping eaves

**débouchage** *m* : clearing (of pipe), rodding (of drain)

**débouchant**: (trou, boulon etc.) through

**débouché** *m* : (de tuyau) outlet; *adj* : unblocked
~ **d'égout**: sewer outfall

**déboucheur** *m* : (d'égout) set of rods

**débouchoir** *m* : force cup, rubber plunger, plumber's friend

**debout**: standing

**débranchement** *m*: (d'appareil) disconnection

**débris** *m* : waste, debris

**débroussaillage** *m* : clearing (of undergrowth), stripping (of site)

**débroussaillant** *m* : scrub killer

**débroussaillement** *m* : clearing (of undergrowth), stripping (of site)

**débrutissage** *m* : rough polishing (of glass)

**débullage** *m* : (béton) stopping, sacking, skim coat

**début** *m* : beginning, start
~ **de prise**: initial set

**décaissé** *m*, **décaissement** *m* : (défaut d'un élément plan) depression
~ **pour tapis-brosse**: door mat well

**décalage** *m* **de phase**: phase difference, phase displacement

**décalaminage** *m* : cleaning of mill scale, descaling
~ **au chalumeau**: flame cleaning
~ **chimique**: pickling
~ **mécanique**: blast cleaning

**décalque** *m* : transfer

**décantation** *f* : settling, decantation, sedimentation
~ **simple**: plain settling

**décanteur** *m* : settling tank, settling basin, settler, sedimentation tank
**~-digesteur**: Imhoff tank
~ **secondaire**: final settling basin, final settling tank, secondary settling tank, secondary sedimentation basin

**décapage** *m* : (de métaux) cleaning; (de la terre végétale) stripping
~ **à l'acide**: acid etching, acid pickling
~ **par projection d'abrasifs**: blast cleaning
~ **thermique**: flame cleaning

**décapant** *m* : paint remover, paint stripper

**décaper**: (peinture, bois) to strip; (enlever la terre végétale) to strip the top soil

**décapeuse** *f* : (terme officiel) scraper
~ **automotrice**: motorscraper
~ **élévatrice**: elevating scraper
~ **niveleuse**: trimmer

**décarbonatation** *f* : decarbonation

**décennal**: ten-year

**décharge** *f* : (él) discharge; (dépotoir) dump, spoil area, tip; (d'égout) outfall

**~ à aigrettes**: brush discharge, spark discharge
**~ d'angle**: angle brace, angle tie
**~ publique**: rubbish tip, rubbish dump

**décharger**: to discharge; to unload (goods); to relieve a load (on a beam)

**déchaussé**: (brique etc.) loose

**déchets** *m*, **~ industriels**: industrial waste (in solid form)
**~ solides**: solid waste

**décintrage** *m*, **décintrement** *m* : striking of centers

**décintrer**: (une voûte) to strike the centering, to decentre

**décintroir** *m* : mattock

**déclassé**: below grade

**déclic** *m*, **à ~**: snap-action

**déclivité** *f* : gradient, pitch, fall

**décoffrage** *m* : form removal, striking of formwork, form striking, form stripping, release of formwork

**décoffreur** *m* : (main d'œuvre) stripper

**décollement** *m* : failure of adhesion; (béton, plâtre) hollow area; (d'un feuil de peinture) peeling; (hydraulique) break-away; (de la flamme) lifting
**~ des plis**: (du contreplaqué) delamination

**décoller**: (du papier peint) to strip

**décoloration** *f* : fading, bleaching

**décomposition** *f* **des forces**: resolution of forces

**décompte** *m*, **~ de travaux**: interim claim, progress claim
**~ définitif, ~ final**: final estimate

**décorateur** *m* **ensemblier**: interior designer, interior decorator

**découpage** *m* : cutting
**~ à la flamme**: flame cutting
**~ à la lance thermique**: thermal lancing
**~ au chalumeau**: blowtorch cutting NA, flame cutting GB

**découpe** *f* : cutout

**découpeuse** *f* **de sol**: (béton) joint cutter

**décrochement** *m* : (dans la ligne d'un mur) setback; (saillie ou retrait) break in face of a wall; (d'une assise) break (in masonry courses)

**décrue** *f* : fall (of river in flood)

**dédoublement** *m* : (d'une installation) duplication

**dédoubleuse** *f* : band resaw

**défaillance** *f* : (de matériel, d'un système) fault, failure
**~ de l'entrepreneur**: default, forfeiture

**défaut** *m* : defect, flaw; (él) fault
**~ à la terre**: earth fault
**~ critique**: critical defect
**~ d'enrobage**: (d'une canalisation) holiday
**~ d'isolement**: insulation fault
**~ mineur**: minor defect
**ayant un ~ critique**: critical defective
**présentant un ~ mineur**: minor defective

**défectueux**: defective

**défectuosité** *f* : defect

**déferrisation** *f* : iron removal, deferrization

**défibrage** *m* : (GRP) popout

**déficit** *m* : shortfall, deficit
**~ d'oxygène**: oxygen deficit
**~ en eau**: water shortage, moisture deficit
**~ hydrique**: water shortage, moisture deficit
**~ thermique**: heat deficit

**définition** *f* **de l'ouvrage**: brief

**déflagration** *f* : explosion

**déflecteur** *m* : baffle

**déflectomètre** *m* : deflectometer, flexure meter

**défloculant** *m* : deflocculating agent

**défoliant** *m* : defoliant

**déforestation** *f* : deforestation

**défonçable**: (trou) knockout

**défonceuse** f : ripper, rooter

**déformation** f : deformation, distorsion; (sous sollicitation) strain
~ **à froid**: (acier) cold working
~ **à la limite d'élasticité**: yield
~ **biaxiale**: plane deformation, plane strain
~ **de cisaillement**: shear strain
~ **de fluage**: creep strain, creep deformation
~ **de la structure**: damage to the structure
~ **de rupture**: failure strain
~ **de torsion**: torsional strain
~ **diagonale**: racking, wracking
~ **élastique**: elastic strain, elastic deformation
~ **élastique différée**: delayed elastic deformation
~ **élasto-plastique**: elastic-plastic deformation
~ **en cuvette**: (contreplaqué) disk, dish[ing]
~ **en losange**: (bois) diamonding
~ **en parallélogramme**: racking, wracking
~ **instantanée**: instantaneous deformation
~ **latérale**: (m.s.) bulging, lateral yield
~ **par compression**: compressive strain
~ **par surdessication**: (bois) collapse
~ **permanente**: permanent set
~ **plane**: plane strain
~ **plastique**: plastic flow, plastic deformation, plastic yield
~ **transversale**: transverse deformation

**défrichement** m : clearing (of vegetation on a site)
~ **et essouchement**: clearing and grubbing

**dégagement** m : clearing; means of egress, exit way; (circulation horizontale) corridor, passage; (circulation verticale) stairs
~**s de secours**: escape route

**dégarnir**: (un joint de maçonnerie) to rake out

**dégauchisseuse** f : straightener, surface planer, surfacer

**dégazage** m : gas extraction

**dégazeur** m : deaerator

**dégivrage** m : defrosting

**dégorgement** m : clearing (of a pipe)

**dégorgeoir** m : drain rod; (à ventouse) force cup, rubber plunger, plumber's friend

**dégorger**: (un tuyau) to clear an obstruction (in a pipe)
~ **un égout**: to rod a drain

**dégradations** f : damage (to walls or buildings)

**degré** m : degree; (d'autel, de perron, de terrasse) step
~ **d'humidité du bois**: moisture content
~ **de résistance au feu**: fire-resistance rating
~ **hydrotimétrique temporaire**: alkaline hardness, carbonate hardness, temporary hardness
~ **hygrométrique**: relative humidity
~**jour**: degree-day
~ **pare-flamme**: flame penetration rating

**dégrillage** m : (épuration de l'eau) screening

**dégrilleur** m : (épuration de l'eau) bar screen

**dégrossi** m : scratch coat

**dégrossissage** m : (du bois) roughing out; (de la pierre) wasting; (filtration) coarse filtration, coarse screening

**déharpement** m : raking back, racking back (masonry courses)

**délabré**: dilapidated, battered

**délabrement** m : delapidation, decay (of a building)

**délai** m : time [limit]
~ **d'exécution**: construction time, time for completion, completion period
~ **de garantie**: warranty period; (constr) maintenance period
~ **de livraison**: delivery time; (à l'usine) lead time
~ **de réalisation**: construction time
~ **supplémentaire**: extension

**délarder**, ~ **un coin**: to bevel off a corner, to cant a corner
~ **une arête**: to beard an edge, to ease an edge

**délégué** *m* **du maître d'ouvrage**: owner's representative

**délestage** *m* : (él) load shedding

**déligneuse** *f* : dimensioning saw

**délit** *m* : (pierre) false bed

**délitage** *m* : (ardoise, schiste) cleaving

**déliter, se ~**: (pierre) to exfoliate, to split

**démaigrir**: (bois, pierre) to pare, to thin down

**demande** *f* : request, application; (besoin) demand
~ **biochimique d'oxygène**: biochemical oxygen demand
~ **chimique en oxygène**: chemical oxygen demand
~ **d'approvisionnement**: purchase requisition
~ **d'indemnité**: claim for compensation

**démarrage** *m* : start, start-up
~ **des travaux**: start of work
~ **à vide**: load-free start

**demeure** *f* : dwelling
~ **du pasteur**: manse
~ **seigneuriale**: manor house

**demi-brique** *f* : bat, brickbat

**demi-cercle, en ~**: semicircular

**demi-croupe** *f* : (de toit) jerkinhead, shreadhead

**demi-ferme** *f* : half truss

**demi-hâtif**: (hort) semi-early

**demi-niveau** *m* : split level

**demi-palier** *m* : half landing, intermediate landing

**demi-pilier** *m* : pier

**demi-produit** *m* : (matériaux demifinis) section

**demi-saison** *f* : mid-season

**demoiselle** *f* : beetle, bishop, punner, hand rammer

**démolir**: to pull down, to demolish

**démolition** *f* : demolition GB, wrecking NA
~**s**: demolition materials

**démontable**: removable

**démonté**: dismantled, knocked down

**démonter**: to take down, to dismantle, to strip [down]

**démoulage** *m* : release from mould, removal from mould; (du béton) form striking, form stripping

**dénivellation** *f* : drop in level, difference in elevation
~ **des appuis**: unequal settlement, differential settlement (of supports), difference in level of supports

**dénoyage** *m* : dewatering

**densité** *f* : specific gravity
~ **absolue**: absolute specific gravity
~ **apparente**: bulk specific gravity
~ **d'occupation**: occupancy rate
~ **de construction**: building density
~ **pseudo-réelle**: (d'un corps poreux) apparent specific gravity
~ **réelle**: true specific gravity
~ **sèche apparente**: bulk density

**dent** *f* : tooth; (d'engin de terrassement) tine; (de clé) bit, step, ward; → aussi **dents**

**denté**: toothed

**denticule** *m* : (petite moulure) dentil

**dents** *f*, ~ **d'engrenage**: (assise de briques) dogtooth pattern, tooth ornament
~ **de chien**: (ornement) dogtooth pattern, tooth ornament
~ **de scie**: sawtooth pattern
**en ~ de scie**: serrated

**dénudation** *f* : exposure of aggregate

**déontologie** *f* : professional ethics

**dépannage** *m* : fault finding, service

**départ** *m* : (él) feeder, outgoing circuit
~ **d'eau chaude**: (de chaudière) flow pipe
~ **de rampe**: newel post
~ **et retour**: (chauffage central) flow and return
~ **vers égout**: outlet to sewer

**dépendance** f : outbuilding

**dépense** f : (architecture) pantry

**déperdition** f, **~ calorifique**: heat loss
**~ de chaleur**: heat loss
**~ thermiques calculées**: design heat loss

**déphasage** m : phase shift
**~ en arrière**: phase lagging
**~ en avant**: phase leading

**déplacement** m **latéral**: sidesway

**déploiement** m **au sol**: (escalier) [flight] run

**dépolissage** m : frosting (of glass)

**dépollution** f **de l'eau**: water pollution control

**déporté**: offset

**déposer, se ~:** (liquide, peinture) to settle

**dépôt** m : (géol) deposit; (de marchandises) store
**~ argileux alluvionnaire**: alluvial clay deposit
**~ calcaire**: (dans un tuyau) incrustation, encrustation
**~ de sable alluvionnaire**: blanket sand
**~ glaciaire**: glacial deposit

**dépouille** f : feather edge

**dépoussiérage** m : dust control, dust extraction

**dépoussiéreur** m : dust collector
**~ à multicyclones**: multicyclone dry dust collector
**~ à poche**: bag dust collector
**~ à voie humide**: wet scrubber

**dépression** f : depression, negative pressure, vacuum; (côté sous le vent) suction
**~ du vent**: suction wind loading

**déraciner**: to uproot

**dérangement** m : (de machine) failure GB, outage NA
**en ~**: out of order

**déraser**: to level down stones (by cutting)
**~ un mur**: to bring or to take down a wall to a certain height

**dérivation** f : (d'un cours d'eau) diversion; (él) branch; (plb) by-pass
**~ latérale**: (canalisation) subsidiary conduit

**dérivé du bois**: wood-based

**dériver**: (un cours d'eau) to divert

**dérochage** m : (préparation avant peinture) stripping; (d'un terrain) removal of surface rocks

**dérogation** f : waiver, variance allowed

**déroulage** m : unwinding; (du bois) peeling, rotary cutting

**dérouleuse** f : (bois de placage) rotary cutting machine, veneer peeler

**derrick** m : derrick
**~ à haubans**: guy pole, gin pole, guyed mast derrick, standing derrick

**désaccord** m : disagreement
**~ des résultats**: discrepancy of the results

**désaffecté**: (bâtiment, église) no longer used as originally

**désaffleuré**: proud

**désaligné**: out of alignment

**désalignement** m : irregular alignment

**désamorcer, se ~:** (siphon) to lose the seal, to unseal, to fail

**désaxé :** offset, out of centre, off centre

**descente** f, **~ d'eaux ménagères**: waste stack
**~ de cave**: cellar steps
**~ de paratonnerre**: down conductor
**~ des charges**: loads carried to the ground
**~ pluviale**: conductor, downspout, [rain] leader NA, downpipe, downcomer, rainwater pipe GB

**descripteur** m : specifier

**descriptif** m : technical specifications

**désenfumage** m : smoke control, smoke venting

**désenrobage** m : (armature, route) stripping

**désenvaser**: (un égout) to clean out

**désherbage** *m* : weed control

**désherbant** *m* : weed killer

**déshumidificateur** *m* : dehumidifier

**déshydratant** *m* : drying agent

**déshydratation** *f* : dehydration

**désignation** *f*, **~ des objectifs**: setting of targets
 **~ officielle**: (du terrain) legal description

**désincrustant** *m* : (de chaudière) antiscale agent

**désinfectant** *m* : disinfectant

**désolidarisé**: floating, vibration-mounted

**désordre** *m* : defect, fault
 **~ de la structure**: damage to the structure

**dessableur** *m* : (épuration) grit removal unit, grit trap, grit chamber, sand interceptor, sand trap

**dessautage** *m* : (couverture en ardoise) stepping down (slates in tapered roof)

**desséché**: (bois) kiln-dried, hot-air dried

**desserte** *f* : frontage road, service road

**dessication** *f* : excessive drying, unwanted drying

**dessin** *m* : drawing; (motif) pattern
 **~ à l'échelle**: scale drawing
 **~ conforme à l'exécution**: as-built drawing
 **~ corrigé**: marked-up drawing
 **~ d'assemblage**: assembly drawing
 **~ d'atelier**: shop drawing
 **~ d'exécution**: working drawing
 **~ de détail**: detail drawing
 **~ de présentation**: display drawing, presentation drawing
 **~ écorché**: cutaway drawing
 **~ en perspective**: perspective drawing
 **~s du projet**: tender drawings
 **à ~**: patterned

**dessinateur** *m* : draughtsman GB, draftsman NA
 **~ calqueur**: tracer

**dessoucher**: to remove stumps, to stump

**dessus** *m* : top; (d'un élément de charpente) back
 **~ de marche**: tread
 **~ de porte**: overdoor

**désuet**: antiquated, obsolete

**détachement** *m* **des couches**: delamination

**détailler**: (un compte) to itemize

**détalonné**: undercut

**détapisser**: to strip (wallpaper)

**détartrage** *m* : scale removal

**détecteur** *m* : detector, sensor
 **~ de conduite**: pipe finder
 **~ de fuites**: leak detector
 **~ de fumée**: smoke detector, smoke sensor
 **~ de gaz**: gas tester
 **~ de métaux**: metal detector
 **~ de proximité**: proximity switch

**détection** *f* **incendie**: fire detection

**déteindre**: (couleur) to bleed

**détendeur** *m* : pressure reducing valve, [pressure] reducer; (réfrigération) expansion valve
 **~ thermostatique**: thermostatic expansion valve

**détensionnement** *m* : (métal) stress relieving

**détente** *f* : (clim) expansion; (traitement de métal) stress relieving; (d'étai) striking wedge, lowering wedge, folding wedge
 **~ indirecte**: (réfrigération) indirect expansion

**détourner**: (la circulation, un cours d'eau) to divert

**détournement** *m* : (de la circulation, d'un cours d'eau) diversion; (él) current robbing

**détrempe** *f* : distemper

**détritus** *m* : refuse GB, trash NA

**deux**: two
  **à ~ combustibles**: dual-burning
  **à ~ composants**: two-pack, two-part
  **à ~ lectures**: (instrument) double-range
  **en ~ parties, en ~ pièces**: split

**deuxième**: second
  **~ vantail**: (de porte) inactive leaf

**devant** *m* : front (of a building)
  **~ d'autel**: antependium, altar frontal

**devanture** *f* : (de magasin) shop front

**développante, à ~**: involute

**dévers** *m* : out-of-true, out-of-plumb

**déversement** *m* : (déchargement) dumping; (mur) overturning
  **~ en contre-haut**: over-the-bank dumping
  **~ latéral**: side dumping
  **~ par le fond**: bottom dumping

**déversoir** *m* : weir; (évacuateur de crue) spillway
  **~ d'orage**: storm overflow, flood overflow

**déviation** *f* : (de la circulation) diversion; (d'un sondage) deviation

**dévidoir** *m* : (de lance incendie) [hose] reel

**dévirure** *f* : cant strip, tilting fillet, tile fillet

**devis** *m* : estimate, quotation
  **~ descriptif**: specifications, technical specifications
  **~ descriptif et estimatif**: specifications and estimates
  **~ directeur**: master specifications
  **~ estimatif**: estimate [of cost]; quotation, quote
  **~ préliminaire**: preliminary specifications
  **~ quantitatif**: bill of quantities, bill of materials
  **~ sommaire**: outline specifications
  **faire le ~** : to take out quantities

**dévisser**: to unscrew
  **~ en partie**: to back off

**dévoiement** *m* : (de cheminée, de tuyau) offset

**diagonale** *f* : (d'un panneau de ferme) diagonal; (poutre) inclined member

**diagramme** *m* : diagram
  **~ des contraintes-déformations**: stress-strain diagram

**diagraphie** *f* : log, logging (of borehole)

**diamant** *m* : diamond; glass cutter

**diamètre** *m* : diameter
  **~ extérieur**: outside diameter
  **~ intérieur**: inside diameter

**diatomite** *f* : diatomite

**difficilement inflammable**: not readily ignited, of low flammability

**diffuseur** *m* : (clim) air diffuser; (éclairage) baffle
  **~ à fente**: slot diffuser
  **~ conique**: tapered diffuser
  **~ linéaire**: linear diffuser
  **~ rectiligne**: slot diffuser, linear diffuser

**digesteur** *m* : digester, digestor, sludge digestion tank
  **~ discontinu**: batch[load] digester
  **~ en continu**: continuous load digester

**digestion** *f* : (des boues) digestion
  **~ aérobie**: aerobic digestion
  **~ méthanique**: methane fermentation, methane digestion

**dilacérateur** *m* : comminutor, shredder

**dilatation** *f* : expansion
  **~ due à l'humidité**: moisture expansion
  **~ linéaire**: linear expansion
  **~ thermique**: thermal expansion

**diluant** *m* : (de peinture) thinner, solvent

**diluer**: (peinture ou autre avec un solvant) to cut

**dimanche** *m* : (peinture) holiday, skip

**dimension** *f* : dimension
  **~ clé**: controlling dimension
  **~ d'encombrement**: overall size
  **~ de coordination**: coordinating dimension
  **~ hors tout**: overall dimension
  **~ normalisée**: standard dimension

**dioxyde** *m* **de carbone:** carbon dioxide

**direct:** direct; (contrainte) simple

**discontinuité** *f* : break; (d'un revêtement) skip

**disjoncteur** *m* : [circuit] breaker

**disjonction** *f* : tripping (of circuit breaker)

**dispersant** *m* : dispersal agent

**disponibilité** *f* : availability
~**s hydriques:** water resources

**disponible:** available

**disposition** *f* : layout, arrangement

**disque** *m* **de sécurité:** bursting disk

**dissymétrie** *f* : dissymmetry; (stats) skewness

**distance** *f*, ~ **de transport:** haul
~ **entre appuis:** span

**distanceur** *m*, **distancier** *m* : (b.a.) spacer

**distributeur** *m* : (régulation) control valve
~ **automatique:** vending machine GB, automat NA
~ **de béton:** concrete spreader

**distribution** *f* : (él) distribution, system; (d'un local) separation into rooms
~ **à quatre fils:** closed-loop lighting system
~ **d'eau:** [piped] water supply
~ **de force:** power mains, power feeder
~ **en dérivation:** parallel distribution
~ **en parapluie:** drop system distribution
~ **intérieure:** branch circuit, interior wiring system
~ **intérieure sur prises de courant:** appliance branch circuit
~ **lumière:** lighting branch circuit
~ **mixte:** duplicate service parallel-series distribution
~ **par réservoir à pression hydropneumatique:** pneumatic water system
~ **principale:** main distribution
~ **secondaire:** secondary distribution
~ **série à quatre fils:** closed-loop lighting system

**divergence** *f* : (des résultats) discrepancy

**divergent** *m* : (plb) increaser

**document** *m*, ~ **contractuel:** contract document
~ **d'appel d'offres:** tender document GB, bidding document NA
~ **d'exécution:** construction document, working document

**doguet** *m* : plate dowel (for door)

**doloire** *f* : broadaxe GB, broadax NA

**domaine** *m* : field, range; ʏ(propriété) estate
~ **critique:** (température) transformation range; (études) critical range
~ **d'essai:** scope of test
~ **élastique:** elastic range
~ **plastique:** plastic range

**dôme** *m* : dome

**domino** *m* : split fitting

**dommage** *m* : (avarie) damage
~ **aux biens assurés:** direct damage
~**s directs:** direct loss
~**s indirects:** consequential damages, consequential loss
~**s intérêts:** damages (in law)
~**s matériels:** property damage

**domotique** *f* : house automation

**donjon** *m* : keep

**données** *f* : data
~ **du projet:** design conditions
~ **solarimétriques:** solar radiation data

**dope** *m* : dope

**doré:** gold-plated

**dormant** *m* : (bâti dormant) window frame, door frame; (châssis dormant) stand sheet, fast sheet, fixed light, dead light
~ **à feuillure:** rabbeted frame

**dos** *m* : back
~ **à dos:** back to back
**en ~ d'âne:** hog-backed

**dosage** *m* : (béton) mix design, batching, factor, proportioning; (mortier, plâtre) gauge; (traitement de l'eau) feed
~ **en ciment:** cement factor, cement content

~ **en eau**: water factor
~ **pondéral**: batching by weight, weight batching, weight proportioning
~ **proportionnel**: proportional feed
~ **volumétrique**: batching by volume, volume batching

**doseur** *m* : batcher; (traitement de l'eau) feeder
~ **de réactif**: chemical feeder
~ **pondéral**: weight batcher
~ **volumétrique**: volumetric feeder

**dosse** *f* : slab [board]

**dosseret** *m* : splashback, splashboard

**dossier** *m* **d'appel d'offres**: tender documents

**doublage** *m* : (de mur, de cloison) lining
~ **sec**: dry lining

**double, ~ agrafure plate**: double-lock seam, double-lock welt
~ **battement**: (porte à deux battants) split astragal
~ **face**: (laquage, placage) double-faced, both sides
~ **fenêtre**: storm window
~ **service**: (équipements) back to back
~ **tenon**: double tenons
~ **vitrage**: double glazing
à ~ **action**: double acting
à ~ **courbure**: circular-circular, circle on circle
à ~ **feuillure**: twice rebated
à ~ **usage**: dual-purpose
à ~ **vitrage**: double glazed

**doublis** *m* : (toit) double [eaves] course, doubling course, undercloak

**doublure** *f* : (coffrage) lining
~ **de coffrage**: form lining

**douche** *f* : shower

**douchette** *f* : shower handset, hand spray, handshower; (de bidet) sprayer

**doucine** *f* : ogee [moulding]
~ **droite**: cyma recta
~ **renversée**: cyma reversa, cyma recta (prone)

**doucissage** *m* : (de glace) grinding

**douille** *f* : (él) lamp holder, lamp socket

**douve** *f* : (de château) moat

**dragline** *f* : dragline
~ **marcheuse**: walking dragline

**drague** *f* : dredge[r]
~ **à godets**: ladder dredge, bucket dredge
~ **suceuse**: suction dredge

**drain** *m*, ~ **agricole**: field drain, field tile, agricultural drain
~ **de pierres sèches**: French drain
~ **de terre cuite**: drain tile, field tile
~ **en pierres sèches**: rubble drain

**drainage** *m* : land drainage
~ **par fossés**: open-cut drainage
~ **par tuyaux**: pipe drainage
~ **taupe**: mole drainage

**draperies** *f* : (peinture) curtaining

**drencher** *m* : drencher

**dressage** *m* : (d'une surface) levelling [up]; (des rives d'une planche) shooting

**dressé**: dressed
~ **à l'herminette**: adzed
~ **au marteau**: (pierre) hammer-dressed

**dresser**: (pierre, bois) to dress

**droit** *m* : right; *adj* : straight
~ **accessoire**: (d'un bâtiment) appurtenance
~ **d'usage de l'eau**: water right
~ **de façade**: frontage
~ **fil**: straight grain
**de ~ fil**: with the grain, along the grain

**ductilité** *f* : ductility

**dudgeonner**: (un tube) to bead, to expand

**dumper** *m* : dumper

**duplex** *m* : maison[n]ette GB, duplex apartment NA

**dur**: hard
~ **à l'ongle**: hard dry

**duramen** *m* : heartwood

**durcissement** *m* : hardening

**durcisseur** *m* : hardener
~ **de surface**: surface hardener

**durée** *f* : duration, time
  ~ **coupe-feu**: fire stop rating
  ~ **d'insolation**: sunshine duration
  ~ **de conservation**: shelf life
  ~ **de malaxage**: mixing time
  ~ **de mise en température**: pre-heating time
  ~ **de réverbération**: reverberation time
  ~ **de séchage hors poussière**: dust-free time
  ~ **de vie**: service life
  ~ **des travaux**: contract time, time for completion
  ~ **limite de stockage**: shelf life, storage life
  ~ **moyenne utile**: (d'un appareil) mean time between failures
  ~ **utile**: service life

**dureté** *f* : hardness
  ~ **calcique**: (de l'eau) calcium hardness
  ~ **carbonatée**: carbonate hardness
  ~ **temporaire**: temporary hardness
  ~ **totale**: total hardness

# E

**EAPP** → eau d'appoint

**EAC** → enduit d'application à chaud

**eau** *f* : water; → aussi **eaux**
- ~ **adoucie**: softened water
- ~ **agressive**: aggressive water
- ~ **artésienne**: artesian water
- ~ **atmosphérique**: atmospheric water
- ~ **brute**: raw water
- ~ **calcaire**: hard water
- ~ **capillaire**: capillary water
- ~ **chaude sanitaire**: domestic hot water
- ~ **courante**: running water
- ~ **d'absorption**: absorbed water, unfree water
- ~ **d'alimentation de chaudière**: boiler feed water
- ~ **d'appoint**: make-up feed, make-up water
- ~ **d'infiltration**: infiltration water, percolating water
- ~ **de carrière**: quarry sap
- ~ **de chaudière**: boiler water
- ~ **de chaux**: limewash
- ~ **de constitution**: (eau souterraine) combined water; (bois) combined moisture, combined water
- ~ **de drainage**: drainage water
- ~ **de fabrication**: process water
- ~ **de gâchage**: mixing water, gauging water
- ~ **de javel**: household bleach
- ~ **de la frange capillaire**: held water GB, fringe water NA
- ~ **de pluie**: rainwater
- ~ **de refroidissement**: cooling water
- ~ **de ruissellement**: surface water, runoff
- ~ **de source**: spring water
- ~ **de surface**: surface water
- ~ **de ville**: mains water
- ~ **douce**: fresh water; (non calcaire) soft water
- ~ **dure**: hard water
- ~ **expulsée sous charge**: extruded water, squeezed water
- ~ **fraîche**: (adduction) raw water; (assainissement) raw sewage
- ~ **funiculaire**: funicular water
- ~ **glacée**: (clim) chilled water
- ~ **gravitaire**: free water, gravity water, gravitational water
- ~ **hygroscopique**: hygroscopic water
- ~ **interstitielle**: pore water, interstitial water
- ~ **liée**: bound water
- ~ **morte**: dead water
- ~ **perdue entraînée par la ventilation**: windage loss
- ~ **pluviale**: storm water
- ~ **potable**: drinking water, potable water
- ~ **réfrigérée**: chilled water
- ~ **saumâtre**: brackish water
- ~ **souterraine**: groundwater
- ~ **tiède**: lukewarm water, tepid water
- ~ **traitée**: treated water; treated sewage effluent

**eaux** *f*, ~ **d'égout**: sullage, sewage, wastewater[s]
- ~ **d'égout fraîches**: fresh sewage, fresh wastewaters
- ~ **d'égout mixtes**: combined sewage, combined wastewaters
- ~ **d'égout unitaire**: combined sewage, combined wastewaters
- ~ **d'orage**: storm water
- ~ **domestiques**: house sewage, domestic wastewater, household wastewaters, sanitary sewage, domestic sewage
- ~ **pluviales**: storm water, [storm water] run-off
- ~ **résiduaires brutes**: raw sewage, crude sewage
- ~ **résiduaires industrielles**: industrial wastewaters, industrial waste
- ~ **usées domestiques**: domestic sewage, house sewage
- ~ **usées**: wastewaters, liquid sewage, sullage, wastes
- ~ **vannes**: soil water, foul water (as opposed to dirty water), sanitary sewage

**ébarber**: (pièce de fonderie) to burr

**ébarbure** *f* : fin

**ébarboir** *m*, **ébardoir** *m* : shave hook

**ébauchoir** *m* : (travail de la pierre) boaster

**ébavurer**: to burr

**ébène** *m* : ebony

**éboulement** *m* : failure, collapse; (d'un mur) falling-in, caving-in, cave-in
 ~ **de rocher**: rock fall
 ~ **de terrain**: landslide, landslip

**éboulis** *m* : (de construction) debris, mass of fallen masonry
 ~ **de terre**: fallen earth

**ébousiner**: to clean off (quarry stone)

**ébouter**: to cut off, to saw off (an end)

**ébrasement** *m* : (de baie) embrasure, splay; jamb lining, reveal lining
 ~ **de mur**: back lining
 ~ **intérieur**: flanning; (de fenêtre à guillotine) inner lining

**écaillage** *m* : (peinture) flaking off; (béton) scaling; (placage) shelling, splintering

**écart** *m* : (écartement) spacing; (stats) deviation
 ~ **de température**: temperature differential
 ~ **effectif**: actual deviation
 ~ **en moins**: negative deviation
 ~ **en plus**: positive deviation
 ~ **moyen**: mean deviation
 ~ **type**: standard deviation
 ~**s journaliers de température**: daily variations in temperature

**écartement** *m* : (entre murs, rivets etc) spacing

**écarteur** *m* : (de coffrage) spacer

**Ech** → **échelle**

**échafaudage** *m* : stage, staging, scaffolding
 ~ **à double rangée d'échasses**: double-pole scaffolding, mason's scaffolding, independent scaffold
 ~ **à une rangée d'échasses**: single-pole scaffold
 ~ **en bascule**: outrigger scaffold, projecting scaffold
 ~ **en console**: bracket scaffold
 ~ **roulant**: portable scaffolding
 ~ **sur potence**: window jack scaffold

 ~ **suspendu**: hanging scaffolding, suspended scaffold
 ~ **volant**: flying scaffold, swinging scaffold

**échancrer**: to indent, to notch

**échange** *m*, ~ **d'ions**: ion exchange
 ~ **de bases**: (déminéralisation de l'eau) base exchange

**échangeur** *m* : (routier) interchange
 ~ **de chaleur**: heat exchanger
 ~ **de chaleur à tubes coaxiaux**: double-tube heat exchanger
 ~ **thermique**: heat exchanger

**échantignole** *f* : cleat, purlin cleat

**échantillon** *m* : sample; (ardoise) gauge, bare of a slate; exposure to weather NA
 ~ **à contrainte latérale nulle**: unconfined sample
 ~ **aléatoire**: random sample
 ~ **brut**: gross sample
 ~ **dédoublé**: duplicate sample
 ~ **fretté**: confined sample
 ~ **intact**: (sondage) undisturbed sample GB, intact sample NA
 ~ **intact compacté**: undisturbed compacted sample
 ~ **moyen**: (forage) all-levels sample
 ~ **non fretté**: unconfined sample
 ~ **non remanié**: undisturbed sample
 ~ **partiel**: part sample
 ~ **pris au hasard**: random sample
 ~ **remanié**: remoulded sample GB, remolded sample NA
 ~ **type**: representative sample
 **d'~**: (brique, tuile) of standard dimensions
 **d'~ uniforme**: of uniform section

**échantilllonnage** *m* : sampling
 ~ **de matériaux non individualisés**: bulk sampling
 ~ **double**: double sampling
 ~ **multiple**: multiple sampling
 ~ **systématique**: periodic sampling

**échantillonneur** *m* : sampler

**échappée** *f* : (tunnel) clearance, headway
 ~ **d'escalier**: stair headroom

**échappement** *m* : (d'eau, de gaz) escape, leak

**écharde** *f* : splinter

**écharpe** *f* : (de palée) diagonal brace; (de porte) brace
~s **de contreventement**: diagonal bracing

**échasse**: (d'échafaud) upright, scaffolding pole, standard

**échauffement** *m* : rise in temperature

**échauguette** *f* : (sur mur) watch turret; (guérite de guet) bartisan, bartizan

**échéancier** *m* : schedule, payment schedule
~ **de construction**: construction schedule

**échelle** *f* : ladder; (de plan) scale
~ **à coulisse**: extension ladder
~ **à tasseaux**: roof ladder
~ **de meunier**: open stairs
~ **de sauvetage**: fire escape
~ **double**: extension ladder
~ **escamotable**: loft ladder, disappearing stair
à ~ **réduite**: scaled down
à l'~ **réelle**: full scale

**échelon** *m* : (d'échelle) rung; (d'égout) step iron, foot iron

**échiffre** *f* : (d'escalier) spandrel; (mur d'échiffre) string wall

**échine** *f* : echinus

**éclairage** *m* : lighting
~ **à feux croisés**: cross lighting
~ **artificiel**: artificial light
~ **d'ambiance**: background lighting
~ **en corniche**: cove lighting
~ **indirect**: concealed lighting, indirect lighting
~ **non éblouissant**: glare-free lighting
~ **par gorge lumineuse**: cove lighting
~ **par projection**: flood lighting
~ **paysager**: landscape lighting
~ **public**: street lighting
~ **vertical par plafonniers**: overhead lighting
~ **zénithal**: top lighting

**éclairagiste** *m* : light[ing] engineer

**éclairement** *m* : illumination

**éclat** *m* : (de bois, de pierre) chip, splinter
~ **de pierre**: spall
~s **de verre**: broken glass, flying glass

**éclatement** *m* : (de tuyau) burst; (du béton) spalling

**éclater**: (tuyau) to burst; (incendie) to break out

**éclissage** *m* : fish joint

**éclisse** *f* : fishplate, splice piece, splice bar, splice plate

**écoinçon** *m* : (d'arcade, de rosace) spandril, spandrel

**économies** *f* **d'énergie**: energy conservation

**économiseur** *m* **de combustible**: fuel economizer

**écoperche** *f* : pole, standard (of scaffolding), scaffold pole

**écorce** *f* : bark

**écornure** *f* : chipped corner (of stone)

**écoulement** *m* : flow; (trou d'écoulement) plughole, waste (of sanitary fitting)
~ **à surface libre**: open flow
~ **axial**: axial flow
~ **capillaire**: capillary flow
~ **d'averse**: storm runoff
~ **laminaire**: laminar flow
~ **libre**: free flow, open flow, flow in open channels
~ **naturel**: natural drainage
~ **noyé**: streaming flow
~ **permanent**: steady flow
~ **souterrain**: groundwater flow, groundwater runoff
~ **turbulent**: turbulent flow
~ **visqueux**: viscous flow

**écouler, s'~**: to flow; to drain away, to flow away, to run out

**écran** *m* : screen
~ **acoustique**: baffle
~ **antibruit**: noise barrier
~ **antiracine**: root barrier
~ **d'injection**: grout[ing] curtain
~ **de contrôle**: monitor (CCTV)
~ **de palplanches**: sheet piling, sheet pile wall
~ **thermique**: thermal screen

**écrasement** *m* : (béton) crushing

**écrasure** *f* : (verre) crush, NA rub, GB scuff mark

**écritoire** *f* : scriptorium, writing room

**écrou** *m* : nut
 ~ **à ailettes**: butterfly nut, wing nut
 ~ **à créneaux**: castellated nut
 ~ **à oreilles**: butterfly nut, wing nut, thumb nut
 ~ **borgne**: acorn nut, screw cap
 ~ **creux à chapeau**: screw cap
 ~ **indesserrable**: locknut
 ~ **moleté**: knurled nut
 ~ **papillon**: butterfly nut, wing nut, thumb nut

**écrouissage** *m* : cold working, work hardening, strain hardening

**écroulement** *m* : failure, collapse (of a structure)

**écrouler, s'~**: (mur) to collapse; (plafond) to fall in

**écumage** *m* : (traitement de l'eau) skimming

**écume** *f* : (de fermentation) scum

**écurage** *m* : (de puits, d'égout) cleaning out

**écusson** *m* : escutcheon, scutcheon, keyhole plate

**édifice** *m* : building (large, official)
 ~ **de culte**: place of public worship
 ~ **public**: public building

**édifier**: to build, to erect

**effectif** *m*, ~ **du lot**: (stats) batch size, lot size
 **~s de main-d'œuvre**: labour force

**effet** *m*, ~ **d'entaille**: notch effect
 ~ **de cheminée**: chimney effect, flue effect, stack effect
 ~ **de goujon**: (béton) dowel action (on armature)
 ~ **de paroi**: (béton) wall effect
 ~ **de serre**: greenhouse effect
 ~ **de silo**: arch action, arch effect, arching
 ~ **de voûte**: arch action, arch effect, arching
 ~ **pouzzolanique**: pozzolanic reaction

**efflorescence** *f* : efflorescence; (sur brique) bloom; (sur ciment) scum

**effluent** *m* : effluent
 ~ **industriel**: industrial waste

**effondrement** *m* : collapse, failure (of a structure)
 ~ **de proche en proche**: progressive collapse
 ~ **en chaîne**: progressive collapse

**effondrer, s'~**: to collapse; (toit, plafond) to fall in

**effort** *m* : force, load; (loosely) stress
 ~ **de cisaillement**: shear force
 ~ **de compression**: compression force
 ~ **de flexion**: bending load, bending stress
 ~ **de torsion**: twist
 ~ **de traction**: tensile load, tensile stress
 ~ **disponible au crochet**: drawbar pull
 ~ **tranchant**: shear[ing] force, shearing force, transverse force

**effraction** *f* : break-in, intrusion

**effritement** *m* : crumbling (of rocks)

**égal**: equal; (surface) even, level, regular

**égalisation** *f* : levelling, smoothing

**égalité** *f* : evenness, smoothness, regularity (of a surface)

**église** *f* : church
 ~ **abbatiale**: abbey church
 ~ **halle**: hall church
 ~ **paroissiale**: parish church

**égout** *m* : (d'un bâtiment) drain; (de réseau public) sewer; (pan de toit) slope of roof; (bord de toit) eaves
 ~ **à canalisation unique**: combined sewer
 ~ **à ciel ouvert**: open drain
 ~ **collecteur**: main sewer, trunk sewer
 ~ **d'eaux usées**: separate sewer, sanitary sewer
 ~ **de deux pièces**: double eaves
 ~ **de maison**: house drain, building drain, house sewer
 ~ **de sous-sol**: basement drain
 ~ **de toit dégouttant**: dripping eaves
 ~ **de trop-plein d'orage**: storm overflow sewer
 ~ **libre**: dripping eaves
 ~ **ovoïde**: egg-shaped sewer
 ~ **pluvial**: storm sewer, storm drain
 ~ **principal**: main sewer, trunk sewer
 ~ **privé**: drain, private sewer
 ~ **pseudo-séparatif**: partially separate sewer
 ~ **public**: public sewer

~ **relevé**: sprocked eaves, sprocketed eaves
~ **retroussé sur plan carré**: (rachetant flèche octogonale) broach
~ **secondaire**: branch sewer
~ **unitaire**: combined sewer
~ **voligé**: closed eaves

**égouttage** *m*, **égouttement** *m* : dripping, dropping; draining, drying (of land)

**égouttier** *m* : sewerman

**égouttoir** *m* : draining board; (irrigation) trickler

**égouttures** *f* : drops, drippings (from roof)

**égrener**: (les aspérités du plâtre) to rub down, to smooth down

**égrisage** *m* : rough grinding

**égriser**: (avant polissage du marbre, du verre) to grind

**EIF** → **enduit d'imprégnation à froid**

**éjecteur** *m* : jet pump, ejector [pump]
~ **à vapeur**: steam ejector

**élancé**: (colonne) slender

**élancement** *m* : (d'une colonne) slenderness ratio

**élargir**: to widen; (base d'un pieu) to underream, to bell out

**élargissement** *m* : (de rue, de route) road widening

**élasticité** *f* : elasticity

**élastique**: elastic

**élasto-plastique**: elastic plastic

**électricien** *m* : electrician
~ **de service**: shift electrician

**électrificateur** *m* : fencer unit (of electric fence)
~ **sur batterie**: battery fencer

**électro-osmose** *f* : electro-osmosis

**électrode** *f* : electrode
~ **enrobée**: coated electrode

**électrodrainage** *m* : electrodrainage

**électroplastie** *f* : electroplating, plating

**électropompe** *f* : electric pump
~ **dilacératrice**: electric comminutor pump

**électrotechnique** *f* : electrical engineering

**électrozingué**: zinc-plated

**élégir**: (men) to lighten the appearance of a component (by rebating, canting etc.)

**élément** *m* : component, standardised part, unit
~ **constitutif**: functional element (of structure)
~ **creux**: hollow part
~ **d'animation de surface**: decorative block
~ **de charpente**: [frame] member
~ **de cloison**: partition unit
~ **de cuisine**: kitchen unit
~ **de façade légère**: light cladding element
~ **de fondation**: foundation element, foundation unit
~ **de rangement**: storage unit
~ **de remplissage**: infill element
~ **de terre cuite**: terra cotta unit
~ **fusible**: fuse link
~ **massif**: solid part
~ **terminal**: (clim) terminal unit
~**s préfabriqués de sous-toiture**: roof decking

**élévateur** *m* : elevator; hoist (of concrete form)
~ **à godets**: bucket elevator
~ **à nacelle**: aerial work platform, access work platform
~ **de cordon**: windrow elevator

**élévation** *f* : (de la pression, de la température) rise; (dessin) elevation

**élimination** *f*, ~ **des odeurs**: odor control
~ **des taudis**: slum clearance

**élinde** *f* : bucket ladder

**élingue** *f* : sling

**ellipse** *f* : ellipse

**émail** *m* : enamel
~ **au four**: stove enamel GB, baked finish NA
~ **vitrifié**: vitreous enamel, porcelain enamel

**émaillé**: enamelled, glazed

**émarger**: (papier peint) to trim

**emballage** m : packing
 ~ **maritime**: sea packing
 ~ **perdu**: nonreturnable packing

**embarras** m, **dans l'~**: (étais, tranchée) restricted

**embarrure** f : edge bedding (of ridge tiles)

**embase** f : base
 ~ **de la cheminée**: base of stack
 ~ **de mât**: flagpole socket
 ~ **de poteau**: column base
 ~ **en bois**: (pour interrupteur électrique) wood base, wood block

**embasement** m : (de mur) base, ground table, earth table, grass table

**embauche** f **de main-d'œuvre**: engagement of labour

**emboire, s'~**: (peinture) to sink in, to become flat, to become dull

**emboîtement** m : (de tuyau) bell and spigot joint, spigot joint

**emboîter, s'~**: to interlock, to nest (into another part)

**emboîture** f : (de tuyau) socket end GB, bell NA

**embout** m : end piece, end cap; (précontrainte du béton) [strand] grip
 ~ **protecteur**: (él) end seal (of cable)

**emboutissage** m : pressing (of sheet metal); die stamping

**embranchement** m : (de tuyau) branch [pipe]

**embrasure** f : doorway, door opening, window opening

**embrevé**: (men) matched

**embrèvement** m : cog, dado joint NA, housing, housed joint
 ~ **à entaille**: notching
 ~ **anglais**: bridle joint
 ~ **d'angle**: shouldered housed joint
 ~ **de rencontre**: housed joint, dado joint

~ **sur chant**: housed joint, dado joint

**embrochable**: (él) plug-in

**embu** m : (peinture) flat spot, sinking in

**émeulage** m : grinding

**émiettement** m : (mortier, béton) crumbling

**émissaire** m : outfall [sewer], outlet
 ~ **d'évacuation**: outfall sewer
 ~ **de drainage**: drainage channel outlet

**émission** f : (de gaz) release

**émissivité** f : emissivity

**emmagasinage** m : storage, warehousing

**emmanchement** m : (d'outil) hafting, halving

**emmancher**: (un tuyau) to join, to fit into
 ~ **à chaud**: to shrink on

**emmarchement** m : (dans limon droit) housing; (d'une marche) tread length

**emmortaisé**: mortised GB, morticed NA

**emmurer**: to wall in

**émoussé**: blunt

**émousser**: to remove moss; (une lame, un outil) to blunt

**empan[n]on** m : jack [rafter], cripple rafter
 ~ **de croupe**: hip jack
 ~ **de noue**: valley jack

**empatté**: resting on a widened base (as a footing)

**empattement** m : widening of a base, widened base; (au bas d'un mur) ground table, grass table; (de tuyau) saddle; (fondations) footing
 ~ **de semelle**: projection of footing
 ~ **en tronc de pyramide**: sloping footing

**empênage** m : (serrurerie) striking box, box strike [plate]

**empennage** m : (solaire) rudder

**empierré**: (chemin) metalled

**empierrement** *m* : (route) metal, metalling GB, macadam
~ **au goudron**: tar-grouted macadam
~ **de base**: (route) bottoming

**empiètement** *m* : (d'un terrain) encroachment

**empiler**: (des matériaux) to stack

* **emplacement** *m* : location, site
~ **de stationnement**: parking bay
~ **des travaux**: job site, construction site, project site

**empreinte** *f* : (de moule) mould cavity; (en surface) indentation

**emprise** *f* : area occupied by a building; (voie publique) area within right of way, NA legal highway

**emprunt** *m* **de terre**: borrow

**encadré**: framed; (fenêtre, porte encadrée de pierre de taille) dressed with ashlar

**encadrement** *m* : frame, framing; (du personnel) supervision, supervisory staff
~ **à glace**: square-and-flat frame
~ **de baie**: (en matière noble) dressing
~ **de châssis**: sash frame
~ **de gazon**: turf border
~ **de panneau**: panel framing
~ **de parquet**: parquet border
~ **de porte**: architrave, door casing, door lining

**encaissé**: (route) sunken; (tuyau) boxed-in

**encaisser**: (paiement) to collect; (constr) to box in

**encastré**: recessed, restrained
~ **contre la rotation**: restrained against rotation
~ **contre la rotation mais avec translation**: restrained against rotation but not held in position
~ **aux pieds**: (portique) fixed-based

**encastrement** *m* : restraint, end-fixity; (poutre) fixed end; (dans une surface) recess
~ **à l'extrémité**: end restraint

**encastrer**: to restrain, to recess
~ **une poutre dans un mur**: to tail a beam into a wall
~ **une poutre dans un poteau**: to house a beam in a post

**enceinte** *f* : enclosed space, enclosure, precinct; enclosure wall

**enchevalement** *m* : shoring up (for underpinning)

**enchevaucher**: to fix or to lay (tiles, planks) with an overlap

**enchevêtrer**: (des solives) to trim

**enchevêtrure** *f* : trimming, trimmed opening (in floor)

**enclenchement** *m* : (de palplanches) clutch, interlock

**enclore**: to fence in, to wall in

**enclume** *f* : slater's iron

**encoche** *f* : notch, slot

**encoignure** *f* : (de pièce, de rue) corner

**encollage** *m* : pasting, gluing
~ **blanc**: clairecolle, clearcolle
~ **d'apprêt**: sizing (wallpapering)
~ **double face**: double spread gluing
~ **sur chant**: edge gluing

**encoller**: to apply an adhesive

**encorbellement** *m* : corbelling out, jetty, overhang
**en ~**: corbelled

**encrasser, s'~**: to get dirty; (filtre) to clog

**encroûtement** *m* : case hardening (of timber)

**endentement** *m* : joggle [joint]

**endommager**: to damage

**endroit** *m* : right side; (de tuile, d'ardoise) back
~ **de la soudure**: weld face

**enduction** *f* : coating
~ **vinylique**: vinyl coating

**enduire**: to coat; (un mur) to plaster

**enduit** *m* : coat, coating; (sur mur) rendering, plastering
~ **à la mignonette**: pebbledash finish
~ **au plâtre**: gypsum plaster, plaster finish
~ **bicouche**: two-coat work, render and set
~ **bitumineux**: bituminous coating
~ **brossé**: brushed finish
~ **d'application à chaud**: hot-laid mixture
~ **d'imprégnation à froid**: cold-laid mixture
~ **d'imperméabilisation**: waterproofing finish
~ **d'usure**: surface dressing
~ **de ciment**: cement rendering
~ **de dressage**: levelling coat
~ **de lissage**: levelling coat
~ **de scellement**: sealing coat
~ **dressé**: ruled finish
~ **en mortier de chaux**: lime plaster
~ **en mortier de ciment**: rendering
~ **en mortier de plâtre**: plaster
~ **en trois couches**: three-coat work, render float and set
~ **extérieur**: rendering; (à base de ciment, chaux et sable) stucco
~ **frotté**: rubbed finish
~ **général de dressage**: levelling coat
~ **gouttelette**: stipple finish
~ **gratté**: raked plaster; scratch coat
~ **grenu**: textured finish
~ **hydrofuge**: (de mur de cave) pargetting
~ **intérieur**: (de cheminée) pargetting
~ **lavé**: washed plaster
~ **lissé**: ruled finish
~ **piqué**: pricked rendering
~ **pur**: neat plaster
~ **raclé**: scratch coat
~ **superficiel au bitume**: asphalt surface treatment
~ **superficiel**: surface dressing
~ **texturé**: textured finish
~ **tramé**: textured coating
~ **tyrolien**: Tyrolean finish, Tyrolian plaster

**énergie** *f* : energy
~ **acoustique**: acoustical energy, sound energy
~ **cinétique**: kinetic energy
~ **de déformation**: strain energy
~ **de déformation à la rupture**: modulus of toughness
~ **de déformation au déchargement**: resilience
~ **de déformation élastique maximale**: modulus of resilience
~ **de distorsion**: energy of distorsion
~ **de substitution**: alternative energy
~ **douce**: soft energy
~ **du rayonnement solaire**: radiant energy of the sun
~ **éolienne**: wind power, wind energy
~ **géothermique**: geothermal energy
~ **hélio-électrique**: solar power
~ **hydro-électrique**: water power
~ **interne**: strain energy
~ **produite**: energy output
~ **renouvelable**: renewable energy
~ **solaire intégrale**: all-solar energy

**enfaîteau** *m* : ridge tile

**enfaîtement** *m* : ridge capping, ridge covering, ridging

**enfeu** *m* : wall niche tomb

**enfichable**: plug-in

**enflammer, s'~**: to ignite

**enfoncer**: (un pieu, un clou) to drive in; (une porte) to break in
~ **à fond**: to push home, to drive home
~ **à refus**: to drive home; (un pieu) to drive to refusal

**enfoui**: (canalisation) buried

**enfouir**: to bury in the ground

**enfouisseuse** *f* **de câbles**: cable-burying machine

**enfourchement** *m* : slot mortise [joint], slip mortise

**enfourchure** *f* : crotch, fork (in tree)

**engagé**: (colonne) engaged

**engazonnement** *m* : turfing, sowing with grass seed

**engin** *m* : (self-propelled) vehicle; (de travaux publics) equipment, plant, vehicle
~ **à chenilles**: crawler, track-laying vehicle
~ **automoteur**: self-propelled vehicle
~ **de chantier**: construction machine
~ **de reprise**: reclaimer
~ **de terrassement**: earthmoving plant, earth mover GB, muck-shifting plant, dirt mover NA

**engobe** *m* : slip (ceramic products)

**engorgé**: (terrain) waterlogged

**engorgement** *m* : (de filtre, de tuyau) obstruction, choking up

**engravure** *f*, ~ **arrière**: back edging (on ceramic pipe)
~ **par saignée**: (toiture) tuck-in

**enhachement** *m* : encroachment

**enherbé**: turfed, grassed down; invaded by grass weeds

**enjamber**: to span

**enjolivement** *m* : adornment, embellishment

**enjolivure** *f* : small embellishment

**enlaçure** *f* : dowel hole, dowelled tenon and mortise joint, peghole assembly

**enlèvement** *m* : (de matières) removal
~ **des ordures ménagères**: refuse collection
~ **du matériel**: removal of plant

**enlever les terrains de couverture**: to strip a site

**enligner**: to align (beam, stones)

**énoncé** *m* **du projet**: project brief

**enquête** *f* : survey, investigation

**enrayure** *f* : horizontal framing of roof (more particularly radiating, as in a spire, hip or dome)

**enregistreur** *m* : recorder; *adj* : recording
~ **à bande**: strip chart recorder

**enrobage** *m* : coating; (des armatures) concrete cover
~ **bitumineux**: asphalt coating
~ **de câbles**: wire covering, wire insulating
~ **en béton**: (de poutre, de poteau) casing

**enrobé** *m* : coated material; (pour route) bituminous coated material; *adj* : coated
~ **de béton**: (poutre, poteau) encased in concrete; (armature) embedded in concrete
~ **dense**: dense-coated stone, dense-graded bituminous mix
~ **hydrocarboné**: coated aggregate (for tarmac)
~**s**: coated chippings, coated grit

**enrochement** *m* : riprap; (structural) rockfill
~ **de protection**: riprap
~ **tout-venant**: random quarry rock

**enroulement** *m* : winding, scroll

**ensablement** *m* : sand silting

**ensacher**: to bag

**enseigne** *f* : shop sign
~ **au néon**: neon sign
~ **lumineuse**: neon sign

**ensemble** *m* : assembly, unit, set
~ **architectural**: architectural complex
~ **de porte et huisserie**: door set
~ **de serrure et garniture**: lock set
~ **des fenêtres**: windows
~ **sanitaire préfabriqué**: prefabricated plumbing unit

**ensemblier** *m* : interior decorator, interior designer; turnkey contractor
~ **industriel**: package builder; turnkey developer

**ensoleillé**: sunny

**ensoleillement** *m* : sunshine, sunshine duration, insolation

**entablement** *m* : entablature
**à ~**: trabeated

**entaille** *f* : notch, nick, slot
~ **simple**: (men) trench, housed joint, GB housing, NA dado
~ **simple arrêtée**: stopped dado

**entartrage** *m* : (de tuyaux, de chaudière) scaling, incrustation, encrustation

**entartré**: (tuyau) furred

**entartrer, s'~**: to scale

**enter**: to scarf timbers

**enterré**: (câble, canalisation) buried, subsurface, underground; (ouvrage) below ground GB, below grade NA

**entrait** *m* : tie beam, main tie
~ **retroussé**: collar beam, collar tie, top beam

**entraînement** *m* **de la garde d'eau**: unsealing of trap

**entraver**: to obstruct (flow, circulation)

**entraxe** *m* : distance between centres, centre to centre distance GB, on-center distance NA

**entre-colonnement** *m* : intercolumnation

**entre-écorce** *f* : bark pocket, ingrown bark

**entrebâilleur** *m* : (de fenêtre) casement stay; (de porte, de fenêtre) stay bar

**entrecolonnement** *m* : intercolumniation

**entrée** *f* : (pour personnes) entrance, way in; (de matière) inlet, intake
 ~ **avec effraction**: burglarious entry
 ~ **d'air frais**: fresh air intake
 ~ **d'immeuble**: (él) house lead-in, lead-in cable
 ~ **de garage**: drive GB, driveway NA
 ~ **de serrure**: escutcheon, scutcheon, keyhole, key plate
 ~ **des fournisseurs**: tradesmen's entrance, service entrance
 ~ **interdite**: no admittance
 ~**s-sorties de l'insolateur**: plenum

**entrelacs** *m* : interlace, interlacing pattern, knotwork

**entrepreneur** *m* : contractor
 ~ **de génie civil**: civil engineering contractor
 ~ **de sondage**: boring contractor
 ~ **en bâtiment**: builder, building contractor
 ~ **paysagiste**: landscape contractor
 ~ **principal**: main contractor, prime contractor
 ~ **sous-traitant**: sub-contractor
 ~**s groupés**: cotenderers

**entreprise** *f* : firm, contractor
 ~ **admise à soumissionner**: qualified bidder
 ~ **candidate**: prospective tenderer GB, prospective bidder NA
 ~ **concurrente**: other bidder
 ~ **consultée**: (pour appel d'offres) invited bidder
 ~ **de construction métallique**: steelwork contractor
 ~ **de transports**: haulier
 ~ **générale**: general contractor, main contractor, prime contractor
 ~ **pilote**: managing contractor
 ~ **retenue**: successful tenderer GB, successful bidder

**entresol** *m* : mezzanine floor

**entretenir**: to maintain, to service
 ~ **en bon état**: to maintain in good repair, to keep in good repair

**entretien** *m* : (d'une construction) maintenance, upkeep; (de machine) service, servicing
 ~ **courant**: routine maintenance
 ~ **systématique**: planned maintenance

**entretoise** *f* : stay, strut, brace; distance piece, spacer; (de coffrage) spreader; (de caillebotis) cross bar

**entretoisement** *m* : bracing
 ~ **de contreventement**: sway brace, sway rod
 ~ **de plancher**: [joist] bridging
 ~ **de solives**: strutting, joist bridging
 ~ **en croix de St André**: (de solives) herringbone strutting
 ~ **en sautoir**: (de solives) cross bridging

**entrevous** *m* : casebay, space between girders; structural clay tile GB, structural unit NA, masonry filler unit
 ~ **en berceau segmentaire**: jack arch GB, floor arch NA

**enture** *f* : lengthening joint, heading joint
 ~ **à simple sifflet**: scarf joint
 ~ **à trait de Jupiter**: splayed indent scarf
 ~ **en sifflet**: splayed scarf, splayed heading joint

**enveloppe** *f* : (d'une construction) envelope, shell; (de chaudière) casing
 ~ **de l'habitat**: (solaire) envelope, building skin

**envergure** *f* : (d'une aile) span

**envers** *m* : wrong side; (d'ardoise, de tuile) bed

**environnement** *m* : environment

**envols** *m* : fly ash

**éolien**: aeolian

**éolienne** *f* : wind turbine, windmill (driving a well pump), wind-driven generator, wind machine
 ~ **à deux pales**: two-bladed wind system
 ~ **bipale**: two-bladed wind system

**EP** → **eau pluviale, eau potable, éclairage public**

**ep** → **épaisseur**

**épaisseur** *f* : thickness; (d'une couche) depth; (de tôle) gauge
~ **d'enrobage**: (du béton) concrete cover
~ **nette d'enrobage**: clear cover

**épaissir**: to thicken, to become thick

**épaississement** *m* : thickening; (de peinture) livering

**épandage** *m* : spreading (over an area); (traitement des eaux usées) irrigation
~ **d'eaux résiduaires**: broad irrigation of sewage
~ **par irrigation**: broad irrigation
~ **souterrain**: underground disposal

**épandeuse** *f* : spreader

**épannelage** *m* : rough cut (of stone)

**épaufrure** *f* : spall[ing]

**épaulement** *m* : shoulder

**épi** *m* : (ornement) cluster of spikes
**en** ~: herringbone, zigzag; (plan de cuisine) peninsula

**épicéa** *m* : Norway spruce

**épierrer**: to remove stones

**épinaie** *f* : spiny thicket

**épinglage** *m* : anchorage; (sdge) tack weld

**épingle** *f* : (armature de béton) stirrup; (séchage du bois) spacer, sticker
~ **à cheveux**: hairpin

**épissure** *f* : splicing

**épreuve** *f* : test
~ **d'étanchéité à la cartouche fumigène**: smoke test
**à l'~ des fausses manœuvres**: foolproof

**éprouvette** *f* : test bar, test specimen
~ **de traction**: tensile bar, tension [test] specimen

**épuisé**: exhausted

**épuisement** *m* : dewatering, lowering of groundwater, pumping out
~ **au moyen de puisards**: sumping

**épuiser**: (des réserves) to exhaust; (le mortier) to overtrowel; (eau de fondations) to dewater

**épurateur** *m* **d'air**: air cleaner

**épuration** *f* : purification, cleaning, sewage treatment
~ **de l'eau usée**: sewage treatment, wastewater treatment
~ **de l'eau**: water treatment
~ **des eaux d'égout**: sewage treatment

**épure** *f* : full-scale working drawing; linear diagram, line diagram

**équarrir**: (bois, pierre) to square

**équarrissage** *m* : (de la pierre) squaring; (du bois) square sawing, section of converted timber

**équarrisseuse** *f* : four-edge trimming saw

**équation** *f* : equation
~ **de compatibilité**: equation of compatibility
~ **de continuité**: (hydraulique) continuity equation
~ **du bilan énergétique**: energy balance equation
~ **personnelle**: (topo) personal equation

**équerrage** *m* : (d'ossature) squaring, squareness
~ **en gras**: obtuse bevel, standing bevel
~ **en maigre**: acute bevelling, underbevelling

**équerre** *f* : angle bracket, angle plate, L-iron; (instrument) try square
~ **à onglet**: mitre square
~ **d'arpenteur**: cross staff
~ **d'onglet**: mitre square
~ **de support**: knee piece, knee brace
~ **optique**: optical square
~ **tasseau**: seating cleat
**d'~, en ~**: at right angles
**mettre d'~**: to square

**équidistance** *f* **des courbes**: contour interval

**équilibrage** *m* : balancing, counterbalancing

**équilibre** *m* : equilibrium, balance
~ **des déblais et remblais**: earthwork balance

**équilibreur**

~ **des moments**: moment equilibrium
~ **des terrassements**: earthwork balance
~ **hygrométrique**: equilibrium moisture content

**équilibreur** *m* : (de fenêtre à guillotine) sash balance
~ **à spirale**: spiral sash balance

**équipe** *f* : (d'ouvriers) gang, crew NA; (de bureau) team
~ **de conception**: design team
~ **de ferraillage**: bar-fixing gang
~ **de montage**: erection gang
~ **de projet**: project team
~ **de topographes**: survey team

**équipé**, ~ **de**: equipped with, fitted with
~ **en**: (engin de terrassement) rigged as

**équipement** *m* : equipment; (d'entrepreneur) plant
~ **auxiliaire**: ancillary equipment
~ **collectif**: community facility
~ **d'engin de terrassement**: attachment
~ **fixe**: fixture
~**s collectifs**, ~**s publics**: public facilities

**équivalent** *m*, ~ **de la charge**: load equivalent
~ **de sable**: sand equivalent
~ **mécanique de la chaleur**: mechanical equivalent of heat
~**-habitant**: (eau) population equivalent

**érable** *m* : maple

**ériger**: to erect

**érosion** *f* : erosion
~ **de pente**: slope wash
~ **en nappe**: sheet erosion, sheet washings
~ **pluviale**: rainwash
~ **souterraine**: subsurface erosion

**ERP** → **établissement recevant du public**

**erreur** *f*, ~ **d'étalonnage**: calibration error
~ **biaisée**: biased error
~ **d'indication**: reading error
~ **de fermeture**: (topo) closing error
~ **de lecture**: (due à l'instrument) instrument error
~ **systématique**: biased error

**escalier**

**escalier** *m* : stair[s], staircase; (au dehors) steps
~ **à double quartier**: half-turn stairs
~ **à jour**: open-well stair
~ **à la française**: straight run of stairs, straight flight of stairs
~ **à limon courbe**: geometrical stair, wreathed stair
~ **à limons droits**: straight run of stairs, straight stair
~ **à limons superposés**: dog-legged stairs
~ **à moitié tournante**: halfpace stair, halfspace stair
~ **à noyau plein**: solid-newel stair
~ **à noyau creux**: hollow-newel stair, open-newel stair
~ **à première volée centrale et deuxième volée double**: double-return stair
~ **à quartier tournant**: quarter-turn stairs
~ **à rampe droite**: straight flight of stairs, straight stair
~ **à révolution**: winding stair
~ **à vis**: corkscrew stair, spiral stair, winding stair, vice stair, vis, vyce, vys
~ **à volée droite**: straight [run] stair
~ **ajouré**: open stairs
~ **d'honneur**: grand staircase
~ **dans œuvre**: internal stairs, inside stair
~ **de dégagement**: exit stairs
~ **de desserte**: basement stair
~ **de secours**: fire escape stairs
~ **de service**: backstairs, service stair
~ **dérobé**: hidden stair, concealed stair, secret stair
~ **en colimaçon**: corkscrew stair, spiral stair, winding stair, vice stair, vis, vyce, vys
~ **en échelle de meunier**: open stair
~ **en encorbellement**: hanging stairs
~ **en hélice**: helical stair, spiral stair, winding stair, screw stair
~ **en huit**: figure-of-eight stair
~ **en limaçon**: corkscrew stair, spiral stair, winding stair, vice stair, vis, vyce, vys
~ **encloisonné**: enclosed stair, box stair, closed stair, housed stair
~ **entre murs**: box stairs, closed stairs
~ **escamotable**: folding stair
~ **hélicoïdal**: helical stair, spiral stair, winding stair, screw stair
~ **hors d'œuvre**: external staircase, outside staircase
~ **mécanique**: escalator, moving staircase
~ **pendant**: hanging stairs, hanging steps
~ **rampe sur rampe**: dogleg stair

~ **rompu en paliers**: stairs interrupted by landings
~ **roulant**: escalator, moving staircase
~ **roulant à tasseaux**: comb escalator
~ **suspendu**: hanging stairs, hanging steps
~ **tournant**: winding stairs
~ **tournant à jour**: geometrical stair
**en ~**: (voussoir etc.) stepped

**escape** *f* : (moulure) scape; (fût de colonne) scapus

**escarpe** *f* : escarp, scarp

**espace** *m* : space
~ **clos**: enclosed space
~ **non bâti**: open space
~**s verts**: (urbanisme) open spaces (with lawns, trees etc)
**en ~ fonctionnel**: open-plan

**espacement** *m* : spacing, pitch; (d'axe en axe) distance between centers, centers NA

**espaceur** *m* : (b.a.) spacer

**espagnolette** *f* : espagnolette [bolt]

**esprit-de-sel** *m* : spirits of salt

**essai** *m* : test
~ **à blanc**: blank test, dry run
~ **accéléré**: accelerated test
~ **au banc**: bench scale test
~ **au feu**: fire test
~ **au flotteur**: (matériaux bitumineux) float test
~ **au pénétromètre**: penetration test
~ **au pénétromètre dynamique**: dynamic penetration test, drop penetration test
~ **au rattler**: rattler test
~ **aux secousses**: shaking test
~ **brésilien**: (béton) splitting tensile test
~ **consolidé [et] drainé**: consolidated drained test
~ **consolidé non drainé**: consolidated undrained test
~ **consolidé lent**: slow test
~ **courant**: routine test
~ **d'affaissement**: slump test
~ **d'arrachement**: (d'un pieu) pulling test
~ **d'écrasement**: (béton) crushing test
~ **d'étalement à la table à secousses**: flow-table test
~ **d'étanchéité**: leakage test
~ **d'usure à la meule**: abrasion test

~ **d'usure par frottement réciproque**: reciprocal friction test
~ **de cintrage**: bending test
~ **de cisaillement à l'appareil triaxial**: triaxial shear test
~ **de combustion**: burning test
~ **de consistance**: consistency test
~ **de contrôle**: control test
~ **de convenance**: suitability test
~ **de fatigue**: fatigue test
~ **de flexion**: bending test GB, flexural test NA
~ **de flexion par choc**: impact bending test
~ **de gel et dégel**: freezing and thawing test
~ **de longue durée**: long-term test
~ **de matériau**: material test
~ **de pénétration**: penetration test
~ **de pénétration au cône**: penetratrometer test
~ **de pliage à l'envers**: reverse bend test
~ **de pliage alterné**: alternate bend test
~ **de pliage sur cordon entaillé**: notched bend test
~ **de réception**: acceptance test
~ **de résilience**: [drop weight] impact test
~ **de structure**: structural test
~ **de traction**: tensile test
~ **de traction directe**: direct-tensile test
~ **de traction par fendage**: splitting tensile test
~ **de traction par flexion**: tensile bending test
~ **de vieillissement aux intempéries**: weathering test
~ **en charge**: load test
~ **en grand**: full-scale test
~ **hydraulique**: (d'un tuyau) water test
~ **jusqu'à la ruine**: test to failure
~ **non consolidé non drainé**: unconsolidated undrained test
~ **non destructif**: nondestructive test
~ **œdométrique**: oedometer test
~ **probant**: conclusive test
~ **sous pression**: (assainissement) hydraulic test
~ **sur barreau entaillé**: notched bar test
~ **sur le terrain**: field test
~ **sur prélèvement**: sampling test
~ **triaxial**: triaxial compression test, confined compression test

**esse** *f* : S-shaped wall anchor, S-iron [plate], S-plate
~ **simple**: (plb) offset

**essence** *f* : petrol GB, gasoline, gas NA
~ **d'arbre**: species of tree
~ **de térébenthine**: oil of turpentine, turpentine, spirits of turpentine
~ **minérale**: mineral spirit, petroleum spirit

**essentage** *m* : (en bardeaux) vertical shingling, hanging shingling, weather shingling; (en ardoise) weather slating, slate hanging; (en tuile) tile hanging, weather tiling

**essorage** *m* : (de boues) dewatering; (du béton) removal of excess water

**essouchement** *m* : grubbing, removal of stumps, stumping

**estacade** *f* : boom, log boom, oil boom, ice boom

**estimation** *f* : appraisal
~ **des coûts**: estimate of cost, cost estimate

**estrade** *f* : raised platform, dais

**établi** *m* : bench
~ **de maçon**: banker

**établir**: (bois, pierre) to line out, to mark out
~ **le plan du terrain**: to plot the ground

**établissement** *m* : (du dossier d'appel d'offres) preparation of tender documents; (men) fixing
~ **de grande surface**: supermarket, hypermarket
~ **de projet**: planning
~ **recevant du public**: public building

**étage** *m* : storey GB, story NA, floor
~ **attique**: attic storey
~ **aveugle**: blind storey
~ **courant**: typical floor (of multistorey building)
~ **des fenêtres hautes**: clerestory
~ **mansardé**: half storey
~ **noble**: piano nobile
~ **technique**: mechanical floor, service floor
à l'~, en ~: upstairs

**étagère** *f* : shelf

**étai** *m* : prop, shore
~ **horizontal**: flying shore
~ **incliné**: inclined shore

~ **oblique**: raking shore, raker
~ **vertical**: dead shore

**étaiement** *m* : shoring, propping; (de fouille) strutting
~ **de coffrage**: falsework
~ **de mur à la verticale**: raking shores

**étain** *m* : tin; pewter
~ **en saumons**: block tin

**étalage** *m* : display window, shopfront

**étalement** *m* : (de colle) spreading
~ **de la periode de pointe**: peak spreading
~ **latéral**: (du sol) lateral bulging

**étalonnage** *m* : (d'un instrument) calibration

**étamé**: tinned

**étanche**: (joint) tight
~ **à l'eau**: watertight
~ **à l'humidité**: damp proof
~ **aux intempéries**: weather tight
~ **aux poussières**: dustproof

**étanchéité** *f* : (entre parois d'un mur) water stop; (contre l'humidité) sealer, sealant, sealing compound, damp check
~ **multicouche**: (couverture) built-up roofing, composition roofing

**étanchement** *m* **du sol**: soil waterproofing

**étançon** *m* : shore

**étang** *m* : pond
~ **de décantation**: settling pond
~s: (sur toiture terrasse) ponding

**étape** *f* stage; (chemin critque) event
~ **de l'avant-projet**: design development stage

**état** *m* : condition
~ **d'avancement des travaux**: project status report, progress report
~ **de marche**: working order
~ **des lieux**: (après sinistre) surveyor's report, fire damage report; (avant location) inventory of fixtures
~ **limite**: limit state

**étau** *m* : vice

**étayage** *m* → **étaiement**

**étendue** f, **~ d'eau**: stretch of water
 **~ d'un escalier**: going of flight
 **~ de mesure**: (d'un instrument) range of measurement
 **~ des prestations**: (d'un marché) scope of works

**étincelle** f: spark

**étirage** m: (du verre, d'un tuyau) drawing

**étiré à froid**: (tuyau) cold-drawn

**étoile** f: star; (bois) radial crack
 **~-triangle**: (él) star-delta

**étoilé**: star-shaped, stellated

**étouffer**: (un incendie, les flammes) to smother

**étoupe** f: oakum

**étrésillon** m: (horizontal) dog shore;
 **étresillons**: (entre solives) strutting, cross bridging, strutting;
 **~ de tranchée**: trench brace, shore, strut
 **~ provisoire**: (de coffrage) spreader

**étrier** m: U-bolt; (chape) clevis; (d'armature): stirrup, link NA; (de charpente) band [iron], bridle iron NA, hanger; (de plancher) floor hanger, stirrup
 **~ à solive**: joist hanger
 **~ à tube**: pipe hanger
 **~ d'ascenseur**: sling
 **~ d'échafaudage**: cradle iron, stirrup
 **~ de chéneau**: gutter hanger
 **~ mural**: wall hanger

**étude** f: design, study; survey, investigation; → aussi **études**
 **~ d'avant-projet**: concept design
 **~ de base du projet**: basic design
 **~ d'exécution**: working design
 **~ de faisabilité**: feasibility study
 **~ de rentabilité**: profitability study
 **~ du régime des vents**: wind survey
 **~ du sol**: soil survey
 **~ du sous-sol**: subsoil exploration, subsoil investigation, subsoil reconnaissance
 **~ foncière**: land tenure survey
 **~ géologique**: geological investigation, geological survey
 **~ granulométrique**: grain-size analysis
 **~ pédologique**: soil survey
 **~ préliminaire**: preliminary study
 **~ paysagère**: landscape study
 **~ sur le terrain**: field survey
 **~ sur modèle**: model analysis
 **~ technique**: engineering study

**études** f: design
 **~ et réalisation**: design and construction, design and build
 **~ techniques**: design work
 **faire les ~**: to design

**étuvage** m: (béton) steam curing

**étuve** f: oven, kiln

**évacuation** f: (de personnes) evacuation; (d'air vicié) removal
 **~ d'air**: air release, air discharge
 **~ d'eaux usées**: drainage
 **~ de la chaleur**: heat removal
 **~ des déchets**: waste disposal
 **~ des eaux superficielles**: surface water drainage
 **~ des gaz**: venting, gas extraction
 **~ des produits de la combustion**: venting of combustion products, discharge of combustion products

**évacuer un bâtiment**: to evacuate a building

**évaluation** f: appraisal; (de dégâts, d'avaries) assessment

**évaporateur** m: evaporator
 **~ à faisceau tubulaire**: shell-and-tube evaporator
 **~ à refroidissement à air**: (PAC) air-cooled evaporator

**évaporation** f: evaporation
 **~ à sec**: evaporation to drynesss
 **~ superficielle**: surface evaporation
 **par ~**: (procédé) evaporative

**évapotranspiration** f: evapotranspiration

**évasé**: (tuyau) bell-mouthed, flared

**ève** f: groove (of key)

**évent** m: vent
 **~ à lames**: louvered vent
 **~ antisiphonnage**: (d'appareil sanitaire) back vent
 **~ d'aération**: air vent
 **~ de trépan**: blowhole
 **~ grillagé**: screened vent

**éventail** m: fan
 **en ~**: fan-shaped

**éventé**: stale; (plâtre, ciment) air set, warehouse set

**évidé**: hollowed [out]

**évier** *m* : sink
  ~ **à deux bacs**: double sink
  ~ **vidoir**: mop sink

**évolutif**: (bâtiment, maison) flexible, adaptable and extendable

**examen**: examination, inspection
  ~ **à l'œil nu**: visual examination
  ~ **visuel**: visual examination

**excavateur** *m* : excavator
  ~ **à chaîne à godets**: multibucket excavator
  ~ **rotatif**: trench excavator, trencher

**excavation** *f* : (terrassements, fouille) excavation
  ~ **dans le sol vierge**: primary excavation
  ~ **de tranchée**: trenching

**excavatrice** *f* : crawler shovel, crawler excavator, excavator

**excentrement** *m* : offset

**excès** *m* : excess
  ~ **d'agrégat fin**: oversanding
  ~ **de fouille**: overexcavation

**exécuté**, ~ **en atelier**: shop (painting, weld etc.)
  ~ **à pied d'œuvre**: in situ, job
  ~ **en usine**: shop-made
  ~ **sur demande**: custom-built, custom-made
  ~ **sur place**: in situ, job

**exécuter**: (des travaux) to carry out

**exécution** *f* : (d'un contrat) performance
  ~ **en atelier**: shopwork

**exercice** *m* **d'évacuation**: fire drill

**exfoliation** *f* : exfoliation

**exhaure** *f* : dewatering, pumping out

**exhausser**: (une construction) to increase the height, to raise
  ~ **d'un étage**: to add a story
  ~ **un arc**: to stilt an arch

**exigence** *f* : requirement
  ~ **de calcul**: design requirement

**expert** *m* : surveyor
  ~ **immobilier**: building surveyor

**expertise** *f* : official appraisal, survey
  ~ **contradictoire**: countersurvey

**exploitation** *f* : working, service, operating (of plant); (de carrière) extraction
  ~ **contractuelle de chauffage**: contract heating
  ~ **en [régime] continu**: continuous operation
  ~ **rurale**: homestead

**exploration** *f* : (forage) trial
  ~ **du sous-sol**: subsurface exploration, subsurface investigation, subsoil reconnaissance
  ~ **sismique**: seismic exploration

**exploser**: to explode, to blow up

**exposé**, ~ **à l'est**: facing east[ward]
  ~ **au nord**: having a northern aspect

**exposition** *f* : (orientation) aspect; (au vent, à la pluie) exposure; (de produits) exhibition
  ~ **à l'atmosphère**: weathering
  ~ **aux intempéries**: exposure to the weather

**expropriation** *f* : expropriation, compulsory purchase GB, condemnation NA

**extension** *f* : extension
  ~ **anarchique des villes**: urban sprawl

**extensomètre** *m* : strain gauge

**extérieur**: exterior, outside

**extincteur** *m* : [fire] extinguisher
  ~ **à bouteille de gaz**: gas-cartridge extinguisher
  ~ **à gaz carbonique**: carbon dioxide extinguisher
  ~ **à liquide ignifugeant**: soda acid extinguisher
  ~ **à mousse**: foam extinguisher
  ~ **à poudre sèche**: dry chemical extinguisher
  ~ **automatique**: [fire] sprinkler
  ~ **d'incendie**: fire extinguisher

**extinction** *f* : (de la chaux) slaking; (d'un incendie) extinction
  ~ **à l'air**: air slaking (of lime)

**extracteur** *m* **de pieux**: pile extractor, pile drawer

**extraction** *f* : (climatisation, ventilation) exhaust

**extrados** *m* : extrados
~ **en escalier**: stepped extrados

**extrant** *m* **énergétique**: energy output

**extrémité** *f* : end
~ **isolée**: (d'un câble électrique) capped end, sealed end

**extrusion** *f* : extrusion
~ **latérale de la terre molle**: blow-up of adjacent soft soil

**exutoire** *m* : (d'égout) outlet, wastewater outfall; (de mur) weephole
~ **de fumée**: smoke vent
~ **de toiture**: roof vent

# F

**fabriqué sur demande**: custom-built, custom-made

**façade** *f* : front, front wall, main wall, front elevation
 ~ **à pignon**: gable end
 ~ **antérieure**: front [elevation]
 ~ **latérale**: side elevation
 ~ **légère**: exterior nonbearing wall
 ~ **légère sur ossature secondaire**: stick construction
 ~ **panneau**: panel wall cladding
 ~ **postérieure**: rear elevation
 ~ **principale**: main elevation
 ~ **respirante**: breathing cladding
 ~-**rideau**: curtain wall
 ~ **sur la rue**: front elevation

**face** *f* : (pierre de taille) face; (de planche, de panneau) side
 ~ **coffrante**: form liner, form lining
 ~ **comprimée**: face in compression; (contreplaqué) tight side
 ~ **de coordination**: coordinating face
 ~ **de pose**: (brique) bed
 ~ **de repère**: (bois) work[ing] face
 ~ **distendue**: (contreplaqué) loose side, slack side
 ~ **exposée**: (du bâtiment) exposed building face
 ~ **tendue**: face in tension
 à une ~ **lisse**: (bois) smooth on one side

**facette** *f* : facet

**façonnabilité** *f* : workability (of hardened concrete)

**façonnage** *m* : forming; (du bois, du fer) shaping, working

**facteur** *m* : factor
 ~ **couchant-levant**: (solaire) sunset-sunrise factor
 ~ **d'utilisation**: (él) load factor, utilisation factor
 ~ **de charge**: (él) power load
 ~ **de ciel**: sky factor, sky component
 ~ **de consommation**: demand factor
 ~ **de lumière du jour**: daylight factor
 ~ **de portance**: bearing capacity factor
 ~ **passage de nuages**: (solaire) transient clouds factor

**facture** *f* : invoice; workmanship

**faible**: weak, low; (dimension) scant
 ~ **allure**: low setting
 ~ **largeur**: narrow width
 ~ **pente**: low gradient
 à ~ **pente**: (toit) low-pitched

**faiblir**: (sous l'effort) to give [way]

**faïençage** *m* : (béton, plâtre, peinture) crazing, hair cracking, pattern cracking
 ~ **à mailles fines**: fishnet cracking, chicken wire cracking
 ~ **à mailles larges**: block cracking, map cracking

**faire**, ~ **le plein**: (d'un réservoir) to fill up
 ~ **passer**: (des tuyaux etc.) to route
 ~ **travailler**: (une structure) to stress
 ~ **ventre**: (paroi) to bulge

**faisceau** *m* : (él) bundle, wire bundle, loomed wiring
 ~ **de conduits de fumée**: chimney stack
 ~ **de pieux**: pile cluster
 ~ **de tubes**: tube bundle

**faîtage** *m* : (de charpente) ridge, ridgeboard, ridgepole, ridgetree, rooftree; (de couverture) ridge capping, ridge covering, ridge cap; (orné) crest, cresting

**faîte** *m* : (d'une montagne) summit, top; (de cheminée, de toit) top
 ~ **de cheminée**: chimney top
 ~ **de toit à deux versants**: ridge

**faîteau** *m* : finial

**faîtière** *f* : (bande couvre-joint) ridgecap, ridge covering; (lucarne) skylight (at ridge of roof); (panne) ridge board, ridge piece, ridge pole, ridge plate;

(poutre) ridge beam; (tuile) ridge tile, crown tile, (ornée) crest tile
~ **à crête**: crested tile
~ **demi-ronde**: halfround ridge tile

**farinage** *m* : (béton) dusting; (peinture) chalking

**farine** *f* : (granulat, béton) meal, flour
~ **de bois**: wood flour, wood meal
~ **de pierre**: stone flour, rock flour NA

**fasce** *f* : fascia (of column)

**fascinage** *m* : fascine work

**fascine** *f* : fascine

**fatigue** *f* : fatigue
~ **sous corrosion**: corrosion fatigue

**faubourg** *m* : suburb

**faucheuse** *f* **de talus**: bank mower

**faussé**: bent, buckled

**fausse**: blank, blind, false; → aussi **faux**
~ **boutisse**: false header
~ **clef**: skeleton key
~ **équerre**: bevel; (outil) bevel square, sliding bevel
~ **fenêtre**: dead window, false window
~ **languette**: false tongue, slip feather, slip tongue
~ **prise**: false set, early stiffening, premature stiffening
~ **vis**: drivescrew, screwnail

**fausser**: (une vis) to crossthread

**faux**: false; (fenêtre, porte) blank, blind; → aussi **fausse**
~ **appui**: false bearing
~ **cœur**: false heartwood
~ **comble**: false roof
~ **entrait**: straining beam
~ **frais**: incidental expenses
~ **jour**: borrowed light
~ **limon**: wall string, wall stringer
~ **pieu**: pile extension
~ **plafond**: false ceiling, drop[ped] ceiling, counterceiling
~ **plancher**: subfloor, rough floor; (de filtre) false bottom
~ **poinçon**: queen post

**feeder** *m* : feeder
~ **multiple**: multiple feeder
~ **principal**: secondary distribution trunk line
~ **[de réseau] secondaire**: secondary distribution trunk line

**fêlure** *f* : crack (in glass)

**femelle**: (raccord, filetage) female

**fendillement** *m* : crazing

**fendre**: to split; (du bois) to rive
**se ~**: to crack; (bois, ardoise) to split

**fenêtrage** *m* : fenestration, windows, window arrangement

**fenêtre** *f* : window
~ **à bascule**: horizontal pivot window, horizontal centre-hung window
~ **à battants**: casement window, side-hung window
~ **à châssis à guillotine simple**: single-hung window
~ **à coulisse**: sliding window
~ **à deux vantaux**: folding casements
~ **à deux châssis mobiles**: double-hung window
~ **à double vitrage**: double-glazed window, double window
~ **à guillotine**: (à contrepoids) hung window, hung sash, sash window; (sans contrepoids) vertical slider, vertical sliding window
~ **à guillotine à deux châssis mobiles**: double-hung window, double-hung sash
~ **à guillotine à un seul vantail coulissant**: single-hung window, single-hung sash
~ **à jambage de pierre**: stone-dressed window
~ **à l'australienne**: austral window
~ **à l'italienne**: awning window; (à un seul châssis) top-projected window
~ **à la canadienne**: bottom-projected window
~ **à la française**: casement window, folding casements (opening inward)
~ **à lancette**: lancet window
~ **à meneaux**: mullioned window
~ **à pivot**: pivoted window
~ **à soufflet**: bottom-hung window, hopper light, hopper vent
~ **à soufflet avec rotation sur la traverse supérieure**: top-hung window
~ **à tabatière**: hinged skylight
~ **à un châssis mobile**: single-hung window
~ **basculante**: horizontal centre-hung window, horizontal pivot window
~ **battante**: side-hung window
~ **coulissante**: sliding window
~ **coulissante horizontalement**: horizontal slider

~ **coulissante verticalement**: vertical sliding window
~ **couverte d'un arc**: arched window
~ **de lucarne**: dormer window
~ **de second jour**: borrowed light
~ **des lépreux**: squint
~ **dormante**: fixed window
~ **en encorbellement**: oriel
~ **en deux parties**: two-light window
~ **en plein cintre**: round-headed window
~ **en saillie**: bay window; (de plan arrondi) bow window; (ronde) compass window
~ **en trois parties**: three-light window
~ **encadrée de pierre**: stone-dressed window
~ **gisante**: horizontal window
~ **haute**: clearstory window, clerestory window
~ **jalousie**: louver window, jalousie window
~ **jumelée**: gemel window, double window
~ **métallique**: metal window
~ **murée**: blank window
~ **oscillo-battante**: tilt-and-turn window
~ **panoramique**: picture window
~ **pivotante**: pivoted window

**fente** *f* : split; (de tête de vis) slot; (de bois débité) check; (ayant origine sur l'arbre) shake
~ **de cœur**: heart shake
~ **de roulure**: shell shake
~ **en bout**: end check, end split
~ **ouverte**: open split
~ **refermée**: closed split
~ **superficielle**: (bois) surface check
~ **traversante profonde**: split

**fer** *m* : iron
~ **à boudin**: bulb bar
~ **à joints**: (outil de maçon) jointing tool, jointer
~ **à rainurer**: (dalle de béton) groover
~ **à souder**: copper bit, soldering iron
~ **à vitrage**: sash iron, sash bar
~ **cassant**: brittle iron
~ **cassant à chaud**: hot brittle iron, hot short iron
~ **cassant à froid**: cold brittle iron
~ **clair**: bright iron
~ **de bêche**: blade
~ **de construction**: structural iron
~ **de faible échantillon**: light section iron
~ **de liaison**: (b.a.) tie bar
~ **de rabot**: blade, plane iron
~ **demi-rond**: half-round iron, half-round bar
~ **doux**: mild iron
~ **en barres**: bar iron
~ **en Té**: tee iron, tee section
~ **en U**: channel iron, channel [section]
~ **forgé**: wrought iron
~ **galvanisé**: galvanized iron
~ **plat**: flat iron
~ **profilé**: section, sectional iron
~ **rond**: round bar, rod
~**s divers**: miscellaneous sections

**fer-blanc** *m* : tinplate

**ferme** *f* : (agriculture) farm; (de toit) [roof] truss, [roof] principal
~ **à deux arbalétriers**: main couple
~ **à écharpe**: scissors truss
~ **à poinçon et contrefiches**: king post truss
~ **en écharpe**: scissors truss
~ **en shed**: north-light truss, sawtooth truss
~ **éolienne**: wind farm
~ **simple**: king post truss

**fermé**: (circuit, système) closed

**ferme-imposte** *m* : fanlight opener, transom operator, transom lift

**ferme-porte** *m* : door closer, door check, door spring
~ **automatique**: automatic closing device, self-closing device

**fermentation** *f*, ~ **acide**: acid fermentation
~ **anaérobie**: anaerobic fermentation
~ **méthanique**: methane fermentation

**fermer**: (l'eau) to shut off; (él) to switch off; (un robinet) to turn off
~ **à clé**: to lock
~ **au verrou**: to bolt
~ **un cours d'assises**: to lay the last stone of a course
~ **une voûte**: to put the key stone in place

**fermette** *f* : dormer window truss; lightweight trussed rafter

**fermeture** *f* : closure; (de machine, d'usine) shutdown
~ **antipanique**: panic hardware
à ~ **automatique**: self-closing

**fermoir** *m* : (men) firmer chisel

**ferrage** *m* : (de porte, de fenêtre) fitting of hardware, of furniture

**ferraillage** *m* : bar bending, bar setting, bar fixing, steel fixing, making of reinforcement, placing of reinforcement, layout of reinforcement

**ferraille** *f* : scrap iron

**ferrailleur** *m* : bar bender, steel bender, steel fixer

**ferrer**: (une porte) to fit locks and hinges

**ferronnerie** *f* : metalwork, ironwork (wrought or cast)
~ **d'art**: art metalwork

**ferrure** *f* : (de porte, de fenêtre) hardware, fitting
~ **de porte**: door furniture

**ferté** *f* : stronghold, fort

**feston** *m* : festoon, scallop
~**s**: (défaut de peinture) sagging

**fête** *f* **légale**: public holiday

**feu** *m* : fire; (de circulation) traffic light
~ **couvant**: smouldering fire
~**x de circulation mobiles**: portable traffic lights

**feuil** *m* : (de béton, de peinture) film

**feuillage** *m* : foliage; (sculpture) leafwork

**feuillagé**: foliated

**feuillard** *m* : strip (of metal), strip iron
~ **d'acier**: steel strip, strip steel

**feuille** *f* : (de plante) leaf; (de papier, de matière plastique) sheet
~ **d'acanthe**: acanthus leaf
~ **d'aluminium**: aluminium foil
~ **d'eau**: water leaf
~ **de fibre dure**: sheet of hardboard
~ **de laurier**: laurel leaf
~ **de métré**: taking-off sheet
~ **de placage**: veneer
~ **de revêtement**: overlay
~ **métallique**: foil
à ~**s caduques**: deciduous
à ~**s persistantes**: evergreen

**feuiller**: to rebate, to rabbet

**feuilleret** *m* : rabbet plane, fil[l]ister [plane]

**feuillet** *m* : (de mur creux) leaf, withe, wythe

**feuilleté**: foliated; (verre) laminated

**feuillu** *m* : broad-leaved tree
~ **d'ornement**: ornamental tree

**feuillure** *f* : groove, rabbet, rebate; (pour vitrage) fil[l]ister
~ **extérieure**: (de porte) giblet check; (de vitrage) [sash] fillister
à ~: rabbeted, rebated
à **double** ~: twice rebated

**feutre** *m* : felt
~ **bitumé**: asphaltic felt, bitumen felt, bituminous felt
~ **bitumé armé**: reinforced bitumen felt
~ **d'amiante**: asbestos felt
~ **de sous-toiture**: underlining felt, underslating felt, sarking felt, underfelt, underlayment
~ **goudronné**: tarred felt
~ **grésé**: sanded felt
~ **imprégné**: saturated felt NA, impregnated felt
~ **pour toiture**: roofing felt
~ **surfacé**: mineral surfaced felt

**FG** → **fer galvanisé**

**fiabilité** *f* : reliability
~ **intrinsèque**: inherent reliability

**fibragglo** *m* : (marque commerciale) wood-cement concrete

**fibre** *f* : fibre GB, fiber NA; (du bois) fibre, grain; fiberboard; → aussi **fibres**
~ **comprimée**: compressed fiberboard
~ **de verre**: glassfibre, fibreglass
~ **dure**: hardboard
~ **extrême**: extreme fibre
~ **inférieure**: bottom fibre
~ **minérale**: mineral fibre
~ **neutre**: neutral fibre
~ **ondulée**: wavy grain
~ **perforée**: pegboard, perforated hardboard
~ **tranchée**: diagonal grain, oblique grain
~ **vulcanisée**: vulcanised fibre

**fibres** *f*, ~ **arrachées**: torn grain
~ **enchevêtrées**: interlocked grain, twisted fibres, twisted grain
~ **régulières**: straight grain
~ **sinueuses**: curly grain
~ **soulevées**: raised grain
~ **torses**: spiral grain
~ **tranchées**: (bois scié) cross grain

**fibrociment** *m* : (marque commerciale) asbestos cement

**fiche** *f* : (él) plug; (d'arpenteur) arrow; (de poteau) buried length, embedded length
  ~ **de pieu**: ultimate set
  ~ **des tensions appliquées**: stressing record
  ~ **technique**: data sheet, specifications
  ~ **triplite**: adapter

**fiché**: (poteau) embedded

**ficher**: (un pieu, un clou) to plant, to drive in; (des pierres) to fill the joints, to point

**fierte** *f* : feretory

**fil** *m* : (él) wire; (d'un outil) cutting edge; (du bois) grain
  ~ **à empreintes**: indented wire
  ~ **à plomb**: plumb line
  ~ **arraché**: torn grain
  ~ **barbelé**: barbed wire, NA barbwire
  ~ **chauffant**: heating wire
  ~ **clair**: bright wire
  ~ **d'amenée**: (du courant) feed wire, lead-in wire
  ~ **d'eau**: invert level
  ~ **d'identification**: marker wire
  ~ **d'un pli**: grain of the ply
  ~ **de fer**: wire
  ~ **de fer pour clôtures**: fence wire
  ~ **de ligature**: tie wire, binding wire
  ~ **de retour commun**: (él) common
  ~ **de secteur**: line wire
  ~ **de sonnerie**: bell wire
  ~ **de terre**: earth wire GB, ground wire NA
  ~ **déchiré**: torn grain
  ~ **dénudé**: bare wire
  ~ **frisé**: crimped wire
  ~ **fusible**: fuse wire
  ~ **grossier**: coarse grain
  ~ **guipé**: braided wire
  ~ **méplat**: flat wire
  ~ **nu**: bare wire
  ~ **oblique**: angle grain
  ~ **ondulé**: crimped wire
  ~ **prétendu**: prestressed concrete wire
  ~ **souple**: flexible lead, flex
  ~ **tors**: spiral wire, twisted wire; (du bois) twisted fibres, twisted grain
  ~ **torsadé**: twisted wire
  ~ **tranché**: diagonal grain, oblique grain
  ~ **transversal**: cross grain
  ~**s croisés**: (réticule) cross hairs
  **contre le ~**: against the grain

**filage** *m* : (aluminium) extrusion

**filasse** *f* : joint runner, pouring rope
  ~ **de chanvre**: oakum

**file** *f* : (de poteaux) row

**filerie** *f* : wiring

**filet** *m* : (écoulement d'un fluide) stream; (peinturage) run line; (de vis, de boulon) thread; (de colonne) fillet
  ~ **à droite**: righthand thread
  ~ **à gauche**: lefthand thread
  ~ **de mortier**: (autour de mitre de cheminée) flaunching
  ~ **femelle**: female thread, inside thread
  ~ **mâle**: male thread
  ~ **triangulaire**: V-thread

**filetage** *m* : thread
  ~ **conique**: taper thread
  ~ **femelle**: inside thread

**fileté**: (tube, raccord) screwed

**fileter**: to thread, to cut a thread, to chase a thread

**filière** *f* : (de filetage) die; (de plancher) wall plate (built into wall); (support de coffrage, d'échafaudage) ledger; (industrie) process, method
  ~ **énergétique**: energy system

**filiforme**: threadlike

**film** *m* : film
  ~ **biologique**: biological slime, microbial slime
  ~ **d'eau**: (m.s.) aqueous sheath
  ~ **de démoulage**: release membrane
  ~ **de revêtement**: overlay
  ~ **en matière plastique**: plastic film

**filmogène**: film-forming, film-building

**filtrage** *m* : filtering, filtration

**filtrat** *m* : filtrate

**filtration** *f*, ~ **à double courant**: dual-flow filtration
  ~ **de bas en haut**: upward filtration
  ~ **poussée**: advance filtration

**filtre** *m* : filter
  ~ **à air**: air cleaner, air filter
  ~ **à diatomées**: diatomite filter
  ~ **à double couche**: dual-media filter, double-bed filter
  ~ **à granulométrie continue**: graded filter

~ **à manche de tissu**: fabric bag filter
~ **à poches**: bag filter
~ **à sable**: sand filter
~ **à tissu**: cloth filter
~ **à vide**: vacuum filter
~ **antiparasites**: interference eliminator, interference suppressor
~ **biologique**: biological filter, biofilter
~ **colmaté**: clogged filter
~ **composite**: composite filter
~ **dégrossisseur**: preliminary filter, roughing filter
~ **domestique**: household filter, domestic filter
~ **encrassé**: clogged filter
~ **gravitaire**: gravity filter
~ **multicouche**: multi-media filter
~ **percolateur**: percolating filter
~ **toile**: cloth filter

**fin** f : end
~ **de course**: (interrupteur) limit switch
~ **de prise**: final set
~ **des travaux**: completion of work

**fin** adj : fine

**fines** f : fines

**fini** m : finish; adj : finished
~ **en relief**: embossed finish
~ **gaufré**: embossed finish
~ **grenu**: texture finish
~ **ridé**: wrinkle finish
~ **texturé**: textured finish

**finissage** m : finishing (process); (verre) fine polishing
~ **à la règle [à araser]**: screeding
~ **à la taloche**: floating

**finisseur** m : (béton) [concrete] finishing machine; (routes) finisher
~ **routier**: asphalt finisher, road finisher, finishing machine, paver, paver finisher

**finition** f : finish, finishing

**fioritures** f : flourishes

**fissuration** f : cracking
~ **en rive**: edge cracking
~ **par corrosion sous contrainte**: stress corrosion cracking

**fissure** f : crack
~ **capillaire**: hair crack
~ **de coupe**: cutting check, knife check
~ **de déroulage**: lathe check, knife check

~ **en dents de scie**: meandering crack[ing]
~ **filiforme**: hair crack

**fixation** f : fastening; fastener

**fixe**: fixed, stationary

**fixé sur plat**: (penture) surface-mounted

**fixer**: to fasten, to secure

**flache** f : (dans surface plane) depression, dip, low spot; (sur planche équarrie) wane

**flacheux**: wan[e]y

**flambage** m, **flambement** m : buckling
~ **plastique**: inelastic buckling
~ **secondaire**: minor buckle

**flamboyant**: flamboyant

**flamme** f : flame
~ **nue**: naked light, naked flame

**flammé**: (brique, grès) flashed

**flanc** m : (d'un bâtiment) side; (de coffrage) side form
~ **supérieur de pli couché**: (géol) arch limb

**flaque** f, ~ **d'eau**: puddle
~**s**: (sur toit plat) ponding

**fléau** m : hinged bar (securing a door, a shutter, a window), shutter bar

**flèche** f : arrow; (de grue) jib, boom; (déformation) sag[ging]; (de voûte) rise; (rapport déformation/portée) span-to-depth ratio
~ **à la croisée du transept**: rood spire
~ **au milieu**: deflection at mid span
~ **au quart**: deflection at quarter span
~ **d'église**: spire, steeple; (sans parapet) broach
~ **d'un ressort**: camber of spring
~ **de distribution de béton**: concrete placing boom
~ **en treillis**: lattice boom, lattice jib
~ **négative**: hogging
~ **orthogonale à égout retroussé de plan carré**: broach[ed] spire
~ **rhomboïdale**: helm roof
**faire** ~: to deflect, to sag

**fléchir**: to sag, to bend, to bow, to yield

**fléchissement** m : bending, sagging, deflection

**fleur** f : (de plante) flower; (poudre fine) flour
~ **d'émeri**: emery flour
~ **de lys**: fleur de lys, fleur de lis
~ **de plâtre**: gauging plaster
**à ~ de**: flush with, level with

**fleuron** m : fleuron, flower, finial

**flexible** m : flexible hose, cord

**fleximètre** m : deflectometer, flexure meter

**flexion** f : bending GB, flexure NA
~ **alternée**: reversed bending
~ **circulaire**: circular bending, pure bending
~ **composée**: combined bending
~ **déviée**: oblique bending, unsymmetrical bending
~ **gauche**: oblique bending, unsymmetrical bending
~ **par choc**: impact bending
~ **plane**: plane bending
~ **simple**: pure bending, simple bending
**en ~**: under flexure, flexed

**flint** m : flint glass

**flipot** m : dutchman; (contreplaqué) shim

**floc** m : (traitement de l'eau) floc

**flocage** m : flock spraying, flocking

**floculant** m : flocculating agent, flocculent, flocculant

**floraison** f : flowering

**flotation** f : (traitement de l'eau) flotation

**flots** m **grecs**: wave moulding

**flotteur** m : float
~ **sphérique**: ball float

**fluage** m : creep, flow
~ **à froid**: cold flow
~ **à vitesse croissante**: tertiary creep, final creep
~ **à vitesse décroissante**: primary creep, initial creep, transient creep
~ **latéral**: lateral yield, bulging

**fluatation** f : fluosilicate sealing

**fluide** m : fluid; adj : (huile, mortier) thin
~ **caloporteur**: heat-transfer fluid, heat-transfer medium, heat-carrying fluid, heating medium

~ **de refroidissement**: coolant
~ **de transfert de chaleur**: heat-transfer fluid, heat-transmission fluid
~ **frigorigène**: refrigerant [fluid], refrigerating medium
~ **parfait**: perfect fluid
~ **thermique**: heat-transfer fluid, heat-transfer medium, heat-carrying fluid, heating medium
**~s**: (eau, gaz, él, air comprimé) utilities

**fluidifiant** m : fluidifier

**fluoration** f : fluoridation

**fluoruration** f : fluoridation

**flux** m : (de chaleur, dl'électricité) flow; (sdge) flux
~ **lumineux**: luminous flux, light flux

**fluxé**: (brai, bitume) cut back

**foisonnement** m : bulking, moisture expansion, swelling
~ **par le gel**: frost heave, frost heaving

**folie** f : folly

**fonçage** m, ~ **au jet d'eau**: jetting
~ **de pieux**: pile driving

**foncer**: (un pieu) to drive [in], to sink

**fonctionnel**: functional

**fonctionnement** m : operation
~ **alternatif**: (PAC) alternative working
~ **en [régime] continu**: continuous operation
~ **par tout ou rien**: on/off operation
**en ~**: on stream

**fonçure** f **de noue**: valley board

**fond** m : bottom
~ **bombé**: domed end (of pressure vessel)
~ **d'onde**: valley (of corrugation)
~ **de clouage**: fixing, first fixings, nailing ground
~ **de coffrage**: formwork bottom
~ **de forme**: subgrade
~ **de fouille**: trench bottom, floor of excavation, bottom of excavation, bottom grade, subgrade of pit
~ **du chanfrein**: (sdge) root
~ **rocheux**: bedrock GB, ledge rock NA

**fondant** m : (sdge) flux

**fondation** f: foundation; → aussi
**fondations**
- ~ **directe**: natural foundation, direct bearing foundation
- ~ **élastique**: elastic foundation
- ~ **en gradins**: (dans terrain incliné) benched foundation
- ~ **flexible**: flexible foundation
- ~ **par caisson flottant**: buoyant foundation, floating foundation
- ~ **par semelle filante**: strip foundation
- ~ **profonde**: deep foundation
- ~ **rigide**: rigid foundation
- ~ **sous l'eau**: underwater foundation
- ~ **superficielle**: shallow foundation
- ~ **sur caissons**: foundation on caissons
- ~ **sur gril[lage]**: grillage foundation
- ~ **sur gril de répartition**: grillage foundation
- ~ **sur pieux flottants**: friction foundation
- ~ **sur piles-caissons**, ~ **sur piles-colonnes**: well foundation
- ~ **sur puits**: well foundation
- ~ **sur radier**: raft foundation GB, mat foundation NA; floating foundation; (sur très mauvais terrain) buoyant foundation
- ~ **sur semelle superficielle**: shallow foundation
- ~ **sur terrain en pente**: foundation on sloping ground
- **en ~**: below grade

**fondations** f, ~ **à redans**: stepped foundation
- ~ **en escalier**: stepped foundation
- ~ **en gradins**: benched foundation
- ~ **par puits**: well foundations
- ~ **par rigoles**: strip foundations
- ~ **sur pieux**: piled foundation

**fondé sur pieux**: pile-supported

**fondement** m: base, substructure

**fondis** m: hole due to subsidence

**fondoir** m: (pour bitume) cooker; (de couvreur) kettle

**fondre**: to melt

**fonds** m: ~ **de terre**: piece of land
- ~ **dominant**: dominant land, dominant estate
- ~ **et tréfonds**: soil and subsoil
- ~ **servant**: servient land, servient estate
- ~ **voisin**: adjoining land

**fondu**: melted

**fongicide** m: fungicide

**fontaine** f: fountain, spring
- ~ **à boire**: drinking fountain

**fontainerie** f: distribution of drinking water

**fonte** f: [cast] iron
- ~ **ductile**: ductile iron
- ~ **grise**: grey iron GB, gray iron NA
- ~ **malléable**: malleable iron

**fonts** m **baptismaux**: font

**forage** m: drilling, boring, borehole
- ~ **à injection d'eau**: wash boring
- ~ **acoustique**: sound drilling
- ~ **au câble**: cable drilling, churn drilling, percussion drilling
- ~ **au diamant**: diamond [core] drilling, diamond coring
- ~ **hydrodynamique**: jet drilling
- ~ **rotary**: rotary drilling

**force** f: force, strength
- ~ **antagoniste**: reaction
- ~ **d'ahérence**: bond strength
- ~ **d'expansion**: expansive force
- ~ **de cohésion**: cohesive bond
- ~ **due à la masse**: body force
- ~ **inclinée**: inclined force
- ~ **majeure**: act of God
- ~ **portante**: bearing capacity
- ~ **utile**: (d'une éolienne) lift
- ~ **vive**: momentum, vis viva

**forer**: to drill, to bore
- ~ **un puits**: to sink a well

**foret** m: (de perceuse) bit
- ~ **à centrer**: centre bit
- ~ **à téton**: centre bit

**foreur** m: driller, drill operator, drillman

**foreuse** f:, ~ **à câble**: churn drill, cable [tool] drill, percussion drill
- ~ **à grenaille**: shot drill

**forgé**: forged

**forjeter**: (hors d'aplomb) to bulge forward (wall); (hors de l'alignement) to project, to jet out

**forjeture** f: (hors d'aplomb) forward bulge (of wall); (hors de l'alignement) projection, part jutting out

**formage** *m* : forming

**formation** *f* : formation
 ~ **aquifère**: aquifer
 ~ **de renards**: piping
 ~ **des tourbillons**: (éolienne) vortex shedding
 ~ **rocheuse**: rock formation
 ~ **végétale**: plant community

**forme** *f* : shape, form; (de béton, de sable) bed; (mortier de pose) screed; (de fenêtre à remplage) form pieces; (de sous-toiture) roof sheathing, roof boarding
 ~ **du terrain**: land form
 ~ **en béton**: (sous dalle de rez-de-chaussée) oversite concrete
 ~ **en bois**: roof boarding

**formeret** *m* : wall arch

**formule** *f* : (de calcul) formula; (imprimée) form
 ~ **de battage**: driving formula, piling formula, pile [driving] formula
 ~ **de soumission**: tender form, bid form

**fort** *m* : fort; *adj* : strong; → aussi **forte**
 ~ **d'arrêt**: barrier fort
 ~ **étoilé**: star fort
 ~ **maritime**: coastal-defence fort

**forte**, ~ **pente**: steep gradient
 à ~ **intensité énergétique**: energy-intensive

**forteresse** *f* : fortress, stronghold

**fortifications** *f* : fortifications

**fortin** *m* : fortlet

**fosse** *f* : pit; (assainissement) tank
 ~ **d'aisance**: cesspit, cesspool
 ~ **d'aspiration**: (d'une pompe) suction pit, inlet well, wet well
 ~ **de relevage**: sump
 ~ **Dortmund**: Dortmund tank
 ~ **fixe**: cesspit, cesspool
 ~ **septique**: septic tank

**fossé** *m* : ditch; (de château fort) moat
 ~ **collecteur**: main drain
 ~ **d'écoulement**: drainage ditch
 ~ **d'oxydation**: oxidation ditch
 ~ **de drainage**: drainage ditch
 ~ **de parcellement**: party ditch

**fouille** *f* : excavation
 ~ **à ciel ouvert**: open excavation

 ~ **archéologique**: dig
 ~ **blindée**: timbered excavation
 ~ **couverte**: tunnelling, tunnel excavation
 ~ **en déblai**: cutting
 ~ **en excavation**: excavation
 ~ **en galerie**: tunnelling, tunnel excavation
 ~ **en puits**: limited area excavation, vertical excavation
 ~ **en rigole**: trench excavation, trenching
 ~ **en souterrain**: tunnelling, tunnel excavation
 ~ **en tranchée**: trenching, trenchwork

**four** *m* : (bois, briques) kiln; (de cuisinière) oven
 ~ **à chaux**: lime kiln
 ~ **de séchage**: dry kiln
 ~ **de verrerie**: glass furnace
 ~ **encastré**: built-in oven
 ~ **rotatif**: rotary kiln

**fourchette** *f* : (de valeurs) range

**fourneau** *m* **de cuisine**: kitchen range

**fourni**: supplied
 ~ **et posé**: supplied and fixed GB, furnished and installed NA

**fournisseur** *m* : supplier
 ~ **attitré**: regular supplier, accredited supplier

**fourniture** *f* : supply

**fourré** *m* : thicket

**fourreau** *m* : (de tuyau en traversée) pipe sleeve
 ~ **d'indépendance**: expansion sleeve

**fourrure** *f* : (él) bush; (men) furring, furring strip; filler block, filler slip, filling piece; (de mur, de pilier) hearting
 ~ **de serrure à encastrer**: lock block

**foyer** *m* : fireplace; (pour enfants, vieillards, étudiants) home, centre; (travée de poutre ou de portique) fixed point
 ~ **d'un incendie**: seat of a fire
 ~ **de chaleur**: source of heat
 ~ **de chaudière**: furnace
 ~ **logement**: sheltered housing
 ~ **lumineux**: light source
 ~ **ouvert**: open fire

**foyère** *f* : front hearth, outer hearth

**fraction** *f* : fraction; (de reprise en sous-œuvre) bay
 ~ **argileuse**: fraction d'argile, clay fraction

**fracture** *f* : (géol) fracture
 ~ **en sifflet**: splayed fracture, splayed rupture
 ~ **soyeuse**: silky fracture, silky rupture

**fragilité** *f* : (de métal) brittleness, shortness; (du bois) brashness
 ~ **à froid**: cold shortness
 ~ **de décapage**: acid brittleness

**fragmentation** *f* : (du verre) shattering

**frais** *m* : cost
 ~ **d'entretien**: maintenance costs, upkeep
 ~ **d'exploitation**: operating costs, running costs
 ~ **de déplacement**: travel allowance
 ~ **de dépôt**: yardage charges
 ~ **de stockage en réservoir**: tankage
 ~ **généraux**: overhead costs, overheads, indirect expenses

**fraise** *f* : [milling] cutter
 ~ **à feuillure**: rabetting cutter, rebating cutter
 ~ **à tranchée**: trench excavator, trencher

**fraiser**: to countersink; (métal) to mill

**fraiseuse** *f* : (men) milling machine; (route) planer, planing machine
 ~ **routière**: pavement profiler; road-milling machine

**franc de nœuds**: clean (wood)

**franchise** *f* : (assurance) deductible

**franchissement** *m* : crossing

**frange** *f* **capillaire**: capillary fringe

**frayée** *f* : tracking (in road surface)

**frêne** *m* : ash

**fréquence** *f* : frequency
 ~ **au moment de la résonance**: frequency at resonance
 ~ **audible**: audio frequency
 ~ **propre**: natural frequency, self frequency

**frettage** *m* : (du béton) hooping, hoops, hoop reinforcement; binding (with wire)
 ~ **en hélice**: helical binding, helical reinforcement, spiral reinforcement

**frette** *f* : (armature) hoop, binder; (de pieu) drive band, pile hoop, pile ring

**frigorigène**: coolant, refrigerant, refrigerating

**frise** *f*, ~ **d'entablature**: frieze
 ~ **de parquet**: floor board, flooring strip

**fritté**: sintered

**froid** *m* : (réfrigération) refrigeration [engineering]; *adj* : cold

**fronteau** *m* : fronton (small, above door or window)

**fronton** *m* : pediment
 ~ **brisé**: open pediment (at the apex); (sometimes) broken pediment
 ~ **brisé à volutes supérieures rentrantes**: scrolled pediment
 ~ **brisé à base interrompue**: broken pediment

**frottement** *m* : friction
 ~ **des appuis**: bearing friction
 ~ **interne**: internal friction
 ~ **latéral négatif**: negative skin friction
 ~ **négatif**: negative skin friction GB, drag NA
 ~ **sur le mur**: wall friction

**fruit** *m* : batter
 **avoir du** ~: to be battered

**Fu** → **facteur d'utilisation**

**fuel** *m* : [fuel] oil
 ~ **domestique**: home heating oil

**fuir**: to leak

**fuite** *f* : leak
 ~ **à la terre**: earth leak GB, ground leak NA

**fuitemètre** *m* : leak meter

**fumée** *f* : smoke

**fumimètre** *m* : smoke meter

**fumisterie** *f* : chimney work

**fumivore**: smokeless

**fumivorité** *f* : efficiency of absorption of smoke, efficiency of smoke removal

**fumoir** *m* : smoke room

**fumosité** *f* : smokiness

**fumure** *f* : manure

**furet** *m* : (plmb) snake

**fuseau** *m* : (de rampe d'escalier) spindle
~ **granulométrique**: grading range

**fusée** *f* : (de peinture) streak

**fuselé**: spindle-shaped

**fusible** *m* : fuse, fuse link
~ **à cartouche**: cartridge fuse
~ **à haut pouvoir de coupure**, **fusible HPC**: high-rupturing capacity fuse

**fût** *m* : (de colonne) shaft, fust; (de rivet) shank; (de pieu) body, shaft, stem
~ **d'arbre**: bole
~ **de colonne lisse**: plain shaft
~**s noués**: knotted shafts

**futée** *f* : stopper, stopping

# G

**gabarit** *m* : template; (pour plâtre) horse mould, running mould
~ **de montage**: jig
~ **de perçage**: drilling template
~ **de terrassement**: batter gauge

**gâble** *m* : ornamental gable (e.g. over church door)

**gâchage** *m* : mixing, batching (of mortar, concrete, plaster)

**gâche** *f* : lock strike, strike[r] plate, keeper
~ **électrique**: electrical strike

**gâché**: mixed
~ **serré**: dry

**gâchée** *f* : batch (of plaster, of mortar)

**gâcher**: to mix (plaster, mortar) to temper, to gauge

**gâcheur** *m* : mortar box, gauge board

**gain** *m* **de chaleur**: heat gain

**gainage** *m* : casing, ducting

**gaine** *f* : (béton précontraint) sleeve; (clim) duct, trunking; (de câble) sheath
~ **agrafée**: spiral duct
~ **d'air**: air duct
~ **d'ascenseur**: GB lift shaft, NA elevator shaft, hoistway
~ **d'évacuation**: flue
~ **de chauffe**: hot-air duct
~ **de distribution**: (él) busway, bus duct
~ **de passage**: (béton précontraint) sheath
~ **de précontrainte**: prestressing duct
~ **de reprise**: collecting duct, return air duct
~ **de ventilation**: air duct, ventilation duct
~ **spiralée**: spiral duct
~ **technique**: pipe duct, service duct

**galandage** *m* : brick partition (of bricks on edge), brick-on-edge wall; brick infill[ing] (of half-timbered construction)

**galerie** *f* : gallery, tunnel, duct (for main services)
~ **acoustique**: whispering gallery
~ **d'évacuation**: (d'un déversoir) spillway tunnel
~ **de conduites**: pipe gallery
~ **de foyer**: fender
~ **des câbles**: cable tunnel
~ **des filtres**: filter gallery
~ **marchande**: [shopping] arcade, shopping mall NA
~ **technique**: pipe gallery, main services duct

**galet** *m* : shingle, pebble; (de roulement) roller
~ **orientable**: castor roller

**galvanisation** *f* : galvanizing
~ **à chaud**: hot-dip galvanizing

**galvanoplastie** *f* : plating

**gangue** *f* : (géol) matrix

**garage** *m* : garage; (de route) passing place
~ **faisant corps avec la maison**: integral garage
~ **solidaire**: attached garage

**garant** *m* : (de palan) fall

**garantie** *f* : (marché) bond; (de produit) guarantee, warranty; (assurance) cover
~ **annexe**: (assurance) extended cover
~ **biennale**: two-year guarantee
~ **connexe**: allied cover
~ **contractuelle**: contract bond
~ **d'échafaudage en éventail**: fan
~ **d'exécution**: completion bond
~ **de bonne fin**: performance bond, completion bond
~ **de parfait achèvement**: maintenance bond
~ **décennale**: ten-year guarantee
~ **globale**: blanket cover
~ **supplémentaire**: additional cover

**garçon** *m* : mate GB, helper NA

**garçonnière** *f* : bachelor flat

**garde** *f* : (de serrure) ward
~ **d'eau**: (de siphon) [water] seal

**garde-corps** *m* : guard rail, parapet, rails, railing
~ **de balcon**: balcony rail[ing]

**garde-fou** *m* : rails, railings, parapet

**garde-manger** *m* : larder, pantry

**garde-pieds** *m* : (de passerelle) toeboard

**gardien** *m* : caretaker
~ **de nuit**: nightwatchman

**gargouille** *f* : gargoyle; (under pavement) culvert, drain

**garnissage** *m* : (de four, de chaudière) refractory lining

**garniture** *f* : trim
~ **d'étanchéité**: sealing strip
~ **de presse-étoupe**: packing
~ **de serrure**: ward
~ **plate**: gasket
**sans** ~: packless

**gâteau** *m*, ~ **de boues**: filter cake, sludge cake
~ **essoré**: dewatered cake

**gauche, à** ~: left-hand

**gauchi**: out-of-true, warped

**gauchir**: to buckle, to bend; (bois) to warp

**gauchissement** *m* : warping, bending
~ **de chant**: spring (of board)
~ **en largeur**: (bois) cup
~ **en longueur**: (bois) bow

**gaufré**: embossed

**gaz** *m* : gas
~ **brûlés**: burnt gases, flue gases, stack gas, waste gas, vent gases
~ **d'échappement**: waste gases
~ **d'égout**: sewage gas, sewer gas
~ **de cokerie**: coke oven gas
~ **de digestion**: digestion gas, sludge gas
~ **de four à coke**: coke oven gas
~ **de fumées**: waste gases
~ **de pétrole liquéfié**: liquefied petroleum gas
~ **en bouteille**: bottled gas
~ **évacués**: vent gases
~ **naturel**: natural gas
~ **naturel liquéfié**: liquefied natural gas
~ **nocif**: noxious gas
~ **perdus**: waste gases
~ **rejetés dans l'atmosphère**: vent gases

**gazier** *m* : gas fitter

**gazon** *m* : turf

**gazonnage** *m*, **gazonnement** *m* : sodding, turfing

**gel** *m* : frost; (matière) gel
~ **de silice**: silica gel

**gelée** *f* : frost
~ **blanche**: white frost
~ **d'asphalte**: asphalt jelly

**gélif**: frost riven; susceptible to frost; (hort) tender

**gélifiant** *m* : gelling agent

**gélivité** *f* : liability to frost damage, frost susceptibility

**gélivure** *f* : (bois) frost crack

**géminé**: gemel, geminated

**générateur** *m* : generator
~ **d'air chaud**: hot air furnace, warm air furnace
~ **de chaleur**: heater GB, furnace NA
~ **de vapeur**: boiler plant
~ **éolien**: wind-driven generator
~ **nucléaire**: nuclear power plant

**génératrice** *f* : (él) power plant; (géométrie) generatrix
~ **éolienne**: wind power unit

**génie** *m* : engineering
~ **civil**: civil engineering
~ **de l'hydro-économie**: water resources engineering
~ **municipal**: municipal engineering
~ **sanitaire**: sanitary engineering

**genou** *m* : knee, elbow joint
~ **vif**: square elbow

**géologie** *f*, ~ **appliquée**: applied geology, engineering geology
~ **de l'environnement**: environmental geology

**géomécanique** *f* : geomechanics

**géomètre** *m* : [land] surveyor

**géotechnique** *f* : geotechnics

**géotextile** *m* : [civil] engineering fabric, geofabric, geotextile

**gerber**: to stack

**gerberette** *f* : beam-hanger, stirrup strap

**gerce** *f* : check (in wood)
~ **de séchage**: season check

**gerçure** *f* : (peinture, enduit) check crack, map crack
**~s**: checking, map cracking, hair cracking, hairline cracking

**gicleur** *m* : nozzle; jet (of sprayer)
~ **brise-jet**: antisplash nozzle

**giron** *m* : goining of step, tread, tread run

**girouette** *f* : vane, weathercock, weathervane

**gisant**: (fenêtre, panneau) laying, lay

**gisement** *m* : (topo) easting; (de houille, de pétrole) field

**gîtage** *m* : binding joists, binders

**gîte** *m* : (de plancher) binding joist, binder

**glace** *f* : ice; (verre) plate glass
~ **argentée face arrière**: back-silvered glass
~ **en trumeau**: pier glass
~ **réfléchissante**: coated glass, reflective glass
à ~: (porte, panneau) framed square

**glacer, se ~**: (abrasif) to glaze

**glacis** *m* : (de terrain) bank, shelving, slope (artificial and gentle); (formant jet d'eau) wash (of window); (maç) weathering, wash; (peinture) glaze
à ~: sloped; weathered

**glaçure** *f* : (céramique) glaze; (verre) surface check, surface crack

**glaise** *f* : pot clay, tile clay

**glissement** *m* : slip
~ **de la berge**: slip of the bank
~ **de terrain**: landslide
~ **par gravité**: gravity slide
~ **par la base**: (du talus) base failure

**glissière** *f* : slide, [gravity] chute
~ **de sécurité**: crash barrier

**glyphe** *m* : glyph

**GNL** → **gaz naturel liquéfié**

**GO** → **gros œuvre**

**gobetage** *m* : roughcasting, roughing-in

**gobetis** *m* : rough coat, roughing-in coat, first coat, dash bond coat; (d'enduit trois couches) rendering coat; spatterdash (key to plaster coat)

**godet** *m* : (de pelle mécanique) bucket GB, scoop NA; (de pelle en butte) dipper
~ **de terrassement**: excavator bucket, shovel dipper
~ **graisseur**: grease cup

**godron** *m* : godroon, gadroon

**godronnage** *m* : godrooning, gadrooning

**gomme** *f* : gum
~ **arabique**: gum arabic GB, mucilage NA
~ **laque**: shellac

**gond** *m* : pin (of loose-joint hinge); hook (of hook-and-eye hinge)

**gondolement** *m* : warping; (tôle) buckling

**gonflement** *m* : (de sol expansif) swell[ing]
~ **du sol**: heave
~ **par le gel**: frost heave, frost heaving

**gorge** *f* : groove; throat (of chimney); (entre mur et plafond) cove
~ **à profil demi-circulaire**: half-hollow moulding
~ **de larmier**: throating of drip mould

**gorgé d'eau**: waterlogged

**gorgerin** *m* : gorgerin; (de colonne classique) neck, necking
~ **nu**: plain necking

**gothique**: gothic

**goudron** *m* : tar
 ~-**bitume**: tar-bitumen mixture
 ~ **composé**: tar-bitumen mixture
 ~ **de bois**: wood tar
 ~ **de houille**: [coal] tar
 ~ **de schiste**: shale tar
 ~ **raffiné**: refined tar
 ~ **routier**: paving tar

**goudronnage** *m* : tarspraying

**gouge** *f* : gouge

**goujon** *m* : (mécanique) stud, dowel; (bois) cock, dowel; (de charnière) pin, pintle; (pose de pierre) gudgeon
 ~ **à pointe**: driven gate hook
 ~ **à scellement**: built-in gate hook
 ~ **à tête**: headed stud
 ~ **de penture**: gate hook, gudgeon
 ~ **fileté**: dowel screw, stud bolt
 ~ **lisse**: dowel [pin]

**goulotte** *f* : chute GB, shoot NA
 ~ **d'évacuation**: discharge channel

**goupille** *f* : pin
 ~ **fendue**: split pin

**gousset** *m* : gusset [plate]
 ~ **de coyer**: dragon tie, angle tie
 ~ **de dalle**: drop[ped] panel
 ~ **de poutre**: haunch

**goutte** *f* : drop
 ~ **d'eau**: (sous face de couronnement de cheminée) weather check, drip
 ~ **de suif**: buttonhead
 ~**s**: (architecture) guttae

**gouttière** *f* : eaves gutter, roof gutter
 ~ **anglaise**: standing gutter
 ~ **carrée**: box gutter
 ~ **de section trianglaire**: Vee gutter, arris gutter
 ~ **en V**: Vee gutter, arris gutter
 ~ **pendante**: hanging gutter

**GPL** → **gaz de pétrole liquéfié**

**gradient** *m*, ~ **barométrique**: pressure gradient
 ~ **de pression**: pressure gradient
 ~ **de température**: temperature gradient
 ~ **hydraulique**: hydraulic gradient

**gradin** *m* : (de stade) bleacher; (d'amphithéâtre) tier
 à ~**s**, en ~**s**: stepped

**grain** *m* : (du bois) grain, texture
 ~ **d'orge**: (moulure) quirk; (outil) diamond point chisel; (men) Vee joint (on face of matchboards); Vee tool, parting tool
 ~ **fin**: fine grain, fine texture
 ~ **grossier**: coarse grain, open grain
 ~ **serré**: close grain

**grand**: large; → aussi **grande**
 ~ **collecteur**: main sewer, trunk sewer
 ~ **ensemble**: (de logements) large estate, large housing scheme
 ~ **projet**: major project
 ~ **rayon**: long radius
 ~**' rue**: high street
 ~ **salon**: drawing room
 ~**s appartements**: state apartments
 ~**s arcs**: nave arches

**grande**, ~ **artère**: main road
 ~ **surface**: supermarket, hypermarket
 ~**s arcades**: nave arcade, nave arches
 ~**s lignes**: (d'un projet) outline
 ~**s ondes**: (plaque de couverture) asbestos cement profile
 **de** ~ **puissance**: heavy duty

**grandeur** *f* : size
 ~ **d'exécution**: full size (drawing)
 ~ **de réglage**: regulating variable GB, manipulated variable NA
 ~ **nature**: full scale, full size
 ~ **réglée**: controlled variable

**grange** *f* : barn

**granit** *m* : granite
 ~ **artificiel**: granitic finish

**granito** *m* : granolith, granolithic finish, terrazzo

**granularité** *f* : grain size

**granulat** *m* : aggregate; (construction routière) roadstone
 ~ **à granulométrie serrée**: short-range aggregate
 ~ **à granulométrie unique**: single-sized aggregate
 ~ **calibré**: sized aggregate, graded aggregate
 ~ **concassé**: crushed aggregate, broken stone
 ~ **élémentaire**: single-sized aggegate
 ~ **expansé**: expanded aggregate
 ~ **roulé**: round aggregate
 ~ **tout venant**: all-in aggregate
 ~ **végétal**: nonmineral aggregate

**granulométrie** *f* : grain size analysis, particle size distribution, grading
~ **continue**: continuous grading
~ **discontinue**: gap grading

**graphique** *m* : chart, graph

**grappe** *f* **de nœuds**: knot cluster

**grappin** *m* : grappler

**gras** *m* : (d'une pièce de charpente) excesssive thickness; *adj* : fat, fatty, greasy, rich, oversize
~ **sur la largeur**: allowance in width

**gratte-ciel** *m* : skyscraper

**grattoir** *m* : scraper
~ **triangulaire**: shave hook

**gravats** *m* : demolition rubble GB, waste NA, builder's rubbish

**grave** *f* : gravel-sand mixture, gravel
~-**ciment**: gravel-cement mixture; rolled lean concrete
~-**émulsion**: emulsion gravel
~-**laitier**: gravel-slag mixture

**gravier** *m* : gravel
~ **d'empierrement**: binding gravel
~ **roulé**: rounded gravel
~ **tout venant**: pit-run gravel, bank-run gravel, run-of-bank gravel

**gravière** *f* : gravel pit

**gravillon** *m* : fine gravel; **gravillons**: small gravel, chippings
~ **concassé**: broken gravel, crushed gravel
~**s enrobés**: coated grit

**gravillonnage** *m* : tertiary crushing

**gravillonneuse** *f* : grit spreader, gritter

**gravois** *m* : demolition rubble GB, waste NA, building rubbish

**grecque** *f* : Greek key, Greek moulding, key pattern

**grenaillage** *m* : blast cleaning
~ **à la grenaille angulaire**: grit blasting
~ **à la grenaille ronde**: shot blasting

**grenaille** *f*, ~ **angulaire**: grit
~ **ronde**: shot

**grenat** *m* : garnet

**grenier** *m* : attic, loft
~ **à foin**: hayloft
~ **à grain**: cornloft

**grenouille** *f* : frog rammer

**grès** *m* : (roche) sandstone; (for paving) ragstone
~-**cérame**: stoneware
~ **vernissé**, ~ **vitrifié**: glazed stoneware, glazed ware, [salt-glazed] vitrified clay[ware]

**grésage** *m* : (du béton, granito) grinding

**grève** *f* : strike

**gréviste** *m* : striker

**griffe** *f* : claw; (base de colonne) griffe, spur, angle leaf

**griffon** *m* : griffin

**grignoteuse** *f* : nibbler

**gril** *m* : grillage, grillwork; (en bois) grating

**grillage** *m* : (de clôture) chicken wire, wire netting; (de fondations) grillage; (de madriers) grating
~ **antirongeur**: rodent screen
~ **avertisseur**: tracer netting (over buried pipe)
~ **aviaire**: bird screen
~ **en fil de fer**: wire netting
~ **moustiquaire**: fly screen

**grille** *f* : (de plan) grid; (de ventilation) grille; (eaux usées, égout) grating; (de clôture) rails, railings; (de chaudière) grate
~ **à barreaux**: bar screen, bar rack
~ **à crevés**: serrated grating
~ **d'entrée**: metal gate, entrance gate
~ **de chœur d'église**: choir screen
~ **de foyer**: fire grate
~ **de poutres**: grid system
~ **du sanctuaire**: altar rail

**gripper**: to seize up

**gros**: (sable, granulat) coarse; → aussi **grosse**
~ **béton**: coarse [aggregate] concrete, large aggregate concrete
~ **bois**: timber
~ **bois de charpente**: framing timber
~ **bout**: (de manche etc) butt end

~ **diamètre**: large bore
~ **grain**: coarse grain
~ **gravier**: coarse gravel
~ **mur**: main wall, structural wall
~ **œuvre**: carcase, fabric (of a structure), main structure, shell
~ **ouvrages**: structural masonry, rough work
~ **plâtre**: building plaster, coarse stuff
~ **travaux**: heavy work
pour ~ **travaux**: heavy duty

**grosse**, ~ **menuiserie**: carpentry
~ **taille**: coarse cut, rough cut (of file)
~ **toile d'emballage**: hessian GB, burlap NA

**groupe** m : (méc) unit
~ **de conduits de fumée**: chimney stack
~ **de pieux**: pile cluster, group of piles, NA pile bent
~ **électro-pompe**: electric pump
~ **électrogène**: generator set
~ **électrogène de secours**: emergency generator, standby generator
~ **frigorifique**: cooler unit, chiller
~ **hydrophore**: hydrophore pump
~ **scolaire**: school

**grue** f : crane
~ **à benne preneuse**: grab crane
~ **à flèche**: jib crane, boom crane
~ **à portée variable**: luffing jib crane, derricking crane
~ **à portique**: gantry crane
~ **à poste fixe**: fixed crane
~ **à tour**: tower crane
~ **à tour grimpante**: climbing tower crane
~ **autodépliable**: self-erecting tower crane
~ **automobile**: self-propelled crane
~ **automotrice**: mobile crane GB, truck crane NA
~ **de manutention**: construction crane, material handling crane
~ **de montage**: erecting crane, erection crane
~ **en benne preneuse**: grab crane
~ **marteau**: hammerhead crane
~ **pivotante**; revolving crane
~ **roulante**: travelling crane

~ **sur camion**: lorry-mounted crane, truck-mounted crane
~ **sur chenilles**: crawler crane, crawler-mounted crane
~ **sur porteur**: lorry-mounted crane, truck-mounted crane
~ **sur portique**: gantry crane, overhead crane
~ **télescopique**: climbing crane
~ **tour**: tower crane
~ **tournante**: revolving crane

**grugeage** m : notching

**grume** f : log
~ **de déroulage**: peeler log

**grutier** m : crane driver

**guérite** f : hut, shelter (for watchman); (de château fort) lookout turret

**gueule-de-loup** f : chimney cap, chimney cowl (revolving), turncap; (men) semi-circular groove, half-round groove

**guichet** m : (de banque, de poste) desk, window; (portillon) wicket gate; (dans porte) spy hole, small shutter or grille; (dans mur) pass-through, service hatch
~ **de dépense**: buttery hatch
~ **des lépreux**: leper's squint

**guidage** m **inférieur**: (de porte à coulisse) floor guide

**guillochis** m : guilloche

**guipage** m : (de fil électrique) braid

**guirlande** f : garland; (él) festooned cable

**gunitage** m : shotcreting, gunning (of concrete)

**gunite** f : shotcrete, sprayed concrete

**guniteuse** f : concrete gun, shotcrete gun, cement gun

**gypse** m : gypsum
~ **granulé**: granular gypsum, pebble gypsum

**HA** → haute adhérence

**habillage** *m* : (d'ossature) trim
~ **de façade**: external cladding

**habitant** *m* : inhabitant

**habitat** *m* : housing
~ **groupé**: cluster housing
~ **insalubre**: slum

**habitation** *f* : dwelling
~ **à loyer modéré**: low-cost housing NA, public housing NA, council housing GB
~ **bifamiliale**: two-family dwelling
~ **multiple**: multiple dwelling

**habité**: inhabited

**hache** *f* : ax[e]

**hachotte** *f* : lath[ing] hammer, lathing hatchet

**hachures** *f* : (sur dessin) hatchings

**hagioscope** *m* : hagioscope, squint

**ha-ha** *m* : ha-ha

**haie** *f* : hedge
~ **d'abri**: windbreak
~ **défensive**: spiny hedge
~-**rideau**: small windbreak

**hall** *m*, ~ **d'entrée**: entrance hall, lobby, concourse
~ **d'exposition**: showroom

**halle** *f* : covered market
~ **aux draps**: cloth hall, drapers hall

**happe** *f* : (maç) cramp

**harpage** *m* : in-and-out bond

**harpe** *f* : (projecting stretcher brick) toothing stone, toother; **harpes**: toothing

**hâtif**: (hort) early

**hauban** *m* : guy

**haut** *m* : top; *adj* : high
~ **d'escalier**: stairhead
~ **de plafond**: with a high ceiling
~ **gothique**: early gothic
~ **pouvoir de coupure**: high rupturing capacity
~ **roman**: early romanesque
~**e adhérence**: high bond (of reinforcement)
~**e tension**: high voltage, high tension

**haute-tige**: (hort) standard

**hauteur** *f* : height; hill
~ **à franchir**: (escalier) [flight] rise
~ **à monter**: flight rise
~ **au-dessus du sol**: height above ground
~ **capillaire**: capillary head
~ **d'appui**: elbow height, sill height
~ **d'ascension capillaire**: height of capillary rise
~ **d'aspiration**: suction head
~ **d'assise**: depth of course, thickness of course
~ **d'échappée**: (escalier) headroom
~ **d'écoulement**: (canal à écoulement à surface libre) depth of flow
~ **d'étage**: storey height GB, story height NA
~ **de charge**: pressure head
~ **de construction**: building height
~ **de fiche**: (battage de pieux) depth of penetration
~ **de jet**: jet height
~ **de marche**: rise, riser height
~ **de passage**: headroom, headway
~ **de plafond**: headroom
~ **de pluie**: rainfall
~ **de refoulement**: delivery head
~ **de rive**: eaves height
~ **de ruissellement**: depth of runoff
~ **géométrique d'aspiration**: static suction head
~ **hors sol**: height above ground
~ **libre**: clearance, clear height
~ **limitée**: (t.p.) limited clearance
~ **sous clé**: (d'un égout) height at crown, crown heigth; (d'un arc) rise, height above impost level

**~ sous plafond**: height to underside of ceiling
**~ sous poutre**: height to underside of girders
**à ~ d'appui**: breast high, elbow high, sill high
**à ~ des yeux**: at eye level

**haut-parleur** *m* : loudspeaker

**haut-relief** *m* : alto relievo, high relief
**en ~**: in alto relievo, in high relief

**héberge** *f* : wall above abutment with a roof

**hélice** *f* : helix, spiral; (de chapiteau) helix (of Corinthian capital), volute (of Ionic capital); (de ventilateur) propeller
**~ circulaire**: (armature de béton) spiral

**hélio-centrale** *f* **électrique**: solar power farm, solar power plant

**héliographe** *m* : sunshine recorder

**héliostat** *m* : heliostat
**~ focalisant**: concentrating collector

**héliotechnique** *f* : solar energy technology, solar engineering

**hémicycle** *m*, **en ~**: semicircular (e.g. apse)

**herbicide** *m* : herbicide, weed killer
**~ rémanent**: persistant herbicide
**~ systémique**: systemic herbicide
**~ total**: nonselective herbicide

**hérisson** *m* : (maç) top course of bricks or stones on edge; (sur le dessus d'un mur) spikes; (de ramonage) flue brush; (route) penning, pitching
**~ de fondation**: layer of hardcore, hardcore
**~ ensablé**: blinded base

**hermès** *m* : herm

**hermétique**: sealed
**~ à l'air**: air-proof

**herminette** *f* : adze

**herse** *f* : portculllis

**hêtre** *m* : beech

**heures** *f*, **~ creuses**: off-peak hours
**~ de travail**: working hours
**~ insolées**: sunlit hours
**~ supplémentaires**: overtime

**heurtoir** *m* : door knocker; (de porte cochère) doorstop

**hie** *f* : (de paveur) pavior's beetle, punner

**historié**: storiated, storied

**hiver** *m* : winter

**hivernant**: (hort) wintering

**hiverné**: (hort) overwintered

**Hj** → **homme-jour**

**HL** → **hauteur libre**

**HLM** → **habitation à loyer modéré**

**HO** → **hors œuvre**

**homme-jour** *m* : man-day

**homogène**: homogenous; (structure du bois) even

**homologation** *f* : licencing, official approval

**homologué**: officially approved, authorized, licenced

**honoraires** *m* : (d'architecte) fee

**hôpital** *m* : hospital; infirmary (obsolete)

**horizon** *m* : horizon
**~ apparent**: apparent horizon
**~ d'apport**: alluvial horizon
**~ fantôme**: phantom horizon
**~ géologique**: geological horizon
**~ sensible**: sensible horizon
**~ visible**: visible horizon

**horloge** *f* : clock
**~ mère**: master clock

**hors, ~ d'air**: (étape de la construction) enclosed
**~ d'aplomb**: out of plumb
**~ d'eau**: (étape de la construction) roofed-in
**~ d'équerre**: out of square
**~ d'œuvre**: projecting, built out
**~ d'usage**: worn out
**~ de l'emprise du chantier**: off site
**~ de service**: out of action, out of order
**~ œuvre**: (dimension) overall

~ **profil**: (terrassement) backbreak, overbreak
~ **série**: custom made, custom built
~ **sol**: above grade; (hort) soilless
~ **tout**: overall

**horticulture** f : horticulture
~ **d'agrément**: amenity horticulture
~ **florale**: ornamental horticulture

**hospice** m : (pour indigents) poor house, workhouse; (pour vieillards) alms house

**hôtel** m : hotel
~ **de la Monnaie**: mint
~ **de ville**: town hall, city hall
~ **particulier**: (désuet) town house, House (in town, e.g. Somerset House)

**hôtellerie** f : guest quarters (of abbey or convent)

**hotte** f : (de cheminée) canopy; (oiseau de maçon) hod; (de descente pluviale) rainwater head, hopper head; (de cuisine) hood
~ **à évacuation**: vented hood
~ **à recyclage**: nonvented hood, ductless hood
~ **d'évacuation**, ~ **d'extraction**: exhaust hood
~ **droite**: chimney breast

**houille** f : black coal

**hourd** m : allure, alure, wooden gallery

**hourdage** m : (de plancher), deadening, dead sounding, pugging

**hourdis** m : rough masonry (of rubble and plaster), pugging (with plaster); (conduit de fumée) parge coat; (entrevous) hollow tile NA, hollow block, hollow pot, masonry filler unit; (de pan de bois) nogging
~ **de brique**: (de pan de bois) bricknogging
~ **de remplissage**: (de plancher) filler block

**HP** → **haute pression, hauteur sous plafond**

**HPC** → **haut pouvoir de coupure**

**HR** → **haute résistance**

**HRC** → **ciment à haute résistance chimique**

**HRI** → **ciment à haute résistance initiale**

**HSP** → **hauteur sous plafond**

**HTS** → **ciment à haute teneur en silice**

**hublot** m : bulkhead light, bulkhead fitting; (d'éclairage en plafond) recessed fixture

**huile** f : oil
~ **antipoussière**: dustlaying oil
~ **de décoffrage**: form oil
~ **de démoulage**: mould oil, form oil
~ **de fluxage**: flux oil
~ **de lin**: linseed oil
~ **non siccative**: nondrying oil
~ **siccative**: drying oil
~ **soufflée**: blown oil
~ **usée**: waste oil
~ **végétale**: vegetable oil

**huisserie** f : (de cloison) doorframe
~ **montante**: horn frame (of door)

**humide**: damp; (air) humid

**humidificateur** m : humidifier

**humidifier**: to moisten; (air) to humidify

**humidistat** m : hygrostat

**humidité** f : damp, dampness, moisture
~ **ascensionnelle**: rising damp
~ **atmosphérique**: humidity, air moisture
~ **équivalente**: moisture equivalent
~ **interne**: inherent moisture
~ **relative**: relative humidity

**humus** m : humus

**hydratation** f : hydration

**hydraulique** f : hydraulics; water and irrigation engineering
~ **urbaine**: public health engineering

**hydrocarboné**: bituminous

**hydrocarbure** m : hydrocarbon

**hydrodétenteur** m : (hort) water retaining product

**hydro-éjecteur** m : water ejector, water jet pump, hydraulic ejector

**hydro-eléctricité** f : water power

**hydrofuge**: water repellent, waterproof[ed]

**hydrofugation** *f*: waterproofing

**hydrophile**: hydrophilic

**hydrophobe**: hydrophobic, water repellent

**hydrotimétrie** *f*: water hardness measurement

**hygiène** *f*: hygiene
~ **du milieu**: environmental hygiene

**hygromètre** *m*: hygrometer

**hygrostat** *m*: hygrostat, humidistat

**hyperstaticité** *f*: statical indeterminateness, statical indeterminacy

**hyperstatique**: statically indeterminate

**hypochloration** *f*: hypochlorination

**hypostyle** *m*: hypostyle

**hypothèque** *f*: mortgage

**hypothèse** *f*: assumption
~ **de calcul**: design basis, design assumption
~ **de charge**: assumed load
~ **du coût minimum**: minimum cost condition
~ **la plus défavorable**: worst conditions

**hystérésis** *f*: hysteresis

**IARD** → assurance incendie accidents et risques divers

**ichnographie** *f* : ichnography

**IGH** → immeuble de grande hauteur

**ignifugation** *f* : fireproofing

**ignifuge**: fire retardant, flame retardant

**ignifugeant**: fire retardant, flame retardant

**illustration** *f* **d'ambiance**: artist's impression

**îlot** *m* : block of buildings

**imbrication** *f* : imbrication

**imbriqué**: imbricated

**imbrûlés** *m* : unburnt fuel

**imbue** *f* : seal[ing] coat

**immergé**: submerged, immersed

**immeuble** *m* : building (of some size)
~ **à étages**: multistorey building
~ **à revêtement métallique**: steel-clad building
~ **à usage locatif**: rental building
~ **à usage d'habitation**: building for residential use
~ **banalisé**: shell building
~ **collectif**: multiple dwelling, block of flats, NA apartment house; (autrefois, type logements ouvriers) tenement [building]
~ **de bureaux**: block of offices, office block, office building
~ **de grande hauteur**: high-rise building
~ **de rapport**: investment property GB, apartment house NA
~ **divisé en appartements**: mansions, block of flats GB, apartment house NA
~ **en copropriété**: building in co-ownership GB, condominium NA
~ **en location**: rental NA, rented property GB
~**-mirroir**: glass building
~ **par destination**: landlord's fixture
~ **recevant du public**: assembly building, public building
~**-tour**: high-rise building, tower block

**immobilisation** *f* : (d'engin, de machine) downtime; (du personnel) loss of working time

**imparfaitement brûlé**: underfired

**impasse** *f* : close, cul-de-sac

**impératif** *m* : requirement; imperative, constraint

**imperméabilisant**: water repellent

**imperméabilisation** *f* : waterproofing

**itinéraire** *m* : route
~ **de secours**: escape route

**imperméable**: impervious, damp-proof, water repellent, waterproof

**implantation** *f* : (d'un ouvrage) layout; (emplacement) location, position, siting (on a plot); setting out, pegging out, staking out

**imposte** *f* : (de colonne) impost, springer; (de fenêtre) transom light, transom window, fanlight; (traverse d'imposte) dormant [tree]
~ **avec pénétration directe des arcs dans les piliers**: discontinuous impost
~ **en éventail**: fanlight
~ **fixe**: fixed transom
~ **pleine**: overpanel

**imprégnation** *f* : (du bois) impregnation

**imprévu** *m* : contingency

**impropre**: unsuitable

**impulseur** *m* : impeller

**impureté** *f* : impurity, contaminant

**imputrescible**: rotproof

**inaccessible**: (route, toiture) non trafficable

**inachevé**: unfinished

**inachèvement** *m* **des travaux**: failure to complete

**inaltérable**: (à l'eau, à l'air) unaffected (by water, by air)

**inattaquable par les acides**: acid-resistant

**inauguration** *f* : official opening

**incendie** *m* : fire
 ~ **volontaire**: arson

**incinérateur** *m* : incinerator
 ~ **à boues**: sludge incinerator

**inclinaison** *f* : angle, inclination; (géol) dip
 ~ **du capteur**: collector angle
 ~ **par rapport à l'horizontale**: inclination from the horizontal; (du terrain) gradient, slope, NA rake
 ~ **par rapport à la verticale**: rake GB

**incolore**: colourless

**incombustible**: incombustible, noncombustible

**incongelable**: frostproof

**incrustations** *f* : (de chaudière) furring

**incuit**: *m* : underburnt material; (chaux) unburnt lump, unslaked lump; *adj* : unburnt

**inculte**: uncultivated

**indéformable**: (structure) rigid

**indemniser**: to indemnify, to compensate

**indemnité** *f* : compensation, damages, NA penalty
 ~ **de retard**: damages for delay GB, penalty for delay NA
 ~ **forfaitaire pour retard**: liquidated damages for delay

**indépendant**: (logement) detached, self-contained

**indéréglable**: foolproof

**indicateur** *m* : indicator
 ~ **d'extinction**: (de brûleur) flame detector
 ~ **d'humidité**: moisture indicator
 ~ **de flèche**: deflectometer, flexure meter
 ~ **de niveau d'eau**: water level gauge

**indice** *m* : index
 ~ **d'affaiblissement sonore**: sound transmission loss, sound reduction factor, sound reduction index
 ~ **de compression**: compression ratio
 ~ **de liquidité**: liquidity index
 ~ **de plasticité**: (d'un sol) plasticity index, index of plasticity
 ~ **de portance**: bearing capacity factor
 ~ **de profondeur**: depth ratio
 ~ **de réfraction**: refraction index
 ~ **de surface**: area ratio
 ~ **des pores**: void[s] porosity ratio, pore ratio
 ~ **des prix**: price index
 ~ **des vides**: voids ratio
 ~ **portant de Californie**: California bearing ratio
 ~ **portant du sol**: soil bearing value

**industrialisé**: (construction) prefabricated

**inertie** *f* **thermique**: thermal mass, thermal inertia

**infiltration** *f* : infiltration, seepage
 ~ **dans le sol**: percolation
 ~ **sous rideau de palplanches**: underseepage

**inflammable**: flammable NA, inflammable GB

**informatisé**: computerized, computer-aided

**infrarouge**: infrared

**infrastructure**: (d'une construction) substructure; (équipements) infrastructure

**ingélif**: frost resistant, not susceptible to attack by frost

**ingénierie** *f* : emgineering
 ~ **de la fiabilité**: reliability engineering
 ~ **de la sûreté**: safety engineering

**ingénieur** *m* : [graduate] engineer
 ~ **architecte**: structural engineer

~ **conseil**: consulting engineer
~ **de chantier**: field engineer
~ **de travaux publics**: civil engineer
~ **en construction**: structural engineer
~ **géotechnicien**: geotechnical engineer
~ **hygiéniste**: public health engineer

**inhabité**: unoccupied, uninhabited

**inhibiteur** m **de corrosion**: corrosion inhibitor

**ininflammable**: noninflammable GB, nonflammable NA

**injection** f : (de ciment) grouting
~ **de boue**: mud jacking
~ **de consolidation**: cementation

**inoccupé**: unoccupied, vacant

**inondation** f : flood

**inondé**: flooded; (terrain) under water

**inox** → **acier inoxydable**

**insalubre**: insanitary

**insecte** m **xylophage**: wood-boring insect, wood borer

**insecticide** m : insecticide

**insolateur** m : (solaire) collector
~ **concentrateur**: concentrating collector

**insolation** f : sunshine duration

**insonorisation** f : acoustic insulation, sound insulation, sound proofing

**insonorisé**: acoustically treated

**inspecteur** m, ~ **de chantier**: project inspector
~ **sanitaire**: public health inspector

**instabilité** f : instability; (d'un compresseur) cycling, hunting

**installation** f : plant, system; installing
~ **à ciel ouvert**: outdoor plant, outside plant
~ **à demeure**: fixture
~ **après coup**: retrofitting
~ **avec vase d'expansion à l'air libre**: (chauffage) open system
~ **d'épuration**: waste water treatment plant

~ **de chauffage**: heating system
~ **électrique**: wiring (of a building)
~ **fixe**: fixture
~ **frigorifique**: refrigerating plant, refrigerating system
~ **industrielle**: industrial plant
~ **pluricombustible**: multifuel plant
~ **provisoire**: temporary installation
~ **sanitaire**: plumbing system
~ **septique privée**: private sewage disposal system
~**s de chantier**: construction plant, site facilities

**installer**: (l'eau, l'électricité) to lay

**intempéries** f : [bad] weather

**intensité** f : intensity
~ **lumineuse**: candlepower
~ **sonore**: loudness

**intercepteur** m : intercepting sewer
~ **de graisse[s]**: grease box, grease interceptor, grease trap

**interne**: internal, on site

**interphone** m : intercom

**interrupteur** m : on/off switch, switch
~ **à flotteur**: float switch
~ **à gradation de lumière**: dimmer
~ **à minuterie**: time switch
~ **à tirage**: pull switch
~ **général**: main switch
~ **instantané**: snap-action switch
~ **simple**: one-way switch
~ **thermique**: thermal switch
~ **va-et-vient**: two-way switch

**interruption** f : interruption, stoppage
~ **de courant**: power failure
~ **du travail**: work stoppage

**intervention** f **manuelle**: manual control

**intrados** m : intrados

**intrant** m **énergétique**: energy input

**intumescent**: intumescent

**inverseur** m : reversing device; (él) changeover switch
~ **de douche**: shower diverter

**inversion** f **des sollicitations**: reversal of stress, stress reversal

**inviolable**: tamperproof

**invisible**: concealed, secret, invisible

**IP** → **indice de plasticité**

**IR** → **infrarouge**

**irisation** *f*: checker pattern (on glass)

**irrégularité** *f*: (d'une surface) unevenness

**irréparable**: beyond repair

**irrigation** *f*: irrigation, watering
~ **à la raie**: row irrigation, furrow irrigation
~ **en pluie**: overhead irrigation

**irriguer**: to water

**isobéton** *m*: insulating concrete

**isolant** *m*: insulating material, insulation; (él) insulant
~ **acoustique**: sound insulation, acoustical insulation
~ **contre l'humidité**: damp-proof compound
~ **en vrac**: loose-fill insulation
~ **moussé**: foamed insulation
~ **projeté**: sprayed-on insulation

**isolateur**: (él) isolator
~ **antivibratile**: vibration isolator, vibration mount

**isolation** *f*: insulation
~ **acoustique**: acoustical insulation, sound insulation
~ **électrique**: electrical insulation
~ **en granulés**: loose-fill insulation
~ **en plaques**: insulation boards
~ **en vrac**: loose-fill insulation
~ **périphérique**: perimeter insulation
~ **phonique**: sound insulation, noise insulation
~ **thermique**: thermal insulation, heat insulation

**isolé**: (cheminée) free standing; (maison) detached

**isolement** *m*: insulation
~ **thermique**: heat insulation, thermal insulation

**isonivelage** *m*: (ascenseur) self-levelling, automatic levelling

**isostatique**: isostatic, statically determinate, non redundant, perfect (frame)

**issue** *f*: exit
~ **de secours**: emergency exit, fire exit

**itinéraire** *m* **de secours**: escape route

**jalon** *m* : range pole, range rod, ranging pole, ranging rod

**jalonnement** *m* : ranging out

**jalousie** *f* : exterior Venetian blind, shutter blind

**jambage** *m* : (de baie) jamb; (de porte, de fenêtre) door post, window post

**jambe** *f* : leg
~ **boutisse**: stone pier (in brickwork)
~ **d'encoignure**: quoins, coins
~ **de force**: brace, knee brace; (de poutre en treillis) strut
~ **étrière**: stone pier (at end of partition wall)

**jambette** *f* : princess post, side post (of roof structure)

**jardin** *m* : garden GB, yard NA
~ **à l'anglaise**: landscaped garden, informal garden
~ **à la française**: formal garden
~ **d'agrément**: flower garden
~ **d'eau**: water garden
~ **d'hiver**: winter garden
~ **de rocaille**: rock garden
~ **derrière la maison**: back garden GB, back yard NA
~ **en contrebas**: sunken garden
~ **encaissé**: sunken garden

**jardinerie** *f* : garden centre

**jardinier** *m* **paysagiste**: landscape gardener

**jardinière** *f* : planter, window box

**jarret** *m* : break (in line of an arch, a rafter); (de portique) knee

**jauge** *f* : (de réservoir) gauge GB, gage NA
~ **d'extensométrie**: strain gauge

**JD** → **joint de dilatation**

**jet** *m* : (déblai) throw
~ **d'eau**: (de jardin) fountain; (rejeteau) weather board[ing], weather moulding; (de fenêtre) weather bar, waterbar

**jetée** *f* : pier, jetty

**jeu** *m* : clearance, play, allowance; (d'éléments) set, suite
~ **admissible**: permissible clearance, admissible clearance
~ **axial**: end play
~ **effectif**: actual clearance
~ **en bout**: end play
**donner du ~**: to slacken, to ease a part
**prendre du ~**: to work loose

**joint** *m* : joint; (méc) gasket, seal; joint, jointing material, sealant, strip; → aussi **joints**
~ **à bague**: girth joint
~ **à brides**: flanged joint
~ **à emboîtement**: spigot-and-socket joint GB, bell-and-spigot joint NA
~ **à francs bords**: jump joint, butt joint
~ **à glacis**: weather struck joint
~ **à la pompe**: gun-grade sealant
~ **à lèvre**: lip seal joint
~ **à manchon**: sleeve coupling
~ **à recouvrement**: lapped joint
~ **à vif**: (de papier peint) butt joint
~ **abouté**: (plb) butt joint
~ **affleuré**: (mortier) flush joint
~ **articulé**: hinge
~ **au plomb**: lead joint
~ **collé**: glued joint; (de matière plastique) solvent-welded joint
~ **coulé**: slushed [up] joint (bricklaying)
~ **coulissant**: slip joint
~ **creux**: (maç) recessed joint
~ **creux chanfreiné**: weather struck joint, weathered joint
~ **croisé**: staggered joint
~ **d'assise**: bed joint
~ **d'emboîture**: socket-and-spigot joint GB, bell-and-spigot joint NA
~ **d'étanchéité**: seal, sealant; (b.a.) sealing joint
~ **d'étanchéité prémoulé**: preformed [joint] sealant
~ **de construction**: construction joint
~ **de contraction**: contraction joint

~ **de dilatation**: expansion joint; stress relieving joint
~ **de fil**: (placage) edge joint
~ **de lit**: horizontal joint; (horizontal ou de voûte) coursing joint, bed
~ **de parement**: face joint
~ **de reprise**: cold joint NA, construction joint GB
~ **de retrait**: (béton) shrinkage joint, contraction joint
~ **de tassement**: settlement joint
~ **debout**: (couverture métallique) standing seam
~ **déprimé**: (contreplaqué) sunken joint
~ **droit**: (maç) straight joint; (contreplaqué) butt joint
~ **écarté**: separated joint
~ **éclissé**: fished joint
~ **en anglet**: (maç) V-joint, V-tooled joint
~ **en canal**: keyed joint
~ **en charnière**: (de toit) knuckle joint
~ **en glacis**: weathered joint, weather struck joint
~ **en parement**: (maç) face joint
~ **étanche**: tight joint
~ **feint**: false joint
~ **fileté**: (plb) screwed joint
~ **gras**: thick joint
~ **invisible**: blind joint
~ **jointoyé en montant à la truelle**: struck joint
~ **lissé au fer**: tooled joint
~ **mal nourri**: (collage) starved joint
~ **maté**: caulked joint
~ **montant**: upright joint, vertical joint; (entre blocs de maçonnerie) cross joint GB, head joint NA; (partie visible en parement) perpend GB
~ **monté**: lapped joint, overlap
~ **ouvert**: open joint, gap
~ **ouvert enfermé**: (contreplaqué) hidden core gap
~ **ouvert visible**: (contreplaqué) core gap
~ **parallèle au fil**: edge joint
~ **plat**: (méc) gasket; (mortier) flat joint
~ **plein**: (maç) flush joint, flat joint
~ **raclé**: (maç) raked joint
~ **rapporté**: (dalle en béton) inserted strip
~ **refoulé arrondi**: keyed joint
~ **rompu**: (maç) broken joint, hollow bed
~ **saillant demi-rond**: bead joint
~ **saillant en chanfrein double**: external Vee joint
~ **saillant triangulaire**: external Vee joint
~ **scié**: (béton) sawed joint
~ **serré**: tight joint
~ **soudé**: welded joint
~ **soudé au chalumeau**: blow[n] joint
~ **soudé par capillarité**: sweat joint NA, capillary joint GB
~ **sphérique**: ball joint
~ **surépaissi**: (mortier) clip joint
~ **tiré au fer: tooled joint**
~ **torique**: O-ring
~ **transversal**: (bois) end joint
~ **vertical**: head joint NA, cross joint, perpend GB
~ **vif**: (maç) dry joint (in ashlar)
à ~ **tiré au fer baguette**: flat-joint jointed

**jointif**: close-jointed, close, edge to edge (boarding, slating)

**jointoiement** *m* : pointing
~ **à baguette tiré saillant**: bastard [tuck] pointing
~ **à joint tiré au fer baguette**: flat-joint jointed pointing
~ **à joints creux**: recessed pointing
~ **à plat**: flat pointing, flat-joint pointing
~ **avec mortier**: liquid grouting
~ **en montant**: jointing

**jointoyer**: (maç) to point
~ **en montant à la truelle**: to strike [off] (a masonry joint)

**joints, ~ croisés**: (maç) alternate joints, staggered joints; (tuiles) broken joints
~ **droits**: (tuile) straight joints

**jonction** *f* : connection; (services, drain pipes) branch, junction
~ **de poutre à poteau**: beam-to-column connection

**joue** *f* : (de mortaise) cheek; (de coffrage) side formwork, cheek board; (coffrage de poutre) haunch board

**jouée** *f* : (de lucarne, de mortaise) cheek

**jouer**: (bois) to warp, to shrink, to swell

**jouissance** *f* : use of property, possession of property
~ **de passage**: right of way
~ **immédiate**: vacant possession

**jour** *m* : day, light; (entre planches) gap; (d'un bâtiment) aperture
~ **d'escalier**: well hole
~ **férié**: public holiday, bank holiday
~ **ouvrable**: working day
~ **solaire moyen**: mean solar day
à ~: pierced, open

**jsm** → **jour solaire moyen**

**jubé**: rood screen, chancel screen

**judas** *m* : peephole, spy hole, door viewer

**jumelé**: (colonnes, fenêtres) gemel, geminated

**jumelles** *f* **de sonnette**: driving leaders, driving leads

**jupe** *f* **de bardeau**: tab

# K

**kaolin**: china clay

**kieselguhr** *m* : kieselguhr

**kiosque** *m* : kiosk
 ~ **de jardin**: summer house

# L

L → longueur, l → largeur

**label** *m* **de qualité**: trademark (of an official organisation), seal of approval

**labyrinthe** *m* : maze

**lacet** *m* : pintle (of hinge)

**lâche**: loose

**lagon** *m* : (épuration) lagoon

**lagunage** *m* : lagooning

**lagune** *f* : lagoon

**laine** *f*, **~ d'acier**: steel wool
~ **de bois**: wood wool GB, excelsior NA
~ **de laitier**: slag wool
~ **de plomb**: lead wool
~ **de roche**: rock wool
~ **de verre**: glass wool, glass silk
~ **minérale**: mineral wool

**lait** *m* **de chaux**: milk of lime, whitewash, limewash

**laitance** *f* : (sur béton) laitance

**laitier** *m* : slag
~ **de haut-fourneau**: blastfurnace slag
~ **expansé**: expanded slag, foamed slag

**laiton** *m* : brass

**laize** *f* : width (of roll of wall paper, of roofing felt)

**lambourde** *f* : (pose de parquet) floor batten; (sur béton) sleeper, runner; (le long d'une poutre) ledger strip
~ **de parquet**: (plancher avec solives de plafond) boarding joist
~ **de plancher**: wall plate (on corbels)

**lambrequin** *m* : fascia board, eaves board, barge board, gable board (often with elaborate pattern); (pour rideaux) pelmet

**lambris** *m* : wood panelling; (sous fenêtre) breast lining
~ **d'appui**: dado, wainscot
~ **de hauteur**: floor-to-ceiling wood panelling

**lambrisser**: to ceil

**lame** *f* : (d'outil) blade
~ **biaise**: angle blade
~ **d'air**: (de mur creux) cavity, air space
~ **d'épandage**: spreader
~ **de parquet**: floorboard, strip
~ **de persienne**: louvre GB, louver NA
~ **de store**: slat
~ **frontale**: (de bulldozer) mouldboard
~ **niveleuse**: angle blade
~ **porteuse**: (de caillebotis) bearing bar

**lamellé-collé**: glued-laminated, glu-lam

**lamifié** *m* : laminate sheet; *adj* : laminated

**laminé**: *m* : section; *adj* : rolled
~ **à chaud**: hot-rolled steel section; hot rolled
~ **à froid**: cold-rolled steel section; cold rolled
~ **marchand**: standard section

**laminoir** *m* : [rolling] mill

**lampadaire** *m* : (d'éclairage intérieur) standard lamp; (d'éclairage public) lamppost GB, street lamp NA

**lampe** *f* : lamp
~ **à arc**: arc lamp, arc light
~ **à atmosphère gazeuse**: gas-filled lamp
~ **à contrepoids**: rise-and-fall pendant
~ **à décharge**: discharge lamp
~ **à fluorescence**: fluorescent lamp
~ **à haute intensité**: high-intensity lamp
~ **à incandescence**: filament lamp, incandescent lamp

**lançage**        *116*        **lavage**

~ **à réflecteur incorporé**: reflector lamp
~ **à souder**: blowlamp GB, blowtorch NA
~ **à suspension**: pendant
~ **à vapeur de sodium**: sodium vapour lamp
~ **à vapeur de mercure**: mercury vapour lamp
~ **de signalisation**: indicating lamp, indicator lamp
~ **dépolie**: frosted lamp
~ **en applique**: wall lamp, bracket lamp

**lançage** *m* : (de pieux) jetting, water-jet driving

**lance** *f* : nozzle, jet
~ **à ciment**: cement gun
~ **à oxygène**: (découpage) oxygen lance
~ **d'arrosage**: water hose, hose
~ **d'incendie**: fire hose, fire nozzle
~ **d'injection**: jet pipe

**lance-flammes** *m* : flame gun

**lancette** *f* : lancet

**languette** *f* : (men) tongue, feather; (de conduit de fumée) withe, wythe
~ **rapportée**: slip tongue, slip feather, false tongue, spline

**lanterne** *f* : (de dôme) lantern, lantern light, lantern turret; (de cheminée) chimney jack
~ **de serrage**: turnbuckle

**lanterneau** *m* : lantern light, small lantern, monitor, monitor roof, rooflight, raised skylight
~ **circulaire**: saucer dome
~ **d'éclairage zénithal**: dome light
~ **de toit**: (parallèle au faîte) clerestory
~ **filant**: clerestory

**laque** *f* : lacquer

**largeur** *f* : width
~ **d'éclairement**: daylight width
~ **de marche**: tread width
~ **de passage**: (de porte) clear width
~ **utile**: (de plaque ondulée) cover width
~**s non assorties**: (bois) random widths

**larme** *f* : (verre) tears, water drops

**larmier** *m* : (en pierre) weather moulding; (en pierre, au-dessus d'une baie et en arc) hood [moulding]; (de corniche) crown moulding; (de corniche classique) corona; (non décoratif) drip, drip stone, drip moulding; (utilisé au lieu de mouchette) throat, weather check
~ **carré**: label [moulding]

**lasure** *f* : (protection et décoration du bois) preservative

**latéral**: side

**lattage** *m* : battening, lathing
~ **de contreplaqué**: coreboard, core strips
~ **jointif**: close lathing

**latte** *f* : lath; (de clouage) batten, strip
~ **à ardoises**: slat batten, slating batten, slating lath
~ **à tuiles**: tile lath, tiling lath, tile batten
~ **de guidage**: (de fenêtre à guillotine) parting bead, parting strip
~ **de régalage**: long float, smoothing board
~ **de sciage**: sawn lath
~ **extérieure**: parting stop, parting bead
~ **intérieure**: guard bead, inner bead, window bead, inside stop bead, window stop, sash stop
~ **refendue**: riven lath
~ **support**: (sdge) backing strip
~**s et enduit**: lath and plaster

**latté** *m* : coreboard

**lattis** *m* : lathing, lathwork, lattice; (pose d'ardoises, tuiles) groundwork (over roofing boards)
~ **céramique**: clay lathing
~ **en métal déployé**: metal lathing

**lauze** *f* : stone slate

**lavabo** *m* : washbasin GB, lavatory, sink NA
~ **collectif**: wash trough
~ **mural**: wall-hung washbasin
~ **sur colonne**: pedestal washbasin
~ **sur pied**: pedestal washbasin
~ **suspendu**: wall-hung washbasin

**lavage** *m* : wash[ing]
~ **à contre-courant**: (d'un filtre) backwash[ing]
~ **à grande eau**: hosing down

**lave-vaisselle** *m* : dishwasher

**laverie** *f* : scullery

**laveur** *m* **d'air**: (clim) air washer

**lazaret** *m* : leper hospital

**LE** → **limite élastique**

**lé** *m* : width (of wallpaper)

**lentille** *f*, ~ **de Fresnel**, ~ **à échelons**: (solaire) fresnel lens

**lésène** *m* : pilaster strip

**lessivage** *m* : leaching

**lessive** *f* : lye

**lest** *m* : (de grue) kentledge

**levage** *m* : hoisting, lifting

**levé** *m* : (de terrain) land survey, topographical survey, survey
  ~ **à la boussole**: compass survey
  ~ **à la chaîne**: chain survey
  ~ **à la planchette**: plane table survey, plane tabling
  ~ **aérien**: aerial survey
  ~ **d'un plan**: plotting, mapping
  ~ **de bornage**: (d'un bien fonds) boundary survey
  ~ **de reconnaissance**: exploratory survey
  ~ **de terrain**: land survey
  ~ **directeur**: control survey
  ~ **géologique**: geological survey
  ~ **par cheminement**: traversing
  ~ **photogrammétrique**: aerial survey
  ~ **topographique**: topographic survey, land survey
  **faire un ~**: to survey, to map a site

**levée** *f* : (de bétonnage) lift; (ouvrage hydraulique) levee, embankment

**lever** *m* **du soleil**: sunrise GB, sunup NA

**lever un plan**: to map a site, to survey

**lézarde** *f* : crack (in wall)
  ~ **de tassement**: settlement crack

**liaison** *f* (maç) bond, bonding

**liant** *m* : binder, binding agent; (mortier, béton) matrix
  ~ **aérien**: air-cured binder
  ~ **hydraulique**: hydraulic binder

  ~ **hydrocarboné**: bituminous cement, bituminous binder GB, asphalt cement NA

**liasse** *f* : set (of drawings, of documents)

**libre**: free; floating
  ~ **parcours moyen**: mean free path

**librement aménageable**: open plan

**lice** *f* : outer bailey

**liège** *m* : cork
  ~ **aggloméré**: agglomerated cork, corkboard, corkslab, compressed cork
  ~ **expansé**: expanded cork

**lien** *m* : cavity wall tie
  ~ **diagonal**: diagonal tie
  ~ **en fer à U**: hanger, stirrup, strap

**lierne** *f* : (architecture) lierne [rib], ridge rib; (de charpente) dragon tie

**lieu** *m*, ~ **d'emprunt**: borrow pit, borrow area, borrow ditch; **lieux**: premises
  ~ **de rassemblement**: place of assembly
  ~ **géométrique**: locus

**ligature** *f* : (d'armature, de poteau) tie

**ligne** *f* : line
  ~ **à cingler**: chalk line
  ~ **aérienne**: overhead wire
  ~ **axiale**: (de route) centre line
  ~ **brisée**: broken line
  ~ **d'amenée de courant**: service entrance conductor
  ~ **d'égal tassement**: settlement contour
  ~ **d'égale pression**: curve of equal pressure
  ~ **d'égales contraintes principales**: stress contour
  ~ **d'influence**: influence line
  ~ **d'opérations**: (topo) base line
  ~ **de base**: (de mesures) datum line
  ~ **de branchement**: service line
  ~ **de collimation**: collimation line, line of collimation
  ~ **de consommateur**: secondary distribution mains, distributor GB, distributing main NA
  ~ **de courant**: flow line, line of flow, streamline
  ~ **de démarcation**: boundary line
  ~ **de faille**: fault line
  ~ **de faîte**: drainage divide
  ~ **de flux**: flow line
  ~ **de foi**: fiducial line

~ **de foulée**: walking line, line of travel
~ **de fuite**: leakage path
~ **de glissement**: slip line, slip band
~ **de niveau**: (d'une carte) contour line
~ **de partage des eaux**: divide, watershed
~ **de pente**: (d'un escalier) pitch line
~ **de référence**: (de mesures) datum line
~ **de rupture**: failure line
~ **de tuyauterie**: pipe run
~ **de visée**: line of sight
~ **des naissances**: (de voûte) springing line
~ **des niveaux piézométriques**: hydraulic gradient GB, hydraulic grade line NA
~ **des zéros**: (terrassement) no-cut no-fill line
~ **élastique de flexion**: deflection curve, elastic curve
~ **en pointillés**: dotted line
~ **fraîche**: (de reprise de peinturage) wet edge
~ **fuyante**: (perspective) vanishing line
~ **interurbaine**: trunk line GB, toll line NA
~ **méridienne**: north-south line
~ **neutre**: neutral axis
~ **piézométrique**: hydraulic gradient GB, hydraulic grade line NA
~ **souterraine**: buried line, underground line
~ **téléphonique**: telephone line
~ **zéro**: base line
~**s lumière et force**: light and power lines

**lignolet** m : combing (roof)

**limaille** f : filings

**limbe** m : (topo) limb, lower plate

**lime** f : file
~ **bâtarde**: bastard file
~ **douce**: smooth file

**limite** f : limit; (d'un terrain) boundary GB, property line, lot line NA
~ **conventionnelle d'élasticité**: proof stress
~ **d'emprise de la fouille**: excavation line
~ **de la couche**: (géol) boundary
~ **de liquidité**: (du sol) liquid limit
~ **de plasticité**: plastic limit, plasticity limit
~ **de propriété**: boundary GB, property line NA
~ **de retrait**: shrinkage limit
~ **élastique**: yield point

**limiteur** m **de débit**: flow-limiting device

**limitrophe**: adjacent

**limnigraphe** m : water level recorder

**limon** m : (d'escalier) string GB, stringer NA; (également) notchboard, face string, outer string; (sol) silt
~ **à crémaillère**: bracketed string; NA carriage
~ **à l'anglaise**: cut string, open string
~ **à la française**: close string, housed string GB, closed stringer NA
~ **argileux**: clay loam
~ **débillardé**: wreathed string
~ **droit**: close string, housed string GB, closed stringer NA

**limosinage** m, **limousinage** m : rubble walling

**linçoir** m : (de plancher) wall plate (on corbels); (appui de bouts de poutrelles) runner, ledger

**linéaire**: linear; (mesure) running

**linéique**: per unit of length

**lingerie** f : linen room

**linguet** m **de sécurité**: safety catch

**linteau** m : lintel, lintol
~ **de foyer**: chimney bar

**liquide** m, adj : liquid
~ **à viscosité variable**: non-newtonian liquid GB, complex liquid NA
~ **thixotropique**: thixotropic liquid

**lissage** m : (d'un enduit) smoothing; (d'une surface) dressing
~ **à la truelle**: trowel finish, trowelling
~ **des ressources**: (planning) resource smoothing

**lisse** f : (d'ossature) side rail GB, girt NA, sheeting rail, cladding rail; (d'appui) sill [plate]; (de clôture) rail; adj : smooth, plain
~ **basse**: sill plate, bottom plate

**lisseuse** f : trowel

**lissoir** m : (pour joints) jointing tool, jointer
~ **d'arête**: edger

**liste** f : list
~ **des entreprises admises à la consultation**: tenderers' list GB, bidders' list NA

**~ des fenêtres**: window schedule
**~ restreinte**: short list

**listeau** *m*, **listel** *m* : listel, fillet; (entre cannelures) stria

**lit** *m* : (de sable, de mortier, de la pierre) bed
~ **bactérien**: (désuet) biological filter
~ **d'attente**: (maç) top face
~ **d'épandage**: disposal bed
~ **de carrière**: (pierre) natural face, quarry face
~ **de contact**: (assainissement) contact bed
~ **de dessous**: (d'une pierre) bed face
~ **de dessus**: top face
~ **de galets**: (stockage de la chaleur) pebble bed
~ **de pose**: (de pierre) bed face; (de canalisation) pipe bed
~ **de séchage**: (eaux usées) drying bed
~ **en joint**: joint bed
~ **entraîné**: entrained bed, moving bed
~ **filtrant**: filter bed
~ **fluidisé**: fluidized bed
~ **mobile**: entrained bed, moving bed
~ **multicouche**: mixed-media bed
~ **percolateur**: percolating filter
~ **tendre**: (pierre) soft bed

**lité**: (pierre) bedded

**liteau** *m* : slate batten, tile batten, slate lath, tile lath

**litige** *m* : dispute

**litonnage** *m* : lathing (slating or tiling); (sur voligeage) groundwork, battens

**living** *m* : living room

**livraison** *f* : delivery

**lixivation** *f* : leaching

**lobe** *m* : lobe, foil, cusp
**~s**: (d'un arc) feathering

**lobé**: lobed, cusped

**local** *m* : premises; *adj* : local
~ **commercial**: business premises
~ **des machines**: (d'ascenseur) machinery room, mechanical equipment room
~ **électricité**: electrical plant room
~ **technique**: plant room, equipment room, mechanical room NA

**locataire** *m* : tenant
~ **à bail**: lessee

**location** *f* : renting, letting of property
~ **de matériel**: plant hire
**en ~**: rented

**loess** *m* : loess
~ **modifié**: loess loam

**loge** *f* : lodge

**logement** *m* : housing; dwelling [unit]
~ **collectif**: multifamily housing, multiple dwelling
~ **de fonction**: housing provided by the employer; (agriculture) tied cottage
~ **individuel**: single-family dwelling
~ **locatif**: rental housing, rented accommodation
**~s sociaux**: low-cost housing NA, social housing
**~s terminés**: housing completions

**long-pan** *m* : longitudinal facade, long wall (of oblong building); long side (of roof)

**longeron** *m* : (bridge) main beam, edge beam

**longévité** *f* : (d'un appareil) service life

**longrine** *f* : ground sleeper, sleeper [plate], ground beam; (de boisage de tranchée, coffrage) wale, waler, waling; (d'échafaudage) ledger; (de pieux) pile cap
~ **de fondation**: sill [plate]

**longue vis** *f* : (plomberie) long screw

**longueur** *f* : length
~ **d'adhérence d'armature**: bond length, grip length of reinforcement
~ **d'application de la charge**: length of span under load
~ **d'appui**: bearing length
~ **de façade**: frontage
~ **de flambage**: (de colonne) effective length
~ **de la ligne de foulée**: total going
~ **développée**: (pose de tuyau) developed length
~ **en huile**: oil length
~ **hors tout**: overall length
~ **libre**: unsupported length
**~s diverses et mélangées**: (bois) random lengths, mill lengths

**loquet** *m* : latch, catch
~ **à bille**: ball catch
~ **à poucier**: thumb latch
~ **magnétique**: magnetic catch

**loqueteau** *m* : (de placard) latch
 ~ **à bille**: ball catch

**lot** *m* : batch
 ~ **d'après travaux**: (dans contrat) work section (of specifications)
 ~ **d'essai**: trial batch

**lotissement** *m* : (constructions) housing estate; (morcellement) subdividing of land NA, division into plots

**loué**: rented

**loupe** *f* : (bois) burr
 ~ **de noyer**: walnut burr

**louve** *f* : lewis

**louveteau** *m* : Lewis wedge

**loyer** *m* : rent

**LP** → **limite de plasticité**

**LT** → **local technique**

**lucarne** *f* : dormer window, dormer, roof light, skylight, luthern
 ~ **à deux versants**: gable dormer
 ~ **à pignon**: gable window
 ~ **attique**: attic window
 ~ **en chien-assis**: shed dormer
 ~ **faîtière**: gable window (in gable)
 ~ **pendante**: partial dormer
 ~ **rentrante**: internal dormer
 ~ **sur le versant**: external dormer window

**lumière** *f* : light
 ~ **artificielle**: artificial light
 ~ **crue**: hard light, harsh light
 ~ **diffuse**: diffused light
 ~ **du jour**: daylight
 ~ **naturelle**: daylight
 ~ **rasante**: low-angle light
 ~ **réfléchie**: reflected light
 ~ **solaire**: sunlight

**luminaire** *m* : light fitting, light fixture GB, luminaire NA; (éclairant vers le haut) uplighter; (éclairant vers le bas) downlighter
 ~ **encastré**: recessed luminaire, recessed fitting
 ~ **filant**: strip lighting

**lumineux**: luminous; illuminated

**lunette** *f* : (arch) lunette; (de théodolite) telescope

**lunure** *f* : internal sapwood

**lustrage** *m* : (entretien de revêtement de sol) buffing; (verre) glossing

**lustre** *m* : chandelier

**lustrer**: (un parquet) to buff

**lut** *m* : lute, luting, jointing compound

**lutrin** *m* : lectern

**lutte** *f* : control
 ~ **chimique**: (hort) chemical control
 ~ **contre l'érosion**: erosion control
 ~ **contre l'incendie**: fire fighting
 ~ **contre la pollution**: pollution control
 ~ **contre le bruit**: noise control
 ~ **contre les mauvaises herbes**: weed control

**lyre** *f* **de dilatation**: expansion loop, expansion bend

# M

**macadam** *m* : macadam
 ~ **à base de bitume**: ashpalt macadam
 ~ **à l'eau**: waterbound macadam
 ~ **au goudron**: tarmac, tarmacadam
 ~ **d'asphalte**: asphalt macadam

**macadamiser**: to tarmac

**mâchefer** *m* : (sous-produit) clinker

**mâchicoulis** *m* : machicolation

**machine** *f*, ~ **à coffrage glissant**: slipform paver, slipformer
 ~ **à couper d'onglet**: mitre cutting machine
 ~ **à décoller le papier peint**: steam stripper

**machinerie** *f* : machinery; machine room, plant room; mechanical room NA
 ~ **d'ascenseur**: lift machinery GB, elevator machinery NA

**mâchoire** *f* : jaw

**maçon** *m* : mason, bricklayer

**maçonnerie** *f* : masonry, stonework, brickwork; walling; bricklaying
 ~ **à joints rectilignes**: closely fitted masonry GB, random range ashlar NA
 ~ **à joints incertains**: opus incertum work, random rubble [work]
 ~ **à liaison à sec**: dry masonry
 ~ **à parement éclaté**: axed work
 ~ **à sec**: dry masonry
 ~ **apparente**: exposed msonry
 ~ **au-dessus du niveau du sol**: above-grade masonry
 ~ **de briques**: brickwork GB, brick masonry NA
 ~ **de fond**: backing GB, backup NA
 ~ **de moellons**: rubble walling
 ~ **de parement**: masonry veneer
 ~ **en appareil réglé**: regular coursed rubble GB, range masonry, coursed ashlar, range work NA
 ~ **en appareil assisé**: coursed rubble masonry
 ~ **en élévation**: above-grade work
 ~ **en fondation**: below-grade work
 ~ **en liaison**: bonded masonry
 ~ **en moellons irréguliers**: random rubble, rubble work, opus incertum, polygonal ragwork
 ~ **en opus incertum**: random rubble, rubble work, opus incertum, polygonal ragwork
 ~ **en parpaings**: blockwork
 ~ **en pierre**: masonry, stonework
 ~ **en pierre de taille**: ashlar masonry
 ~ **enduite**: rendered masonry
 ~ **non apparente**: rough work
 ~ **plaquée**: veneered masonry

**maculations** *f* : marring

**madrier** *m* : baulk, thick plank

**magasin** *m* : shop; (d'usine) stores
 ~ **d'exposition**: showroom
 ~ **de vente**: retail shop

**magasinage** *m* : storage

**magasinier** *m* : storeman, storekeeper, warehouseman, NA stockman

**maigre**: (mortier, béton) lean; (dimension) bare, scant

**maillage** *m* : grid layout

**maille** *f* : (de tamis, de grillage) mesh; (bois) silver grain; (treillis de construction triangulée) panel

**maillet** *m* : mallet

**maillon** *m*, ~ **de chaîne**: chain link
 ~ **fusible**: fusible link

**maillure** *f* : (bois) silver grain

**main** *f* : (d'une porte) hand
 ~ **courante**: handrail
 **à** ~: hand-operated

**main-d'œuvre** *f* : labour GB, labor NA
 ~ **contractuelle**: contract labour
 ~ **indigène**: native labour, local labour

~ **qualifiée**: skilled labour
~ **saisonnière**: casual labour
~ **spécialisée**: semiskilled labour

**mairie** *f* : town hall, city hall, municipal buildings

**maison** *f* : house; → aussi **maisons**
~ **à colombages**: half-timbered house, timber-frame house
~ **à énergie nulle**: zero-energy house
~ **à ossature en bois**: timber-framed house (modern construction)
~ **à premier étage mansardé**: story-and-a-half house NA, chalet bungalow GB
~ **à un étage**: house on two floors; single-storey house GB; two-story house NA
~ **autonome**: eco house
~ **chapitrale**: chapter house
~ **d'habitation**: dwelling house
~ **de plain pied**: bungalow
~ **de rapport**: apartment house, investment property, tenement house
~ **de ville**: town house
~ **écologique**: eco house
~ **en bande**: terraced house, town house
~ **en dur**: traditional house
~ **en location**: rented property GB, rental NA
~ **en pans de bois**: timber-frame house
~ **indépendante**: detached house
~ **individuelle jumelée**: semidetached house GB, half double NA
~ **sans étage**: bungalow
~ **semi-finie**: core house
~ **solaire**: solar house
~ **sur sous-sol**: basement house
~ **sur sous-sol surélevé**: semibasement house
~ **sur terre-plein**: house with solid groundfloor
~ **sur vide sanitaire**: house with suspended groundfloor
~ **témoin**: show house GB, model house NA
~ **traditionnelle**: conventional house

**maisons** *f*, ~ **dos à dos**: back-to-back houses
~**s en bande**: terrace houses, town houses, link houses GB, row houses NA
~**s indépendantes à fondations reliées**: link houses NA
~ **jumelées**: double house NA, pair of semidetached houses GB
~**s siamoises**: link houses

**maître** *m* : master; *adj* : (poutre, voûte etc) main, principal; → aussi **maîtresse**
~ **d'œuvre**: architect (employed by the owner), engineer for the works, general contractor, main contractor, prime contractor
~ **d'ouvrage**: owner, employer, client (of architect); (marché public) contracting authority
~ **sondeur**: boring master

**maître-autel** *m* : high altar

**maîtresse**, ~ **pièce**: principal member (of a frame)
~ **poutre**; main beam, girder

**maîtrise** *f* : supervisory staff

**maîtriser un incendie**: to control a fire

**majoration** *f*, ~ **de prix**: price increase
~ **pour chutes**: allowance for cutting waste

**mal nourri**: (peinture, colle) hungry, starved

**maladrerie** *f* : leper hospital

**malandre** *f* : enclosed rotten knot

**malaxage** *m* : (béton) mixing

**malaxeur** *m* : mixer
~ **discontinu**: batch mixer

**malfaçon** *f* : bad workmanship, faulty workmanship, defective work

**mamelon** *m* : nipple; (de tuile) stub
~ **double**: barrel nipple, long nipple

**manche** *m* : (d'outil) handle

**manche** *f*, ~ **d'incendie**: fire hose
~ **filtrante**: filter hose

**manchette** *f* : sleeve (pipe fitting)
~ **flexible**: (de gaine) flexible coupling
~ **souple de raccordement**: (clim) flexible connector

**manchon** *m* : (tuyauterie) pipe coupling, coupler, socket; (rouleau de peintre) sleeve
~ **d'entrée de canalisation**: (él) duct edge shield
~ **de frottement**: friction sleeve
~ **de raccordement de tubes**: conduit coupler
~ **double**: double socket

**mandriner**: to expand (a tube)

**manette** f : [hand] lever
 ~ **de commande**: control lever

**maniabilité** f : workabilitiy (of soft concrete)

**manille** f **d'assemblage**: clevis

**mannequin** m : (sdge) jig; (coffrage) jamb form, boxing; (de tranchée) trench guard, trench box

**manocontact** m : pressure switch

**manœuvre** m : unskilled labourer; mate GB, helper NA

**manœuvre** f : operation
 ~ **en duplex**: duplex control (of two lifts)
 à ~ **électrique**: electrically operated

**manoir** m : manor house, Hall

**manomètre** m : pressure gauge
 ~ **à tube en U**: U-gauge

**manque** m : lack, shortage; (peinture) holiday, skip
 ~ **d'eau**: water shortage
 ~ **d'enrobage**: (armatures) lack of cover
 ~ **de ductilité**: (acier) notch brittleness, notch shortness
 ~ **de recouvrement**: (réseaux enterrés) lack of cover

**mansarde** f : attic room, garret

**mansardé**: with sloping celing

**manteau** m **de cheminée**: (en avant-corps dans la pièce) mantel

**manuel** m, adj : manual
 ~ **d'entretien**: maintenance manual
 ~ **d'exploitation**: operating manual

**manutention** f : handling
 ~ **des matériaux**; materials handling

**maquette** f : model
 ~ **à échelle réduite**: scale model
 ~ **d'architecture**: architectural model
 ~ **grandeur nature**: mock-up, full-scale model

**marbre** m : marble
 ~ **reconstitué**: reconstituted marble, reconstructed marble

**marbrure** f : (peinture) marbling; marbelizing NA

**marchant**, ~ **au fioul**: oil-fired
 ~ **au gaz**: gas-fired

**marche** f : (d'escalier) stair, step; (de machine) operation, running, run
 ~ **à suivre**: procedure
 ~ **ajourée**: skeleton step
 ~-**arrêt**: on-off
 ~ **arrondie**: drum-head step, round[ed] step, round-end step
 ~ **balancée**: balanced step
 ~ **convexe**: commode step
 ~ **d'angle**: corner step; (en triangle côté mur) kite winder
 ~ **d'arrivée**: top step
 ~ **d'essai**: trial run
 ~ **dansante**: dancing step
 ~ **de départ**: bottom step, starting step
 ~ **de départ arrondie**: step with half-round end
 ~ **de départ en demi-cercle**: circle end
 ~ **de départ en volute**: scroll step, curtail step
 ~ **délardée**: spandrel step
 ~ **droite**: flier, flyer
 ~ **en encorbellement**: hanging step, cantilever step
 ~ **en volute**: scroll step
 ~ **gironnée**: tapered step
 ~ **palière**: landing tread
 ~ **portant noyau**: turret step
 ~ **rampante**: ramped step
 ~ **rayonnante**: winder, wheel[ing] step, wheeler
 ~ **rectangulaire**: flier, flyer
 ~ **tournante**: turn step, winder

**marché** m : contract; (lieu de vente) market
 ~ **à prix forfaitaire**: fixed price contract, lump sum contract
 ~ **à prix ferme**: firm price contrat
 ~ **à prix global**: lump sum contract
 ~ **à prix révisables**: escalation price contract, indexed price contract
 ~ **au métré**: measured contract
 ~ **clés en main**: turnkey contract
 ~ **couvert**: covered market
 ~ **d'entretien**: maintenance contract
 ~ **d'études de travaux**: construction design contract
 ~ **de fournitures**: supply contract
 ~ **de gré à gré**: negotiated contract
 ~ **de prestations de service**: service contract
 ~ **de reconduction**: renegotiated contract
 ~ **en heures contrôlées**: fixed time rate contract

~ **en régie**: cost plus contract
~ **en régie d'heures**: fixed time rate contract
~ **en sous-traitance**: subcontract
~ **forfaitaire**: fixed price contract; lump sum contract
~ **négocié**: negotiated contract
~ **public**: public contract, government contract
~ **sur bordereaux de prix**: measured contract
~ **sur dépenses contrôlées**: cost plus contract

**marécageux**: marshy

**marge** *f*: margin; (autour d'une mason) yard NA
~ **ciselée**: drafted margin
~ **d'isolement**: yard requirement

**margelle** *f*: (de puits, bassin ou piscine) kerbing

**marne** *f*: marl

**maroufler**: to glue, to stick a backing cloth; to rub [on], to press hard (an adherend)

**marquage** *m* : (implantation) marking
~ **routier**: road marking

**marque** *f*: mark, trace
~ **de qualité**: quality mark
~ **de rouleau**: (verre) roller mark
~ **de tâcheron**: banker mark, mason's mark

**marquise** *f*: (en toile) awning; (au-dessus d'une porte) canopy; (entrée de théâtre, d'hôtel) marquee

**marteau** *m* : hammer
~ **à ardoise**: slater's hammer
~ **à deux mains**: sledgehammer
~ **à frapper devant**: sledgehammer
~ **à latter**: lath hammer
~ **à panne fendue**: claw hammer
~ **à piquer**: scaling hammer, chipping hammer
~ **agrafeur**: staple hammer, stapling hammer
~ **de battage**: pile [driving] hammer
~ **de briqueteur**: brick hammer, bricklayer's hammer
~ **de couvreur**: roofing hammer
~ **de démolition**: breaking hammer
~ **perforateur**: hammer drill, jackhammer, rock drill
~ **perforateur à air comprimé**: pneumatic [rock] drill, air drill

~ **piqueur**: concrete breaker, paving breaker, road breaker: (brise-béton) jackhammer, rock breaker
~ **pneumatique**: air hammer, pneumatic hammer

**martelé**: (peinture) hammer finished

**martelet** *m* : brick hammer, bricklayer's hammer, brickaxe

**mascaron** *m* : mascaron

**masque** *m* : (décoration) mask
~ **d'étanchéité**: cutoff (against water seepage)
~ **étanche**: impervious blanket, waterproof layer

**masse** *f*: mass; (outil) sledge hammer
~ **atmosphérique**: air mass
~ **commune**: (d'éléments de câblage) cable bond
~ **de déblaiement**: excavated material
~ **de remplissage**: joint sealer, joint sealing filler, jointing compound; (él) cable compound
~ **de sol**: earth mass, soil mass
~ **intéressée par le glissement**: sliding mass
~ **surfacique**: mass per unit area
~ **thermique**: thermal mass
~ **volumique**: density, unit weight
~ **volumique apparente**: bulk density
~ **volumique réelle**: true density

**massif** *m* : (de fondation) base; (d'espace vert) flower bed; *adj* : solid
~ **d'ancrage**: anchor [block], anchorage
~ **de béton**: mass concrete
~ **de fond**: backup NA, backing GB
~ **de fondation**: foundation block, foundation mass

**mastic** *m* : putty, compound
~ **à l'huile de lin**: linseed oil putty
~ **à reboucher**: filler GB, badigeon, beaumontage NA
~ **d'asphalte**: asphalt putty, asphaltic mastic, mastic asphalt
~ **d'étanchéité**: sealant, sealing compound
~ **de calfeutrage**: caulking compound
~ **de fer**: iron cement
~ **de fond**: bed putty, back putty
~ **de garnissage de joints**: jointing compound
~ **de peintre**: painter's putty
~ **de vitrier**: glazier's putty, glazing putty
~ **pâteux préformé**: preformed joint sealant

**masticage** *m* : puttying; filling, stopping (of small defects)

**mât** *m* : (d'engin) mast; (de drapeau) flagpole
~ **d'arrêt**: (él) dead end tower
~ **de levage**: gin pole

**mat**: (peinture) flat, mat[t]; (surface) dull

**matage** *m* : (d'une surface brillante) flatting; (de joint) caulking, ramming

**matelas** *m* : blanket, cushion
~ **d'air**: air cushion, air space
~ **de fascinagge**: fascine mattress
~ **isolant**: blanket insulation, quilt

**mater**: (un joint) to caulk; (un filetage) to burr

**matériau** *m* : material; → aussi **matériaux**
~ **absorbant phonique**: acoustic[al] material, sound absorbing material
~ **amorphe**: raw material
~ **classé**: graded material
~ **d'emprunt**: borrow [material]
~ **de base**: (sol) bulk material
~ **excavé excédentaire**: spoil, waste
~ **fini**: unit
~ **trié**: graded material

**matériaux** *m*, ~ **de construction**: building materials
~ **demi-finis**: sections
~ **routiers**: paving materials

**matériel** *m* : plant, equipment
~ **de chantier**: construction equipment

**matière** *f* : material; → aussi **matières**
~ **à changement de phase**: phase-change material
~ **flottante**: (épuration) skimmings
~ **organique**: organic matter
~ **plastique**: plastic [material]
~ **plastique stratifiée**: laminated plastic
~ **polluante**: pollutant
~ **première énergétique**: energy feedstock
~ **pulvérulente**: (sable, gravier) granular material
~ **sèche**: total solids

**matières** *f*, ~ **solides**: solids
~ **en suspension**: suspended solids, suspended matter
~ **solides en solution**: dissolved solids
~ **totales dissoutes**: total dissolved solids

**matoir** *m* : caulking chisel

**matriçage** *m* : stamping

**matrice** *f* : (de granito) matrix

**maturation** *f* : (du béton, du plâtre) maturing
~ **des boues**: sludge ripening
~ **du béton**: ageing

**mauvais sol**: bad ground, soft ground, poor soil

**mauvaise herbe**: weed

**mazout** *m* : [fuel] oil

**mécanique** *f* : mechanics, mechanical] engineering; *adj* : mechanical
~ **des fluides**: fluid mechanics
~ **des sols**: soil mechanics

**mécano-soudé**: fabricated

**mèche** *f* : drill bit, bit
~ **à téton**: centre bit
~ **hélicoïdale**: twist drill

**médaillon** *m* : medallion

**médian**: centre, middle

**mélamine** *f* : melamine

**mélange** *m* : mixing; mixture
~ **à la niveleuse**: blade mixing
~ **à la pelle**: (béton) spading
~ **détonant**: explosive mixture
~ **en centrale**: plant mix
~ **pauvre**: (combustion) lean mixture

**mélangeur** *m* : (malaxeur) mixer; (robinet) mixer tap
~ **monotrou**: single-hole mixer tap

**mélèze** *m* : larch

**membrane** *f* : membrane

**membre** *m* : member
~ **en compression**: compression member
~ **en flexion**: flexed member

**membron** *m* : (de comble brisé) curb, curb roll

**membrure** *f* : (de charpente) structural timber, structural lumber; (en charpente métallique) chord (of truss), boom (of girder), flange (of web girder)

~ **inclinée**: pitched chord
~ **inférieure**: bottom chord, bottom boom
~ **supérieure**: top chord, top boom
~ **surabondante**: redundant member

**mémoire** *m* : contractor's account, architect's bill

**ménager**: (une ouverture, une sortie) to provide
~ **la pente**: to grade

**meneau** *m* : (vertical) mullion, muntin; (traverse horizontale) window bar
~ **horizontal**: transom bar

**menhir** *m* : standing stone

**mentonnet** *m* : catch (of latch), catch pin, latch pin; (de tuile) nib, stub

**menuiserie** *f* : (usine) mill; (articles en bois) woodwork, wood finishings, joinery GB, carpenter's finish, finishing carpentry NA
~ **métallique**: metal millwork, metal doors and windows
~ **préfabriquée**: millwork

**menuisier** *m* : joiner, light carpenter
~ **en bâtiment**: carpenter

**menus ouvrages**: small masonry work, smaller work; (de menuiserie intérieure) interior trim, inside finish

**méplat** *m* : (profilé) flat

**méranti** *m* : lauan, seraya

**merlon** *m* : merlon

**MES** → **matières en suspension**

**mesurage** *m* : measuring

**mesure** *f* : measure, measurement
~ **brute**: actual reading (of an instrument)
~ **corrective**: remedial action, corrective action
~ **d'urgence**: emergency measure
~ **dans œuvre**: inside measurement
~ **de longueur**: linear measure
~ **de superficie**: square measure
~ **de volume**: cubic measure
~ **hors œuvre**: overall measurement, out-to-out measurement, outside measurement
~ **réelle**: actual measurement

~ **solarimétrique**: solar radiation measurement
~ **vraie**: actual measurement
**de ~**: to size

**métal** *m* : metal
~ **clair**: bright metal
~ **commun**: base metal
~ **d'apport**: (sdge) deposited metal, weld metal
~ **de base**: (sdge) parent metal
~ **déployé**: expanded metal
~ **en feuille**: sheet metal
~ **en fusion**: (sdge) molten metal
~ **ferreux**: ferrous metal
~ **mou**: soft metal
~ **tendre**: soft metal

**métallerie** *f* : metalwork

**métallisation** *f* : metal spraying

**méthane** *m* : methane

**méthaniseur** *m* : methane digester

**méthode** *f* : method, procedure
~ **des torons tendus sur grands bancs**: long-line system

**métier** *m* : (corps de métier) trade, craft
**avoir du ~**: to be experienced in one's craft

**mètre** *m* : metre GB, meter NA
~ **à ruban**: tape measure, measuring tape
~ **linéaire**: linear metre
~ **pliant**: folding rule

**métré** *m* : quantitative survey, quantity survey takeoff

**métrer**: to measure, to survey
~ **du bois**: to measure the timber

**métreur** *m* : quantity surveyor
~ **vérificateur**: quantity surveyor

**mettre**, ~ **à découvert**: to expose
~ **à l'air libre**: to vent
~ **à nu**: to expose
~ **au rebut**: to scrap
~ **d'aplomb**: to plumb
~ **en œuvre**: to use
~ **en route**: to start
~ **en service**: to commission
~ **hors tension**: to switch off
~ **sous tension**: to switch on

**meuble** *m* : piece of furniture, item of furniture; **meubles**: furniture

~ **bas**: floor unit, base unit
~ **de cuisine**: kitchen unit
~ **de rangement**: storage unit
~ **de séparation**: room divider
~ **fixe à demeure**: fixture
~ **haut**: wall unit

**meule** f : grinding wheel, grindstone

**meuleuse** f : grinder

**meulière** f : grit stone

**meurtrière** f : loophole

**mezzanine** f : (floor within height of a story) mezzanine; horizontal slot window

**mica** m : mica

**microfissuration** f : hair cracks, hair cracking

**micropolluant**: micropollutant

**mieux disant** m : lowest bidder

**mignonette** f : pea gravel

**migration** f **d'humidité**: moisture migration, moisture movement

**milieu** m : medium
~ **de conservation**: curing medium
~ **filtrant**: filter medium

**minéralisation** f : (eau calcaire) hardness
~ **de l'eau**: mineral properties of water

**minirupteur** m : microswitch

**minium** m : (de plomb) red lead

**minute** f : original of a document

**minuterie** f : timer, time switch

**mire** f : (de nivellement) levelling staff GB, levelling rod NA
~ **à glissière**: target staff GB, target rod NA
~ **à voyant**: target staff GB, target rod NA
~ **de nivellement**: levellling staff GB, levelling rod NA
~ **parlante**: self-reading [levelling] rod NA, self-reading [levelling] staff GB

**miroir** m : mirror; (solaire) reflector
~ **à facettes**: facet mirror, segmented mirror
~ **asservi au mouvement du soleil**: sun-tracking mirror
~ **composé à foyer quasi ponctuel** ou **quasi linéaire**: compound parabolic concentrator
~ **cylindro-parabolique**: trough collector, trough concentrator
~ **de faille**: slickenside
~ **espion**: two-way mirror GB, see-through mirror NA
~ **mobile**: moveable mirror
~ **orientable**: moveable mirror
~ **parabolique**: dish concentrator
~ **semi-réfléchissant**: two-way mirror GB, see-through mirror NA
~ **tournant**: moveable mirror

**mise** f, ~ **à dimensions**: sizing, trimming
~ **à disposition des lieux**: giving possession
~ **à épaisseur**: thicknessing
~ **à jour**: updating, amending
~ **à la teinte**: (du bois) staining
~ **à la masse**: earthing GB, grounding NA (to body of machine)
~ **à la terre**: earthing GB, grounding NA
~ **à niveau**: levelling
~ **à prix**: estimating
~ **au point**: (d'une machine) adjustment; (d'une technique, d'un produit) development
~ **d'équerre**: squaring
~ **en chantier**: start of building work, house start
~ **en charge**: (d'une structure) loading
~ **en circuit**: connecting, connection
~ **en coffrage du béton**: placing of concrete
~ **en commun**: (de ressources) pooling
~ **en cordons**: windrowing
~ **en couleur**: (du bois) staining
~ **en eau**: (d'un ouvrage hydraulique) priming
~ **en fouille**: (de canalisation) lowering-in
~ **en marche**: starting
~ **en place**: (du béton) placing, concreting, pouring; (hort) planting out
~ **en place des aciers**: steel fixing
~ **en place par relèvement**: tilt-up construction
~ **en place par translation verticale**: lift-slab method
~ **en pleine terre**: (hort) planting out
~ **en plombs**: (vitrail) leading
~ **en précontrainte**: tensioning GB, stressing (of tendons) NA, prestressing
~ **en précontrainte au vérin**: jacking
~ **en pression**: pressurizing

~ **en route**: starting, start-up
~ **en service**: commissioning
~ **en tas**: piling
~ **en tension**: (des aciers) tensioning
~ **en valeur**: (de ressources) development
~ **en valeur agricole**: land reclamation
~ **hors circuit**: disconnecting, disconnection
~ **hors d'eau**: roofing-in, topping out
~ **hors service**: decommissioning
~ **sous tension**: switching on

**miséricorde** f : miserere, misericord

**mitigeur** m : mixing valve

**mitre** f : (de cheminée) cowl, chimney cap

**mitron** m : chimney cap, chimney pot, flue terminal

**mixte**: composite

**MO** → **main d'œuvre, maître d'œuvre, maître d'ouvrage**

**MOB** → **maison à ossature en bois**

**mobile**: movable, mobile (wall, partition)

**mobilier** m : furniture
~ **urbain**: street furnishing, street funiture

**mode** m, ~ **d'emploi**: instructions, directions for use
~ **opératoire**: procedure

**modelage** m **du terrain**: land shaping

**modèle** m : (de moulage) pattern; (de document) form
~ **de soumission**: tender form
~ **réduit**: scale model

**modélisation** f : modelling

**modénature** f : proportions and profile of a moulding

**modificatif** m : amendment (to a contract)

**modification** f : variation, modification
~ **de conception**: design change

**modifier**: to alter

**modillon** m : modillion

**modulaire**: modular

**module** m : module (coordination), modulus (strength of materials)
~ **d'élasticité**: elastic modulus, modulus of elasticity
~ **d'élasticité au cisaillement**: shear modulus
~ **d'élasticité transversale**: transverse modulus of elasticity
~ **d'inertie**: section modulus
~ **d'inertie polaire**: section modulus in torsion
~ **de base**: basic module
~ **de compressibilité**: modulus of compressibility
~ **de compression volumétrique**: bulk modulus of elasticity
~ **de déformation volumétrique**: modulus of compressibility
~ **de résistance**: section modulus
~ **de rupture**: modulus of rupture
~ **sécant**: secant modulus

**moelle** f : pith

**moellon** m : quarry stone, rubble stone
~**s assisés**: rubble built to courses
~**s équarris**: squared rubble
~**s irréguliers**: (en opus incertum) polygonal rubble, random rubble

**moignon** m : (de descente pluviale) nozzle (to gutter), spitter

**moins disant** m : lowest bidder

**moisage** m : double lap joint, sandwich construction; (étais inclinés) struts, shores

**moise** f : double member (of wood structure)

**moisé**: sandwiched between double members

**moisi**: mouldy

**moisissure** f : fungal growth, mould, mildew

**moitié** f : half
~ **tournante**: (d'escalier) halfpace [landing], halfspace landing

**moleté**: knurled

**molette** f : cutting wheel

**moment** m : moment
~ **aux appuis**: moment about points of support

~ **d'encastrement**: fixed-end moment, fixing moment
~ **d'excentrement**: eccentric moment
~ **d'inertie**: moment of inertia
~ **d'inertie polaire**: polar moment of inertia
~ **de basculement**: overturning moment, tilting mment
~ **de renversement**: overturning moment
~ **de rupture**: ultimate moment
~ **de torsion**: twisting moment, torsional moment
~ **des forces résistantes**: moment of resisting forces
~ **fléchissant**: bending moment
~ **fléchissant au milieu**: bending moment at mid span
~ **fléchissant négatif**: hogging moment, negative bending moment
~ **fléchissant positif**: sagging moment, positive bending moment
~ **réparti**: distributed moment
~ **sollicitant**: applied moment

**monastère** *m* : monastery

**moniteur** *m* : monitor (CCTV)

**monobloc**: one-piece

**monocombustible**: monofuel

**monocomposant**: single-part, one-part

**monocouche**: single-layer

**monolithe** *m* : monolith

**monolithique**: monolithic

**monoptère**: monopteral

**monostyle**: monostyle

**montage** *m* : assembly, assembling; (de charpente) erection; (él) connection
~ **à blanc**: trial assembly
~ **en commun de plusieurs éléments**: ganging
~ **en parallèle**: parallel connection
~ **en triangle**: delta connection
~ **étoile triangle**: star delta connection
~ **série**: series connection
~ **souple**: flexible mounting
~ **sur place**: site assembly

**montant** *m* : (élément vertical) upright; (de construction métallique) stanchion; (de treillis) vertical; (d'échafaudage) pole, standard; (étaiement de mur) wall plate, wall piece; (de porte, de fenêtre) stile; (dans baie de fenêtre ou de porte) jamb; (de paroi berlinoise) soldier; (commerce) amount
~ **charnier**: hanging stile, butt stile, hinge stile
~ **d'huisserie**: door post, door jamb
~ **de barrière**: gate post
~ **de battement**: door mullion; (porte, fenêtre battante) closing stile, lock stile, striking stile; (de porte-croisée) meeting stile; (d'huisserie) closing jamb
~ **de ferrage**: butt stile, hanging stile, hinge stile
~ **de fond**: of full frame height
~ **de la garantie**: amount of insurance, amount insured
~ **de noix**: (fenêtre à la française) tongued stile
~ **de rive**: (fenêtre à guillotine) pulley stile, hanging stile, window stile
~ **de suspension**: hanging stile, pulley stile, window stile
~ **des dommages**: amount of loss
~ **du marché**: contract amount, contract price
~ **ébrasé**: splayed jamb
~ **ferré**: (de cadre de porte) hinge jamb
~ **intermédiaire**: muntin
~ **nain**: jack stud
~**s et diagonales**: (poutre en treillis) web members

**monté**: assembled, erected, installed; (porte, fenêtre) hung

**monte-charge** *m* : goods lift GB, freight elevator NA, service lift

**monte-escalier** *m* : chair lift

**monte-matériaux** *m* : builder's hoist, material hoist, platform hoist

**monte-plats** *m* : service hoist, dumbwaiter NA

**montée** *f* : (d'un escalier) flight rise
~ **d'une marche**: height of a step
~ **d'une voûte**: height of an arch

**monter**: to assemble, to erect
~ **un mur**: to build a wall
~ **une porte**: to hang a door

**monteur** *m* : (de charpentes métalliques) steel erector

**montoir** *m* : horse block, mounting block

**monument** *m* : monument, memorial
 ~ **aux Morts**: War memorial
 ~ **classé**: listed building
 ~ **historique**: ancient monument, historic building, historic monument
 ~ **historique classé**: scheduled ancient monument

**moquette** *f* : velvet pile carpet, carpet
 ~ **aiguilletée**: needleloom carpet
 ~ **bouclée**: looped pile carpet
 ~ **grande largeur**: broadloom carpet
 ~ **tendue**: fitted carpet
 ~ **touffetée**, ~ **tuftée**: tufted carpet

**moraillon** *m* : [staple] hasp

**moraine** *f* : moraine
 ~ **de poussée**: shove moraine, push moraine
 ~ **superficielle**: surface moraine

**morceler**: to parcel out, to plot out (land), to break up (an estate)

**mordant** *m* : (peinture) paint stripper; (de lime, de vis) bite

**morfil** *m* : wire edge

**mors** *m* : (d'étau, de pince) jaw

**mortaisage** *m* : morticing GB, mortising NA, slotting

**mortaise** *f* : mortice GB, mortise NA
 ~ **aveugle**: blind mortice, stopped mortice, stub mortice
 ~ **borgne**: blind mortice, stopped mortice, stub mortice
 ~ **passante**: through mortice

**mortaiseuse** *f* : mortice machine

**mortier** *m* : mortar
 ~ **avec peu de fines**: harsh mortar
 ~ **bâtard**: lime-and-cement mortar
 ~ **clair**: thin mortar, grout
 ~ **d'argile**: clay mud
 ~ **de chaux**: lime mortar
 ~ **de ciment**: cement mortar
 ~ **de hourdage**: masonry mortar
 ~ **de pose**: (de carrelage) bedding mortar
 ~ **gras**: fat mortar
 ~ **grillagé**: reinforced mortar
 ~ **maigre**: lean mortar
 ~ **normal**: standard mortar
 ~ **projeté**: (enduit) shotcrete
 ~ **un pour trois**: standard mortar

**mort-terrain** *m* : overburden

**mosaïque** *f* : mosaic; (hort) formal ornamental bed
 ~ **moderne**: random [range] work, random range ashlar, broken ashlar

**moteur** *m* : engine, motor
 **à** ~: power

**motobineur** *m* : motor hoe

**motobrouette** *f* : power barrow, buggy

**motoculteur** *m* : power cultivator

**motofaucheuse** *f* : motor mower

**motohoue** f: motor hoe

**motoniveleuse** *f* : autopatrol, motor patrol, motor grader, road grader

**motopompe** *f* : electric pump

**motosouffleur** *m* : (nettoyage des routes) motor blower

**mototondeuse** *f* : motor mower

**motte** *f* : (de château fort) motte; (de terre) clod

**mou** *m* : (de courroie) slack; *adj* : soft

**moucheté**: (bois) bird's eye; (peinture) flecked

**mouchetis** *m* : rough rendering

**mouchette** *f* : (style flamboyant) mouchette; (de larmier) underthroating, throat; (outil) bead[ing] plane, moulding plane

**moucheture** *f* : (peinture) fleck; (défaut du bois) bird peck

**moufle** *f* : block-and-tackle, pulley block

**mouillabilité** *f* : wettability; wetting power

**mouiller**: to wet, to moisten

**moulage** *m* : casting, moulding
 ~ **par injection**: injection moulding

**moule** *m* : mould GB, mold NA
 ~ **multiple**: (béton) gang mould
 ~ **perdu**: waste mould

**moulé**: moulded GB, molded NA; (béton) cast
 ~ **en place**: cast in situ, cast in place

**moulin** *m* : mill
~ **à eau**: water mill
~ **à vent**: windmill

**moulinet** *m* : (pour enduit) paddle; (de passage) turnstile

**mouluration** *f* : moulding

**moulure** *f* : moulding GB, molding NA; **moulures**: (autour de porte, plinthe, corniche) trim
~ **aux deux parements**: double measure
~ **arrêtée**: stop[ped] moulding
~ **biseautée**: cant
~ **couvre-joint**: cover fillet, cover moulding, cover strip
~ **creuse**: hollow moulding
~ **curviligne**: curved moulding
~ **de guidage**: parting bead
~ **de socle**: base moulding
~ **droite creuse**: crowning moulding
~ **droite pleine**: supporting moulding
~ **grain d'orge**: quirk bead
~ **grand cadre**: balection molding, bolection moulding, risen moulding, raised moulding
~ **petit cadre**: drop moulding
~ **plate**: rectilinear moulding
~ **poussée dans la masse**: solid moulding, stuck moulding, struck moulding
~ **rapportée**: laid-on moulding, planted moulding
~ **renversée**: prone moulding

**moussant** *m* : foaming agent

**mousse** *f* : foam; (végétale) moss
~ **à cellules fermées**: closed-cell foam
~ **à peau intégrée**: structural foam
~ **de caoutchouc**: latex foam rubber
~ **de laitier**: expanded slag, foamed slag
~ **de plastique**: plastic foam, foamed plastic
~ **de polystyrène**: polystyrene foam
~ **injectée in situ**: foamed-in-place insulation
~ **isolante**: foam insulation

**moustiquaire** *f* : fly screen, insect screen

**mouton** *m* : drop hammer, monkey; (de sonnette) tup; (de battant mouton) half-round tongue
~ **de battage**: pile [driving] hammer, piling hammer

**mouture** *f* : (du ciment) grinding

**mouvement** *m* : movement
~ **de dévers**: creep (of retaining wall)
~ **de terrain**: ground movement

**moyen** *m* : means; *adj* : medium, average
~ **de sortie**: means of egress

**mulot** *m* : queen closer

**multicouche**: multilayer

**multipropriété** *f* : time sharing, time share

**municipalité** *f* : local council

**mur** *m* : wall
~ **à hauteur d'appui**: breast wall
~ **à lame d'air**: double-leaf wall
~ **à pan coupé**: cant wall
~ **à patin**: cantilever retaining wall
~ **ajouré**: honeycomb wall
~ **alvéolé**: honeycomb wall
~ **aveugle**: blank wall
~ **borgne**: blank wall
~ **caisson**: crib wall
~ **coupe-feu**: fire wall; (sur toute la hauteur d'un immeuble) compartment wall GB, division wall NA
~ **creux**: cavity wall, hollow wall, double-leaf wall
~ **d'about**: end wall
~ **d'allège**: apron wall, spandrel wall
~ **d'ancrage**: anchor wall
~ **d'appui**: breast wall
~ **d'échiffre**: (d'un escalier) string wall
~ **d'enceinte**: enclosure wall; (de château fort) bailey [wall]
~ **d'épaulement**: retaining wall
~ **de 11 cm**: half-brick wall
~ **de 22 cm**: one-brick wall, whole-brick wall
~ **de 34 cm**: brick-and-a-half wall, one-and-a-half brick wall
~ **de 46 cm**: two-brick wall
~ **de cloisonnement coupe-feu**: compartment wall
~ **de clôture**: boundary wall GB, property line wall NA
~ **de culée**: abutment wall, wing wall
~ **de façade**: outer wall, external wall, face wall; (of cavity wall) external leaf
~ **de fondation**: foundation wall
~ **de gros-œuvre**: main wall
~ **de long pan**: long wall (as opposed to gable end wall)
~ **de pied**: toe wall
~ **de refend**: cross wall
~ **de revêtement**: face wall; (de conduit de fumée) chimney breast; (d'ouvrage hydraulique) revetment wall

~ **de soubassement**: basement wall
~ **de soutènement**: breast wall GB, retaining wall
~ **double**: cavity wall
~ **en aile**: (d'un ouvrage d'art) wing wall
~ **en béton banché**: poured concrete wall
~ **en élévation**: above-grade wall
~ **en maçonnerie mixte**: compound wall
~ **en pierres sèches**: dry stone wall
~ **en pisé**: mud wall, cob wall
~ **en retour**: return wall
~ **en talus**: talus wall, battered wall
~ **en té**: cantilever retaining wall
~ **en torchis**: mud wall
~ **frontal**: head wall (of culvert)
~ **gouttereau**: eaves wall
~ **isolé**: freestanding wall
~ **lézardé**: wall with cracks
~ **mitoyen**: party wall GB, common wall NA
~ **nain**: (de combles) knee wall
~ **non porteur**: nonbearing wall
~ **orbe**: dead wall, blind wall, blank wall
~ **panneau**: (non porteur) panel wall
~ **périphérique**: periphery wall
~ **pignon**: gable wall; (bardage industriel) end wall
~ **plein**: (sans ouvertures) blank wall, blind wall
~ **poids**: gravity wall
~ **porteur**: [load] bearing wall, structural wall
~ **repris en sous-œuvre**: underpinned wall
~ **rideau**: curtain wall
~ **sans mortier**: dry wall
~ **séparatif**: separating wall; division wall (between two houses)
~ **Trombe**: Trombe wall

**muraille** *f* : (souvent au pluriel) a high, defensive wall

**mural**: wall-mounted, wall-hung

**muré**: (cheminée, fenêtre) dead

**murer**: to wall up, to block up, to brick up (an opening)

**muret** *m* : dwarf wall
~ **de garde-corps**: parapet wall
~ **de rétention**: (autour d'un réservoir) bund

**musée** *m* : museum, art gallery

**musique** *f* **d'ambiance**: (sonorisation) background music

**mutule** *f* : mutule

# N

**nacelle** *f* : (d'échafaudage volant) cradle
~ **à compas**: scissor work platform

**nain**: (hort) dwarf

**naissance** *f* : (de voûte) springing
~ **de l'âme**: root of web

**nappe** *f* : (par exemple de fils) layer; (géol) nappe
~ **artésienne**: artesian aquifer, artesian water
~ **d'armatures**: reinforcement layer
~ **d'eau souterraine**: underground water
~ **d'eau suspendue**: perched water table
~ **d'écoulement**: downsliding nappe
~ **d'irrigation**: irrigation mat
~ **d'un tourbillon**: (éolienne) sheet of a vortex
~ **de barres**: (béton) bar mat
~ **de chevauchement**: overthrust nappe
~ **de recouvrement**: fold nappe
~ **inférieure**: bottom layer, bottom reinforcement, bottom bars
~ **isolante**: insulating bat
~ **phréatique**: ground water table, water table
~ **supérieure**: top layer, top reinforcement, top bars

**narthex** *m* : narthex

**nébules** *m* : nebulé moulding, nebuly moulding

**nef** *f* : nave
~ **à trois vaisseaux**: nave in three parts
~ **annulaire**: annular nave
~ **latérale**: side aisle

**négociant** *m* **de matériaux de construction**: builder's merchant

**neige** *f* : snow
~ **et vent**: wind and snow

**néogothique**: neogothic, gothik

**néon** *m* : neon

**néoprène** *m* : neoprene

**nerf** *m* : rib, fillet (of groin)

**nervé**: ribbed

**nervure** *f* : (de voûte) rib; (de panneau) stiffener
~ **d'arête**: groined rib
~ **de formeret**: wall rib
~ **de ligne de faîte**: ridge rib

**nervuré**: ribbed

**nettoyage** *m* : cleaning
~ **du terrain**: site clearing, clearing of site

**nez** *m* : nose, nosing
~ **antidérapant**: safety nosing
~ **de marche**: stair nosing, tread nosing
~ **de robinet**: nozzle

**niche** *f* : niche

**nid** *m* : nest
~ **de cailloux**: rock pocket, honeycombing
~ **de gravier**: rock pocket, honeycombing
~ **de poule**: pothole
**en ~s d'abeille**: honeycomb

**niveau** *m* : level; level indicator
~ **à bulle**: spirit level
~ **aménagé**: (terrassement) grade
~ **brut de plancher**: structural floor level
~ **caoutchouc**: water level
~ **cavalier**: striding level
~ **d'eau**: (topo) water level
~ **d'étiage**: lowest water level
~ **d'intensité sonore**: loudness level
~ **de crue**: flood level
~ **de débordement**: (d'un appareil sanitaire) flood level
~ **de fil d'eau**: invert level
~ **de fond de fouille**: bottom grade

~ **de maçon**: plumb level, pendulum level
~ **de pression acoustique**: sound pressure level
~ **de référence**: datum (elevation)
~ **de réservoir**: gauge glass
~ **de terrain naturel**: (terrassement) grade
~ **des terrassements**: formation level GB, final grade, grade level
~ **du sol**: ground level GB, grade NA
~ **du terain fini**: finished ground level, finish grade, final grade NA
~ **fini du sol**: finished floor level
~ **moyen**: mean level
~ **moyen de la mer**: mean sea level
~ **semi-enterré**: semi-basement
~ **sonore**: sound level, noise level
~ **triangulaire**: A level

**nivelage** *m* : grading; (ascenseur) levelling

**niveler**: to take the level; to level up, to even up

**nivelette** *f* : boning rod

**niveleuse** *f* : grader
~ **automotrice**: motor grader

**nivellement** *m* : (top) levelling; (terrassement) grading, levelling, flattening; (au bulldozer) blading
~ **en marche arrière**: back blading, blading back

**nocif**: noxious

**nœud** *m* : (bois) knot; (de charnière) knuckle; (de poutre tirangulée) panel point
~ **adhérent**: tight knot
~ **de canalisation**: mains junction
~ **de ferme**: node, panel point
~ **de plomberie**: wiped joint
~ **de soudure**: welded joint (in copper or lead pipes)
~ **décollé**: loose knot
~ **isolé**: single knot
~ **mauvais**: unsound knot
~ **mort**: dead knot
~ **plat**: spike knot, splay knot
~ **rigide**: rigid joint
~ **sain**: live knot, sound knot
~ **sautant**: loose knot
~ **vicieux**: decayed knot, unsound knot
~**s groupés**: knot cluster

**noir**: (boulons, fer, tôles) black

**noix** *f* : (de mètre pliant) rule joint; (de montant de fenêtre à la française) half-round tongue
~ **de robinet**: plug

**nombre** *m*, ~ **de logements terminés**: housing completions
~ **de places assises**: seating capacity

**nomenclature** *f* : list of parts GB, schedule NA
~ **des aciers**: bar schedule, bar list, reinforcement schedule

**nominal**: (courant, puissance etc.) rated

**non**, ~ **à l'échelle**: not to scale
~ **abrité**: (site) open
~ **assisé**: uncoursed
~ **cohérent**: cohesionless, noncohesive
~ **collaborant**: noncomposite
~ **compris**: excluded, not included
~ **conformité**: non conformity, non compliance
~ **corroyé**: (bois) undressed, unwrought, unwrot
~ **inflammable**: nonflammable
~ **isostatique**: statically indeterminate
~ **jointif**: open
~ **plastifié**: unplasticised
~ **porteur**: nonbearing, nonloadbearing
~ **propagateur de flamme**: flame retardant
~ **protégé**: (él, méc) open
~ **remanié**: undisturbed
~ **taillé**: (pierre) undressed
~ **tissé**: nonwoven

**noquet** *m* : soaker

**noria** *f* : bucket wheel, Persian wheel

**normal**: at right angles to; standard

**normalisation** *f* : standardization; (de l'acier) normalizing

**norme** *f* : standard
~ **de construction**: building standard
~ **de qualité de l'eau**: water quality standard
~ **de sécurité**: safety standard

**notice** *f* : instructions [for use], instruction leaflet

**noue** *f* : valley; (de charpente) valley rafter; valley tile
~ **à tuiles croisées**: laced valley
~ **arrondie**: swept valley

~ **entrecroisée**: laced valley, woven valley
~ **fermée**: concealed valley
~ **métallique**: valley flashing
~ **ronde**: swept valley

**noueux**: knotty

**nourrice** *f* : auxiliary tank, service tank, feed tank; (de distribution) manifold, feeder

**noyage** *m* **en pluie**: (lutte contre l'incendie) sprinkling (from sprinkler system)

**noyau** *m* : (de moulage, dans immeuble) core; (d'escalier) newel
~ **creux**: hollow newel, open newel
~ **du pli**: (géol) arch bend, arch core
~ **massif**: solid newel
~ **ouvert**: (d'escalier) open newel, hollow newel
~ **plein**: solid newel
~ **synclinal**: trough core

~ **technique**: services core, mechanical core

**noyé**: (dans le béton) embedded, cast into; (vis) countersunk

**noyer** *m* : walnut tree, walnut wood

**NP** → **non plastifié**

**nu** *m* : (d'un élément) main surface, reference surface; (d'un mur) main plane, wall face, wall plane; *adj* : bare, naked
**mettre à ~**: to expose; to bare, to strip (a cable conductor)

**nuançage** *m* : shading

**nuance** *f* : (couleur) shade; (d'acier) grade

**nuancier** *m* : colour chart, shade card

**NV** → **neige et vent**

# O

**obélisque** *m* : obelisk, needle

**objet** *m* : (d'une norme) scope

**obligation** *f* **non remplie**: unfulfilled obligation

**obligatoire**: mandatory, compulsory

**oblique**: oblique, slanting

**obstruer**: to block, to clog

**obturateur** *m* : blind flange

**obturation** *f* : (d'ouverture) closure; (de surface) stopping

**obturer**: (un tuyau, une ouverture) to stop
 ~ **des fissures**: to fill cracks, to seal cracks

**occupant** *m* : occupier

**occupation** *f* : occupancy
 ~ **du sol**: land use
 ~ **partielle**: partial occupancy

**ocratation** *f* : ocrating

**oculus** *m* : oculus; roundel; (dans porte) vision light

**œdomètre** *m* : consolidometer, odometer

**œil** *m* : (de volute, de penture) eye
 ~ **de dôme**: lantern opening

**œil-de-bœuf** *m* : bull's eye

**œil-de-perdrix** *m* : pin knot

**œuvre** *m*, **dans ~**: inside the fabric
 **hors ~**: (mesure) overall
 **hors d'~**: outside the fabric
 **mettre en ~**: to use

**office** *m* : butler's pantry, buttery; (restauration) servery, pantry

**offre** *f* : tender GB, bid NA
 ~ **la moins disante**: lowest tender, lowest bid

**ogive** *f* : diagonal rib; (à tort) pointed arch

**oiseau** *m* **de maçon**: hod

**okoumé** *m* : African mahogany, gaboon, okoume

**oléorésine** *f* : oleoresin

**olives** *f* : olive moulding

**ombre** *f* : shade
 ~ **portée**: shadow

**oméga** *m* : top hat section

**omission** *f* : (corroyage, ponçage du bois) skip

**onde** *f* : (son, force) wave; (profil) corrugation
 ~ **amortie**: damped wave
 ~ **de choc**: shock wave
 ~ **de pression**: pressure wave
 ~ **de sol**: ground wave
 ~ **réfléchie**: reflected wave
 ~ **s[é]ismique**: seismic wave
 ~ **sonore**: sound wave

**ondulé**: corrugated

**onduleur** *m* : (él) inverter

**onglet** *m* : mitre GB, miter NA

**opacité** *f* : (peinture) hiding power

**opérations** *f* **topographiques**: surveying

**opus incertum**: (maçonnerie en moellons irréguliers) random rubble work

**OQ** → **ouvrier qualifié**

**oratoire** *m* : oratory

**orbevoie** *f* : blind arcades

**ordonnance** *f* : general arrangement of a building

**ordonnancement** *m* : progress scheduling, progressing (of work)

**ordre** *m* : (d'architecture) order
~ **attique**: attic order
~ **colossal**: colossal order, giant order
~ **de commencement des travaux**: notice to proceed
~ **de démarrage des travaux**: notice to proceed
~ **de modification**: change order, variation order
~ **de service**: work order
~ **de succession des corps d'état**: sequence of trades

**ordures** *f* : waste
~ **ménagères**: household refuse GB, garbage, trash NA

**oreillon** *m* : (d'appui de fenêtre, de seuil) lug

**organe** *m* : part, device, unit
~ **de détente**: (clim) expansion device
~ **de régulation**: control device

**organigramme** *m* : flow chart, organisation chart

**oriel** *m* : oriel window

**orientable**: swivel

**orientation** *f* : (de grue) slewing; (d'un bâtiment) aspect

**orienté au nord**: having a northern aspect

**orientement** *m* : (topo) westing

**orifice** *m* : orifice
~ **d'écoulement**: (d'appareil sanitaire) [waste] outgo

**orillon** *m* : (de bastion) orillon

**orle** *m* : orle

**orlet** *m* : orlet

**orme** *m* : elm tree; elm wood

**ornement** *m* : ornament

**orthotrope**: orthotropic

**OS** → **ouvrier spécialisé**

**ossature** *f* : (d'une structure) skeleton, carcass, carcase, frame, framing
~ **à claire-voie**: balloon framing
~ **à plate-forme**: platform framing, western framing
~ **apparente**: (de plafond suspendu) exposed grid
~ **contreventée**: braced framing
~ **de plancher**: floor framing
~ **métallique**: metal frame
~ **non contreventée**: unbraced frame
~ **secondaire**: subframe
à ~ **en béton armé**: concrete-framed

**ossuaire** *m* : ossuary

**oubliette** *f* : oubliette, secret dungeon

**ouïe** *f* : louvre board, luffer board; (de ventilateur) inlet

**ouragan** *m* : hurricane

**ourlet** *m* : (de couverture métallique) bead

**outeau** *m* : roof vent

**outil** *m* : tool
~ **à tranchant**: edge tool
~ **multiple**: gang tool

**ouverture** *f* : opening, aperture
~ **brute**: rough opening
~ **de chantier**: start of work
~ **de nettoyage**: cleanout
~ **des plis**: opening of tenders GB, opening of bids NA
~ **du sol**: breaking of ground

**ouvrabilité** *f* : (du béton) workability

**ouvrage** *m* : work, structure, construction; → aussi **ouvrages**
~ **à cornes**: (fortifications) hornwork
~ **avancé**: (fortifications) outwork
~ **clé en main**: turnkey job
~ **d'art**: civil engineering structure, engineering work, permanent structure, structure
~ **de détournement**: diversion scheme
~ **de génie civil**: civil engineering structure
~ **en aggloméré**: blockwork
~ **en damier mixte**: chequerwork GB, checkerwork NA
~ **en parpaings**: blockwork
~ **en pierre**: stonework
~ **enterré**: below-grade structure
~ **provisoire**: temporary work
~ **souterrain**: underground structure

**~ supporté par le sol**: soil-supported structure
**~ voûté**: arched structure

**ouvrages** *m* : project, works
**~ de menuiserie légère**: (plinthes, corniches etc.) trim
**~ divers**: sundry works
**~ métalliques**: metalwork; steelwork

**ouvrant** *m* : (de porte) active leaf, swing leaf; (de fenêtre) casement, opening light, movable sash; *adj* : (cloison, fenêtre) operable, opening,

**ouvrier** *m* : worker, hand, operative; **ouvriers**: manpower
**~ qualifié**: skilled worker
**~ spécialisé**: semiskilled worker

**ouvrir**: to open; (un robinet) to turn on; (él) to switch on
**~ un chantier**: to start work
**~ une tranchée**: to break ground

**oves** *f* : egg pattern
**~ et dards**: egg-and-dart pattern, egg-and-arrow pattern

**oxycoupage** *m* : flame cutting, oxygen cutting, oxycutting

**oxydation** *f* : oxidation
**~ en milieu liquide**: wet oxidation

**ozonateur** *m* → **ozoneur**

**ozone** *m* : ozone

**ozoneur** *m*, **ozoniseur** *m* : ozone plant, ozone unit, ozonizer

P → poinçonnement

PAC → pompe à chaleur

**paillage** *m* : mulching

**paillasse** *f* : (gros œuvre d'escalier en béton) waist, flight slab; (de laboratoire) bench; (de cuisine) structural counter top, structural draining board

**paillasson** *m* : doormat; (béton) curing blanket, straw mat

**paille** *f* : straw; (défaut dans métal) flaw

**paillette** *f* : (de crochet de gouttière) tie; (de mica) flake

**paillon** *m* : (cure du béton) straw mat, curing blanket, frost protection quilt

**pain** *m* : (d'asphalte, de mastic) cake, block

**palais** *m* : palace, Court
~ **de Justice**: Law Courts
~ **épiscopal**: bishop's palace

**palan** *m* : block and tackle
~ **de chèvre**: gin block
~ **de levage**: hoisting tackle, chain block
~ **différentiel**: differential pulley block

**palançon** *m* : lath, stake (in loam work)

**pale** *f* : (d'éolienne, de ventilateur) blade

**palée** *f* : (de structure) pile bent, piling
~ **de stabilité**: sway frame

**palette** *f* : pallet

**palfeuille** *f* : sheeter

**palier** *m* : (d'escalier) landing, pace; (méc) bearing
~ **d'arrivée**: top landing
~ **de départ**: bottom landing
~ **de repos**: intermediate landing

**palière** *f* : flight header

**palification** *f* : piling (of ground for foundation)

**palis** *m* : pale, stake, picket (of picket fence)

**palissade** *f* : picket fence; (fortifications) stockade; (de chantier) hoarding

**palissandre** *m* : palissander, rosewood

**palmé**: palmate

**palmette** *f* : palmette

**palmiforme**: palmiform

**palonnier** *m* : lifting beam, lifting frame

**palplanche** *f* : sheet pile; **palplanches**: sheet piles, sheeting, sheet piling

**pan** *m* : (de boulon) face; (de brique, de pierre) face, side; (de toit) slope; (d'ossature) single-plane frame; (de voûte, de plafond) severy, civery
~ **coupé**: splay; cant wall
~ **de bois**: timber frame, wood frame (of wall)
~ **de dôme**: gore, lune
~ **de fer**: steel frame
~ **de mur**: large section of a wall, length of walling
**en ~ coupé**: splayed

**panache** *m* : panache (of pendentive), triangular pendentive

**panne** *f* : (charpente de toit) purlin; (tuile) pantile, interlocking pantile; (de machine) breakdown, failure
~ **courante**: intermediate purlin
~ **de brisis**: curb plate, purlin plate
~ **de courant**: power failure, power cut GB, outage NA
~ **de marteau**: peen
~ **en treillis**: latticed purlin
~ **faîtière**: ridge purlin
~ **intermédiaire**: intermediate purlin
~ **sablière**: pole plate
~ **Z**: Z purlin GB, zee purlin NA

**panneau** *m* : panel; (sheet of building material) board; (de ferme, de dalle de béton) panel; (taille de la pierre) [face] mould, template; → aussi **panneaux**
- ~ **à âme creuse**: hollow panel
- ~ **à fiches**: pinboard
- ~ **à glace**: square-framed panel
- ~ **à table saillante**: (porte) raised-and-fielded panel
- ~ **à table saillante aux deux parements**: double-raised panel
- ~ **affleuré**: flush panel
- ~ **arasé**: (porte) flush panel
- ~ **avivé**: edged board
- ~ **chauffant**: heating panel
- ~ **coffrant**: form liner
- ~ **contreplaqué à âme lamellée**: laminboard
- ~ **contreplaqué à âme lattée**: blockboard
- ~ **contreplaqué à âme panneautée**: battenboard
- ~ **couchant**: horizontal panel
- ~ **d'accès**: (de toit) roof hatch, hatchway
- ~ **d'affichage**: notice board; (publicitaire) hoarding GB, billboard NA
- ~ **d'aggloméré**: particle board, flakeboard NA
- ~ **d'allège**: spandrel panel
- ~ **d'arrivée**: (él) incoming panel
- ~ **d'épaisseur**: flush panel
- ~ **d'isolation**: bat
- ~ **de chantier**: site sign
- ~ **de construction**: building board
- ~ **de ferme**: truss panel
- ~ **de fibres**: fibre building board, fibreboard GB, fiberboard NA; (type Isorel) hardboard
- ~ **de fibres [agglomérées]**: fibre [building] board, fiberboard
- ~ **de fibres de densité moyenne**: medium-density fibreboard
- ~ **de fibres dur**: [standard] hardboard
- ~ **de fibres extra dur**: tempered hardboard
- ~ **de fibres mi-dur**: medium-density hardboard, medium-density fiberboard, medium hardboard
- ~ **de fibres tendre**: fiberboard NA, building board GB, softboard, insulating fibreboard
- ~ **de gypse**: gypsum board
- ~ **de hauteur**: standing panel
- ~ **de joue**: (de coffrage) cheek board
- ~ **de particules**: particle board, chipboard
- ~ **de particules de lin**: flax board
- ~ **de particules extrudé**: extruded particle board
- ~ **de particules pressé à plat**: platen-pressed particle board
- ~ **de plâtre cartonné**: plasterboard
- ~ **de revêtement**: wallboard
- ~ **de signalisation**: sign
- ~ **de tympan**: spandrel panel
- ~ **dur à deux faces lisses**: duo-face hardboard
- ~ **dur gaufré**: embossed hardboard
- ~ **dur perforé**: perforated hardboard, pegboard
- ~ **en retombée**: drop[ped]panel
- ~ **encadré**: framed panel
- ~ **isolant**: insulating board, softboard
- ~ **latté**: battenboard GB, blockboard, coreboard
- ~ **massicoté**: edged board
- ~ **mi-dur**: semihardboard
- ~ **mou**: softboard
- ~ **mural**: wallboard
- ~ **radiant**: radiant panel
- ~ **sandwich**: composite board, sandwich panel
- ~ **silhouetté**: shadow board
- ~ **solaire**: solar panel
- ~ **stratifié**: laminate
- ~ **témoin**: sample panel
- ~ **voilé**: twisted board

**panneaux** *m* : panels, panelling
- ~ **de lambrissage**: wall panelling
- ~ **de sous-toiture**: roof decking

**panneresse** *f* : stretcher
- ~ **arrondie**: (brique) bull stretcher

**panneton** *m* : bit (of key)

**panse** *f* : belly (of baluster)

**papier** *m* : paper
- ~ **asphalté**: asphalt paper
- ~ **cache**: masking paper
- ~ **d'apprêt**: lining paper
- ~ **de construction**: building paper
- ~ **de verre**: sandpaper, glasspaper
- ~ **feutre**: felt paper
- ~ **grenat**: garnet paper
- ~ **kraft**: kraft paper
- ~ **peint**: wallpaper

**papillon** *m* : butterfly valve

**paraboloïde** *m* : (géom) paraboloid; (solaire): paraboloidal solar concentrator, trough collector, trough concentrator; *adj* : paraboloidal

**parachute** *m* : (d'ascenseur) grip gear, safety gear

**parafoudre** *m* : lightning arrester; (paratonnerre) lightning conductor

**parafouille** *f* : cutoff

**paralume** *m* : light diffuser, diffuser grille, light baffle

**parapet** *m* : breast wall, parapet; (d'ouvrage hydraulique) curb; (fortifications) breastwork
~ **crénelé**: battlement

**parapluie** *m* : (de cheminée) rain cap, chimney hood; (toit) station roof, umbrella roof

**parasismique**: earthquake resistant

**parasites** *m* : interference

**paratonnerre** *m* : lightning rod, lightning conductor

**parc** *m* : (espace vert) park
~ **à réservoirs**: tank farm
~ **aux combustibles**: fuel yard
~ **de logements**: housing stock
~ **de stationnement**: car park GB, parking lot NA
~ **de stockage**: yard; (d'hydrocarbures) tank farm
~ **national**: national park

**parcelle** *f* : plot GB, lot NA

**parclose** *f* : glazing bead, glazing fillet, glass stop, removable stop NA

**parcomètre** *m* : parking meter

**parcours** *m* : (de tuyauterie) run

**pare-balles**: bullet resistant

**pare-douche** *m* : shower screen

**pare-éclaboussures** *m* : anti-splash device

**pare-écume** *m* : scum board

**pare-étincelles** *m* : spark arrester

**pare-feu** *m* : (coupe-feu) firebreak; (de cheminée) fireguard; *adj* : fire retardant

**pare-flamme**: flame retardant

**parement** *m* : face, facing, facework; (revêtement) cladding, siding
~ **à mi-bois**: drop siding
~ **brut**: (de pierre) quarry face
~ **de brique**: (sur pan de bois) brick veneer, brick facing

~ **de joint**: joint face
~ **de panneresse**: stretcher face
~ **de porte**: door face
~ **de sous-face**: soffit cladding
~ **en bois**: wood siding
~ **en pierre**: ashlar facing
~ **intérieur**: (de porte) closing face
~ **rustique**: rough siding
~ **taillé**: (de pierre) tooled face

**pare-pluie** *m* : rain barrier

**pare-soleil** *m* : sun shade, shade screen, sunscreen, sunbreaker

**pare-vapeur** *m* : vapour barrier, moisture barrier

**pare-vent** *m* : (feuille ou membrane) wind barrier; (brise-vent) windbreak

**parking** *m* : car park GB, parking lot NA
~ **souterrain**: underground car park

**parloir** *m* : (de monastère) locutory, parlour

**paroi** *f* : (légère) skin; (de tuyau) wall; (de mur creux) wythe, withe, leaf; **parois**: shell of a building
~ **berlinoise**: soldier sets and lagging, soldier piles and precast concrete panels
~ **contrainte**: stressed skin
~ **d'échange à grande surface**: (clim) extended surface
~ **d'étanchéité**: cutoff wall
~ **intérieure**: (de bloc creux) web
~ **intermédiaire**: (de conduit de fumée) midfeather, wythe, withe
~ **moulée dans le sol**: diaphragm wall

**parpaing** *m* : (pierre en ~) perpend [stone], parpend [stone], through stone; (brique) bonding brick, bonder; (en béton) [precast] concrete block, building block
~ **creux**: cellular block, hollow block
~ **de laitier**: breeze block

**parquet** *m* : wood floor[ing], parquet floor
~ **à bâtons rompus**: herringbone parquet
~ **à coupe de pierre**: strip flooring with alternate joints
~ **à coupe perdue**: strip flooring
~ **à frises**: strip flooring
~ **à joints perdus**: strip flooring (of random lengths)
~ **à l'anglaise**: strip flooring (of random lengths)

~ **à la française**: parquet, parquetry
~ **de glace**: wood grounds for mirror work
~ **en marqueterie**: parquetry
~ **flottant**: floating wood floor
~ **mosaïque**: inlaid parquet; wood block floor

**parqueteur** *m* : floor layer

**parterre** *m* : flower bed

**parti** *m* : general arrangement of a building, scheme (of architectural composition)
~ **constructif**: structural scheme
~ **paysagiste**: landscape scheme
~ **technique**: engineering scheme, structural scheme

**participant** *m* **à un appel d'offres restreint**: invited bidder, selected bidder

**particule** *f* : particle
~ **de sol**: soil particle
~**s fines**: fines

**partie** *f,* ~ **commune**: common area, communal area
~ **basse**: bottom, lower part
~ **cylindrique**: (d'un tuyau): barrel
~ **haute**: top, upper part

**parvis** *m* : (of cathedral) paradise; (place parvis) piazza, plaza

**pas** *m* : (écartement) spacing, gauge; (de rivets, de boulons) pitch
~ **d'âne**: ramped steps, stepped ramp
~ **de porte**: doorstep
~ **japonais**: stepping stones

**passage** *m* : (acheminement de tuyaux) routing, run; (circulation de piétons) walkway
~ **couvert**: arcade, breezeway, dogtrot
~ **d'air**: airflow
~ **d'eau**: culvert
~ **en-dessous**: underpass
~ **en-dessus**: overpass
~ **libre de porte**: doorway width
~ **pour piétons**: pedestrian crossing GB, crosswalk NA
~ **souterrain**: subway, underpass
~ **supérieur**: overbridge, overcrossing, overpass
~ **voûté**: archway
à ~ **intégral**: (pompe, robinet) full-flow

**passant** *m* : (tamisat) undersize material

**passe** *f* : (d'enduit) application; (de soudage) pass, run
~ **à poissons**: fish pass, fishway
~ **de fond**: root run, root pass
~ **de pénétration**: penetration run
~ **sur l'envers**: back pass

**passe** *m* : master key
~ **d'étage**: floor master key

**passe-fil** *m* : grummet, grommet

**passe-partout** *m* : master key; → aussi **passe** *m*

**passe-plats** *m* : serving hatch, service hatch, pass-through

**passerelle** *f* : catwalk, gangway; (de franchissement) footbridge, pedestrian bridge
~ **à deux niveaux**: two-tier linkspan
~ **pour canalisations**: pipe rack (over and obstacle)

**passivation** *f* : passivation

**passoire** *f* : round-hole sieve

**pastille** *f*: pellet; (de placage) patch, plug; (revêtement de sol antidérapant) stud
~ **de sécurité**: bursting disk

**pâte** *f* : paste
~ **à joints**: jointing compound
~ **argileuse**: clay matrix
~ **de chaux**: lime putty, plasterer's putty
~ **de verre**: (mosaïque) vitreous glass
~ **pure de chaux**: lime paste
~ **pure de ciment**: neat cement grout

**pâté** *m* **de maisons**: block of houses

**patenôtre** *f* : paternoster, bead moulding

**patère** *f* : (décoration) patera, rose; coat hook, coat peg; (embrasse de rideau) curtain hook (decorative)
~ **de robinet de puisage**: tap holder

**patience** *f* : miserere, subsellium

**patin** *m* : (de ripage) skid; (d'étaiement) sole plate, sole piece; (plb) duckfoot
~ **de chenille**: track shoe
~ **de scellement**: anchor[ing] plate, fixing plate
~ **vibrant**: vibration plate

**patine** *f* : patina

**patiné**: weathered, aged; patinated

**patrimoine** *m*, ~ **de l'eau**: national water supply
~ **national**: national heritage

**patte** *f* : (de fixation) lug, tie, ear; (d'huisserie) door frame anchor, jamb anchor; (de charnière, de paumelle) plate, leaf
~ **à glace**: mirror bracket
~ **à goujon**: (de poteau, sur pierre ou béton) plate dowel; (d'huisserie) spud
~ **d'éléphant**: (de pieu) belled-out bottom, widened bulb
~ **de bardeau**: butt
~ **de fixation**: fixing lug
~ **de scellement**: anchor, masonry anchor

**paumelle** *f* : hinge
~ **à double action, ~ à double effet**: double-acting hinge
~ **à ressort**: spring hinge
~ **dégondable**: loose-joint hinge, heaveoff hinge, liftoff hinge, liftoff butt

**pauvre**: lean

**pavage** *m* : paving, pavement
~ **autobloquant**: interlocking paving

**pavé** *m* : cobble, cobblestone; (en granit) set, sett; paving stone, paving brick, paving tile, paving block, paver
~ **autobloquant**: interlocking paving block
~ **de verre**: solid glass block, pavement light, glass block
~ **équarri**: pitcher

**pavement** *m* : pavement (ornate)

**paveur** *m* : paviour GB, pavior NA

**pavillon** *m* : pavilion; (logement de banlieue) suburban house
~ **à rez-de-chaussée**: bungalow
~ **d'entrée**: [gate] lodge
~ **de chasse**: shooting lodge
~ **de garde**: [gate] lodge
~ **de plain-pied**: bungalow
~ **jumelé**: semi-detached house

**paysagé**: landscaped

**paysage** *m* : landscape
~ **urbain**: townscape

**paysager**: (bureau) open-plan

**paysagisme** *m* : landscaping

**paysagiste** *m* : (architecte) landscaper, landscape designer; (jardinier) landscape gardener

**PAZ** → **plan d'aménagement de zone**

**PC** → **prise de courant, prise en charge, perte de charge**

**PCI** → **pouvoir calorifique inférieur**

**PCS** → **pouvoir calorifique supérieur**

**PE** → **presse-étoupe**

**peau** *f* : skin
~ **d'orange**: orange peel
~ **de crapaud**: (verre) hogging GB, drag NA
~ **de crocodile**: crocodiling, alligatoring
~ **de démoulage**: release membrane

**pédicule** *m* : pendicule

**pédiculé**: pendiculated

**pédiluve** *m* : foot bath; (de douche) shower pan, shower tray

**pédoclimat** *m* : soil climate

**pédologie** *f* : pedology, soil science

**peignage** *m* : (peinture) combing
~ **fin**: (verre) drawing lines, piano lines

**peigne** *m* : (d'escalier roulant) comb, combplate; (finition de surface) comb, drag
~ **de peintre**: graining comb

**peindre**: to paint
**à ~**: unprimed

**peintre** *m* : painter
~ **décorateur**: decorator
~ **en bâtiment**: decorator

**peinturage** *m* : painting

**peinture** *f* : paint; paintwork
~ **à effet de martelage**: hammer finish
~ **à l'aluminium**: aluminium paint GB, aluminum paint NA
~ **à l'eau**: water paint
~ **à l'huile**: oil paint
~ **à la colle**: distemper
~ **à séchage rapide**: sharp paint
~ **alkyde**: alkyd paint
~ **antiacide**: acid-resistant paint
~ **anticondensation**: anticondensation paint

~ **anticorrosion**: anticorrosive paint
~ **anticryptogamique**: fungicidal paint
~ **antidérapante**: antislip paint
~ **antifongique**: fungicidal paint
~ **antirouille**: antirust paint, rust-inhibiting paint
~ **antisolaire**: shading paint
~ **antisonique**: acoustic paint, antinoise paint
~ **au four**: baking finish NA
~ **au goudron**: tar paint
~ **au latex**: rubber emulsion paint, latex paint
~ **au mica**: mica paint
~ **au minium**: lead paint
~ **autolavable**: self-cleaning paint
~ **bitumineuse**: bituminous paint
~ **brillante**: gloss paint
~ **cellulosique**: cellulose acetate
~ **craquelée**: crackle finish
~ **d'aspect**: cosmetic paint
~ **d'impression**: primer (on absorbent substrate)
~ **de signalisaton routière**: traffic paint, road-marking paint
~ **diluée à l'eau**: water-thinned paint
~ **émail**: enamel paint
~ **émulsion**: emulsion paint
~ **émulsionnée**: emulsion paint
~ **extérieure**: outside paint
~ **fongicide**: fungicidal paint
~ **fraîche**: wet paint
~ **friable**: brittle paint
~ **glycérophtalique**: alkyd paint
~ **hydrofuge**: waterproof paint
~ **ignifuge**: fire-resistive paint
~ **intumescente**: intumescent paint
~ **mate**: flat paint
~ **métallisée**: metallic paint
~ **murale**: wall paint
~ **par projection**: spray painting
~ **perméable à la vapeur d'eau**: breather paint
~ **pétrifiante**: petrifying paint
~ **primaire**: metal primer
~ **primaire réactive**: wash primer
~ **pyrométrique**: heat-sensitive paint
~ **réfractaire**: heat-resistant paint
~ **respirante**: breather paint
~ **sanitaire**: rotproofing paint
~ **silicatée**: silicate paint
~ **vermiculée**: wrinkle paint

**pelable**: peelable, peel-off

**pelage** *m* : (peinture) peeling [off]

**pelle** *f* : (outil manuel) spade, shovel; (mécanique) digger, excavator; (d'excavateur) bucket
~ **à câbles**: cable excavator, dragline excavator
~ **chargeuse**: loading shovel, loader
~ **[équipée] en butte**: face shovel, forward shovel, crowd shovel
~ **[équipée] en rétro** backhoe [shovel], backacter
~ **mécanique**: power shovel
~ **niveleuse**: skimmer shovel
~ **rétro[caveuse]**: pull shovel, backhoe NA, backdigger GB, back-acting shovel, backacter

**pelouse** *f* : lawn

**pénalité** *f* **de retard**: penalty for delay

**pendage** *m* : (géol) dip (of stratum)
~ **général**: normal dip
~ **inverse**: reverse dip
~ **raide**: steep dip

**pendant**: (arch) pendant

**pendard** *m* : pipe hanger

**pendentif** *m* : (arch) pendentive; (él) pendant
**en ~**: hanging, pendent, pendant

**penderie** *f* : GB built-in wardrobe, NA clothes closet, hanging closet

**pêne** *m* : bolt (of lock)
~ **à demi-tour**: latch bolt
~ **à ressort**: spring bolt
~ **battant**: cam bolt
~ **coulant**: bullet bolt
~ **demi-tour à cran d'arrêt**: deadlatch, deadlocking latch
~ **dormant**: dead bolt
~ **lançant**: bullet bolt

**pénétrabilité** *f* : (bitume) penetration

**pénétration** *f* : (de goudron) tar grouting; (de toit) projection; (de voûte) penetration

**pénétromètre** *m* : penetrometer
~ **à cône**: cone penetrometer
~ **à pointe de curage**: washpoint penetrometer

**pente** *f* : (terrain) slope, gradient; (de toit, de comble) pitch; (de tuyau) grade, fall
~ **à la demie**: one-half pitch
~ **critique**: (de canalisation) critical gradient
~ **de la ligne d'eau**: (hydraulique) slope
~ **de la ligne de charge**: (hydraulique) energy gradient
~ **de talus**: slope angle

~ **descendante**: downgrade
~ **du talus**: (d'un ouvrage hydraulique) side slope
~ **en m/m**: (toit) rise-and-run
~ **naturelle du sol**: natural grade
~ **normale de l'escalier**: nosing line
~ **transversale**: transverse gradient, transverse slope; (d'un toit) crossfall, cross slope (d'une route) camber
**en ~**: sloping

**penture** f : band-and-hook hinge, band-and-gudgeon hinge, hook-and-ride hinge, strap hinge
~ **à crapaudine**: socket hinge
~ **à T**: T hinge
~ **anglaise**: T-hinge

**pépinière** f : nursery

**perçage** m : drilling, boring

**perce** f : (placage) sand[ing] through

**percée** f : (dans mur) opening (made after wall was built)

**percement** m : (de rue) opening (through existing constructions)

**percer**: to bore, to drill; (une porte, une fenêtre) to provide an opening (in an existing structure)
~ **un tunnel**: to bore a tunnel

**perceuse** f : drill, drilling machine
~ **à colonne**: drill press
~ **à conscience**: breast drill
~ **électrique**: electric drill

**perche** f : wooden pole
~ **d'échafaudage**: scaffolding pole

**percuteur** m : (de fusible) striker

**perdu**: (boisage, coffrage) nonrecoverable; (emballage) nonreturnable

**pérennité** f : long life

**perforatrice** f : rock drill
~ **à air comprimé**: air drill, pneumatic rock drill
~ **à percussion**: percussion drill

**pergélisol** m : permafrost

**pergola** f : pergola

**périmé**: obsolete

**périmètre** m : perimeter
~ **d'alimentation**, ~ **d'appel**: circle of influence (of well)
~ **inondable**: flood plain
~ **mouillé**: (hydraulique) wetted perimeter

**période** f, ~ **de froid**: cold spell
~ **de froid moyenne**: average cold spell
~ **de garantie**: (d'un produit) warranty period; (d'un ouvrage) retention period

**péristyle** m : peristyle

**perle** f : (de baguette, de soudure) bead

**perlite** f : perlite
~ **expansée**: expanded perlite

**perméabilité** f : perviousness, permeability

**perméable**: (à l'eau, aux gaz) pervious

**perméamètre** m : permeameter

**permis** m : permit; adj : allowed
~ **de construire**: building permit
~ **de démolir**: demolition permit

**perpendiculaire à**: perpendicular to

**perré** m : revetment; (de talus) [stone] pitching, stone facing; (enrochement de protection) riprap

**perron** m : steps (usually in stone and leading to front entrance)

**persienne** f : louvered shutter, slatted shutter

**personnel** m : staff, manpower
~ **d'entretien**: cleaners

**perte** f : (de chaleur, pression, charge) loss; (matériaux façonnés) waste
~ **à l'aspiration**: suction loss
~ **à la cheminée**: flue gas loss
~ **à vide**: no-load loss
~ **au feu**: loss on ignition
~ **d'eau à l'exploitation**: (drainage, irrigation) operation waste, escaped water
~ **dans un tuyau**: leak
~ **de chaleur**: heat loss, waste heat
~ **de charge**: pressure drop, loss of pressure, loss of head; (due au frottement) friction head
~ **de charge hydraulique**: hydraulic loss

~ **de jouissance**: loss of use
~ **de réseau**: network loss, system loss
~ **de transport**: (él) transmission loss
~ **de volume**: (du bois) shrinkage
~ **en cours de transport**: (eau) conveyance loss
~ **en ligne**: (él) transmission loss
~ **par évaporation**: flash-off
~ **par les fumées**: flue gas loss
~ **réputée totale**: (assurance) constructive total loss

**pervibrateur** m : internal vibrator, immersion vibrator, poker vibrator

**pervibration** f : internal vibration

**petit**: small; → aussi **petite**
~ **cadre**: → **moulure**
~ **chantier**: minor works
~ **diamètre**: (chauffage central) minibore
~ **matériel divers**: small tools
~ **rayon**: quick sweep
~ **salon**: morning room
~**s appartements**: private apartments

**petit-bois** m : (de fenêtre en bois) astragal GB, glazing bar; division bar, muntin NA; (de fenêtre à guillotine) sash bar

**petit-fer**: m : (de fenêtre métallique) astragal GB, glazing bar; division bar, muntin NA; (de fenêtre à guillotine) sash bar

**petite**, ~ **nef**: side aisle
~**s ondes**: (plaque de couverture) galvanised iron profile
à ~ **allure**: (de marche) low, slow

**peuplement** m **végétal**: vegetation, stand (of plants)

**PFC** → **plâtre fin de construction**

**PGC** → **plâtre gros de construction**

**PH** → **partie haute, plancher haut**

**phase** f : (él, chimie) phase; (étape) stage
~ **acide**: acid stage
~ **de préparation des travaux**: preconstruction phase
~ **de travaux**: construction phase

**phénol** m : phenol

**phone** m : phon

**phonique**: sound, acoustic

**phosphatation** f : phosphating

**phytoécologyie** f : plant ecology

**phytoparasite** m : plant parasite

**pic** m : (de tailleur de pierre) double-pointed pick; (de terrassement) navvy pick

**picot** m **de fer barbelé**: barb

**pictogramme** m : pictogram

**pièce** f : (de machine) part; (de charpente) member; (d'une construction) room; (d'un dossier) document
~ **contractuelle**: contract document
~ **coulée**: casting
~ **d'apparat**: state room
~ **d'appui**: ledge
~ **de fonte**: casting
~ **de montage**: (de canalisation) conduit fitting
~ **de raccordement**: connector
~ **détachée**: spare part
~ **du marché**: tender document
~ **forgée**: forging
~ **habitable**: habitable room
~ **jointive**: make-up piece
~ **justificative**: voucher
~ **lambrissée**: panelled room
~ **moulée**: casting, moulding
~ **rapportée**: loose piece
~ **travaillant à la compression**: member in compression
~ **voisine**: adjoining room

**pied** m : (de mur, de colonne) foot, base, bottom; (de talus) toe; (d'arbalétrier, d'arêtier) heel
~ **de poteau**: (en béton ou en métal) stanchion base; (en bois) butt end
~ **de tasseau**: (couverture métallique) stop end
à ~ **d'œuvre**: on site, in the field
**avoir du ~**: to widen at the base (wall)

**pied-droit** → **piédroit**

**pied-de-biche** m : claw bar, pinch bar, case opener; ripping bar GB, wrecking bar NA

**piédestal** m : pedestal, footstall

**piédouche** m : small pedestal (for small statue, vase)

**piédroit** *m* : (béquille de portique) column, leg; (de pont, de fenêtre) pier, jamb
~ **de culée**: abutment pier

**piège** *m* : trap
~ **à sable**: grit arrestor
~ **à sons**: sound attenuator, sound trap

**pierraille** *f* : broken stones, crushed stones

**pierre** *f* : stone
~ **à aiguiser**: whetstone, oilstone
~ **à bâtir**: building stone
~ **à huile**: oilstone
~ **à parement brut**: quarry-faced stone
~ **à repasser**: whetstone, oilstone
~ **angulaire**: cornerstone, headstone
~ **artificielle**: artificial stone
~ **calcaire**: limestone
~ **d'angle**: quoin, coin
~ **d'arrachement**: toothing stone
~ **d'attente**: toothing stone
~ **d'autel**: altar stone
~ **d'échantillon**: dimension stone
~ **de couronnement**: coping stone, capstone, copestone
~ **de liaisonnement**: bondstone, bonder
~ **de sommet**: apex stone, saddle stone
~ **de taille bouchardée**: tooled ashlar
~ **de taille**: ashlar, broadstone
~ **délitée**: natural cleft stone
~ **dure**: hard stone
~ **en parpaing**: perpend [stone], through stone, parpend stone
~ **franche**: freestone
~ **froide**: very hard stone
~ **litée**: bedded stone
~ **meulière**: millstone, gritstone
~ **moulée**: cast stone
~ **naturelle**: natural stone
~ **non taillée**: undressed stone
~ **plate**: (de pavage) flag, flagstone
~ **ponce**: pumice stone
~ **reconstituée**: cast stone, reconstructed stone, reconstituted stone
~ **taillée**: dressed stone
~ **tendre**: soft stone
~ **tombale**: tombstone, gravestone
~ **véritable**: natural stone
~**s cassées**: (hérisson) hardcore

**piètement** *m* : (de meuble) base

**pieu** *m* : (de fondation) pile; (de clôture) pale, picket
~ **à base élargie**: bulb[ed] pile, pedestal pile
~ **à bulbe**: bulb[ed] pile, pedestal pile
~ **à disque**: disc foundation pile
~ **à pointe portante**: point-bearing pile, end-bearing pile
~ **à sabot débordant**: button bottom pile
~ **à vis**: screw pile
~ **à vrille**: screw pile
~ **battu**: driven pile
~ **caisson**: caisson pile
~ **caisson foncé**: drilled-in caisson
~ **chargé en pointe**: point-bearing pile, end-bearing pile
~ **coulé en place**: cast-in place pile, cast-in-situ pile, in-situ pile
~ **d'ancrage**: anchor pile
~ **de sable**: sand pile, vertical sand drain
~ **drainant**: sand pile, vertical sand drain
~ **en H**: H-pile
~ **en traction**: tension pile
~ **flottant**: friction pile
~ **foré**: bored pile
~ **foré moulé dans le sol**: bored cast-in-situ pile, bored cast-in-place pile
~ **incliné**: raking pile, raker, batter pile
~ **lancé**: jetted pile
~ **moulé dans le sol**: cast-in-situ pile, cast-in-place pile
~ **moulé dans le sol à tube battu**: driven cast-in-place pile, driven cast-in-situ pile
~ **non chemisé**: uncased pile
~ **portant en frottement**: friction pile
~ **porteur**: bearing pile
~ **préfabriqué**: precast pile
~ **travaillant à l'arrachement**: uplift pile
~ **travaillant en pointe**: end-bearing pile, point-bearing pile
~ **tube à ailettes**: fin-type point pile
~ **tube à paroi mince**: thin-walled pipe pile
~ **tube à pointe**: solid-point pipe pile, closed-end pipe pile
~ **tube non obturé**: open-end pipe pile
~ **tube ouvert à la base**: open-end pipe
~**x groupés**: group of piles, pile cluster
**le ~ refoule, le ~ refuse**: the pile refuses

**pieuvre** *f* : wiring loom

**pige** *f* : (maç) gauge rod

**pigeon** *m* : (assemblage en onglet) loose tongue

**pigeonnier** *m* : dovecote

**pigment** *m* : pigment
 ~ **de charge**: extender [pigment], inert pigment
 ~ **pelliculant**: leafing pigment

**pignon** *m* : gable
 ~ **à redans, ~ à redents**: step[ped] gable, corbie gable, crow gable
 ~ **chantourné**: shaped gable, multicurved gable
 ~ **coupé**: (sous demi-croupe) hipped gable, clipped gable

**pilastre** *m* : pilaster; (de grille) gate post
 ~ **de rampe**: newel post

**pile** *f* : (de nef, de pont) pier; (pilier d'église) main pillar; (tas) stack
 ~ **à combustible**: fuel cell
 ~ **colonne havée dans le sol**: excavated shaft with steel shell

**pilier** *m* : column, pier, pillar, post
 ~ **à fûts noués**: knotted pillar
 ~ **cantoné**: cantoned pier
 ~ **composé**: compound pier, compound pillar
 ~ **fasciculé**: clustered pillar
 ~ **ondulé**: bundle pier

**pilonnage** *m* : [earth] ramming, tamping
 ~ **par couches**: ramming in layers, tamping in layers

**pilotage** *m* : project management
 ~ **de travaux**: construction management

**pilotis** *m* : pilotis

**pin** *m* : pine
 ~ **de parana**: parana pine

**pinacle** *m* : (maç) pinnacle

**pince** *f* : (outil) nippers, pliers, tongs; (de rivets) overlap
 ~ **à levier**: pinch bar
 ~ **à souder**: gun welder
 ~ **à tubes**: pipe tongs
 ~ **coupante**: cutting nippers, cutting pliers, wire cutters
 ~ **crocodile**: footprints GB, combination pliers NA
 ~ **longitudinale**: (de rivets) end distance
 ~ **monseigneur**: crowbar
 ~ **transversale**: (de rivets) edge distance

**pinceau** *m* : paint brush

**pinnule** *f* : (d'alidade) sight

**pioche** *f* : pickaxe, mattock

**piquage** *m* : (brique) stab; (pierre) nig, nidge; (du béton) rodding; (sur canalisation) branch

**piqué**: (par l'humidité) spotted; (des vers) wormeaten

**piquet** *m* : (de clôture) post, stake
 ~ **de nivellement**: grade stake
 ~ **de repère**: construction stake, excavation stake
 ~ **support d'enrouleur**: fence post with wire reel

**piquetage** *m* : pegging out, pegging GB, staking out NA

**piqueter**: to peg out, to stake out

**piqûres** *f* : (défaut de surface) pitting, pinholes; (d'humidité) mildew

**piriforme**: periform

**piscine** *f* : (architecture religieuse) piscina; (de natation) swimming pool
 ~ **couverte**: indoor pool, [swimming] baths
 ~ **de plein air**: open-air swimming pool
 ~ **hors sol**: above-ground swimming pool
 ~ **municipale**: public baths

**pisé** *m* : cob, cobwork, pisé

**piste** *f* : track, road
 ~ **cyclable**: cycle track GB, bikeway NA
 ~ **de chantier**: job-site road
 ~ **de station service**: petrol station forecourt

**pistolage** *m* : gun application

**pistolet** *m* : gun; (de dessinateur) French curve
 ~ **à calfeutrer**: caulking gun
 ~ **à peinture**: paint sprayer, spray gun
 ~ **de scellement**: stud gun, cartridge gun

**pitchpin** *m* : pitch pine, yellow pine

**piton** *m* : (à œil) eyebolt, eyescrew; (à crochet) hook

**pivot** *m* : pivot; (racine) taproot
~ **à col-de-cygne**: (fenêtre) extension casement hinge

**placage** *m* : (bois, maçonnerie) veneer, veneering
~ **coupé au couteau**: knife-cut veneer
~ **déroulé**: roller-cut veneer
~ **dressé**: trimmed veneer
~ **en brique**: brick veneer, brick facing
~ **extérieur**: (de contreplaqué) face veneer
~ **jointé**: jointed veneer
~ **monté**: pleat
~ **semi-déroulé**: half-round cut veneer
~ **tranché**: sliced veneer

**placard** *m* : cupboard, cabinet GB, closet NA
~ **à provisions**: pantry
~ **chauffe-linge**: airing cupbaord
~ **de cuisine**: kitchen cupboard, kitchen cabinet
~ **mural**: wall cabinet

**place** *f* : (emplacement) place; (urbanisme) square
~ **assise**: seat
~ **d'armes**: drill ground, parade ground
~ **forte**: stronghold
~**s assises**: seating
**sur ~**: in the field, in situ

**placoplâtre** *m* : (marque déposée) gypsum board, plasterboard

**plafond** *m* : ceiling; (corniche) plancier, planceer
~ **à adoucissement**: coved ceiling
~ **à caissons**: coffered ceiling
~ **à grandes gorges**: cove ceiling
~ **caissonné**: coffered ceiling
~ **éclairant**: luminous ceiling
~ **en résille**: cell ceiling, egg-crate ceiling
~ **lambrissé**: panelled ceiling
~ **suspendu**: suspended ceiling

**plafonner**: to ceil

**plafonnier** *m* : ceiling light fitting

**plage** *f* : (d'instrument) range; (de baignoire) flat top; (de piscine) deck
~ **de réglage**: adjustment range

**plain-pied** *m*, **de ~**: on one level, on one floor

**plan** *m* : plan, drawing; (d'une ville) map; *adj* : plane, flat
~ **à l'échelle**: scale drawing
~ **annoté**: marked-up drawing
~ **au sol**: (d'un étage) floor plan; (au niveau du sol naturel) ground plan
~ **cadastral**: plat NA
~ **clé**: controlling plane
~ **comme construit**: as-built drawing
~ **coté**: dimensioned drawing
~ **d'aménagement**: development plan
~ **d'aménagement de zone**: area development plan
~ **d'architecte**: architectural drawing
~ **d'atelier**: shop drawing
~ **d'eau**: pond, lake
~ **d'ensemble**: site plan; general arrangement drawing
~ **d'étage**: floor plan
~ **d'étude**: design drawing
~ **d'exécution**: working drawing; (au chantier) construction drawing; (en usine) shop drawing
~ **d'implantation**: layout plan
~ **d'occupation des sols**: land use plan
~ **d'origine**: datum plane
~ **de charpente**: framing plan
~ **de cisaillement**: shear plane
~ **de clivage**: cleavage plane
~ **de collage**: glue line
~ **de cuisson**: hob
~ **de faille**: fault plane
~ **de ferraillage**: reinforcement drawing
~ **de fondation**: subgrade level
~ **de glissement**: slip surface
~ **de gros œuvre**: structural drawing
~ **de la moindre résistance**: plane of least resistance
~ **de masse**: block plan, site plan
~ **de montage**: erection drawing
~ **de piquetage**: staking plan
~ **de présentation**: display drawing, presentation drawing
~ **de récolement**: as-built drawing
~ **de référence**: datum plane
~ **de rupture**: failure plane, plane of rupture
~ **de séparation**: (géol) boundary
~ **de situation**: location plan
~ **de stratification**: plane of stratification, stratification plane, bedding plane
~ **de travail**: worktop, worksurface, counter
~ **de zonage**: zoning map
~ **des plantations**: (espaces verts) planting plan
~ **directeur**: master plan
~ **en damier**: grid layout

~ **en épi**: peninsula arrangement (of kitchen)
~ **en grille**: grid plan
~ **focal**: focal plane
~ **guide**: key plan
~ **incliné**: incline
~ **orthogonal**: grid layout
~ **parcellaire**: plot plan GB, plat NA
~ **quadrillé**: chequerboard plan GB, checkerboard plan NA, gridiron plan
~ **relief**: relief map (of a town)
~**s et devis**: draughts and estimates GB, drafts and estimates NA
**à ~ libre**: open-plan

**planche** f : board, plank; → aussi **planches**
~ **à clins**: feather-edge board, clapboard
~ **à dessin**: drawing board
~ **à rainure et languette**: matched board, matchboard
~ **à tasseaux**: cat ladder, crawling boards, duckboard, gang boarding
~ **avivée**: square-edged board
~ **bouvetée**: matched board, matchboard
~ **côtière**: fascia board
~ **d'échafaudage**: scaffold board
~ **de blindage**: sheathing board, sheeting board
~ **de coffrage**: form board
~ **de noue**: valley board
~ **de régalage**: levelling board
~ **de repère**: batter board
~ **de rive**: eaves fascia, fascia board; (de pignon) gable board, verge board, barge board
~ **verticale**: (de blindage de fouille) poling board

**planchéiage** m : boarding, planking
~ **ajouré**: open boarding

**planchéier**: to board over a floor

**plancher** m : floor; (charpente) deck[ing], planking
~ **à hourdis de terre cuite**: pot floor
~ **à nervures avec hourdis de terre cuite**: rib-and-tile floor
~ **à poutrage en gril**: grillage floor
~ **à solivage composé**: double floor, double-joisted floor
~ **à solivage simple**: single floor, single-joisted floor
~ **à solives apparentes**: open floor
~ **bas du premier étage**: first floor slab GB, second floor slab NA
~ **brut**: subfloor, counterfloor GB, blind floor, rough floor NA, structural floor
~ **champignon**: mushroom floor
~ **collaborant**: floor acting compositely with the structure
~ **coupe-feu**: fire [resisting] floor
~-**dalle**: slab floor
~ **de béton**: concrete floor
~ **de cloisonnement coupe-feu**: compartment floor
~ **de filtre**: (traitement de l'eau) filter bottom
~ **en bois**: (ossature) timber floor; (recouvrement) wood floor[ing]
~ **en bois brut**: rough floor
~ **évidé**: voided floor slab
~ **fini**: finish[ed] floor
~ **flottant**: floating floor
~ **haut**: upper floor, floor above
~ **massif**: solid floor
~ **nervuré**: ribbed floor
~ **sur poutres**: double floor, double-joisted floor, single-framed floor
~ **surélevé en dalles amovibles**: raised flooring system
~ **suspendu**: suspended floor

**planches** f : boards, boarding
~ **à feuillure**: shiplap boards, shiplap siding
~ **à tasseaux**: crawling boards, gang boarding
~ **bouvetées**: matchboards, matchboarding
~ **jointives**: close boarding
~ **non jointives**: open boarding
~ **formant un cours**: runners

**planchette** f : small board; (top) plane table

**plane** f : drawknife, drawshave

**planéité** f : flatness

**planeuse** f : planing macine

**planificateur** m : planner

**planification** f : planning

**planimètre** m : planimeter

**planimétrie** f : plane surveying

**plantation** f : (espaces verts) planting; **plantations**: soft landscaping
~ **d'arbustes**: shrubbery

**plante** f : plant
~ **à fleurs**: flowering plant
~ **à massif**: bedding plant
~ **alpine**: alpine plant
~ **améliorante**: soil improving plant
~ **d'appartement**: indoor plant, house plant

~ **d'ombrage**: shade plant
~ **d'ombre**: shade-loving plant
~ **de pleine terre**: hardy plant
~ **de rocaille**: rock plant
~ **florale**: flowering plant
~ **frileuse**: tender plant, nonhardy plant
~ **grimpante**: climbing plant, climber, scandent plant
~ **ornementale**: ornamental plant
~ **rampante**: creeping plant
~ **spontanée**: native plant, self-sown plant
~ **tapissante**: carpet plant, crawling plant, ground cover plant
~ **traînante**: trailing plant
~ **vivace**: perennial

**plaquage** $m$ : veneering

**plaque** $f$ : (de métal) plate; (d'aggloméré de paille) slab; (de couverture) sheet
~ **à orifice**: orifice plate
~ **à peindre**: plasterboard
~ **d'appui**: (de poutre) bearing plate; (béton précontraint) end plate
~ **d'amiante**: asbestos sheet
~ **d'assemblage de cisaillement**: shear plate connector
~ **d'assise**: base plate, bedplate, sole plate
~ **d'éclairement**: rooflight sheet
~ **d'embase**: stanchion base
~ **de cheminée**: fireback, chimneyback
~ **de couverture**: roofing sheet
~ **de cuisson**: hotplate
~ **de fibre dure**: sheet of hardboard
~ **de frottement**: wearing plate
~ **de gazon**: grass sod
~ **de liaison**: (bretelle, couvre-joint) tie plate
~ **de plâtre cartonnée**: gypsum plasterboard
~ **de propreté**: finger plate, push plate
~ **de terre cuite**: (revêtement) ceramic veneer
~ **de toiture**: roofing sheet
~ **ondulée**: corrugated sheet
~ **rapportée en terre cuite**: (doublage) furring tile
~ **signalétique**: name plate, rating plate
~ **striée**: chequer plate GB, checker plate NA
~ **vibrante**: vibrating plate [compactor], soil compactor
~**s de terre cuite**: ceramic veneer

**plaqué**: surface-mounted; (bois) veneered

**plaquer**: to veneer

**plaquette** $f$ : slip brick, slip tile
~ **rapportée de terre cuite**: furring tile
~**s de terre cuite**: ceramic veneer

**plasticité** $f$ : plasticity
**de ~ absolue, de ~ totale**: rigid plastic

**plastifiant** $m$ : plasticizer
~ **réducteur d'eau**: water-reducing plasticizer
~ **rétenteur d'eau**: water-retaining plasticizer

**plastigel** $m$ : plastigel

**plastique** $m$, ~ **armé de verre**: glass-reinforced plastic
~ **cellulaire**: foam plastic
~ **expansé**: expanded plastic

**plastisol** $m$ : plastisol

**plat**: flat
**à ~ joint**: square-edged

**plateau** $m$ : tray; (géog) plateau
~ **absorbant**: absorption bed
~ **de cœur**: heartboard
~ **technique**: mechanical floor
~ **tellurien**: absorption bed

**plate-bande** $f$ : (moulure) platband; plate-bande; (de baie) straight arch, flat arch, jack arch, lintel course; (de panneau à table saillante) raising; (de poutre) flange [plate] (of girder); (espaces verts) flower bed

**plate-forme** $f$ : platform; (terrassements) subgrade NA, formation; (toiture) flat roof
~ **antirefoulante**: (de cheminée) smoke shelf
~ **de travail**: work platform
~ **hélicoptère**: helipad

**platelage** $m$ : decking; (revêtement de sol) plating
~ **en caillebotis**: slatted decking
~ **en madriers**: plank decking

**platine** $f$ : (support, socle) plate
~ **d'assise**: baseplate

**plâtrage** $m$ : plastering, plasterwork

**plâtras** $m$ : builder's rubbish

**plâtre** $m$ : [gypsum] plaster
~ **à haute dureté**: hard plaster

~ **à mouler**: moulding plaster
~ **à plancher**: flooring cement, flooring plaster, Keene's cement
~ **à stuc**: stucco plaster
~ **aluné à prise accélérée**: Keene's cement
~ **amaigri**: sanded plaster
~ **anhydre**: anhydrous gypsum plaster
~ **armé de fibres**: fibered plaster, fibrous plaster
~ **bâtard**: gauged stuff, gauged plaster, putty and plaster
~ **boraté**: parian plaster
~ **clair**: thin plaster
~ **cuit**: burnt gypsum
~ **cuit à mort**: dead-burnt plaster
~ **de finition**: finish plaster
~ **de Paris**: plaster of Paris
~ **de surfaçage**: final coat plaster
~ **de vermiculite**: vermiculite plaster
~ **fin**: (de finition) fine stuff, finishing plaster
~ **fin de construction**: fine building plaster
~ **gâché clair**: thin plaster
~ **gâché serré**: stiff plaster
~ **gros de construction**: coarse building plaster
~ **semi-hydrate**: hemihydrate plaster
~ **surcuit**: hard-burnt plaster

**plâtrer**: to plaster (a wall); to plaster up (a hole, a crack)

**plâtrerie** f : (lot de cahier des charges) plasterwork

**plâtrier** m : plasterer

**plein**: full; (massif) solid
~ **air**: open air
~ **débit**: full flow
~ **passage**: full flow
~ **sur joint**: staggered (joints)
**en ~ cintre**: full-centered; (arc) semicircular; (fenêtre) round-headed

**plénum** m : (sous toiture) plenum

**plexiglas** m : (marque commerciale) perspex; methyl methacrylate organic glass

**pli** m : fold, crease; (de contreplaqué) ply
~ **à fil croisé**: crossband[ing]
~ **anticlinal**: upfold
~ **couché**: recumbent fold
~ **de coulée**: (verre) lap mark
~ **en chevron**: zigzag fold
~ **en retour**: back fold, overthrust fold
~ **extérieur**: face ply
~ **faille**: fault fold

~ **longitudinal**: (contreplaqué) centre [ply]
~ **normal**: upright fold
~ **transversal**: cross band

**pliage** m : bending
~ **à bloc**: full bending
~ **à l'envers**: reverse bending
~ **alterné**: alternate bending
~ **serré**: tight bending

**plier**: to bend (doubling over)
~ **à 90°**: to bend through 90°
~ **sous le poids**: to sag

**plinthe**: skirting board GB, baseboard, mopboard, scrubboard, washboard NA; (d'échafaudage) guard board, toeboard; (d'élément de cuisine) toeboard; (de piédestal) plinth
~ **à couvercle**: skirting trunking, plugmould
~ **à gorge**: (carrelage) coved tiles
~ **chanfreinée**: splayed skirting board GB, splayed baseboard NA
~ **chauffante**: skirting heater
~ **de porte**: kick[ing] plate, toe plate
~ **électrique**: skirting trunking, wireway

**plomb** m : lead; (de fil à plomb) [plumb] bob, plummet
~ **coulé**: cast lead
~ **d'œuvre**: raw lead
~ **de vitrail**: came, window lead
~ **en feuille**: sheet lead
~ **laminé**: milled lead

**plomber un mur**: to plumb [line] a wall

**plomberie** f : plumbing
~ **brute**: roughing-in

**plombier** m : plumber

**plot** m : (de plâtre, de colle) dot, dab; (sciage du bois) boule; (él) contact
~ **antivibratile**: (sous machine) flexible mounting

**pluie** f : rain
~ **centennale**: rare storm
~ **excédentaire**: excess rainfall
~ **intense**: heavy rain

**plumée** f : (pierre) draft

**pluripropriété** f : time sharing

**pluviomètre** m : pluviometer, rain gauge
~ **enregistreur**: pluviograph, recording rain gauge

**PN** → **pression normale, projet de norme**

**pneu** *m* : [pneumatic] tyre GB, tire NA
à ~s, sur ~s: rubber-tyred GB, tired NA

**poche** *f* : bag, pocket
~ **d'air**: air lock, air pocket
~ **de résine**: resin pocket, gum pocket GB, pitch pocket NA

**poêle** *m* : roomheater, stove
~ **à bois**: wood-burning stove
~ **à feu continu**: slow combustion stove, allnight burner
~ **mixte**: combination stove

**poids** *m* : weight
~ **mort**: dead weight, dead load
~ **par unité de surface**: weight per unit area
~ **propre**: dead weight, dead load, self weight, self load
~ **roulant**: live weight, moving weight
~ **sous l'eau**: immersed weight
**en** ~: by weight

**poignée** *f* : handle
~ **d'appui**: (pour handicapés) grab rail
~ **de tirage**: handpull, pull
~ **encastrée**: flush pull

**poil** *m* **de brosse**: bristle

**poinçon** *m* : (de comble) king post, crown post, kingbolt, king rod; (outil) [centre] punch, [nail] punch
~ **intermédiaire**: (de ferme) princess post

**poinçonnement** *m* : punching; (percement de matériaux minces) puncturing; (essai de revêtement de sol) indentation

**point** *m* : point
~ **d'appui**: point of support; (d'un levier) fulcrum
~ **d'attache**: (d'un tirant) anchorage
~ **d'ébullition**: boiling point
~ **d'éclair**: flash point
~ **d'inflammation**: ignition point, fire point
~ **de congélation**: freezing point
~ **de déchargement**: unloading area
~ **de détérioration**: point of failure
~ **de faille**: node of fault
~ **de feu**: ignition point, fire point
~ **de poussée**: (de voûte) abutment
~ **de ramollissement**: (du bitume) softening point
~ **de référence**: datum point
~ **de repère**: datum point
~ **de repère topographique**: bench mark
~ **de restitution**: (d'un ouvrage hydraulique) outlet, tailrace
~ **de rosée**: dew point
~ **de rupture**: point of failure
~ **de tir**: shot point
~ **de triangulation**: triangulation point
~ **de trouble**: cloud point
~ **observé**: (topo) fix
~ **zéro**: zero mark

**pointe** *f* : point, tip; (clou) nail; (graphique) peak; (de pieu) toe
~ **à glace**: holdfast
~ **à stries annulaires**: ring-groove nail, ring-shank nail, ringlock nail
~ **à tracer**: scriber
~ **de choc**: (de paratonnerre) air terminal
~ **de diamant**: (moulure) diamond fret, lozenge moulding, nail head moulding; (outil) glass cutter, diamond cutter
~ **de fer**: spike
~ **de Paris**: French nail, wire nail
~ **de tapissier**: carpet tack
~ **de traçage**: scriber
~ **de vitrier**: glazier's sprig, glazier's brad
~ **essoreuse**: (rabattement de nappe) suction well, well point
~ **fausse-vis**: drivescrew, screwnail
~ **filtrante**: (captage de l'eau) drive point, sand point, well point
~ **torsadée**: drivescrew, screw nail

**pointeau** *m* : (ouvrier) timekeeper, checker, site clerk; (outil) center punch

**pointeur** *m* : timekeeper, checker, site clerk

**pointillés** *m* : dots (of dotted line), dotted line

**poire** *f* : pear switch

**poitrail** *m* : breastsummer, bressummer, brestsummer

**poivrière** *f* : pepper box turret

**poix** *f* : pitch (resin)

**poli** *m* : polished finish
~ **miroir**: mirror finish

**police** *f*, ~ **d'assurance**: insurance policy
~ **flottante**: open policy
~ **multirisque**: package policy

**polluant** *m* : contaminant, pollutant
 ~ **acide**: acid pollutant
 ~ **du milieu**: environmental pollutant

**pollution** *f* : pollution
 ~ **atmosphérique**: air pollution
 ~ **de cours d'eau**: stream pollution

**polochon** *m* : (de plâtre) large dab

**polyester** *m* : polyester
 ~ **renforcé de verre**: glass-reinforced polyester

**polyéthylène** *m* : polythene, polyethylene

**polyisobutylène** *m* : polyisobutylene

**polylobé**: cusped, multifoil

**polymère** *m* : polymer

**polypropylène** *m* : polypropylene

**polystyrène** *m* : polystyrene

**polyuréthane** *m* : polyurethane

**polyvalent**: multipurpose, general purpose

**pomelle** *f* : screen (to pipe)

**pomme** *f* : (de douche, d'arrosoir) rose
 ~ **de douche**: shower head, shower sprayer, spray nozzle

**pommelle** *f* : screen (to pipe)

**pompage** *m* : pumping
 ~ **au moyen de puisards**: pumping from open sumps, sumping

**pompe** *f* : pump; (de calfeutrement) gun
 ~ **à amorçage automatique**: self-priming pump
 ~ **à chaleur**: heat pump
 ~ **à chaleur air/air**: air-to-air heat pump
 ~ **à chaleur air/eau**: air-to-water heat pump
 ~ **à chaleur sol/air**: earth-to-air heat pump
 ~ **à colimaçon**: volute pump
 ~ **à commande directe**: close-coupled pump
 ~ **à deux ouïes**: double-suction pump
 ~ **à double aspiration**: double-suction pump
 ~ **à éolienne**: windmill [driven] pump
 ~ **à fluide caloporteur**: heat transfer pump
 ~ **à godets**: bucket pump
 ~ **à matières épaisses**: sludge pump
 ~ **à vide**: vacuum pump
 ~ **aspirante**: suction pump, lift pump
 ~ **aspirante et foulante**: lift-and-force pump
 ~ **d'adduction d'eau**: water supply pump, service pump
 ~ **d'alimentation**: feed pump
 ~ **d'amorçage**: primer pump
 ~ **d'assèchement**: sump pump
 ~ **d'épuisement**: sump pump
 ~ **d'injection**: grout pump
 ~ **de calfeutrement**: sealant caulking gun
 ~ **de cave**: sump pump
 ~ **de forage**: borehole pump
 ~ **de gavage**: booster pump
 ~ **de refoulement**: force pump
 ~ **de relèvement des eaux d'égout**: sewage pump
 ~ **dilacératrice**: disintegrator pump
 ~ **élévatoire**: lift pump
 ~ **éolienne**: windmill [driven] pump
 ~ **foulante**: delivery pump, force pump
 ~ **hélico-centrifuge**: mixed-flow pump
 ~ **immergée**: submerged pump
 ~ **pour forage tubé**: tubewell pump
 ~ **pour puits profond**: deep well pump
 ~ **relais**: booster pump
 ~ **vide-cave**: bailing pump
 ~ **volumétrique**: displacement pump

**pompier** *m* : fireman, fire officer;
**pompiers**: fire brigade, fire service GB, fire company NA

**ponçage** *m* : sanding, rubbing down, flatting down

**ponceau** *m* : culvert
 ~ **rectangulaire**: box culvert
 ~ **voûté**: arched culvert

**poncer**: to rub down; (un plancher) to sand; (du bois) to sandpaper

**ponceuse** *f* : sanding machine, sander
 ~ **à bande**: belt sander
 ~ **à ruban abrasif**: belt sander
 ~ **à sols**: pavement grinder, concrete grinder
 ~ **orbitale**: orbital sander

**pondération** *f* : weighting (of factors) GB, factoring NA

**pont** *m* : bridge
 ~ **à une travée**: simple bridge
 ~ **basculant**: bascule bridge
 ~ **biais**: skew bridge

~ **levant**: lift bridge
~ **mobile**: mov[e]able bridge, opening bridge
~ **portique**: portal crane, gantry crane, gantry
~ **roulant**: [overhead] travelling crane, bridge crane NA
~ **suspendu**: suspension bridge
~ **thermique**: cold bridge
~ **tournant**: swing bridge
~**s et charpentes**: structural engineering

**pontage** *m* : bridging

**pont-levis** *m* : drawbridge

**pont-rail** *m* : railway bridge

**pont-route** *m* : road bridge

**porcelaine** *f* : china
~ **vitrifiée**: vitreous china

**porche** *m* : porch

**poreux**: porous

**porosité** *f* : porosity
~ **du sol**: soil porosity
~ **primaire**: original porosity, primary porosity
~ **totale**: true porosity

**port** *m* **du casque obligatoire**: hard hat area

**portail** *m* : main door, portal; (d'église) West door; (dans clôture) double gate, main gate, drive gate

**portance** *f* : (du sol) bearing capacity; (éolienne) lift

**portatif**: portable

**porte** *f* : door; (de ville, de château) gate
~ **à âme alvéolée**: mesh-core door, cellular-core door
~ **à âme creuse**: hollow-core door
~ **à âme pleine**: solid-core door
~ **à brisures**: folding door
~ **à coulisse à deux vantaux**: biparting door
~ **à deux battants**: double doors, side-hung double-leaf door
~ **à deux vantaux**: double door
~ **à deux vantaux brisés**: bifolding door
~ **à glace**: square-framed door, square-panelled door
~ **à mâchicoulis**: machicolated gateway
~ **à oculus**: vision-light door
~ **à panneaux**: panel[led] door
~ **à panneaux articulés**: sectional door
~ **à pivots**: pivoted door
~ **à rabat**: flap door
~ **à rideau métallique**: rollup door
~ **à tambour**: revolving door
~ **à va-et-vient**: double-swing door
~ **à vantail coupé**: stable door, Dutch door
~ **accordéon**: accordion door, multifolding door
~ **accordéon à axes horizontaux**: bifolding door
~ **accordéon escamotable**: stack door
~ **alternative**: swing door, double-acting door
~ **arasée**: flush-panelled door
~ **assemblée au quart**: four-panel door
~ **assemblée au tiers**: three-panel door
~ **automatique**: automatic door, self-closing door
~ **basculante**: overhead door, up-and-over door GB, canopy door NA
~ **battante**: swing door, side-hung door
~ **brisée**: folding door
~ **cochère**: carriage porch, carriage entrance
~ **coulissante**: sliding door
~ **coulissante à deux vantaux**: bi-parting door
~ **coulissante droite à vantaux parallèles sur deux plans différents**: straight-run double-track top-hung door
~ **coulissante suspendue**: top-hung sliding door
~ **coupe-feu**: fire door
~ **coupe-feu à fermeture automatique**: self-closing fire door
~ **coupée**: Dutch door, stable door
~ **croisée**: French door, pair of French doors, casement door
~ **d'accès**: access door
~ **d'amont**: head gate
~ **d'aval**: tail gate
~ **d'écluse**: lock gate
~ **d'entrée**: front door, exterior door
~ **de communication**: interior door
~ **de ramonage**: soot door GB, cleanout [door] NA
~ **de secours**: emergency door
~ **de service**: service door, back door
~ **de visite**: inspection door, access door

~ **dérobée**: secret door
~ **en affleurement**: surface-mounted door, jib door
~ **en frises**: batten door
~ **en glace**: plate glass door
~ **escamotable en plafond**: up-and-over door, overhead door
~ **isoplane**: flush door
~ **matelassée**: baize-covered door, padded door
~ **menuisée**: framed door
~ **monumentale**: gateway
~ **murée**: blank door
~ **palière**: (d'appartement) landing door; (d'ascenseur) lift door GB, elevator door, hoistway door NA
~ **panoramique coulissante**: patio door
~ **pare-flamme**: smoke-control door
~ **persienne**: louver[ed] door
~ **pivotante**: revolving door; (battante) swing door, side-hung door
~ **plane**: flush door
~ **plane alvéolée**: hollow-core door
~ **plaquée**: veneered door
~ **pliante**: (accordéon) multifolding door
~ **pliante accordéon**: sliding folding door
~ **pliante accordéon à axes centrés**: centre-hung folding sliding door
~ **pliante escamotable**: stack door
~ **rabattable**: overhead door, up-and-over door, canopy door NA
~ **relevable**: overhead door, up-and-over door, canopy door NA
~ **rembourée**: baize-covered door
~ **revolver**: revolving door
~ **rideau**: sectional overhead door
~ **roulante**: rolling door
~ **roulante au sol**: bottom-rolling door
~ **roulante et coulissante**: sliding door (garage type)
~ **roulante suspendue**: overhung door
~ **souple**: strip curtain
~ **sur barres**: ledged door, unframed door
~ **sur barres et écharpe[s]**: ledged-and-braced door
~ **tambour**: revolving door
~ **va-et-vient**: double-acting door, double-swing door
~ **vitrée**: sash door, glazed door

**porte-à-faux** *m* : cantilever, overhang
  **en** ~: cantilevered, overhanging

**porte-chaîne** *m* : chainman GB, axman NA

**portée** *f* : span; (d'un arc) chord, span; (d'un écrou) boss
~ **encastrée**: restrained span
~ **entre axes d'appui**: centre-to-centre span
~ **entre nus**: clear span
~ **libre**: unsupported span, clear span

**porte-fenêtre** *f* : French window, French door
~ **coulissante**: patio door
~ **à petit bois**: divided light door

**porte-fusible** *m* : fuse holder; **porte-fusibles**: fuse block

**porte-mire** *m* : rod man NA, staff man GB

**porter**: to bear on, to be carried by
~ **en saillie**: to corbel out

**porte-serviettes** *m* : towel holder, towel rail

**porteur** *m* : (de plafond suspendu) carrying channel; *adj* : bearing, load bearing, structural

**portier** *m* : gatekeeper, doorman, doorkeeper
~ **automatique**: electrical door opener
~ **électronique**: door control, door opener

**portière** *f* : door curtain

**portillon** *m* : wicket gate, single gate
~ **de vantail coupé**: lower leaf of stable door

**portique** *m* : (architecture) portico; (structure) portal frame, bent; (de manutention) gantry
~ **à deux articulations**: two-hinged arch
~ **à étages**: multistorey frame
~ **à travées multiples**: multiple frame, multiple span frame
~ **à traverse brisée**: gable frame, gable bent
~ **à traverse droite**: rectangular frame, rectangular bent
~ **à trois articulations**: three-hinged arch
~ **articulé aux pieds**: hinged-base frame, pinned-base frame
~ **de contreventement**: sway frame
~ **de levage**: gantry crane
~ **de mise en charge**: loading frame
~ **encastré aux pieds**: fixed-base frame

~ **hyperstatique**: hyperstatic frame, redundant frame
~ **indéformable**: rigid frame
~ **isostatique**: isostatic frame
~ **non isostatique**: imperfect frame
~ **simple**: rigid frame, simple frame
~ **statiquement déterminé**: statically determinate frame, perfect frame
~ **statiquement indéterminé**: statically indeterminate frame

POS → plan d'occupation du sol

**pose** *f* : laying, fixing, setting, securing
~ **à bain de mastic**: (de vitrage) bed glazing
~ **à joints vifs**: butting
~ **à rupture de joint**: (maç) shell bedding
~ **au crochet**: (d'ardoises) hanging
~ **d'ardoises**: slating
~ **de carreaux**: tiling
~ **de carreaux à joints croisés**: broken-joint tiling
~ **de tuiles**: tiling
~ **de tuyaux**: pipe laying
~ **en alignement continu**: (dallage) square bond
~ **en délit**: face bedding, edge bedding
~ **normale**: (carrelage) square bond

**pose-drains** *m* : drainage mole

**poser**: (briques, canalisations) to lay
~ **à bain de mortier**: to bed in mortar
~ **à bain de mastic**: to bed in putty
~ **à cru**: to build without fondations
~ **à joints croisés**: to lay bricks keeping the perpends
~ **à joints vifs**: to butt (edges of wallpaper)
~ **à la colle**: to fix with glue, with an adhesive, to stick down
~ **à sec**: to lay dry
~ **de chant**: to lay on edge, to set on edge
~ **des tuiles**: to tile
~ **du papier peint**: to hang wallpaper, to wallpaper
~ **la première pierre**: to lay the foundation stone
~ **les vitres**: to glaze in
~ **une porte**: to hang a door

**pose-tubes** *m* : side boom, pipe layer

**poseur** *m*, ~ **de blindage**: (de tranchée) cribber, sheeting setter
~ **de canalisations**: (en tranchée) pipe layer
~ **de parquet**: floor layer

**postcontrainte** *f* : post-tensioning

**poste** *m* : (comptabilité) item; (de travail) station; (horaires) shift
~ **d'enrobage**: asphalt plant, coating plant
~ **d'incendie**: fire point
~ **de détente**: pressure reducing station
~ **de nuit**: night shift
~ **de péage**: toll booth
~ **de pompage**: pumping station
~ **de redressement**: rectifier station
~ **de relèvement**: pumping station
~ **de sectionnement**: (installation à HT) switching station
~ **de soudage**: welding set
~ **de téléphone**: extension
~ **de transformation**: transformer station
~ **du matin**: morning shift

**posttension** *f* : (précontrainte après bétonnage) post-tensioning

**pot** *m*, ~ **à suie**: soot pocket
~ **de purge**: water trap

**poteau** *m* : post; (d'échafaudage) pole; (d'ossature murale) stud; (construction métallique) stanchion, staunchion
~ **à facettes**: canted column
~ **à ligatures**: tied column
~ **articulé aux extrémités**: hinged-end column
~ **battant**: shutting post, striking post
~ **combiné**: combination column
~ **composé**: built-up column
~ **cornier**: angle post, corner post; (d'ossature en bois) teasel post, teazle post
~ **creux**: box column
~ **d'ancrage**: anchor post
~ **d'arrosage**: standpipe
~ **d'huisserie**: door jamb, door post
~ **d'incendie**: fire hydrant
~ **de balustrade**: rail post
~ **de barrière**: gate post
~ **de bornage**: boundary post
~ **de cloison**: partition stud
~ **de départ**: (él) distributing rod
~ **de départ d'escalier**: newel post
~ **de fenêtre**: (ossature en bois) window post
~ **de montage**: (de porte) hanging post
~ **de remplage**, ~ **de remplissage**: half stud, dwarf stud
~ **de rive**: end column
~ **d'incendie**: fire plug
~ **élancé**: long column, slender column

~ **encastré**: embedded column
~ **ferré**: (de barrière) swinging post, hanging post
~ **fretté en hélice**: spiral-reinforced column
~ **intérieur**: interior column
~ **isolé**: isolated column
~ **montant de fond**: full frame height post
~ **mural**: wall stud
~ **nain**: jack stud
~ **rempli d'eau**: fluid-filled column
~ **tubulaire**: pipe column

**potelet** *m* : rail post, small post; half stud, dwarf stud, jack stud

**potence** *f* : bracket; (d'échafaudage) builder's jack, window jack

**potentiel** *m*, ~ **calorifique**: calorific value, fire load
~ **constructible en élévation**: air rights

**poterne** *f* : postern

**poubelle** *f* : dustbin, bin GB, garbage can, trashcan NA

**poucier** *m* : thumb piece

**poulie** *f* : pulley
~ **fixe**: fast pulley

**pourcentage** *m* : percentage
~ **d'armature**: percentage reinforcement
~ **d'eau dans le sol**: soil water percentage

**pourrir**: to rot, to decay

**pourriture** *f* : rot
~ **alvéolaire**: pocket rot
~ **brune**: brown rot
~ **du cœur**: heart rot, heartwood rot
~ **humide**: wet rot
~ **sèche**: dry rot

**pousse-tube** *m* : pipe pushing machine, pipe rammer

**poussée** *f* : thrust
~ **active des terres**: active earth pressure
~ **au vide**: outward pressure, thrust passing outside the material
~ **axiale longitudinale**: end thrust
~ **d'Archimède**: buoyancy
~ **des terres**: ground thrust, earth pressure
~ **des terres au repos**: earth pressure at rest, soil pressure at rest
~ **des voûtes**: arch pressure
~ **latérale des terres**: lateral earth pressure

**pousser**: to push
~ **en dehors**: (mur) to belly out
~ **une moulure**: to run a beading, to run a moulding
~ **une moulure dans la masse**: to stick a moulding

**pousseur** *m* : pusher tractor

**poussier** *m* : coal dust
~ **de coke**: breeze

**poussière** *f* : dust

**poussoir** *m* : (de serrure) push button

**poutraison** *f* : beams, girders, girderage

**poutre** *f* : beam, girder
~ **à âme pleine**: plate girder, plate beam, solid web girder
~ **à âme évidée**: castellated beam
~ **à gousset[s]**: haunched beam
~ **à hauteur variable**: camel back truss
~ **à membrures parallèles**: parallel chord truss, flat chord truss
~ **à treillis**: truss[ed] beam, truss[ed] girder
~ **à treillis en croix**: lattice girder
~ **à treillis en V**: Warren truss
~ **à treillis en N**: N-truss, Pratt truss
~ **ajourée**: castellated beam
~ **appuyée**: supported beam, supported girder
~ **appuyée aux extrémités**: beam supported at the ends, end-supported beam
~ **bascule**: (d'échafaudage) outrigger
~ **bowstring**: bowstring girder, bowstring truss
~ **composée**: built-up beam, built-up girder, compound beam, compound girder, plated beam, plated girder
~ **composée mixte**: flitch beam
~ **continue**: continuous beam, continuous girder
~ **d'égale résistance**: beam of constant strength, beam of uniform strength
~ **d'équilibrage**: (fondations) strap beam, strap connection
~ **de faîte**: ridge beam
~ **de gloire**: rood beam
~ **de jubé**: rood beam
~ **de plancher**: summer [tree]

~ **de redressement**: (fondations) tie beam, strap beam, strap connection, pump handle, pan handle
~ **de reprise**: (sous poteaux) transfer beam, transfer girder
~ **de rigidité**: strap beam, strap connection, tie beam, pump handle, pan handle
~ **de rive**: end floor beam, edge beam
~ **de tympan**: spandrel beam
~ **éclissée**: fish beam
~ **en console**: cantilever beam, cantilever girder, overhanging beam, overhanging girder
~ **en double T**: I-girder
~ **en feston**: continuous suspension girder
~ **en relevé**: upstand beam
~ **en retombée**: downstand beam
~ **en T**: T-beam, T-girder
~ **en T renversé**: inverted T-girder, GB upstand beam
~ **en treillis**: lattice truss, lattice beam, lattice girder
~ **en treillis articulée**: pin-connected truss
~ **en ventre de poisson**: fish-bellied girder
~ **encastrée**: restrained beam
~ **fléchie**: bent beam
~ **intérieure**: intermediate floor beam
~ **lamellée-collée**: laminated beam
~ **laminée**: rolled beam
~ **maîtresse**: main beam  principal beam; (de plancher) binding beam, binding joist, binder
~ **mixte**: composite beam
~ **palière**: flight header
~ **principale**: main beam, principal beam
~ **reconstituée soudée**: welded plate girder
~ **renversée**: upturned beam, upset beam
~ **sablière**: wall plate, roof plate
~ **secondaire**: secondary beam
~ **simple**: simple beam
~ **simplement appuyée**: simple beam, simply supported beam
~ **sous-bandée**: underbraced beam, trussed beam
~ **sur appuis encastrés**: end-fixed beam, fixed beam, encastered beam
~ **sur appuis libres**: simple supported beam, simple beam
~ **sur appuis simples**: simply supported beam
~ **suspendue**: drop-in girder
~ **triangulée**: lattice truss, lattice beam, lattice girder
~ **vibrante**: vibrating beam, beam vibrator

~ **Warren**: Warren truss, Warren girder
**à ~s et poteaux**: trabeated

**poutre-caisson** *f* : box beam, box girder

**poutre-cloison** *f* : wall beam, beam with high depth-span ratio

**poutre-échelle** *f* : open-frame girder, Vierendeel girder, Vierendeel truss

**poutrelle** *f* : (de plancher) joist; (profilé métallique) universal beam
~ **en acier**: rolled steel joist
~ **en H**: H-beam, broad flange beam
~ **en treillis**: open-web steel joist
~ **métallique [à base] préenrobée**: composite floor joist

**pouvoir** *m* : power, capacity
~ **absorbant**: absorptivity, absorptive power
~ **calorifique**: calorific value, heating value
~ **calorifique inférieur**: net calorific value
~ **calorifique supérieur**: gross calorific value
~ **colmatant**: (purification de l'eau) clogging capacity
~ **couvrant**: (peinture) covering capacity, covering power, hiding power
~ **de coupure**: breaking capacity GB, interrupting capacity NA
~ **de transmission**: (du verre) transmissivity
~ **éclairant**: lighting power, illuminating power
~ **émissif**: (solaire) emittance
~ **siccativant**: drying power

**pouzzolane** *f* : pozzolan, pozzolana, pozzuolana

**PP** → **poids propre**

**PPR** → **peinture primaire réactive**

**préau** *m* : (de cloître) garth, paradise; (d'école) covered play area

**prébâti** *m* : subframe, NA door buck

**précadre** *m* : sub-buck, subframe

**préchauffeur** *m* : preheater

**precipitation** *f* : precipitation;
   **précipitations**: rainfall
   ~ **annuelle**: annual rainfall

~ **mensuelle moyenne**: mean monthly precipitation
~ **moyenne annuelle**: mean annual rainfall

**précoce**: (hort) early

**précontrainte** f : prestressing
~ **fractionnée**: multistage stressing
~ **par câbles**: post-tensioning
~ **par fils adhérents**: pretensioning
~ **par prétension**: pretensioning
~ **par prétension et post-tension**: pre-post tensioning

**prédalle** f : shuttering floor slab

**prédelle** f : predella

**préenduit** m : plaster base, scratch coat

**préfabrication** f : prefabrication; (d'éléments en béton) precasting
~ **foraine**: (sur chantier) site prefabrication, site precasting

**préfabriqué**: prefabricated; (bâtiment) pre-engineered; (élément en béton) precast

**préférentiel**: preferred

**préfiltre** m : primary filter

**prélèvement** m **d'échantillon**: sampling

**premier**: first; → aussi **première, premiers**
~ **cadre**: (de fouilles) top frame, ground frame
~ **choix**: best quality
~ **étage**: first storey, first floor GB, second story, second floor NA
~ **rang**: (de tuiles) starting course
~ **vantail**: active leaf
**au ~ plan**: in the foreground

**première**, ~ **enceinte**: (de château fort) outer bailey
~ **moulure**: (d'un corps de moulures) bed moulding
~ **passe**: (de soudage) root run
~ **surbille**: log after butt log, second log, second length

**premiers**, ~ **secours**: first aid
~ **soins**: first aid
**donner les ~ coups de pioche**: to break ground

**prendre**: (plâtre, béton) to set
~ **à la pelle**: to dig with a shovel

~ **du jeu**: to work loose
~ **feu**: to catch fire

**prépeint**: prepainted; (produits sidérurgiques) ready primed

**presbytère** m : parsonage, vicarage, rectory, presbytery

**prescripteur** m : specifier

**pressage** m : pressing
~ **à chaud**: hot pressing

**pressé à plat**: (contreplaqué, panneau de particules) platen-pressed

**presse-étoupe** m : packing gland, stuffing gland; (él) cable gland

**pression** f : pressure
~ **acoustique**: sound pressure
~ **active de Rankine**: active Rankine pressure
~ **admissible sur le sol**: allowable bearing soil pressure
~ **anisotrope**: anisotropic pressure
~ **artésienne**: artesian pressure
~ **atmosphérique standard**: standard atmospheric pressure
~ **aux appuis**: bearing pressure
~ **d'arrêt**: (clim) cutout presssure
~ **d'aspiration**: suction pressure
~ **d'épreuve**: proof pressure
~ **d'étreinte latérale**: confining pressure, cell pressure, all-round pressure
~ **de contact**: bearing load; contact pressure (under foundations)
~ **de fluage**: creep pressure
~ **de formation**: rock pressure
~ **de gonflement**: (argile) swelling pressure
~ **de la vapeur saturée**: saturated vapor pressure
~ **de refoulement**: delivery pressure
~ **de soutien**: confining pressure, cell pressure, all-round pressure
~ **de voûte**: arch pressure
~ **des remblais**: backfill pressure
~ **des terres au repos**: earth pressure at rest, soil pressure at rest
~ **différentielle**: differential pressure
~ **directe pour l'incendie**: direct fire pressure
~ **du sol au repos**: soil pressure at rest, earth pressure at rest
~ **du vent**: wind pressure
~ **en traction**: tension pressure
~ **intergranulaire**: grain-to-grain pressure, intergranular pressure
~ **interstitielle**: pore water pressure, pore pressure

~ **manométrique**: gauge pressure
~ **naturelle des terres**: earth pressure at rest, soil pressure at rest
~ **normale d'utilisation autorisée**: safe working pressure
~ **sonore**: sound pressure
~ **superficielle**: surface pressure
~ **sur le support**: bearing pressure
~ **timbrée**: safe working pressure
~ **variable**: fluctuating pressure

**pressiomètre** *m* : pressure meter

**pressostat** *m* : pressure switch

**prestations** *f* : services, works

**présumé**: assumed

**prêt** *m* : loan
~ **hypothécaire**: mortgage loan

**prêt** *adj* : ready
~ **à l'emploi**: ready for use, ready mixed, premixed, NA mill mixed; off-the-shelf
~ **à mouiller**: premixed

**prétension** *f* : pretensioning

**prétraitement** *m* : pretreatment

**prévision** *f*, ~ **des crues**: flood forecasting
~ **budgétaires**: budget estimates

**primage** *m* : (chaudière) carry-over

**prime** *f* : (de salaire) bonus; (d'assurance) premium
~ **pour avance**: bonus for early completion

**prise** *f* : (d'air, de vapeur etc) intake, inlet; (de palette) entry; (du béton, du plâtre) set
~ **à mousse**: (incendie) foam inlet
~ **accélérée**: flash set, grab set, quick set
~ **d'air**: air intake
~ **d'air frais**: (clim) fresh air intake, outside air intake
~ **d'eau**: (ouvrage hydraulique) water intake
~ **d'eau pour incendie**: fire hydrant, fireplug
~ **d'échantillon**: sampling; (dispositif) sampling valve, sampler
~ **d'incendie sur rue**: dry riser inlet
~ **de courant**: (fixe) outlet, socket, power point GB, receptacle outlet NA
~ **de courant femelle**: receptacle outlet
~ **de courant murale**: wall outlet, wall socket GB, convenience outlet NA
~ **de force**: power takeoff
~ **de possession**: taking over
~ **de pression**: pressure [tapping] point
~ **de téléphone**: telephone outlet
~ **de terre**: ground connection NA, earth connection GB
~ **de terre d'abonné**: service earth GB, service ground NA
~ **en charge**: (adduction d'eau) tap (on water supply)
~ **instantanée**: flash set, grab set, quick set
~ **lumière**: lighting outlet

**prisme** *m* : prism
~ **d'éboulement**: sliding wedge
~ **d'épreuve**: (béton) test cube
~ **de glissement**: sliding wedge, shearing wedge, failure wedge

**privatif**: (jarding etc.) private

**privation** *f* **de jouissance**: loss of use

**privilège** *m* : lien
~ **de main d'œuvre**: mechanic's lien

**prix** *m* : price
~ **actualisé**: updated price
~ **ajustable**: flexible price
~ **de revient**: prime cost
~ **départ usine**: price ex works
~ **en dollars constants**: constant dollar price
~ **forfaitaire**: fixed [lump sum] price
~ **indexé**: indexed price
~ **rendu**: delivered price, gate price
~ **rendu chantier**: price delivered to the site
~ **révisable**: escalation price
~ **unitaire**: unit price, price each, price per item
à ~ **coûtant**: at cost

**probabilité** *f* **de simultanéité**: probability of coincidence

**procédé** *m* : process
~ **à sec**: dry process
~ **continu à contre-courant**: continuous backflow process
~ **d'oxydation en milieu liquide**: wet oxidation process
~ **de construction industrialisé**: system building
~ **des boues activées**: activated sludge process

~ **discontinu**: batch process
~ **par voie sèche**: dry process
~ **propre de combustion du charbon**: clean coal burning

**procès-verbal** *m* : official report
~ **d'essai**: test report, test certificate
~ **de bornage**: land surveyor's certificate

**processus** *m* **d'enroulement**: (éolienne) roll-up process

**production** *f* : production; throughput
~ **d'eau glacée**: (clim) chilling
~ **de chaleur**: heating
~ **de froid**: (clim) chilling
**en ~**: on stream

**produit** *m* : product, agent; (de consistance pâteuse) mastic, compound; → aussi **produits**
~ **d'addition**: additive
~ **d'étanchéité**: waterproofing compound, sealing compound
~ **de calfeutrement**: sealant
~ **de conservation**: (bois) preservative
~ **de cure**: curing compound
~ **de reprise**: bonding agent

**produits** *m*, ~ **de combustion**: flue gas, waste gas
~ **de dégrillage**: bar screen refuse
~ **ligneux**: wood products
~ **résineux**: naval stores NA

**profil** *m* : profile; → aussi **profilé**
~ **arrondi**: nosing
~ **d'obturation de joint**: prefabricated joint filler
~ **du sol**: soil profile
~ **du sous-sol**: subsoil contour
~ **en long**: (terrain, projet) longitudinal profile, longitudinal section
~ **en travers**: (topo) cross section
~ **hydraulique**: (de ruisseau, de conduite) hydraulic profile
~ **régularisé**: graded profile
~ **renversé**: (de moulure) reverse profile
~ **stratigraphique**: columnar section
~ **vertical des vitesses**: (canalisation) vertical velocity curve

**profilage** *m* : forming, shaping

**profilé** *m* : [rolled] section GB, shape NA
~ **à âme évidée**: castellated section
~ **à boudin**: beaded section
~ **à chaud**: hot-rolled section, rolled steel joist
~ **à froid**: cold-rolled section
~ **composé**: built-up beam
~ **creux**: hollow section
~ **creux carré**: square hollow section
~ **creux de construction**: structural hollow section
~ **creux rond**: round hollow section
~ **de charpente creux**: hollow structural section
~ **de construction**: structural section GB, structural shape NA
~ **décoratif**: (serrurerie) architectural section
~ **du commerce**: standard section
~ **en caoutchouc**: rubber extrusion
~ **en U**: channel section
~ **extrudé**: extruded section
~ **marchand**: standard section
~ **reconstitué**: built-up shape, built-up section
~ **sur machine à galets**: roll formed
~ **tube**: rolled hollow section

**profondeur** *f* : depth; (épaisseur) thickness
~ **de fer de bêche**: spit
~ **de fiche**: (d'un pieu) depth of penetration
~ **de la tranchée**: depth of cover (of pipe)
~ **[de pénétration] du gel**: frost depth

**programmateur** *m* : (clim) programmer

**programme** *m* : program, schedule
~ **d'avancement [des travaux]**: time schedule

**projecteur** *m* : floodlight, projector
~ **convergent**: focussed projector
~ **divergent**: extensive projector
~ **extensif**: extensive projector
~ **intensif**: intensive projector, narrow angle floodlight

**projection** *f* : (dessin) projection; (de plâtre, de mortier) mechanical application; (de peinture) [gun] spraying, gun application, gunning
~ **axonométrique**: axonometric projection
~ **de béton par voie humide**: wet shotcreting
~ **équidistante**: equidistant [map] projection
~ **équivalente**: equal area projection
~ **orthogonale**, ~ **orthographique**: orthographic projection

**projet** *m* : plan, project, scheme; (de document) draft
~ **d'aménagement**: development plan

~ **d'exécution**: production design, working design
~ **d'urbanisme**: town planning scheme
~ **de contrat**: draught contract
~ **de logement**: housing project
~ **de norme**: draft standard
~ **détaillé**: detailed design

**projeté**: sprayed, spray-on; proposed, planned, intended

**projeteur** m : designer, designing engineer

**prolongateur** m : extension lead

**prolongement** m : extension

**prolonger**: to extend (a wall, a street)

**promenoir** m : ambulatory

**promoteur** m : promoter, developer
~ **constructeur**: developer
~ **immobilier**: real estate developer

**propagation** f : (d'un incendie) spread
~ **de la flamme**: flame spread, spread of flame

**proposition** f : proposal
~ **de prix**: quotation

**propriétaire** m : owner
~ **foncier**: landowner, landholder, ground landlord
~ **limitrophe**: abutting owner, abutter

**propriété** f : property
~ **à admettre**: design property
~ **immobilière**: real estate, real property GB, realty NA
~ **limitrophe**: abutting property
~ **mitoyenne**: adjacent property
~ **saisonnière**: time share

**prorogation** f : extension (in time)

**proscrit**: prohibited

**protège-angle** m : plaster bead, staff bead, corner guard

**provision** f **pour imprévus**: contingency allowance

**PRV** → polyester renforcé de verre

**PS** → parasismique

**psychromètre** m : psychrometer
~ **à fronde**: sling psychrometer

**PU** → prix unitaire

**publication** f **d'appel d'offres**: advertisement for bids

**puisage** m : draw-off

**puisard** m : (puits perdu) drainage well, drain well, soakaway; (de chaufferie, de cave) sump; (de bouche d'égout) catch pit
~ **d'absorption**: [leaching] cesspool

**puissance** f : power, capacity, output
~ **absorbée**: power input
~ **brute**: (él) gross installed capacity
~ **calorifique**: heating capacity, heating power
~ **frigorifique**: cooling capacity
~ **installée**: installed capacity
~ **nette**: output capacity
~ **nominale**: rating
~ **thermique effective**: (PAC) useful heat

**puits** m : (eau) well; (de fouille, de terrassement) pit; (él) chamber, pit
~ **absorbant**: soakaway, absorption well, absorbing well, dead well, drain well, negative well
~ **à câbles**: jointing chamber
~ **absorbant de drainage**: inverted drainage well
~ **citerne**: (puits ordinaire) dug well; (puits cuvelé) lined well; (puits de surface) shallow well
~ **artésien**: artesian well
~ **crépiné**: strainer well, tubular well
~ **creusé par lançage**: jetted well
~ **cuvelé**: lined well
~ **d'ascenseur**: lift well GB, elevator hoistway NA
~ **d'éclairage**: light well, areaway
~ **d'exploration**: trial pit
~ **d'essai**: test pit
~ **de décharge**: bleeder well, relief well
~ **de fenêtre**: areaway
~ **de fondation**: foundation pit
~ **de lumière**: areaway
~ **de reconnaissance**: (sondage) trial hole, trial pit
~ **de reprise en sous-œuvre**: underpinning pit
~ **de sondage**: test pit
~ **de surface**: shallow well
~ **de tirage**: (de câbles) distribution chamber
~ **de ventilation**: air shaft, air well
~ **exécuté par battage**: driven well
~ **filtrant**: (de fouille) filter well
~ **foncé**: driven well

~ **instantané**: wellpoint
~ **non tubé**: uncased well
~ **ordinaire**: dug well
~ **perdu**: dry well, soakaway
~ **ponctuel**: well point

**pulvérisation** f : spraying (in fine drops)

**pupitre** m **de commande**: console, control desk

**pupitreur** m : console operator

**pur**: pure; (ciment, plâtre) neat; (contrainte) simple

**pureau** m : gauge (roofing), exposure NA, margin (of tile, of slate)
**à ~ décroissant**: in diminishing courses, in graduated courses

**purge** f : venting
~ **d'air**: air vent
~ **rapide**: blow down

**purger**: to purge; (par le bas) to bleed; (air) to vent

**purgeur** m : air release valve, blowdown valve, blow off cock, draw cock, pet cock, vent valve
~ **d'air de radiateur**: radiator air valve
~ **de vapeur**: steam trap

**purificateur** m : purifier

**PVC** m, ~ **plastifié**: plasticized PVC
~ **non plastifié**: unplasticized PVC

**pylône** m : pylon, steel tower
~ **en treillis**: lattice tower
~ **métallique**: iron tower

**pyranomètre** m : pyranometer

**pyromètre** m : pyrometer

**pyrostat** m : firestat

# Q

**quadrillage** *m* : (de plan) grid
~ **de référence**: reference grid
~ **modulaire**: modular grid

**quadrilobe**: quatrefoil

**quai** *m* : (d'un port) quay, wharf; (de gare) platform
~ **de chargement**: loading dock, loading bay GB, loading platform NA

**qualité** *f* : grade
~ **de l'exécution**: workmanship
**de** ~ **courante**: common

**quart** *m* : quarter

**quart-de-rond** *m* : quadrant, ovolo; (petite moulure) quarter round

**quartier** *m* : district, area GB, neighborhood NA
~ **commerçant**: shopping area
~ **dense**: densely populated area
~ **insalubre**: slum
~ **insalubre à démolir**: [slum] clearance area

~ **résidentiel**: residential district, residential area
~ **tournant**: quarterpace, quarterspace landing

**quatre, à ~ sciages**: sawn on four sides

**quatre-feuilles** *m* : (arcs brisés) quatrefoil

**queue** *f* : tail; (d'outil) shank; (de pierre) tailing
~ **d'aronde**: dovetail
~ **d'aronde découverte**: open dovetail, ordinary dovetail
~ **d'aronde ouverte**: box dovetail, common dovetail, through dovetail
~ **d'aronde passante**: box dovetail, common dovetail, through dovetail
~ **d'aronde perdue**: secret dovetail, concealed dovetail, blind dovetail
~ **d'aronde recouverte**: secret dovetail, concealed dovetail, blind dovetail
~ **d'aronde semirecouverte**: drawer dovetail, lapped dovetail
~ **de marche**: outer end

**queue-de-carpe** *f* : (d'urinoir) spreader; (de scellement) fishtail

**queue-de-renard** *f* : foxtail wedge, fox tenon, fox wedge

**queue-de-vache** *f* : eaves overhang

**quille** *f* : jack stud

**quincaillerie** *f* : hardware, ironmongery
~ **de bâtiment**: builder's hardware

**quinconce, en ~**: (pieux, rivets) staggered (over at least three rows)

**quintefeuille** *m* : cinquefoil

**quotient** *m* **énergétique net**: net energy ratio

# R

**rabattement** *m* **de la nappe phréatique**: sinking of groundwater, groundwater lowering

**rabattre**: to fold back, to fold down; (bord de tôle, collerette de tube) to flange; (un clou) to burr

**rabot** *m* : plane

**rabotage** *m* : planing

**raboté**: (bois) planed, wrought, wrot, dressed; (pierre) dragged
~ **de biais**: planed across the grain
~ **et bouveté**: dressed and matched
~ **sur deux côtés**: dressed two edges, surfaced two edges
~ **sur deux faces**: dressed two sides, surfaced two sides

**raboteuse** *f* : planer, planing machine
~ **routière**: planing machine, planer, pavement milling machine

**raccord** *m* : (plb) connection, pipe coupling, pipe fitting
~ **à compression**: compression fitting
~ **à emboîtement**: socket fitting
~ **à grand rayon**: long-sweep fitting, long-radius elbow
~ **à T**: pipe Tee, T-piece
~ **conique**: tapered reducer
~ **coudé**: bend, elbow
~ **de câble**: cable joint
~ **de réduction**: pipe reducer
~ **de traversée de cloison**: bulkhead connector
~ **droit simple**: close nipple
~ **en équerre**: elbow, ell
~ **fileté**: (plb) coupling, coupler

~ **pompier**: quick-acting coupling
~ **union**: union fitting

**raccordé**: connected, wired-in, plumbed-in

**raccordement** *m* : connection
~ **sous pression**: wet connection (of water pipe)

**raccorder**: (des tuyaux) to connect

**raccourcir**: to shorten

**raccourcissement** *m* **élastique**: (béton précontraint) elastic shortening

**racheter**: to provide a transition (between two lines)

**racinal** *m* : bolster (of post, of pile)

**racinaux** *m* : (fondations) grillage

**racine** *f* : root

**raclette** *f* : scraper
~ **en caoutchouc**: squeegee

**racloir** *m* : scraper
~ **de menuisier**: cabinet scraper, NA scraper plane

**radiateur** *m* : heater; (de chauffage central) radiator
~ **à accumulation**: storage heater
~ **à bouteille incorporée**: mobile space heater
~ **à circulation d'huile**: oil-filled heater
~ **à colonnes**: column radiator
~ **à gaz**: gas fire
~ **électrique**: electric heater, electric fire
~ **mural**: panel radiator
~ **panneau**: panel radiator
~ **plat**: panel radiator
~ **plinthe**: skirting radiator GB, baseboard radiator unit NA
~ **sèche-serviettes**: heated towel rail
~ **soufflant**: fan heater

**radiation** *f* : radiation

**radier** *m* : (de fondations) raft GB, mat NA; (d'égout) invert, invert slab
~ **en dalles champignon**: inverted flat slab foundation
~ **en voûte inversée**: inverted arch foundation
~ **fondé sur pieux**: pile-supported raft
~ **nervuré**: beam-and-slab mat, beam-and-slab raft, ribbed mat

~ **plan épais**: flat slab mat, flat slab raft, uniform mat
~ **plat à nervures**: beam-and-slab mat, beam-and-slab raft, ribbed mat
~ **rigide**: rigid mat, stiff raft
~ **souple**: flexible raft, flexible mat

**rafraîchissement** *m* : (clim) cooling
~ **d'ambiance**: comfort cooling
~ **des locaux**: space cooling

**ragréer**: (une maçonnerie) to clean up; (un mur en béton banché) to finish off

**rai-de-cœur** *m* : heart, leaf

**raide**: (sol, béton) stiff

**raideur** *f* : stiffness

**raidisseur** *m* : stiffener, diaphragm plate; (de fil de fer) wire strainer

**rail** *m* : rail
~ **de tête**: (de cloison) head rail
~ **haut**: (de cloison) top rail
~ **inférieur**: (de cloison suspendue) bottom rail

**rainure** *f* : groove, slot
~ **anticapillaire**: water check
~ **de clavette**: keyway
~ **et languette**: tongue and groove
à ~ **et languette en grain d'orge**: matched with a V-edge

**rais** *m* **et dards**: heart-and-dart pattern, leaf-and-dart pattern

**rajout** *m* : addition to a building

**rallonge** *f* : extension piece, lengthening piece

**rambarde** *f* : (garde-corps) guard rail, railing; (mobilier urbain) crowd barrier, pedestrian guard rail

**ramollissement** *m* : softening

**ramonage** *m* : sweeping (of chimney)

**rampant** *m* : slope (of pitched or inclined structure); *adj* : raking, rampant: (arch) rising

**rampe** *f* : (d'escalier) rail, handrail, banister; (plan incliné) ramp, incline
~ **à gaz**: rack of gas burners
~ **d'accès**: access ramp
~ **d'alimentation**: manifold
~ **d'arrosage**: sprinkler pipe
~ **d'aspersion**: sparge pipe
~ **d'éclairage**: strip lighting

**rang** *m* : row; (de couverture) course
~ **de doublage**: doubling course
~ **de pied**: eaves course

**rangée** *f* : (de maisons, de pieux) row

**rangement** *m* : storage

**râpe** *f* : rasp

**rapiéçage** *m* : (dans placage) insert

**rapport** *m* : ratio; (de papier peint) repeat; (a document) report
~ **d'amplification**: (PAC) performance energy ratio
~ **d'armature**: reinforcement ratio
~ **d'avancement des travaux**: progress report, status report
~ **d'eau à ciment**: water/cement ratio
~ **d'endurance**: endurance ratio
~ **de battage**: driving record, penetration record
~ **de chantier**: site report
~ **de fatigue**: fatigue ratio
~ **des gradients hydrauliques**: gradient ratio
~ **énergétique net**: net energy ratio
~ **modulaire**: modular ratio
~ **qualité/prix**: value for money
~ **résistance-poids**: weight-to-strength ratio
faire le ~ **d'un levé**: to plot a survey

**rapporté**: (moulure) applied, planted, loose

**ras, à ~ de**: level with, flush with

**rattrapage** *m* : retrofit

**rattraper**: (du mou, du jeu) to take up

**ravalement** *m* : cleaning down, facelift, repointing, renovation (of a wall)

**ravinement** *m* : gullying

**rayer**: to scratch, to score

**rayère** *f* : slot opening (in tower)

**ray-grass** *m* : rye-grass

**rayon** *m* : (demi-diamètre) radius; (solaire, infrarouge) ray; (de rangement) shelf
~ **de cintrage**: radius of bend
~ **de pliage**: radius of bend

~ **hydraulique**: hydraulic radius
~ **médullaire**: medullary ray, pith ray
**~s ligneux**: wood rays

**rayonnage** m : shelving

**rayonnement** m : radiation
~ **diffus**: (solaire) diffused radiation
~ **diffusé**: scattered radiation
~ **réfléchi**: reflected radiation
~ **solaire**: solar radiation
~ **solaire direct**: beam radiation, direct radiation
~ **ultraviolet**: ultraviolet radiation

RC → **rez-de-chaussée**

**réa** m : pulley sheave

**réaction** f : reaction
~ **ascendante du sol**: upward reaction of ground
~ **d'ancrage**: anchor pull
~ **d'appui**: support reaction
~ **du sol**: ground reaction
~ **du sol de fondation**: subgrade reaction
~ **du sous-sol au cisaillement**: subgrade shear
~ **horizontale du sol**: horizontal soil reaction

**réalisation** f : construction
~ **d'un projet**: project implementation
~ **technique**: technical achievement, engineering achievement

**réarmement** m : (d'un appareil) reset[ting]
~ **à la main**: hand reset
à ~ **automatique**: self-reset

**réarmer**: to reset

**rebattre**: (le plâtre) to retemper

**reboisement** m : afforestation

**rebondissement** m **du pieu**: pile bounce

**rebord** m : ledge, raised edge; (arrondi) lip
~ **de fenêtre**: window board, elbow board, NA stool

**rebouchage** m : (de trous) stopping; (de tranchée) back filling; (de fissures) filling-in; (béton) patching

**reboucheur** m : (pour plâtre) GB filler, NA spackle, spackling, spachtling, sparkling

**rebut** m : reject

**recépage** m : (pieu moulé, paroi moulée) trimming

**recéper**: (des pieux) to cut off pile heads, to strike off piles

**réception** f : (d'un ouvrage, de matériaux) acceptance (of delivery); (solaire) collection
~ **définitive**: final acceptance
~ **des travaux**: acceptance of work
~ **partielle**: partial acceptance
~ **provisoire**: interim acceptance, provisional acceptance

**recette** f **de métier**: trick of the trade

**receveur** m **de douche**: shower tray GB, shower receptor NA

**réchaud** m, ~ **à deux feux**: two-burner ring
~ **à gaz**: gas ring

**réchauffage** m : reheating

**réchauffeur** m : heater, pre-heater
~ **aval**: after-heater
~ **d'air**: air heater
~ **de carter**: crankcase heater

**recherche** f **de personnes**: paging sytem

**récipient** m : vessel
~ **sous pression**: pressure vessel

**réclamation** f : complaint

**recoin** m : corner, nook; (près d'une cheminée) inglenook

**reconduction** f : renewal (of contract)

**reconnaissance** f : (d'exploration) investigation; (du terrain) [preliminary] survey
~ **des sols**: soil survey

**reconstruire**: to rebuild

**recoupement** m : (topo) intersection

**recours** m : (en droit) remedy
~ **entre coassurés**: cross liability

**recouvrance** f : recovery (after removal of stress)

**recouvrement** m : overlap; (tuiles, ardoises) lap; (armatures) lap length; (de canalisations) cover [depth]

~ **horizontal**: (géol) heave
~ **longitudinal**: side lap
~ **stratigraphique**: stratigraphic heave
~ **transversal**: head lap
à ~: overlapping

**rectangulaire**: oblong, rectangular

**rectifier**: (un défaut) to remedy; (métal) to grind

**recueillir**: (eau de pluie, poussière) to catch, to collect

**recuit** m : annealing; adj : annealed

**recul** m : (par rapport à l'alignement de la voie publique) backset, setback
**être en ~**: to be set back

**récupérateur** m, **~ de graisse**: grease trap, grease box, grease separator
~ **de poussière**: dust collector

**récupération** f : recovery (of materials)
~ **d'énergie**: energy recovery
~ **de la chaleur**: heat recovery

**recyclage** m : recirculation
~ **des gaz de combustion**: flue gas recirculation

**redan** m, **redent** m : (de pignon) catstep, corbiestep, crowstep
à **~s**: (mur sur terrain en pente) stepped; (toit) crowfooted

**redoute** f : (fortification) redoubt

**redresseur** m : (él) rectifier

**réducteur** m, **~ d'eau**: water reducing agent
~ **de pression**: [pressure] reducing valve (for liquids)

**réduction** f : reduction; adapter, diminishing pipe, diminishing piece, reducing pipe, taper pipe, reducing fitting
~ **de la charge**: (clim) load shedding
~ **de la poussière**: dust abatement, dust control
~ **du bruit**: noise abatement, noise reduction
~ **en copeaux**: chipping
~ **mâle et femelle**: bushing

**réel**: (grandeur, épaisseur) actual

**réenclenchement** m : (él) reset
~ **manuel**: hand reset

**réfection** f : major repair; (d'une construction) restoration; (de joints) remaking; (d'une route) resurfacing
~ **de toiture**: reroofing

**réfectoire** m : refectory

**refend** m : (maçonnerie de pierre) sunk draft; (mur de refend) interior wall, cross wall

**refendre**: (ardoise) split; (lattes, bardeaux) to rive

**refente** f : ripsawing

**réflecteur** m : (éclairage) reflector; (chauffage solaire) concentrator
~ **cylindro-parabolique**: trough concentrator, trough collector
~ **parabolique**: dish concentrator

**réflexion** f : reflection
~ **spéculaire**: (solaire) specular reflection

**refoulement** m : back draft, back flow; (de cheminée) downdraught GB, downdraft NA; (métal) upsetting, upending; (pompe) delivery, discharge
~ **en montant**: (des joints de maçonnerie) jointing
~ **latéral**: (du sol) bulging

**refouler**: (un joint) to press back; (du métal) to upset; (pieu) to refuse

**réfractaire**: refractory, fire [resistant]

**réfrigérant** m : coolant, cooling medium; (le plus souvent atmosphérique) cooling tower; adj : cooling
~ **intermédiaire**: intercooler

**réfrigération** f : cooling, refrigeration

**refroidissement** m : cooling
~ **à absorption**: absorption cooling
~ **en circuit fermé**: closed-cycle cooling
~ **par détente directe**: direct expansion refrigeration
~ **par évaporation**: evaporative cooling

**refroidisseur** m: (clim) chiller; (de compresseur) cooler
~ **à air**: air cooler
~ **aval**: aftercooler
~ **intermédiaire**: intercooler

**refuge** m **pour piétons**: pedestrian island

**refus** *m* : (de pieu) refusal; (de crible, de tamisage) screenings, oversize material, tailings; (essai granulométrique) retained material

**regâchage** *m* : remixing, retempering

**régalage** *m* : final grading, fine grading

**régaler**: (un terrain horizontal) to level; (un talus) to dress

**regard** *m* : inspection chamber, access chamber; (d'égout) manhole
~ **avec chute**: drop manhole
~ **de chasse**: flushing manhole
~ **de curage**: flushing manhole
~ **de lampe**: lamphole
~ **de nettoyage**: cleaning eye GB, cleanout NA
~ **de raccordement**: junction manhole
~ **de tirage**: (él) draw-in box
~ **de visite**: inspection hole, access hole; (d'égout) inspection chamber, access chamber
~ **vitré**: (dans porte) vision light

**regarnissage** *m* : (de joints de maçonnerie) repointing

**regazonner**: to returf

**régénéré**: reprocessed

**régie** *f* → **travaux**

**régime** *m* : operating conditions; (d'un cours d'eau) regimen, regime
~ **continu**: continuous rating
~ **d'écoulement**: (hydraulique) flow characteristics
~ **d'essai**: test conditions
~ **normal**: normal working conditions
~ **permanent**: continuous rating; (d'un liquide) steady flow

**régisseur** *m* : (d'un domaine) bailiff, estate manager

**registre** *m* : (de cheminée) register, damper; (de ventilation) flap

**réglage** *m* : setting, adjustment
~ **avec des nivelettes**: (d'une pente) boning [in]
~ **de fond de fouille**: bottoming
~ **de précision**: fine tuning
~ **du chauffage**: heating control
~ **par tout ou rien**: open-and-shut action, two-position action NA
~ **progressif**: inching

**règle** *f* : rule, ruler, straight edge; (clouage de parquet) nailing strip;
→ aussi **règles**
~ **à araser**: (plâtre, béton) strike-off
~ **à calcul**: slide rule
~ **d'assises**: gauge rod
~ **d'étages**: storey rod
~ **de dressage**: screed board
~ **de guidage**: (bétonnage) screed; (de moulure en plâtre) running rule
~ **de plâtrier**: Darby, derby sticker
~ **surfaceuse vibrante**: vibrating screed[er]
~ **vibrante**: vibrating screed

**règlement** *m* : rules; (d'un litige) settlement
~ **à l'amiable**: out-of-court settlement
~ **d'installation**: (él) wiring regulation

**réglementation** *f* : rules, regulations
~ **des hauteurs de construction**: height zoning
~ **en vigueur**: regulations in force
~ **locale**: local regulations
~ **sanitaire**: public health control

**règles** *f* : rules
~ **d'une profession**: code of practice
~ **de déontologie**: standards of professional practice
~ **de l'art**: trade practice, good practice, code of practice
~ **neige vent**: climatic loadings design code
~ **parasismiques**: seismic design code, earthquake loadings code
selon les ~ **de l'art**: in a workmanlike manner

**réglet** *m* : reglet

**réglette** *f* : strip lamp

**régner**: to run uninterrupted (feature on an elevation)

**regrattage** *m* : (de la pierrre) regrating

**régulariser**: (une pente, une route, un talus) to grade

**régularité** *f* : (de la qualité) consistency

**régulateur** *m* : controller, governor
~ **de débit**: flow regulator, rate of flow controller
~ **de pression**: (clim) constant pressure valve
~ **de tirage**: damper

**régulation** *f*: automatic control
 ~ **par tout ou rien**: on-off control

**régulier**: standard

**réhabilitation** *f*: home improvement, improvement (of old property)

**réhausse** *f*: raising piece

**réhausser**: to raise, to make higher
 ~ **d'un étage**: to add a storey

**rein** *m*: (de voûte) haunch

**rejet** *m*: (géol) heave, throw; (évacuation) discharge, release; (d'effluent) disposal; (refus): rejection
 ~ **de chaleur**: heat discharge
 ~ **de faille**: fault throw
 ~ **des eaux usées**: wastewater disposal
 ~ **dilué**: dilute effluent
 ~ **en rivière**: discharge into river
 ~ **incliné apparent**: apparent dip
 ~ **stratigraphique**: stratigraphic heave, stratigraphic throw
 ~ **thermique**: thermal discharge, waste heat
 ~ **toxique**: toxic waste

**rejéteau** *m*: weather bar, water bar

**rejingot** *m*: weather, weathering

**rejointoiement** *m*: repointing

**relais** *m*: (él) relay; (de pression) booster
 ~ **temporisé**: time-lag relay

**relaxation** *f*: (des contraintes, acier) stress relaxation; (traitement thermique) stress relieving

**relevé** *m*, ~ **d'architecture**: measured drawing, detailed drawing (of a building)
 ~ **d'étanchéité**: upturn, upstand
 ~ **de compte**: statement
 ~ **de compteur**: meter reading
 ~ **de consommation d'énergie**: energy reporting
 ~ **de pollution**: pollution survey

**relever**: (un plancher, un plafond) to raise; (un compteur, un instrument) to read

**relief** *m*: (d'un terrain) relief; (couverture métallique) turnup, upturn, upstand

**relogement** *m*: rehousing

**remanié**: (terre, sol) disturbed

**remaniement** *m*: (d'une construction) alteration, remodelling; (du sol) remoulding

**remblai** *m*: fill, backfill, return fill, filling material, made ground; (talus) embankment; **remblais**: filling material
 ~ **compacté**: rolled fill
 ~ **d'apport**: superimposed fill
 ~ **en terre**: earth embankment
 ~ **en vrac**: dumped fill
 ~ **non cohérent**: cohesionless fill
 ~ **roulé**: rolled fill

**remblayage** *m*: backfilling
 ~ **hydraulique**: hydraulic fill

**remblayer**: (une tranchée) to fill up; (un talus) to bank up

**remblayeuse** *f*: backfiller

**remembrement** *m*: replotting

**remettre**: to put back; to hand over
 ~ **à zéro**: to reset
 ~ **en état**: to repair, to renovate; (après travaux) to restore
 ~ **en marche**: to restart
 ~ **en service**: to restore, to reconnect (utilities)
 ~ **le terrain**: to give possession of the site

**remise** *f*: (pour véhicules) coach house; (pour outils) shed; (commerce) discount
 ~ **de bateau**: boathouse
 ~ **en état**: making good, reinstatement

**remontée** *f*: (de peinture) bleed through, strike through; (pieu) rising
 ~ **capillaire**: capillary rise
 ~ **de boue**: migration of mud to the surface

**remorque** *f*: trailer
 ~ **porte-engins**: plant trailer
 ~ **surbaissée**: lowbed trailer, lowboy

**rempart** *m*: (fortifications) rampart, bulwark, defence wall; **remparts**: walls (of a town)

**remplacement** *m*: replacement
 **de** ~: alternative, substitute

**remplage** *m*: (d'une fenêtre) tracery, form pieces; (d'un mur) backing

**remplissage** *m* : (d'un récipient) filling; (d'une paroi) infilling
~ **d'ossature**: infilling of frame

**remploi** *m* : reuse

**remployable**: reusable

**renard** *m* : (érosion) piping; (mur orbe faisant pendant à un autre) blind wall

**rencontrer**: (la roche, une nappe d'eau) to strike

**rencreusé**: (arêtier, pierre) hollow-backed

**rendement** *m* : (d'une machine) performance, output; (volume obtenu à partir de composants) yield
~ **d'un filtre**: filter efficiency
~ **de capteur**: collector efficiency
~ **de conversion thermique**: thermal conversion efficiency
~ **en surface**: (d'une peinture) coverage
~ **énergétique**: energy efficiency
~ **mécanique**: mechanical efficiency
~ **radiatif**: (solaire) collector efficiency
~ **réel**: actual performance
~ **superficiel spécifique**: (peinturage) spreading rate
~ **thermique**: thermal efficiency

**rendu** *m* : artist's impression; *adj* : delivered
~ **à pied d'œuvre**: delivered on site, free on site
~ **chantier**: delivered on site, free on site

**renforcement** *m* : bracing, strengthening, stiffening

**renfort** *m* : reinforcement
~ **de serrure**: lock reinforcement

**reniflard** *m* : air valve, air vent, vent
~ **de siphon**: back siphonage preventer, backvent

**renouvellement** *m* **d'air**: (ventilation) air change

**rénovation** *f* : refurbishment, renovation (of existing building)
~ **urbaine**: urban renewal

**rentrée** *f* : (de pilier) tumbling-in, tumbling home

**renversement** *m* : (de sens) reversal; (basculement) overturning
~ **de la charge**: load reversal

**répandage** *m* **à la niveleuse**: blade spreading

**répandeuse** *f* : spreader
~ **d'émulsions**: emulsion sprayer
~ **de béton**: concrete spreader
~ **de liant**: bitumen sprayer

**réparateur** *m* : service engineer

**réparation** *f* : repair
~ **de fortune**: makeshift repair, emergency repair
~ **provisoire**: temporary repair
~ **locative**: tenant's repair
**en ~**: under repair

**réparer**: to repair; (une machine) to repair, to service
~ **les dégâts**: to make good the damage

**répartiteur** *m* **général**: (tél) main distribution frame

**répartition** *f* : distribution, spread
~ **de la charge**: load distribution
~ **des forces**: stress distribution
~ **entre assureurs**: loss apportionment
~ **par grosseur**: (granulométrie) size distribution

**repérage** *m* : marking

**repère** *m* : mark, reference mark, marker
~ **de nivellement**: bench mark
~ **topographique**: bench mark, survey benchmark

**répétabilité** *f* : repeatability

**repiquage** *m* : road mending repair, paving repair

**repiquer**: (hort) to transplant

**repliement** *m* **du chantier**: clearing of site (on completion)

**reporter**: (une force, un effort) to transfer

**repos** *m* : rest; (d'escalier) intermediate landing (between two floors); (hort) dormant stage, dormancy

**reprendre**: (une poussée, une charge) to take up, to pick up, to transfer
~ **en sous-œuvre**: to underpin
~ **le travail**: to resume work

**représentation** f : representation
~ **graphique**: (d'un levé) plotting

**reprise** f : rework; (de marchandises) taking back
~ **à l'envers**: (sdge) backing run, sealing run
~ **au tas**: reclaiming (from stockpile)
~ **d'air**: air return
~ **d'eau**: water gain
~ **d'étanchéité**: bonding (of fitting to dpc)
~ **d'humidité**: water gain
~ **de bétonnage**: construction joint GB, cold joint NA
~ **en sous-œuvre**: underpinning
~ **en vrac**: (clim) unducted return

**reproductible**: reproducible

**reprofileuse** f : planer, pavement milling machine, pavement restoration machine

**reptation** f : earth flow; (de membrane de toit) creep

**réseau** m : network, system; (de fenêtre) tracery; **réseaux**: services, utilities
~ **à chute unitaire**: single-stack system
~ **à système semiséparatif**: partially separate sewer system
~ **bouclé**: ringed network, ringed system
~ **d'adduction d'eau**: water supply system
~ **d'assainissement**: sewer system
~ **d'égouts**: sewer system
~ **d'énergie électrique**: power grid
~ **d'évacuation**: drainage system
~ **d'incendie**: fire line
~ **d'incendie à eau sous pression**: wet pipe system
~ **de cisaillement**: shear pattern
~ **de contraintes**: shear pattern
~ **de distribution**: distribution grid, distribution system; (él, gaz) mains
~ **de distribution d'eau**: water main system
~ **de distribution d'électricité**: electricity grid
~ **de distribution de gaz domestique**: domestic gas grid
~ **de gaines**: ductwork, duct network, ducting
~ **de lignes de consommateurs**: secondary distribution network
~ **de pieux**: pile pattern
~ **de pointes filtrantes**: wellpoint system
~ **de référence**: reference space grid
~ **de transport de l'électricité**: grid system
~ **des conduites**: mains net[work]
~ **des lignes de courant**: flow pattern
~ **gravitaire**: gravity system
~ **maillé**: gridiron system, meshed network
~ **modulaire**: modular space grid
~ **muni de compteurs**: metered system
~ **polylobé**: (arch) cusps
~ **pseudo-séparatif**: partially separate sewer system
~ **ramifié**: branched network
~ **semi-séparatif**: partially separate sewer system
~ **séparatif**: separate sewer system
~ **unitaire d'assainissement**: combined sewer[age] system
~ **urbain**: secondary distribution network, secondary distribution trunk line

**réservation** f : (dans un mur) wall pocket; (de scellement) grout pocket

**réserve** f : storage area, store room
**de ~**: stand-by

**réservoir** m : tank; (hydraulique) reservoir
~ **à ciel ouvert**: open-air reservoir
~ **à mazout**: oil tank
~ **à toit bombé**: dome-roof tank
~ **à toit flottant**: floating-roof tank
~ **à toit respirant**: lifter-roof tank
~ **amortisseur**: surge tank
~ **d'air comprimé**: air receiver (of compressor)
~ **d'incendie**: fire cistern
~ **de charge**: working tank
~ **de chasse**: flush, flush tank NA, cistern GB
~ **de chasse automatique**: automatic flushing cistern
~ **de chasse bas**: low-level cistern GB, low-down tank NA
~ **de chasse haut**: high-level cistern GB, high-up tank NA
~ **de retenue**: impounding reservoir, storage reservoir
~ **en charge**: gravity tank
~ **enterré**: underground tank
~ **journalier**: service tank, day tank
~ **sous pression**: pressure tank

**résidence** f : (appartements) Court

**résidu** m : residue; (déchets) waste
~ **sec**: dry residue
**~s industriels**: industrial waste

**résiliation** f: termination of contract

**résilience** f: impact resistance, impact strength, toughness; (travail de choc) resilience

**résille** f: (structure) grid; (de vitrail) cames
~ **bidirectionnelle**: square grid, rectangular grid, two-way grid
~ **spatiale**: space grid
~ **tridimensionnelle**: three-way grid

**résine** f: resin
~ **acrylique**: acrylic resin
~ **alkyde**: alkyd resin
~ **aux silicones**: silicone resin
~ **coumaronique**: coumarone indene resin
~ **de polyuréthane**: polyurethane resin
~ **de silicone**: silicone resin
~ **époxyde**: epoxy resin
~ **minérale**: mineral resin
~ **phénolique**: phenol[ic] resin
~ **polyester**: polyester resin
~ **polyvinylique**: polyvinyl resin
~ **synthétique**: synthetic resin
~ **thermodurcissable**: thermosetting resin
~ **thermoplastique**: thermoplastic resin

**résistance** f: (d'un matériau) strength; (él) resistor
~ **à admettre**: design strength
~ **à l'abrasion**: abrasion resistance
~ **à l'arrachage**: (d'un pieu) pile extraction resistance
~ **à l'arrachement**: (d'un clou) pull-out strength
~ **à l'éclatement**: bursting strength
~ **à l'écoulement**: drag
~ **à l'écrasement**: crushing strength
~ **à l'état mouillé**: wet strength
~ **à la compression**: compressive strength
~ **à la flexion**: bending strength GB, flexural strength NA
~ **à la rupture**: breaking strength GB, breaking load NA, ultimate strength
~ **à la torsion**: torsional strength
~ **à la traction**: tensile strength
~ **à la traction par fendage**: splitting tensile strength
~ **à la traction par flexion**: bending tensile strength
~ **au battage**: penetration resistance
~ **au choc**: impact strength
~ **au cisaillement**: shear strength
~ **au cisaillement sans consolidation**: undrained shear strength

~ **au cône**: cone index, cone resistance
~ **au décollement**: delamination strength
~ **au délaminage**: interlaminar strength
~ **au feu**: fire resistance
~ **au flambage**: buckling strength
~ **au fléchissement**: yield strength
~ **au fluage**: creep strength
~ **au glissement**: sliding resistance
~ **au roulement**: running resistance, rolling resistance
~ **aux intempéries**: weatherability
~ **aux maculations**: resistance to marring
~ **aux salissures**: resistance to dirtying
~ **du sol**: soil strength, soil resistance, soil bearing capacity
~ **envisagée**: design strength
~ **initiale**: early strength, green strength, primary strength
~ **thermique**: thermal stability
~ **ultime**: ultimate strength
~ **vive**: resilience

**résistant**, ~ **à l'acide**: acid resistant
~ **à l'effraction**: burglarproof
~ **au froid**: (hort) hardy
~ **aux maculations**: mar resistant

**résonance** f: resonance

**résorcine** f: resorcinol

**résorcinol** m: resorcinol

**respiration** f: (d'un réservoir) breathing

**responsabilité** f: liability
~ **biennale**: two-year liability
~ **civile**: public liability
~ **conjointe et solidaire**: joint and several liability
~ **décennale**: ten-year liability
~ **du bailleur**: landlord's liability
~ **du propriétaire**: owner's liability
~ **du transporteur**: carrier's liability
~ **indirecte du bailleur**: landlord's protective liability
~ **locative**: tenant's liability
~ **patronale**: employer's liability
~ **pour dommages matériels**: property damage liability
~ **produit**: product liability

**responsable** m: person in charge; adj: liable
~ **de la planificiation énergétique**: energy planner
~ **des études**: job captain

**ressaut** *m* : (décrochement) step; (de mur) vertical or horizontal projection in main plane of wall; (de chéneau, de couverture) drip
 à ~: stepped (false arch, corbel arch)

**ressort** *m* : spring
 ~ **à boudin**: spiral spring
 ~ **à cintrer**: bending spring

**ressource** *f* : resource

**ressuage** *m* : (du béton) bleeding; (d'un mur) sweating; (de peinture) bleed-through, strike-through

**ressuyage** *m* : (séchage du bois) reconditioning

**ressuyer**: to dry (plaster, lime)

**restauration** *f* : restoration
 ~ **d'une façade**: facelift

**restituteur** *m* : plotting instrument, plotting machine

**restitution** *f* : (de photographie aérienne) plotting; (pieu) restitution

**retable** *m* : altar piece, reredos

**retard** *m* : delay; (él) lag
 ~ **de livraison**: late delivery
 **en ~**: late; (él) lagging

**retardateur** *m* **de prise**: retarder, retarding admixture

**rétenteur** *m* **d'eau**: water retaining agent

**rétention** *f* : holding; (hydraulique) retention, detention
 ~ **spécifique d'eau capillaire**: specific retention

**retenue** *f* : (emmagasinage de l'eau) pondage, impounding, storage
 ~ **au tamis**: retained material
 ~ **de garantie**: retention money GB, retainage NA
 **~s de grilles**: (épuration de l'eau) screenings

**réticule** *m* : graticule, reticule

**retombée** *f* : drop
 ~ **d'étanchéité**: downstand
 ~ **de plafond**: frieze
 ~ **de poutre**: dropped girder
 ~ **de voûte**: springing

**retoucher**: to make good; (peinture, plâtre) to touch up

**retour** *m* : return
 ~ **de flamme**: backfire, backfiring
 ~ **de limon courbé**: wreath piece, wreath
 ~ **en vrac**: (clim) unducted return
 **en ~**: (mur, moulure) on the return, returned

**retrait** *m* : (du béton, du bois) shrinkage; (enlèvement) removal, withdrawal
 ~ **dû au séchage**: drying shrinkage
 ~ **en losange**: diamonding
 ~ **par refroidissement**: thermal shrinkage
 **en ~**: (en recul par rapport à l'alignement) set back
 **sans ~**: (mortier, béton) shrinkage compensating

**retraite** *f* : scarcement, setback (in face of wall)
 ~ **horizontale dans un mur**: intake

**retranche** *f* : offset (in wall for floor beams)

**rétrécissement** *m* : shrinkage, narrowing
 ~ **de cheminée**: fire frame

**rétrochargeuse** *f* : backloader

**réunion** *f* **de chantier**: site meeting, job meeting

**revenu** *m* : recovery; (acier) temper
 ~ **élastique**: elastic recovery

**réverbération** *f* : (lumière) reflection; (son) reverberation

**revêtement** *m* : coating, lining; (de sol, de mur) covering; (en pierre, brique) facing, facework; (de route) pavement; (de talus) revetment; (of shingles) weather; (of centre-hung slating) lap
 ~ **à liants hydrocarbonés**: blacktop
 ~ **acoustique**: acoustic lining
 ~ **asphaltique spongieux**: sponge asphalt
 ~ **bitumé**, ~ **bitumineux**: asphalt covering
 ~ **calorifuge**: lagging
 ~ **d'asphalte**: asphalt covering
 ~ **d'étanchéité multicouche**: membrane [roofing]
 ~ **de mur en ardoises**: hung slating, weather slating
 ~ **de mur en tuiles**: hung tiling, weather tiling

~ **de sol**: (non permanent) floor covering; (permanent) floor finish
~ **de sol coulé**: jointless flooring, seamless flooring
~ **de sol en caoutchouc à pastilles**: studded rubber flooring
~ **étanche**: impervious blanket, waterproof blanket
~ **extérieur**: (de mur) cladding
~ **hydrocarboné**: blacktop
~ **intérieur**: (de mur) lining
~ **magnésien**: magnesite flooring
~ **mural intérieur**: wall covering
~ **par pénétration du goudron**: tar-grouted surfacing
~ **pelliculaire**: skin coat
~ **routier**: road surface, topping
~ **souple**: (de chaussée) flexible pavement
~ **transparent**: (de capteur solaire) glazing
~ **travaillant**: stressed skin
**refaire le ~**: (route) to resurface

**révisé**: amended

**révision** f **de prix**: price adjustment, escalation

**rez-de-chaussée** m : groundfloor GB, first story, street floor NA; (maison à ~) bungalow
~ **à combles aménagés**: chalet bungalow, semi-bungalow
~ **à étage partiel**: chalet bungalow GB, story-and-a half, semi-bungalow NA
~ **sur terre-plein**: solid groundfloor

**RG** → **répartiteur général**

**rhéoépaississement** m : shear thickening

**rhéologie** f : rheology

**RIA** → **robinet d'incendie armé**

**ridage** m : (peinture) ripples, wrinkling, crinkling

**rideau** m : (de fenêtre) curtain GB, drape NA; (structure) curtain
~ **d'ancrage**: anchor curtain
~ **d'eau**: water curtain
~ **d'étanchéité**: (de fouille) cutoff
~ **d'injection**: grout curtain
~ **de cheminée**: chimney board, fire board, summer piece
~ **de palplanches**: sheet piling, sheet pile wall
~ **fixe**: bulkhead

~ **fixe dont l'extrémité est immobilisée**: bulkhead with fixed earth support
~ **métallique à grille**: rolling grille door
~ **métallique à lames**: rolling shutter [door], roll-up door
~ **roulant**: rolling shutter door

**rides** f : (en surface) ridging; (de peinture) crinkling, ripples, wrinkling

**rigidité** f : rigidity, stiffness
~ **de flexion**: flexural rigidity
~ **diélectrique**: dielectric strength

**rigole** f : (écoulement, fossé) channel; (pour fondations) trench
~ **d'assèchement**: drainage channel, drainage ditch, drainage trench
~ **d'écoulement**: (tuile) waterway
~ **de reprise**: collecting channel

**rinceaux** m : running foliage decoration

**ripage** m : sliding, skidding

**risque** m : hazard, risk
~ **aggravé**: substandard risk
~ **après travaux**: completed operations hazard
~ **assurable**: insurable risk
~ **contigu**: contiguous risk
~ **d'exploitation**: operational risk
~ **d'incendie**: fire hazard
~ **de voisinage**: exposure risk
~ **exclus**: excluded risk
~ **garanti**: covered risk
~ **locatif**: tenant's risk
~ **moyen**: average risk
~ **normal**: common hazard
~ **professionnel**: occupational hazard
~ **réservé**: excepted risk

**rive** f : edge
~ **amincie**: feather edge
~ **de tête**: (de toit) top edge; (contre un mur) abutment line
~ **en arêtier**: hip edge
~ **latérale**: (de toit) verge
**de ~**: (poutre, poteau) end

**rivé**: riveted
~ **à couvre-joint**: butt riveted

**river**: to rivet; (un clou, un boulon) to clinch, to clench

**riverain** m : frontager, resident (of a street); adj : (le long d'un cours d'eau) riparian

**rivet** *m* : rivet
~ **à tête fraisée**: countersunk rivet
~ **à tête goutte-de-suif**: button-head rivet
~ **d'assemblage**: tack rivet
~ **tubulaire et fendu**: tubular and split rivet
~**s en quinconce**: cross riveting, staggered riveting, zigzag riveting
~**s enlignés**: chain rivetting

**rivoir** *m* : riveting hammer

**rivure** *f* : riveted joint; second head of a rivet

**robinet** *m* : cock, valve; (d'appareil sanitaire) tap GB, faucet NA
~ **à bec courbe**: bibcock, bib tap
~ **à boisseau**: plug cock
~ **à cache-entrée**: lockshield valve
~ **à clé**: key valve
~ **à deux voies**: two-way valve
~ **à flotteur**: float valve; (de chasse d'eau) ball valve, ball cock
~ **à pointeau**: needle valve
~ **à tournant conique**: plug cock, plug valve
~ **à tournant sphérique**: ball valve
~ **d'arrêt**: stop cock; (de compagnie) curb cock, curb stop
~ **d'arrêt sphérique**: globe valve
~ **d'arrosage**: hose bib, hose cock, NA sill cock
~ **d'échantillonnage**: sampling cock
~ **d'équerre**: angle valve
~ **d'incendie**: hose valve
~ **d'incendie armé**: fire hose reel
~ **de barrage**: isolating valve
~ **de branchement**: curb stop, curb cock
~ **de chasse**: flush[ing] valve
~ **de compagnie**: corporation cock, company's stopcock
~ **de compteur**: meter stop, meter control
~ **de puisage**: drawoff tap
~ **de purge**: drain cock, bleeding valve, bleeder, pet cock, draw cock, purge valve
~ **de radiateur**: radiator valve
~ **de réglage**: control valve, throttle valve
~ **de vidange**: drain cock, drain valve
~ **électromagnétique**: electrovalve
~ **général**: master tap
~ **mélangeur**: mixer tap
~ **motorisé**: motorised valve
~--**pilier**: pillar tap
~ **plein passage**: full-way valve, full-flow valve
~ **thermostatique**: thermostatic valve

**robinet-vanne** *m* : gate valve
~ **à tige montante**: rising stem valve

**robinetterie** *f* : water fittings, plumbing fittings, valving

**rocade** *f* : bypass (road)

**rocaillage** *m* : (dans mortier, entre grosses pierres) packing; (joints entre moellons en opus incertum) gaveting, galleting

**rocaille** *f* : rockwork, broken stones; (de jardin) rockery, rock garden

**roche** *f* : rock
~ **aquifère**: water-bearing rock
~ **de fond**: bedrock GB, ledge [rock] NA
~ **en place**: solid rock, bedrock
~ **éolienne**: aeolian rock
~ **ignée**: igneous rock
~ **litée**: layered rock
~ **métamorphique**: metamorphic rock
~--**mère**: parent rock
~ **meuble**: unconsolidated rock
~ **non cimentée**: unconsolidated rock
~ **organique**: organic rock
~ **pourrie**: rotten rock
~ **sédimentaire**: sedimentary rock
~ **stratifiée**: stratified rock
~ **tendre**: soft rock
~ **vive**: living rock, solid rock

**roman**: romanesque

**ronce** *f* : (bois) burr, burl, curl
~ **artificielle**: barbed wire
~ **de noyer**: burr walnut

**rond** *m, adj* : round
~ **à béton**: reinforcing bar, reinforcing rod
~ **crénelé**: toothed round reinforcing bar
~ **lisse**: plain bar

**ronde** *f* : (de surveillance) round

**rondeau** *m* : (moulure) roundel

**rondelle** *f* : washer
~ **biaise**: bevelled washer GB, beveled washer NA
~ **en fibre**: fibre washer
~ **fusible**: fusile plug
~ **plate**: plain washer

**ronfleur** *m* : buzzer

**rongé**: (métal) heavily corroded
~ **des vers**: wormeaten
~ **par la rouille**: badly rusted

**roofing** *m* : roofing felt

**rorifère**: on which dew or condensation appears

**rosace** *f* : (ornement) rose; (fenêtre) rose window, [Catherine] wheel window, marigold window; (d'interrupteur) rose, wall block, wood block
~ **de plafond**: ceiling rose

**roseau** *m* : (toiture) reed

**rosette** *f* : (de serrure) rose
~ **des jauges**: strain rosette

**rossignol** *m* : mortise wedge

**rotor** *m* : (de serrure) swivelling cylinder, cylinder plug

**rotule** *f* : (structure) hinge
~ **cylindrique**: pin joint
~ **de dilatation**: (construction métallique) expansion rocker
~ **plastique**: plastic hinge

**roue** *f* : wheel; (de pompe centrifuge) impeller
**sur ~s**: (engin) wheeled

**roue-pelle** *f* : bucket wheel [excavator]

**rouet** *m* : (de serrure) annular ward

**rouille** *f* : rust
~ **blanche**: white rust

**rouillé**: rusty

**rouleau** *m* : (outil) roller; (arch) arch band, roll; (de papier peint, de feutre) roll
~ **à gazon**: garden roller
~ **à peinture**: paint roller
~ **à pieds de mouton**: sheepsfoot roller
~ **à pieds dameurs**: tamping roller
~ **à pneus**: multiwheel roller, pneumatic-tyred roller
~ **de dilatation**: expansion roller
~ **vibrant**: vibrating roller, vibratory roller

**roulette** *f* : (pose de papier peint) seam roller; (instrument) measuring tape, surveyor's tape, tape measure (in circular case)
~ **à manivelle**: wind-up tape measure

**roulure** *f* : ring shake, cup shake

**route** *f* : road; highway NA
~ **à deux chaussées**: dual carriageway road GB, dual highway NA
~ **carrossable**: road passable for vehicles
~ **de ceinture**: orbital road
~ **en terre**: dirt road
~ **principale**: main road

**ruban** *m* : tape, ribbon
~ **à joints**: joint tape
~ **cache**: masking tape
~ **isolant**: insulating tape GB, friction tape NA

**rubanage** *m* : ribbon grain

**rubrique** *f* : (programme de travaux) item

**rudenture** *f* : cabling, cable pattern, reeding (on column)

**rudération** *f* : ruderation

**rue** *f* : (de quartier ancien) street; (de quartier moderne) road GB, street NA
~ **barrée**: street closed to traffic
~ **commerçante**: shopping street

**ruelle** *f* : alley, lane (in town)

**ruellée** *f* : cement fillet, mortar fillet, weather fillet (between roof and wall), cement flashing

**rugosité** *f* : [surface] roughness

**ruine** *f* : structural failure (not by fracture); **ruines**: (d'un bâtiment) ruins
~ **d'une pièce**: failure of a component
~ **par compression**: compression failure

**ruiner**: (un poteau, une poutre) to groove, to notch

**ruinure** *f* : notch (carp)

**ruisseau** *m* : gutter (in roadway)

**ruissellement** *m* : [surface] runoff

**rupteur** *m* : (él) breaker

**rupture** *f* : structural failure (by fracture), collapse, fracture, breaking
~ **à nerf**: fibrous fracture
~ **active**: active failure
~ **dans le plan de collage**: glue failure
~ **de base**: (talus) base failure, toe failure

~ **de contrat**: breach of contract
~ **de joint**: (pierre) hollow bed
~ **de poinçonnement**: punched fracture
~ **de synchronisme**: (él) phase swinging
~ **dentelée**: jagged rupture, jagged fracture
~ **en coupelle**: cup-and-cone fracture
~ **en exploitation**: service failure
~ **en sifflet**: splayed rupture, splayed fracture
~ **fragile**: brittle fracture
~ **par clivage**: cleavage fracture
~ **par compression**: compression failure
~ **par éclatement**: bursting failure
~ **par écoulement plastique**: failure by plastic flow
~ **par enfoncement**: foundation failure, failure by sinking
~ **par érosion souterraine**: failure by subsurface erosion
~ **par fendage**: splitting fracture, splitting rupture
~ **par flambement**: buckling failure
~ **par poussée active**: active failure
~ **par renards**: failure by piping
~ **par soulèvement**: heaving failure
~ **profonde**: base failure (below toe of slope)
~ **soyeuse**: silky rupture, silky fracture

**rusticage** *m*, **rustiquage** *m* : rustic work; rustication

**rustique**: rustic; (hort) hardy

**rustiqué**: rusticated

# S

**sabine** *f* : sabin

**sablage** *m* : sandblasting, blast cleaning; (de route) gritting
~ **de propreté**: sand blinding
~ **humide**: vapour blasting, wet blasting
~ **sec**: dry sand blasting

**sable** *m* : sand; (retenu à l'épuration) grit
~ **anguleux**: sharp sand
~ **aquifère**: waterbearing sand
~ **boulant**: running sand
~ **compact**: tight sand
~ **coquillier**: shell sand
~ **de maçonnerie**: building sand
~ **de quartz**: quartz sand
~ **éolien**: wind-blown sand
~ **maigre**: lean sand
~ **mordant**: sharp sand

**sablière** *f* : sand pit; (sous chéneau) gutter plate; (panne ~) pole plate; (poutre ~) raising plate, wall plate
~ **basse**: groundsill, foundation sill, sole plate, sole piece
~ **de cloison**: partition cap, partition head, partition plate
~ **de comble**: top [wall] plate
~ **de débord de toit**: eaves plate
~ **de toit**: roof plate
~ **haute**: head plate

**sablon** *m* : fine sand

**sabot** *m* : (calibre à traîner) horse; (sous poteau métallique) bearing block, bearing plate
~ **de pieu**: drive shoe, pile shoe
~ **de plinthe**: skirting block

**sac** *m* : bag
~ **à valve de remplissage**: (ciment) valve bag

**sacristie** *f* : vestry, sacristy

**sagitté**: arrow-shaped

**saignée** *f* : (dans le plâtre, dans un mur) chase
~ **d'engravure**: raglet, raggle, reglet, raglin

**saignement** *m* : (de peinture) bleeding, bleed-through, strike-through

**saillant**: projecting, jutting out, proud

**saillie** *f* : overhang, jutty, jetty, projection; (arrondie et en surplomb) lip, ledge
~ **de rive**: (de pignon) verge overhang, gable verge
~ **de toit**: overhanging eaves

**sain**: (bois) sound

**saison** *f* : season
~ **sans chauffage**: nonheating season

**salissement** *m* : (hort) weed invasion

**salissure** *f* : stain, dirty mark, soil

**salle** *f* : room; (de cinéma, de théâtre) auditorium
~ **à manger**: dining room
~ **anéchoïque**: anechoic room
~ **blanche**: clean room
~ **capitulaire**: chapter house
~ **d'armes**: armoury
~ **d'attente**: waiting room
~ **d'eau**: bathroom, shower room
~ **d'exposition**: showroom
~ **de bains**: bathroom; (appareils assortis) bathroom suite
~ **de bal**: ballroom
~ **de banquets**: banqueting hall, function room
~ **de séjour**: living room
~ **des fêtes**: parish hall, village hall; assembly rooms (GB, 19thC)
~ **des pas perdus**: concourse, lobby
~ **du commun**: servants' hall
~ **insonorisée**: acoustically-treated room
~ **réverbérante**: live room
~ **sourde**: dead room, free-field room

**salon** *m* : lounge, drawing room; parlour (19th C)

**salpêtre** *m* : saltpetre

**sanctuaire** *m* : sanctuary

**sanitaire** *m* : plumbing system; *adj* : sanitary
~**s**: (collectifs) toilet block

**sans**, ~ **carter**: (ventilateur) uncased
~ **enrobage**: (charpente métallique) uncased

**sapelli** *m* : sapele [mahogany]

**sapeur-pompier** *m* : fireman; **sapeur-pompiers**: fire brigade GB, fire company NA

**sapin** *m* : (arbre) fir tree; (bois) deal

**sapine** *f* : hoist tower

**saponification** *f* : (peinture) saponification

**sas** *m* : (clim) airlock
~ **pour le personnel**: (tunnel, caisson) man lock
~ **sous pression**: pressure lock

**saut-de-loup** *m* : sunken fence; (cour anglaise) areaway

**saute** *f*, ~ **de pression**: pressure surge
~ **de température**: sudden change in temperature

**sauterelle** *f* : (instrument) bevel square; (de manutention) portable conveyor

**sautoir** *m* : St Andrews cross

**scagliola** *f* : scagliola

**scarificateur** *m* : scarifier

**scellé au mortier**: bedded in mortar

**scellement** *m* : fixing into masonry, anchoring, bedding; **scellements**: masonry fixings
~ **au coulis**: grouting
~ **au mortier clair**: grouting
~ **d'argile**: clay seal
**de** ~: masonry

**sceller**: to fix to masonry; (carreau, poutre) to bed
~ **dans un bain de mortier**: to bed in mortar

**schéma** *m* : diagram
~ **d'écoulement de l'air**: flow pattern
~ **de fabrication**: flow sheet
~ **de montage**: layout diagram
~ **électrique**: circuit diagram, wiring diagram, schematic
~ **hydraulique**: flow pattern
~ **unifilaire**: single-line diagram

**schiste** *m* : (argileux) shale
~ **expansé**: expanded shale

**sciage** *m* : sawing; (du bois) conversion; (bois de ~) sawnwood, converted timber
~ **en long**: (parallèle aux faces) deep cutting; (parallèle aux tranches) ripping, ripsawing, flat cutting, flatting

**sciaphile**: (hort) shade-loving

**scie** *f* : saw
~ **à cadre**: frame saw
~ **à chantourner**: fret saw
~ **à cloche**: hole cutter, annular bit, hole saw, crown saw, cylinder saw
~ **à dos**: tenon saw, back saw, mitre saw
~ **à guichet**: keyhole saw
~ **à métaux**: hacksaw
~ **à refendre**: ripsaw
~ **à ruban**: band saw; (étroite) ribbon saw
~ **à trous**: crown saw, cylinder saw, hole saw, hole cutter, annular bit
~ **alternative**: reciprocating saw
~ **circulaire**: circular saw GB, buzz saw NA
~ **circulaire oscillante**: drunken saw, swing saw, wobble saw
~ **circulaire portative**: builder's saw
~-**cloche**: tubular saw
~ **d'entrée**: keyhole saw
~ **défonceuse**: flooring saw
~ **égoïne**, ~ **égohine**: handsaw
~ **hélicoïdale**: wire saw (stone cutting)
~ **passe-partout**: crosscut saw
~ **sabre**: sabre saw
~ **sauteuse**: jigsaw
~ **tronçonneuse**: chain saw

**scier**: to saw
~ **de travers**: to crosscut

**scierie** *f* : sawmill, mill

**sciure** *f* : sawdust

**scléromètre** *m* : sclerometer, durometer

**scotie** *f* : scotia

**scraper** *m* : scraper

**sculpter**: to carve

**sculpture** *f* : sculpture, carving

**SdB** → **salle de bains**

**sec**: dry
- ~ **à l'air**: air dry
- ~ **à l'expédition**: shipping dry
- ~ **absolu**: (bois) oven dry, bone dry
- ~ **au toucher**: touch dry
- ~ **dur**: (peinture) hard dry
- ~ **hors poisse**: (peinture) tack free
- ~ **hors poussière**: (peinture) dustfree

**séchage** *m* : drying; (bois) seasoning, drying
- ~ **à l'air**: air drying, natural seasoning
- ~ **à l'étuve**: kiln drying, hot-air drying
- ~ **éclair**: flash drying
- ~ **naturel**: air drying, natural seasoning
- ~ **par pulvérisation**: spray drying
- ~ **par rayons infrarouges**: infrared drying

**séché**: dried
- ~ **à l'air**: air dried, air seasoned
- ~ **au four**, ~ **au séchoir**: kiln dried

**sécheresse** *f* : drought

**séchoir** *m* : drier, drying room, drying loft, drying area
- ~ **à linge**: clothes drier

**second**: second
- ~ **jour**: borrowed light
- ~ **œuvre**: finishings

**secours** *m* : emergency services, rescue services
  **de** ~: standby, backup

**secteur** *m* : (zonage) district; (él) mains

**section** *f* : (dessin) cross section; (études) section
- ~ **critique**: critical section
- ~ **équivalente**: (d'une conduite) equivalent section
- ~ **fissurée**: cracked section
- ~ **résistante**: load resisting section
- ~ **transversale**: cross section
- ~ **utile**: (d'armature, de béton) effective area

**sécurité** *f* : safety; (contre les vols) security, surveillance
  **à ~ intégrée**, **à ~ positive**: failsafe

**sédimentation** *f* : sedimentation, deposition

**sédimentométrie** *f* : sedimentation analysis

**segment** *m* : segment
- ~ **fléché**: (chemin critique) arrow

**ségrégation** *f* : (béton) segregation

**séisme** *m* : earthquake

**sel** *m* : salt
- ~ **de fusion**: fusing salt, heat of fusion salt
- ~ **dissous**: dissolved salt
- ~ **eutectique**: eutectic salt
- ~ **fondu**, ~ **fusible**: fusing salt, heat of fusion salt
- ~ **lixiviable**: leachable salt

**sellette** *f* : slung cradle
- ~ **de peintre**: decorator's cradle

**semelle** *f* : (d'étai) abutment piece NA, sole piece; (de fondation) footing; (de machine) baseplate, bedplate; (de poteaux) sole plate; (de poutre métallique) flange; (de mur de soutènement) base
- ~ **à charge excentrée**: eccentric footing
- ~ **à gradins**: stepped footing
- ~ **à redans**, ~ **à redents**: stepped foundation, benched foundation
- ~ **armée dans les deux sens**: two-way reinforced footing
- ~ **basse**: (de chandelle) sill; (de cloison) bottom plate
- ~ **carrée**: square footing
- ~ **comprimée**: compression flange
- ~ **continue**: continuous footing, strip footing
- ~ **d'ancrage**: stay block
- ~ **de propreté**: (fouilles) cap
- ~ **élastique**: elastic footing
- ~ **en compression**: compression flange
- ~ **en poutrelles enrobées**: grillage foundation
- ~ **en tronc de pyramide**: sloping footing
- ~ **excentrée**: eccentric footing
- ~ **filante**: continuous footing, strip footing, strap footing
- ~ **flexible**: flexible footing
- ~ **fondée sur pieux**: pile-supported continuous footing
- ~ **haute**: (de chandelle) head; (de cloison) top plate, partition head, partition cap
- ~ **isolée**: individual footing, single footing, isolated footing, blob foundation

~ **isolée pyramidale**: sloped column footing
~ **isolée sous pilier**, ~ **isolée sous poteau**: single column footing, individual column footing, pad foundation GB, blob foundation NA
~ **jumelée**: combined footing
~ **pyramidale**: sloped footing
~ **rigide**: rigid footing
~ **tronconique**: sloped footing
~ **verticale**: (boisage de fouille) soldier [pile]

**semence** *f* : tack
~ **de tapissier**: carpet tack

**semi-hermétique**: semi-sealed, semi-hermetic

**semis** *m* : sowing

**sempervirent**: evergreen

**sens** *m* : direction
~ **antihoraire**: anticlockwise direction
~ **d'écoulement**: direction of flow
~ **d'ouverture**: (de porte) handing
~ **horaire**: clockwise direction
**dans le ~ des aiguilles d'une montre**: clockwise
**dans le ~ du fil**: (bois) with the grain
**dans le ~ inverse des aiguilles d'une montre**: anticlockwise

**sentence** *f* **arbitrale**: arbitration award

**séparateur** *m* : interceptor, intercepting trap, trap
~ **d'huile**: oil separator, oil remover, oil interceptor
~ **d'hydrocarbures**: GB petrol interceptor, petrol intercepting trap, NA gasoline interceptor, gasoline separator, gasoline trap
~ **de gaz**: gas trap
~ **de graisses**: (évacuation EU) grease separator, NA grease interceptor, GB grease trap; (épuration) grease removal tank, grease skimming tank

**séparation** *f* : separation; separating wall, divider, division
~ **des couches**: delamination

**sergent** *m* : joiner's cramp, joiner's clamp, bar clamp

**série** *f* : series
~ **de couches**: sequence (of layers, of strata)

~ **de prix**: (d'un organisme officiel) price schedule
**en ~**: (él) in series

**serlienne** *f* : serliana, Venetian window, Palladian window

**serpentin** *m* : coil
~ **de chauffage**: heating coil
~ **refroidisseur**: cooling coil

**serrage** *m* : (d'écrous, de vis) tightening; (du béton) compaction

**serre** *f* : greenhouse, glasshouse; (attenante à une maison) conservatory
~ **chaude**: hothouse

**serre-câble** *m* : (él) cleat, cable clamp, cable grip, bulldog clip

**serre-fils** *m* : (él) binding post, binding screw

**serre-joint** *m* : joiner's clamp, joiner's cramp, bar clamp

**serre-tubes** *m* : pipe tongs
~ **à chaîne**: chain tongs, chain pipe wrench

**serrer**: to tighten
~ **à bloc**, ~ **à refus**: to drive a screw home, to screw tight, to screw home

**serrure** *f* : lock
~ **à barillet**: cylinder lock
~ **à boutons**: knob set
~ **à canon**: cylinder lock
~ **à double tour**: double lock
~ **à forer**: bored lock
~ **à garniture[s]**: warded lock
~ **à gorges**: tumbler lock
~ **à palâtre**: case lock
~ **à pêne dormant**: dead lock
~ **à pistons**: cylinder lock, pin tumbler lock
~ **à pompe**: Bramah lock
~ **à ressort**: spring lock
~ **antipanique**: antipanic lock
~ **batteuse**: cam lock
~ **bec-de-cane complète**: latch set
~ **bénarde**: double-sided lock, pin-key lock
~ **camarde**: drawback lock
~ **cylindrique**: cylindrical lock
~ **de sûreté**: security lock
~ **en applique**: rim lock, surface lock
~ **encastrée**: flush lock (flush with door edge only)
~ **encloisonnée**: rim lock

~ **entaillée**: flush lock (flush with door edge and face)
~ **incrochetable**: burglarproof lock
~ **lardée**: mortise lock
~ **mortaisée**: mortise lock
~ **multipoints**: multipoint lock
~ **réversible**: double-handed lock
~ **tubulaire**: tubular lock
~ **va-et-vient**: two-way action lock

**serrurerie** f : ironwork, metalwork; locks
~ **d'art**: art metalwork
~ **de bâtiment**: finish hardware, builder's hardware
~ **décorative**: architectural metalwork, architectural hardware

**sertir**: to crimp, to swage

**service** m : (bureau) department;
→ aussi **services**
~ **d'hygiène**: public health department
~ **de la voirie**: highways department
~ **public**: utility
~ **technique**: engineering department
**en ~**: (machine) ON; (usine) on stream
**hors ~**: OFF

**services** m, ~ **généraux**: common services, joint services
~ **publics**: [public] utilities

**serviette** f **pliée**: drapery panel, napkin pattern, linenfold, linen pattern

**servitude** f : easement; (impératif) constraint; **servitudes**: appurtenances
~ **d'écoulement des eaux**: drainage easement
~ **d'égout**: sewerage easement
~ **de passage**: right-of-way
~ **de vue**: ancient lights

**seuil** m : (de maison) threshold, door sill; (d'un ouvrage hydraulique) sill
~ **d'audibilité**: threshold of audibility
~ **rapporté**: slip sill

**sgraffite** m : sgraffito

**shed** m : northlight roof

**SHO** → **surface hors œuvre**

**siccatif** m : drier, drying agent; adj : drying

**siccité** f : dryness

**siège** m : seat; **sièges**: seating
~ **à la turque**: squat closet
~ **de clapet**, ~ **de soupape**: valve seat

**signalisation** f : indication, warning
~ **horizontale**: road markings
~ **verticale**: road signs

**signe** m **contraire**: opposite sign

**silex** m : flint

**sillage** m : (d'une hélice en rotation) slipstream

**silo** m : silo, bin
~ **accumulateur de granulat**: aggregate bin
~ **de stockage**: hopper, bin
~ **de stationnement**: multistorey car park

**similipierre** f : artificial stone, cast stone, imitation stone, patent stone

**simple**: simple; single, one-way; (force) pure, direct
~ **service**: (ascenseur) single-sided
**à ~ effet**: single acting

**simulateur** m **de rayonnement solaire**: solar simulator

**sinistre** m : (incendie) fire; (assurance) claim

**siphon** m : siphon, syphon; (à garde d'eau) trap
~ **à chute directe**: bag trap
~ **à cloche**: bell trap
~ **à grande garde d'eau**: deep seal trap
~ **à sortie horizontale**: P-trap
~ **à sortie verticale**: S-trap
~ **à ventilation directe**: crown-vented trap
~ **antisiphonage**: nonsiphon trap
~ **coupe-odeurs**: stench trap
~ **d'égout**: drain trap
~ **de cour**: yard trap
~ **de maison**: house trap, building trap
~ **de sol**: (évacuation) floor trap
~ **de sortie d'immeuble**: building trap, main trap, house trap
~ **de vidange**: waste trap
~ **disconnecteur**: disconnecting trap, intercepting trap, interceptor
~ **en S à sortie oblique**: three-quarter S-trap
~ **horizontal**: running trap
~ **indésamorçable**: antisiphon trap
~ **renversé**: dip trap
~ **vertical**: S trap

**sipo** m : utile

**sismographe** *m* : seismograph

**site** *m*, **~ exposé**: exposed position
~ **protégé**: sheltered position

**smille** *f* : scabbling hammer

**socle** *m* : base, stand; (de machine) base, plinth; (de colonne, sous plinthe) scamillus
~ **de chambranle**: skirting block, base block, plinth block
~ **de prise de courant**: receptacle
~ **en retrait**: (sous meuble) toe recess
~ **rocheux**: bed rock GB, ledge rock NA

**soie** *f* : (d'un outil) tang

**sol** *m* : ground, soil; (d'une pièce) floor
~ **à architecture serrée**: densely packed soil
~ **à granulométrie continue**: well-graded soil
~ **à gros éléments**: coarse granular soil, coarse-grained soil
~ **affouillable**: soil liable to scour
~ **alluvial**: alluvial soil
~ **antipoussière**: dustproof floor
~ **battant**: (hort) capping soil, sealing soil
~**-ciment**: soil cement
~ **cohérent**: cohesive soil
~ **d'alluvions**: alluvial soil
~ **d'apport**: made-up soil
~ **d'appui**: bearing soil, supporting soil
~ **d'assise**: bearing soil, supporting soil
~ **d'emprunt**: borrowed soil
~ **de fondation**: foundation soil, supporting soil, subgrade, subsoil
~ **définitif**: formation level GB, final grade, grade level NA
~ **en pente**: sloping ground
~ **en place**: natural ground, natural soil, soil in place
~ **en terre battue**: mud floor
~ **ferme**: firm soil, firm ground
~ **fini**: finished grade; finished floor level
~ **fort**: heavy soil
~ **gonflant**: expansive soil, swelling soil
~ **gorgé d'eau**: waterlogged soil
~ **inaffouillable**: soil not liable to scour
~ **intact**: undisturbed soil
~ **meuble**: loose soil, loose ground
~ **naturel**: (de fondation) natural foundation, undisturbed soil
~ **non cohérent**: noncohesive soil, cohesionless soil
~ **non remanié**: undisturbed soil
~ **nu**: bare soil
~ **organique**: muck
~ **porteur**: bearing soil, supporting soil
~ **pulvérulent**: cohesionless soil, granular soil
~ **remanié**: disturbed soil, remoulded soil
~ **résistant**: firm ground, hard ground
~ **rapporté**: superimposed soil
~ **sans cohésion**: noncohesive soil
~ **se dérobant latéralement**: bulging soil
~ **soumis aux actions saisonnières**: active layer
~ **vivant**: topsoil, vegetable soil

**solaire**: solar

**solarimètre** *m* : solarimeter

**soldat** *m* : (maç) skirting block

**soleil** *m* : sun, sunshine
~ **couchant**: sunset GB, sundown NA
~ **levant**: sunrise GB, sunup NA

**solidaire**: integral, monolithic

**solifluction** *f* : solifluction, solifluxion

**solin** *m* : angle fillet, weather fillet (of cement, mortar or plaster)

**solivage** *m* : floor framing, floor joists

**solive** *f* : floor joist, joist
~ **assemblée**: framed joist
~ **bâtarde**: trimmed joist GB, tail piece, tail joist NA
~ **boîteuse**: trimmed joist GB, tail piece, tail joist NA
~ **courante**: common joist, floor joist, boarding joist
~ **d'enchevêtrure**: trimming joist GB, trimmer [joist] NA
~ **de plafond**: ceiling joist
~ **de plancher**: floor joist, common joist, boarding joist
~ **de remplissage**: intermediate joist
~ **de rive**: end joist
~ **passante**: bridging joist
~ **porteuse**: trimming joist GB, trimmer [joist] NA

**soliveau** *m* : small joist

**sollicitation** *f* : stress
~ **de compression**: compressive stress
~ **de torsion**: torsion stress
~ **de traction**: tensile stress
~ **thermique**: thermal stress, thermal load

**somme** *f* : sum, amount
  ~ **forfaitaire**: contract price, lump sum

**sommet** *m* : (de voûte, de route) crown; (de pignon, de toit) apex
  ~ **d'onde**: high part of corrugation

**sommier** *m* : (d'arc) springer, skewback; (de charpente) breastsummer, summer
  ~ **de pignon**: skew block, skew butt, gable springer

**son** *m* : sound
  ~ **aérien**: airborne sound

**sondage** *m* : probing; (de sol) trial boring, test boring; trial hole
  ~ **à la grenaille**: shot boring
  ~ **carotté**: core boring, core drilling, coring
  ~ **d'exploration**: probing
  ~ **par battage**: percussion boring
  ~ **par percussion**: percussion boring
  ~ **par rotation**: rotary boring
  faire des ~s: to sink boreholes

**sonde** *f* : (capteur) sensor; (de forage) drill, cable drill, churn drill, percussion drill
  ~ **de température**: temperature sensor

**sone** *f* : sone

**sonnerie** *f* : ringing of a bell, bell
  ~ **d'alarme**: alarm bell
  ~ **rythmée**: interrupted ringing

**sonnette** *f* : (de porte) bell; (de battage) pile driver, [pile] driving rig, piling rig
  ~ **électrique**: electric bell

**sonomètre** *m* : sound level meter

**sonorisation** *f* : public address system, sound amplification system

**sortie** *f* : (de personnes) issue, exit; (de fluide) outlet
  ~ **d'escalier**: stairway bulkhead
  ~ **de secours**: emergency exit, fire exit
  ~ **de ventilation**: roof terminal
  ~ **horizontale**: (plb) side outlet
  ~ **siphoïde**: siphon outlet

**soubassement** *m* : base; (sol) underlying soil
  ~ **de mur**: wall base

**souche** *f* : (d'arbre) stump
  ~ **de cheminée**: chimney stack (above roof level)
  ~ **de tubulure**: pipe tail

**soudabilité** *f* : weldability

**soudage** *m* : soldering; (autogène) welding
  ~ **à l'arc**: arc welding
  ~ **à l'arc métallique**: metal arc welding
  ~ **à l'arc métallique avec électrode enrobée**: manual metal arc welding GB, stick welding NA
  ~ **à l'arc métallique sous atmosphère gazeuse**: shielded metal arc welding
  ~ **à la flamme**: flame welding
  ~ **à la molette**: resistance seam welding
  ~ **à plat**: donwhand position welding
  ~ **aluminothermique**: thermit welding
  ~ **au plomb**: lead burning
  ~ **de goujons**: stud welding
  ~ **en position horizontale**: donwhand position welding
  ~ **par bossages**: projection welding
  ~ **par étincelage**: flash welding
  ~ **par friction**: friction welding
  ~ **par fusion**: fusion welding
  ~ **par plasma d'arc**: arc plasma welding
  ~ **par points**: stitch welding, spot welding
  ~ **par refoulement**: upset welding
  ~ **par résistance**: resistance welding
  ~ **thermique**: (de matières plastiques) heat welding
  ~ **TIG**: TIG welding

**soudé**: welded; (non coulé) fabricated

**souder**: to weld
  ~ **au chalumeau**: to blow

**soudeur** *m* : welder

**soudobrasage** *m* : braze welding, brazing

**soudure** *f* : (tendre) solder; soldered joint; (autogène) weld, seam
  ~ **à bords droits**: square butt weld
  ~ **à clin**: lap weld
  ~ **à plat**: flat weld
  ~ **à recouvrement**: lap weld
  ~ **au plafond**: overhead weld
  ~ **autogène sur plomb**: lead burning
  ~ **bord à bord**: butt weld
  ~ **continue**: seam
  ~ **d'angle**: fillet weld

~ **d'étanchéité**: seal weld
~ **de fils croisés**: cross wire weld
~ **de montage**: erection weld
~ **de pointage**: tack weld
~ **de raccordement**: tie-in weld
~ **demi-montante**: inclined weld
~ **discontinue**: intermittent weld
~ **en bouchon**: plug weld
~ **en congé**: convex fillet weld
~ **en corniche**: horizontal vertical weld
~ **en demi V**: single-bevel [butt] weld
~ **en double J**: double-J [butt] weld
~ **en K**: double-bevel butt weld
~ **en plusieurs passes**: multirun weld
~ **en position**: positioned weld
~ **en tulipe**: single-U butt weld
~ **en U**: single-U butt weld
~ **en V**: single-Vee butt weld
~ **en X**: double-Vee butt weld
~ **forte**: hard solder
~ **indirecte**: [hard] solder
~ **montante**: uphand weld
~ **par points**: tack weld
~ **par rapprochement**: butt weld
~ **saine**: sound weld
~ **tendre**: soft solder

**soufflage** *m* : blow[ing]
~ **en allège**: (clim) discharge below window
à ~ **direct**: (clim) free-blow

**soufflante** *f* : blower

**soufflette** *f* : blow gun

**souffleur** *m* **centrifuge**: centrifugal blower

**soufflure** *f* : (métal) blowhole
~ **de gaz**: gas pocket
~**s**: (plâtre) blowing, popping

**souillard** *m* : internal outlet (to gutter)

**soulagement** *m*, ~ **d'une charge**: unloading
~ **d'une pression**: removal of pressure

**soulager**: (une poutre) to relieve the strain, to take off the strain

**soulèvement** *m* : raising, lifting
~ **dû au gel**: frost heave
~ **du fond de fouille**: bottom heave
~ **du grain**: grain raising
~ **du pieu**: rising of the pile
~ **par le vent**: wind uplift

**soumission** *f* : tender GB, bid NA
~ **cachetée**: sealed tender, sealed bid

~ **en variante**: alternate tender, alternate bid
~ **la moins disante**: lowest tender, lowest bid

**soumissionnaire** *m* : tenderer GB, bidder NA
~ **le moins disant**: lowest tenderer, lowest bidder

**soumissionner**: to send in a tender, to tender GB, to submit a bid, to bid NA

**soupape** *f* : valve
~ **à flotteur**: float valve
~ **antivide**: vacuum breaker
~ **de sûreté**: safety valve

**soupente** *f* **d'escalier**: cupboard under the stairs

**soupirail** *m* : cellar light, cellar ventilator, basement light, basement ventilator, basement window

**souple**: flexible

**source** *f* : (origine) source; (de cours d'eau) spring
~ **chaude**: heat source
~ **classique d'énergie**: conventional source of energy
~ **de bruit**: source of sound
~ **de froid**: (PAC) heat sink
~ **froide**: (thermodynamique) heat sink
~ **lumineuse**: lighting source
~ **ponctuelle**: point source

**sous**: under
~ **plancher**: underfloor
~ **tension**: (él) live, switched on, turned on

**sous-bois** *m* : undergrowth

**sous-couche** *f* : (de peinture) undercoat; (de revêtement) base; (de voirie) subbase

**sous-dimensionné**: underdesigned, undersized

**sous-ensemble** *m* : subassembly

**sous-équipé**: (en matériel) underplanted; (en personnel) undermanned

**sous-estimer, sous-évaluer**: to underestimate

**sous-face** *f* : underside; (de poutre) soffit
~ **de débord de toit**: eaves soffit

**sous-jacent**: underlying

**sous-lisse** *f* : (de garde-corps) midrail

**sous-plancher** *m* : sound boarding, subfloor

**sous-pression** *f* : (du sol sur fondation) upward pressure GB, uplift NA
~ **hydrostatique**: hydrostatic uplift

**sous-refroidisseur** *m* : (PAC) subcooler

**sous-sol** *m* : subsoil; (d'une construction) basement; (de fondation) subgrade
~ **habitable**: English basement NA
~ **rocheux**: bedrock, cap rock, ledge rock
~ **surélevé**: semi-basement
**en ~**: below ground GB, below grade NA

**sous-station** *f* : substation

**sous-toiture** *f* : roof deck

**sous-traitant** *m* : subcontractor

**soutènement** *m* : supporting, propping
~ **des terres**: earth retaining

**souterrain**: *m* : (passage) underground passage, subway, underpass; (construction) underground, below grade; (câble, canalisation) buried

**spatule** *f* : spreader (for adhesive)
~ **crantée**: serrated spreader

**spectre** *m* : spectrum
~ **acoustique**: sound spectrum

**spirale** *f* : spiral
**en ~**: involute

**spit** *m* : stud (driven in with a stud gun)

**spittage** *m* : stud driving, stud shooting

**spot** *m* : spotlight

**sprinkler** *m* : sprinkler

**square** *m* : public gardens, small park GB, vestpocket park NA; *adj* : carré

**squelette** *m* : (du sol) internal structure

**stabilisateur** *m* : stabilizer

**stabilisation** *f* **du sol**: soil stabilisation

**stabilité** *f*, ~ **à la lumière**: light fastness
~ **au feu**: fire stability, fire grading
~ **d'une couleur**: colour fastness GB, color retention NA
~ **dimensionnelle**: dimensional stability
~ **thermique**: thermal stability

**stable**: stable
~ **à la chaleur**: heat resistant
~ **au feu**: fire resistant

**stadia** *f* : stadia staff GB, stadia rod NA

**stadimétrie** *f* : stadia work

**staff** *m* : staff, fibrous plasterwork

**stalle** *f* **de chœur**: choir stall

**standard** *m* : (tél) switchboard; *adj* : standard

**standolie** *f* : stand oil

**station** *f* : station, plant, works
~ **d'épuration**: sewage works, sewage treatment plant
~ **de compression**: compression plant
~ **de pompage**: pumping station
~ **de recompression**: booster station
~ **de relèvement**: lift station
~ **de transformation**: transformer station
~ **service**: filling station, petrol station GB, gas station NA

**stationnement** *m* : parking
~ **bilatéral**: parking on both sides
~ **délimité**: designated parking
~ **en épi**: angle parking
~ **en file**: parallel parking
~ **hors chaussée**: off-street parking
~ **interdit**: no parking
~ **réglementé**: controlled parking

**statique** *f* : statics
~ **graphique**: graphic statics

**statiquement**, ~ **déterminé**: statically determinate
~ **indéterminé**: statically indeterminate

**stéréotomie** *f* : stereotomy

**stockage** *m* : storage
~ **compensateur**: buffer storage
~ **régularisateur**: buffer storage
~ **tampon**: buffer storage
~ **thermique**: heat storage

**store** *m* : blind GB, shade NA
~ **à rouleau**: roller blind
~ **à lames verticales**: vertical blind
~ **capote**: awning blind
~ **corbeille**: awning blind
~ **vénitien**: venetian blind

**strate** *f* : stratum
~ **portante**: bearing stratum, bearing layer

**stratification** *f* : (géol) bedding

**stratifié** *m* : laminate, laminated plastic, plastic laminate; *adj* : laminated

**striction** *f* : necking [down], reduction in area

**strie** *f* : (de colonne) striga

**structure** *f* : structure
~ **à étages**: multistorey structure
~ **à résilles superposées**: double-layer space structure
~ **en résille simple**: single-layer space structure
~ **gonflable**: air-supported structure, pneumatic structure, inflatable structure
~ **hyperstatique**: hyperstatic structure
~ **isostatique**: isostatic frame, perfect frame, simple frame
~ **plane**: planar structure
~ **prismatique**: folded-plate construction, hipped-plate construction
~ **spatiale**: space deck, space frame, space structure
~ **statiquement indéterminée**: statically indeterminate structure
~ **tridimensionnelle**: space frame structure

**stuc** *m* : (enduit extérieur) stucco; (imitant marbre) stuc

**studio** *m* : bedsitter, one-room flat GB, studio apartment, efficiency apartment NA

**stuquer**: to stucco

**styliste** *m* : (décorateur) designer

**subjectile** *m* : substrate; (pour revêtement) base, background; (pour peinture) ground, base, substrate
~ **absorbant**: hot surface

**substitution, de ~**: alternative, substitute

**subvention** *f* : subsidy, grant
~ **au logement**: housing subsidy

**succion** *f* : suction

**suie** *f* : soot

**suintement** *m* : seepage; (de mur humide) sweating
~ **d'asphalte**: asphalt seepage

**suivi** *m* : follow-up, progress chasing
~ **budgétaire**, ~ **financier**: budget monitoring

**superélasticité** *f* : high elasticity

**superficie** *f* : area

**support** *m* : support; (de peinture) ground, base, substrate; (de revêtement de sol) underlayment, subflooring; (de couverture) roof sheathing
~ **d'appui**: bearing support
~ **d'étanchéité**: roof decking

**supporter**: to bear, to carry (the ceiling, an arch, a beam); (résister) to withstand (pressure, temperature)
~ **la charge maxi**: to be fully loaded
~ **une charge**: to carry a load, to take a load

**surabondance** *f* : statical indeterminateness, statical indeterminacy

**surabondant**: redundant

**surbille** *f* : log after the butt log

**surcharge** *f* : additional load, live load, mobile load, imposed load, superimposed load; (de mur de soutènement) surcharged earth, surcharge; (prix) surcharge
~ **de neige**: snow load
~ **de vent**: wind load
~ **neige-vent**: snow and wind loads
~ **virtuelle à répartition continue**: equivalent uniform live load
~**s atmosphériques**: snow and wind loads

**surchauffage** *m* : (de vapeur) superheating; (de machine) overheating

**surchauffeur** *m* : superheater

**surcompactage** *m* : overcompaction

**surconsolidé**: overcompacted, overconsolidated

**surcuit**: (brique, tuile, plâtre) hard burnt; **surcuits**: overburnt material

**surdessication** *f* : excessive drying

**surdimensionné**: oversize, overdesigned

**surdimensionnement** *m* : overdesign[ing]

**surélevé**: raised

**surépaisseur** *f* : allowance; (sdge) excess metal; (de soudure en congé) weld reinforcement
~ **de corrosion**: corrosion allowance
~ **de coulée**: boss
~ **en bordure**: (peinture) fat edge

**suréquipé**: (en main-d'œuvre) overmanned; (en matériel) overplanted

**sûreté** *f* : safety, security
à ~ **intégrée**: failsafe

**surfaçage** *m* : surfacing

**surface** *f* : surface; (superficie) area
~ **absorbante**: (solaire) absorbing plate, absorbing surface, absorber, collector surface; (enduit) hot surface
~ **active de captage**: (solaire) collector area
~ **active de glissement**: active surface of sliding
~ **captante**: (solaire) collector area
~ **collectrice**: (solaire) collector area
~ **criblante**: screen deck, screen mesh, screen fabric
~ **d'appui**: bearing area, bearing face, bearing surface
~ **d'échange**: (batterie de climatisation) face area
~ **d'éclairement**: (fenêtre) sight size
~ **d'écoulement**: (d'une canalisation) discharge area
~ **dans œuvre**: net floor area
~ **de chauffe**: heating surface
~ **de glissement**: slip surface
~ **de plancher**: floor area
~ **du terrain définitif**: formation GB, grade NA
~ **habitable**: net floor area
~ **hors œuvre**: [construction] gross area, [outside] gross area
~ **plane**: plane surface

~ **portante**: bearing area, bearing face, bearing surface
~ **réflectrice**, ~ **réfléchissante**: (solaire) reflective coating
~ **utile**: (d'un capteur solaire) active area (of a collector)
~ **utile de plancher**; usable floor area
~ **vitrée**: (d'une porte) door light
à ~ **libre**: (réservoir, canalisation) open (but may be covered)
en ~: above ground

**surfaceuse** *f* : surfacer, surface planer

**surfacique**: per unit of area

**surhaussé**: raised

**surintensité** *f* : (él) overcurrent

**surpeuplement** *m* : overcrowding

**surplomb** *m* : overhang, sail-over
en ~: overhanging, [over]sailing

**surpresseur** *m* : booster pump, booster

**surprime** *f* : additional premium

**surtension** *f* : overvoltage, excess voltage
~ **transitoire**: voltage surge

**surveillance** *f* : supervision; (de machine) monitoring; (prévention de vols) surveillance
~ **des travaux**: site supervision
~ **vidéo**: video surveillance

**survitrage** *m* : secondary glazing

**survolteur** *m* : booster

**suspendu**: hung, hanging

**suspension** *f* : suspension; (luminaire) hanging light fitting, pendent luminaire
~ **aqueuse**: aqueous suspension

**suspente** *f* : (de plafond) hanger
~ **de faux plafond**: ceiling hanger
~ **de tuyau**: pipe hanger

**syndic** *m* : agent (for the management of a building in co-ownership)

**système** *m* : system
~ **à air chaud pulsé**: forced-air heating
~ **à double conduite**: double-main system

- **à énergie totale**: total-energy system
- **bi-énergétique**: bi-energy system
- **bibloc**: (PAC) split system
- **collecteur d'énergie solaire**: solar energy collection system
- **constructif**: building sytem
- **de chauffage à air chaud**: warm-air heating system
- **de construction**: building system
- **de peinture**: paint system
- **de puits filtrants**: wellpoint system
- **orienteur**: (solaire) tracking system
- **par grands bancs**: long-line system
- **tourbillonnaire**: (éolienne) vortex system

**TA** → titre alcalimétrique simple

**tabatière** *f* : hinged skylight, hinged rooflight

**tabernacle** *m* : (de robinet enterré) valve chamber, valve pit

**table** *f*: table; (panneau de menuiserie) field[ing]
  ~ **à secousses**: vibrating table, flow table
  ~ **coffrante**: casting table
  ~ **d'autel**: altar slab, altar stone
  ~ **d'encorbellement**: corbel table
  ~ **de coffrage**: slab form
  ~ **de compression**: compression flange
  ~ **de cuisson**: hob unit, hob
  ~ **de plomb**: cast lead sheet
  ~ **de préfabrication**: (du béton) precasting table
  ~ **de travail**: (de cuisine) counter top, work top
  ~ **rentrante**: (pierre) sunk face, sunk panel
  ~ **vibrante**: vibrating table, vibration table

**tableau** *m* : board, panel; (él) switchboard
  ~ **d'abonné**: consumer unit
  ~ **d'affichage**: notice board, bulletin board
  ~ **d'arrivée du secteur**: service board, service equipment
  ~ **d'avancement des travaux**: progress chart
  ~ **de baie**: reveal
  ~ **de biens expressément assurés**: schedule (insurance)
  ~ **de bord**: instrument panel
  ~ **de commande**: control panel
  ~ **de débitage**: (bois) cutting list
  ~ **de départ**: distribution [switch]board
  ~ **de distribution**: distribution [switch]board
  ~ **divisionnaire**: distribution board
  ~ **électrique**: electric panel
  ~ **général**: main panel
  ~ **synoptique**: block diagram

**tablette** *f*: shelf; (appui de poutre ou de solive) bearing; (de cheminée) mantelshelf
  ~ **antirefoulante**: smoke shelf
  ~ **d'appui**: (de fenêtre) elbow board, window ledge, window board

**tablier** *m* : apron; (de pont, de charpente) deck
  ~ **de baignoire**: bath panel
  ~ **de cheminée**: chimney board, fire board, summer piece

**tabouret** *m* : (support) stool

**TAC** → titre alcalimétrique complet

**tache** *f*: stain, discolouration
  ~ **de sève**: sap stain
  ~ **médullaire**: pith fleck
  ~**s d'humidité**: mildew

**tâche** *f*: task, job; (chemin critique) activity

**tachéomètre** *m* : tach[e]ometer, tachymeter

**tâcheron** *m* : jobber

**taillant** *m* : (d'un outil) cutting edge

**taille** *f* : cut, cutting; size; (de la pierre) cutting, dressing, finish; (hort) pruning
  ~ **au pic**: pick dressing
  ~ **brute**: (pierre) rough dressing
  ~ **courante**: stock size
  ~ **croisée**: (lime) double cut
  ~ **douce**: (lime) smooth cut
  ~ **éclatée**: (pierre) split face finish
  ~ **effective**: (granulométrie) effective size
  ~ **en anglet**: V-cut
  ~ **en sifflet**: (de rampant assisé de pignon) raking cutting
  ~ **plane**: (pierre) smooth dressing

**tailler**: to cut
  ~ **à l'herminette**: to adze
  ~ **d'onglet**: to mitre
  ~ **une moulure dans la masse**: to strike a moulding

**tailleur** *m* **de pierre**: stonecutter, stonemason

**talc** *m* : talc, French chalk

**taloche** *f* : (béton, plâtre) [steel] float, metal float, hawk
~ **à pointes**: nail float
~ **vibrante**: vibrating float

**talocheuse** *f* **mécanique**: mechanical float

**talon** *m* : heel; (de moulure) ogee, talon; (de gouttière) cap, stopend
~ **droit**: crowning cyma reversa
~ **renversé**: prone cyma reversa

**talus** *m* : bank, slope, batter
~ **de chemin de fer**: railway embankment
~ **en déblai**: cutting slope
~ **en remblai**: embankment

**talutage** *m* : bank sloping

**taluteuse** *f* : sloper

**tambour** *m* : (de colonne, de coupole) drum; (de porte) tambour, cylindrical vestibule
~ **tournant**: revolving door

**tamis** *m* : sieve
~ **dilacérateur**: comminuting screen
~ **rotatif**: drum screen, revolving screen, rotary drum strainer

**tamisat** *m* : undersize material, screened material

**tamisé**: screened, graded, sifted

**tampon** *m* : (de scellement) wall plug; (de regard) inspection cover, cover
~ **de dégorgement**: cleanout, inspection fitting, cleaning eye, rodding eye
~ **de regard d'égout**: manhole cover
~ **de visite**: access eye, inspection fitting, inspection eye
~ **hermétique**: double-seal manhole cover
~ **série chaussée**: heavy duty manhole cover
~ **série trottoir**: light duty manhole cover

**tamponnage** *m*, **tamponnement** *m* : plugging

**tamponnoir** *m* : plugging chisel, plugging drill, star drill

**tapecul** *m* : counterpoise barrier, counterpoise swing gate

**tapée** *f* : (de persienne) shutter piece, external jamb lining

**tapis** *m* : mat; (revêtement de sol) carpet
~ **aiguilleté**: needle tufted carpet
~ **bitumineux**: asphalt mat
~**-brosse** *m* : doormat
~ **drainant**: drainage blanket
~ **en pose tendue**: fitted carpet, wall-to-wall carpet
~ **filtrant**: filter layer, blanket of graded gravel
~ **grande largeur**: broadloom carpet
~ **peseur**: belt weigher
~ **transporteur**: belt conveyor
~ **végétal**: vegetable blanket

**tapisser**: (un mur) to wallpaper, to paper, to cover with fabric

**taque** *f* : sole plate (of a machine)

**taquet** *m* : (menuiserie) glue block, angle block, fixing block; (plâtre) bedding dot

**tarabiscot** *m* : a groove or channel between mouldings

**taraud** *m* : tap (tool)

**taraudage** *m* : tapping

**tardif**: late

**targette** *f* : slide bolt

**tarière** *f* : auger
~ **à cuiller**: spoon auger

**tarif** *m* : scale of prices; (de réseaux) tariff, rate
~ **à échelons**: step rate [tariff]
~ **à tranche unique**: flat rate
~ **à tranches**: block rate [tariff]
~ **binôme**: two-part tariff
~ **de nuit**: night rate
~ **de pointe**: maximum demand tariff
~ **dégressif**: sliding scale tariff GB, decreasing rate NA
~ **des heures creuses**: off-peak tariff
~ **des heures de pointe**: peak rate
~ **forfaitaire**: flat rate [tariff]
~ **hors pointe**: light-load tariff, off-peak tariff
~ **multiple**: multiple rate [tariff]
~ **par tranches dégressives**: block rate

**tarification** | 194 | **témoin**

~ **par tranches progressives**: inverted block tariff
~ **réduit**: reduced rate [tariff]
~ **saisonnier**: seasonal tariff
~ **simple à compteur unique**: all-in tariff

**tarification** *f*: pricing

**tartre** *m*: (de chaudière) boiler scale, incrustation

**tartrifuge** *m*: scale preventive

**tas** *m*: (de matériaux) heap, stack, stockpile; (rivet) dolly
~ **de charge**: springing stones (on pier)
**sur le ~**: on the job

**tasseau** *m*: (support) batten, bracket, cleat, strip; (couverture métallique) batten roll, conical roll
~ **biseauté**: cant strip
~ **de clouage**: nailing strip
~ **de faîtage**: ridge roll
~ **de tablette**: shelf batten, shelf cleat, shelf strip
**~x de fixation**: grounds, groundwork

**tassement** *m*: (fondations) settlement
~ **de consolidation**: consolidation settlement
~ **de terrain**: land subsidence
~ **définitif**: final settlement, ultimate settlement
~ **des ancrages**: anchorage set
~ **différentiel**: differential settlement
~ **en forme de bol**: bowshaped settlement
~ **global**: overall settlement

**tasser, se ~**: (fondations) to settle

**tassomètre** *m*: settlement gauge, settlement meter

**taudis** *m*: slum

**taupe** *f*: mole

**taux** *m*: rate, factor, ratio
~ **d'humidité**: moisture content
~ **d'occupation**: occupancy rate
~ **de liant**: (du béton) binder content, binder factor
~ **de porosité**: void[s] porosity ratio, void[s] ratio, pore ratio, porosity
~ **de renouvellement d'air**: ventilation rate
~ **de travail**: working stress; (du sol) bearing stress

~ **de travail admissible du sol**: soil bearing capacity, maximum bearing stress

**té** *m*: Tee; (plmb) pipe tee
~ **à 45°**: 45° pipe lateral
~ **à bride**: flanged Tee
~ **à dos d'âne**: crossover Tee
~ **de plafond**: drop Tee
~ **de raccordement**: Tee connection
~ **double**: pipe cross; (poutrelle) I section
~ **mâle et femelle**: service Tee
~ **pied-de-biche**: sanitary Tee

**t.e.c.** → **tonne d'équivalent charbon**

**technique** *f*: technique, engineering
~ **de pointe**: state-of-the-art technique
~ **des eaux usées**: sewage engineering, disposal engineering
~ **des fondations**: foundation engineering
~ **des ouvrages en terre**: soil engineering, earthwork engineering
~ **recommandée**: recommended practice
~ **sanitaire**: sanitary engineering

**teck** *m*: teak

**tégule** *f*: tegula

**teinte** *f*: colour GB, color NA, shade, tint
~ **plate, ~ unie**: plain colour, uniform colour

**teinté**: coloured, colored
~ **dans la masse**: coloured right through, with full body color, through colour GB, thru color NA

**teinture** *f*: dye
~ **à l'alcool**: spirit stain
~ **à l'eau**: water stain
~ **pour bois**: wood stain

**télécommande** *f*: remote control

**télédétection** *f*: remote sensing

**télémesure** *f*: remote metering

**télérupteur** *m*: remote switch

**télévision** *f* **en circuit fermé**: closed circuit television

**témoin** *m*: (indiquant mouvement) telltale, plaster pad, mortar patch; (de tableau) indicator light

**température** f: temperature
 ~ **ambiante**: ambient temperature, air temperature, room temperature
 ~ **d'admission**: (PAC) inlet temperature
 ~ **de calcul**: design temperature
 ~ **de confort**: comfort temperature
 ~ **de consigne**: temperature setting
 ~ **de couleur**: colour temperature
 ~ **du thermomètre mouillé**: wet-bulb temperature
 ~ **et pression normales**: standard temperature and pressure
 ~ **extérieure**: outdoor temperature
 ~ **fictive extérieure**: (clim) soil-air temperature
 ~ **imposée**: temperature requirement
 ~ **sèche**: dry bulb temperature

**temps** m : time
 ~ **au plus tard**: latest finish time
 ~ **au plus tôt**: earliest event occurence time
 ~ **d'assemblage**: (de colle) assembly time
 ~ **d'assemblage fermé**: closed assembly time
 ~ **d'assemblage ouvert**: open assembly time
 ~ **d'indisponibilité**: downtime
 ~ **de prise**: (béton, plâtre) setting time
 ~ **de réponse**: response time
 ~ **de séjour**: (assainissement) detention time, holding time, retention period
 ~ **maximal d'utilisation**: working life, pot life, usable life
 ~ **mort**: downtime

**ténacité** f : toughness

**tenaille[s]** f : pincers

**tenants** m **et aboutissants**: metes and bounds

**tendeur** m : tensioner, strainer
 ~ **à lanterne**: turnbuckle
 ~ **de fil de fer**: wire strainer, wire tightener, wire stetcher

**tendre**: (matériau) soft

**tendu**: in tension, stretched

**teneur** f : content
 ~ **en eau**: (du sol) moisture content
 ~ **en vides**: (du béton) void content
 ~ **normale en eau**: equilibrium moisture content

**tenon** m : tenon; (de tuile) nib, stub
 ~ **bâtard**: barefaced tenon
 ~ **divisé**: divided tenon
 ~ **embrevé**: haunched tenon
 ~ **en about**: end tenon
 ~ **interne**: (pierre) secret joggle
 ~ **invisible**: stub tenon
 ~ **passant**: through tenon
 ~ **tronqué**: (mortaise borgne) stub tenon
 ~ **en croix**: teaze tenon

**tenseur** m : tensor
 ~ **des contraintes**: stress tensor
 ~ **des déformations**: strain tensor
 ~ **des rotations**: rotation tensor
 ~ **des tensions**: stress tensor

**tensio-actif**: surface active

**tension** f : tension; (force) stress; (él) voltage, tension
 ~ **à l'arête**: edge stress
 ~ **de claquage**: breakdown voltage
 ~ **de rupture**: breaking stress
 ~ **de secteur**: mains voltage
 ~ **en circuit ouvert**: off-load voltage
 ~ **en circuit fermé**: on-load voltage GB, closed circuit voltage, working voltage NA
 ~ **nominale**: rated voltage
 **sous** ~: live, switched on, turned on, on

**tenture** f : wall covering (wallpaper or fabric)

**tenue** f : behaviour, performance (of a material)
 ~ **aux intempéries**: weathering

**t.e.p.** → **tonne d'équivalent pétrole**

**terrade** f : urban waste fertilizer, town refuse compost

**terrain** m : ground, soil, terrain; (parcelle) plot GB, lot NA
 ~ **à bâtir**: building plot, building lot
 ~ **à double façade**: through lot
 ~ **accidenté**: hilly ground, uneven terrain
 ~ **affouillable**: soil liable to scour
 ~ **attaquable à la pelle**: ground which can be dug with a shovel
 ~ **attaquable à la pioche ou au pic**: ground which can be broken up with a pick
 ~ **boulant**: running ground
 ~ **cohérent**: cohesive soil
 ~ **constructible**: building land, land released for development

~ **d'appui**: bearing soil, supporting soil
~ **d'assise**: bearing stratum, bearing soil, supporting soil, natural foundation
~ **de couverture**: overburden
~ **de fondation**: subgrade
~ **de jeux**: play area, playground, recreation ground
~ **de jeux pour les tout petits**: toddlers' play area GB, tot lot NA
~ **de niveau**: level ground
~ **de sports**: playing field GB, playfield NA
~ **détrempé**: waterlogged ground
~ **ébouleux**: loose ground, crumbly ground
~ **égal**: even ground
~ **gonflant**: expansive soil, swelling soil
~ **gorgé d'eau**: waterlogged ground
~ **imbibé d'eau**: waterlogged ground
~ **inconsistant**: loose earth, loose soil, loose ground
~ **intérieur**: inside lot, interior lot, inside plot, interior plot
~ **irrégulier**: uneven ground
~ **marécageux**: marshy ground
~ **meuble**: earth, loose soil, loose ground
~ **naturel**: natural foundation; undisturbed soil; (niveau) natural grade, natural ground level
~ **primitif**: (niveau) original grade
~ **pulvérulent**: granular soil
~ **rapporté**: made ground
~ **remblayé**: filled ground
~ **repris sur l'eau**: reclaimed ground, regained land
~ **résistant**: firm ground
~ **saturé**: waterlogged ground
~ **sous-jacent**: underlying soil
~ **traversant**: through lot
~ **vague**: waste land, waste ground
~ **viabilisé**: plot with all services GB, improved land, serviced land NA
**sur le ~**: in the field

**terrasse** *f* : (agriculture) terrace; (de jardin) patio; (toiture) flat roof
~ **accessible**: trafficable roof
~ **en gradins**: (contre l'érosion) bench terrace

**terrassement** *m* : earthmoving, earthwork GB, dirt moving, muck shifting NA
~ **général**: rough grading, bulk excavation
~s **en déblais**: earthworks in cut
~s **en découverte**: surface earthworks

**terrassier** *m* : earthwork contractor

**terrasson** *m* : deck of curb roof, upper slope of Gambrel or Mansard roof

**terre** *f* : earth, ground, soil; (él) earth GB, ground NA
~ **à diatomées**: diatomaceous earth
~ **argileuse**: clayey soil
~ **armée**: reinforced earth
~ **battue**: (sol, route) dirt
~ **cuite**: fired clay, burnt clay, clay (e.g. clay tile); (décorative) terra cotta GB, architectural terra cotta NA
~ **d'emprunt**: borrowed earth GB, borrowed dirt NA
~ **d'infusoires**: diatomaceous earth
~ **de bruyère**: heath mould
~ **en place**: undisturbed earth
~ **glaçante**: (hort) capping soil
~ **glaise**: clay soil
~ **grasse**: heavy soil
~ **meuble**: loose earth, loose ground, loose soil
~ **remaniée**: remoulded soil
~ **sale**: weed-infested land
~ **végétale**: topsoil, mould
~s **de couverture**: overburden
~s **excédentaires**: (terrassement) [excess] spoil
~s **reprises sur la mer**: innings

**terreau** *m* : vegetable mould

**terre-plein** *m* : earth platform (of made-up ground)
~ **central**: (de route) central reservation GB, median strip NA

**tesselle** *f* : tessera

**tête** *f* : head
~ **à six pans**: hexagonal head
~ **cache-entrée**: (de radiateur) lockshield
~ **conique**: pan head
~ **de câble**: cable terminal, cable head; (d'expédition) terminal end bell, pothead, sealing end, shipping end
~ **de gouttière**: stopend, cap
~ **de marteau**: hammer head, poll, striking face
~ **de mur**: stopped end
~ **de pieu**: pile head
~ **de tasseau**: (couverture métallique) saddle piece
~ **de voussoir**: face
~ **éclatée**: (de pieu) broom[ing]
~ **fendue**: slotted head
~ **fraisée**: countersunk head
~ **goutte-de-suif**: button head
~ **plate**: flat head; (de moulure) beakhead, bird's beak

~ **ronde**: round head, cup head, snap head
~ **terminale isolée**: (él) stop end
~ **tronconique**: pan head
à ~ **noyée**: flat countersunk
à ~ **perdue**: flush

**têtière** f : lock forend GB, lock front, lock face, NA selvage, selvedge
~ **affleurante**: flush front (of lock)

**têtu** m : axhammer

**textile** m : fabric, textile
~ **non tissé**: nonwoven fabric, unwoven fabric

**texture** f : texture
~ **rugueuse**: (pour un bon accrochage) key

**TH** → **température humide, titre hydrotimétrique**

**théodolite** m : theodolite
~ **réitérateur, ~ répétiteur**: repeating theodolite

**thermique**: thermal

**thermocollant**: heat-activated (adhesive)

**thermocouple** m : thermocouple

**thermodurcissable**: thermosetting

**thermomètre** m : thermometer
~ **mouillé**: wet-bulb thermometer
~ **sec**: dry-bulb thermometer

**thermophorèse** f : (plâtre) pattern staining

**thermoplasme** m : heating pad

**thermoplastique**: thermoplastic

**thermoplongeur** m : immersion heater

**thermopompe** f : heat pump

**thermosiphon** m : thermosiphon, thermosyphon

**thermosoudage** m : heat sealing, heat bonding

**thermostat** m : thermostat
~ **d'ambiance**: room thermostat, local control thermostat

**thermotraité**: heat treated

**thibaude** f : carpet underlay, carpet felt, underfelt

**thixotropique**: thixotropic

**thuya** m : thuya

**tierceron** m : tierceron

**tiers** m : third
~ **central**: middle third
~ **médian**: middle third

**tiers-point** m : triangular file

**tige** f : rod; (de robinet) stem; (de boulon) shank
~ **d'allonge**: extension stem (on valve)
~ **d'ancrage**: anchor bar, anchor rod
~ **de botte**: Roman tile
~ **de forage**: drill rod
~ **de paratonnerre**: lightning rod
~ **de piquage**: (du béton) rod
~ **de robinet montante**: rising stem
~ **de robinet fixe**: nonrising stem
~ **de sondage**: bore rod
~ **filetée**: dowel screw

**timbre** m **d'office**: deep sink

**tir** m : blasting

**tirage** m : (appel d'air) draught GB, draft NA; (de câbles) drawing-in
~ **forcé**: forced draught, artificial draught
~ **induit**: induced draught
~ **inverti**: back draught
~ **mécanique**: mechanical draught
~ **naturel**: natural draught
~ **renversé**: back draught
~ **thermique**: natural draft

**tirant** m : stay rod, tie rod, tie bar; (de charpente en bois) binding beam; (construction métallique) truss rod; (mur creux) wall tie
~ **de coffrage**: form tie, tie bolt

**tire-clou** m : nail claw, nail puller

**tire-fond** m : lag screw, lag bolt, coach screw

**tire-joint** m : (maç) jointer, jointing tool

**tirer**: to draw, to pull
~ **au vide**: (mur) to bulge, to belly out
~ **d'épaisseur une planche**: to thickness a board
~ **de largeur**: to reduce to width

**tirets** *m* : (dessin) broken line

**tirette** *f* : pull cord

**tissu** *m* : fabric
- **~ de verre**: glass fabric
- **~ filtrant**: filter cloth
- **~ urbain**: urban fabric

**titre** *m* : title
- **~ alcalimétrique complet**: methyl-orange alkalinity
- **~ alcalimétrique simple**: phenolphtalein alkalinity
- **~ hydrotimétrique**: water hardness

**TN** → **terrain naturel**

**toboggan** *m* : gravity [chute]

**toile** *f* : cloth; (renfort de plâtre) scrim
- **~ à sacs**: hessian GB, burlap NA
- **~ d'émeri**: emery cloth
- **~ de criblage**: screen mesh, screen deck
- **~ de jute**: hessian GB, burlap NA
- **~ métallique**: wire gauze, wire cloth
- **~ solaire**: solar blanket

**toilettes** *f* : toilets, lavatory; rest room, comfort station NA
- **~ de dames**: ladies' toilets GB, ladies' room NA, powder room
- **~ messieurs**: men's toilets, gents GB, men's room NA

**toit** *m* : roof
- **~ à charpente à blochets**: hammer-beam roof
- **~ à demi-croupe**: hipped gable roof GB, clipped gable roof NA, jerkinhead roof, shreadhead roof
- **~ à deux versants**: ridge roof, double-pitch roof, span roof
- **~ à entrait brisé**: scissors roof
- **~ à lanterneau**: monitor roof
- **~ à pignon**: gable roof
- **~ à redans, ~ à redents**: sawtooth roof
- **~ à un égout, ~ à un seul versant**: pent roof, penthouse roof, shed roof
- **~ bombé**: rainbow roof, whaleback roof
- **~ brisé**: double-pitched roof, curb roof
- **~ brisé en pavillon**: Mansard roof
- **~ en appentis**: lean-to roof, half-span roof
- **~ en bâtière**: saddle roof, saddleback roof
- **~ en bâtière brisée**: Mansard roof GB, gambrel roof NA
- **~ en bâtière sans entrait**: couple[d] roof
- **~ en carène**: ogee roof
- **~ en croupe**: hip[ped] roof
- **~ en pavillon**: pavilion roof, pyramidal hipped roof, pyramid roof
- **~ en pente**: pitched roof
- **~ en V**: butterfly roof
- **~ en voile mince**: [thin] shell roof
- **~ monopente**: single pitch roof

**toiture** *f* : roof, roofing, roof covering, roof finish
- **~ à isolant sur étanchéité**: inverted built-up roofing system
- **~ à redans, à redents**: sawtooth roof
- **~ circulable**: trafficable roof
- **~ chaude**: warm roof
- **~ inversée**: inverted [built-up] roofing system, inverted roof, upside-down roof
- **~ métallique**: flexible metal roofing
- **~ sans plafond**: open roof
- **~ solarium**: sunroof
- **~-terrasse**: flat roof

**tôle** *f* : sheet metal, sheet iron, metal sheeting
- **~ à bord tombé**: flanged sheet
- **~ à relief**: floor plate
- **~ antidérapante**: tread plate
- **~ d'acier prélaquée**: coated steel sheet
- **~ électrozinguée**: zinc-plated iron
- **~ emboutie**: pressed sheet
- **~ forte**: plate, heavy gauge sheet metal
- **~ galvanisée**: galvanized iron
- **~ mince**: sheet metal
- **~ ondulée**: corrugated iron, corrugated sheet
- **~ plastifiée**: plastic coated steel
- **~ pliée**: (serrurerie) pressed steel
- **~ plombée**: (toiture) terne plate
- **~ prélaquée**: [organic] coated steel, precoated sheet
- **~ striée**: chequered plate GB, checkered plate NA

**tolérance** *f* : tolerance, allowance
- **~ de montage**: assembly tolerance

**tom[m]ette** *f* : a type of quarry tile, usually hexagon-shaped

**tomber**: to fall
- **~ en panne**: to break down
- **~ en ruine**: fall into ruin

**tombereau** *m* : dumper

**tonne** f : ton
~ **à eau** : water tanker
~ **d'équivalent charbon, t.e.c.** : ton coal equivalent
~ **d'équivalent pétrole, t.e.p.** : ton oil equivalent

**tonnelle** f : arbour

**topographie** f : topographical survey[ing], surveying

**torchis** m : cob

**tore** m : (grande moulure) torus, tore
~ **à listel** : roll-and-fillet moulding
~ **en demi-cœur** : thumb moulding

**toron** m : strand

**toronné** : stranded

**torsade** f : cable moulding

**torsion** f : torsion, twist, twisting
~ **plastique** : inelastic torsion

**touffe** f : tuft

**toupie** f : (plb) turnpin; (travail du bois) spindle
~ **à béton** : agitating truck, truck mixer

**toupilleuse** f : spindle moulder

**tour** m : turn, revolution; (machine) lathe
~ **de main** : trick of the trade

**tour** f : tower; high-rise building
~ **à cheval** : ridge tower
~ **à la croisée du transept** : rood tower
~ **aeroréfrigérante** : cooling tower
~ **d'habitation** : high-rise apartment building NA, tower block GB
~ **de bureaux** : office tower
~ **de guet** : watch tower
~ **de réfrigération** : cooling tower
~ **de refroidissement d'eau** : water cooling tower
~ **lanterne** : lantern tower
~ **penchée** : leaning tower
~ **solaire** : solar tower

**tourbe** f : peat

**tourbillon** m : (éolienne) vortex
~ **attaché** : bound vortex
~ **d'extrémité** : tip vortex
~ **libre** : trailing vortex
~ **lié** : bound vortex

**tourelle** f : turret

**tourne-à-gauche** m : saw set; tap wrench

**tourne-vent** m : chimney cowl, chimney jack

**tournebroche** m : roasting jack, turnspit

**tournevis** m : screwdriver
~ **à cliquet** : ratchet screwdriver
~ **coudé** : offset screwdriver

**tourniquet** m : (à un guichet) turnstile

**tournisse** f : (de pan de bois, de colombage) stud

**tout-monté** : preassembled

**tout ou rien** : on/off

**tout-à-l'égout** m : main drainage

**tout-venant** : quarry-run, crusher-run, run-of-the-mill, all-in

**TP** → **travaux publics**

**TR** → **tête ronde**

**tracé** m : (d'une ville) layout
~ **d'une construction** : outline (of building on a map)
~ **d'une route** : alignment of a road
~ **d'une tuyauterie** : run of a pipe
~ **de voies** : lane marking

**trace** f : mark
~ **d'outil** : tool marks
~ **de bavure** : flash line

**tracer** : to draw (an outline)
~ **un plan** : to draw a plan
~ **une courbe** : to plot a curve

**traceur** m : pipe tracer

**tracté** : (engin de terrassement) towed

**tracteur** m : tractor
~ **à chenilles** : crawler tractor
~ **attelé** : towing tractor
~ **de chantier** : off-highway tractor
~ **pousseur** : pusher tractor

**traction** f : tension
~ **du tirant d'ancrage** : anchor pull
~ **pure** : direct tension
**de ~** : tensile

**tractopelle** *f*: tractor loader, tractor shovel

**train** *m*: train
~ **à béton**: paving train
~ **type**: typical train loading
~ **valseur**: (de malaxeur à béton) planetary rotating paddles

**traînée** *f*: (du vent) drag
~ **de peinture**: streak

**traîner une moulure en plâtre**: to horse up a moulding, to run a moulding

**trait** *m*: line
~ **carré**: (pose d'ardoises, de tuiles) perpends
~ **de brosse**: brush mark
~ **de niveau**: (à 1m du sol) datum line
~ **de pinceau**: brush mark
~ **de repère**: mark
~ **de scie**: kerf, sawcut
~**s stadimétriques**: stadia hairs

**traitement** *m*: treatment
~ **d'air**: (clim) air handling
~ **d'aspect**: cosmetic treatment
~ **des eaux d'égout**: sewage treatment
~ **des ordures ménagères**: refuse disposal
~ **paysager**: landscape treatment
~ **préalable**: pretreatment
~ **simultané**: combined treatment
~ **sur place**: on-site processing
~ **thermique**: heat treatment

**trame** *f*: layout grid

**tranchant** *m*: (d'outil) cutting edge

**tranche** *f*: slice; (de planche, de panneau) edge; (de marbre) slab
~ **de travaux**: phase of work

**tranchée** *f*: trench, ditch
~ **à ciel ouvert**: open cut, open trench
~ **d'étanchéité**: cutoff trench
~ **étayée**: braced cut
~ **parafouille**: cutoff trench

**trancheuse** *f*: trenching machine, trench excavator, trencher, ditcher
~ **à chaîne**: ladder ditcher

**tranchis** *m*: mitred edge (of slate, of tile)

**tranquillisation** *f*: stilling (by baffle)

**transenne** *f*: transenna

**transfert** *m*: (de propriété) conveyance

**transformateur** *m*: transformer
~ **abaisseur**: stepdown transformer
~ **d'alimentation**: mains transformer
~ **d'intensité**: current transformer
~ **d'intérieur**: indoor transformer
~ **de sonnerie**: bell transformer
~ **de tension**: voltage transformer
~ **dévolteur**: negative booster transformer
~ **élévateur de tension**: step-up transformer
~ **suceur**: draining transformer, suction transformer
~ **survolteur**: positive booster transformer

**transformation** *f*: (d'une construction) alteration, conversion

**transitaire** *m*: forwarding agent

**transmission** *f*: transfer
~ **de la chaleur**: heat transfer
~ **indirecte**: (du son) indirect transmission, flanking
~ **thermique**: heat transmission

**transparence** *f*: transparency; (défaut) telegraphing

**transpercement** *m* **de colle**: (contreplaqué) bleed through, glue penetration

**transplanter**: to transplant

**transport** *m*: transport
~ **d'énergie électrique**: power transmission
~ **des déblais payé**: overhaul
~ **en commun**: public transport
~ **routier**: road haulage

**transporteur** *m*: carrier, haulier; (de manutention) conveyor
~ **à bande**, ~ **à courroie**, ~ **à tapis**: belt conveyor

**trappe** *f*: trap door
~ **de cave**: cellar flap
~ **de désenfumage**: fire vent, smoke outlet
~ **de nettoyage**: cleanout trap
~ **de ramonage**: soot door GB, cleanout NA

**trass** *m*: trass

**travail** *m* : work; stress; (du bois) movement, working; → aussi **travaux**
 ~ **à brigades relevées**: shift work
 ~ **à forfait**: contract work
 ~ **à la compression**: compressive stress
 ~ **à la flexion**: bending stress
 ~ **aux explosifs**: blasting
 ~ **en marche arrière**: (terrassement) reverse blading
 ~ **en tandem**: (terrassement) blade-to-blade dozing
 ~ **en traction**: tensile stress

**travaillant**: stressed
 ~ **à la compression**: in compresssion
 ~ **en flexion**: bending GB, flexed, flexural NA
 ~ **en traction**: in tension

**travaux** *m* : work; → aussi **travail**
 ~ **d'enduit**: plastering, plasterwork
 ~ **de construction**: construction work, construction operations
 ~ **de démolition**: demolition work
 ~ **de génie civil**: civil engineering work
 ~ **de voirie**: roadworks
 ~ **divers**: sundry works, miscellaneous works
 ~ **en cours**: work in progress
 ~ **en fondation**: below-grade work
 ~ **en régie**: day rate work, daywork
 ~ **en régie directe**: direct labour work, force account work
 ~ **en sous-sol**: below-grade work
 ~ **hors devis**: extra work
 ~ **neufs**: new work
 ~ **prévus**: scheduled work
 ~ **publics**: public works
 ~ **supplémentaires**: extra work
 ~ **sur le terrain**: field work

**travée** *f* : (de ferme, de portique) span; (de nef, de couverture) bay
 ~ **contiguë au mur**: tail bay
 ~ **continue**: continuous span

**traversant**: through

**traverse** *f* : cross member, crosspiece; (de portique) cross beam, cross girder; (de dormant) head, head jamb; (de porte) rail
 ~ **basse**: bottom rail
 ~ **d'huisserie**: head, yoke, headjamb
 ~ **d'imposte**: transom bar, dormant [tree]
 ~ **de liaison**: (construction métallique) stay plate
 ~ **dormante**: (de cadre dormant) door head
 ~ **du milieu**: (de porte) lock rail, middle rail; (de fenêtre à guillotine) meeting rail
 ~ **haute**: (de porte, de fenêtre) top rail
 ~ **haute du dormant**: window head
 ~ **haute du châssis**: (de fenêtre) top rail of sash
 ~ **intermédiaire**: (de porte) crossrail, lock rail, intermediate rail
 ~ **médiane**: (de porte) centre rail

**traversée** *f* : (passe-câbles) bush, bushing

**tréfilage** *m* : wire drawing

**trèfle** *m* : trefoil

**tréfonds** *m* : subsoil (below formation level)

**treillage** *m* : open fence, wire fencing, lattice
 ~ **métallique**: wire netting

**treillis** *m* : latticework, lattice; (de clôture) trellis, wire mesh
 ~ **céramique**: clay lath
 ~ **d'armature d'enduit**: lathing, metal lath
 ~ **soudé**: welded wire mesh, welded wire fabric; (pour b.a.) reinforcement mat
 ~ **spatial**: space lattice
 ~ **tridimensionnel**: space lattice
 à ~, en ~: trussed

**trémie** *f* : opening (in floor, for chimney, for stairs); (de silo) boot, hopper; (de w.c.) hopper
 ~ **d'attente**: receiving bin, loading hopper
 ~ **d'entrée de câble**: cable chamber, cable vault
 ~ **de cheminée**: chimney opening (in floor structure)
 ~ **de gouttière**: rainwater hopper
 ~ **de mesurage**: batching silo
 ~ **de plancher**: floor opening

**trempe** *f* : (de métal) quenching

**trempé**: (métal) quenched, hardened; (verre) toughened

**trépan** *m* : bore bit
 ~ **à orifices d'évacuation de l'eau**: wash bit

**très petit diamètre**: microbore (central heating system)

**trésaillure** *f* : D-line cracking

**tresse** *f* : braid; (arch) strapwork; (él) braided cable
 ~ **d'amiante**: braided asbestos, asbestos cord, asbestos rope

**tréteau** *m* : trestle

**treuil** *m* : winch
 ~ **à bras**: hand winch

**triage** *m* : sorting; (selon la qualité) grading

**triangle** *m* : triangle; (outil) shavehook
 ~ **des vis calantes**: tribrach

**triangulation** *f* : (de poutre) triangulation

**triangulé**: (poutre) triangularly braced, trussed

**triaxial**: triaxial

**tribenne** *f* : three-way tipper

**tribune** *f* : (d'église) rood loft; (au-dessus des bas-côtés) gallery; (de stade) stand
 ~ **d'honneur**: grandstand
 ~ **d'orgue**: organ loft
 ~ **publique**: public gallery

**triconque**: triconch

**tridimensionnel**: three dimensional

**triforium** *m* : triforium; (d'église gothique) blindstory

**triglyphe** *m* : triglyph

**trilobé**: trefoil

**tringlage** *m* : (débouchage) rodding

**tringle** *f* : (arch) tringle, square fillet moulding; (de crémone) rod
 ~ **à rideaux**: curtain rod, curtain rail
 ~ **de clouage**: nailing strip

**triptère**: tripteral

**tritureuse** *f* : pulvimixer

**troène** *m* : privet

**trommel** *m* : trommel, rotary screen

**trompe** *f* : (arch) squinch
 ~ **d'éléphant**: articulated [drop] chute

**trompillon** *m* : small squinch

**tronc** *m* : (d'église) poor box, alms box, collection box; (d'arbre) trunk

**tronçon** *m* : (d'élément long) length, section, run
 ~ **de tuyau**: pipe length, pipe section

**tronçonnage** *m* **au disque**: disk cutting

**tronçonneuse** *f* : chain saw

**trop-plein** *m* : overflow

**trottoir** *m* : footpath, footway, pavement GB, sidewalk NA
 ~ **roulant**: moving walkway

**trou** *m* : hole
 ~ **à l'avancement**: pilot borehole
 ~ **borgne**: blind hole
 ~ **d'écoulement**: (d'évier, de lavabo) plughole, waste
 ~ **d'évent**: vent hole
 ~ **d'homme**: manhole, manway
 ~ **d'injection**: grout hole
 ~ **de boulin**: putlog hole
 ~ **de lampe**: lamphole
 ~ **de louve**: Lewis hole
 ~ **de mine**: blast hole, shot hole
 ~ **de poing**: handhole
 ~ **de sondage**: borehole
 ~ **de sondage blindé**: cased borehole
 ~ **de sondage dévié**: deviated borehole
 ~ **de sondage non tubé**: open borehole
 ~ **de sondage tubé**: cased borehole
 ~ **de soufflage**: blow hole (drilling bit)
 ~ **de tir**: blasthole, shot hole
 ~ **de visite**: inspection hole, access hole
 ~ **débouchant**: bottomless hole
 ~ **oblong**: elongated hole

**trousse** *f* **coupante**: cutting shoe

**truelle** *f* : trowel
 ~ **à jointoyer**: pointing trowel
 ~ **brettée**, ~ **brettelée**: notched trowel
 ~ **briqueteuse**: brick trowel
 ~ **carrée**: margin trowel
 ~ **mécanique**: mechanical floater, power float, power troweller

**trumeau** *m* : interfenestration, pier (between two openings in a wall); (de façade légère) pier panel
 ~ **de portail**: central pier

**trusquin** *m* : marking gauge, scriber

**TS** → **température sèche, treillis soudé**

**tubage** *m* : tubing; (de puits, de sondage) casing
~ **définitif**: permanent pile shell, permanent casing
~ **non récupéré**: pipe left in place, pipe left in the ground
~ **perforé**: perforated casing, slotted casing
~ **provisoire**: temporary casing, withdrawn casing
~ **souple**: (de cheminée) flexible tubing

**tube** *m* : tube
~ **à ailettes**: finned tube
~ **battu**: drive[n] tube
~ **capillaire**: capillary tube
~ **crépiné**: perforated casing, strainer tube
~ **de bétonnage**: tremie pipe
~ **de travail**: driving tube
~ **fluorescent**: fluorescent tube
~ **métallique souple**: flexible conduit
~ **plongeur**: dip pipe; (bétonnage) tremie tube
~ **sans soudure**: seamless tubing
~ **sous vide**: vacuum tube, evacuated tube

**tubercule** *m* **de rouille**: tubercule

**tuberculisation** *f* : tuberculation

**tuf** *m* : tuff

**tuffeau** *m* : tuffa

**tufté**: (tapis) tufted

**tuile** *f* : (de couverture) roof[ing] tile
~ **à double recouvrement**: double-lap tile
~ **à douille**: collar tile
~ **à emboîtement**: interlocking tile
~ **à simple recouvrement**: single-lap tile
~ **à vitre**: glazing tile
~ **angulaire**: arris tile
~ **canal**: half-round tile, mission tile NA, Spanish tile GB
~ **canal couvre-joint**: imbrex
~ **canal de couverture**: imbrex
~ **canal de dessus**: imbrex
~ **chaperonne**: coping tile
~ **d'argile**: clay tile
~ **d'égout**: eaves tile
~ **de battellement**: undertile, eaves tile
~ **de courant**: undertile
~ **de dessus**: overtile
~ **de parement**: facing tile
~ **de rive**: verge tile
~ **de verre**: glass tile
~ **du premier rang**: starter tile
~ **en terre cuite**: clay tile
~ **et demie**: tile-and-a-half
~ **faîtière**: ridge tile, crown tile; (ornée) crest tile
~ **flamande**: pantile
~ **gironnée**: tapered tile
~ **mécanique**: interlocking tile
~ **panne**: pantile
~ **plate**: plain tile
~ **romaine**, ~ **ronde**: Roman tile
~**s à joints alternés, à joints croisés**: broken-joint tiles
~**s posées à joints droits**: straight-joint tiles

**tuileau** *m* : fragment of broken tile

**tuilerie** *f* : tile works

**tulipe** *f* : (de tuyau) bell

**tumbler** *m* : tumbler switch

**tunnelier** *m* : tunnel boring machine, tunnelling machine

**turbidimètre** *m* : turbidimeter

**turbine** *f* : turbine
~ **éolienne**: wind turbine
~ **hydraulique**: water turbine

**tuyau** *m* : pipe
~ **à bride**: flange pipe
~ **à emboîtement**: faucet pipe, socket pipe
~ **à revêtement de ciment**: cement-lined pipe
~ **collecteur**: building drain
~ **coudé**: bent pipe
~ **d'aération**: (d'un égout, d'une canalisation) vent pipe
~ **d'amenée d'eau**: water supply pipe
~ **d'arrivée**: (de chaudière) feed pipe
~ **d'évacuation**: drain pipe (above ground), waste pipe
~ **d'incendie**: fire hose
~ **de branchement**: branch pipe; service connection
~ **de chasse**: flush pipe
~ **de chute**: soil stack
~ **de chute unique**: soil and waste stack
~ **de descente d'eaux ménagères**: waste stack
~ **de descente pluviale**: rainwater pipe, rain leader
~ **de distribution d'eau**: (dans bâtiment) water distributing pipe

~ **de gaz**: gas pipe
~ **de poêle**: stove pipe
~ **de raccordement**: connecting pipe; (d'un appareil de chauffage) flue pipe
~ **de refoulement**: (de pompe) discharge pipe, delivery pipe
~ **de retour**: (de chaudière) return pipe
~ **de trop-plein**: overflow pipe
~ **de vidange**: waste pipe, drainage pipe
~ **en attente**: pipe tail
~ **en entaille**: pipe chased in wall
~ **en fonte centrifugée**: spun iron pipe
~ **en grès**: clay pipe

~ **en traversée**: pipe passing through a floor or through a wall
~ **flexible**: [flexible] hose
~ **purgeur**: blow-off pipe
~ **série assainissement**: sewer pipe
~ **soudé en spirale**: spiral-welded pipe
~ **souple**: tubing

**tuyauterie** *f* : piping, pipework

**TV** → **terre végétale, tissu de verre, tout-venant**

**tympan** *m* : tympanum, tympan

**uni**: (couleur) uniform, plain; (surface) smooth, level

**union** *f* : union fitting

**unipolaire**: single-pole

**uniservice**: throwaway

**unité** *f* : unit; (de conception) unity
~ **de longueur**: unit of length
~ **de passage**: (sécurité incendie) door unit, unit of exit width
~ **de production de froid**: chiller

**urbanisme** *m* : town planning GB, city planning, urban planning NA

**urbaniste** *m* : town planner GB, city planner NA

**urinoir** *m* : urinal
~ **à bec**: lip urinal
~ **à cuvette**: wall-hung urinal, wall urinal
~ **à stalles**: stall urinal
~ **collectif**: trough urinal
~ **coquille**: pod urinal
~ **sur colonne**: pedestal urinal

**usager** *m* : user (of road, of utilities)

**user**: to wear out
~ **par frottement**: to abrade

**usinage** *m* : machining

**usine** *f* : plant, works, factory
~ **d'épuration**: sewage treatment plant
~ **d'incinération**: incineration plant
~ **foraine**: on-site factory, site factory, mobile plant

**usure** *f* : wear

**utilisateur** *m* : user (in general)

**va-et-vient** *m* : two-way switch

**vaisseau** *m* : (d'église) nave, aisle
~ **central**: middle aisle

**valet** *m* **d'établi**: bench holdfast

**valeur** *f* : value
~ **à la casse**: scrap value
~ **à neuf**: replacement value
~ **agréée**: agreed value
~ **après démolition**: wreckage value
~ **au jour du sinistre**: actual cash value
~ **commerçante**: market value
~ **d'usage**: use value
~ **de réglage**: regulating condition GB, manipulated variable NA
~ **de remplacement**: replacement value
~ **de sauvetage**: salvage value
~ **énergétique**: energy content
~ **indiquée**: instrument reading
~ **locative**: rent[al] value
~ **réelle**: actual value

**vallonnement** *m* : (d'une surface peinte) valleys

**valorisation** *f* : beneficiation
~ **du charbon**: coal beneficiation, upgrading of coal

**vanne** *f* : gate valve
~ **à boisseau sphérique**: globe valve
~ **d'arrêt**: stop valve
~ **d'étage**: (incendie) landing valve
~ **de sectionnement général**: isolating valve, isolation valve
~ **de vidange**: blow-off valve
~ **motorisée**: motorized valve

**vannerie** *f* : (dessin de parquet, briques) basket weave [pattern]

**vantail** *m* : (de porte) leaf; (de croisée) casement
~ **à recouvrement**: rebated door leaf, rabbeted door leaf; overlapping leaf (of swing door)
~ **mobile**: active leaf
~ **ouvrant à droite**: right-hung casement
~ **ouvrant**: opening leaf (of door)
~ **sans recouvrement**: nonrebated [door] leaf

**vapeur** *f* : vapour; (sous pression) steam
~ **de réfrigérant**: refrigerant vapour
~ **saturée**: saturated vapour
~ **surchauffée**: superheated steam

**variante** *f* : alternative; (marché) alternative tender GB, alternative bid NA

**variateur** *m* : dimmer [switch]

**vase** *f* : sludge

**vase** *m* : vessel; (décoré) vase
~ **d'expansion**: expansion vessel, expansion tank
~ **d'expansion fermé**: diaphragm expansion tank
~ **d'expansion ouvert**: open-vented expansion tank

**vaseline** *f* : petroleum jelly

**vasistas** *m* : [opening] fanlight, ventilator, ventlight, night vent, vent sash

**vasque** *f* : bowl (of sanitary fitting)

**vastringue** *f* : spokeshave

**vau** *m* : (de cintre) solid rib

**VB** → **ventilation basse**

**VEC** → **verre extérieur collé**

**véhicule** *m* : (de transport) vehicle; (milieu) medium, vehicle
~ **tout terrain**: off-highway vehicle

**veilleur** *m* **de nuit**: nightwatchman

**veilleuse** *f* : pilot light
**en** ~: (lumière) dimmed

**veine** f : (de bois, de marbre) grain; (de marbre) vein
~ **d'argile**: clay seam
~ **résineuse**: pitch streak, resin streak

**veiner façon bois**: to grain

**veinette** f : graining brush

**velours** m : velvet; (de tapis) pile, nap

**vélum** m : canopy

**venelle** f : alley

**vent** m : wind
~ **de pluie**: rainy wind
~ **dominant**: prevailing wind
~ **violent**: high wind
**au ~**: windward
**sous le ~**: leeward, on the leeward side

**vente** f : sale
~ **immobilière**: sale of property

**ventelle** f : louver [blade], [fixed] louvre board

**ventilateur** m : fan
~ **à double ouïe**: double-inlet fan
~ **à hélice**: propeller fan
~ **aspirant**: exhaust fan, exhauster, extractor fan
~ **axial**: axial-flow fan
~ **centrifuge**: centrifugal fan
~ **de plafond**: ceiling fan
~ **de tirage**: draught inducer
~ **hélicocentrifuge**: mixed-flow fan
~ **plafonnier**: ceiling fan
~ **rotatif**: rotary fan
~ **soufflant**: blower

**ventilation** f : ventilation; (plb) vent, venting; (des coûts, des prix) breakdown
~ **basse**: bottom ventilation, cold air intake, fresh air intake (at floor level)
~ **haute**: warm air discharge (at ceiling level)
~ **mécanique**: exhaust system, extract system, mechanical ventilation
~ **par extraction**: exhaust ventilation
~ **primaire**: stack vent[ing], soil vent, waste vent
~ **secondaire**: fixture vent; (en amont d'un siphon) trap vent
~ **secondaire par groupe**: group vent
~ **transversale**: cross ventilation

**ventiler**: (une pièce) to ventilate; (une fosse, un siphon) to vent; (des dépenses) to apportion

**ventilo-convecteur** m : (clim) fan coil unit

**ventouse** f : air valve; (bouche) ventilation opening; (d'appareil de chauffage) air inlet, balanced flue outlet; (pour déboucher) force cup, suction cup

**venue** f, ~ **d'eau**: infiltration of water (into an excavation)
~ **d'eau souterraine**: inrush of underground water, ingress of underground water

**VER** → **vinyl-expansé-relief**

**véranda** f : verandah

**vérification** f : check, verification
~ **de l'étanchéité**: (de tuyaux) leak test
~ **des bilans énergétiques**: energy auditing

**vérin** m : (de levage) jack; (de précontrainte) jacking device
~ **à vis**: screw jack, jackscrew
~ **de tension**: stressing jack
~ **de traction**: tensioning jack
~ **hydraulique**: hydraulic cylinder
~ **plat**: flat jack
~ **pneumatique**: pneumatic cylinder

**vermiculé**: vermiculated; (peinture) wrinkle

**vermiculite** f : vermiculite

**vermoulu**: wormeaten

**vermoulure** f : wormhole, bore hole; bore dust, frass

**vernis** m : varnish
~ **à l'alcool**: spirit varnish
~ **à polir**: rubbing varnish, polishing varnish
~ **à séchage rapide**: quick-drying varnish
~ **au tampon**: French polish
~ **blanc**: clear varnish, transparent varnish
~ **cellulosique**: clear cellulose lacquer
~ **copal**: copal varnish
~ **couvre-nœuds**: knotting varnish
~ **craquelant**: crackling varnish
~ **du Japon**: japan [varnish]
~ **gras**: oil varnish
~ **pelable**: peel-off coating
~ **teinte**: varnish stain

**vernissé**: varnished; (tuile) glazed

**verre** *m* : glass
~ **à faible émissivité**: low-emissivity glass
~ **à glace**: plate glass
~ **à vitres**: sheet glass GB, window glass NA
~ **à vitres feuilleté**: laminated sheet glass GB, laminated window glass NA
~ **altéré**: weathered glass
~ **antique**: antique glass
~ **antiréfléchissant, ~ antireflet**: nonreflecting glass
~ **armé**: wire[d] glass
~ **athermique**: heat-absorbing glass
~ **blanc**: clear glass
~ **cannelé**: ribbed glass
~ **cathédrale**: cathedral glass
~ **clair**: clear glass
~ **coloré**: coloured glass
~ **coulé**: cast glass
~ **craquelé**: crackle glass
~ **dalle**: pavement light
~ **de hublot**: bull's eye
~ **de sécurité**: splinterproof glass, shatterproof glass, safety glass
~ **de sécurité armé**: wired safety glass, wired cast glass
~ **de toiture**: roofing glass, plain rolled glass
~ **demi-double**: demi-double thickness sheet glass, demi-double strength sheet glass GB, demi-double thickness window glass, demi-double strength window glass NA
~ **dépoli**: ground glass
~ **dormant**: fixed light
~ **double**: double strength sheet glass, double thickness sheet glass GB, double strength window glass, double thickness window glass NA
~ **doublé**: flashed glass
~ **en feuille**: sheet glass
~ **étiré**: [flat] drawn glass
~ **extérieur collé**: structural glazing
~ **feuilleté**: laminated glass
~ **fibré**: fibrous glass
~ **flotté**: float glass
~ **fumé**: smoked glass
~ **givré**: frosted glass
~ **impressionné**: weathered glass
~ **imprimé**: patterned glass
~ **jardinier**: greenhouse glass, horticultural glass
~ **laminé**: rolled glass
~ **martelé**: hammered glass
~ **moulé**: pressed glass
~ **mousse**: foam glass
~ **non transparent**: obscured glass, visionproof glass
~ **ondulé**: corrugated glass
~ **opale, ~ opalin**: opal glass
~ **opaque**: opaque glass
~ **ordinaire**: plain glass
~ **pare-balles**: bulletproof glass
~ **plaqué**: flashed glass
~ **réfléchissant**: reflective glass
~ **sandwich**: splinterproof glass, shatterproof glass
~ **simple**: , single strength sheet glass, single thickness sheet glass GB, single strength window glass, single thickness window glass NA
~ **soluble**: water glass, soluble glass
~ **soufflé**: blown glass
~ **strié**: rippled glass
~ **teinté dans la masse**: tinted glass
~ **translucide**: translucent glass
~ **travaillé**: configured glass
~ **trempé**: toughened glass GB, tempered glass NA
~ **triplex**: splinterproof glass, shatterproof glass

**verrière** *f* : large glazed area in a wall; stained glass window; glass roof

**verrou** *m* : lock bolt, slide bolt, bolt
~ **à coulisse**: sliding bolt
~ **à larder**: mortise bolt
~ **à pêne rond**: barrel bolt
~ **à ressort**: snap bolt
~ **bénard**: pin key bolt
~ **de nuit**: night bolt

**verrouillage** *m* : locking, safety interlock, interlocking
~ **des portes palières**: elevator door locking

**versant** *m* : (de toit) slope

**vert-de-gris** *m* : verdigris

**vertical**: vertical, plumb

**vestiaire** *m* : cloakroom GB, check room NA; changing room, locker room

**vestibule** *m* : entrance hall; (d'hôtel, de théâtre) lobby

**vétuste**: antiquated

**VH** → **ventilation haute**

**viabilisé**: (terrain à construire) serviced

**vibrateur** *m* : (de béton) vibrator
~ **à aiguille**: spud vibrator
~ **interne**: internal vibrator, poker vibrator

**vibration** *f* : vibration
 ~ **entretenue**: sustained vibration
 ~ **forcée**: forced vibration
 ~ **propre**: free vibration

**vibrofinisseur** *m* : vibrating and finishing machine

**vibrofonçage** *m* : vibropiling

**vibrofonceur** *m* : vibrating pile driver, piling vibrator

**vibrolance** *f* : vibrating probe

**vibropilonneuse** *f* : vibrating rammer

**vice** *m* : defect
 ~ **apparent**: visible defect
 ~ **caché**: hidden defect GB, latent defect NA
 ~ **de construction**: construction defect, faulty construction
 ~ **de fabrication**: defective workmanship, faulty workmanship
 ~ **de matière**: defective material, faulty material

**vidage** *m* : (d'appareil sanitaire) waste; (de benne) dumping
 ~ **à mécanisme extérieur**: popup waste
 ~ **par l'arrière**: (benne) end dumping
 ~ **système américain**: standing waste and overflow, bitransit waste and overflow

**vidange** *f* : (d'huile, de condensat) draining [off]; (de fosse d'aisances) emptying
 ~ **d'appareil sanitaire**: fixture drain
 ~ **individuelle**: fixture drain

**vide** *m* : vacuum; (espace vide) cavity, space; (porosité) void; *adj* : empty, unloaded
 à ~: no-load
 ~ **d'air**: air space (in cavity wall)
 ~ **interstitiel**: intergranular air void
 ~ **sanitaire**: crawl space
 ~ **sous comble**: roof space, roof void
 ~ **sous plancher**: ceiling void
 ~ **technique**: service space

**vide-cave** *m* : bailing pump

**vide-linge** *m* : laundry chute

**vide-ordures** *m* : refuse chute, rubbish chute GB, garbage chute, trash chute NA

**vider**: to empty
 ~ **les quatre murs**: to gut a building

**vidoir** *m* : (de vide-ordures) flap; (d'hôpital) slop sink

**vie** *f* **en pot**: pot life

**viellissement** *m* : ageing GB, aging NA
 ~ **dû aux intempéries**: weathering

**vilebrequin** *m* : brace
 ~ **à cliquet**: ratchet brace
 ~ **à conscience**: breast drill
 ~ **à rochet**: ratchet brace

**ville** *f* : town GB, city NA
 ~ **dortoir**: dormitory town
 ~ **nouvelle**: new town

**vinyl-expansé-relief** *m* : cushion floor

**virole** *f* : ferrule

**vis** *f* : screw; (escalier à vis) screw stair, vice stair
 ~ **à ailettes**: wing screw
 ~ **à bois**: wood screw
 ~ **à cache-tête**: dome cover screw
 ~ **à calotte**: dome cover screw
 ~ **à jour**: open-newel stair, hollow-newel stair
 ~ **à noyau plein**: solid-newel stair
 ~ **à oreilles**: wing screw
 ~ **à tête [à] six pans**: hexagon[al] head screw
 ~ **à tête bombée**: button-head screw
 ~ **à tête cruciforme**: recessed head screw
 ~ **à tête fendue**: slotted screw
 ~ **à tête fraisée**: countersunk screw
 ~ **à tête noyée**: flush screw
 ~ **à tôle**: sheet metal screw
 ~ **calante**: (top) foot levelling screw, plate screw
 ~ **de calage**: levelling screw
 ~ **de réglage**: adjusting screw
 ~ **mécanique**: machine screw
 ~ **moletée**: thumbscrew
 ~ **sans fin**: worm gear
 ~ **sans tête**: grub screw

**viscoréduction** *f* : visbreaking

**viscosité** *f* : viscosity

**visée** *f* : (top) sight
 ~ **avant**: foresight, fore observation
 ~ **arrière**: backsight, back observation

**viseur** *m* : sight gauge, sight tube
 ~ **de liquide**: sight glass GB, liquid indicator NA
 ~ **de liquide avec indicateur d'humidité**: sight glass and moisture indicator

**visible**: visible; exposed

**vissé**: screwed-on
~~-collé: screwed and glued

**visser**: to screw
~ **à fond**: to screw home

**vitesse** f: speed, rate
~ **axiale**: (clim) centre line velocity
~ **d'écoulement**: (d'un fluide) velocity; (éolienne) stream velocity
~ **d'évaporation**: evaporation rate
~ **de cisaillement**: rate of shear
~ **de curage**: self-cleaning velocity
~ **de fluage**: rate of creep
~ **de mise en charge**: rate of loading
~ **de régime**: normal working speed
~ **frontale**: (clim) face velocity

**vitrage** m : glass, glazing; glass partition;
**vitrages**: cover (of a solar exchanger)
~ **antieffraction**: armour plate glass
~ **au nord**: (d'un toit en shed) north light
~ **industriel de façade**: patent glazing
~ **pare-balles**: bullet resistant glazing
~ **pare-soleil**: solar control glazing
~ **sans mastic**: dry glazing

**vitrail** m : stained glass

**vitre** f : pane of glass, window pane

**vitré**: glazed

**vitrerie** f : glazing (trade)

**vitreux**: vitrifié, vitreous

**vitrier** m : glazier

**vitrificateur** m : (de parquet) surface sealer

**vitrine** f : shop window GB, show window NA; (à l'intérieur) show case, display case, display cabinet

**vivace**: (hort) perennial

**vivier** m : (d'abbaye) fishpond

**VO** → **vide-ordures**

**voie** f : (de scie) set; (de robinet) way; (de circulation) street, road; (de route large) lane
~ **d'accès**: approach road, access road
~ **d'évacuation**: escape route
~ **de ceinture**: ring road
~ **de circulation**: traffic lane
~ **de desserte**: service road
~ **de grue**: crane track
~ **publique**: highway GB, public way NA
~ **radiale**: radial road
~ **rapide**: expressway; (planification) fast track
~ **sans issue**: dead end, no thoroughfare
à ~ **humide**: wet (process)
à ~ **sèche**: dry (process)

**voilage** m : net curtains GB, sheer drapes NA

**voile** m : (peinture) cloudiness; (structure mince) shell; (mur de soutènement) stem
~ **autoportant polygonal**: folded plate construction, hipped plate construction
~ **de verre**: glass fibre mat
~ **mince**: (mur, toit) [thin] shell
~ **mince paraboloïde hyperbolique**: hyperbolic paraboloid shell

**voilé**: warped, out of true

**voilement** m : warping
~ **longitudinal de rive**: edge bend, spring (of board)
~ **longitudinal de face**: bow, camber
~ **transversal**: cup

**voirie** f : roads

**voisin**: adjoining

**volant** m : handwheel, flywheel; adj : flying, movable, suspended
~ **de manœuvre**: operating handwheel

**volée** f, ~ **d'escalier**: flight of stairs
~ **droite**: straight flight

**volet** m : (registre) flap; (de fenêtre) inside shutter; (contrevent) outside shutter
~ **mécanique**: rolling shutter
~ **persienne**: partly louvered shutter
~ **roulant**: rolling shutter; (à l'intérieur) roller blind

**volière** f : aviary

**volige** f : (sous ardoise, sous tuile) roof board, sarking board
~ **chanlattée**: eaves board, eaves lath
~ **de fond de chéneau**: gutter board, gutter plank

**voligeage** *m* : sheeting, sheathing (base for wall or roof cladding); (sous toiture) roof boarding, roof sheathing, sarking boards
~ **jointif**: close boarding
~ **non jointif**: open boarding
~ **sous ardoises**: slate boarding

**volume** *m* : volume
~ **de la chasse**: capacity of the cistern
~ **de protection**: (contre l'incendie) firebreak
~ **de rangement**: storage space

**volumique**: per unit of volume

**volute** *f* : volute, scroll; (de pompe centrifuge) casing

**voussoir** *m* : arch stone, voussoir

**voussure** *f* : (d'une voûte) arching; (d'un arc) order (of an arch), splayed arch; (entre plafond et mur) cove, coving

**voûtain** *m* : cell (of vault), segment (of ribbed vault)
~ **de plancher**: jack arch GB, floor arch NA

**voûte** *f* : vault; (de pont de chemin de fer) arch
~ **à nervures**: ribbed vault
~ **annulaire**: annular vault
~ **autoportante**: barrel vault shell
~ **biaise**: skew vault
~ **d'arête[s]**: groin[ed] vault
~ **d'entrée**: archway
~ **de pont de chemin de fer**: railway arch
~ **de tunnel**: roof
~ **en arc de cloître**: cloistered vault, square dome, coved vault, domical vault
~ **en berceau**: barrel vault, cradle vault
~ **en berceau brisé**: pointed barrel vault
~ **en berceau droit**: straight barrel vault
~ **en berceau oblique**: oblique barrel vault
~ **en berceau rampant**: rising barrel vault, sloping barrel vault
~ **en demi-berceau**: half-barrel vault
~ **en éventail**: fan vault
~ **en plein cintre**: semi-circular vault
~ **mince autoportante**: barrel shell
~ **nervée**: ribbed vault
~ **quadripartite**: quadripartite vault
~ **renversée**: inverted arch
~ **sexpartite**: sexpartite vault
~ **tournant sur noyau**: radial arch roof
~ **tournant sur pilier**: radial arch roof
~**s**: vaulting; (sous pont) arches
**en ~**: arched

**voûté**: arched, vaulted

**voyant** *m* : (de mire) target; (de signalisation) pilot light, indicator light
~ **lumineux**: indicator light

**VP** → **ventilation primaire**

**vrac, en ~**: (matières) bulk, loose

**vrillage** *m* : (de la pale d'une turbine) twist

**vrille** *f* : gimlet

**VS** → **vide sanitaire**

**VT** → **vide technique**

**vue** *f* : view
~ **à vol d'oiseau**: bird's eye view
~ **d'ensemble**: general view
~ **de côté**: side view, side elevation
~ **de face**: front view, front elevation
~ **éclatée**: exploded view
~ **en coupe**: sectional view
~ **en plan**: plan view

**vulcanisation** *f* : cure; curing; (du caoutchouc) vulcanisation

**VV** → **va-et-vient**

**w.-c.** *m* : w.-c. GB, closet NA
~ **à cuvette attenante**: close-coupled w.-c.
~ **à la turque**: squat closet
~ **à réservoir haut**: high-level suite GB, closet with high-up flush tank NA
~ **à réservoir bas**: low level suite GB, closet with low-down flush tank NA
~ **chimique**: chemical closet

**white spirit** *m* : white spirit, turp substitute, turps

**X** → **chaux**

**XHA** → **chaux hydraulique artificielle**

**XHN** → **chaux hydraulique naturelle**

**ZAD** → **zone d'aménagement différé**

**zed** *m* : Z bar GB, zee bar NA

**ZI** → **zone industrielle**

**zingage** *m* : zinc plating

**zinguerie** *f* : zinc flexible metal roofing

**zonage** *m* : zoning
  ~ **de fait**: existing pattern of land use
  ~ **par affectation**: use zoning
  ~ **ponctuel**: spot zoning

**zone** *f* : area, zone
  ~ **à urbaniser**: development area
  ~ **à urbaniser en priorité**: priority development area
  ~ **active de Rankine**: active Rankine zone
  ~ **clé**: controlling zone
  ~ **construite**: built-up area
  ~ **côtière**: coastal area
  ~ **d'aménagement différé**: holding zone
  ~ **d'aménagement paysager**: landscaped area
  ~ **d'emprunt**: borrow area, borrow pit, NA barrow pit
  ~ **de confort**: comfort zone
  ~ **de failles**: faulted area
  ~ **de marnage**: tidal zone
  ~ **de stationnement**: parking area
  ~ **de subsidence**: area of subsidence
  ~ **de villes dortoirs**: commuter belt
  ~ **desservie**: tributary area
  ~ **funiculaire**: zone of semicontinuous soil moisture
  ~ **industrielle**: industrial estate, industrial park
  ~ **mouillée**: (ardoises) creep
  ~ **non affectée**: floating zone
  ~ **piétonne**, ~ **piétonnière**: pedestrian area GB, pedestrian precinct NA
  ~ **verte**: green belt

**ZUP** → **zone à urbaniser en priorité**

# A

**abacus**: (architecture) abaque *m*, tailloir *m*; [calculation] chart: abaque

**abbey** *f*: abbaye *f*
 ~ **church**: église *f* abbatiale
 ~ **lands**: terres *f* abbatiales

**above**: au-dessus (de)
 ~ **grade**: au-dessus du sol, hors sol, en élévation
 ~-**grade masonry**: maçonnerie *f* au-dessus du niveau du sol
 ~-**grade wall**: mur *m* en élévation
 ~-**grade work**: maçonnerie *f* en élévation
 ~ **ground**: en élévation; (structure) en surface
 ~-**ground swimming pool**: piscine *f* hors sol

to **abrade**: user par frottement

**Abrams slump test**: essai *m* d'affaissement au cône d'Abrams

**abrasion**: abrasion *f*
 ~ **resistance**: résistance *f* à l'abrasion
 ~ **test**: essai *m* d'usure à la meule

**abrasive**: abrasif *m*, *adj*

to **absorb**: (a liquid) absorber; (a sound, an impact) amortir

**absorbed water**: eau *f* d'absorption

**absorber**, ~ **panel**, ~ **plate**: absorbeur *m* (solaire)

**absorbing**: absorbant
 ~ **plate**: surface *f* absorbante, absorbeur *m*
 ~ **surface**: surface *f* absorbante, absorbeur *m*
 ~ **well**: puits *m* absorbant

**absorptance**: coefficient *m* d'absorption

**absorption**: absorption *f*
 ~ **air conditioning**: climatisation *f* par absorption
 ~ **bed**: plateau *m* absorbant, plateau tellurien
 ~ **cooling**: refroidissement *m* à absorption
 ~ **of smoke**: (by heating appliance) fumivorité *f*
 ~ **rate**: (of a brick) coefficient *m* d'absorption d'eau, coefficient de capillarité
 ~ **test**: essai *m* de porosité
 ~ **well**: puits *m* absorbant

**absorptive**: absorbant
 ~ **power**: absorptivité *f*, pouvoir *m* absorbant

**absorptivity**: absorptivité *f*, pouvoir *m* absorbant

to **abut on**, ~ **against**: s'appuyer contre, s'appuyer sur, s'arc-bouter (contre un mur); être attenant à

**abutment**: contrefort *m*; (of an arch, of a tunnel) piédroit *m*; (of a structure) point *m* de poussée; (pier of bridge) butée *f*, culée *f*
 ~ **hinge**: articulation *f* aux naissances
 ~ **line**: (of roof against a wall) rive *f* de tête
 ~ **piece**: semelle *f* (d'étai)
 ~ **pier**: piédroit (de culée, de voûte, d'arcade)
 ~ **wall**: mur *m* de culée

**abutter**: propriétaire *m* limitrophe

**abutting (on)**: attenant (à)
 ~ **joint**: assemblage *m* de rencontre
 ~ **owner**: propriétaire *m* limitrophe
 ~ **property**: propriété *f* limitrophe

**a.c.** → **alternating current**, **air conditioning**

**AC** → **asbestos cement**, **asphalt cement**

**acanthus**: acanthe *m*
 ~ **leaf**: feuille *f* d'acanthe

**accelerated test**: essai *m* accéléré

**accelerating, ~ agent, ~ admixture:** (concreting) accélérateur *m*

**accelerator:** (concreting, central heating) accélérateur *m*

**acceptance:** (of delivery) réception *f* (d'un ouvrage, de matériaux)
~ **of work:** réception des travaux
~ **test:** essai *m* de réception

**access:** accès *m*
~ **balcony:** coursive *f* d'accès
~ **chamber:** regard *m* de visite
~ **door:** porte *f* de visite, porte d'accès
~ **eye:** bouchon *m* de dégorgement; tampon *m* de visite, tampon de dégorgement
~ **floor:** (raised floor) faux plancher
~ **hole:** regard *m* de visite, trou *m* de visite
~ **ramp:** rampe *f* d'accès
~ **road:** voie *f* d'accès, voie de desserte
~ **to exits:** accès aux sorties, accès aux issues
~ **work platform:** élévateur *m* à nacelle

**accident:** accident *m*
~ **prevention:** prévention *f* des accidents

**accolade:** accolade *f*

**accordion door:** porte *f* accordéon

**accredited supplier:** fournisseur *m* attitré

**accretion:** accroissement *m* par alluvionnement, atterrissement *m*

**accumulation:** accumulation *f*
~ **curve:** courbe *f* cumulative

**acetate:** acétate *m*

**acetylene:** acétylène *m*
~ **blowlamp, ~ torch:** chalumeau *m* à acétylène

**acid:** acide *m*
~ **brittleness:** fragilité *f* de décapage
~ **etching:** décapage *m* à l'acide
~ **fermentation:** fermentation *f* acide
~**-forming stage:** fermentation *f* acide
~ **pickling:** décapage *m* à l'acide
~ **pollutant:** polluant *m* acide
~**-resistant:** inattaquable par les acides, résistant aux acides
~**-resistant brick:** brique *f* résistant aux acides

~**-resistant paint:** peinture *f* antiacide
~**-resisting concrete:** béton *m* antiacide
~ **stage:** phase *f* acide

**acorn nut:** écrou *m* borgne

**acoustic:** acoustique, phonique
~ **insulation:** insonorisation *f*
~ **lining:** revêtement *m* acoustique
~ **material:** matériau *m* absorbant phonique
~ **paint:** peinture *f* antisonique
~ **power:** puissance *f* acoustique

**acoustical:** acoustique
~ **absorptivity** NA: coefficient *m* d'absorption acoustique
~ **energy:** énergie *f* acoustique
~ **insulation:** isolation *f* acoustique; isolant *m* acoustique
~ **material:** matériau *m* absorbant phonique
~ **reduction:** affaiblissement *m* acoustique
~ **treatment:** insonorisation *f*

**acoustically treated room:** salle *f* insonorisée

**acoustics:** acoustique *f*

**acroter, acroterium, acroterion:** acrotère *m* (architecture classique)

**acrylic resin:** résine *f* acrylique

**act of God:** force *f* majeure

**acting compositely:** collaborant

**actinometer:** actinomètre *m*

**action:** action *f*; suite *f* à donner; poursuites *f*
~ **for damages:** poursuites en dommages-intérêts

**activated:** (carbon, mortar) activé
~ **alumina:** alumine *f* activée
~ **carbon, ~ charcoal:** charbon *m* actif, charbon activé
~ **sludge:** boue *f* activée

**active:** actif
~ **area of collector:** (solar energy) surface *f* utile d'un capteur
~ **current:** courant *m* watté
~ **earth pressure:** poussée *f* active des terres
~ **failure:** rupture *f* par poussée active, rupture active

~ **layer**: sol *m* soumis aux actions saisonnières
~ **leaf**: (of door) battant *m* ouvrant le premier, ouvrant *m*, premier vantail
~ **Rankine zone**: zone *f* active de Rankine
~ **Rankine pressure**: pression *f* active de Rankine
~ **reinforcement**: aciers *m* actifs, armature *f* active
~ **solar energy**: énergie *f* solaire active
~ **surface of sliding**: surface *f* active de glissement

**activity**: activité *f*; tâche *f* (de chemin critique)

**actual**: réel
~ **cash value**: (insurance) valeur *f* au jour du sinistre
~ **clearance**: jeu *m* effectif
~ **deviation**: écart *m* effectif
~ **measurement**: mesure *f* vraie, mesure réelle
~ **performance**: rendement *m* réel
~ **reading**: (of measuring instrument) mesure *f* brute
~ **value**: valeur *f* réelle

**acute**: aigu
~ **angle**: angle *m* aigu
~ **bevelling**: équerrage *m* en maigre

**AD** → **access door, air dried, area drain**

**adaptable and extendable**: évolutif (bâtiment, maison)

**adapter**: (el) fiche *f* triplite; (plbg) réduction *f*

to **add**: ajouter
~ **a storey**: réhausser d'un étage, exhausser d'un étage
~ **up**: additionner

**addition to a building**: rajout *m*

**additional**: supplémentaire
~ **cover**: (insurance) garantie *f* supplémentaire
~ **load**: surcharge *f*
~ **premium**: surprime *f*

**additive**: produit *m* d'addition, additif *m*
~ **compound**: composé *m* d'addition

**addorsed**: adossé

**adherend**: partie *f* collée à une autre, surface *f* à coller

**adhesion**: adhérence *f*
~ **failure**: décollement *m*

**adhesive**: adhésif *m*, colle *f*, *adj* : adhésif

**adiabatic compression**: compression *f* adiabatique

**adjacent**: adjacent, attenant, contigu; (property) limitrophe

**adjoining**: avoisinant, contigu, voisin
~ **land**: fonds *m* voisins
~ **room**: pièce *f* voisine

to **adjust**: ajuster, régler

**adjustable**: réglable
~ **monkey wrench**, ~ **spanner**: clé *f* anglaise, clé américaine, clé à molette

**adjusting**: réglage *m*; de réglage
~ **screw**: vis *f* de réglage

**adjustment**: réglage *m*; (of an instrument) mise *f* au point; (insurance) règlement *m*
~ **of loss**: expertise *f*
~ **range**: plage *f* de réglage

**admissible clearance**: jeu *m* admissible

**admission**: (of air) amenée *f*, arrivée *f*

**admixture**: adjuvant *m*

**adobe**: adobe *m*
~ **brick**: brique *f* d'adobe

**adornment**: enjolivement *m*

**adsorption**: adsorption *f*

**adsorptive**: adsorbant

**advanced**: avancé
~ **filtration**: filtration *f* poussée

**advertisement**: annonce *f* publicitaire
~ **for bids** NA: publication *f* d'appel d'offres

**adze**: herminette *f*

**adzed**: dressé à l'herminette, taillé à l'herminette

**aeolian**: éolien
~ **rock**: roche *f* éolienne

**aerated**: aéré
 ~ **burner**: brûleur *m* à flamme bleue
 ~ **concrete**: béton *m* aéré
 ~ **filter**: lit *m* bactérien aéré

**aeration**: aération *f* (du sol, d'un milieu)
 ~ **tank**: bassin *m* d'aération

**aerator**: aérateur *m* (d'un liquide)
 ~ **nozzle**, ~ **fitting**: aérateur *m* de robinet, aérateur brise-jet

**aerial**: antenne *f*, *adj* : aérien
 ~ **cable**: fil *m* aérien
 ~ **cableway**: câble *m* aérien
 ~ **ropeway**: câble *m* aérien
 ~ **survey**: levé *m* aérien, levé photogrammétrique
 ~ **work platform**: élévateur *m* à nacelle

**aerobic**: aérobie
 ~ **digestion**: digestion *f* aérobie
 ~ **state**: phase *f* aérobie

**afforestation**: reboisement *m*

**A-frame**: chevalet *m*

**African mahogany**: okoumé *m*

**aftercooler**: refroidisseur *m* aval

**afterheat**: chaleur *f* résiduelle

**afterheater**: réchauffeur *m* aval

**AG** → **above grade, against the grain**

**against the grain**: à contre-fil, contre le fil

**aged**: (finish) patiné

**ageing** GB, **aging** NA: viellissement *m*

**agent**: agent *m*; (management of a building in co-ownership) syndic *m*

**aging** NA, → **ageing** GB

**agglomerated cork**: liège *m* aggloméré

**aggregate**: granulat *m*
 ~ **bin**: silo *m* accumulateur de granulat

**aggressive water**: eau *f* agressive

**agitating**, ~ **lorry** GB, ~ **truck** NA: camion *m* bétonnière, camion malaxeur, camion toupie, toupie *f* à béton

**agreed value**: valeur *f* agréée

**agreement**: accord *m*

**agricultural drain**: drain *m* agricole

**AHU** → **air handling unit**

**air**: air *m*
 ~ **admission**: amenée *f* d'air
 ~ **bottle**: bouteille *f* d'air (antibélier)
 ~ **break switch**: interrupteur *m* à coupure dans l'air
 ~ **brick**: brique *f* d'aération, brique de ventilation
 ~ **brush**: pistolet *m* de projection
 ~ **chamber**: réservoir *m* d'air (transport de l'eau)
 ~ **change**: renouvellement *m* d'air
 ~ **cleaner**: épurateur *m* d'air, filtre *m* à air
 ~ **conditioned**: climatisé
 ~ **conditioner**: climatiseur *m*
 ~ **conditioning**: climatisation *f*
 ~-**cooled condenser**: condenseur *m* à air
 ~-**cooled evaporator**: évaporateur *m* à refroidissement à air
 ~ **cooler**: refroidisseur *m* à air
 ~-**cured binder**: liant *m* aérien
 ~ **cushion**: matelas *m* d'air
 ~ **diffuser**: (a.c.) diffuseur *m*
 ~ **discharge**: évacuation *f* d'air
 ~ **dried**: séché à l'air
 ~ **drill**: perforatrice *f* à air comprimé, marteau *m* perforateur à air comprimé
 ~ **dry**: sec à l'air
 ~ **drying**: séchage *m* naturel, séchage à l'air
 ~ **duct**: gaine *f* de ventilation, gaine d'air
 ~-**entrained concrete**: béton *m* à air occlus
 ~ **entraining agent**: entraîneur *m* d'air
 ~ **filter**: filtre *m* à air
 ~ **flow**: passage *m* d'air
 ~ **gap**: hauteur *f* d'un bec de robinet au-dessus du niveau de débordement
 ~ **hammer**: marteau *m* pneumatique
 ~ **handling**: (a.c.) traitement *m* d'air
 ~-**handling unit**: centrale *f* de climatisation, caisson *m* de traitement d'air
 ~ **heater**: appareil *m* de chauffage d'ambiance; réchauffeur *m* d'air
 ~ **humidity indicator**: hygromètre *m*
 ~ **inlet**: amenée *f* d'air, arrivée *f* d'air
 ~ **input**: apport *m* d'air
 ~ **intake**: prise *f* d'air
 ~ **lift pump**: éjecteur *m* pneumatique, aéroejecteur *m*
 ~ **mass**: masse *f* atmosphérique

~ **moisture**: humidité f atmosphérique
~ **of combustion**: air m comburant
~-**operated**: à air comprimé
~ **pocket**: poche f d'air
~-**powered**: à air comprimé
~ **receiver**: (of compressor) réservoir m d'air comprimé
~ **release**: dégagement m d'air; évacuation f d'air
~ **release valve**: (on pipe) purgeur m
~ **return**: (a.c.) reprise f d'air
~ **set**: (plaster, cement) éventé
~-**seasoned**: (timber) séché à l'air
~ **shaft**: puits m de ventilation
~-**slaked lime**: chaux f éteinte à sec
~ **slaking**: (of lime) extinction f à l'air
~ **space**: (in a cavity wall) vide m d'air, lame f d'air; (insulation) matelas m d'air
~ **supplied**, ~ **supply**: apport m d'air
~-**supported structure**: construction f gonflable, structure f gonflable
~ **temperature**: température f ambiante
~ **terminal**: pointe f de choc (de paratonnerre)
~ **terminal unit**: (a.c.) appareillage m terminal, caisson m, bouche f
~-**to-air heat pump**: pompe f à chaleur air/air
~-**to-water heat pump**: pompe f à chaleur air/eau
~-**type collector**: (solar heating) capteur m à air
~ **valve**: reniflard m, ventouse f, (air release valve) purgeur m d'air
~ **vent**: bouche f d'ération, évent m d'aération; (air release valve) purgeur m d'air
~ **vessel**: réservoir m d'air (transport de l'eau); bouteille f d'air (antibélier)
~ **washer**: (a.c.) laveur m d'air
~ **well**: courette f, puits m de ventilation

**airborne**, ~ **noise**: bruit m aérien
~ **sound**: son m aérien

**airflow**: passage m d'air

**airing cupboard**: placard m chauffe-linge

**airless spraying**: projection f airless

**airlock**: (in a system) bouchon m d'air, poche f d'air; (a.c., heating) sas m

**airslide mixer**: bétonnière f à couloir

**airtight**: étanche à l'air, hermétique

**aisle**: (of a church) bas-côté m, vaisseau m, nef f latérale

**aisled**: à bas-côtés

**alabaster**: albâtre m

**alarm**: alarme f, avertisseur m
~ **bell**: sonnerie f d'alarme

**alburnum**: aubier m

**alcove**: alcôve f; (a small space) coin m

**algicide**: algicide m

**alidade**: alidade f

to **align**: aligner; (beam, stones) enligner

**alignment**: alignement m
~ **of road**: tracé m d'une route

**alkaline**: alcalin
~ **hardness**: degré m hydrotimétrique temporaire, dureté f carbonatée, dureté temporaire

**alkyd**: alkyd[e] m
~ **resin**: résine f alkyde
~ **paint**: peinture f alkyde, peinture glycérophtalique

**all**, ~ **in**: tout compris; tout venant
~-**in aggregate**: granulat m tout venant
~-**in tariff**: tarif m simple à compteur unique
~-**levels sample**: (boring) échantillon m moyen
~-**round loading**: charge f latérale dans toutes les directions
~-**round pressure**: pression f d'étreinte latérale, pression de soutien
~-**solar energy**: énergie f solaire intégrale

**alley**: ruelle f, venelle f

**allied cover**: (insurance) garantie f connexe

**alligatoring**: crocodilage m, peau f de crocodile

**allnight burner**: poêle m à feu continu

**allotment of land**: affectation f des sols

**allochthonous**: (deposit, fold, rock) allochthone

to **allow**: autoriser, permettre, admettre; (design) tenir compte (de)

**allowable**: (load, stress) admissible
~ **bearing capacity**: capacité f portante admissible
~ **bearing soil pressure**: pression f admissible sur le sol

**allowance** f : tolérance f, jeu m, surépaisseur f, frais m (de déplacement etc.)
~ **for cutting waste**: majoration f pour chutes
~ **in width**: gras m sur la largeur

**allowed**: permis, autorisé

**al[l]ure**: hourd m

**alluvia**: alluvions f

**alluvial**: alluvial, alluvionnaire
~ **clay deposit**: dépôt m argileux alluvionnaire
~ **horizon**: horizon m d'apport
~ **soil**: sol m alluvial

**alluviation**: alluvionnement m

**almary, almery**: armoire f aux vases sacrés

**almonry**: aumônerie f

**alms**, ~ **box**: tronc m (d'église)
~ **house**: hospice m (pour vieillards)

**along**: le long de
~ **the grain**: de droit fil

**altar**: autel m
~ **frontal**: devant m d'autel
~ **rail**: balustrade f du sanctuaire, grille f du sanctuaire
~ **slab**: table f d'autel
~ **stone**: pierre f d'autel

**altarpiece**: retable m

to **alter**: modifier

**alteration**: changement m, modification f, (of a building) remaniement m, transformation f

**alternate**: alterné, en alternance
~ **bend test**: essai m de pliage alterné
~ **joints**: (masonry, tiling) joints m croisés
~ **quarter sawing**: débit m sur faux quartier

**in** ~ **rows**: (rivets) en quinconce; (masonry, tiling) à joints croisés

**alternating current**: courant m alternatif

**alternative**: variante f, de remplacement, de substitution
~ **bid** NA: variante (de marché)
~ **energy**: énergie f de substitution
~ **tender** GB: variante (de marché)
~ **working**: (of heat pump) fonctionnement m alternatif

**alto-relievo, alto-rilievo**: haut-relief m
**in** ~: en haut-relief

**alumina**: alumine f

**aluminium** GB, **aluminum** NA: aluminium m
~ **foil**: feuille f d'aluminium
~ **paint**: peinture f à l'aluminium

**aluminous cement**: ciment m alumineux

**aluminum** NA, → **aluminium** GB

**ambient**: ambiant
~ **noise**: bruit m d'environnement
~ **temperature**: température f ambiante

**ambo**: ambon m

**ambry**: armoire f aux vases sacrés

**ambulatory**: déambulatoire m, promenoir m

**amended**: révisé, mis à jour

**amendment**: modification f, (to contract) avenant m

**amenities**: aménagements m

**amenity area**: aire f d'agrément

**amortisement** GB, **amortizement** NA: amortissement m (architectural)

**amount**: montant m
~ **insured**: montant de la garantie
~ **of insurance**: montant de la garantie
~ **of loss**: montant des dommages

**anaerobe, anaerobium**: anaérobie m

**anaerobic**: anaérobie adj
~ **fermentation**: fermentation f anaérobie

**analysis**: analyse f

**anchor**: ancre f; (door frame fixing) patte f de scellement
~ **bar**: tige f d'ancrage; (with ordinary hook) crosse f
~ **block**: massif m d'ancrage
~ **bolt**: boulon m de scellement
~ **cone**: cône m femelle (de précontrainte)
~ **cup**: cloche f d'ancrage
~ **curtain**: rideau m d'ancrage
~ **pile**: pieu m d'ancrage
~ **post**: poteau m d'ancrage
~ **pull**: réaction f d'ancrage, traction f du tirant d'ancrage
~ **rod**: boulon m d'ancrage, tige f d'ancrage
~ **plate**: patin m de scellement
~ **wall**: mur m d'ancrage

**to anchor**: ancrer

**anchorage**: ancrage m, épinglage m; massif m d'ancrage; point m d'attache (d'un tirant)
~ **cone**: cône m d'ancrage
~ **set**: tassement m des ancrages

**anchoring**: scellement m
~ **plate**: patin m de scellement

**ancient**: antique
~ **lights**: servitude f de vue
~ **monument**: monument m historique

**ancillary equipment**: équipement m auxiliaire

**ancon[e]**: ancon m

**anechoic room**: salle f anéchoïque

**anemograph**: anémographe m

**anemometer**: anémomètre m

**angle**: angle m, inclinaison f
~ **bar**: cornière f
~ **bead**: cornette f protège-angle
~ **blade**: lame f biaise
~ **block**: (join) taquet m
~ **book**: carnet m de terrain, carnet m de tours d'horizon
~ **brace**: décharge f d'angle; (in roof structure) aisselier m
~ **brace diagonal**: contrefiche f (de ferme de toit)
~ **bracket**: équerre f, console f (pour étagères)
~ **brick**: brique f d'angle
~ **buttresses**: contreforts m d'angle jumelés en équerre
~ **capital**: chapiteau m angulaire
~ **cleat**: (of steel structure) chaise f, (of roof) chantignole f
~ **fillet**: solin m
~ **flange**: bride f angulaire
~ **grain**: fil m oblique
~ **hip tile**: arêtier m cornier angulaire
~ **iron**: cornière f
~ **joint**: assemblage m d'angle
~ **leaf**: (on base of column) griffe f
~ **of base friction**: angle de frottement de la base (d'un talus)
~ **of dip**: angle de pente
~ **of gradient**: angle de déclivité
~ **of internal friction**: angle de frottement interne
~ **of repose**, ~ **of rest**: angle de talus naturel, angle d'éboulement
~ **of shear**: angle de cisaillement
~ **of shearing resistance**: angle de résistance au cisaillement
~ **of skew of a bridge**: angle du biais d'un pont
~ **of slide**, ~ **of slip**: angle de glissement
~ **of slope**: angle de pente
~ **parking**: stationnement m en épi
~ **plate**: équerre f
~ **post**: poteau m cornier
~ **rafter**: chevron m d'arêtier
~ **ridge**: arêtier m (de charpente de toit)
~ **section**: cornière f
~ **spur**: (on base of column) griffe f
~ **tie**: décharge f d'angle; gousset m de coyer
~ **trowel**: fer m d'angle, fer à cueillies
~ **valve**: robinet m d'équerre
**at an ~ to**: faisant angle sur, en biais par rapport à

**angledozer**: angledozer m, bulldozer m à lame orientable, bouteur m biais

**anhydrite**: anhydrite f

**anhydrous**: anhydre
~ **gypsum plaster**: plâtre m anhydre
~ **lime**: chaux f anhydre

**anisotropic pressure**: pression f anisotrope

**annealed**: recuit

**annealing**: recuit m

**annual**: annuel
~ **rainfall**: précipitation f annuelle
~ **ring**: (of wood) couche f annuelle
~ **run-off**: année f hydrologique

**annular**: annulaire
 ~ **bit**: scie *f* à cloche
 ~ **grooved nail**: clou *m* annelé
 ~ **vault**: voûte *f* annulaire
 ~ **ward**: (of lock) rouet *m*

**annulated column**: colonne *f* annelée

**annulet**: annelet *m*

**annunciator**: annonciateur *m*

**anode**: anode *f*

**anodized**: anodisé

**anta**: ante *f*

**antechapel**: avant-corps *m* de chapelle

**antechurch**: avant-corps *m* d'église

**antefix**: antéfix *f*

**antependium**: devant *m* d'autel

**anteroom**: antichambre *f*

**anti-acid cement**: ciment *m* anti-acide

**antichalking**: (paint) antifarinant

**anticlinal**: anticlinal *adj*
 ~ **bulge**: bombement *m* anticlinal

**anticline**: anticlinal *m*

**anticlockwise direction**: sens *m* inverse des aiguilles d'une montre, sens antihoraire

**anticondensation paint**: peinture *f* anticondensation

**anticorrosive**: anticorrosif
 ~ **paint**: peinture *f* anticorrosion

**antidryer**: antisiccatif

**antifoaming agent**: antimousse *m*

**antifreeze**: antigel

**antifrost agent**: adjuvant *m* antigel

**antifrothing**: antimousse

**antinoise paint**: peinture *f* antisonique

**antioxidant**: antioxydant *m*, *adj*

**antipanic lock**: serrure *f* antipanique

**antiquated**: désuet, vétuste

**antique glass**: verre *m* antique

**antireflection coating**: couche *f* antireflet, couche antiréfléchissante

**antireflective coating**: couche *f* antireflet, couche antiréfléchissante

**antirust paint**: peinture *f* antirouille

**antiscale agent**: désincrustant *m* (de chaudière)

**antiskinning agent**: agent *m* antipeaux

**antisiphon trap**: siphon *m* indésamorçable

**antislip paint**: peinture *f* antidérapante

**antisplash**: pare-éclaboussures *m*
 ~ **nozzle**: gicleur *m* brise-jet, brise-jet *m*

**antisurge**: anti-coup de liquide

**apartment** NA: appartement *m*
 ~ **house**: maison *f* de rapport, logement *m* collectif, immeuble *m* collectif, immeuble de rapport, immeuble divisé en appartements

**aperture**: ouverture *f*; (in outside wall) jour *m*

**apex**: sommet *m* (de pignon, de toit)

**apophyge**: apophyge *f*

**apparent**: apparent
 ~ **dip**: (geol) rejet *m* incliné apparent
 ~ **horizon**: horizon *m* apparent

**appentice**: bâtiment *m* en appentis, appentis *m*

**appliance**: appareil *m*
 ~ **branch circuit**: distribution *f* intérieure sur prises de courant

**applied**: appliqué; (moulding, trim) rapporté
 ~ **geology**: géologie *f* appliquée
 ~ **moment**: moment *m* sollicitant

to **apply**: appliquer
 ~ **generously**: (adhesive, paint) bien nourrir

**apportion** | 223 | **architectural**

to **apportion**: (expenses) ventiler

**appraisal**: estimation f, évaluation f

**approach**: abord m
 ~ **road**: voie f d'accès
 ~**es to a town**: abords d'une ville, approches f d'une ville

**approval**: approbation f

**approved**: approuvé; (supplier) agréé; (by official body) homologué

**appurtenance**: meuble m fixe à demeure, meuble immeuble par destination
 ~**s**: appartenances f et dépendances, droits m accessoires d'un bâtiment, servitudes; accessoires m (de distribution d'eau, d'assainissement)

**apron**: tablier m; (under a window) allège f
 ~ **flashing**: (gutter) bavette f
 ~ **piece**: appui m de limon
 ~ **wall**: mur m d'allège

**apse**: abside f
 ~ **chapel**: chapelle f absidale

**apsidal**: absidal, apsidial
 ~ **chapel**: absidiole f, chapelle f absidale, chapelle en absidiole

**apteral**: aptère

**aqueduct**: aqueduc m

**aqueous**: aqueux
 ~ **sheath**: (s.m.) film m d'eau
 ~ **suspension**: suspension f aqueuse

**aquifer**: aquifère m, couche f aquifère
 ~ **formation**: formation f aquifère

**aquiferous**: aquifère adj

**AR** → **as required, as rolled, antireflection**

**arabesque**: arabesque f

**arbitration**: arbitrage m
 ~ **agreement**: convention f d'arbitrage
 ~ **award**: sentence f arbitrale
 ~ **clause**: clause f compromissoire

**arc**: arc m (de cercle, électrique)
 ~ **lamp**: lampe f à arc
 ~ **light**: lampe f à arc
 ~ **of folding**: (geol) arc de plissement
 ~ **plasma welding**: soudage m par plasma d'arc
 ~ **welding**: soudage m à l'arc

**arcade**: arcades f, arcs m; galerie f marchande; passage m couvert

**arcaded**: couvert d'arcades, bordé d'arcades

**arcading**: arcs m aveugles

**arch**: (architecture) arc m; (c.e.) arche f; voûte f (de pont)
 ~ **action**: effet m de silo, effet de voûte
 ~ **band**: rouleau m (d'un arc)
 ~ **bend**: (geol) noyau m du pli, charnière f anticlinale
 ~ **brace**: aisselier m courbe
 ~ **brick**: brique f à couteau, couteau m, brique claveau, brique en coin
 ~ **buttress**: arc-boutant m
 ~ **core**: (geol) noyau m du pli
 ~ **effect**: effet m de silo, effet de voûte
 ~ **hinged at the abutments**: arc articulé aux naissances, arc articulé aux appuis
 ~ **limb**: (geol) flanc m supérieur de pli couché
 ~ **pressure**: poussée f des voûtes, pression f de voûte
 ~ **stone**: voussoir m
 ~ **with fixed ends**: arc encastré, arc à appuis encastrés
 ~**es**: arcades f, voûtes f

**arched**: arqué; en voûte, voûté; (door, window) couvert d'un arc
 ~ **buttress**: arc-boutant m
 ~ **culvert**: ponceau m voûté
 ~ **opening**: baie f couverte d'un arc
 ~ **structure**: ouvrage m voûté

**arching**: (structure) arc-boutement m, effet m de voûte; (of bulk materials) effet de silo; (in hopper) effet de voûte; (of vault) voussure f

**architect**: architecte m; (responsible to building owner) maître m d'œuvre
 ~**'s apprentice**: élève m d'un architecte
 ~**'s bill**: mémoire m

**architectonic**: architectonique

**architectural**: architectural
 ~ **complex**: ensemble m architectural
 ~ **concrete**: béton m architectonique, béton architectural
 ~ **design**: conception f architecturale
 ~ **drawing**: plan m d'architecte
 ~ **effect**: animation f

~ **hardware**: serrurerie *f* décorative
~ **metalwork**: serrurerie *f* décorative
~ **model**: maquette *f* d'architecture
~ **rendering**: rendu *m* d'architecture
~ **scheme**: parti *m* architectural
~ **section**: profilé *m* décoratif
~ **terra cotta** NA: terre *f* cuite décorative

**architecture**: architecture *f*

**architrave**: architrave *f*; (of door) chambranle *m* rapporté, couvre-joint *m*

**archivolt**: archivolte *f*

**archway**: passage *m* voûté, voûte *f* d'entrée

**arcuate**: arqué, en arc

**area**: aire *f*; superficie *f*; (district) quartier *m* (d'habitation)
~ **drain** Na: avaloir *m* de sol
~ **occupied by building**: emprise *f* d'un édifice
~ **of subsidence**: zone *f* de subsidence
~ **ratio**: indice *m* de surface

**areaway**: caisse *f* de soupirail; cour *f* anglaise, courette *f* anglaise, puits *m* de lumière, puits d'éclairage, puits de fenêtre

**argillaceous**: argillacé

**argillite**: argillite *f*

**argillous**: argileux (matériau, sol, roche)

**armarium**: armoire *f* aux vases sacrés

**armory**: armurerie *f*, salle *f* d'armes

**armour** GB, **armor** NA: blindage *m*
~ **plate glass**: vitrage *m* antieffraction

**armoured** GB, **armored** NA: blindé
~ **cable**: câble *m* blindé

**arrangememt**: agencement *m*, disposition *f*

**array**: (solar energy) batterie *f* de capteurs, champ *m* de miroirs

**arris**: arête *f*
~ **gutter**: gouttière *f* en V
~ **of a column**: arête d'une colonne
~ **rafter**: arêtier *m* (de charpente de toit)

~ **tile**: tuile *f* angulaire
~ **hip tile**: arêtier *m* cornier angulaire

**arrow**: flèche *f*; (on drawing) attache *f*; (critical path) segment *m* fléché; (surv) fiche *f* (d'arpenteur)
~ **loop**: archère *f*
~-**shaped**: sagitté
~ **slit**: archère *f*

**arson**: incendie *m* volontaire

**art**: art *m*
~ **gallery**: musée *m* (des beaux-arts), galerie *f*
~ **metalwork**: ferronerie *f* d'art, serrurerie *f* d'art

**artesian**: artésien
~ **aquifer**: nappe *f* artésienne
~ **pressure**: pression *f* artésienne
~ **water**: eau *f* artésienne, nappe *f* artésienne
~ **well**: puits *m* artésien

**articulated**: articulé
~ **[drop] chute**: trompe *f* d'éléphant

**artificial**: artificiel
~ **draft**: tirage *m* forcé
~ **hydraulic lime**: chaux *f* hydraulique artificielle
~ **light**: lumière *f* artificielle, éclairage *m* artificiel
~ **stone**: pierre *f* artificielle, similipierre *f*, pierre reconstituée, aggloméré *m*

**artist's impression**: illustration *f* d'ambiance, rendu *m*

**as**, ~ **built drawing**: plan *m* comme construit, plan de récolement
~ **cast**: brut de fonderie
~ **dug aggregate**: tout-venant *m* de carrière
~ **required**: si nécessaire, selon besoins
~ **rolled**: brut de laminage

**asbestos**: amiante *f*
~-**cement**: amiante-ciment *m*, fibrociment *m* (marque commerciale)
~-**cement profile**: grandes ondes (plaque de couverture)
~-**cement sheeting**: amiante-ciment *m* en feuille
~ **cord**: cordon *m* d'amiante, tresse *f* d'amiante
~ **felt**: feutre *m* d'amiante
~ **millboard**: carton *m* d'amiante
~ **rope**: cordon *m* d'amiante, tresse *f* d'amiante

**aseismic**     225     **aumbry**

~ **sheet**: plaque f d'amiante
~ **shingle**: bardeau m d'amiante-ciment

**aseismic**: asismique

**ash**: cendre f
~ **box**, ~ **dump**, ~ **pan**: cendrier m

**ashlar**: pierre f de taille, moellon m d'appareil, moellon équarri
~ **facing**: parement m en pierre
~ **masonry**: maçonnerie f en pierre de taille

**ashlaring**: cloison f verticale (d'une mansarde)

**ashpan**: bac m à cendres, cendrier m

**ashpit**: cendrier m

**aspect**: exposition f (orientation d'un bâtiment)

**asphalt**: ashpalte m, bitume m
~ **coating**: enrobage m bitumineux
~ **concrete**: béton m asphaltique
~ **covering**: revêtement m d'asphalte, revêtement bitumé, revêtement bitumineux
~ **finisher**: finisseur m routier
~ **jelly**: gelée f d'asphalte
~ **macadam**: macadam m à base de bitume, macadam d'asphalte
~ **mat**: tapis m bitumineux
~ **plant**: poste m d'enrobage, centrale f d'enrobage
~ **paper**: papier m asphalté
~ **primer**: bitume pour couche d'impression
~ **putty**: mastic m d'asphalte
~ **seepage**: suintement m d'asphalte
~ **shingles**: bardeaux m bitumineux, bardeaux d'asphalte
~ **surface treatment**: enduit m superficiel au bitume
~ **tack coat**: couche f d'accrochage au bitume, couche de fond au bitume
~ **tile**: carreau m d'asphalte

**asphaltic**: bitumeux, bitumineux, d'asphalte
~ **binder**: liant m hydrocarboné
~ **felt**: feutre m bitumé
~ **mastic**: mastic m d'asphalte

**aspirator**: (ventilation) aspirateur m statique

to **assemble**: assembler, monter

**assembling**: montage m

**assembly**: ensemble m
~ **building**: immeuble m recevant du public
~ **drawing**: dessin m d'assemblage
~ **rooms**: (in GB, 19th century) salle f des fêtes
~ **time**: (of adhesive) temps m d'assemblage
~ **tolerance**: tolérance f de montage

**assessment**: évaluation f (d'un produit, de dégâts, d'avaries)

**assumed**: admis, supposé, pris comme hypothèse
~ **load**: charge f admise, charge supposée, hypothèse f de charge

**assumption**: hypothèse f

**astragal**: (a moulding) astragale f, chapelets m; (glazing bar) petit bois; (of folding casements opening inward, of double door) battement m

**astylar**: astyle

**asymétrique**: asymmetrical; (structure, connection) one-sided

**ATC** → **architectural terra cotta**

**atlas**: atlante m

**atmospheric water**: eau f atmosphérique

**attached**: accolé, adossé
~ **column**: colonne f adossée
~ **garage**: garage m solidaire

**attachment**: équipement m d'engin de terrassement

**attenuation of sound**: insonorisation f

**attic**: combles m, grenier m; adj : attique
~ **order**: ordre m attique
~ **room**: mansarde f
~ **storey**: étage m attique
~ **window**: lucarne f attique

**audiofrequency**: audiofréquence f

**auditorium**: salle f (de cinéma, de théâtre)

**auger**: tarière f

**aumbry**: armoire f aux vases sacrés

**austral window**: fenêtre f à l'australienne

**autoclave**: autoclave m
~ **curing**: autoclavage m

**autoclaved**, ~ **concrete**: béton m autoclavé
~ **aerated concrete**: béton m cellulaire autoclavé
~-**cured concrete**: béton m autoclavé

**automat** NA: distributeur m automatique

**automatic**: automatique
~ **closing device**: ferme-porte m automatique
~ **control**: régulation f
~ **door**: porte f automatique
~ **exchange**: (tel) autocommutateur m
~ **fire venting**: désenfumage m automatique
~ **flushing cistern**: réservoir m de chasse automatique
~ **levelling**: (of elevator) isonivelage m
~ **load limitation**: (el) délestage m automatique

**autopatrol**: motoniveleuse f

**autothermal**: autothermique

**auxiliary**: auxiliaire
~ **heating**: chauffage m d'appoint
~ **latch**: contre-pêne m
~ **tank**: nourrice f

**available**: disponible
~ **cohesion**: cohésion f efficace

**average**: moyen
~ **cold spell**: période f de froid moyenne
~ **risk**: risque m moyen
~ **year**: année f moyenne

**aviary**: volière f

**award of contract**: attribution f du marché, adjudication f

**awning**: auvent m; (glazed) marquise f; (made of canvas) banne f
~ **blind**: store m capote, store corbeille
~ **window**: fenêtre f à l'italienne

**ax** NA, **axe** GB: hache f

**axhammer**: têtu m

**axial**: axial
~ **flow**: écoulement m axial
~-**flow fan**: ventilateur m axial
~ **load**: charge f longitudinale, charge axiale

**axis**: axe m

**axman** NA: (surv) porte-chaîne m

**axonometric projection**: projection f axonométrique

**axonometry**: axonométrie f

**B** → **beam**

**bachelor flat**: garçonnière *f*

**back**: dos *m*; (of an arch) extrados *m*; (reverse side) envers *m*; (of ply, of veneer) contre-face *f*; (of a beam, of a rafter) dessus *m*; (of a tile, of a slate) endroit *m*; (of retaining wall) parement *m* intérieur; *adj* : arrière
~**-acting shovel**: pelle *f* rétrocaveuse
~ **blading**: nivellement *m* en marche arrière
~ **boiler**: bouilleur *m* (de foyer ouvert)
~ **digger**: pelle *f* rétrocaveuse
~ **door**: porte *f* de service
~ **draft** NA, ~ **draught** GB: refoulement *m*, tirage *m* renversé, tirage *m* inverti, contre-tirage *m*
~ **edging**: (on ceramic pipe) engravure *f* arrière
~ **fold**: (geol) pli *m* en retour
~ **garden** GB: jardin *m* derrière la maison
~ **hearth**: arrière-âtre *m*
~ **kitchen**: arrière-cuisine *f*
~ **lining**: ébrasement *m* de mur
~ **loader**: rétrochargeuse *f*
~ **nut**: contre-écrou *m*, écrou *m* d'arrêt, écrou de blocage
~ **observation** NA: (surv) coup *m* arrière
~ **pass**: (wldg) passe *f* sur l'envers
~ **pressure**: contre-pression *f*
~ **putty**: mastic *m* de fond
~ **room**: (of shop) arrière-boutique *f*
~ **saw**: scie *f* à dos
~ **shore**: contrefiche *f* d'étaiement
~ **shutter**: contre-coffrage *m*
~ **silvered glass**: glace *f* argentée face arrière
~ **siphonage**: contre-siphonnage *m*
~ **siphonage preventer**: reniflard *m* de siphon, clapet *m* de contre-siphonnage
~**-to-back**: dos à dos; (kitchen layout) double service
~**-to-back houses**: maisons *f* dos à dos
~ **up**: de secours, en attente; → aussi **backup**
~ **vent**: évent *m* antisiphonnage
~ **venting**: ventilation *f* secondaire
~ **yard** GB: arrière-cour *f*; NA: jardin *m* derrière la maison

to **back**: faire marche arrière
~ **off**: dévisser en partie
~ **up**: faire marche arrière

**backacter**: pelle *f* équipée en rétro, pelle rétro[caveuse]

**backdigger** GB: pelle *f* rétro[caveuse]

**backfall**: (of pipe) contre-pente *f*

**backfill**: remblais *m*, remblayage *m*
~ **over an arch**: blocage *m* chargeant un arc
~ **pressure**: pression *f* des remblais
~ **rammer**: dame *f* pour remblais

**backfiller**: remblayeuse *f*

**backfilling**: remblayage *m*

**backfire, backfiring**: retour *m* de flamme

**backfitting**: adaptation *f* (pour mise en conformité)

**backflow**: contre-courant *m*, refoulement *m*, reflux *m*
~ **valve**: (on sanitary fitting) clapet *m* de retenue, clapet antipollution

**background** *m* : fond *m*, ambiance *f*, environnement *m*
~ **heating**: chauffage *m* d'ambiance
~ **lighting**: éclairage *m* d'ambiance
~ **music**: musique *f* d'ambiance
~ **noise**: bruit *m* de fond

**backhoe** NA: pelle *f* rétro[caveuse], pelle *f* équipée en rétro

**backing**: support *m*, renfort *m*; (mas) maçonnerie *f* de fond, massif *m*; (random rubble) blocage *m*; (of wall) remplage *m*; (of hip rafter) délardement *m*
~ **coat**: couche *f* de fond

~ **flange**: contre-bride f
~ **run**: (wldg) reprise f à l'envers
~ **strip**: (wldg) bande f de renforcement

**backloader**: rétrochargeuse f

**backset**: recul m (par rapport à l'alignement de la voie publique)

**backsight**: (surv) coup m arrière

**backsiphonage**: contre-siphonnement m, siphonnement m à rebours

**backsplash**: dosseret m

**backstairs**: escalier m de service

**backup** NA: maçonnerie f de fond, massif m de fond

**backward**: vers l'arrière
~ **curved blade**: aube f incurvée vers l'arrière

**backwash[ing]**: lavage m à contre-courant

**bacteria bed**: lit m bactérien

**bacterial corrosion**: corrosion f bactérienne

**bad**: mauvais
~ **ground**: mauvais sol
~ **workmanship**: malfaçon f
~ **weather**: intempéries f

**badigeon** NA: mastic m à reboucher

**baffle**: chicane f, déflecteur m, écran m acoustique

**bag**: poche f, sac m
~ **dust collector**: dépoussiéreur m à poche
~ **filter**: filtre m à poches
~ **trap**: siphon m à chute directe

**bagasse**: bagasse f

**bailey [wall]**: mur m d'enceinte (de château fort)

**bailiff**: régisseur m d'un domaine

**bailing pump**: pompe f vide-cave, vide-cave m

**baize-covered door**: porte f matelassée, porte f rembourrée

to **bake**: (paint) cuire au four

**baked finish** NA: émail m au four

**bakelite**: bakélite f

**baking** NA: (of paint) cuisson f au four
~ **finish**: peinture f au four
~ **stain**: coup m de feu

**balance**: équilibre m

to **balance**: équilibrer, compenser

**balanced**: équilibré
~-**draught flue**: conduit m à tirage équilibré
~-**flue boiler**: chaudière f à circuit étanche
~-**flue outlet**: (of gas appliance) ventouse f
~ **step**: marche f balancée

**balancing**: équilibrage m, compensation f, (of stairs) balancement m

**balcony**: balcon m
~ **outlet**: avaloir m de balcon
~ **rail[ing]**: garde-corps m de balcon

**balection molding** NA: moulure f grand cadre

**balistraria**: archère f cruciforme

**balk** → **baulk**

**ball**: boule f, bille f
~ **bearing**: roulement m à billes
~ **bearing hinge**: charnière f à billes
~ **catch**: loquet m à bille, loqueteau m à bille
~ **cock**: robinet m à flotteur
~ **crusher**: broyeur m à boulets
~ **float**: flotteur m sphérique
~ **flower**: bouton m (ornement)
~ **hydrant**: bouche f d'incendie à sphère
~ **impact test**: billage m
~ **joint**: joint m à rotule, joint sphérique
~ **jointed rocker bearing**: appui m oscillant à pivot sphérique
~ **mill**: broyeur m à boulets
~ **nozzle**: ajutage m à sphère
~ **of clay**: boule f d'argile
~ **valve**: clapet m à bille; robinet m à tournant sphérique

to **ball**: s'agglomérer en boule, former une boule

**ballast**: (gravel, fluorescent lighting) ballast m; (kentledge) lestage m
~ **grating**: garde-gravier m

**balloon, ~ framing**: ossature f à claire-voie
  ~ **grating**: crapaudine f

**ballroom**: salle f de bal, salle de danse

**baluster**: balustre m (d'escalier, de chapiteau)
  ~ **bracket**: col-de-cygne m
  ~ **capital**: chapiteau m à balustres
  **~s**: balustrade f

**balustrade**: balustrade f

**band**: (on column) bague f
  **~-and-gudgeon hinge, ~-and-hook hinge**: penture f
  ~ **clamp**: collier m de tuyau
  ~ **course**: bandeau m (maçonnerie)
  ~ **iron**: (carp) étrier m
  ~ **moulding**: (mas) bandeau m
  ~ **of mouldings**: corps m de moulures
  ~ **saw**: scie f à ruban

**banded, ~ column**: colonne f à bossages
  ~ **rustication**: bossage m un sur deux, bossages continus

**bandelet**: bandelette f

**banding**: (join) alaise f; (of bundle) cerclage m

**bandstand**: kiosque m de musique

**banister**: barreau m de rampe;
  **banisters**: rampe f d'escalier; (under coping) balustrade f
  ~ **knob**: boule f de balustre

**bank**: talus m, glacis m; (of river, of canal) berge f
  ~ **holiday**: jour m férié
  ~ **gravel, ~-run gravel**: gravier m tout venant
  ~ **sloping**: talutage m

to **bank up**: remblayer

**banker**: établi m de maçon
  ~ **mark**: marque f de tâcheron

**banking**: surhaussement m du sol

**banquette**: (an upholstered bench, NA) banquette f; (fortifications) banquette

**banquetting hall**: salle f de banquets

**bar**: barre f, barreau m
  ~ **bender**: ferrailleur m
  ~ **bending**: ferraillage m, cintrage m des armatures
  ~ **clamp**: serre-joint m
  ~ **cropper**: cisailleuse f
  ~ **fence**: barreaudage m, grille f (de clôture)
  ~ **fixing**: ferraillage m
  ~ **fixing gang**: équipe f de ferraillage
  ~ **iron**: fer m en barres
  ~ **list**: nomenclature f des aciers
  ~ **mat** NA: (r.c.) armature f à deux directions croisées, nappe f de barres
  ~ **of uniform section**: barre d'échantillon uniforme
  ~ **rack**: grille f à barreaux
  ~ **schedule**: nomenclature f des aciers
  ~ **screen**: grille f à barreaux
  ~ **screen refuse**: produits m de dégrillage
  ~ **setting**: mise f en place des aciers, ferraillage m
  ~ **spacer**: cale f de pose

**barb**: picot m de fer barbelé
  ~ **bolt**: boulon m de scellement à crans

**barbed wire**: fil m barbelé, ronce f artificielle

**barbette**: barbette f

**barbican**: barbacane f

**barbwire** NA: fil m barbelé, ronce f artificielle

**bare**: nu; (scant) maigre (dimension)
  ~ **of slate**: échantillon m
  ~ **pipe**: conduite f nue
  ~ **wire**: fil m nu, fil dénudé

to **bare**: mettre à nu

**barefaced tenon**: tenon m bâtard

**barge**: (verge) rive f de toit (en bordure de pignon)
  ~ **board**: bordure f de pignon, planche f de rive; (ornate) lambrequin m
  ~ **couple**: chevrons m de pignon
  ~ **course**: assise f de pignon
  ~ **flashing**: bande f de rive

**barita**: baryte f

**barite**: barytine f

**barium white**: blanc m fixe

**bark**: écorce f
  ~ **pocket**: entre-écorce f

**barley sugar column**: colonne f torse

**barn**: grange f

**barracks**: caserne f

**barrel**: tonneau m; (pipe section) partie f cylindrique, bout m droit, fût m; (of lock) barillet m; (of pump) corps m
 ~ **bolt**: verrou m à pêne rond
 ~ **key**: clé f forée
 ~ **nipple**: mamelon m double
 ~ **roof**: coque f cylindrique
 ~ **shell**: coque f cylindrique
 ~ **vault**: voûte f en berceau
 ~ **vault shell**: voûte f mince autoportante

**barrier fort**: fort m d'arrêt

**barrow**: brouette f
 ~ **pit** NA: carrière f d'emprunt, lieu m d'emprunt

**bartizan**: bretèche f, échauguette f

**bascule bridge**: pont m basculant

**base**: base f, partie f inférieure; (architecture) base (de piédestal, de colonne, au-dessus du piédestal); (of wall) pied m; (of retaining wall) semelle f, (of structure) fondement m; (of stanchion) embase f, (under furniture) piètement m; (a lower layer) fond m, sous-couche f, (for coating) support m, subjectile m; (for equipment, for machine) socle m
 ~ **block**: socle m de chambranle
 ~ **coat**: couche f d'apprêt
 ~ **course**: (of wall) assise f de base; (of road) couche f de base
 ~ **exchange**: échange m de bases
 ~ **failure**: glissement m par la base; (below toe of slope) rupture f profonde au-dessous du pied du talus
 ~ **line**: ligne f zéro; (surv) base d'opérations, ligne f d'opérations
 ~ **load**: (el) charge f de base
 ~ **metal**: métal m commun
 ~ **moulding**: moulure f de socle
 ~ **of stack**: embase f de la cheminée
 ~ **ornament**: (of column) griffe f
 ~ **plate**: platine f d'embase, plaque f d'assise
 ~ **shoe**: contre-plinthe f

**baseboard** NA: plinthe f
 ~ **radiator unit**: radiateur m plinthe
 ~ **register**: bouche f de chaleur de plinthe (réglable)

**base-court**: (of castle) basse-cour f

**basement**: sous-sol m (d'une construction)
 ~ **drain**: égout m de sous-sol
 ~ **house**: maison f sur sous-sol
 ~ **light**: soupirail m
 ~ **stair**: escalier m de desserte
 ~ **ventilator**: soupirail m
 ~ **wall**: mur m de soubassement
 ~ **window**: soupirail m

**baseplate**: (of machine) assise f, semelle f, taque f

**basic**: de base
 ~ **design**: étude f de base
 ~ **design stress**: contrainte f de base admise
 ~ **module**: module m de base

**basilica**: basilique f

**basin**: (geography) bassin m; (washbasin) lavabo m

**basket**: corbeille f (de chapiteau corinthien)
 ~ **[handle] arch**: arc m en anse-de-panier
 ~ **weave [pattern]**: (parquet flooring, brick masonry) vannerie f

**bas-relief**: bas-relief m

**bastard**, ~ **file**: lime f bâtarde
 ~ **[tuck] pointing**: jointoiement m à baguette tiré saillant

**bastion**: bastion m

**batch**: lot m; (of plaster, of mortar) gâchée f, (brickbat) demi-brique f, briqueton m, briqueteau m
 ~-**load disgester**: digesteur m discontinu
 ~ **mixer**: bétonnière f à débit discontinu, malaxeur m discontinu
 ~ **process**: procédé m discontinu
 ~ **size**: (stats) effectif m du lot

**batched water**: eau f de gâchage

**batcher**: doseur m

**batching**: (of mortar, concrete, plaster) gâchage m, dosage m (des constituants)
 ~ **by volume**: dosage m volumétrique
 ~ **by weight**: dosage m pondéral
 ~ **plant**: centrale f de dosage
 ~ **silo**: trémie f de mesurage

**bath**: bain *m*; baignoire *f*
 ~ **heater**: chauffe-bain *m*
 ~ **panel**: tablier *m* de baignoire

**bathroom**: salle *f* de bains (pièce)
 ~ **suite**: salle de bains (appareils assortis)
 ~ **water heater**: chauffe-bain *m*

**bathtub** NA: baignoire *f*

**batten**: baguette *f* (en bois); (backing strip, nailing strip) latte *f*; (shelf support) tasseau *m*; (support for slates or tiles): liteau *m*; **battens**: (roofing) litonnage *m* (sur voligeage)
 ~ **door**: porte *f* en frises
 ~ **plate**: (steel structure) barrette *f*, bretelle *f*, traverse *f* de liaison
 ~ **roll**: tasseau *m* (de couverture métallique)

**battenboard** GB: panneau *m* latté, panneau contreplaqué à âme panneautée

**battening**: lattage *m*

**batter**: fruit *m*, talus *m*
 ~ **board**: chaise *f* (d'implantation de talus), chevalet *m* [d'implantation], planche *f* de repère (de fouille)
 ~ **gauge**: gabarit *m* de terrassement
 ~ **level**: clinomètre *m*
 ~ **pile**: pieu *m* incliné

**battered**: ayant du fruit; (dilapidated) délabré

**battering ram**: bélier *m* (de guerre)

**battery**: batterie *f*
 ~ **fencer**: électrificateur *m* sur batterie
 ~ **mould**: batterie *f* coffrante

**battlement**: parapet *m* crénelé;
 **battlements**: créneaux *m* (de château fort)

**baulk**: madrier *m*

**bay**: (an opening in masonry): baie *f*; (between suppports) travée *f*; (underpinning) fraction *f*
 ~ **window**: fenêtre *f* en saillie, bow window *f*

**bead**: (of moulding) perle *f*; (join) baguette *f*, couvre-joint *m*; (wldg) perle *f*, (metal roofing) ourlet *m*
 ~ **and quirk**: carré *m* et baguette
 ~ **joint**: (join) assemblage *m* avec baguette en plein bois; (mas) joint *m* saillant demi-rond
 ~ **moulding**: chapelet *m*, patenôtre *f*
 ~ **rollstring**: chapelet *m*

to **bead**: appliquer une baguette, appliquer un couvre-joint
 ~ **a tube**: dudgeonner, mandriner

**beaded**, ~ **channel**: Cé *m* (profilé)
 ~ **section**: profilé *m* à boudin

**beading**: baguette *f* (en bois)
 ~ **plane**: mouchette *f* (outil)

**beak moulding**: bec-de-corbin *m*

**beakhead**: tête *f* plate (de moulure)

**beam**: poutre *f* (en bois, ou terme abstrait utilisé par les bureaux d'étude);
 **beams**: poutraison *f*
 **~-and-slab mat, ~-and-slab raft**: radier *m* nervuré, radier plat à nervures
 ~ **bearing**: appui *m* de poutre
 ~ **box**: coffrage *m* de poutre
 ~ **casing**: coffrage *m* de poutre; enrobage *m* en béton
 ~ **form**: coffrage *m* de poutre
 ~ **hanger**: étrier *m* de poutre; gerberette *f*
 ~ **of constant strength**, ~ **of uniform strength**: poutre d'égale résistance
 ~ **radiation**: rayonnement *m* solaire direct
 ~ **reinforcement**: armature *f* de poutre
 ~ **side**: joue *f* (de coffrage de poutre)
 ~ **support**: appui *m* de poutre
 ~ **supported at the ends**: poutre appuyée aux extrémités
 **~-to-column connection**: jonction *f* de poutre à poteau
 ~ **vibrator**: poutre *f* vibrante
 ~ **with high depth-span ratio**: poutre-cloison *f*

to **bear**: supporter
 ~ **on**: porter sur, s'appuyer sur, s'appuyer contre

to **beard and edge**: délarder une arête

**bearing**: appui *m*; *adj* : porteur, portant
 ~ **area**: surface *f* d'appui, surface *f* portante
 ~ **bed**: (geol) couche *f* portante
 ~ **bar**: lame *f* porteuse (de caillebotis)
 ~ **block**: sabot *m* (sous poteau métallique)

~ **capacity**: (of ground) capacité f portante, force f portante, portance f
~ **capacity factor**: indice m de portance, facteur m de portance
~ **course**: couche f portante
~ **face**: surface f d'appui, surface f portante
~ **friction**: frottement m des appuis
~ **layer**: strate f portante, terrain m d'assise
~ **length**: longueur f d'appui
~ **of reference object**: (surv) constante f de station
~ **partition**: cloison f porteuse
~ **pile**: pieu m porteur
~ **plate**: plaque f d'appui
~ **pressure**: pression f aux appuis, pression f sur le support
~ **soil**: sol m d'assise, sol d'appui, sol porteur, terrain m d'appui, terrain d'assise
~ **stratum**: strate f portante, terrain m d'assise
~ **stress**: taux m de travail (du sol)
~ **support**: support m d'appui, appui m
~ **wall**: mur m porteur

to **beat**: battre
~ **down**: damer (la terre)

**beaumontage** NA: mastic m à reboucher

**bed**: m (of sand, of mortar, of a stone) lit m; (a layer) couche f; (as a base) forme f (de béton, de sable); (paving) couchis m; (of a brick) face f de pose; (of slate, of tile) envers m
~ **face**: (of a stone) lit m de pose, lit de dessous
~ **glazing**: pose f de vitrage à bain de mastic
~ **joint**: (mas) joint m de lit (horizontal ou de voûte)
~ **moulding**: première moulure (d'un corps de moulures)
~ **of a road**: assiette f d'une chaussée
~ **putty**: mastic m de fond, contre-masticage m

to **bed**: sceller (un carreau, une poutre); asseoir (une pierre, les fondations)
~ **in masonry**: fixer, sceller
~ **in mortar**: poser à bain de mortier, sceller dans un bain de mortier
~ **in putty**: poser à bain de mastic

**bedded**: (stone) lité
~ **against the grain**: (stone) posé en délit
~ **in mortar**: scellé au mortier

**bedding**: (geol) stratification f; (in masonry) scellement m; (of ridge tiles) embarrure f
~ **dot**: (plastering) taquet m
~ **mortar**: (tiling) mortier m de pose
~ **plane**: plan m de stratification

**bedplate**: plaque f d'assise, semelle f (de machine)

**bedrock** GB: assise f rocheuse, socle m rocheux, roche f de fond, roche en place, fond m rocheux

**bedroom**: chambre f à coucher

**bedsitter**: studio m

**beech**: hêtre m

**beetle**: (tool) dame f, demoiselle f

**behaviour**: comportement m, tenue f

**belfry**: beffroi m

**bell**: cloche f; (of a corinthian capital) corbeille f; (ringing) sonnette f, sonnerie f; NA (of a pipe) tulipe f, emboîture f
~ **and spigot**: emboîtement m (de tuyaux)
~-**and-spigot joint**: joint m à emboîtement
~ **cage**: cage f de clocher
~ **capital**: chapiteau m campaniforme
~ **chamber**: chambre f des cloches
~ **gable**: clocher-mur m
~ **gasholder**: cloche f gazométrique
~-**mouthed**: évasé (tuyau)
~ **out**: élargir la base d'un pieu, évaser
~ **pull**: cordon m de sonnette
~ **push**: bouton m de sonnerie
~-**shaped**: campaniforme
~ **tower**: clocher m
~ **transformer**: transformateur m de sonnerie
~ **trap**: siphon m à cloche
~ **turret**: clocheton m
~ **wire**: fil m de sonnerie

**belled-out bottom**: (of pile) patte f d'éléphant, bulbe m formant semelle

**bellied**: (wall) bombé

**belly**: (of baluster) panse f

to **belly out**: pousser en dehors, tirer au vide

**bellying**: bombé, convexe, pansu, poussant au vide

**below**: en-dessous
  ~ **grade**: (quality) déclassé; NA (structure, work) en fondation, en sous-sol, souterrain
  ~~-**grade structure**: ouvrage *m* enterré, ouvrage souterrain
  ~~-**grade timber**: bois *m* déclassé
  ~~-**grade work**: travaux *m* en fondation, maçonnerie *f* en fondation
  ~ **ground** GB: (structure, work) en fondation, en sous-sol, souterrain

**belt**: courroie *f*, bande *f* (de manutention)
  ~ **conveyor**: convoyeur *m* à bande, tapis *m* transporteur, transporteur *m* à bande, transporteur à courroie
  ~ **course**: (mas) bandeau *m*, chaîne *f*
  ~ **sander**: ponceuse *f* à bande, ponceuse à ruban abrasif
  ~ **weigher**: tapis *m* peseur

**belvedere**: belvédère *m*

**bench**: (seating) banc *m*, banquette *f*; (in workshop) établi *m*; (of laboratory) paillasse *f*
  ~ **holdfast**: valet *m* d'établi
  ~ **hook**: crochet *m* d'établi
  ~ **mark**: (surv) point *m* de repère topographique, repère *m* topographique, repère d'altitude, repère de nivellement
  ~~-**scale test**: essai *m* au banc
  ~ **table**: (around a column) banc *m* continu au socle
  ~ **terrace**: terrasse *f* en gradins (contre l'érosion)

**benched foundation**: fondation *f* en gradins (dans terrain incliné)

**benching**: (of sewer) cunette *f*, banquette *f*

**bend**: courbe *f*, coude *m*; (pipe fitting) raccord *m* coudé; (in road) virage *m*

to **bend**: (a pipe) couder, cintrer; (under a weight) fléchir
  ~ **through 90°**: plier à 90°
  ~ **under a strain**: arquer

**bender**: cintreuse *f*

**bending**: GB flexion *f*; (under a strain) fléchissement *m*; (test) pliage *m*; (of reinforcements) cintrage *m*
  ~ **load**: effort *m* de flexion
  ~ **moment**: moment *m* fléchissant
  ~ **moment at mid span**: moment *m* fléchissant au milieu
  ~ **schedule**: carnet *m* de ferraillage
  ~ **spring**: ressort *m* à cintrer
  ~ **strength**: résistance *f* à la flexion
  ~ **stress**: contrainte *f* fléchissante, contrainte de flexion, effort *m* de flexion, travail *m* à la flexion
  ~ **tensile strength**: résistance *f* à la traction par flexion
  ~ **test**: essai *m* de flexion; (curving) essai *m* de cintrage

**beneficiation of coal**: valorisation *f* du charbon

**bent**: palée *f*, portique *m*; cintré, plié, faussé
  ~ **beam**: poutre *f* fléchie
  ~ **pipe**: tuyau *m* coudé
  ~ **shower arm**: crosse *f* de douche
  ~ **spanner**: clé *f* coudée
  ~~-**up bar**: barre *f* relevée (d'armature)

**bentonite**: bentonite *f*
  ~ **mud**: boue *f* bentonitique

**besant**: besant *m*

**best**: meilleur
  ~ **bid** NA: meilleure offre
  ~ **quality**: premier choix
  ~ **tender** GB: meilleure offre

**between season heating**: chauffage *m* de demi-saison

**bevel**: biseau *m*, chanfrein *m*
  ~ **brick**: brique *f* chanfreinée
  ~ **siding**: bardage *m* à clins
  ~ **square**: fausse équerre (outil), sauterelle *f*

to **bevel**: biseauter
  ~ **off a corner**: délarder un coin

**bevelled**: en biseau, biseauté
  ~ **edge chisel**: ciseau *m* à biseau, ciseau à chanfrein
  ~ **halving**: assemblage *m* à mi-bois en sifflet
  ~ **siding**: bardage *m* à clins
  ~ **washer**: rondelle *f* biaise

**beyond repair**: irréparable

**bezant** → **besant**

**biaxial stress** NA: contrainte *f* plane, contrainte biaxiale

**bib**, ~ **nozzle**: bec *m* courbe (de robinet)
  ~ **tap**: robinet *m* à bec courbe

**bibcock**: robinet *m* à bec courbe

**bid** NA: offre f, soumission f; → aussi **tender** GB
~ **bond**: cautionnement m de soumission, caution f de participation à une adjudication
~ **documents**: dossier m d'appel d'offres
~ **form**: formule f de soumission, modèle m de soumission
~ **notice**: avis m d'appel d'offres
~ **opening**: ouverture f des plis

**bidder** NA: soumissionnaire m; → aussi **tenderer** GB
~**s list**: liste f des entreprises admises à la consultation

**bidding**: participation f à un appel d'offres
~ **document**: document m d'appel d'offres

**bidet**: bidet m

**bi-energy system**: système m bi-énergétique

**bifolding door**: porte f à deux vantaux brisés; porte accordéon à axes horizontaux

**bi-fuel**: bicombustible

**bikeway** NA: piste f cyclable

**bill**, ~ **of materials**, ~ **of quantities**: devis m quantitatif

**billboard** NA: panneau m d'affichage (publicitaire)

**billet**: (moulding) billette f

**bimetallic strip**: bilame m

**bin**: silo m; GB: poubelle f

**binder**: (for mortar, for concrete) liant m; (a binding course) couche f de liaison; (of reinforcement) frette f, (floor) poutre f maîtresse (de plancher sur poutres); **binders**: (floor) gîtage m, gîtes m; (concrete reinforcement) aciers m transversaux
~ **content**: taux m de liant, dosage m en liant
~ **course**: couche f de liaison; (mas) assise f en boutisses

**binding**: (of reinforcement) ligature f, frettage m
~ **agent**: liant m

~ **beam**: tirant m (de charpente en bois); (floor) poutre f maîtresse
~ **course**: couche f de liaison
~ **gravel**: gravier m d'empierrement
~ **joist**: gîte m
~ **post**: (el) serre-fils m
~ **reinforcement**: armature f de frettage
~ **screw**: (el) serre-fils m
~ **wire**: fil m de ligature

**biochemical oxygen demand**: demande f biochimique d'oxygène

**biofilter**: filtre m biologique

**bioflocculation**: biofloculation m

**biological**: biologique
~ **filter**: lit m bactérien; filtre m biologique
~ **filtration**: biofiltration f
~ **slime**: (inside pipes) film m biologique

**biparting door**: porte f à coulisse à deux vantaux

**bipolar coordinates**: coordonnées f bipolaires

**birch**: bouleau m

**bird**: oiseau m
~ **peck**: mouchetures f (défaut du bois)
~ **screen**: grillage m antivolatile, grillage aviaire
~**'s beak**: (moulding) tête f plate
~**'s eye**: bois m moucheté
~**'s eye view**: vue f à vol d'oiseau

**bishop**: demoiselle f
~**'s palace**: palais m épiscopal

**bit**: (drilling) mèche f, foret m; (of key) panneton m
~ **key**: clé f à panneton

**bite**: (of a file, of a screw) mordant m

**bitumen** GB: bitume m
~ **felt**: feutre m bitumé
~ **sprayer**: répandeuse f de liant
~ **tar [mixture]**: bitume-goudron m

**bituminous**: (roadmaking materials) bitumineux, hydrocarboné; (roofing materials) bitumé
~ **binder**: liant m hydrocarboné
~ **cement**: liant m hydrocarboné
~ **coated material**: enrobés m
~ **coating**: enduit m bitumineux

~ **concrete**: béton *m* bitumeux, béton hydrocarboné
~ **covering**: chape *f* bitumineuse
~ **felt**: feutre *m* bitumé
~ **paint**: peinture *f* bitumineuse

**black**: noir (fer, tôles)
~ **body**: corps *m* noir
~ **bolt**: boulon *m* noir, boulon brut
~ **coal**: houille *f*

**blacktop**: revêtement *m* hydrocarboné

**blade**: (cutting) lame *f* (d'outil), fer *m* (de rabot); (of bulldozer) bouclier *m*; (d'éolienne) pale *f*; **blades**: aubage *m*
~ **mixing**: mélange *m* à la niveleuse
~ **pitch**: angle *m* de coupe, angle d'attaque de la lame
~ **spreading**: répandage *m* à la niveleuse
~**-to-blade dozing**: travaux *m* en tandem

**blading**: nivellement *m* (au bulldozer)
~ **back**: nivellement *m* en marche arrière

**blanc fixe**: blanc *m* fixe

**blank**: (arcade) faux; (form) en blanc
~ **door**: porte *f* murée
~ **flange**: bride *f* pleine
~ **test**: essai *m* à blanc
~ **wall**: mur *m* plein (sans ouvertures); mur orbe, mur aveugle
~ **window**: fenêtre *f* murée

**blanket**: matelas *m*, couche *f*
~ **cover**: (insurance) garantie *f* globale
~ **insulation**: matelas *m* isolant
~ **of graded gravel**: tapis *m* filtrant
~ **sand**: dépôt *m* de sable alluvionnaire

**blast**: tir *m*
~ **cleaning**: décalaminage *m* mécanique, décapage *m* par projection d'abrasifs
~ **hole**: trou *m* de mine, trou de tir
~ **furnace**: haut-fourneau *m*
~ **furnace slag**: laitier *m* de haut-fourneau

**blasting**: tirs *m*, travail *m* aux explosifs; (blast cleaning) décapage *m*
~ **cap**: amorce *f*

**bleacher** NA: gradin *m* de stade

**bleaching**: (with bleach) blanchiment *m* : (unwanted) décoloration *f*
~ **agent**: agent *m* de blanchiment

**bled timber**: bois *m* saigné, bois *m* essevé

to **bleed**: (a pipe, a joint) couler; (dye) déteindre; (to blow off) purger (par le bas)

**bleeder**: robinet *m* de purge
~ **well**: puits *m* de décharge

**bleeding**: (of concrete) ressuage *m*; (of paint) saignement *m*; (plbg) purge *f*
~ **valve**: robinet *m* de purge

**bleed-through**: (paint) remontée *f*, ressuage *m*, saignement *m*; (adhesive) transpercement *m*

**blind**: banne *f* (de magasin)

**blind** GB: store *m* de fenêtre

**blind**: (fenêtre, porte) faux, aveugle
~ **arcade**: arcature *f*, arcs *m* aveugles
~ **arcades**: orbevoie *f*
~ **arch**: arc *m* aveugle
~ **dovetail**: queue *f* d'aronde perdue
~ **flange**: obturateur *m*
~ **floor** NA: plancher *m* brut
~ **hinge**: charnière *f* invisible
~ **hole**: trou *m* borgne
~ **joint**: joint *m* invisible
~ **mortice**: mortaise *f* aveugle, mortaise borgne
~ **nailing**: clouage *m* à tête perdue, clouage caché
~ **stor[e]y**: étage *m* aveugle
~ **wall**: mur *m* orbe, mur plein (sans ouvertures)

**blinded base**: hérisson *m* ensablé

**blinding**: (road building) sablage *m*
~ **concrete**: béton *m* de propreté

**blindstor[e]y**: triforium *m* (d'église gothique)

**blister**: (paint) boursouflure *f*, cloque *f*

**blistering**: cloquage *m* (de peinture, de brique), boursouflure *f* (d'enduit); (of asphalt roof) gondolage *m*

**blob foundation**: semelle *f* isolée

**block**: (masonry unit) bloc *m*; (a building) bâtiment *m* à étages; pain *m* (d'asphalte, de mastic)
~ **and tackle**: moufle *f*
~ **cracking**: faïençage *m* à mailles larges

~ **diagram**: tableau *m* synoptique
~ **heating**: chauffage *m* en commun
~ **of buildings**: îlot *m*
~ **of flats** GB: immeuble *m* divisé en appartements, immeuble collectif
~ **of houses**: pâté *m* de maisons
~ **of offices**: immeuble *m* de bureaux
~ **pavement**: chaussée *f* pavée
~ **plan**: plan *m* de masse
~ **rate [tariff]**: tarif *m* à tranches
~ **tin**: étain *m* en saumons

to **block**: (a pipe) obstruer
~ **up**: (a door, a window) murer; (a pipe) obstruer

**blockboard**: panneau *m* latté, contreplaqué *m* latté, panneau *m* contreplaqué à âme lattée

**blocking**, ~ **course**: assise *f* de couronnement
~ **piece**: fourrure *f*

**blockwork**: ouvrage *m* en aggloméré, ouvrage en parpaings, maçonnerie *f* en parpaings, maçonnerie en briques creuses

**bloom**: (on bricks) efflorescence *f*

**blow**: (with a hammer) coup *m* de marteau); (drilling) coup de mouton
~ **down**: purge *f* rapide, chasse *f*
~ **-down valve**: purgeur *m*
~ **gun**: soufflette *f*
~ **hole**: (drilling bit) trou *m* de soufflage, évent *m* de trépan
~ **joint**: joint *m* soudé au chalumeau
~ **off** NA: chasse *f*, purge *f* rapide
~ **-off cock**: purgeur *m*
~ **-off pipe**: tuyau *m* purgeur
~ **-off valve**: vanne *f* de vidange, vide-vite *m*
~ **up of adjacent soft soil**: extrusion *f* latérale de la terre molle

to **blow**: souffler; injecter; souder au chalumeau
~ **up**: exploser; faire sauter

**blowing**: soufflage *m*

**blower**: soufflante *f*, ventilateur *m* soufflant

**blowhole**: (in metal) soufflure *f*

**blowing**: soufflures *f* (plâtre)

**blowlamp** GB: lampe *f* à souder, chalumeau *m*; (painting) brûloir *m*

**blown**: soufflé
~ **asphalt**: bitume *m* soufflé
~ **glass**: verre *m* soufflé
~ **joint**: joint *m* soudé au chalumeau
~ **oil**: huile *f* soufflée

**blowtorch** NA: lampe *f* à souder, chalumeau *m*; (painting) brûloir *m*
~ **cutting** NA: découpage *m* au chalumeau

**blub** NA: boursouflure *f*

**blue**: bleu
~ **stain**: (wood) bleuissement *m*

**blueing**: (wood) bleuissement *m*

**blueprint**: bleu *m*, copie *f* de plan

**blunt**: émoussé

**board**: planche *f*; (sheet of building material) panneau *m*; (display) tableau *m*

to **board over**: (a floor) planchéier
~ **up**: (a door) condamner

**boarding**: planchéiage *m*
~ **joist**: solive *f* courante, solive de plancher; lambourde *f* de parquet (plancher avec solives de plafond)
~ **up**: condamnation *f* (porte)

**boaster**: ébauchoir *m* (travail de la pierre)

**boathouse**: remise *f* de bateau

**bob**: plomb *m* (de fil à plomb)

**BOD** → **biochemical oxygen demand**

**body**: corps *m*; (of a liquid) consistance *f*, corps; (of a pile) fût *m*
~ **force**: force *f* due à la masse

**boiler**: chaudière *f*; (of stove) bouilleur *m*
~ **casing**: enveloppe *f* de chaudière
~ **compound**: produit *m* antitartre, tartrifuge *m*
~ **feed**: alimentation *f* de chaudière
~ **feed water**: eau *f* d'alimentation de chaudière
~ **house**: chaufferie *f*
~ **plant**: générateur *m* de vapeur
~ **room**: chaufferie *f*
~ **scale**: tartre *m*, incrustations *f*
~ **thermostat**: aquastat *m*
~ **water**: eau *f* de chaudière

**boiling**: ébullition *f*
   ~ **point**: point *m* d'ébullition

**bole**: fût *m* d'arbre

**bolection moulding**: moulure *f* grand cadre

**bolster**: (of post, of pile) racinal *m*; (tool) ciseau *m* de tailleur de pierre
   ~ **work**: bossage *m* adouci

**bolt**: boulon *m*; (locking device) verrou *m*; (of lock) pêne *m*
   ~ **cropper**, ~ **cutter**: coupe-boulons *m*

to **bolt [up]**: fermer au verrou

**bond**: (between two layers) adhérence *f*, accrochage *m*; (mas) appareil *m*, liaison *f*; (required by contract) garantie *f*
   ~ **coat**: (plaster) couche *f* d'accrochage
   ~ **course**: assise *f* de boutisses
   ~ **guarantee**: cautionnement *m*
   ~ **header**: boutisse *f* en parpaing, boutisse parpaigne
   ~ **length**: (of reinforcement) longueur *f* d'adhérence d'armature
   ~ **strength**: force *f* d'ahérence, adhérence *f*
   ~ **stress**: contrainte *f* d'adhérence

**bonded**: soudé, collé
   ~ **masonry**: maçonnerie *f* en liaison

**bonder**: pierre *f* de liaisonnement, boutisse *f*

**bonding**: accrochage *m*; (mas) appareillage *m*, liaison *f*; (metals) collage *m*; (to dpc) reprise *f* d'étanchéité; (el) mise *f* à la masse; (wldg) collage *m*
   ~ **agent**: produit *m* de reprise
   ~ **brick**: boutisse *f*, boutisse parpaigne, parpaing *m*
   ~ **layer**: (concreting) couche *f* de reprise

**bondstone**: pierre *f* de liaisonnement, boutisse *f*

**bone dry**: sec absolu

**bonus**: prime *f*
   ~ **for early completion**: prime pour avance

**bookmatched**: à livre ouvert

**boom**: estacade *f*; (of girder) membrure *f*; (of crane) flèche *f*
   ~ **crane**: grue *f* à flèche

**booster**: surpresseur *m*, survolteur *m*, relais *m*
   ~ **pump**: pompe *f* relais, pompe *f* de gavage, surpresseur *m*
   ~ **station**: station *f* de recompression

**boosting**: surpression *f*

**boot**: (of hopper) trémie *f*

**border**: bordure *f*

**bore**: alésage *m*, diamètre *m* intérieur
   ~ **bit**: trépan *m*
   ~ **dust**: vermoulure *f*
   ~ **hole**: trou *m* de sondage; (in wood) vermoulure *f*
   ~ **rod**: tige *f* de sondage

to **bore**: percer, forer
   ~ **a tunnel**: percer un tunnel

**bored**: foré
   ~ **cast in place pile**: pieu *m* foré moulé dans le sol
   ~ **cast in situ pile**: pieu *m* foré moulé dans le sol
   ~ **lock**: serrure *f* à forer
   ~ **pile**: pieu *m* foré

**borehole**: trou *m* de sondage, sondage *m*; (in wood) vermoulure *f*
   ~ **log**: coupe *f* géologique d'un forage
   ~ **survey**: mesure *f* et contrôle de la déviation
   ~ **pump**: pompe *f* de forage

**boring**: perçage *m*, forage *m*, sondage *m*
   ~ **contractor**: entrepreneur *m* de sondage
   ~ **foreman**: chef *m* sondeur
   ~ **master**: maître *m* sondeur

**borrow**: emprunt *m* de terre; lieu *m* d'emprunt; matériau *m* d'emprunt
   ~ **area**: lieu *m* d'emprunt, zone *f* d'emprunt
   ~ **ditch**: lieu *m* d'emprunt, zone *f* d'emprunt
   ~ **material**: matériau *m* d'emprunt
   ~ **pit**: carrière *f* d'emprunt, lieu *m* d'emprunt, zone *f* d'emprunt

**borrowed**: emprunté
   ~ **dirt** NA, ~ **earth** GB: terre *f* d'emprunt
   ~ **light**: faux jour; fenêtre *f* de second jour
   ~ **soil**: sol *m* d'emprunt

**bort**: diamant *m* noir, bort *m*

**boss**: clé *f* de voûte ornée; (of nut) portée *f*; (on casting) surépaisseur *f* de coulée

**bossage**: bossage *m* (pierre devant être travaillée ultérieurement), bossage rustique

**both sides**: (coating, veneer) double face

**bottle**: bouteille *f*
~ **trap**: siphon *m* à culot

**bottom**: fond *m*; (lower part) partie *f* basse, bas *m*; *adj* : inférieur
~ **bars**: nappe *f* inférieure (d'armature)
~ **boom**: membrure *f* inférieure
~ **chord**: membrure *f* inférieure
~ **dumping**: déversement *m* par le fond
~ **grade**: niveau *m* de fond de fouille, fond de fouille
~ **heave**: soulèvement *m* du fond de fouille
~ **hung window**: fenêtre *f* à soufflet
~ **of excavation**: fond de fouille
~ **plate**: (of partition) semelle *f* basse
~ **projected window**: fenêtre *f* à la canadienne
~ **rail**: traverse *f* basse, lisse *f* basse; rail *m* inférieur (de cloison suspendue)
~ **register**: (a.c.) bouche *f* de chaleur de plinthe (réglable)
~ **reinforcement**: nappe *f* inférieure
~ **rolling door**: porte *f* roulante au sol
~ **step**: marche *f* de départ
~ **ventilation**: ventilation *f* basse

**bottoming**: (excavation) réglage *m* de fond de fouille; (road) empierrement *m* de base

**bottomless hole**: trou *m* débouchant

**boulder clay**: argile *f* à blocaux

**boule**: plot *m* (sciage du bois)

**boulevard**: (foritication) boulevard *m*

**bound**: lié
~ **vortex**, ~ **vorticity**: tourbillon *m* lié, tourbillon *m* attaché
~ **water**: eau *f* liée

**boundary**: limite *f*; GB: limite d'un terrain; (geol) plan *m* de séparation, limite *f* de la couche
~ **conditions**: conditions *f* aux limites

~ **fence**: clôture *f*
~ **layer**: couche *f* limite
~ **line**: ligne *f* de démarcation; limite *f* de propriété
~ **mark**: borne *f*
~ **post**: poteau *m* de bornage
~ **stone**: borne *f*
~ **stress**: contrainte *f* à la limite
~ **survey**: levé *m* de bornage d'un bien fonds
~ **wall**: mur *m* de clôture

**bow**: forme *f* arquée, cambrure *f*; (plank) voilement *m* longitudinal de face, gauchissement *m* en longueur
~ **compass**: compas *m* à balustre
~ **divider**: compas *m* à balustre à pointes sèches
~ **window**: fenêtre *f* en saillie (sur plan en arc de cercle)

**bowed**: (defect) arqué

**bowl**: (of scraper) bol *m*; (of washbasin) vasque *f*, cuvette *f*; (of sink) cuve *f*

**bowshaped settlement**: tassement *m* en forme de bol

**bowstring girder**: poutre *f* bowstring

**box**: boîte *f*, coffret *m*; caisson *m*
~ **beam**: poutre *f* caisson
~ **boards**: bois *m* de caisserie
~ **column**: poteau *m* creux
~ **construction**: construction *f* en caisson
~ **culvert**: dalot *m*, ponceau *m* rectangulaire
~ **dovetail**: queue *f* d'aronde ouverte, queue d'aronde passante
~ **girder**: poutre *f* caisson
~ **gutter**: gouttière *f* carrée
~ **spanner**: clé *f* à douille
~ **stair**: escalier *m* encloisonné, escalier *m* entre murs
~ **strike [plate]**: empennage *m* (de porte)
~ **wrench**: clé *f* polygonale

**boxed**, ~ **heart**: cœur *m* enfermé
~ **in**: encaissé
~ **pitch**: cœur *m* enfermé

**boxroom**: débarras *m*

**brace**: entretoise *f*, jambe *f* de force; (hand tool) vilebrequin *m*; (of door) écharpe *f*

**braced**: (carp) entretoisé; (trench) étrésillonné; (wall) renforcé, consolidé; (against the wind) contreventé

~ **cut**: tranchée f étayée
~ **door**: porte f à écharpes
~ **framing**: ossature f contreventée
~ **purlin**: panne f en treillis

**bracing**: renforcement m, entretoisement m; (of structure) contreventement m
~ **strut**: (of metal structure) bielle f de triangulation

**bracket**: console f, tasseau m, équerre f, potence f
~ **baluster**: balustre m col-de-cygne
~ **lamp**: lampe f en applique, applique f
~ **scaffold**: échafaudage m en console

**bracketed string**: limon m à crémaillère

**brackish water**: eau f saumâtre

**brad**: clou m à tête perdue, semence f
~ **punch**: chasse-pointes m

**braid**: tresse f, guipage m (de fil électrique)

**braided**, ~ **asbestos**: tresse f d'amiante
~ **wire**: fil m guipé

**Bramah lock**: serrure f à pompe

**branch**: branchement m, dérivation f, piquage m (sur canalisation)
~ **circuit**: circuit m dérivé, dérivation f
~ **drain**: branchement m de vidange
~ **pipe**: tuyau m de branchement
~ **sewer**: égout m secondaire
~ **vent**: branchement de ventilation

**branched**, ~ **flue system**: conduit m shunt
~ **network**: réseau m ramifié

**branching**: branchement m

**brash**: (wood) cassant

**brashness**: (of wood) fragilité f

**brass**: laiton m

**brattice**: bretêche f

to **braze**: braser

**brazier**: brasero m

**brazing**: brasage m, soudobrasage m

**breach of contract**: rupture f de contrat

**break**: cassure f, rupture f; (in wall) angle m, coude m; (in line of an arch, moulding, rafter) jarret m; (in continuity) coupure f; (in work) pause f; (glass) casse f
~-**away**: décollement m (hydraulique)
~-**in**: cambriolage m, effraction f
~ **in face of wall**: décrochement m (en saillie ou retrait)
~ **in grade**: changement m de pente

to **break**: casser, briser, se casser, se briser
~ **a coupling**: démonter un raccord
~ **down**: tomber en panne
~ **ground**: donner les premiers coups de pioche, ouvrir une tranchée
~ **in**: enfoncer (une porte); cambrioler
~ **joints**: alterner les joints, croiser les joints
~ **out**: (fire) éclater
~ **the ground with a pick**: attaquer le terrain à la pioche ou au pic
~ **up**: (into smaller parts) morceler

**breakaway corrosion**: corrosion f galopante

**breakdown**: panne f; (of costs, of prices) ventilation f
~ **voltage**: tension f de claquage

**breaker**: (el) rupteur m, disjoncteur m

**break-in**: cambriolage m, effraction f

**breaking**: rupture f, adj : de rupture
~ **capacity**: (el) pouvoir m de coupure
~ **down**: (of timber) débit m, sciage m
~ **hammer**: marteau m de démolition
~ **load**: charge f de rupture; NA: résistance f à la rupture
~ **strength**: résistance f à la rupture
~ **stress**: contrainte f de rupture

**breakthrough**: (filter) crevaison f

**breast**: (under window) allège f
~ **drill**: perceuse f à conscience, vilebrequin m à conscience
~ **high**: à hauteur d'appui
~ **lining**: lambris m sous fenêtre
~ **wall**: mur m à hauteur d'appui, mur d'appui, mur d'allège, parapet m; GB: mur de soutènement

**breastsummer**: poitrail m, sommier m (de charpente)

**breastwork**: parapet m

**breather paint**: peinture f respirante

**breathing**: respiration f (d'un réservoir)
~ **cladding**: façade f respirante

**breccia**: (geol) brèche f

**breeching fitting**: culotte f

**breeze**: poussier m de coke
~ **block**: parpaing m de laitier

**breezeway**: passage m couvert

**bressummer, brestsummer**: poitrail m, sommier m (de charpente)

**brick**: brique f
~**-and-a-half wall**: mur m de 34 cm
~ **facing**: parement m de brique (sur pan de bois)
~ **hammer**: marteau m de briqueteur, martelet m
~ **infill[ing]**: (of half-timbered construction) galandage m
~ **masonry** NA: maçonnerie f de briques
~ **of standard dimensions**: brique f d'échantillon
~ **on edge**: brique f sur chant
~**-on-end course**: assise f de bout
~ **partition**: (of bricks on edge) galandage m
~ **pier**: (in rubble work) chaîne f verticale
~ **slip**: briquette f
~ **trowel**: truelle f à briqueter
~ **veneer**: parement m de brique (sur pan de bois); (brick facing) placage m en brique

to **brick**: briqueter
~ **up**: murer

**brickax** NA, **brickaxe** GB: martelet m, marteau m de briqueteur

**brickbat**: briqueton m, briqueteau m, demi-brique f

**bricking**: (on plaster surface) briquetage m

**bricklayer**: briqueteur m, maçon m
~**'s hammer**: marteau m de briqueteur, martelet m

**bricklaying**: maçonnerie f

**bricknogging**: hourdis m de brique (pan de bois)

**brickwork**: (bricklaying) maçonnerie f, GB: maçonnerie f de briques

**brickworks**: briqueterie f

**bridge**: pont m
~ **crane** NA: pont m roulant

**bridging**: pontage m thermique; (of joists) entretoisement m
~ **joist**: solive f passante
~ **piece**: (floor) entretoise f

**bridle, ~ iron** NA: (carp) étrier m
~ **joint**: embrèvement m anglais

**brief**: définition f de l'ouvrage

**bright**: (shiny) brillant; (metal) clair
~ **wire**: fil m clair
~ **wood**: bois m net

to **brighten**: (paint, varnish) aviver

**brightener**: aviveur m

**brightening**: (of paint) avivage m; (of metal) brillantage m

to **bring**: apporter, amener
~ **down a wall to a certain height**: déraser un mur
~ **to the building site**: amener à pied d'œuvre

**briquette**: aggloméré m (de houille)

**brise-soleil**: brise-soleil m

**bristle**: poil m de brosse

**brittle**: cassant, friable
~ **fracture**: rupture f fragile
~ **iron**: fer m cassant
~ **paint**: peinture f friable

**brittleness**: fragilité f (de métal); (paint) tendance f à l'écaillage

**broach**: égout m retroussé sur plan carré (rachetant flèche octogonale); flèche f d'église (sans parapet)

**broach[ed] spire**: flèche f orthogonale à égout retroussé de plan carré

**broad**: large
~ **flange beam**: poutrelle f en H
~**-flanged**: à ailes larges
~ **irrigation**: épandage m par irrigation
~ **irrigation of sewage**: épandage m d'eaux résiduaires
~ **knife**: couteau m à égrener

**broadax** NA, **broadaxe** GB: doloire f

**broadloom carpet**: moquette f grande largeur, tapis m grande largeur

**broadstone**: pierre f de taille

**broken**: brisé, cassé
 ~ **aggregate**: granulat m concassé
 ~ **arch**: arc m segmentaire brisé (au-dessus d'une porte ou fenêtre)
 ~ **ashlar**: mosaïque f moderne
 ~ **brick**: briquaillons m
 ~ **glass**: éclats m de verre
 ~ **gravel**: gravillon m concassé
 ~ **joint**: joint m croisé; (mas) joint m rompu
 ~ **joint tiles**: tuiles f à joints croisés, tuiles à joints alternés
 ~ **joint tiling**: pose f de carreaux à joints croisés
 ~ **line**: ligne f brisée; (drawing) tirets m
 ~ **pediment**: fronton m brisé à base interrompue; (sometimes) fronton brisé
 ~ **stone[s]**: cailloutis m, pierraille f, rocaille f; granulat m concassé
 ~ **white**: blanc m cassé

**bronzing**: (paint) bronzage m

**broom**: balai m

**brooming**: (pile) tête f éclatée

**brown**: brun
 ~ **discoloration**: (on chimney wall) bistrage m
 ~ **rot**: pourriture f brune
 ~ **stain**: (on wood) coloration f brune

**browning coat**: (plasterwork) corps m d'enduit, gros plâtre, couche f de fond

**brush**: (for sweeping) balai; (for painting) brosse f, pinceau m
 ~ **discharge**: décharge f à aigrettes
 ~ **mark**: trait m de brosse; trait m de pinceau
 ~ **matting**: paillassonnage m en branches

**brushed finish**: enduit m brossé

**bubble**: bulle f
 ~ **aeration**: aération f par barbotage

**bubbling**: (through a liquid) barbotage m; (concrete, paint) bullage m

**buck** NA: (door) bâti m, huisserie f, précadre m

**bucket**: seau m; (mechanical handling) godet m; (earthmoving) benne f
 ~ **dredge**: drague f à godets
 ~ **elevator**: élévateur m à godets
 ~ **ladder**: élinde f
 ~ **pump**: pompe f à godets
 ~ **wheel**: roue-pelle f

to **buckle**: gauchir; (column) flamber

**buckled**: faussé

**buckling**: (of column) flambage m, flambement m; (of sheet) gondolement m
 ~ **failure**: rupture f par flambement
 ~ **load**: charge f de flambement
 ~ **strength**: résistance f au flambage
 ~ **stress**: contrainte f de flambage, contrainte de flambement

**bucrane, bucranium**: bucrane m

**budget**: budget m
 ~ **estimates**: prévisions f budgétaires
 ~ **monitoring**: suivi m budgétaire, suivi financier

to **buff**: (a floor) lustrer; (a metal) polir

**buffalo box** NA: bouche f à clé

**buffer**: tampon m amortisseur
 ~ **storage**: stockage m régularisateur, stockage compensateur, stockage tampon

**buffing**: lustrage m (de revêtement de sol)

**bug**: insecte m, bestiole f
 ~ **bulb**: ampoule f insectifuge
 ~ **holes**: (in concrete) bullage m

**buggy**: motobrouette f

to **build**: bâtir, construire, édifier
 ~ **a wall**: monter un mur
 ~ **without fondations**: poser à cru

**builder**: bâtisseur m (qui fait bâtir); entrepreneur m en bâtiment
 ~'s **hardware**: quincaillerie f de bâtiment, serrurerie f de bâtiment
 ~'s **hoist**: monte-matériaux m
 ~'s **jack**: potence f d'échafaudage
 ~'s **merchant**: négociant m de matériaux de construction
 ~'s **rubbish**: gravats m, gravois m
 ~'s **saw**: scie f circulaire portative

**building**: construction f, bâtiment m; (of some size) immeuble m; (large, official) édifice m
 ~ **block**: bloc m de maçonnerie, parpaing m, aggloméré m
 ~ **board** GB: panneau m de fibres tendre
 ~ **construction**: construction f immobilière
 ~ **contractor**: entrepreneur m en bâtiment
 ~ **cooperative**: coopérative f de construction
 ~ **defect**: vice m de construction
 ~ **density**: densité f de construction
 ~ **drain**: collecteur m principal, collecteur d'immeuble, tuyau m collecteur
 ~ **envelope**: enveloppe f de l'habitat
 ~ **for residential use**: immeuble m à usage d'habitation
 ~ **height**: hauteur f de construction
 ~ **in co-ownership** GB: immeuble m en copropriété
 ~ **industry**: secteur m du bâtiment, bâtiment m
 ~ **land**: terrain m constructible
 ~ **lease**: bail m emphythéotique
 ~ **line**: alignement m d'une construction; nu m de façade
 ~ **lot** NA: terrain m à bâtir
 ~ **materials**: matériaux m de construction
 ~ **owner**: (in contract) maître m de l'ouvrage, maître d'ouvrage
 ~ **paper**: papier m de construction
 ~ **permit**: permis m de construire
 ~ **plot** GB: terrain m à bâtir
 ~ **rubbish**: gravois m, gravats m
 ~ **sand**: sable m de maçonnerie
 ~ **sewer**: branchement m d'égout; (into public sewer) branchement particulier
 ~ **site**: chantier m de construction
 ~ **skin**: enveloppe f de l'habitat
 ~ **standard**: norme f de construction
 ~ **stone**: pierre f à bâtir
 ~ **surveyor**: expert m immobilier
 ~ **system**: système m de construction, système constructif
 ~ **trade**: secteur m du bâtiment, bâtiment m
 ~ **trap**: siphon m de sortie d'immeuble, siphon m de maison

**built**: construit
 ~-**in**: encastré, incorporé, noyé (dans le béton)
 ~-**in appliance**: appareil m encastré
 ~-**in bath**: baignoire f à tablier, baignoire encastrée
 ~-**in cooker**: cuisinière f encastrée
 ~-**in gate hook**: goujon m à scellement
 ~-**in oven**: four m encastré
 ~-**in screed**: chape f incorporée
 ~-**in wardrobe**: penderie f
 ~-**out**: hors d'œuvre
 ~-**up**: (beam, column, girder): composé
 ~-**up area**: zone f construite, agglomération f
 ~-**up roofing**: étanchéité f multicouche, complexe m d'étanchéité
 ~-**up section** GB, ~-**up shape** NA: profil m reconstitué

**bulb**: ampoule f d'éclairage
 ~ **angle**: cornière f à boudin
 ~ **bar**: fer m à boudin
 ~ **of pressure**: bulbe m des pressions
 ~ **pile**: pieu m à base élargie

**bulbed pile**: pieu m à base élargie, pieu à bulbe

**bulbous toe**: (of pile) base f élargie

**bulge**: bombement m; (of wall) forjet m, forjeture f

to **bulge**: (wall) faire ventre, pousser au vide, tirer au vide; (s.m.) se déformer latéralement
 ~ **forward**: (wall) forjeter (hors d'aplomb), tirer au vide

**bulging**: (s.m.) déformation f latérale, fluage m latéral, refoulement m latéral
 ~ **soil**: sol m se dérobant latéralement

**bulk**: en vrac
 ~ **cement**: ciment m en vrac
 ~ **density**: masse f volumique apparente
 ~ **excavation**: fouille f en grande masse
 ~ **material**: matériau m de base
 ~ **metering**: comptage m global; comptage collectif (dans immeubles collectifs)
 ~ **modulus of elasticity**: module m de compression volumétrique
 ~ **sampling**: échantillonnage m de matériaux non individualisés
 ~ **specific gravity**: densité f apparente

**bulkhead**: cloison f, rideau m fixe; construction f hors toit (recouvrant citerne etc)
 ~ **connector**: raccord m de traversée de cloison
 ~ **fitting**, ~ **light**: hublot m d'éclairage

**~ with fixed earth support**: rideau *m* fixe dont l'extrémité est immobilisée

**bulking**: foisonnement *m*

**bull**: bouclier *m* (de bulldozer); *adj* : (bullnose) arrondi (angle, arête)
~ **stretcher**: carreau *m* de chant
~**'s eye**: œil-de-bœuf *m*; verre *m* de hublot

**bulldog**, ~ **clip**: serre-câble *m*
~ **plate**: (connector) crampon *m*

**bulldozer**: bulldozer *m*, bouldozer *m*, bouteur *m* (terme officiel)

**bullet**: balle *f*
~ **bolt**: pêne *m* coulant, pêne lançant
~ **resistant**: pare-balles
~**-resistant glazing**: vitrage *m* pare-balles

**bulletin board**: tableau *m* d'affichage

**bulletproof glass**: verre *m* pare-balles

**bullnose**: arrondi, adouci
~ **arris**: arête *f* arrondie
~ **brick**: brique *f* avec quart de rond

**bulwark**: (fortification) boulevard *m*, rempart *m*

**bundle pier**: pilier *m* ondulé

**bungalow**: maison *f* sans étage, maison de plain-pied, pavillon *m* de plain-pied, pavillon à rez-de-chaussée, rez-de-chaussée *m*

**buoyancy**: poussée *f* d'Archimède

**buoyant**; flottant
~ **foundation**, ~ **raft**: fondation *f* par caisson flottant

**burglar**: cambrioleur *m*
~ **alarm**: alarme *f* contre le vol

**burglarious entry**: entrée *f* avec effraction

**burglarproof**: résistant à l'effraction
~ **lock**: serrure *f* incrochetable

**buried**: enfoui, enterré, souterrain
~ **length**: (of pile) fiche *f*
~ **line**: (el) ligne *f* souterraine
~ **pipe**: canalisation *f* enfouie, conduite *f* enterrée

**burl** NA: (on the tree) loupe *f*; (in wood veneer) ronce *f*

**burlap** NA: toile *f* à sacs, toile de jute, grosse toile d'emballage

to **burn**: brûler; (bricks) cuire
~ **off**: (paint) brûler

**burner**: brûleur *m*
~ **tip**: bec *m* de brûleur

**burning**: (of bricks) cuisson *f*; (of metal) oxycoupage *m*
~ **test**: essai *m* de combustion

**burnish**: (a metal) aviver, brunir

**burnt**: brûlé, cuit
~ **clay**: terre *f* cuite
~ **gases**: gaz *m* brûlés
~ **gypsum**: plâtre *m* cuit
~ **lime**: chaux *f* vive

**burr**: (metal) bavure *f*; NA: (smooth surface on wood) loupe *f*; (on veneer) ronce *f*; (rough surface on wood) broussin *m*
~ **walnut**: ronce *f* de noyer

to **burr**: ébavurer; (a casting); (a thread) mater; (a nail) rabattre

**burst**: (of pipe) crevaison *f*, éclatement *m*

**bursting**: crevaison *f*, éclatement *m*
~ **disk**: disque *m* de sécurité, pastille *f* de sécurité
~ **failure**: rupture *f* par éclatement
~ **strength**: résistance *f* à l'éclatement

to **bury**: enterrer, enfouir

**bus**: (el) barre *f* omnibus; (transport) autobous *m*
~ **lane**: couloir *m* d'autobus
~ **shelter**: abribus *m*

**busbar**: barre *f* omnibus

**bush**: canon *m* de passage, fourrure *f*; (el) entrée *f* de conducteur; (hort) buisson *m*

**bushhammer**: boucharde *f*
~ **finish**: bouchardage *m*

**bushing**: (plbg) réduction *f* mâle et femelle; (of bearing) coussinet *m*; (el) traversée *f* de cloison

**business premises**: local *m* commercial

**busway**: gaine f de distribution

**butler's pantry**: office m

**butt**: (of shingle) patte f
~ **end**: (of handle) gros bout; (of wooden post) pied m
~ **hinge**: charnière f
~ **joining**: (of pipes) abouchement m, aboutement m
~ **joint**: (flush joint) joint m à francs bords; (join) assemblage m d'about, assemblage par aboutage, assemblage à francs bords; (in plywood) joint m droit; (wallpapering) joint m à vif; (plbg) joint m abouté
~ **length**: (of log) culée f
~ **log**: bille f de pied
~ **rivetted**: rivé à couvre-joint
~ **splice**: couvre-joint m
~ **stile**: montant m charnier, montant de ferrage
~ **strap**: couvre-joint m
~ **weld**: soudure f par rapprochement, soudure bord à bord
~ **wood**: bois m de souche

to **butt**: (edges of wallpaper) poser à joints vifs; (pipes) aboucher
~ **against**: buter contre

**butterfly**, ~ **nut**: écrou m à ailettes, écrou à oreilles, écrou papillon
~ **roof**: toit m en V
~ **valve**: papillon m

**buttery**: (butler's pantry) office m; (catering) buffet m
~ **hatch**: guichet m de dépense

**butting**: pose f à joints vifs, pose à francs bords

**button**: bouton m
~ **bottom pile**: pieu m à sabot débordant
~-**head rivet**: rivet m à tête goutte-de-suif
~-**head screw**: vis f à tête bombée

**buttress**: contrefort m; **to** ~: arc-bouter, étayer

**butyl rubber**: caoutchouc m butylique

**buzz saw** NA: scie f circulaire

**buzzer**: ronfleur m, vibreur m (sonnerie)

**by**, ~ **others**: hors fourniture, hors lot, exclu, non fourni
~ **weight**: en poids

**by[e]-law**: arrêté m municipal; **bye-laws**: réglementation f locale

**by-pass**: bipasse m, dérivation f; (road) rocade f, route f d'évitement
~ **meter**: compteur m à dérivation

**by-road**: chemin m vicinal

**CA** → compressed air

**cab**: cabine *f* (d'engin)

**cabinet**: placard *m*
~ **maker**: ébéniste *m*
~ **scraper**: racloir *m* de menuisier
~ **work**: ébénisterie *f*

**cable**: câble *m*
~ **bond**: masse *f* commune (d'éléments de câblage)
~ **burying machine**: enfouisseuse *f* de câbles
~ **chamber**: trémie *f* d'entrée de câble
~ **chute**: goulotte *f*
~ **clamp**: serre-câble *m*, collier *m* de câble
~ **cleat**: collier *m* de câble
~ **compound**: masse *m* de remplissage
~ **drill**: foreuse *f* à câble
~ **drilling**: forage *m* au câble
~ **duct**: conduit *m*
~ **excavator**: pelle *f* à câbles
~ **gland**: presse-étoupe *m*
~ **grip**: serre-câble *m*
~ **head**: tête *f* de câble
~ **joint**: raccord *m* de câble, épissure *f*
~ **moulding**: torsade *f*
~ **splice**: épissure *f*
~ **pattern**: (on column) rudenture *f*
~ **tail**: câble *m* en attente
~ **terminal**: tête *f* de câble
~ **tray**: chemin *m* de câbles
~ **tunnel**: galerie *f* des câbles
~ **vault**: trémie *f* d'entrée de câble

**cableway**: blondin *m*

**cabling**: (on column) rudenture *f*

**CAD** → computer aided design

**caisson**: caisson *m*
~ **pile**: pieu *m* caisson

**cake**: pain *m* (d'asphalte, de mastic)

**caking coal**: charbon *m* gras

**calcium**: calcium *m*
~ **aluminate cement** NA: ciment *m* fondu
~ **hardness**: (of water) dureté *f* calcique
~ **silicate brick**: brique *f* silico-calcaire

**calculation**: calcul *m*

to **calculate**: calculer
~ **the earthwork**: faire la cubature des terres à remuer

**calibration**: étalonnage *m* (d'un instrument)
~ **error**: erreur *f* d'étalonnage

**California bearing ratio**: indice *m* portant de Californie

**calk** NA, → **caulk** GB

**callus**: bourrelet *m* (blessure d'arbre)

**calorific value**: potentiel *m* calorifique, pouvoir *m* calorifique

**cam**: came *f*
~ **bolt**: pêne *m* battant
~ **lock**: serrure *f* batteuse

**camber**: (of spring) flèche *f*; (of beam) contre-flèche *f*; (of board) voilement *m* longitudinal de face; (of road) bombement *m*, pente *f* transversale

**cambium**: cambium *m*

**came**: came *f* (de vitrail), plomb *m* de vitrail; **cames**: résille *f* de vitrail

**camel-back truss**: poutre *f* à hauteur variable

**canal**: canal *m*

**cane trash**: bagasse *f*

**canopy**: (over door) marquise *f*; (over chimney) hotte *f*
~ **door** NA: porte *f* basculante, porte rabattable

**cant**, ~ **brick**: brique f en sifflet
    ~ **board**: (roofing) chanlatte f
    ~ **strip**: tasseau m biseauté; (roofing) chanlatte f
    ~ **wall**: mur m à pan coupé, pan m coupé

to **cant**: abattre (un angle, une arête)
    ~ **a corner**: délarder un coin

**canted**, ~ **angle**: angle m abattu
    ~ **column**: poteau m à facettes

**cantilever**: porte-à-faux m; adj : (beam, girder) en console
    ~ **retaining wall**: mur m à patin, mur en té
    ~ **step**: marche f en encorbellement

**cantilevered**: en porte-à-faux, en bascule

**cantoned pier**: pilier m cantoné

**cap**: (top of a buttress, of a wall) couronnement m; (of lamp) culot m; (bottom of excavation) semelle f de propreté; (end of gutter) tête f, talon m; (of lock) foncet m
    ~ **plug**: bouchon m femelle
    ~ **rock**: sous-sol m rocheux

**capability**: compétence f d'une entreprise

**capacity**: (of production) capacité f, puissance f
    ~ **of the cistern**: volume m de la chasse

**capillarity**: capillarité f

**capillary**, ~ **absorption**: absorption f capillaire
    ~ **attraction**: capillarité f
    ~ **break**: coupure f de capillarité
    ~ **flow**: écoulement m capillaire
    ~ **fringe**: frange f capillaire
    ~ **groove**: coupure f de capillarité
    ~ **head**: hauteur f capillaire
    ~ **joint** GB: joint m capillaire, joint soudé par capillarité
    ~ **rise**: remontée f capillaire
    ~ **tube**: tube m capillaire
    ~ **water**: eau f capillaire

**capital**: chapiteau m

**capped end**: extrémité f isolée (d'un câble électrique)

**capping**: couronnement m; bande f couvre-joint, couvre-joint m (de couverture métallique)

**capstone**: pierre f de couronnement

**car** GB: voiture f; NA: cabine f (d'ascenseur)
    ~ **annunciator**: annonciateur m de cabine
    ~ **park** GB: parking m, parc m de stationnement

**carbon**: carbone m
    ~ **dioxide**: dioxyde m de carbone
    ~ **steel**: acier m au carbone

**carbonate hardness**: degré m hydrotimétrique temporaire, dureté f carbonatée

**carbonation**: carbonatation f

**carcase, carcass**: gros œuvre, ossature f (d'une structure)

**cardboard**: carton m

**caretaker**: concierge m, gardien m

**carpenter**: charpentier m, menuisier m en bâtiment
    ~'**s finish** NA: menuiserie f
    ~'**s marking gauge**: trusquin m

**carpentry, carpentry work**: charpenterie f, grosse menuiserie

**carpet**: (floor covering) tapis m, moquette f; (road) couche f de roulement
    ~ **felt**: thibaude f
    ~ **float**: bouclier m feutré
    ~ **pile**: velours m
    ~ **tack**: semence f de tapissier
    ~ **underlay**: thibaude f

**carport**: abri-auto m

**carriage**: (of stair) limon m à crémaillère
    ~ **entrance**: porte f cochère
    ~ **piece**: crémaillère f centrale
    ~ **porch**: porte f cochère

**carriageway**: chaussée f

**carried by**: porté par

**carrier's liability**: responsabilité f du transporteur

to **carry**: (a load) supporter (une charge)
    ~ **out**: (work) exécuter (des travaux)

**carry-over**: (boiler) primage m

**carrying**: porteur
 ~ **capacity**: (of fuse) calibre *m*
 ~ **channel**: porteur *m* (de plafond suspendu)

**carting away**: (of rubbish, of spoil) enlèvement *m*, évacuation *f*

**cartridge**: cartouche *f*
 ~ **filter**: filtre *m* à cartouche
 ~ **fuse**: fusible *m* à cartouche
 ~ **gun**: pistolet *m* de scellement

to **carve**: ciseler, sculpter

**case**: boîtier *m*; (wooden) caisse *f*; (of fan) carter *m*; (of lock) coffre *m*
 ~ **hardened**: cémenté
 ~ **lock**: serrure *f* à palâtre
 ~ **opener**: pied-de-biche *m*

**casebay**: (of floor) entrevous *m*

**cased bore hole**: trou *m* de sondage tubé, trou de sondage blindé

**casein**: caséine *f*
 ~ **glue**: colle *f* à la caséine

**casement** *m* : battant *m*, vantail *m*, ouvrant *m* (de croisée), châssis *m* à pivot
 ~ **adjuster**: arrêt *m* de châssis
 ~ **bolt**: espagnolette *f*
 ~ **door**: porte-croisée *f*
 ~ **stay**: arrêt *m* de châssis, compas *m* d'arrêt, entrebâilleur *m*
 ~ **window**: croisée *f*; (opening inward) fenêtre *f* à la française

**casing**: chemisage *m*, gainage *m*; (of bored piles) blindage; (of boreholes) tubage *m*; (of trench) boisage *m*; (of boiler) enveloppe *f*, (of fan) carter *m*; (of centrifugal pump) volute *f*, (of piping) coffrage *m*; (concrete coating of beam or post) enrobage *m*; (of door, of window) chambranle *m*
 ~ **trim**: contre-chambranle *m*, contre-bâti *m*, couvre-joint *m* (autour d'une porte)

**cassoon**: caisson *m* (de plafond)

**cast**: coulé, moulé
 ~ **glass**: verre *m* coulé
 ~ **in concrete**: noyé dans le béton
 ~ **in place**: coulé en place
 ~ **in situ**: coulé en place
 ~ **iron**: fonte *f*
 ~ **lead**: plomb *m* coulé
 ~ **lead sheet**: table *f* de plomb
 ~ **steel**: acier *m* moulé
 ~ **stone**: pierre moulée, pierre *f* reconstituée, similipierre *f*

**castellated**: crénelé
 ~ **beam**: poutre *f* à âme évidée
 ~ **nut**: écrou *m* à créneaux
 ~ **section**: profil *m* à âme évidée
 ~ **web**: (of beam) âme *f* évidée

**casting**: moulage *m*, coulage *m* (du béton); pièce *f* coulée, pièce moulée, pièce de fonte
 ~ **bed**: aire *f* de coulage
 ~ **table**: table *f* coffrante

**castle**: château *m* fort

**castor roller**: galet *m* orientable

**casual labour**: main-d'œuvre *f* saisonnière

**cat**: (short for **caterpillar**) petit engin de terrassement à chenilles
 ~ **ladder**: planche *f* à tasseaux

**catch**: loquet *m*, loqueteau *m*; (of latch) mentonnet *m*
 ~ **basin**: bassin *m* collecteur
 ~ **pin**: mentonnet *m*
 ~ **pit**: fosse *f* de décantation, décanteur *m*; puisard *m* (bouche d'égout)

to **catch**: recueillir (eau de pluie, poussière)
 ~ **fire**: prendre feu

**catchment area**: bassin *m* d'alimentation (d'une zone aquifère), bassin versant, bassin hydrographique

**catenary arch**: arc *m* en chaînette

**caterpillar**, ~ **track**: chenille *f* (d'engin)
 ~**-tracked vehicle**: engin *m* à chenilles

**cathedral**: cathédrale *f*
 ~ **glass**: verre *m* cathédrale

**Catherine wheel window**: rosace *f*

**cathodic corrosion**: corrosion *f* cathodique

**catstep**: redan *m*, redent *m* (de pignon)

**catwalk**: passerelle *f*

to **caulk**: calfater, mater (un joint)

**caulking**: matage *m*; (weather stripping) calfeutrage *m*
 ~ **chisel**: matoir *m*, cordoir *m*, bourroir *m*
 ~ **compound**: mastic *m* de calfeutrage
 ~ **gun**: pistolet *m* de calfeutrement

**cave-in**: éboulement *m*, affaissement *m* (de paroi)

**cavetto**: cavet *m*

**cavitation**: cavitation *f*

**cavity**: vide *m*; (wall) lame *f* d'air; (of mould) empreinte *f*
 ~ **wall**: mur *m* creux, mur double
 ~ **wall tie**: lien *m*

**CBR** → **Californian bearing ratio**

**c.c.** → **cubic centimeter**

**CCTV** → **closed circuit television**

**CCW** → **counterclockwise**

**c.e.** → **civil engineering**

to **ceil**: lambrisser, plafonner

**ceiling**: plafond *m*; *adj* : plafonnier
 ~ **fan**: ventilateur *m* de plafond, ventilateur plafonnier
 ~ **hanger**: suspente *f* de faux plafond
 ~ **height**: hauteur *f* sous plafond
 ~ **joist**: solive *f* de plafond
 ~ **light fitting**: plafonnier *m*
 ~ **rose**: rosace *f* de plafond
 ~ **strut**: aiguille *f* (d'huisserie)
 ~ **switch**: interrupteur *f* à tirette
 ~ **void**: vide *m* sous plancher

**cell**: cellule *f*; (of vault) voûtain *m*
 ~ **pressure**: (s.m.) pression *f* d'étreinte latérale, pression de soutien

**cellar**: cave *f*
 ~ **flap**: trappe *f* de cave
 ~ **light**: soupirail *m*
 ~ **steps**: descente *f* de cave
 ~ **ventilator**: soupirail *m*

**cellular**: cellulaire, alvéolaire
 ~ **board**: contreplaqué *m* alvéolaire
 ~ **brick**: brique *f* alvéolaire
 ~ **concrete**: béton *m* alvéolaire, béton cellulaire, béton aéré
 ~ **core door**: porte *f* à âme alvéolée

**cellulose**: cellulose *f*

**cement**: ciment *m*; (an adhesive) ciment-colle *m*
 ~ **factor**: dosage *m* en ciment
 ~ **fillet**: (between roof and wall) ruellée *f*
 ~ **grout**: barbotine *f*, coulis *m* de ciment
 ~ **gun**: canon *m* à ciment, guniteuse *f*, lance *f* à ciment, cement gun
 ~ **lime mortar**: mortier *m* bâtard
 ~-**lined pipe**: tuyau *m* à revêtement de ciment
 ~ **mortar**: mortier *m* de ciment
 ~ **plaster**: enduit *m* de ciment
 ~ **rendering**: enduit *m* de ciment
 ~ **roller**: boucharde *f* d'enduiseur
 ~ **screed**: chape *f* en ciment
 ~ **slurry**: barbotine *f*, coulis *m* de ciment
 ~ **weigher**: bascule *f* à ciment

**cementation**: injection *f* de consolidation

**cemetory**: cimetière *m*

**center** NA, → **centre** GB
 **on** ~ **distance** NA: espacement *m* d'axe en axe, entraxe *m*

**centering** NA, → **centring** GB

**central**, ~ **heating**: chauffage *m* central
 ~ **pier**: trumeau *m* de portail
 ~ **reservation** GB: (of road) terre-plein *m* central

**centre**: centre *m*; foyer *m* (pour enfants, vieillards, étudiants); (of plywood) pli *m* longitudinal; *adj* : central, médian; **centres**: (of an arch) cintre *m*
 ~ **bit**: foret *m* à centrer, foret à téton, mèche *f* à téton
 ~-**hung folding sliding door**: porte *f* pliante accordéon à axes centrés
 ~ **line**: axe *m*; (on road) ligne *f* axiale
 ~ **line velocity**: vitesse *f* axiale
 ~ **mark**: coup *m* de pointeau
 ~-**nailed slating**: couverture *f* à clous de milieu
 ~ **of gravity**: centre de gravité
 ~ **of pressure**: centre de pression
 ~ **of twist**: centre de torsion
 ~ **punch**: poinçon *m*
 ~ **rail**: (of door) traverse *f* médiane
 ~ **stringer**: (of stair) crémaillère *f* centrale
 ~-**to-centre distance** GB: espacement *m* d'axe en axe, entraxe *m*
 ~-**to-centre span**: portée *f* entre axes d'appui

**centrifugal**, ~ **blower**: souffleur *m* centrifuge
~ **fan**: ventilateur *m* centrifuge

**centring**: centrage *m*; (centres of an arch) cintre *m*

**centroid**: centre *m* de gravité (d'une surface plane)

**ceramic**, ~ **tile**: carreau *m* de céramique
~ **veneer**: plaques *f* de terre cuite, plaquettes *f* de terre cuite

**certificate**, ~ **of completion**: certificat *m* de réception provisoire
~ **of compliance**: certificat de conformité
~ **of insurance**: attestation *f* d'assurance, certificat d'assurance
~ **of origin**: certificat d'origine
~ **for payment**: certificat de paiement

**cesspit, cesspool**: fosse *f* fixe, fosse d'aisance

**chain**: chaîne *f*
~ **block**: palan *m* de levage
~ **bond**: (mas) chaînage *m*, chaîne *f*
~ **link**: maillon *m* de chaîne
~ **link fence**: clôture *f* à mailles en losanges
~ **pipe wrench**: clé *f* serre-tubes à chaîne
~ **pull switch**: interrupteur *m* à tirage
~ **rivetting**: rivets *m* enlignés
~ **saw**: scie *f* tronçonneuse, tronçonneuse *f*
~ **survey**: levé *m* à la chaîne
~ **tongs**: clé *f* serre-tubes à chaîne

to **chain**: (surv) chaîner

**chaining**: (surv) chaînage *m*

**chainman** GB: porte-chaîne *m*

**chair**: (of partition, of reinforcement) chaise *f*
~ **lift**: monte-escalier *m*

**chalet bungalow** GB: rez-de-chaussée *m* à étage partiel, maison *f* à premier étage mansardé, rez-de-chaussée *m* à combles aménagés

**chalk**: craie *f*, calcaire *m*
~ **line**: cordeau *m* passé à la craie, cordeau à cingler, ligne *f* tracée avec un cordeau

to **chalk a line**: cingler une ligne, cingler un trait, battre un trait

**chalking**: (paint) farinage *m*

**chamber**: chambre *f*; tabernacle *m* (de robinet enterré)
~ **wall**: (of lock) bajoyer *m*

**chamfer**: chanfrein *m*

to **chamfer**: chanfreiner; abattre (un angle, une arête)

**chamfered**: chanfreiné
~ **rustication**: bossage *m* à chanfrein, bossage à anglet

**chancel**: chœur *m* liturgique
~ **arch**: arc *m* triomphal
~ **screen**: jubé *m*

**chandelier**: lustre *m*

**change**: changement *m*, modification *f*
~ **key**: clé *f* particulière, clé individuelle
~ **of use**: changement de destination (d'un immeuble existant)
~ **order**: ordre *m* de modification

**changeover switch**: inverseur *m*

**changing room**: vestiaire *m*

**channel**: canal *m*; (join, mas) cannelure *f*; (drainage) caniveau *m*, rigole *f*; (of sewer) cunette *f*; (a metal section) fer *m* [en] U
~ **bar**: barre *f* en U
~ **between mouldings**: tarabiscot *m*
~ **iron**: barre *f* en U, fer *m* [en] U
~-**jointed rustication with reticulated quoins**: bossage *m* en table
~ **section**: fer *m* [en] U, profilé *m* en U

**chantry**: chapelle *f* (d'une fondation)

**chapel**: chapelle *f*
~ **royal**: chapelle royale

**chapiter** → **capital**

**chaplaincy**: aumônerie *f*

**chaplet**: baguette *f* à perles, chapelet *m*

**chapter house**: maison *f* chapitrale, salle *f* capitulaire

**characteristic**: caractéristique *f*

**charcoal**: charbon *m* de bois

**charge**: (of refrigerant, of battery) charge *f*
~ **hand**: chef *m* d'équipe, chef de brigade

**charnel house**: charnier *m*

**chart**: graphique *m*, diagramme *m*

**chase**: (in wall) saignée *f*

to **chase**: (a wall) pratiquer une saignée
~ **a thread**: fileter

**chattering**: (by a tool) broutage *m*

**check**: contrôle *m*, vérification *f*; (in wood) fente *f* superficielle; (in converted lumber) gerce *f*, arrêt *m*
~ **crack**: (in paint) gerçure *f*
~ **meter** NA: compteur *m* de décompte
~ **room** NA: vestiaire *m*
~ **throat**: larmier *m* (utilisé au lieu de mouchette)
~ **valve**: clapet *m* d'arrêt, clapet de retenue

**checker**: (site clerk) pointeau *m*

**checker** (pattern), **checkerboard, checkered, checkerwork** NA → **chequer, chequerboard, chequered, chequerwork** GB

**checking**: (in paint, in rendering) gerçures *f*

**cheek**: joue *f*; (of chimney, of dormer window, of mortise) jouée *f*
~ **board**: joue *f* de coffrage, panneau *m* de joue de coffrage

**chemical**: produit *m* chimique; *adj* : chimique
~ **closet**: w.c. *m* chimique
~ **feeder**: doseur *m* de réactif (traitement de l'eau)
~ **oxygen demand**: demande *f* chimique en oxygène

**chequer**, ~ **pattern**: damiers *m*; (on glass) irisation *f*
~ **plate**: plaque *f* striée

**chequerboard**: damier *m*
~ **plan**: plan *m* quadrillé

**chequered plate**: tôle *f* striée

**chequerwork**: appareil *m* en damier mixte, ouvrage *m* en damier mixte

**chestnut**: châtaignier *m*

**chicken**, ~ **wire**: grillage *m*.
~ **wire cracking**: faïençage *m* à mailles fines

**chief safety officer**: chef *m* d'équipe de sécurité

**chill room**: chambre *f* froide

**chilled water**: (a.c.) eau *f* glacée

**chiller**: groupe *m* frigorifique; (a.c.) refroidisseur *m*

**chilling**: réfrigération *f*; (a.c.) production *f* d'eau glacée

**chimney**: cheminée *f*
~ **bar**: linteau *m* de foyer
~ **block**: boisseau *m* de cheminée
~ **board**: rideau *m* de cheminée, tablier *m* de cheminée
~ **breast**: coffre *m* de cheminée, hotte *f* droite; mur *m* de revêtement (de conduit de fumée)
~ **cap**: (masonry) couronnement *m* de cheminée; (revolving) gueule-de-loup *f*
~ **cowl**: tourne-vent *m*
~ **effect**: effet *m* de cheminée
~ **flue**: conduit *m* d'évacuation de fumée
~ **gathering**: avaloir *m* de cheminée
~ **hood**: chapeau *m* (cheminée en tôle), parapluie *m* de cheminée
~ **jack**: lanterne *f*
~ **lining**: chemisage *m* de cheminée
~ **opening**: (in floor structure) trémie *f* de cheminée
~ **stack**: faisceau *m* de conduits de fumée, groupe *m* de conduits de fumée; (above roof level) souche *f* de cheminée
~ **surround**: chambranle *m* de cheminée
~ **top**: faîte *m* de cheminée

**chimneyback**: cœur *m* de cheminée, plaque *f* de cheminée

**chimneypiece**: chambranle *m* de cheminée

**chimneypot**: mitron *m*

**china clay**: kaolin *m*

**chip**: éclat *m* (de bois, de pierre)

**chipboard**: aggloméré *m* [de bois], panneau *m* de particules

**chipped corner**: (of stone) écornure *f*

**chipping**: réduction *f* en copeaux;
**chippings**: gravillons *m*
~ **chisel**: burin *m*

**chisel**: ciseau *m*

**chlorinated rubber**: caoutchouc *m* chloré

**chlorination**: chloration *f*

**chlorine**: chlore *m*

**choir**: chœur *m*
~ **enclosure**: chancel *m*
~ **screen**: clôture *f* du chœur, grille *f* du chœur
~ **stall**: stalle *f* de chœur

**choking up**: engorgement *m* (de filtre, de tuyau)

**chord**: (span) portée *f* (d'un arc); (of truss) membrure *f*

**chuff brick**: brique *f* crevassée

**church**: église *f*

**churchwarden's pew**: banc *m* d'œuvre

**churchyard**: cimetière *m* (autour d'une église)

**churn drill**: foreuse *f* à câble

**churn drilling**: forage *m* au câble

**chute** GB: goulotte *f*, toboggan *m*
~ **mixer**: bétonnière *f* à couloir

**CI** → **cast iron**

**cinder**: mâchefer *f*

**cinquefoil**: quintefeuille *m*

**circle**: cercle *m*
~ **end**: marche *f* de départ en demi-cercle
~ **of failure**: cercle de glissement
~ **of influence**: (of a well) périmètre *m* d'alimentation, périmètre d'appel
~ **of rupture**, ~ **of shear**, ~ **of sliding**: cercle de glissement
~-**on-circle**: à double courbure

**circuit**: circuit *m*
~ **breaker**: disjoncteur *m*
~ **diagram**: schéma *m* électrique
~ **protector** NA: coupe-circuit *m*

**circular**: circulaire; (arch) en plein cintre
~ **arch**: arc *m* en plein cintre
~ **bending**: flexion *f* circulaire
~ **saw** GB: scie *f* circulaire
~ **stair**: escalier *m* hélicoïdal
~-**circular**: à double courbure

**circulating pump**: accélérateur *m* (de chauffage central)

**circulation**: circulation *f*, recyclage *m*
~ **by gravity**: (of hot water) circulation par thermosiphon
~ **pipe**: (central heating) canalisation *m* aller
~ **rate**: (of a cooling tower) débit *m* en circulation

**cistern**: citerne *f*, (of w.c.) réservoir *m* de chasse

**city**: cité *f*, ville *f*
~ **centre**: centre *m* ville
~ **hall**: hôtel *m* de ville, mairie *f*
~ **planner**: urbaniste *m*
~ **planning**: urbanisme *m*

**civery**: pan *m* (de voûte, de plafond)

**civil**, ~ **engineer**: ingénieur *m* de génie civil
~ **engineering**: génie *m* civil
~ **engineering contractor**: entrepreneur *m* de génie civil
~ **engineering fabric**: géotextile *m*
~ **engineering structure**: ouvrage *m* d'art
~ **engineering work**: travaux *m* de génie civil

**CL** → **centre line**

**clack valve**: clapet *m* articulé

**cladding**: parement *m*, revêtement *m* extérieur (de mur), bardage *m*
~ **rail**: lisse *f* d'ossature

**claim**: (insurance) sinistre *m*, demande *f* d'indemnité (biens), réclamation *f* (responsabilité civile)

**clamp**: agrafe *f*, crampon *m*, serre-câble *m*, serre-joint *m*

**clamping**: serrage *m*
~ **plate**: crampon *m* (de charpente en bois)
~ **stress**: contrainte *f* due au serrage

**clamshell**, ~ **bucket**, ~ **grab**: benne *f* preneuse

**clapboard**: planche *f* à clins
~ **siding**: bardage *m* à clins

**clarifier**: clarificateur *m*

**clasping buttress**: contrefort *m* cornier

**claw**: griffe *f*
- ~ **bar**: pied-de-biche *m*
- ~ **chisel**: ciseau *m* grain d'orge
- ~ **hammer**: marteau *m* à panne fendue

**clay**: argile *f*; (burnt clay) terre *f* cuite
- ~**-and-straw mortar**: bauge *f*
- ~ **brick**: brique *f* en terre cuite
- ~ **fraction**: (of soil) fraction *f* argileuse, fraction d'argile
- ~ **lath[ing]**: treillis *m* céramique, lattis *m* céramique
- ~ **loam**: limon *m* argileux
- ~ **matrix**: pâte *f* argileuse
- ~ **mud**: coulis *m* d'argile, mortier *m* d'argile
- ~ **pipe**: tuyau *m* en grès
- ~ **pit**: argilière *f*
- ~ **puddle**: corroi *m*
- ~ **seal**: scellement *m* d'argile
- ~ **seam**: veine *f* d'argile
- ~ **tile**: (for floor or wall) carreau *m* en terre cuite; (for roof) tuile *f* en terre cuite

**clayey**: argileux
- ~ **soil**: terre *f* argileuse

**clean**: propre; (timber) franc de nœuds
- ~ **break**: cassure *f* franche, cassure nette
- ~ **coal burning**: procédé *m* propre de combustion du charbon
- ~ **cut**: coupe *f* franche, coupure *f* franche
- ~ **fuel**: combustible *m* propre

to **clean**: nettoyer; (a ditch, a drain) curer
- ~ **off**: (quarry stone) ébousiner
- ~ **out**: (a sewer) désenvaser; (a pipe) déboucher, dégorger
- ~ **up**: (brickwork, joints) ragréer; (woodwork) blanchir

**cleaning**: nettoyage *m*; (of metals) décapage *m*; (of drains) curage *m*
- ~ **down**: (of wall) ravalement *m*
- ~ **eye**: bouchon *m* de visite, bouchon de dégorgement, regard *m* de nettoyage, tampon *m* de dégorgement
- ~ **of mill scale**: décalaminage *m*
- ~ **out**: écurage *m* (d'un puits, d'un égout)

**cleanout**: bouchon *m* de dégorgement, tampon *m* de dégorgement, ouverture *f* de nettoyage, bouchon *m* de visite, regard *m* de nettoyage

~ **door**: (of chimney) porte *f* de ramonage, trappe *f* de ramonage

**clear**: clair, transparent; (varnish, glass) blanc
- ~ **cover**: épaisseur *f* nette d'enrobage
- ~ **glass**: verre *m* blanc
- ~ **height**: hauteur *f* libre
- ~ **span**: portée *f* libre
- ~ **varnish**: vernis *m* blanc
- ~ **width**: portée *f* libre; (of door) largeur *f* de passage

to **clear**: (the ground) déblayer (le terrain); (a building) faire évacuer; (to authorize) approuver
- ~ **an obstruction**: (in pipe) dégorger, déboucher

**clearance**: jeu *m*; hauteur *f* libre; (headway) échappée *f*; approbation *f*
- ~ **area**: quartier *m* insalubre à démolir

**clearing**: (of an area) nettoyage *m*, dégagement *m*; (of pipes) dégorgement *m*, débouchage *m*; (of vegetation on site) défrichement *m*
- ~ **and grubbing**: défrichement *m* et essouchement
- ~ **away**: (unwanted materials) évacuation *f*, enlèvement *m*
- ~ **of site**: nettoyage *m* du terrain; (on completion) repliement *m* du chantier

**clearstory** → **clerestory**

**cleat**: tasseau *m*; (el) serre-câble *m*, serre-fil *m*; (purlin) échantignole *f*, chantignole *f*

**cleavage**: clivage *m*
- ~ **fracture**: rupture *f* par clivage
- ~ **plane**: plan *m* de clivage

**cleft timber**: bois *m* de fente

to **clench**: river (un clou, un boulon)

**clerestory**: (of a church) étage *m* des fenêtres hautes; (of modern building) lanterneau *m* de toit (parallèle au faîte), lanterneau filant

**clerk of [the] works**: surveillant *m* des travaux, conducteur *m* des travaux

**clevis**: chape *f*, étrier *m*

**CLG** → **ceiling**

**client**: (of architect) maître *m* de l'ouvrage, maître d'ouvrage

**climber**: plante *f* grimpante

**climbing**, ~ **crane**: grue *f* télescopique
 ~ **form**: coffrage *m* grimpant
 ~ **plant**: plante *f* grimpante

to **clinch**: river (un clou, un boulon)
 ~ **nail**: clou *m* à river

**clinic**: centre *m* medical

**clinker**: mâchefer *m* (sous-produit)
 ~ **block**: aggloméré *m* de laitier

**clinometer**: clinomètre *m*

**clip**: agrafe *f*, clip *m*, collier *m* (de câble, de flexible)
 ~ **angle**: cornière *f* d'assemblage, cornière de fixation
 ~ **joint**: joint *m* surépaissi (pour araser)
 ~-**on**: clipsable

**clipped**, ~ **gable**: pignon *m* coupé (sous demi-croupe)
 ~ **gable roof**: toit *m* à demi-croupe

**cloakroom**: vestiaire *m*

**clock**: horloge *f*

**clockwise direction**: sens *m* des aiguilles d'une montre, sens horaire

to **clog**: obstruer, s'obstruer

**clogged filter**: filtre *m* colmaté, filtre encrassé

**clogging**: (of filter) colmatage *m*
 ~ **capacity**: pouvoir *m* colmatant (purification de l'eau)

**cloistered vault**: voûte *f* en arc de cloître

**close**: cul-de-sac *m*, impasse *f*, *adj* : (edge to edge) jointif; (grain, texture) fin, serré
 ~ **assembly time**: (of adhesive) temps *m* d'assemblage fermé
 ~ **boarding**: planches *f* jointives, voligeage *m* jointif
 ~ **couple roof**: comble *m* sur entrait
 ~-**coupled pump**: pompe *f* à commande directe
 ~-**coupled w.c.**: w.c. *m* à cuvette attenante
 ~-**cut hip**: arêtier *m* à double tranchis
 ~ **grain**: grain *m* serré
 ~ **grown**: (wood) à couches minces
 ~ **joint**: assemblage *m* jointif

 ~-**jointed**: jointif
 ~ **lathing**: lattage *m* jointif
 ~ **nipple**: raccord *m* droit simple
 ~ **string**: limon *m* à la française, limon droit

to **close**: fermer
 ~ **to traffic**: barrer (une rue, une route)

**closed**: fermé
 ~ **cell**: cellule *f* fermée
 ~ **cell foam**: mousse *f* à cellules fermées
 ~ **circuit**: circuit *m* fermé
 ~ **circuit television**: télévision *f* en circuit fermé
 ~ **circuit voltage**: tension *f* en circuit fermé
 ~ **cycle cooling**: refroidissement *m* en circuit fermé
 ~ **eaves**: égout *m* voligé
 ~ **end pipe pile**: pieu *m* tube à pointe
 ~ **frame**: cadre *m* fermé
 ~ **loop**: boucle *f* fermée
 ~ **loop lighting system**: distribution *f* à quatre fils
 ~ **loop system**: circuit *m* fermé
 ~ **split**: fente *f* refermée
 ~ **stair**: escalier *m* encloisonné, escalier entre murs
 ~ **traverse**: (surv) cheminement *m* fermé

**closely fitted masonry**: maçonnerie *f* à joints rectilignes

**closer**: clausoir *m*, closoir

**closet** NA: placard *m*; w.-c. *m*
 ~ **with high-up flush tank**: w.-c. à réservoir haut
 ~ **with low-down flush tank**: w.-c. à réservoir bas

**closing**: fermeture *f*
 ~ **date**: date *f* limite
 ~ **error**: (surv) erreur *f* de fermeture
 ~ **face**: (of door) parement *m* intérieur
 ~ **jamb**: montant *m* de battement
 ~ **stile**: montant *m* de battement

**closure**: fermeture *f*, obturation *f* (d'ouverture); closoir *m* (de plaque ondulée)

**cloth**: toile *f*
 ~ **backing**: (of joints) marouflage *m*
 ~ **filter**: filtre *m* toile
 ~ **hall**: halle *f* aux draps

**clothes**: vêtements *m*, linge *m*
 ~ **closet** NA: penderie *f*
 ~ **drier**: séchoir *m* à linge

**cloud**: nuage *m*
~ **point**: point *m* de trouble

**cloudiness**: voile *m* (peinture)

**clout nail**: clou *m* à tête plate

**clubfoot**: (of pile) base *f* élargie

**cluster**: groupe *m*
~ **development**: aménagement *m* groupé
~ **housing**: habitat *m* groupé
~ **of spikes**: (on gate) épi *m*

**clustered**: (column, pillar) fasciculé

**clutch**: (sheet piling) enclenchement *m*

**CO** → **change order, cleanout, cutout**

**coach, ~ house**: remise *f* (pour véhicules)
~ **screw**: tire-fond *m*

**coal**: charbon *m*
~ **beneficiation**: valorisation *f* du charbon
~ **bunker**: coffre *m* à charbon
~ **dust**: poussier *m*
~ **firing**: chauffe *f* au charbon
~ **tar**: goudron *m* de houille
~ **tar pitch**: brai *m*
~/**wood combination boiler**: chaudière *f* mixte à bois et à charbon

**coarse**: grossier, gros (sable, granulat)
~ **aggregate concrete**: gros béton
~ **building plaster**: plâtre *m* gros de construction
~ **concrete**: gros béton
~ **cut**: (of file) grosse taille
~ **filtration**: dégrossissage *m*
~ **grain**: grain *m* grossier, gros grain; (of wood) fil *m* grossier
~ **grained soil, ~ granular soil**: sol *m* à gros éléments
~ **gravel**: gros gravier
~-**grown**: (timber) à couches larges
~ **screening**: dégrossissage *m*
~ **stuff**: gros plâtre

**coastal, ~ area**: zone *f* côtière
~ **defence fort**: fort *m* maritime

**coat**: couche *f*
~ **hook**: patère *f*
~ **peg**: patère *f*

**coated**: enduit, enrobé
~ **aggregate**: (for tarmac) enrobé *m* hydrocarboné

~ **chippings**: enrobés
~ **electrode**: électrode *f* enrobée
~ **glass**: glace *f* réfléchissante
~ **grit**: gravillons *m* enrobés, enrobés *m*
~ **steel**: tôle *f* prélaquée
~ **steel sheet**: tôle *f* d'acier prélaquée

**coating**: enduction *f*, enduit *m*; (road making) enrobage *m*; (of pipe) revêtement *m*
~ **plant**: centrale *f* d'enrobage, poste *m* d'enrobage

**cob**: pisé *m*, torchis *m*
~ **wall**: mur *m* en pisé

**cobble, cobblestone**: pavé *m*

**cobwork**: pisé *m*

**cock**: robinet *m*
~ **bead**: baguette *f* saillante

**cocking piece**: coyau *m*

**COD** → **chemical oxygen demand**

**code of practice**: règles *f* de l'art, règles d'une profession

**coefficient, ~ of friction**: coefficient *m* de frottement
~ **of performance**: (of heat pump) coefficient de performance
~ **of thermal expansion**: coefficient de dilatation thermique
~ **of utilisation**: coefficient d'utilisation
~ **of variation**: (stats) coefficient de variation

**coffer**: caisson *m* (de plafond)
~ **slab**: dalle *f* caissonnée

**cofferdam**: batardeau *m*, caisson *m* hydraulique

**coffered ceiling**: plafond *m* à caissons, plafond caissonné

**cog**: embrèvement *m*

**cohesion**: cohésion *f*

**cohesionless**: non cohérent
~ **fill**: remblai *m* non cohérent
~ **soil**: sol *m* non cohérent, sol pulvérulent

**cohesive**: cohérent, cohésif
~ **bond**: force *f* de cohésion
~ **soil**: sol *m* cohérent, sol cohésif, terrain *m* cohérent

**coil**: serpentin *m*; (of heat exchanger) batterie *f*

**coin**: pierre *f* d'angle; pièce *f* de monnaie; **coins**: chaîne *f* d'angle, chaîne d'encoignure
 ~ **bonding**: (mas) besace *f*
 ~-**operated machine**: distributeur *m* automatique
 ~ **stones**: chaîne *f* d'angle, chaîne d'encoignure

**coke**: coke *m*
 ~ **oven**: cokerie *f*, four *m* à coke
 ~ **oven gas**: gaz *m* de cokerie, gaz de four à coke

**COL** → **column**

**cold**: froid
 ~ **air intake**: ventilation *f* basse
 ~ **bridge**: pont *m* thermique
 ~ **brittle iron**: fer *m* cassant à froid
 ~ **chisel**: ciseau *m* à froid
 ~ **coil**: (a.c.) batterie *f* froide
 ~-**drawn**: étiré à froid
 ~ **flow**: fluage *m* à froid
 ~ **glue**: colle *f* à froid
 ~ **joint** NA: joint *m* de reprise, reprise *f* de bétonnage
 ~-**laid mixture**: enduit *m* d'application à froid
 ~-**rolled**: laminé à froid
 ~-**rolled section**: profilé *m* à froid
 ~ **room**: (refrigeration) chambre *f* froide
 ~-**setting adhesive**: colle *f* à froid
 ~ **short**: cassant à froid
 ~ **shortness**: fragilité *f* à froid
 ~ **spell**: période *f* de froid
 ~-**water feed tank**: (chauffage solaire) ballon *m* d'eau froide
 ~ **working**: écrouissage *m*

**collapse**: affaissement *m*, écroulement, éboulement *m*, effondrement *m*; (drying of timber) collapse *m*, déformation *f* par surdessication

**collar**: (for pipe through a wall or roof) collerette *f*
 ~ **beam**: entrait *m* retroussé
 ~ **boss**: (plbg) collet *m* maître
 ~ **roof**: comble *m* à entraits retroussés
 ~ **tie**: entrait *m* retroussé
 ~ **tile**: tuile *f* à douille

to **collect**: recueillir (eau de pluie, poussière)

**collecting**, ~ **channel**: rigole *f* de reprise
 ~ **duct**: (a.c.) gaine *f* de reprise

**collection**: collecte *f*, ramassage *m*; (solar energy) réception *f*

**collector**: (sewer) collecteur *m*; (solar energy) collecteur, insolateur *m*, capteur *m*
 ~ **angle**: inclinaison *f* du capteur, inclinaison du collecteur
 ~ **area**: surface *f* captante, surface active de captage, surface collectrice
 ~ **efficiency**: rendement *m* radiatif, rendement de capteur
 ~ **ganging**: montage *m* de plusieurs capteurs en série ou en parallèle
 ~ **panel**, ~ **plate**: absorbeur *m*
 ~ **surface**: surface *f* absorbante

**collimation line**: ligne *f* de collimation

**colloidal concrete**: béton *m* colloïdal

**colonnade basilica**: basilique *f* à colonnes

**colossal order**: ordre *m* colossal

**color** NA, → **colour** GB
 ~ **retention** NA: stabilité *f* d'une couleur

**colour**: couleur *f*, teinte *f*
 ~ **chart**: nuancier *m*
 ~ **fastness** GB: stabilité *f* d'une couleur
 ~ **temperature**: température *f* de couleur
 ~ **wash**: badigeon *m*

**coloured**: coloré
 ~ **concrete**: béton *m* coloré
 ~ **glass**: verre *m* coloré
 ~ **right through**: teinté dans la masse

**colourless**: incolore

**column**: colonne *f*; (metal structure) pilier *m*; (of frame) piédroit *m*
 ~ **base**: embase *f* de poteau
 ~ **casing**: coffrage *m* de poteau
 ~ **form**: coffrage *m* de poteau
 ~ **radiator**: radiateur *m* à colonnes
 ~ **strip**: bande *f* de pilier (dans un plancher-dalle)
 ~ **with plain shaft**: colonne *f* lisse

**columnar section**: profil *m* stratigraphique

**comb**: peigne *m* (finition de surface)
 ~ **escalator**: escalier *m* roulant à tasseaux
 ~-**grained wood**: bois *m* maillé

**combed joint**: assemblage *m* à enfourchement, assemblage *m* à queues droites

**combination**, ~ **boiler** NA: chaudière *f* mixte (chauffage central et eau chaude)
~ **column**: poteau *m* combiné
~ **pliers** NA: pince *f* crocodile
~ **roller**: compacteur *m* mixte
~ **stove**: cuisinière *f* mixte, poêle *m* mixte

**combined**, ~ **bending**: flexion *f* composée
~ **boiler** GB: chaudière *f* mixte (chauffage central et eau chaude)
~ **footing**: semelle *f* jumelée
~ **moisture**: eau *f* de constitution
~ **sewage**: eaux *f* d'égout unitaire
~ **sewer**: égout *m* unitaire, égout *m* à canalisation unique
~ **sewer[age] system**: réseau *m* unitaire d'assainissement
~ **stresses**: contraintes *f* composées, contraintes complexes
~ **treatment**: traitement *m* simultané
~ **wastewaters**: eaux *f* d'égout mixtes, eaux d'égout unitaire
~ **water**: eau *f* de constitution

**combing**: (painting) peignage *m*; (ridge of roof) lignolet *m*

**combplate**: peigne *m* (d'escalier roulant)

**combustible load**: charge *f* combustible

**comfort**: confort *m*
~ **cooling**: rafraîchissement *m* d'ambiance
~ **station** NA: toilettes *f*
~ **temperature**: température *f* de confort
~ **zone**: zone *f* de confort

**comminutor**: dilacérateur *m*

to **commission**: mettre en service

**commissioning**: mise *f* en service

**common**: fil *m* de retour commun; commun, courant, de qualité courante
~ **amenity**: équipement *m* collectif
~ **area**: partie *f* commune
~ **dovetail**: queue *f* d'aronde ouverte, queue *f* d'aronde passante
~ **hazard**: risque *m* normal
~ **joist**: solive *f* de plancher, solive *f* courante
~ **quarter sawing**: débit *m* sur quartier hollandais

~ **rafter**: chevron *m*
~ **services**: services *m* généraux
~ **wall** NA: mur *m* mitoyen

**communal area**: partie *f* commune (d'un ensemble d'habitation)

**community**, ~ **centre**: centre *m* social
~ **facility**: aménagement *m* collectif, équipement *m* collectif

**commuter belt**: zone *f* de villes dortoirs

**compact**: peu encombrant, peu volumineux
~ **development**: aménagement *m* groupé

**compaction**: (of soil) compactage *m*; (of concrete) serrage *m*
~ **by rolling**: compactage par roulage, compactage par cylindrage
~ **by tamping**: compactage par damage
~ **by vibroflotation**: compactage par vibroflottation
~ **by watering**: compactage par arrosage

**compactness**: compacité *f*

**compactor**: compacteur *m*
~ **roller**: compacteur *m*

**companion flange**: contre-bride *f*

**company's stopcock**: robinet *m* de compagnie

**compartment**: (fire safety) compartiment *m*
~ **wall** GB: mur *m* coupe-feu (sur toute la hauteur d'un immeuble)

**compartmention**: cloisonnement *m* au feu, cloisonnement de sécurité

**compass**: boussole *f*, compas *m*
~ **brick**: brique *f* en coin
~ **survey**: levé *m* à la boussole
~ **window**: fenêtre *f* en saillie

to **compensate**: indemniser

**compensation**: indemnité *f*

**competitive tendering**: appel *m* d'offres sur concours

**complete circuit**: (el) circuit *m* fermé

**completed**: terminé, achevé
~ **operations hazard**: risque *m* après travaux

**completion**: (of the project) achèvement *m* (des travaux)
  ~ **bond**: garantie *f* d'exécution, garantie de bonne fin
  ~ **date**: date *f* d'achèvement des travaux
  ~ **of work**: fin *f* des travaux
  ~ **period**: délai *m* d'exécution

**complex liquid** NA: liquide *m* à viscosité variable

**compliance**: conformité *f*

**component**: (a part) composant *m*, élément *m*; (of a force) composante *f*

**composite**: complexe, mixte, de structure hétérogène
  ~ **beam**: poutre *f* mixte
  ~ **construction**: construction *f* mixte
  ~ **floor joist**: poutrelle *f* métallique [à base] préenrobée
  ~ **plywood**: contreplaqué *m* à âme complexe, contreplaqué composite

**composition**: (chemistry) composition *f*
  ~ **board**: aggloméré *m*, panneau *m* de fibres agglomérées
  ~ **roofing**: étanchéité *f* multicouche

**composting**: compostage *m*

**compound**: mastic *m*, produit *m* de consistance pâteuse; *adj* : (beam, girder, load) composé
  ~ **parabolic concentrator**: miroir *m* composé à foyer quasi ponctuel ou quasi linéaire
  ~ **pier**, ~ **pillar**: pilier *m* composé
  ~ **wall**: mur *m* en maçonnerie mixte

**compregnated wood** NA: bois *m* imprégné densifié

**compressed**: comprimé (gaz, matière)
  ~ **air**: air *m* comprimé
  ~-**air ejector**: aéro-éjecteur *m*
  ~ **cork**: liège *m* aggloméré
  ~ **fiber board**: fibre *f* comprimée
  ~ **wood**: bois *m* densifié

**compression**: compression *f*
  ~ **failure**: ruine *f* par compression, rupture *f* par compression
  ~ **fitting**: raccord *m* à compression
  ~ **flange**: semelle *f* en compression, semelle comprimée, table *f* de compression
  ~ **force**: effort *m* de compression
  ~ **member**: membre *m* en compression
  ~ **plant**: (for oil, for gas) station *f* de compression
  ~ **ratio**: indice *m* de compression
  ~ **reinforcement**: armature *f* comprimée
  ~ **strain**: déformation *f* par compression, déformation due à la compression
  ~ **strength**: résistance *f* à la compression
  ~ **stress**: contrainte *f* de compression, sollicitation *f* de compression, travail *m* à la compression
  ~-**type hydrant**: bouche *f* d'incendie à compression
  ~ **wood**: bois *m* de compression
  **in** ~: comprimé, en compression, travaillant à la compression (membre, structure)

**compressive**: de compression, par compression
  ~ **strain**: déformation *f* par compression

**compressor**: compresseur *m*
  ~ **housing**: carcasse *f* de compresseur

**compulsory purchase** GB: expropriation *f*

**computation**: calcul *m*

**computer**: ordinateur *m*
  ~ **aided design**: conception *f* assistée par ordinateur

**computerized**: informatisé

**concave**: concave
  ~ **bow**: (glass) bateau *m*

**concealed**: invisible, caché
  ~ **dovetail**: queue *f* d'aronde perdue
  ~ **edge band**: alaise *f* embrevée
  ~ **gutter**: chéneau *m* encaissé
  ~ **lighting**: éclairage *m* indirect
  ~ **nailing**: clouage *m* à tête perdue, clouage caché
  ~ **stair**: escalier *m* dérobé
  ~ **valley**: noue *f* fermée

**concentrating collector**: capteur *m* à concentration, capteur à foyer, héliostat *m* focalisant, insolateur *m* concentrateur

**concentration of flow lines**: concentration *f* de lignes de courant

**concentrator**: (solar heating) réflecteur *m*

**concentric reducer**: raccord *m* conique

**concha**: cul-de-four *m*

**conclusive test**: essai *m* probant

**concordant tendons** NA: câbles *m* concordants

**concourse**: hall *m* d'entrée, salle *f* des pas perdus

**concrete**: béton *m*
 ~ **adhesive**: colle *f* à béton
 ~ **admixture**: adjuvant *m*
 ~ **batching plant**: centrale *f* à béton
 ~ **block**: parpaing *m*
 ~ **breaker**: brise-béton *m*, marteau-piqueur *m*
 ~ **cast in place**, ~ **cast in situ**: béton *m* coulé en place
 ~ **channel**: caniveau *m* en béton
 ~ **cover**: (of reinforcement) épaisseur *f* d'enrobage
 ~ **edging**: bordurette *f* en béton
 ~ **floor grinder**: meuleuse *f* de sols
 ~ **floor**: plancher *m* de béton
 ~ **framed**: à ossature en béton armé
 ~ **gun**: guniteuse *f*
 ~ **insert**: cheville *f* de scellement
 ~ **mixer**: bétonnière *f*
 ~ **mixer paver**: bétonnière *f* motorisée
 ~ **mixing plant**: centrale *f* à béton
 ~ **placing boom**: flèche *f* de distribution de béton
 ~ **plant mixer**: bétonnière *f* de centrale à béton
 ~ **slab**: dalle *f* en béton
 ~ **spreader**: distributeur *m* de béton, répandeuse *f* de béton
 ~ **surround to bend**: (pipe) butée *f* de coude
 ~ **tile**: carreau *m* en béton

**concreting**: bétonnage *m*, mise *f* en place du béton
 ~ **bucket**: benne *f* à béton

**condemnation** NA: expropriation *f*

**condenser**: condenseur *m*
 ~**s and evaporators**: condenseurs *m* et évaporateurs

**condition**: état *m*
 ~ **of contract**: clause *f*

**conditioning**: (of a material) conditionnement *m*

**condominium** NA: immeuble *m* en copropriété
 ~ **owner**: copropriétaire *m*

**conductor**: tuyau *m* de descente d'eaux de pluie, descente *f* pluviale; (el) conducteur *m*
 ~ **head**: cuvette *f*

**conduit**: canalisation *f*; (el) canalisation, caniveau *m*; (prestressing) gaine *f* de précontrainte
 ~ **coupler**: manchon *m* de raccordement
 ~ **fitting**: pièce *f* de montage (de canalisation)

**cone**: cône *m*, convergent *m*
 ~ **grip**: cône d'ancrage (de précontrainte)
 ~ **index**: résistance *f* au cône, résistance à l'enfoncement
 ~ **of depression**: cône *m* de dépression
 ~ **penetrometer**: pénétromètre *m* à cône
 ~ **resistance**: résistance *f* au cône, résistance à l'enfoncement

**configured glass**: verre *m* travaillé

**confined**, ~ **compression test**: essai *m* triaxial
 ~ **sample**: échantillon *m* fretté
 ~ **stratum**: couche *f* frettée

**confining pressure**: pression *f* d'étreinte latérale, pression de soutien

**conical roll**: tasseau *m* (de couverture métallique)

**conifer**: conifère *m*

**conjugate stress**: contrainte *f* conjuguée

to **connect**: (an appliance) brancher; (pipes) raccorder

**connector**: connecteur *m*

**connecting**: (el) mise *f* en circuit; (pipes) raccordement *m*, branchement *m*
 ~ **pipe**: tuyau *m* de raccordement

**connection**: (utilities) branchement *m*; (él) montage *m*, mise *f* en circuit; (plbg) raccord *m*, pièce *f* de raccordement

**consequential**, ~ **damages**, ~ **loss**: dommages *m* indirects

**conservatory**: serre *f* (attenante à une maison)

**consistency**: (of test results, of a fluid) consistance f; (of quality) régularité f, uniformité f
~ **limits**: limites f de consistance
~ **test**: essai m de consistance

**console**: console f (décorative, de commande); (control desk) pupitre m de commande
~ **operator**: pupitreur m

**consolidated, ~ drained test**: essai m consolidé [et] drainé
~ **undrained test**: essai m consolidé non drainé

**consolidation**: (of cohesive soil) consolidation f
~ **settlement**: tassement m de consolidation

**consolidometer**: œdomètre m

**constant**: constante f, coefficient m; adj : constant
~ **dollar price**: prix m en dollars constants
~ **pressure valve**: régulateur m de pression

**constraint**: contrainte f, servitude f

**construction**: construction f, ouvrage m, réalisation f
~ **defect**: vice m de construction
~ **design contract**: marché m d'études de travaux
~ **documents**: documents m d'exécution
~ **drawing**: plan m d'exécution
~ **equipment**: matériel m de chantier
~ **gross area**: surface f hors œuvre
~ **joint** GB: joint m de reprise, joint de construction
~ **machine**: engin m de chantier
~ **management**: pilotage m de travaux
~ **phase**: phase f de construction, phase travaux
~ **plant**: installations f de chantier
~ **schedule**: calendrier m des travaux
~ **site**: chantier m de construction, emplacement m des travaux
~ **stake**: piquet m de repère
~ **status report**: état m d'avancement des travaux
~ **time**: délai m de réalisation, délai d'exécution
~ **work**: travaux m de construction; (c.e.) ouvrage m d'art

**consulting, ~ architect**: architecte m conseil
~ **engineer**: ingénieur m conseil

**consumable anode**: anode f soluble

**consumer**: consommateur m; (utilities) abonné m, usager m
~ **connection**: branchement m particulier
~ **terminal**: borne f d'abonné

**consumption**: consommation f
~ **per capita**: consommation par personne

**contact**: contact m; (el) plot m
~ **adhesive**: colle f de contact
~ **bed**: lit m de contact (assainissement)
~-**bond adhesive**: colle f contact
~ **pressure**: (under foundations) pression f de contact

**contaminant**: contaminant m, impureté f, polluant m

**content**: contenu m, taux m

**contiguous risk**: risque m contigu

**contingency**: imprévu m
~ **allowance**: provision f pour imprévus

**continuity**: continuité f
~ **bar**: chapeau m de continuité
~ **equation**: équation f de continuité
~ **reinforcement**: aciers m de couture
~ **rod**: acier m de couture

**continuous**: continu
~ **backflow process**: procédé m continu à contre-courant
~ **beam**: poutre f continue
~ **corbel**: corbeau m filant
~ **filter belt**: bande f filtrante continue
~ **footing**: semelle f filante, semelle continue
~ **gluing**: application f de colle en cordons
~ **grading**: granulométrie f continue
~ **hinge**: charnière f piano
~ **load digester**: digesteur m en continu
~ **operation**: exploitation f en [régime] continu, fonctionnement m en [régime] continu
~ **rating**: caractéristiques f en régime permanent
~ **span**: travée f continue
~ **suspension girder**: poutre f en feston
~ **vent**: ventilation f primaire (tuyau)

**contour**: ligne f de niveau
~ **interval**: équidistance f des courbes
~ **line**: courbe f de niveau, ligne f de niveau

**contract**: marché *m*; **to ~**: passer un marché
~ **amount**: montant *m* du marché
~ **bond**: garantie *f* contractuelle
~ **date**: date *f* contractuelle
~ **document**: document *m* contractuel, document du marché, pièce *f* contractuelle, pièce du marché
~ **heating**: exploitation *f* contractuelle de chauffage
~ **labour**: main-d'œuvre *f* contractuelle
~ **price**: montant *m* du marché, somme *f* forfaitaire
~ **work**: travail *m* à forfait

**contracting authority**: maître *m* de l'ouvrage, maître d'ouvrage (marché public)

**contraction joint**: joint *m* de retrait

**contractor**: entrepreneur *m*, entreprise *f*
~**'s account**: mémoire *m*

**contractura**: contracture *f*

**contra-flow**: contre-courant *m*

**control**: commande *f* (de régulation); organe *m* de commande, organe de régulation
~ **desk**: pupitre *m* de commande
~ **device**: organe *m* de régulation
~ **joint**: joint *m* de rupture
~ **lever**: manette *f* de commande
~ **loop**: boucle *f* de régulation
~ **panel**: tableau *m* de commande
~ **points**: (surv) canevas *m* de base
~ **survey**: levé *m* directeur
~ **test**: contre-essai *m*
~ **valve**: robinet *m* de réglage

to **control**: réguler, commander; (dust, noise) limiter, réduire
~ **a fire**: maîtriser un incendie

**controllable fuel**: combustible *m* souple, combustible facile à mettre en œuvre

**controlled, ~ parking**: stationnement *m* réglementé
~ **variable**: grandeur *f* réglée

**controller**: combinateur *m*, régulateur *m*

**controlling, ~ dimension**: dimension *f* clé
~ **plane**: plan *m* clé
~ **zone**: zone *f* clé

**conurbation**: agglomération *f*

**convection heating**: chauffage *m* par convection

**convector**: convecteur *m*

**convenience outlet** NA: prise *f* de courant murale

**conventional**: traditionnel
~ **house**: maison *f* traditionnelle, maison en dur
~ **source of energy**: source *f* classique d'énergie

**convergent**: cône *m*; *adj* : convergent

**conversion**: transformation *f*; (of timber) débit *m*, sciage *m*

to **convert**: transformer; (timber) scier, débiter

**converted timber**: bois *m* de sciage, bois *m* débité, sciage *m*

**convex fillet weld**: soudure *f* en congé

**conveyance**: transfert *m* de propriété; (of water) transport *m*
~ **loss**: perte *f* en cours de transport

**conveyor**: transporteur *m*, convoyeur *m*
~ **belt**: courroie *f* transporteuse, bande *f* transporteuse

**cooker** GB: cuisinière *f* (à gaz, à électricité); (for bitumen) fondoir *m*

to **cool**: refroidir

**coolant**: agent *m* frigorigène, fluide *m* de refroidissement, réfrigérant *m*

**cooler**: refroidisseur *m*; (a.c.) climatiseur *m*
~ **unit**: groupe *m* frigorifique; climatiseur individuel

**cooling**: refroidissement *m*, réfrigération *f*, (a.c.) rafraîchissement *m*; (in dual-purpose system): climatisation *f*
~ **capacity**: puissance *f* frigorifique
~ **coil**: serpentin *m* refroidisseur; (a.c.) batterie *f* froide
~ **load**: charge *f* de réfrigération, consommation *f* calorifique en réfrigération
~ **medium**: réfrigérant *m*
~ **tower**: réfrigérant *m* (le plus souvent atmosphérique), tour *f* de réfrigération, tour de refroidissement
~ **unit**: bloc *m* refroidisseur
~ **water**: eau *f* de refroidissement

**coordinating, ~ dimension**: dimension *f* de coordination
  ~ **face**: face *f* de coordination

**COP** → **coefficient of performance**

**copal varnish**: vernis *m* copal

**cope**: chaperon *m* (de mur)

**copestone**: pierre *f* de couronnement

**coping**: (of wall) chaperon *m*; (of breast wall) bahut *m*
  ~ **stone**: pierre *f* de couronnement
  ~ **tile**: tuile *f* chaperonne

**copper bit**: fer *m* à souder

**corbel**: corbeau *m*
  ~ **arch**: arc *m* en tas-de-charge
  ~ **bracket**: crampon *m* (de linçoir)
  ~ **course**: assise *f* en tas-de-charge
  ~ **table**: table *f* d'encorbellement

to **corbel out**: porter en saillie

**corbelled**: en encorbellement

**corbelling out**: en encorbellement

**corbie gable**: pignon *m* à redents, pignon à redans

**corbiestep**: redent *m*, redan *m* (de pignon)

**cord**: cordon *m* souple

**core**: (drilling) carotte *f*; (of building) noyau *m*; (geol) noyau, cœur *m*; (of hollow masonry unit) alvéole *f*; (of mould) noyau; (of plywood, of sandwich) âme *f*; (of stone walling) blocage *m*
  ~ **bit**: carottier *m*
  ~ **boring**: carottage *m*, sondage *m* carotté
  ~ **drill**: carottier *m*
  ~ **drilling**: carottage *m*
  ~ **house**: maison *f* semi-finie
  ~ **sample**: carotte *f*
  ~ **strips**: lattage *m* de contreplaqué

**coreboard**: panneau *m* latté, lattage *m* de contreplaqué

**corer**: carottier *m*

**coring**: sondage *m* carotté, carottage *m*; (of chimney, after rendering) écurage *m*

**cork**: liège *m*
  ~ **tile**: carreau *m* de liège

**corkboard**: liège *m* aggloméré

**corkscrew stair**: escalier *m* à vis

**corkslab**: liège *m* aggloméré

**corner**: coin *m*, angle *m*; (of street, in room) encoignure *f*
  ~ **bead**: cornette *f*
  ~ **block**: (mas) bloc *m* d'angle
  ~ **brace**: contrefiche *f*
  ~ **guard**: cornette *f*, protège-angle *m*
  ~ **joint**: assemblage *m* d'angle
  ~ **leader**: chaîne *f* d'angle appareillée d'avance
  ~ **-locked joint**: assemblage *m* à queues droites
  ~ **post**: poteau *m* cornier
  ~ **reinforcement**: armature *f* d'angle
  ~ **return block**: (mas) bloc *m* d'angle
  ~ **step**: marche *f* d'angle
  ~ **stones**: chaîne *f* d'encoignure
  ~ **stud**: poteau *m* cornier

**cornerstone**: pierre *f* angulaire

**cornice**: corniche *f* (de piédestal)

**cornloft**: grenier *m* à grain

**corona**: larmier *m* (de corniche classique)

**corporation, ~ cock, ~ stop**: robinet *m* de prise, robinet *m* de compagnie

**corrective action**: mesure *f* corrective

**corridor**: couloir *m*

to **corrode**: (metal) corroder, ronger

**corrosion**: corrosion *f*
  ~ **allowance**: surépaisseur *f* de corrosion
  ~ **fatigue**: fatigue *f* sous corrosion
  ~ **inhibitor**: agent *m* inhibiteur de corrosion, inhibiteur *m* de corrosion

**corrugated**: ondulé
  ~ **fastener**: agrafe *f* ondulée
  ~ **glass**: verre *m* ondulé
  ~ **iron**: tôle *f* ondulée
  ~ **sheet**: plaque *f* ondulée

**corrugation**: onde *f* (profil ondulé)

**cosmetic, ~ paint**: peinture *f* d'aspect
  ~ **treatment**: traitement *m* d'aspect

**cost**: coût *m*
  ~ **estimate**: estimation *f* des coûts

**~ ex works**: prix *m* au départ de l'usine
**~ in use**: coût d'exploitation
**~ plus percentage contract**: marché *m* en régie contrôlée
**~ plus fixed fee contract**: marché *m* sur dépenses contrôlées
**at ~**: à prix coûtant

**cotenderers**: entrepreneurs *m* groupés, entreprises *f* groupées

**coumarone indene resin**: résine *f* coumaronique

**council housing** GB: habitation *f* à loyer modéré

**counter**: plan *m* de travail
**~ top**: (in kitchen) table *f* de travail; (structural) paillasse *f*

**counterbalanced**: équilibré; à contrepoids

**counterbalancing**: équilibrage *m*

**counterbatter**: contre-fruit *m*

**counterbrace**: contre-tirant *m*

**counterceiling**: faux plafond

**counterflashing**: bande *f* de solin

**counterfloor**: plancher *m* brut

**counterflow**: contre-courant *m*

**counterfort**: contrefort *m* (de mur de soutènement)

**counterlath**: contre-latte *f*

**counterpoise**: contre-poids *m*
**~ barrier, ~ swing gate**: tapecul *m*

**counterscarp**: contrescarpe *f*

to **countersink**: fraiser, noyer

**countersunk**: noyé, fraisé
**~ head**: tête *f* fraisée
**~ rivet**: rivet *m* à tête fraisée
**~ screw**: vis *f* à tête fraisée

**countersurvey**: expertise *f* contradictoire

**countervaluation**: contre-expertise *f*

**counterweight**: contrepoids *m*

**counting**: comptage *m*

**country**: campagne *f*; pays *m*
**~ planning**: aménagement *m* du territoire

**couple**: (of roof) paire *f* de chevrons
**~-close roof**: comble *m* sur entrait
**~ roof**: toit *m* en bâtière sans entrait

**coupled**: (geminated) accouplé, jumelé (colonnes, fenêtres)
**~ columns**: colonnes *f* jumelées
**~ roof**: toit *m* en bâtière sans entrait

**coupler**: raccord *m* fileté

**coupling**: raccord *m* fileté, manchon *m* d'accouplement (de tuyaux)

**course** GB: assise *f* (de maçonnerie)
**~ of diagonal bricks**: assise *f* en épi
**~ of large stones**: assise *f* de grand appareil
**~ of perpends**: assise *f* de parpaings
**~ work**: appareil *m* assisé

**coursed**: assisé
**~ ashlar**: maçonnerie *f* en appareil réglé
**~ rubble masonry**: maçonnerie *f* en appareil assisé

**coursing joint**: joint *m* d'assise, joint de lit (horizontal ou de voûte)

**court**: (courtyard) cour *f*; (as in Hampton Court): palais *m*; (modern building) résidence *f*

**courtyard**: cour *f*

**cove**: (between wall and ceiling) gorge *f*, voussure *f*
**~ lighting**: éclairage *m* en corniche, éclairage par gorge lumineuse

**coved, ~ ceiling**: plafond *m* à adoucissement, plafond à grandes gorges
**~ vault**: voûte *f* en arc de cloître

**cover**: (over pipe in a trench) couverture *f*; (of concrete reinforcement) enrobage *m*; (of manhole) tampon *m*; (of solar exchanger) vitrages *m*
**~ bead**: baguette *f* couvre-joint
**~ depth**: épaisseur *f* d'enrobage (des armatures)
**~ fillet**: moulure *f* couvre-joint, couvre-joint *m*

~ **moulding**: moulure f couvre-joint, couvre-joint m
~ **plate**: couvre-joint m (de construction métallique)
~ **strap**: couvre-joint m (de joint métallique)
~ **strip**: moulure f couvre-joint, couvre-joint m
~ **width**: (of corrugated sheet) largeur f utile

to **cover**: couvrir, recouvrir
~ **with fabric**: tapisser (un mur)

**coverage**: (paint) rendement m en surface, rendement superficiel spécifique; (corrugated sheet) largeur f utile; (insurance) garantie f

**covered**: couvert; (installation) inaccessible
~ **market**: marché m couvert, halle f
~ **play area**: (of school) préau m
~ **risk**: risque m garanti

**covering**: revêtement m (de sol, de mur); adj : couvrant
~ **capacity**, ~ **power**: (paint) pouvoir m couvrant

**coving**: corniche f à talon, voussure f, gorge f (entre mur et plafond)

**cowl**: abat-vent m; (with horizontal louvres and open top) aspirateur m statique; (with horizontal louvres and solid top) chapeau m; (revolving) gueule-de-loup f; (made of sheet metal) champignon m; (with vertical louvres and solid top) antirefouleur m

**crab**: chariot m (de grue)

**crack**: fente f; (in wall) fissure f, lézarde f; (in glass) fêlure f
~ **control joint**: joint m de retrait
~ **control reinforcement**: aciers m de couture

to **crack**: se fendre, se fissurer, se fêler

**cracked section**: section f fissurée

**cracking**: fissuration f, faïençage m; (paint) craquelures f, craquelage m, craquellement m
~ **ratio**: coefficient m de fissuration
~ **ring**: anneau m de fissuration

**crackle**, ~ **finish**: peinture f craquelée
~ **glass**: verre m givré, verre craquelé

**crackling**: (ceram) craquellement m
~ **varnish**: vernis m craquelant

**cradle**: berceau m (d'une conduite); nacelle f (d'échafaudage volant)
~ **iron**: étrier m d'échafaudage
~ **vault**: voûte f en berceau

**crafstman**: homme m de métier, ouvrier m qualifié

**craft**: métier m, corps m de métier, corps m d'état

**cramp**: agrafe f, clameau m, crampon m; (joiner's tool) serre-joint m, sergent m; (mas) happe f

**crane**: grue f
~ **driver**: grutier m
~ **track**: voie f de grue

**crankcase heater**: (a.c.) réchauffeur m de carter

**crapaudine**: crapaudine f (de porte)

**crash barrier**: glissière f de sécurité

**crate**: caisse f en bois

**crater**: (wldg) cratère m

**crawl space**: vide m sanitaire

**crawler**: engin m à chenilles
~ **crane**: grue f sur chenilles
~ **dozer**: bouteur m à chenilles
~ **excavator**, ~ **shovel**: excavatrice f
~ **tractor**: tracteur m à chenilles

**crawling board**: planche f à tasseaux

**crazing**: craquelure f, faïençage m, fendillement m

**crazy paving**: dallage m irrégulier, dallage rustique, dallage en opus incertum

**crease**: pli m

**creep**: fluage m; (of retaining wall) mouvement m de dévers; (of slates) zone f mouillée; (of roofing membrane) reptation f
~ **deformation**: déformation f de fluage
~ **pressure**: pression f de fluage
~ **strain**: allongement m de fluage, déformation f de fluage
~ **strength**: résistance f au fluage

**cremona bolt**: crémone f

**crenel, crenelle**: créneau *m*

**crenellation**: créneaux *m*

**creosote**: créosote *f*

**crest**: (of roof) crête *f*, faîtage *m* (orné)
~ **tile**: tuile *f* faîtière (ornée), faîtière *f* (ornée)

**crested tile**: tuile *f* faîtière à crête

**crew** NA: (of workers) équipe *f*

**crib**: bois *m* (d'un puits); blindage *m* à claire-voie

**cribber**: poseur *m* de blindage (de tranchée)

**cricket**: (behind chimney stack) besace *f*

to **crimp**: sertir, gaufrer

**crimped wire**: fil *m* frisé, fil ondulé

**crinkling**: ridage *m* (de peinture)

**cripple rafter**: empannon *m*

**crippling load**: charge *f* de flambement

**critical**, ~ **defect**: défaut *m* critique
~ **defective**: ayant un défaut critique
~ **gradient**: pente *f* critique (de canalisation)
~ **load**: charge *f* critique
~ **range**: (design) domaine *m* critique
~ **section**: section *f* critique

**criterion**: critère *m*
~ **of failure**: critère de résistance, critère de rupture

**crocket capital**: chapiteau *m* à crochets

**crocodiling**: peau *f* de crocodile, crocodilage *m*

**crook**: bois *m* coudé, bois coudant

to **crop**: (a bar) affranchir

**crosete** → **crossette**

**cross**: croix *f*, *adj* : transversal
~ **band**: pli *m* transversal
~ **beam**: traverse *f* (de portique)
~ **break**: (glass) casse *f* en travers
~ **bridging**: entretoisement *m* en sautoir (de solives), étrésillons *m* (entre solives)
~ **girder**: traverse *f* (de portique)

~ **grain**: fil *m* transversal, fibres *f* tranchées (bois scié), contre-fil *m*
~-**grained**: à contre-fil
~-**grained plywood**: contreplaqué *m* à fil en travers
~-**grained slate**: ardoise *f* en contre-fil
~ **hairs**: fils *m* croisés (de réticule)
~ **joint** GB: (mas) joint *m* montant, joint vertical
~ **liability**: recours *m* entre coassurés
~ **lighting**: éclairage *m* à feux croisés
~ **member**: traverse *f*
~ **reinforcement**: armature *f* diagonale
~ **riveting**: rivets *m* en quinconce
~ **section**: coupe *f* transversale; (surv) profil *m* en travers; (drawing) section *f* [transversale]
~ **slope**: (of roof) pente *f* transversale
~ **staff**: équerre *f* d'arpenteur
~ **ventilation**: aération *f* transversale, ventilation *f* transversale
~ **wall**: mur *m* de refend
~ **wire weld**: soudure *f* de fils croisés

**crossbanding**: (plywood) pli *m* à fil croisé

**crossbar**: entretoise *f* (de caillebotis)

**crossbond**: appareil *m* en croix

**crossbrace**: croisillon *m*

**crossbracing**: contreventement *m* en croix de St André

**crosscut**: coupe *f* transversale; (timber) débit *m* transversal

**crossette**: crossette *f* (de voussoir)

**crossfall**: (of roof) pente *f* transversale

**crossing**: (in church) croisée *f* du transept; (over a river or road) franchissement *m*

**crosslap joint**: assemblage *m* à mi-bois en croix

**crossover**, ~ **bend**: courbe *f* de croisement
~ **Tee**: té *m* à dos d'âne

**crosspiece**: traverse *f*

**crossrail**: (of door) traverse *f* intermédiaire

**crossroads** GB: croisement *m* (routier)

to **crossthread a screw**: fausser une vis

**crosswalk** NA: passage *m* pour piétons

**crosswise reinforcement**: armature *f* croisée

**crow gable**: pignon *m* à redents, pignon à redans

**crowbar**: pince *f* monseigneur

**crowd**, ~ **barrier**: (street furniture) rambarde *f*
 ~ **shovel**: pelle *f* en butte

**crowding**: (earthmoving) cavage *m*

**crowfooted**: (roof) à redents, à redans

**crown**: couronnement *m*; sommet *m* (de voûte, de route)
 ~ **bit**: couronne *f* (de forage)
 ~ **course**: assise *f* de couronnement
 ~ **cyma reversa**: talon *m* droit
 ~ **height**: hauteur *f* sous clé
 ~ **moulding**: larmier *m* de corniche
 ~ **post**: poinçon *m* (de comble)
 ~ **saw**: scie *f* à trous, scie à cloche
 ~ **termination**: couronnement *m*
 ~ **tile**: tuile *f* faîtière, faîtière *f*
 ~**-vented trap**: siphon *m* à ventilation directe

**crowstep**: redent *m*, redan *m* (de pignon)

**crude sewage**: eaux *f* résiduaires brutes

**crumbling**: (of rocks) effritement *m*; (of mortar, of concrete) émiettement *m*

**crumbly ground**: terrain *m* ébouleux

**crushed**: concassé
 ~ **aggregate**: granulat *m* concassé
 ~ **gravel**: gravillon *m* concassé
 ~ **stone**: concassés *m*
 ~ **stones**: pierraille *f*

**crusher**: broyeur *m*, concasseur *m*
 ~ **run**: tout-venant *m*

**crushing**: écrasement *m*
 ~ **strength**: résistance *f* à l'écrasement
 ~ **test**: essai *m* d'écrasement

**crypt**: crypte *f*

**CSG** → **casing**

**CSK** → **countersunk**

**CTD** → **coated**

**CTRS** → **centres**

**cubic**, ~ **centimetre**: centimètre *m* cube
 ~ **measure**: mesure *f* de volume

**cubicle**: (shower, w.c.) cabine *f*; (el) armoire *f* de commande

**cubing**: cubage *m*

**cul-de-sac**: cul-de-sac *m*, impasse *f*

**cullet**: calcin *m*

**culvert**: conduit *m* souterrain, dalot *m*, passage *m* d'eau, ponceau *m*

**cup**: cuvette *f* : (of a plank) gauchissement *m* en largeur, voilement *m* transversal
 ~**-and-cone fracture**: rupture *f* en coupelle
 ~ **counter wind gauge**: anémomètre *m* à coquilles et compteur
 ~ **head**: tête *f* ronde
 ~ **pull**: cuvette de poignée
 ~ **shake**: roulure *f*

**cupboard**: placard *m*
 ~ **under the stairs**: soupente *f* d'escalier

**cupola**: coupole *f*

**curb**: (a small wall) muret *m*, parapet *m* (d'un ouvrage hydraulique; (of Mansard roof) membron *m*; (of skylight) costière *f*, (of well) margelle *f*, NA: bord *m* de trottoir
 ~ **box**: bouche *f* à clé
 ~ **cock**: robinet *m* d'arrêt, robinet de branchement
 ~ **plate**: panne *f* de brisis
 ~ **roll**: boursault *m*, bourseau *m*, membron *m* (de comble brisé)
 ~ **roof**: comble *m* brisé, toit *m* brisé
 ~ **stop**: robinet *m* d'arrêt, robinet de branchement
 ~ **stop box**: bouche *f* à clé

**curbstone**: bordure *f* de trottoir

**cure**: (concrete) cure *f*

**curing**: vulcanisation *f*, polymérisation *f*; (of concrete) cure *f*
 ~ **blanket**: (for concrete) paillasson *m*
 ~ **compound**: produit *m* de cure
 ~ **medium**: milieu *m* de conservation
 ~ **membrane**: antiévaporant *m*

**curl**: (wood) ronce f

**curly, ~ grain**: fibres f sinueuses
  **~ wood**: bois m ronceux

**current**: courant m
  **~ drain**: courant m débité
  **~ rating**: (of a fuse) calibre m
  **~ robbing**: détournement m de courant
  **~ transformer**: transformateur m d'intensité

**curtail step**: marche f de départ en volute

**curtailed inspection**: contrôle m tronqué

**curtain** GB: rideau m
  **~ hook**: patère f
  **~ rail, ~ rod**: tringle f de rideau, tringle f à rideaux
  **~ wall**: mur m rideau
  **~ wall cladding**: façade f rideau

**curtaining**: (painting) draperies f

**curvature**: courbure f

**curve**: courbe f
  **~ of equal pressure**: ligne f d'égale pression

**curved**: cintré
  **~ moulding**: moulure f curviligne
  **~ narrow end**: (of step) collet m adouci
  **~ plywood**: contreplaqué m cintré

**cushion**: coussin m, matelas m
  **~ capital**: chapiteau m cubique
  **~ floor**: vinyl-expansé-relief m

**cusp**: lobe m; **cusps**: réseau m polylobé

**cusped**: lobé
  **~ arch**: arc m polylobé

**custom, ~ built, ~ made**: fabriqué sur demande, exécuté sur demande, hors série

**customary clause**: clause f d'usage

**cut**: coupe f, coupure f, taille f ; (earthworks) déblai m
  **~ and fill**: déblai et remblai

**to cut**: couper; tailler; (with a solvent) diluer
  **~ a thread**: fileter
  **~ along the grain**: couper de droit fil
  **~ back**: fluxé (brai, bitume)
  **~ corner**: angle m abattu
  **~ length**: coupe f (de bois)
  **~ off**: couper (l'eau, l'électricité); (the end of a beam) ébouter; (heads of piles) araser
  **~ off a rivet**: cisailler un rivet
  **~ off an end**: affranchir
  **~ off pile heads**: recéper des pieux
  **~ on the bevel**: couper à fausse équerre
  **~ out of square**: couper à fausse équerre
  **~ with the grain**: couper de droit fil

**cutaway drawing**: dessin m écorché

**cutback, ~ asphalt, ~ bitumen**: bitume m fluxé

**cutoff**: parafouille f, rideau m d'étanchéité, masque m d'étanchéité
  **~ trench**: tranchée f d'étanchéité, tranchée parafouille

**cutout**: découpe f; (el) coupe-circuit m
  **~ box**: coffret m de coupe-circuit
  **~ presssure**: pression f d'arrêt

**cutter**: brique f tendre; (machining) fraise f

**cutting**: coupe f, découpage m; (of stone) taille f, (earthworks) déblai m, fouille f en déblai
  **~ angle**: (of a tool) angle m d'attaque
  **~ check**: fissure f de coupe
  **~ edge**: (of a tool) fil m, taillant m, tranchant m
  **~ list**: (reinforcement) nomenclature f des aciers; (wood) tableau m de débitage
  **~ nippers**: pince f coupante
  **~ pliers**: pince f coupante
  **~ shoe**: trousse f coupante
  **~ slope**: talus m en déblai
  **~ torch**: chalumeau m
  **~ wheel**: molette f

**cutwater**: bec m (de pile de pont)

**CW** → **chilled water, cold water, clockwise**

**cycle**: cycle m
  **~ track**: piste f cyclable

**cycling**: (hunting) instabilité f

**cyclopean**: cyclopéen
  **~ concrete**: béton m cyclopéen

**cylinder**: cylindre m; (of safety lock) canon m; (of central heating) ballon m

**cylinder**

~ **guard**: cuirasse *f* de canon
~ **lock**: serrure *f* à pistons, serrure à barillet
~ **plug**: rotor *m* (de serrure)
~ **saw**: scie *f* à trous, scie à cloche

**cylindrical**, ~ **casing**: virole *f*
~ **lock**: serrure *f* cylindrique
~ **vestibule**: tambour *m* (de porte)

**cyma**: cimaise *f*
~ **recta**: (crowning) doucine *f* droite; (prone) doucine *f* renversée
~ **reversa**: (crowning) talon *m* droit; (prone) talon renversé

**cymatum**: cimaise *f* (de corniche classique)

# D

**dab**: plot *m* (de plâtre, de colle)

**dado**: dé *m* (de piédestal); lambris *m* d'appui; (carp) NA: entaille *f* simple, entaille droite
~ **cap**: cimaise *f* de lambris

**dais**: estrade *f*

**dam**: barrage *m*
~ **toe**: pied *m* d'un barrage

**damage**: dommage *m*, avarie *f*; (to walls or buildings) dégradations *f*

**damaged**: endommagé, abîmé; (produit) avarié
~ **property**: (of insured person) biens *m* sinistrés; (of third party) biens endommagés

**damages**: (in law) dommages *m* intérêts; (under contract) indemnité *f*
~ **for delay** GB: indemnité *f* de retard

**damp**: humidité *f*, *adj* : humide
~ **check** NA: coupure *f* de capillarité, coupure étanche, barrière *f* d'étanchéité
~ **course**: → damp-proof course
~-**proof**: étanche à l'humidité
~-**proof compound**: isolant *m* contre l'humidité
~-**proof course**: couche *f* d'arrêt, bande *f* d'étanchéité, coupure *f* étanche, barrière *f* d'étanchéité
~-**proof membrane**: chape *f* d'étanchéité

**dampcourse**: bande *f* d'étanchéité, couche *f* d'arrêt

**damped wave**: onde *f* amortie

**damper**: amortisseur *m*; régulateur *m* de tirage, registre *m* de cheminée

**damping**: amortissement *m* (de choc)

**dampness**: humidité *f*

**dancing, ~ step, ~ winder**: marche *f* dansante

**Darby**: règle *f* de plâtrier

**dart**: (of egg-and-dart pattern) dard *m*

**dash bond coat**: gobetis *m*

**data**: données *f*
~ **sheet**: fiche *f* technique

**date of agreement**: date *f* contractuelle

**datum**: (elevation) niveau *m* de référence; (level) repère *m*;
~ **line**: base *f* d'implantation, base d'opérations; ligne *f* de référence, ligne de base (de mesures)
~ **plane**: plan *m* d'origine, plan de référence
~ **point**: point *m* de référence, point de repère

**day**: jour *m*; *adj* : journalier
~ **rate work**: travaux *m* en régie
~ **tank**: réservoir *m* journalier

**daylight**: lumière *f* naturelle, lumière du jour
~ **factor**: facteur *m* de lumière du jour
~ **width**: largeur *f* d'éclairement (d'une fenêtre)

**daywork**: travaux *m* en régie

**DBT** → **dry bulb temperature**

**d.c.** → **direct curreeent**

**DCW** → **domestic cold water**

**DD** → **degree-day**

**dead**: mort; (chimney, window) muré
~ **anchor block**: ancrage *m* mort
~ **anchorage**: ancrage *m* mort
~ **and live loads**: charges *f* et surcharges de service
~ **bolt**: pêne *m* dormant
~ **burnt plaster**: plâtre *m* cuit à mort
~ **end**: (of pipe) bras *m* mort, bout *m* aveugle; (street) voie *f* sans issue

**~ end tower**: (el) mât *m* d'arrêt
**~ knot**: nœud *m* mort
**~ load**: charge *f* permanente, charge fixe, charge due au poids propre, poids *m* mort
**~ lock**: serrure *f* à pêne dormant
**~ room**: chambre *f* sourde, salle *f* sourde
**~ shore**: étai *m* vertical, chandelle *f*
**~ sounding**: (of floor) hourdage *m*
**~ wall**: mur *m* orbe
**~ water**: eau *f* morte
**~ weight**: poids *m* propre, poids mort
**~ well**: puits *m* absorbant
**~ window**: fausse fenêtre

**deadening**: (of floor) hourdage *m*

**deadlatch**: pêne *m* demi-tour à cran d'arrêt

**deadlight**: châssis *m* fixe, châssis dormant, dormant *m*

**deadlocking**: fermeture *f* à double tour
**~ latch**: pêne *m* demi-tour à cran d'arrêt

**deadman**: corps *m* mort, ancrage *m* mort, massif *m* d'ancrage

**deaerator**: (of water) dégazeur *m*

**deal**: bois *m* de sapin, bois blanc, sapin *m*

**deambulatory**: déambulatoire *m*

**debris**: débris *m*, éboulis *m* (de construction); (plasterwork, bricks and mortar) gravois *m*, gravats *m*, plâtras *m*

**debtor**: débiteur *m*

**decantation**: décantation *f*

**decarbonation**: décarbonatation *f*

**decay**: (of a building) délabrement *m*; (of wood) pourriture *f*

**decayed**: pourri
**~ knot**: nœud *m* vicieux

to **decentre**: décintrer (une voûte)

**deck**: tablier *m* (de pont, de charpente); (roofing) bac *m*
**~ of curb roof**: terrasson *m* (if nearly flat)

**decking**: (carp) plancher *m*, platelage *m*; bacs *m* (de couverture), sous-toiture *f*; (screening of materials): toile *f*

**decommissioning**: mise *f* hors service

**decorative**: décoratif
**~ block**: élément *m* d'animation de surface
**~ terminal**: couronnement *m*

**decorator**: peintre *m* décorateur, peintre en bâtiment
**~'s cradle**: sellette *f* de peintre

**decreasing rate** NA: tarif *m* dégressif

**deductible**: (insurance) franchise *f*

**deep**: profond
**~ crack**: (in wall, in ground) crevasse *f*
**~ cutting**: sciage *m* en long parallèle aux faces
**~ foundation**: fondation *f* profonde
**~-seal trap**: siphon *m* à grande garde d'eau
**~-well pump**: pompe *f* pour puits profond

**deepest dungeon**: cul *m* de basses-fosses

**default**: manquement *m* à une obligation, défaillance *f* de l'entrepreneur

**defect**: défaut *m*, défectuosité *f*, (of a structure) désordre *m*, vice *m*

**defective**: défectueux
**~ material**: vice *m* de matière
**~ work**: malfaçon *f*
**~ workmanship**: vice *m* de fabrication; vice *m* de construction

**defence wall**: (fortifications) rempart *m*

**deferrization**: déferrisation *f*

to **deflect**: faire flèche

**deflected tendons**: (reinforcement) câbles *m* relevés

**deflection**: flèche *f*, fléchissement *m*
**~ at mid span**: flèche *f* au milieu
**~ at quarter span**: flèche *f* au quart
**~ curve**: ligne *f* élastique de flexion

**deflectometer**: déflectomètre *m*, fleximètre *m*, indicateur *m* de flèche

**deflocculating agent**: défloculant *m*

**defoamer**: additif *m* antimousse

**deformation**: déformation *f*

**deformed bar**: barre *f* à haute adhérence

**deformeter**: déformètre *m*

**defrosting**: dégivrage *m*

**degree-day, DD**: degré-jour *m*

**dehumidifier**: déshumidificateur *m*

**dehydration**: déshydratation *f*

**delamination**: détachement *m* des couches, séparation *f* des couches; (of plywood) décollement *m* des plis
  ~ **strength**: résistance *f* au décollement

**delapidation**: délabrement *m*

**delayed elastic deformation**: déformation *f* élastique différée

**delivered**: livré
  ~ **on site**: rendu à pied d'œuvre, rendu chantier
  ~ **price**: prix *m* rendu

**delivery**: (of goods) livraison *f*: (of pump) refoulement *m*
  ~ **head**: hauteur *f* de refoulement
  ~ **order**: bon *m* de livraison
  ~ **pipe**: tuyau *m* de refoulement
  ~ **pressure**: pression *f* de refoulement
  ~ **pump**: pompe *f* foulante
  ~ **time**: délai *m* de livraison

**delta connection**: (el) montage *m* en triangle

**demand**: besoin *m*
  ~ **curve**: courbe *f* de consommation
  ~ **factor**: facteur *m* de consommation

**demi-double, ~ strength sheet glass** GB, ~ **strength window glass** NA: verre *m* demi-double
  ~ **thickness sheet glass** GB, ~ **thickness window glass** NA: verre *m* demi-double

to **demolish**: démolir

**demolition** GB: démolition *f*
  ~ **materials**: démolitions *f*
  ~ **permit**: permis *m* de démolir
  ~ **rubble** GB: gravats *m*, gravois *m*
  ~ **site**: chantier *m* de démolition
  ~ **work**: travaux *m* de démolition

**demoulding**: démoulage *m*; (of formwork) décoffrage *m*

**demountable partition**: cloison *f* démontable

**dense, ~ aggregate**: granulat *m* lourd
  ~ **coated materials**: enrobés *m* denses
  ~ **concrete**: béton *m* plein

**densely, ~ packed soil**: sol *m* à architecture serrée
  ~ **populated area**: quartier *m* dense

**densified**: densifié
  ~ **impregnated wood** GB: bois *m* imprégné densifié
  ~ **wood**: bois *m* densifié

**density**: masse *f* volumique

**dentil**: denticule *m*

**deposit**: (geol, sedimentation) dépôt *m*

**deposited metal**: (wldg) métal *m* d'apport

**deposition**: sédimentation *f*

**depressed arch**: arc *m* déprimé

**depression**: (negative pressure) dépression *f*; (in road, rendering, roof surface) flache *f*

**depth**: profondeur *f*, épaisseur *f* (d'une couche)
  ~ **gauge**: calibre *m* de profondeur
  ~ **of course**: hauteur *f* d'assise
  ~ **of cover**: (of buried pipe) profondeur *f* de la tranchée
  ~ **of flow**: hauteur *f* d'écoulement
  ~ **of penetration**: (pile driving) hauteur de fiche, profondeur de fiche
  ~ **of runoff**: hauteur *f* de ruissellement
  ~ **ratio**: indice *m* de profondeur

**derby sticker**: règle *f* de plâtrier

**derelict**: (building) abandonné, en ruines
  ~ **industrial land**: friche *f* industrielle

**derrick**: derrick *m*

**derricking crane**: grue *f* à portée variable

**descaling**: décalaminage *m*

**design**: conception *f*, études *f*, calcul *m*
  ~ **and build**: conception et réalisation, études et réalisation
  ~ **assumption**: hypothèse *f* de calcul

~ **basis**: hypothèse f de calcul
~ **build contractor**: ensemblier m
~ **capacity**: capacité f prévue, capacité nominale
~ **change**: modification f de conception
~ **conditions**: données f du projet
~ **development stage**: étape f de l'avant-projet
~ **drawing**: plan m d'étude
~ **heat loss**: déperditions f thermiques calculées
~ **load**: charge f à admettre, charge admise
~ **office**: bureau m d'études
~ **property**: propriété f à admettre, propriété admise
~ **requirement**: exigence f de calcul
~ **storm**: averse f nominale
~ **strength**: résistance f à admettre, résistance envisagée
~ **temperature**: température f imposée, température de calcul
~ **work**: études f techniques

to **design**: concevoir, étudier, faire les études, projeter

**designated parking**: stationnement m délimité

**designer**: (construction) auteur m de projet, projeteur m, concepteur m; (decoration) styliste m

**designing engineer**: projeteur m

**desk**: guichet m (de banque, de poste)

**destroyed property**: (of insured person) biens m sinistrés; (of third party) biens endommagés

**detached house**: maison f indépendante, maison isolée

**detail drawing**: dessin m de détail

**detailed design**: projet m détaillé

**detention, ~ period, ~ time**: (in sewer) temps m de séjour

**deterioration**: détérioration f
~ **through exposure**: (of plaster, cement) éventement m

**detonating, ~ cord, ~ fuse**: cordeau m détonant

**developer**: promoteur m, promoteur constructeur

**development**: (of an area) aménagement m; (of resources) mise f en valeur; (of a product, of a technique) mise au point
~ **area**: zone f à urbaniser
~ **plan**: plan m d'aménagement, projet m d'aménagement

**developped length**: longueur f développée

**deviated bore hole**: trou m de sondage dévié

**deviation**: (boring) déviation f; (stats) écart m
~ **from straight line of pipe**: accident m de parcours

**deviator stress**: (soil tests) contrainte f déviatorique

**device**: organe m, dispositif m

**dew**: rosée f
~ **point**: point m de rosée

to **dewater**: épuiser (eau de fondations)

**dewatered**
~ **cake**: gâteau m essoré
~ **sludge**: boue f essorée

**dewatering**: (of ground) assèchement m, dénoyage m; (of sludge) essorage m; (lowering of ground water) épuisement m, rabattement m; (of water inrush) exhaure f (des venues d'eau)

**DHW** → domestic hot water

**diagonal**: diagonale f, adj : diagonal; (of truss panel) contrefiche f, diagonale
~ **arch**: arc m d'ogive
~ **brace**: (of door) écharpe f
~ **bracing**: écharpes f de contreventement
~ **buttress**: contrefort m angulaire
~ **grain**: fil m tranché, fibre f tranchée
~ **rib**: branche f d'ogive, ogive f
~ **slating**: couverture f d'ardoises en pointe à deux épaulements
~ **tie**: lien m diagonal

**diagram**: diagramme m, schéma m

**dial**: cadran m
~ **type meter**: compteur m à cadran

**diameter**: diamètre m

**diametral compression**: compression f diamétrale

**diamond**: diamant *m*
 ~ **core drilling**: forage *m* au diamant
 ~ **coring**: forage *m* au diamant
 ~ **cutter**: pointe *f* de diamant (outil)
 ~ **fret**: pointe *f* de diamant (moulure)
 ~ **point chisel**: ciseau *m* grain d'orge, grain *m* d'orge
 ~ **rustication**: bossages *m* en pointe de diamant
 ~ **slate**: ardoise *f* carrée à deux épaulements

**diamonding**: (of timber) déformation *f* en losange, retrait *m* en losange

**diaphragm**; diaphragme *m*, membrane *f*
 ~ **expansion tank**: vase *m* d'expansion fermé
 ~ **plate**: raidisseur *m*
 ~ **wall**: paroi *f* moulée dans le sol

**diatomaceous earth**: terre *f* d'infusoires, terre à diatomées

**diatomite**: diatomite *f*
 ~ **filter**: filtre *m* à diatomées, filtre à diatomite

**die**: (a threading tool) filière *f*, (of pedestal) dé *m*
 ~ **stamping**: emboutissage *m*

**dielectric strength**: rigidité *f* diélectrique

**difference, ~ in ground level**: dénivellation *f*
 ~ **in level of supports**: dénivellation *f* des appuis

**differential, ~ pressure**: pression *f* différentielle
 ~ **pulley block**: palan *m* différentiel
 ~ **settlement**: tassement *m* différentiel, dénivellation *f* des appuis

**diffuse porous wood**: bois *m* à pores disséminés, bois à pores épars

**diffused, ~ light**: lumière *f* diffuse
 ~ **radiation**: rayonnement *m* diffus

**diffuser**: diffuseur *m*, (lighting) paralume *m*

**dig**: fouille *f* archéologique

to **dig**: creuser;
 ~ **with a shovel**: prendre à la pelle

**digested sludge**: boue *f* digérée

**digester**: digesteur *m*
 ~ **tank**: bac *m* de digestion, bac de fermentation

**digestion**: (of sludge) digestion *f*
 ~ **gas**: gaz *m* de digestion

**digger**: pelle *f* (mécanique)

**digging**: fouille *f*

**dilapidation**: délabrement *m*

**diluent**: diluant *m*

**dilute effluent**: rejet *m* dilué

**dimension**: dimension *f*, (on drawing) cote *f*
 ~ **stock**: bois *m* d'échantillon
 ~ **stone**: pierre *f* d'échantillon
 ~ **timber**: bois *m* d'échantillon

**dimensional, ~ coordination**: coordination *f* modulaire
 ~ **stability**: stabilité *f* dimensionnelle

**dimensioned**: dimensionné, calculé
 ~ **drawing**: plan *m* coté

**diminished arch**: arc *m* déprimé

**diminishing**: décroissant
 ~ **piece, ~ pipe**: réduction *f*
 **in ~ courses**: (slating) à pureau décroissant

**dimmed**: (lighting) en veilleuse

**dimmer, ~ switch**: interrupteur *m* à gradation de lumière

**dining, ~ area, ~ recess**: coin *m* repas
 ~ **room**: salle *f* à manger

**dip**: inclinaison *f*, (of stratum) pendage *m*
 ~ **pipe**: tube *m* plongeur
 ~ **trap**: (drainage) siphon *m* renversé

to **dip**: tremper (dans un bain)

**dipper**: godet *m* (de pelle en butte)
 ~ **arm**: bras *m* de godet

**dipping**: application *f* au trempé

**direct**: direct; (force) simple
 ~ **access**: communication *f* directe
 ~ **bearing foundation**: fondation *f* directe
 ~ **compression**: compression *f* simple, compression pure
 ~ **current, d.c.**: courant *m* continu
 ~ **damage**: dommages *m* aux biens assurés
 ~ **expansion refrigeration**: refroidissement *m* par détente directe

~ **fire pressure**: pression f directe pour l'incendie
~**-fired water heater**: chauffe-eau m instantané
~ **heating**: chauffage m direct
~ **labour work**: travaux m en régie directe
~ **loss**: dommages m directs
~ **radiation**: rayonnement m solaire direct
~ **shear**: cisaillement simple
~ **stress**: contrainte f normale
~ **tensile test**: essai m de traction directe
~ **tension**: traction pure f

**direction**: sens m
~ **of flow**: sens d'écoulement
~**s for use**: mode m d'emploi

**directly on the ground**: (foundations) à cru

**dirt**: saleté f; NA: terre f battue
~ **mover** NA: engin m de terrassement
~ **moving** NA: terrassement m
~ **road** NA: route f en terre

**disabled**: handicapé

**disappearing stair**: échelle f escamotable

**disc** GB, **disk** NA: disque m; (plywood) déformation f en cuvette
~ **cutting**: tronçonnage m au disque
~ **foundation pile**: pieu m à disque
~ **screen**: tamis m à disque

**discharge**: (from a pump) refoulement m; (of unwanted material) rejet m, évacuation f; (el) décharge
~ **area**: surface f d'écoulement
~ **below window**: (a.c.) soufflage m en allège
~ **channel**: goulotte f d'évacuation
~ **into river**: rejet m en rivière
~ **lamp**: lampe f à décharge
~ **of combustion products**: évacuation des produits de la combustion
~ **pipe**: tuyau m de refoulement

**discharging arch**: arc m de décharge

**discolouration**: décoloration f, tache f

to **disconnect**: (utilities) couper; (an appliance) débrancher

**disconnecting**: débranchement m, mise f hors circuit

**discontinuous, ~ construction**: construction f flottante, construction désolidarisée
~ **impost**: imposte f avec pénétration directe des arcs dans les piliers
~ **slab**: dalle f non continue

**discount**: rabais m, remise f

**discrepancy**: (of results) divergence f, désaccord m

**dish concentrator**: concentrateur m parabolique, miroir m parabolique, réflecteur m parabolique

**dishing**: (plywood) déformation f en cuvette

**dished**: en cuvette
~ **end**: fond m bombé
~ **washer**: cuvette f

**dishwasher**: lave-vaisselle m

**disinfectant**: désinfectant m

**disintegrator pump**: pompe f dilacératrice

**disk** NA, → **disc** GB

**dispersal agent**: dispersant m

**dispersion index**: indice m de dispersion (d'un décanteur)

**displacement pump**: pompe f volumétrique

**display, ~ cabinet**: vitrine f
~ **drawing**: dessin m de présentation, plan m de présentation
~ **window**: étalage m, vitrine f

**disposal**: évacuation f, rejet m; (of solid waste) enlèvement m
~ **bed**: lit m d'épandage
~ **engineering**: technique f des eaux usées
~ **field**: champ m d'épandage

**dissolved**: dissous
~ **salt**: sel m dissous
~ **solids**: matières f solides en solution

**dispute**: litige m; (with labour force) conflit m

**dissymmetry**: dissymétrie f

**distance**: distance *f*
 ~ **between centers** NA: espacement *m* d'axe en axe, entraxe *m*
 ~ **piece**: entretoise *f*

**distemper**: détrempe *f*, peinture *f* à la colle

**distorsion**: déformation *f*

**distributed**: (load, moment) réparti

**distributing**, ~ **main** NA: ligne *f* de consommateur
 ~ **rod**: (el) poteau *m* de départ

**distribution**: répartition *f*; (él) distribution *f*
 ~ **bar**: armature *f* de répartition
 ~ **bars**: aciers *m* de répartition
 ~ **board**: tableau *m* de départ, tableau divisionnaire
 ~ **chamber**: puits *m* de tirage
 ~ **grid**: réseau *m* de distribution
 ~ **of drinking water**: fontainerie *f*
 ~ **pillar**: colonne *f* de distribution
 ~ **reinforcement**: aciers *m* de répartition
 ~ **switchboard**: tableau *m* de distribution
 ~ **system**: réseau *m* de distribution

**distributor** NA: (water treatment) distributeur *m*; (el) câble *m* de distribution, ligne *f* de consommateur

**district**: quartier *m*, secteur *m*
 ~ **heating**: chauffage *m* urbain
 ~ **heating station**: centrale *f* de chauffage urbain

**disturbed**: (earth, ground) remanié

**ditch**: fossé *m*, tranchée *f*, rigole *f*

**ditcher**: trancheuse *f*

**dive culvert**: ponceau *m* en charge

**diversion**: (of river) dérivation *f*; (of traffic) déviation *f*
 ~ **scheme**: ouvrage *m* de détournement

to **divert**: (a stream) dériver; (traffic) dévier; (traffic, stream) détourner

**divide**: ligne *f* de partage des eaux

**divided**: divisé
 ~-**light door**: porte-fenêtre *f* à petit bois
 ~ **tenon**: tenon *m* divisé

**divider**: (between compartments) séparation *f*

**division**: (of an area into rooms) distribution *f*
 ~ **bar**: (of window) petit bois
 ~ **into plots**: lotissement *m*, morcellement *m*
 ~ **wall**: (between two houses) mur *m* séparatif; GB: mur coupe-feu (sur toute la hauteur d'un immeuble)

**d.i.y.** → **do-it-yourself**

**DL** → **dead load**

**D-line cracking**: trésaillure *f*

**doat**: échauffure *f*

**document**: pièce *f* (d'un dossier)

**dog**: crampon *m*
 ~ **anchor**: clameau *m*, crochet *m* d'assemblage
 ~ **ear**: (roofing) coin *m* de mouchoir
 ~ **iron**: clameau *m*, crochet *m* d'assemblage
 ~ **shore**: étrésillon *m* (horizontal)

**dogleg stair**: escalier *m* rampe sur rampe, escalier à limons superposés

**dogtooth**, ~ **course**: assise *f* en dents de scie, assise en dents d'engrenage
 ~ **pattern**: (decoration) dents *f* d'engrenage, dents de chien

**dogtrot**: passage *m* couvert

**do-it-yourself**: bricolage *m*

**dolly**: chariot *m* (transport d'objets lourds); (pile driving) avant-pieu *m*; (rivetting) tas *m*

**dome**: dôme *f*, coupole *f*
 ~ **light**: lanterneau *m* d'éclairage zénithal
 ~ **top**: cache-tête *m* (de vis)
 ~-**roof tank**: réservoir *m* à toit bombé

**domed end**: (of pressure vessel) fond *m* bombé

**domestic**, ~ **appliance**: appareil *m* ménager
 ~ **consumption**: consommation *f* domestique
 ~ **filter**: filtre *m* domestique
 ~ **gas grid**: réseau *m* de distribution de gaz domestique

~ **hot water**: eau *f* chaude sanitaire
~ **sewage**: eaux *f* usées domestiques
~ **wastewater**: eaux *f* domestiques

**domical vault**: voûte *f* en arc de cloître

**dominant, ~ land, ~ estate**: fonds *m* dominant

**door**: porte *f*
~ **assembly**: bloc-porte *m*
~ **buck** NA: précadre *m* dormant
~ **bumper**: butoir *m* de porte
~ **case**: chambranle *m*, contre-chambranle *m*
~ **chain**: chaîne *f* de sûreté
~ **check**: ferme-porte *m*
~ **cheek**: poteau *m* d'huisserie
~ **closer**: ferme-porte *m*
~ **control**: gâche *f* électrique, portier *m* électronique
~ **curtain**: portière *f*
~ **furniture**: ferrures *f* de porte
~ **handle**: poignée *f* de porte
~ **hardware**: ferrures *f* de porte
~ **head**: traverse *f* dormante, traverse haute de dormant
~ **knob**: bouton *m* de porte
~ **knocker**: heurtoir *m*
~ **leaf**: vantail *m*
~ **light**: surface *f* vitrée (d'une porte)
~ **lining**: chambranle *m*, contre-chambranle *m*
~ **mullion**: montant *m* de battement
~ **opener**: gâche *f* électrique, portier *m* automatique
~ **opening**: baie *f* de porte
~ **pocket**: cavité *f* (dans l'épaisseur du mur, pour porte à coulisse)
~ **pull**: poignée *f* de porte
~ **set**: ensemble *m* de porte et huisserie, bloc-porte *m*
~ **spring**: ferme-porte *m*
~ **trim**: (conceals crack between frame and wall) chambranle *m*
~ **unit**: bloc-porte *m*; unité *f* de passage (sécurité incendie)
~ **viewer**: judas *m*

**doorframe**: bâti *m* de porte, bâti *m* dormant, dormant *m*, huisserie *f*
~ **frame anchor**: patte *f* d'huisserie

**doorjamb**: poteau *m* d'huisserie, montant *m* d'huisserie

**doorkeeper**: portier *m*

**doorman**: portier *m*

**doormat**: tapis-brosse *m*, paillasson *m*

**doorpost**: jambage *m*, poteau *m* d'huisserie

**doorsill**: seuil *m*

**doorstep**: pas *m* de porte

**doorstop**: butoir *m* de porte, arrêt *m* de porte, cale-porte *m*

**doorway**: embrasure *f*

**dope**: dope *m*

**dormant [tree]**: traverse *f* d'imposte, imposte *f*

**dormer**: lucarne *f*
~ **window**: lucarne
~ **window truss**: fermette *f*

**dormitory town**: ville *f* dortoir

**Dortmund tank**: fosse *f* Dortmund

**dosing**: dosage *m*
~ **tank**: bassin *m* doseur

**dot**: plot *m* (de plâtre, de colle)

**dote** GB: (in timber) échauffure *f*

**dotted line**: ligne *f* en pointillés, pointillés

**doty timber**: bois *m m* échauffé

**double**: double
~ **acting**: à double action
~-**acting door**: porte *f* va-et-vient, porte *f* alternative
~-**acting hinge**: paumelle *f* à double action, paumelle à double effet
~ **angle**: cornières *f* adossées
~-**bed filter**: filtre *m* à double couche
~-**bevel butt weld**: soudure *f* en K
~ **course**: (slating) doublis *m*
~ **cut**: (filing) taille *f* croisée
~-**decker screen**: crible *m* à deux étages
~ **doors**: porte *f* à deux battants
~ **dovetail**: agrafe *f* en double queue d'aronde
~ **eaves**: égout *m* de deux pièces
~ **eaves course**: doublis *m*
~-**faced**: double face (laquage, placage)
~ **floor**: plancher *m* sur poutres, plancher à solivage composé
~ **gate**: [grand] portail (dans clôture)
~-**glazed window**: fenêtre *f* à double vitrage
~ **glazing**: double vitrage

~-**headed nail**: clou m à deux têtes superposées
~ **house** NA: maison f jumelée
~ **hung sash**: châssis m à guillotine
~-**hung window**: fenêtre f à guillotine à deux châssis mobiles
~-**inlet fan**: ventilateur m à double ouïe
~ **J [butt] weld**: soudure f en double J
~-**joisted floor**: plancher m sur poutres, plancher à solivage composé
~-**lap joint**: moisage m
~ **lap slating**: couverture f tiercée
~-**lap tile**: tuile f à double recouvrement
~-**layer space structure**: structure f à résilles superposées
~-**leaf block**: brique f à rupture de joint
~-**leaf wall**: mur m creux, mur à lame d'air
~ **lock**: serrure f à double tour
~ **lock seam**, ~ **lock welt**: double agrafure plate
~ **main system**: système m à double conduite (distribution de l'eau)
~-**measure**: (join) à cadre aux deux parements, à moulure aux deux parements
~ **member**: (of wood structure) moise f
~-**pitch roof**: toit m à deux versants, comble m à deux versants, comble à deux égouts
~-**pitched roof**: toit m brisé
~-**pointed pick**: pic m
~-**pole scaffold**: échafaudage m à double rangée d'échasses
~-**raised panel**: panneau m à table saillante aux deux parements
~-**range**: (instrument) à deux lectures
~-**return stair**: escalier m à première volée centrale et deuxième volée double
~ **sampling**: échantilllonnage m double
~-**seal manhole cover**: tampon m étanche, tampon hermétique
~-**shell bathtub** NA: baignoire f à tablier, baignoire encastrée
~-**sided lock**: serrure f bénarde
~ **sink**: évier m à deux bacs
~-**skin cladding**: bardage m double peau
~-**socket**: manchon m double
~-**strength sheet glass** GB, ~-**strength window glass** NA: verre m double
~ **suction pump**: pompe f à deux ouïes, pompe à double aspiration
~-**swing door**: porte f va-et-vient
~-**tenon joint**: assemblage m à double tenon
~-**tenons**: double tenon

~-**thickness sheet glass** GB, ~ **thickness window glass** NA: verre m double
~-**throw lock**: serrure f à double tour
~-**tube heat exchanger**: échangeur m de chaleur à tubes coaxiaux
~-**Vee butt weld**: soudure f en X
~ **window**: (a gemel window) fenêtre f jumelée; (a storm window) contre-fenêtre f

**doubling course**: (ridge, hip) rang m de doublage; (eaves) doublis m

**dovecote**: pigeonnier m, colombier m

**dovetail**: queue f d'aronde
~ **half-lap joint**, ~ **halved joint**: assemblage m à mi-bois à queue d'aronde
~ **joint**: assemblage m à queue d'aronde

**dowel**: goujon m
~ **action**: (on reinforcement) effet m de goujon
~ **hole**: (carp) enlaçure f
~ **joint**: assemblage m à peigne
~ **pin**: goujon m lisse
~ **screw**: goujon m fileté, tige f filetée

**dowelled tenon and mortise joint**: enlaçure f

**down**, ~ **conductor**: descente f de paratonnerre
~ **time**: temps m d'indisponibilité

**downcomer**: (for water) colonne f descendante; (for rainwater) tuyau m de descente pluviale, descente f pluviale

**downdraught** GB, **downdraft** NA: refoulement m (de cheminée)

**downgrade**: pente f descendante

**downlighter**: appareil m éclairant vers le bas

**downpipe**: tuyau m de descente pluviale, descente f pluviale

**downsliding nappe**: nappe f d'écoulement

**downspout**: tuyau m de descente pluviale, descente f pluviale

**downstand**: retombée f d'étanchéité

**downstream**: en aval
~ **cutwater**: arrière-bec *m* (pile de pont)

**downtime**: immobilisation *f* (d'engin, de machine)

**downtown** NA: centre *m* ville

**DP** → **dew point**

**DPC** → **damp-proof course**

**DR** → **drain, dining room**

**draft**: projet *m* (de document); (drawing office) dessin *m*; (stone cutting) plumée *f*, plomée *f*; NA → **draught** GB
~ **standard**: projet de norme
~**s and estimates**: plans *m* et devis

**drafted margin**: ciselure *f* relevée (sur bloc de pierre)

**drag**: frottement *m* négatif, résistance *f* à l'écoulement, traînée *f* (du vent); (in glass) peau *f* de crapaud; (rendering tool) peigne *m*

**dragline**: dragline *f*

**dragon**, ~ **beam**: coyer *m*
~ **tie**: gousset *m* de coyer

**drain**: (construction) égout *m* privé (d'un bâtiment); (land drainage) drain *m*
~ **cock**: robinet *m* de vidange
~ **pipe**: canalisation *f* d'évacuation
~ **rod**: dégorgeoir, canne *f* de dégorgement
~ **tile**: drain *m* de terre cuite, tuyau *m* de drainage
~ **trap**: siphon *m* d'égout
~ **valve**: robinet *m* de vidange
~ **well**: (for effluent) puits *m* perdu, puisard *m* d'absorption; (a negative well) puits absorbant

to **drain**: (an excavation) assécher; (land) drainer, égoutter; (a tank) vidanger
~ **away**: s'écouler

**drainage**: évacuation *f* d'eaux usées; (of land) drainage *m*
~ **area**: bassin *m* hydrographique, bassin versant
~ **blanket**: tapis *m* drainant
~ **channel**: fossé *m* de drainage; (for excavation) rigole *f* (d'assèchement)
~ **ditch**: fossé *m* de drainage; (for excavation) rigole *f* (d'assèchement)
~ **divide**: ligne *f* de faîte

~ **easement**: servitude *f* d'écoulement des eaux
~ **gutter**: caniveau *m*
~ **mole**: pose-drains *m*
~ **pipe**: canalisation *f* d'évacuation; (on tank) tuyau *m* de vidange
~ **trench**: rigole *f* d'assèchement
~ **water**: eau *f* de drainage
~ **well**: (cesspool) puisard *m* d'absorption, puits *m* perdu; (dead well) puits absorbant

**drained cohesion**: cohésion *f* drainée

**draining**: (of land) égouttage *m*, drainage *m*; (of tank) vidange *f*
~ **board**: égouttoir *m*; (structural) paillasse *f*
~ **off**: vidange *f* (d'huile, de condensat)
~ **transformer**: transformateur *m* suceur

**drape** NA, → **curtain** GB

**drapers hall**: halle *f* aux draps

**drapery panel**: serviette *f* pliée

**draught** GB, **draft** NA: tirage *m* (de cheminée), courant *m* d'air, appel *m* d'air
~ **excluder**: bourrelet *m*
~ **inducer**: accélérateur *m* de tirage
~ **strip**: bourrelet *m*
~-**limiting device**: coupe-tirage *m*

**draughtproofing**: calfeutrage *m*

**draughtsman** GB, **draftsman** NA: dessinateur *m*

to **draw**: dessiner, tirer; (a liquid) puiser, soutirer
~ **a plan**: tracer un plan
~ **cable**: câble *m* de tirage
~ **cock**: robinet *m* de purge, purgeur *m*
~-**in box**: boîte *f* de tirage, regard *m* de tirage
~-**off**: puisage *m*
~-**off tap**: robinet *m* de puisage
~ **wire**: aiguille *f* de tirage

**drawback**: inconvénient *m*
~ **lock**: serrure *f* camarde

**drawbar pull**: effort *m* disponible au crochet

**drawbridge**: pont-levis *m*

**drawer**: tiroir *m*
~ **dovetail**: queue *f* d'aronde semi-recouverte

**drawing**: dessin m, plan m; (of metal) tréfilage m; (of glass) étirage m
~ **board** planche f à dessin
~**-in**: tirage m (de câbles)
~ **lines**: (on glass) peignage m fin
~ **office**: bureau m de dessin
~ **room**: grand salon

**drawknife**: plane f

**drawn glass**: verre m étiré

**drawshave**: plane f

**dredge, dredger**: drague f

**drencher**: drencher m

to **dress**: dresser; (ground) régaler; (wood) blanchir, dresser, corroyer

**dressed**: (lumber) raboté
~ **and matched**: raboté et bouveté
~ **lumber** NA: bois m corroyé
~ **stone**: pierre f taillée
~ **two edges**: raboté deux côtés
~ **two sides**: raboté deux faces
~ **with ashlar**: (door, window) encadré de pierre de taille

**dressing**: dressage m; (of stone) taille f;
**dressings**: chaînes f d'angle; (of doors or windows) encadrements m de baie (en matière plus noble)

**drier**: séchoir; (of paint) siccatif m

**drift pin**: broche f d'assemblage

to **drill**: percer; forer

**drill**: perceuse f
~ **bit**: mèche f
~ **core**: carotte f de sondage
~ **ground**: place f d'armes
~ **operator**: foreur m
~ **press**: perceuse f à colonne
~ **rod**: tige f de forage
~ **stem**: maîtresse tige

**drilled-in caisson**: pieu-caisson m foncé

**driller**: foreur m

**drilling**: perçage m; forage m
~ **foreman**: chef m foreur
~ **machine**: perceuse f
~ **template**: gabarit m de perçage

**drinking, ~ fountain**: fontaine f à boire
~ **water**: eau f potable
~ **water supply**: alimentation f en eau potable

**drip**: goutte f d'eau (sous-face couronnement de cheminée); larmier m (non décoratif); coupe-larme m (de larmier); ressaut m (de chéneau, de couverture)
~ **moulding**: larmier m (non décoratif)
~ **stone**: larmier m (non décoratif)
~ **tray**: bac m de récupération des condensats

to **drip**: s'égoutter

**dripping**: égouttement m; **drippings**: (from roof) égouttures f
~ **eaves**: débord m de toit dégouttant, égout m de toit dégouttant

**drive** GB: allée f pour voitures, entrée f de garage
~ **band**: frette f (de pieu)
~ **cap**: casque m de battage, casque de pieu
~ **point**: pointe f filtrante
~ **shoe**: sabot m de pieu
~ **tube**: tube m battu

to **drive**: (a vehicle) conduire
~ **a screw home**: serrer une vis à bloc, serrer une vis à refus
~ **home**: enfoncer à fond, enfoncer à refus
~ **in**: (a nail, a pile) enfoncer, ficher
~ **to refusal**: (a pile) enfoncer à refus, battre à refus

**driven, ~ cast in place pile**: pieu m moulé dans le sol à tube battu
~ **cast in situ pile**: pieu m moulé dans le sol à tube battu
~ **gate hook**: goujon m à pointe
~ **pile**: pieu m battu
~ **sampler**: carottier m battu
~ **well**: puits m foncé

**driver**: conducteur m (de véhicule)

**drivescrew**: pointe f torsadée, pointe fausse vis, clou m torsadé

**driveway** NA: allée f pour voitures, entrée f de garage

**driving**: (of vehicle) conduite f; (of pile) battage m
~ **cap**: casque m de battage, casque de pieu
~ **formula**: formule f de battage
~ **helmet**: casque m de battage, casque de pieu
~ **leaders, ~ leads**: jumelles f de sonnette
~ **record**: carnet m de battage, rapport m de battage

~ **rig**: sonnette f de battage
~ **shoe**: sabot m de pieu
~ **tube**: tube m de travail

**drop**: (of a liquid) goutte f; (structure) retombée f; (in voltage) chute f
~ **arch**: arc m brisé surbaissé
~ **arm barrier**: barrière f à bascule
~ **bottom bucket**: benne f à fond ouvrant
~ **bottom skip**: benne f à fond ouvrant
~ **caisson**: caisson m havé
~ **chaining**: (surv) cutellation f
~ **escutcheon**: cache-entrée m
~ **hammer**: mouton m
~**-in girder**: poutre f suspendue
~ **in level**: (of liquid) baisse f de niveau; (of ground) dénivellation f
~ **key plate**: cache-entrée m
~ **manhole**: regard m avec chute
~ **moulding**: moulure f petit cadre
~ **panel**: (of mushroom slab) retombée f
~ **point slating**: couverture f d'ardoises en pointe à deux épaulements
~ **siding**: parement m à mi-bois

to **drop a perpendicular**: abaisser une perpendiculaire

**dropped**, ~ **ceiling**: faux plafond
~ **curb**: bateau m (de trottoir)
~ **girder**: retombée f de poutre
~ **panel**: panneau m en retombée; gousset m de dalle

**drought**: sécheresse f

**drum**: (a reel) dévidoir m; (of column, of dome) tambour m
~**-head step**: marche f arrondie
~ **screen**: tamis m rotatif

**drunken saw**: scie f circulaire oscillante

**dry**: sec; (process) à voie sèche
~**-bond adhesive**: colle f de contact
~**-bulb temperature**: température f sèche
~**-bulb thermometer**: thermomètre m sec
~ **chemical extinguisher**: extincteur m à poudre sèche
~ **concrete**: béton m sec
~ **connection**: raccordement m à sec
~ **construction**: construction m sans mortier
~ **glazing**: vitrage m sans mastic
~ **joint**: (in ashlar) joint m vif
~ **lining**: doublage m sec
~ **masonry**: maçonnerie f à liaison à sec, maçonnerie à sec
~ **meter**: compteur m sec
~ **partition**: cloison f sèche
~ **process**: procédé m par voie sèche, procédé à sec
~ **residue**: résidu m sec
~ **riser**: colonne f sèche
~ **room condition**: condition f d'ambiance sèche
~ **rot**: pourriture f sèche
~ **run**: essai m à blanc
~ **steam coal**: charbon m maigre
~ **stone wall**: mur m en pierres sèches
~ **weather flow**: débit m de temps sec
~ **well**: puits m sec

to **dry**: sécher
~ **out**: (plaster) ressuyer

**drying**: séchage m
~ **agent**: déshydratant m; siccatif m
~ **area**: séchoir m
~ **bed**: (for sewage sludge) lit m de séchage
~ **cupboard**: armoire f sèche-linge
~ **loft**: séchoir m
~ **oil**: huile f siccative
~ **power**: pouvoir m siccativant
~ **room**: séchoir m
~ **shrinkage**: retrait m dû au séchage

**dryness**: siccité f

**dual**, ~ **burning**: à deux combustibles
~**-flow filtration**: filtration f à double courant
~**-fuel**: bicombustible
~**-fuel boiler**: chaudière f mixte, chaudière bi-énergie
~**-media filter**: filtre m à double couche
~**-purpose**: à double usage
~**-system heating**: chauffage m bivalent

**duckboards**: caillebotis m (en bois)

**duckfoot**: (plbg) patin m
~ **bend**: coude m à patin

**duct**: (a.c.) gaine f; (el) canalisation f, conduite f, tube m
~ **edge shield**: (el) manchon m d'entrée de canalisation
~ **rod**: barre f de tirage

**ductile iron**: fonte f ductile

**ductility**: ductilité f

**ducting**: gainage *m*

**ductwork**: réseau *m* de gaines

**dug well**: puits-citerne *m*, puits *m* ordinaire, puits cuvelé

**dull**: (surface) mat
~ **weather**: temps *m* gris
to **become** ~: (paint) s'emboire

**dumbwaiter** NA: monte-plats *m*

**dummy**: (plbg) damet *m*; *adj* : fictif

**dump**: décharge *f*, dépotoir *m*
~ **truck**: camion *m* à benne basculante

**dumped fill**: remblai *m* en vrac

**dumper**: tombereau *m*, dumper *m*

**dumping**: déversement *m*, basculement *m*, vidage *m* (de benne)

**dungeon**: basses-fosses *f*, cachot *m* de basse-fosse

**duo-face hardboard**: panneau *m* dur à deux faces lisses

**duplex, ~ apartment** NA: appartement *m* en duplex, duplex *m*
~ **control**: (of two lifts) manœuvre *f* en duplex

**duplicate**: en double
~ **sample**: échantillon *m* dédoublé
~ **service parallel-series distribution**: distribution *f* mixte

**duramen**: cœur *m* (du bois)

**durometer**: scléromètre *m*

**dust**: poussière *f*
~ **abatement**: réduction *f* de la poussière

~ **collector**: dépoussiéreur *m*, récupérateur *m* de poussière
~ **control**: lutte *f* contre la poussière, réduction *f* de la poussière, dépoussiérage *m*
~ **dry**: (paint) hors poussière
~ **extraction**: dépoussiérage *m*
~ **filter**: filtre *m* à poussière
~**-free time**: durée *f* de séchage hors poussière

**dustbin** GB: boîte *f* à ordures, poubelle *f*

**dustfree**: (paint) sec hors poussière
~ **time**: durée *f* de séchage hors poussière

**dusting**: (of paint, concrete) farinage *m*

**dustlaying oil**: huile *f* antipoussière

**dustproof**: étanche aux poussières
~ **floor**: sol *m* antipoussière

**Dutch door**: porte *f* à vantail coupé

**dutchman**: flipot *m*

**duty load**: charge *f* utile

**DW** → **drinking water**

**dwarf, ~ partition**: cloison *f* d'appui, cloison basse
~ **stud**: poteau *m* de remplage, poteau de remplissage, potelet *m*
~ **wall**: muret *m*

**dwelling**: habitation *f*, logement *m*, demeure *f*
~ **house**: maison *f* d'habitation
~ **unit**: logement *m*

**DWF** → **dry weather flow**

**DWS** → **drinking water supply**

**dye**: teinture *f*

# E

**earliest event occurence time**: temps *m* au plus tôt

**early, ~ gothic**: haut gothique
　**~ romanesque**: haut roman
　**~ stiffening**: fausse prise
　**~ strength**: résistance *f* initiale
　**~ wood**: bois *m* initial, bois de printemps

**earth**: terre *f*
　**~ and rockfill dam**: barrage *m* en terre et enrochements
　**~ circuit** GB: (el) circuit *m* de terre
　**~ connection**: prise *f* de terre
　**~ embankment**: remblai *m* en terre
　**~ fault**: défaut *m* à la terre
　**~ flow**: reptation *f*
　**~ leak** GB: (el) fuite *f* à la terre
　**~ mass**: masse *f* de sol
　**~ mover**: engin *m* de terrassement
　**~ platform**: (of made-up ground) terre-plein *m*
　**~ pressure**: poussée *f* des terres
　**~ pressure at rest**: pression *f* des terres au repos, pression naturelle des terres, poussée *f* des terres au repos
　**~ rammer**: dame *f*
　**~ ramming**: damage *m*, pilonnage *m*
　**~ retaining**: soutènement *m* des terres
　**~ return circuit** GB: circuit *m* de retour par la terre
　**~ table**: embasement *m*
　**~ terminal**: borne *f* de terre
　**~-to-air heat pump**: pompe *f* à chaleur sol-air
　**~ wire** GB: fil *m* de terre

**earthed** GB: mis à la terre

**earthenware**: (sanitary ware) grès *m*

**earthing** GB: mise *f* à la terre; (to body of machine) mise *f* à la masse

**earthmoving**: terrassement *m*
　**~ plant**: engin *m* de terrassement

**earthquake**: séisme *m*
　**~ resistant**: parasismique

**earthwork**: terrassement *m*
　**~ balance**: équilibre *m* des déblais et remblais, équilibre des terrassements
　**~ contractor**: terrassier *m*
　**~ engineering**: technique *f* des ouvrages en terre
　**~s in cut**: terrassements en déblais

**to ease**: (a task) faciliter
　**~ a curve**: adoucir une courbe
　**~ a beam**: alléger une poutre
　**~ a part**: donner du jeu à une pièce
　**~ an edge**: délarder une arête

**easement**: servitude *f*
　**~ curve**: courbe *f* de raccordement

**easier path**: chemin *m* de moindre résistance

**easing**: détente *f* (de décoffrage)
　**~ wedge**: (of scaffolding) coin *m* de blocage

**East end of church**: chevet *m*

**easting**: (surv) gisement *m*

**eaves**: égout *m* (de bord de toit), débord *m* de toit, saillie *f* de toit, battellement *m*
　**~ board**: chanlatte *f*, volige *f* chanlattée
　**~ catch**: chanlatte *f*, volige *f* chanlattée
　**~ course**: rang *m* de pied
　**~ fascia**: planche *f* côtière; (with elaborate pattern) lambrequin *m*, bordure *f* de toit, planche *f* de rive
　**~ height**: hauteur *f* de rive
　**~ overhang**: auvent *m* queue-de-vache
　**~ soffit**: sous-face *f* de débord de toit
　**~ tile**: tuile *f* d'égout, tuile de battellement
　**~ wall**: mur *m* gouttereau

**eccentric, ~ footing**: semelle *f* excentrée, semelle *f* à charge excentrée
　**~ loading**: charge *f* excentrée
　**~ moment**: moment *m* d'excentrement

**echinus:** échine *f*

**eco house:** maison *f* écologique

**economizer:** économiseur *m*

**edge:** arête *f*; (of brick, of panel) chant *m*; (of plank, of slab) rive *f*; (of slate) chef *m*
- ~ **band:** (join) alaise *f*
- ~ **beam:** longeron *m*
- ~ **bearing:** appui *m* de rive
- ~ **bedding:** (of stones) pose *f* en délit; (of ridge tiles) embarrure *f*
- ~ **bend:** (of a board) voilement *m* longitudinal de rive
- ~ **cover strip:** couvre-chant *m*
- ~ **cracking:** fissuration *f* en rive
- ~ **distance:** (of holes, of rivets) pince *f* transversale
- ~ **fixity:** encastrement *m* au bord
- ~ **gluing:** collage *m* sur chant
- ~**-grained wood:** bois *m* maillé
- ~ **joint:** joint *m* parallèle au fil; assemblage *m* sur chant; (veneering) joint *m* de fil
- ~ **jointing:** assemblage *m* bord à bord, collage *m* bord à bord
- ~ **jointing adhesive:** colle *f* pour joints
- ~ **moulding:** couvre-chant *m*, bande *f* de chant
- ~ **stress:** contrainte *f* au contour, tension *f* à l'arête
- ~ **strip:** couvre-chant *m*
- ~**-to-edge:** (boarding, slating) jointif
- ~ **tool:** outil *m* à tranchant
- **on ~:** sur chant

**edged board:** panneau *m* avivé, panneau massicoté

**edger:** lissoir *m* d'arête

**edging:** bordure *f*, bande *f* de chant, couvre-chant *m*; (made of concrete) bordurette *f*
- ~ **strip:** alaise *f* (de porte plane); bande *f* de chant (de stratifié)

**effective, ~ area:** (of reinforcement) section *f* utile
- ~ **length:** (of column) longueur *f* de flambage
- ~ **size:** taille *f* effective (granulométrie)
- ~ **storage:** capacité *f* utile (d'un ouvrage hydraulique)

**efficiency:** efficacité *f*, rendement *m*; (of a joint) résistance *f* mécanique
- ~ **apartment** NA: studio *m*

**efflorescence:** efflorescence *f*

**effluent:** effluent *m*

**egg, ~-and-dart pattern, ~-and-arrow pattern:** oves *m* et dards
- ~ **pattern:** oves *m*
- ~**-shaped sewer:** égout *m* ovoïde

**EJ** → **expansion joint**

**ejector:** (sewage treatment) éjecteur *m*

**el** NA → **ell**

**elastic:** élastique
- ~ **curve:** ligne *f* élastique de flexion
- ~ **deformation:** déformation *f* élastique
- ~ **design:** calcul *m* en élasticité
- ~ **footing:** semelle *f* élastique
- ~ **foundation:** fondation *f* élastique
- ~ **frame:** cadre *m* élastique
- ~ **limit:** limite *f* d'élasticité
- ~ **modulus:** module *m* d'élasticité
- ~**-plastic:** élasto-plastique
- ~**-plastic deformation:** déformation *f* élasto-plastique
- ~ **range:** domaine *m* élastique
- ~ **recovery:** revenu *m* élastique
- ~ **shortening:** (of prestressed concrete) raccourcissement *m* élastique
- ~ **strain:** déformation *f* élastique

**elasticity:** élasticité *f*

**elbow:** (plbg) coude *m*, raccord *m* coudé, raccord en équerre; (of door or window architrave) crossette *f*
- ~ **board:** rebord *m* de fenêtre, tablette *f* d'appui
- ~ **height:** hauteur *f* d'appui
- ~ **high:** à hauteur d'appui
- **45° ~:** coude au huitième
- **90° ~:** coude au quart

**electric:** électrique
- ~ **arc welding:** soudage *m* à l'arc
- ~ **bell:** sonnette *f* électrique
- ~ **cable:** câble *m* électrique
- ~ **comminutor pump:** électropompe *f* dilacératrice
- ~ **drill:** perceuse *f* électrique
- ~ **fire:** radiateur *m* électrique
- ~ **heater:** radiateur *m* électrique
- ~ **panel:** tableau *m* électrique
- ~ **pump:** groupe *m* électro-pompe, électropompe *f*
- ~ **strength:** rigidité *f* diélectrique

**electrical:** électrique
- ~ **appliance:** appareil *m* électroménager

~ **door opener**: portier *m* automatique
~ **engineering**: électrotechnique *f*
~ **insulation**: isolation *f* électrique
~ **strike**: gâche *f* électrique

**electrically operated**: à manœuvre électrique

**electrician**: électricien *m*

**electricity**: électricité *f*
~ **grid**: réseau *m* de distribution d'électricité

**electrodrainage**: électrodrainage *m*

**electrolytic corrosion**: corrosion *f* électrolytique

**electro-osmosis**: électro-osmose *f*

**electroplating**: électroplastie *f*

**electrovalve**: robinet *m* électromagnétique

**elevating scraper**: décapeuse *f* élévatrice

**elevation**: élévation *f*

**elevator** NA: ascenseur *m*
~ **door**: porte *f* palière
~ **door locking**: verrouillage *m* des portes palières
~ **hoistway** NA: gaine *f* d'ascenseur, cage *f* d'ascenseur
~ **machinery** NA: machinerie *f* d'ascenseur
~ **shaft**: gaine *f* d'ascenseur, cage *f* d'ascenseur

**ell**: (of a building) aile *f* en retour; (plbg) raccord *m* en équerre

**ellipse**: ellipse *f*

**elm**: (tree, wood) orme *m*

**elongated**: allongé
~ **hole**: trou *m* oblong

**elongation**: allongement *m*

**embankment**: remblai *m*, talus *m* (en remblai)

**embedded**: (post) fiché
~ **column**: poteau *m* encastré
~ **in concrete**: noyé dans le béton; (reinforcement) enrobé de béton
~ **length**: (of post) fiche *f*

**embedment**: enrobage *m*

**embellishment**: enjolivement *m*; (small) enjolivure *f*

**embossed**: gaufré
~ **finish**: fini *m* en relief, fini gaufré
~ **hardboard**: panneau *m* dur gaufré

**embrasure**: ébrasement *m* (de baie)

**emergency**: urgence *f*
~ **door**: porte *f* de secours
~ **exit**: issue *f* de secours, sortie *f* de secours
~ **generator**: groupe *m* électrogène de secours
~ **measure**: mesure *f* d'urgence
~ **repair**: réparation *f* de fortune
~ **services**: secours *m*

**emery**: émeri *m*
~ **cloth**: toile *f* d'émeri
~ **flour**: fleur *f* d'émeri

**emissivity**: émissivité *f*

**emittance**: (solar heating) pouvoir *m* émissif

**employer**: employeur *m*; (in contract) maître *m* de l'ouvrage, maître d'ouvrage
~**'s liability**: responsabilité *f* patronale
~**'s liability insurance**: assurance *f* patronale contre accidents du travail

**empty**: vide

**emptying**: vidange *f*

**emulsifier**: agent *m* émulsionnant

**emulsion**: émulsion
~ **gravel**: grave-émulsion *f*
~ **paint**: peinture *f* émulsion
~ **sprayer**: répandeuse *f* d'émulsions

**enamel**: émail *m*
~ **paint**: peinture *f* émail

**enamelled**: émaillé

**encased in concrete**: (post, beam) enrobé de béton

**encastered**: encastré
~ **beam**: poutre *f* sur appuis encastrés

**enclosed**: enfermé; (building stage) hors d'air; (el) protégé
~ **cutout**: coupe-circuit *m* à fusion enfermée

~ **rotten knot**: malandre f
~ **space**: espace m clos
~ **stair**: escalier m encloisonné

**enclosure**: enceinte f
~ **wall**: mur m d'enceinte

**encroachment**: empiètement m (d'un terrain), enhachement m

**end**: fin f, bout m
~-**anchored reinforcement**: armature f munie d'ancrage
~-**bearing pile**: pieu m travaillant en pointe, pieu à pointe portante, pieu chargé en pointe
~-**bearing column**: colonne f travaillant en pointe
~ **bell**: (el) tête f de câble
~ **cap**: embout m
~ **check**: (in wood) fente f en bout
~ **column**: poteau m de rive
~ **construction tile**: brique f creuse à perforations verticales, bloc m perforé à perforations verticales
~ **distance**: (of rivets) pince f longitudinale
~ **dumping**: (of lorry) vidage m par l'arrière
~-**fixed**: (beam) encastré
~-**fixed beam**: poutre f sur appuis encastrés
~ **fixity**: encastrement m
~-**fixity constant**: coefficient m d'encastrement
~ **floor beam**: poutre f de rive
~-**grain wood**: bois m de bout
~ **joint**: assemblage m par aboutage, assemblage d'about
~-**jointed timber**: bois m abouté
~ **joist**: solive f de rive
~ **matching**: bouvetage m d'about
~ **piece**: embout m
~ **plate**: (prestressed concrete) plaque f d'appui
~ **play**: jeu m axial, jeu en bout
~ **seal**: (of cable) embout m protecteur
~ **split**: fente f en bout
~ **stop**: butée f
~ **tenon**: tenon m en about
~ **thrust**: poussée f axiale longitudinale

**endorsement**: avenant m

**endurance ratio**: rapport m d'endurance

**energy**: énergie f
~ **auditing**: contrôle m de l'utilisation de l'énergie, vérification f des bilans énergétiques
~ **balance**: bilan m énergétique
~ **balance equation**: équation f du bilan énergétique
~ **conservation**: économies f d'énergie
~ **consumption**: consommation f d'énergie
~ **content**: contenu m énergétique, valeur f énergétique
~ **efficiency**: rendement m énergétique
~ **efficient**: ayant un bon rendement énergétique
~ **feedstock**: matière f première énergétique
~ **gradient**: (hydraulics) pente f de la ligne de charge
~ **input**: intrant m énergétique
~ **intensive**: à forte intensité énergétique
~ **line**: (hydraulics) ligne f de charge
~ **of distorsion**: énergie f de distorsion
~ **output**: énergie f produite, extrant m énergétique
~ **planner**: responsable m de la planificiation énergétique
~ **recovery**: récupération f d'énergie
~ **reporting**: relevé m de consommation d'énergie
~ **requirements**: besoins m d'énergie
~ **system**: filière f énergétique

**engaged**: (personnel, w.c.) occupé
~ **column**: colonne f engagée

**engagement of labour**: embauche f de main-d'œuvre

**engine**: moteur m

**engineer**: technicien m; (graduate) ingénieur m; (a mechanic) réparateur m
~ **for the works**: maître m d'œuvre
~'s **chain**: (surv) chaîne f d'arpenteur
~'s **level**: (surv) niveau m à lunette

**engineering**: ingénierie f, technique f
~ **achievement**: réalisation f technique
~ **and design department**: bureau m d'études
~ **behaviour**: comportement m mécanique
~ **brick**: brique f à résistance garantie
~ **department**: service m technique
~ **fabric**: géotextile m
~ **geology**: géologie f appliquée
~ **property**: (of soil) caractéristique f géotechnique
~ **scheme**: parti m technique
~ **structure**: ouvrage m d'art
~ **study**: étude f technique
~ **work**: ouvrage m d'art

**English, ~ basement** NA: sous-sol *m* habitable
~ **bond**: appareil *m* alterné simple

**entablature**: entablement *m*

**entrained, ~ air**: (concreting) air *m* entraîné
~ **bed**: lit *m* entraîné, lit mobile

**entrance**: entrée *f* (pour personnes)
~ **gate**: grille *f* d'entrée
~ **hall**: hall *m* d'entrée, vestibule *m*

**entrapped air**: air *m* occlus

**envelope**: (of a building) enveloppe *f*
~ **curve**: courbe *f* enveloppe

**environment**: environnement *m*

**environmental, ~ geology**: géologie *f* de l'environnement
~ **heat**: chaleur *f* extraite du milieu, chaleur tirée du milieu
~ **hygiene**: hygiène *f* du milieu
~ **pollutant**: polluant *m* du milieu

**epoxy resin**: résine *f* époxyde

**equal**: égal
~ **angle**: cornière *f* à ailes égales
~ **area projection**: projection *f* équivalente

**equilateral arch**: arc *m* en tiers point

**equilibrium**: équilibre *m*
~ **moisture content**: équilibre hygrométrique

**equipment**: matériel *m*; engin *m* (de travaux publics)

**equivalent, ~ section**: (of pipe) section *f* équivalente
~ **uniform live load**: charge *f* uniforme équivalente, surcharge *f* virtuelle à répartition continue

to **erect**: (a building, a monument) édifier, ériger; (a frame, a structure, a machine) monter

**erection**: montage *m* (de charpente, de machine)
~ **crane**: grue *f* de montage
~ **drawing**: plan *m* de montage
~ **gang**: équipe *f* de montage
~ **weld**: soudure *f* de montage

**erosion**: érosion *f*
~ **control**: lutte *f* contre l'érosion

**escalation**: révision *f* de prix
~ **clause**: clause *f* d'indexation des prix, clause d'échelle mobile
~ **price**: prix *m* révisable
~ **price contract**: marché *m* à prix révisables

**escalator**: escalier *m* mécanique, escalier roulant

**escape**: (leak) échappement *m*, fuite *f*; (on column) apophyge *f* inférieure
~ **route**: itinéraire *m* d'évacuation, voie *f* d'évacuation, dégagements *m* de secours

**escaped water**: (irrigation) perte *f* d'eau à l'exploitation

**escarp**: escarpe *f*

**escutcheon**: écusson *m*; (of lock) entrée *f* de serrure; (pipe support) bride *f* de sol
~ **plate**: cache-entrée *m* (de serrure)

**espagnolette [bolt]**: espagnolette *f*

**EST** → **estimate**

**estate**: fonds *m* de terre; (in the country) domaine *m*; (housing development) lotissement *m*
~ **agent** GB: agence *f* immobilière
~ **manager**: régisseur *m* d'un domaine

**estimate**: estimation *f*, prévision *f*; (of cost) devis *m* estimatif

**estimated cost**: coût *m* prévisionnel

**eutectic salt**: sel *m* eutectique

to **evacuate a building**: évacuer un bâtiment, faire évacuer

**evacuated tube**: tube *m* sous vide

**evaporation**: évaporation *f*
~ **coil**: (a.c.) batterie *f* évaporateur
~ **rate**: vitesse *f* d'évaporation
~ **tank**: bac *m* évaporatoire
~ **to dryness**: évaporation à sec

**evaporative**: par évaporation
~ **condenser**: condenseur *m* à ruissellement, condenseur à évaporation
~ **cooling**: refroidissement *m* par évaporation

**evaporator**: évaporateur *m*

**evapotranspiration**: évapotranspiration f

**even**: (surface) égal
~~**-grain wood**: bois m homogène
~ **ground**: terrain m égal
~~**-textured wood**: bois m homogène

to **even up**: niveler

**evenness**: égalité f

**event**: (critical path) étape f

**excavated**, ~ **material**: déblai m, masse f de déblaiement
~ **shaft with steel shell**: pile f colonne havée dans le sol

**excavation**: fouille f [en excavation], excavation f
~ **calculation**: calcul m des déblais
~ **line**: limite f d'emprise de la fouille
~ **stake**: piquet m de repère

**excavator**: excavateur m, excavatrice f, pelle f mécanique
~ **bucket**: godet m de terrassement

**excelsior**: laine f de bois

**excepted risk**: risque m réservé

**excess**: excès m
~ **metal**: (wldg) surépaisseur f
~ **rainfall**: pluie f excédentaire
~ **spoil**: terres f excédentaires
~ **voltage**: surtension f
~~**-water removal**: essorage m (du béton)

**excessive**, ~ **drying**: surdessication f
~ **thickness**: gras m (d'une pièce de charpente)

**exchange**: échange m; (tel) central m téléphonique

**excluded**: non compris
~ **risk**: risque m exclus

to **exfoliate**: (stone) se déliter

**exfoliation**: exfoliation f

**exhaust**: échappement; (a.c.) extraction f
~ **air**: air évacué, air expulsé, air extrait
~ **fan**: ventilateur m aspirant, aspirateur m
~ **hood**: hotte f d'évacuation, hotte d'extraction
~ **outlet**: bouche f d'évacuation
~ **ventilation**: ventilation f par extraction

to **exhaust**: (resources) épuiser; (air, gases) extraire, évacuer

**exhausted bath**: bain m usé, bain épuisé

**exhauster**: ventilateur m aspirant, aspirateur m

**existing**, ~ **buildling**: bâtiment m existant
~ **pattern of land use**: zonage m de fait

**exit**: sortie f, issue f
~ **air**: air m rejeté
~ **stairs**: escalier m de dégagement

**exitway**: dégagement m

**expanded**: expansé
~ **aggregate**: granulat m expansé
~ **clay**: argile f expansée
~ **cork**: liège m expansé
~ **metal**: métal m déployé
~ **perlite**: perlite f expansée
~ **plastic**: plastique m expansé
~ **shale**: schiste m expansé
~ **slag**: laitier m expansé, mousse f de laitier
~ **slag concrete**: béton m de mousse de laitier

**expanding**, ~ **cement**: ciment m expansif
~ **clay**: argile f gonflante

**expansion**: (in volume) dilatation f, (mechanical) détente f, (due to moisture) gonflement m
~ **attic** NA: combles m aménageables
~ **bend**: courbe f de dilatation, lyre f de dilatation
~ **bolt**: cheville f à expansion, boulon m de scellement (dans mur creux)
~ **device**: (a.c.) organe m de détente
~ **joint**: joint m de dilatation
~ **loop**: boucle f de dilatation, courbe f de dilatation, lyre f de dilatation
~ **rocker**: rotule f de dilatation
~ **roller**: rouleau m de dilatation
~ **sleeve**: fourreau m d'indépendance
~ **tank**: vase m d'expansion
~ **valve**: détendeur m
~ **vessel**: vase m d'expansion

**expansive**, ~ **agent**: agent m expansif
~ **cement**: ciment m expansif, ciment sans retrait
~ **clay**: argile f gonflable
~ **force**: force f d'expansion
~ **soil**: sol m gonflant, terrain m gonflant

**experienced**: confirmé
  to be ~ **in one's craft**: avoir du métier

**exploded view**: vue *f* éclatée

**exploration**: reconnaissance *f*, exploration *f*

**exploratory**, ~ **program**: campagne *f* de reconnaissance, campagne d'exploration
  ~ **survey**: levé *m* de reconnaissance

**explosion**: explosion *f*, déflagration *f*
  ~ **proof**: antidéflagrant

**explosive**: explosif *m*, *adj*
  ~ **mixture**: mélange *m* détonant

to **expose**: mettre à découvert, mettre à nu

**exposed**: (concrete, masonry) apparent, vu
  ~ **aggregate concrete**: béton *m* à granulat apparent
  ~ **building face**: face *f* exposée du bâtiment
  ~ **grid**: ossature *f* apparente (de plafond suspendu)
  ~ **position**: site *m* exposé

**exposure**: (of a building) exposition *f*
  ~ **of aggregate**: (on concrete surface) dénudation *f*
  ~ **risk**: risque *m* de voisinage
  ~ **to the weather**: exposition aux intempéries

**expressway**: voie *f* rapide

**expropriation**: expropriation *f*

to **extend**: (a building) agrandir; (a wall, a street) prolonger; (in time) proroger

**extended**, ~ **cover**: (insurance) garantie *f* annexe
  ~ **surface**: (a.c.) paroi *f* d'échange à grande surface

**extender**: blanc *m* de charge
  ~ **pigment**: pigment *m* de charge

**extension**: (to a building) agrandissement *m*, extension *f*; (in length) prolongement *m*; (in time) prorogation *f*; (tel) poste *m*
  ~ **casement hinge**: pivot *m* à col-de-cygne
  ~ **ladder**: échelle *f* à coulisse
  ~ **lead**: cordon *m* prolongateur, prolongateur *m*
  ~ **piece**: rallonge *f*
  ~ **stem**: (on valve) tige *f* d'allonge

**extensive**: (covering a large area) vaste; (works) important, de grande envergure
  ~ **projector**: projecteur *m* extensif, projecteur divergent

**exterior**: extérieur
  ~ **door**: porte *f* d'entrée
  ~ **nonbearing wall**: façade *f* légère
  ~ **Venetian blind**: jalousie *f*

**external**: externe, extérieur
  ~ **dormer window**: lucarne *f* sur le versant
  ~ **jamb lining**: tapée *f* de persienne
  ~ **leaf**: (of cavity wall) paroi *f* extérieure
  ~ **noise**: bruit *m* extérieur
  ~ **rendering**: enduit *m* de façade
  ~ **staircase**: escalier *m* hors d'œuvre
  ~ **Vee joint**: joint *m* saillant triangulaire, joint saillant en chanfrein double
  ~ **wall**: mur *m* extérieur

**extinction**: extinction *f*

**extinguisher**: extincteur *m*

**extra work**: travaux *m* hors devis, travaux supplémentaires

**extract**: extrait *m*
  ~ **air**: air *m* extrait

**extraction**: (of air, of fumes, mining, quarrying) extraction *f*

**extractor**: aspirateur *m* (de cheminée)
  ~ **fan**: ventilateur *m* aspirant, aspirateur
  ~ **hood**: hotte *f* aspirante

**extrados**: extrados *m*

**extradossed arch**: arc *m* extradossé

**extraordinary storm**: orage *m* exceptionnel

**extrasensitive clay**: argile *f* extrasensible

**extreme fibre**: fibre *f* extrême

**extruded, ~ aluminium**: aluminium *m* filé
  **~ particle board**: panneau *m* de particules extrudé
  **~ section**: profil *m* extrudé
  **~ water**: eau *f* expulsée sous charge

**extrusion**: (of aluminium) filage *m*

**eye**: œil *m* (de volute, de penture)
  **at ~ level**: à hauteur des yeux

**eyebolt**: boulon *m* à œil

**eyebrow window**: chapeau *m* de gendarme

# F

**FA** → fresh air, fire alarm

**fabric**: tissu *m*; (of a building) gros œuvre
 ~ **architecture**: architecture *f* textile
 ~ **bag filter**: filtre *m* à manche de tissu
 ~ **reinforcement**: treillis *m* soudé

**fabricated**: mécano-soudé

**face**: (of masonry unit) face *f*; (of voussoir) tête *f*; (of wall) parement *m*, nu *m*; (of bolt) pan *m*
 ~ **area**: (of exchanger) surface *f* d'échange
 ~ **bed**: lit *m* de dessous, lit de pose
 ~**-bedded**: posé en délit
 ~ **brick**: brique *f* de parement, brique destinée à rester apparente
 ~ **in compression**: face *f* comprimée
 ~ **in tension**: face *f* tendue
 ~ **joint**: (mas) joint *m* en parement
 ~ **mould**: (stone cutting) panneau *m*
 ~ **nailing**: clouage *m* de face, clouage droit
 ~ **ply**: pli *m* extérieur
 ~ **putty**: masticage *m* extérieur
 ~ **shovel**: pelle *f* [équipée] en butte
 ~ **string** NA: limon *m*
 ~ **velocity**: (a.c.) vitesse *f* frontale
 ~ **veneer**: placage *m* extérieur
 ~ **wall**: mur *m* de façade; mur de revêtement

to **face**, ~ **in imitation brickwork**, ~ **with brick**: briqueter

**facelift**: restauration *f* d'une façade, ravalement *m*

**facet**: facette *f*
 ~ **mirror**: miroir *m* à facettes

**facework**: parement *m*; (en pierre, en brique) revêtement *m*

**facility**: équipement *m*, aménagement *m*

**facing**: parement *m*; (en pierre, en brique) revêtement *m*
 ~ **block**: bloc *m* de parement
 ~ **brick**: brique *f* de parement
 ~ **east[ward]**: exposé à l'est
 ~ **tile**: tuile *f* de parement

**factor**: facteur *m*, taux *m*
 ~ **of safety**: facteur *m* de sécurité

**factoring** NA: pondération *f*

**factory**: usine *f*

**fading**: décoloration *f*

to **fail**: tomber en panne; (siphon, pump) se désamorcer

**failsafe**: à sécurité positive, à sécurité intégrée

**failure**: (mechanical) panne *f*, défaillance *f*, dérangement *m*; (of structure) rupture *f*, ruine *f*, éboulement *m*, écroulement *m*, effondrement *m*
 ~ **by piping**: rupture par renards
 ~ **by plastic flow**: rupture par écoulement plastique
 ~ **by pull**: rupture par traction
 ~ **by sinking**: rupture par enfoncement
 ~ **by subsurface erosion**: rupture par érosion souterraine
 ~ **by tilting**: rupture par rotation
 ~ **line**: ligne *f* de rupture
 ~ **load**: charge *f* de rupture
 ~ **of adhesion**: décollement *m*
 ~ **of component**: ruine d'une pièce
 ~ **plane**: plan *m* de rupture
 ~ **strain**: déformation *f* de rupture
 ~ **to complete**: inachèvement *m* des travaux
 ~ **wedge**: prisme *m* de glissement, prisme d'éboulement

**fair**, ~ **face**: belle face, face *f* de parement
 ~**-faced concrete**: béton *m* de parement

**fall**: chute *f*, baisse *f*; (in ground) déclivité *f*; (of a road, of a pipe) pente *f*; (of a tackle) garant *m*

to **fall**: tomber; baisser
 ~ **down**: (building) s'effondrer, s'écrouler

**~ in**: (roof, ceiling) s'effondrer; (wall of trench) s'ébouler
**~ into ruin**: tomber en ruine

**fallen earth**: éboulis *m* de terre

**false**: faux
~ **arch**: arc *m* en tas-de-charge
~ **bearing**: faux appui
~ **bed**: (of stone) délit *m*
~ **bottom**: (of filter) faux plancher
~ **ceiling**: faux plafond
~ **header**: fausse boutisse
~ **heartwood**: faux cœur
~ **joint**: joint *m* feint
~ **roof**: faux comble
~ **set**: (of concrete) fausse prise
~ **tongue**: fausse languette, languette *f* rapportée
~ **window**: fausse fenêtre

**falsework**: étaiement *m* de coffrage

**fan**: (shape) éventail *m*; (ventilation) ventilateur *m*; (of scaffolding) auvent *m*, garantie *f* d'échafaudage en éventail
**~-coil unit**: (a.c.) ventilo-convecteur *m*
~ **heater**: radiateur *m* soufflant
**~-shaped**: en éventail
~ **vault**: voûte *f* en éventail

**fanlight**: imposte *f* (de fenêtre) en éventail
~ **opener**: ferme-imposte *m*

**farm**: ferme *f* (agriculture)
~ **gate**: barrière *f* de champ

**fascia**: (of column) fasce *f*; (of roof) bordure *f* de toit
~ **board**: planche *f* côtière, planche de rive; (elaborate) lambrequin *m*

**fascine**: fascine *f*
~ **mattress**: matelas *m* de fascinage
~ **work**: fascinage *m*

**fast**: rapide; (fastened) assujetti, fixé
~ **grown**: (wood) à couches larges
**~-pin hinge**: charnière *f* à broche rivée
~ **pulley**: poulie *f* fixe
~ **sheet**: châssis *m* dormant, dormant *m*
~ **track**: (in planning) voie *f* rapide
~ **track construction**: construction *f* en régime accéléré

to **fasten**: fixer, assujettir

**fasteners**: visserie *f*, boulonnerie *f*

**fastening**: fixation *f*

**fat**: gras
~ **coal**: charbon *m* gras
~ **concrete**: béton *m* gras
~ **edge**: (painting) surépaisseur *f* en bordure
~ **lime**: chaux *f* grasse
~ **mortar**: mortier *m* gras

**fatigue**: fatigue *f*
~ **ratio**: rapport *m* de fatigue
~ **strength reduction factor**: coefficient *m* d'effet d'entaille en fatigue, coefficient de susceptibilité à l'entaille en fatigue
~ **test**: essai *m* de fatigue

**fatty clay**: argile *f* grasse

**faucet** NA: robinet *m* (d'appareil sanitaire); (pipe socket) emboîture *f*
~ **pipe**: tuyau *m* à emboîtement

**fault**: défaut *m*, désordre *m*, vice *m*; défaillance *f* (de matériel, d'un système); (geol) faille *f*
~ **finding**: dépannage *m*
~ **fold**: pli *m* faille
~ **line**: ligne *f* de faille
~ **plane**: plan *m* de faille
~ **throw**: rejet *m* de faille
~ **throwing**: (el) déclenchement *m* par défaut

**faulty**: défectueux
~ **construction**: vice *m* de construction, désordre *m* de construction
~ **material**: vice *m* de matière
~ **workmanship**: malfaçon *f*, vice *m* de fabrication

**FD** → **floor drain**

**FDN** → **foundation**

**FE** → **fire escape**

**feasibility study**: étude *f* de faisabilité

**feather**: (join) languette *f*
~ **edge**: bord *m* en biseau, bord aminci, rive *f* amincie
~ **edge board**: planche *f* à clins
**~-edged coping**: chaperon *m* à un versant
~ **joint**: assemblage *m* à fausse languette
~ **tongue**: fausse languette

**featheredge**, ~ **brick**: brique *f* en coin
~ **coping**: chaperon *m* en glacis, chaperon à un versant

**feathering**: (surface of a joint) amincissement *m*; (cusps of an arch) lobes *m*

**feature**: particularité *f*; (on general plane of a building) accident *m* (horizontal ou vertical)

**fee**: honoraires *m* (d'architecte)

**feed**: alimentation *f*
~ **and return**: aller *m* et retour, départ *m* et retour
~ **pipe**: amenée *f* d'eau, tuyau *m* d'arrivée (à une chaudière)
~ **pump**: pompe *f* d'alimentation
~ **tank**: bâche *f* alimentaire
~ **water**: arrivée *f* d'eau
~ **wire**: (el) fil *m* d'amenée (du courant)

**feeder**: (el) départ *m*, feeder *m*, colonne *f* montante; (water treatment) doseur *m*
~ **box**: boîte *f* d'artère
~ **pillar**: colonne *f* de distribution

**feint**: (metal flashing) biseau *m*

**felt**: feutre *m*
~**-faced float**: bouclier *m* feutré
~ **paper**: papier *m* feutre

**female**: (coupling, thread) femelle
~ **thread**: filet *m* femelle

**fence**: clôture *f*
~ **wire**: fil *m* de fer pour clôtures

**fencer unit**: électrificateur *m* de clôture

**fencing**: clôture *f*

**fender**: galerie *f* de foyer

**fenestration**: fenêtrage *m*

**feretory**: fierte *f*

**fermentation tank**: chambre *f* de fermentation

**ferrous metal**: métal *m* ferreux

**ferrule**: virole *f*

**festoon**: feston *m*

**fiber** NA, → **fibre** GB

**fibered plaster**: plâtre *m* armé de fibres

**fibre** GB, **fiber** NA: fibre *f*
~ **[building] board**: panneau *m* de fibres [agglomérées], aggloméré *m*
~ **washer**: rondelle *f* en fibre

**fibreglass**: fibre *f* de verre

**fibrous**, ~ **concrete**: béton *m* armé de fibres
~ **fracture**: cassure *f* fibreuse, rupture *f* à nerf
~ **glass**: verre *m* fibré
~ **plaster**: plâtre *m* armé de fibres

**fiducial line**: ligne *f* de foi

**field**: champ *m*; (of activity) domaine *m*; (geol) gisement *m* (de houille, de pétrole); (of raised panel) table *f*
~ **book**: carnet *m* de relevés
~ **drain**: drain *m* agricole
~ **engineer**: ingénieur *m* de chantier
~ **office**: bureau *m* de chantier
~ **survey**: étude *f* sur le terrain
~ **test**: essai *m* sur le terrain
~ **tile**: drain *m* agricole, drain de terre cuite
~ **work**: travaux *m* sur le terrain
in the ~: sur le terrain, sur place, au chantier

**fielding**: table *f* (de panneau de menuiserie)

**figure-of-eight stair**: escalier *m* en huit

**figured wood**: bois *m* madré

**filister** → **fillister**

**filament lamp**: lampe *f* à incandescence

**file**: lime *f*

**filings**: limaille *f*

**fill**: (earthwork) remblai *m*

to **fill**: remplir
~ **a joint with mortar**: bourrer un joint de mortier
~ **cracks**: obturer des fissures
~ **in**: (a hole) reboucher; (a trench) combler
~ **the joints**: (in stone masonry) ficher
~ **up**: (a tank) faire le plein; (a trench) remblayer

**filled ground**: terrain *m* remblayé

**filler**: (giving body) charge *f*; (for holes, for cracks) mastic *m* à reboucher, reboucheur *m*; (for wood) bouche-pores *m*

~ **block**: fourrure f; (flooring) hourdis m de remplissage, entrevous m
~ **concrete**: béton m de remplissage
~ **metal**: (wldg) métal m d'apport
~ **rod**: (wldg) baguette f d'apport
~ **slip**: fourrure f

**fillet**: bandeau m, listeau m, listel m; (of groin) nerf m; (on column) filet m
~ **weld**: soudure f d'angle

**filling**: (of a vessel) remplissage m; (of large cracks and cavities) rebouchage m; (into joints) bourrage m, garnissage m; (of small defects) masticage m
~ **in**: rebouchage m
~ **knife**: couteau m de peintre
~ **material**: (earthwork) remblai m
~ **piece**: fourrure f
~ **station**: station f service

**fillister**: feuillure f extérieure (de vitrage)
~ **plane**: feuilleret m

**film**: feuil m, pellicule f, film m
~ **building**, ~ **forming**: filmogène
~ **glue**: colle f en feuille

**filter**: filtre m
~ **aid**: adjuvant m de filtration
~ **bed**: lit m filtrant
~ **bottom**: plancher m de filtre
~ **cake**: gâteau m de boues
~ **canister**, ~ **cartridge**: cartouche f filtrante
~ **cloth**: tissu m filtrant
~ **efficiency**: rendement m d'un filtre
~ **gallery**: galerie f des filtres
~ **hose**: manche f filtrante
~ **layer**: tapis m filtrant
~ **loading**: charge f d'un lit
~ **medium**: milieu m filtrant
~ **well**: puits m filtrant

**filtering**: filtrage m
~ **medium**: matériau m filtrant

**filtrate**: filtrat m

**filtration**: filtrage m

**fin**: (of heating tube) ailette f; (cast concrete) balèvre f; (on casting) ébarbure f
~-**type point pile**: pieu m tube à ailettes

**final**, ~ **acceptance**: réception f définitive
~ **coat**: couche f de finition
~ **creep**: fluage m à vitesse croissante
~ **date**: date f limite
~ **grade**: niveau m du terrain définitif

~ **grading**: régalage m
~ **set**: fin f de prise
~ **settlement**: tassement m définitif
~ **settling basin**, ~ **settling tank**: décanteur m secondaire

**fine**: fin
~ **building plaster**: plâtre m fin de construction
~ **clay**: argile f fine
~ **grading**: (of ground) régalage m
~ **grain**: grain m fin
~-**grained wood**: bois m fin
~ **gravel**: gravillons m
~-**grown wood**: bois m à couches minces
~ **sand**: sablon m
~ **texture**: grain m fin
~-**textured wood**: bois m fin
~ **trim**: boiserie f
~ **tuning**: réglage m de précision

**fines**: particules f fines, fines f

**finger**, ~ **guard**: bourrelet m antipince-doigts
~ **joint**: assemblage m à entures multiples
~ **plate**: plaque f de propreté

**finial**: faîteau m

**finish**: fini m, finition f
~ **coat**: couche f de finition
~ **grade**: niveau m du terrain définitif
~ **hardware**: serrurerie f de bâtiment
~ **plaster**: plâtre m de finition
~ **string**: contre-limon m

**finished**: fini, terminé
~ **floor**: plancher m fini
~ **floor level**: niveau m du sol fini
~ **ground level**: niveau m du terain fini

**finisher**: (road making) finisseur m

**finishing**: finition f, adj : final, de finition; **finishings**: menus ouvrages, second œuvre
~ **carpentry** NA: menuiserie f
~ **coat**: (of paint) couche f finale; (of plaster) couche de finition
~ **machine**: finisseur m
~ **nail**: pointe f à tête homme
~ **plaster**: plâtre m fin

**finned tube**: tube m à ailettes

**fir tree**: sapin m

**fire**: (combustion) feu m, incendie m; adj : réfractaire

~ **alarm**: avertisseur *m* d'incendie
~ **bar**: barreau *m* de grille
~ **behaviour**: comportement *m* au feu
~ **brigade** GB: pompiers *m*
~ **cement**: ciment *m* réfractaire
~ **check**: coupe-feu *m*
~ **cistern**: réservoir *m* d'incendie
~ **company** NA: pompiers *m*
~ **damage report**: état *m* des lieux (après un incendie)
~ **damper**: clapet *m* coupe-feu
~ **door**: porte *f* coupe-feu
~ **drill**: exercice *m* d'évacuation
~ **escape**: échelle *f* de sauvetage
~ **escape stairs**: escalier *m* de secours
~ **exit**: issue *f* de secours
~ **extinguisher**: extincteur *m* d'incendie
~ **fighting**: lutte *f* contre l'incendie
~ **frame**: rétrécissement *m* de cheminée
~ **grading**: classement *m* au feu
~ **grate**: grille *f* de foyer
~ **hazard**: risque *m* d'incendie
~ **hose**: tuyau *m* d'incendie, lance *f* d'incendie, manche *f* d'incendie
~ **hose reel**: robinet *m* d'incendie armé
~ **hydrant**: bouche *f* d'incendie, poteau *m* d'incendie, prise *f* d'eau pour incendie
~ **line**: (space) pare-feu *m*, coupe-feu *m*; (piping) réseau *m* d'incendie
~ **load**: charge *f* d'incendie, potentiel *m* calorifique
~ **nozzle**: lance *f* d'incendie
~ **officer**: pompier *m*
~ **performance**: comportement *m* au feu
~ **point**: point *m* de feu, point *m* d'inflammation; poste *m* d'incendie
~ **rating**: degré *m* coupe-feu
~ **resistance**: résistance *f* au feu
~ **resistance rating**: degré *m* de résistance au feu
~ **resistant**: stable au feu
~-**resisting floor**: plancher *m* coupe-feu
~-**resistive paint**: peinture *f* ignifuge
~ **retardant**: ignifuge; ignifugeant; pare-feu
~ **riser**: colonne *f* d'incendie
~ **separation**: cloisonnement *m* de sécurité
~ **service**: pompiers *m*
~ **sprinkler**: extincteur *m* automatique
~ **station**: caserne *f* de pompiers
~ **stop**: coupe-feu *m*
~ **stop rating**: durée *f* coupe-feu
~ **test**: essai *m* au feu
~ **vent**: trappe *f* de désenfumage

~ **venting**: désenfumage *m*
~ **wall**: mur *m* coupe-feu

**fireback**: cœur *m* de cheminée, plaque *f* de cheminée

**fireboard**: rideau *m* de cheminée, tablier *m* de cheminée

**firebreak**: pare-feu *m*; (around a building) volume *m* de protection

**firebrick**: brique *f* réfractaire

**fireclay**: argile *f* réfractaire

**fired clay**: terre *f* cuite

**fireguard**: pare-feu *m*, coupe-feu *m*; pare-étincelles *m* (de cheminée)

**fireman**: pompier *m*

**fireplace**: cheminée *f* ouverte

**fireplug**: borne *f* d'incendie, poteau *m* d'incendie, bouche *f* d'incendie, prise *f* d'eau pour incendie

**fireproof**: ignifuge

**fireproofing**: ignifugation *f*

**firestat**: pyrostat *m*

**firetube boiler**: chaudière *f* à tubes de fumée

**firing**: (of bricks) cuisson *f*; (of explosives) tir *m*

**firm**, ~ **ground**: sol *m* ferme, sol résistant, terrain *m* résistant
~ **price contrat**: marché *m* à prix ferme
~ **soil**: sol *m* ferme, bon sol

**firmer chisel**: fermoir *m*

**first**: premier
~ **aid**: premiers secours, premiers soins
~ **coat**: (rendering) gobetis *m*
~ **fixings**: (structural timbers) charpente *f* bois (de gros-œuvre); (for joinery) fond *m* de clouage
~ **floor** GB: premier étage; NA rez-de-chaussée *m*

**fish**, ~ **beam**: poutre *f* éclissée
~-**bellied girder**: poutre *f* en ventre de poisson

| fished joint | 294 | flame |

~ **glue**: colle f de poisson
~ **joint**: éclissage m
~ **pass**: passe f à poissons
~ **tape** NA: aiguille f de tirage, câble m de tirage

**fished joint**: joint m éclissé

**fishing wire**: câble m de tirage

**fishnet cracking**: faïençage m à mailles fines

**fishplate**: éclisse f; fourrure f

**fishpond**: (of abbey church) vivier m; (in garden) bassin m

**fishtail**: queue-de-carpe f
~ **bolt**: boulon m de scellement à queue-de-carpe

**fishway**: passe f à poissons

**fit**: ajustement m

to **fit**: ajuster, poser, monter
~ **into**: emmancher (un tuyau), emboîter (une pièce dans une autre)
~ **locks and hinges**: ferrer (une porte)

**fitted carpet**: moquette f tendue, tapis m en pose tendue

**fitting**: ajustement m; (on door, on window) ferrure f; (on pipes) pièce f de montage, raccord m; (of hardware, of furniture to a door or window) ferrage m
~ **out**: agencement m intérieur, aménagement m intérieur

**fix**: (surv) point m observé

to **fix**: fixer, assujettir
~ **to masonry**: sceller
~ **with glue**, ~ **with an adhesive**: poser à la colle

**FIX** → **fixture**

**fixed**: fixe; posé; encastré
~ **arch**: arc m encastré, arc sans articulation
~**-base frame**: portique m encastré aux pieds
~ **beam**: poutre f sur appuis encastrés
~ **bearing**: appui m encastré, appui à encastrement
~ **crane**: grue f à poste fixe
~**-end moment**: moment m d'encastrement

~ **gas heater**: appareil m à gaz immobilisé
~ **light**: châssis m dormant, dormant m, verre m dormant
~ **price contract**: marché m au forfait, marché à prix forfaitaire
~ **price**: prix m forfaitaire
~ **sash**: châssis m fixe, châssis m dormant
~ **support**: appui m à encastrement
~ **time rate contract**: marché m en heures contrôlées, marché en régie d'heures
~ **transom**: imposte f fixe
~ **window**: fenêtre f dormante

**fixing**: fixation f, pose f; (of door etc) établissement m; (into masonry) scellement m
~ **brick**: brique f de bois
~ **gun**: pistolet m de scellement
~ **lug**: patte f de fixation
~ **moment**: moment m d'encastrement
~ **plate**: patin m de scellement
~ **reinforcement**: armature f d'encastrement

**fixity**: encastrement m

**fixture**: installation f à demeure, installation fixe, équipement m fixe, meuble m fixe à demeure
~ **branch**: branchement m de vidange, branchement d'appareil, collecteur m d'appareil
~ **drain**: vidange f individuelle
~ **vent**: ventilation f secondaire

**FL** → **flashing, floor**

**flag**: pierre f plate (de pavage); drapeau m

**flagpole**: mât m (de drapeau)
~ **socket**: embase f de mât

**flagstone**: pierre f plate (de pavage), dalle f (en pierre)

**flake**: paillette f

**flakeboard** NA: panneau m d'aggloméré, panneau de particules

**flaking off**: (paint) écaillage m

**flamboyant**: flamboyant

**flame**: flamme f
~ **arrester**: arrête-flammes m
~ **cleaning**: décalaminage m au chalumeau, décapage m thermique

~ **coal**: charbon *m* flambant
~ **cutting**: découpage *m* à la flamme, découpage au chalumeau
~ **detector**: (on burner) indicateur *m* d'extinction
~ **penetration rating**: degré *m* pare-flamme
~ **retardant**: ignifugé, non propagateur de flamme, retardant la propagation des flammes, ignifugeant
~ **spread**: propagation *f* de la flamme
~ **textured**: flammé
~ **welding**: soudage *m* à la flamme

**flameproof**: ignifuge

**flammable** NA: inflammable

**flange**: (of beam, of girder) aile *f*, plate-bande *f*, semelle *f*, (on pipe) bride *f*, collet *m*; (on ridge tile) bourrelet *m*
~ **pipe**: tuyau *m* à bride
~ **plate**: (of girder) plate-bande *f*, semelle *f*

to **flange**: rabattre (un bord de tôle, une collerette de tube)

**flanged**: (sheet metal) à bord tombé
~ **joint**: joint *m* à brides
~ **sheet**: tôle *f* à bord tombé
~ **Tee**: Té *m* à bride

**flanking**: (acoustics) transmission *f* indirecte du bruit

**flanning**: ébrasement *m* intérieur

**flap**: abattant *m*, registre *m*, volet *m*; (plbg) clapet *m* articulé
~ **door**: porte *f* à rabat
~ **hinge**: (join) briquet *m*

**flared**: (pipe) évasé

**flash**: éclair *m*; (on moulding) bavure *f*
~ **dryer**: séchoir *m* éclair
~ **line**: trace *f* de bavure
~ **off**: perte *f* par évaporation
~ **point**: point *m* d'éclair
~ **set**: prise *f* instantanée, prise accélérée
~ **welding**: soudage *m* par étincelage

**flashed**: (brick) flammé
~ **glass**: verre *m* plaqué, verre doublé

**flashing**: bande *f* de solin

**flat** GB: (housing) appartement *m*; (section) méplat *m*; *adj* : plat, plan; (paint) mat
~ **arch**: arc *m* en plate-bande, plate-bande *f* (de baie)
~ **chord truss**: poutre *f* à membrures parallèles
~ **cutting**: sciage *m* en long parallèle aux tranches
~ **door bolt**: targette *f*
~-**drawn glass**: verre *m* étiré
~ **end**: (of church) chevet *m* plat
~-**grain timber**: bois *m* sur dosse
~-**head nail**: clou *m* à tête plate
~ **iron**: fer *m* plat
~ **jack**: vérin *m* plat
~ **joint**: (of mortar) joint *m* plein
_-**joint jointed**: à joint tiré au fer baguette
~ **joint pointing**: (mas) jointoiement *m* à plat
~ **paint brush**: queue-de-morue *f*
~ **paint**: peinture *f* mate
~-**plate collector**: (solar energy) capteur *m* plan fixe
~ **rate**: tarif *m* à tranche unique
~ **roof**: toiture *f* terrasse, plate-forme *f*
~ **roof outlet**: avaloir *m* de terrasse
~ **sawing**: débit *m* en plots
~ **sawn wood**: bois *m* sur dosse
~ **seam**: agrafure *f* plate (de couverture métallique)
~ **slab**: dalle *f* simple
~ **slab mat**, ~ **slab raft**: radier *m* plan épais
~ **spot**: (on paintwork) embu *m*
~ **top**: (of bath) plage *f*
~ **weld**: soudure *f* à plat
~ **wire**: fil *m* méplat
to **become flat**: (paint) s'emboire

**flatness**: planéité *f*

**flatting**: (painting) matage *m*; (sawing) sciage *m* en long parallèle aux tranches
~ **agent**: agent *m* de matité, agent matant
~ **down**: ponçage *m*

**flaunching**: filet *m* de mortier (autour d'une mitre ou d'un mitron)

**flaw**: défaut *m*; (in metal) paille *f*

**flax**: lin *m*
~ **board**: panneau *m* de particules de lin
~ **shives**: anas *m* de lin

**flecked**: moucheté

**flecks**: mouchetures *f*

**fleur**, ~ **de lis**, ~ **de lys**: fleur *f* de lis, fleur de lys

**fleuron:** fleuron *m*

**flex:** cordon *m* souple

**flexed:** en flexion, travaillant en flexion

**flexible:** souple, flexible; (building) évolutif
~ **conduit:** tube *m* métallique souple
~ **connector:** (a.c.) manchette *f* souple de raccordement
~ **footing:** semelle *f* flexible
~ **foundation:** fondation *f* flexible
~ **hose:** tuyau *m* flexible, flexible *m*
~ **lead:** fil *m* souple
~ **mat:** radier *m* souple
~ **metal roofing:** toiture *f* métallique
~ **mounting:** (under machine) plot *m* antivibratile
~ **pavement:** chaussée *f* flexible, chaussée souple, revêtement *m* souple (de chausée)
~ **price:** prix *m* ajustable
~ **raft:** radier *m* souple
~ **tubing:** (inside a chimney) tubage *m* souple

**flexural** NA: travaillant en flexion
~ **centre:** centre *m* de flexion
~ **rigidity:** rigidité *f* de flexion
~ **strength:** résistance *f* à la flexion
~ **test:** essai *m* de flexion

**flexure** NA: flexion *f*
~ **meter:** déflectomètre *m*, indicateur *m* de flèche

**FLG** → **flooring**

**flier:** marche *f* droite, marche rectangulaire; (flying shore) étai *m* horizontal

**flight:** (of stairs) volée *f* d'escalier
~ **header:** poutre *f* palière, palière *f*
~ **rise:** hauteur *f* à franchir, hauteur à monter, montée *f*
~ **run:** déploiement *m* au sol
~ **slab:** paillasse *f*

**flint:** silex *m*
~ **glass:** flint *m*

**flitch:** bois *m* flache
~ **beam:** poutre *f* composée mixte

**float:** flotteur *m*; (plastering) taloche *f*, bouclier *m*; (planning) marge *f*
~ **glass:** verre *m* flotté
~ **meter:** compteur *m* à flotteur
~ **switch:** interrupteur *m* à flotteur
~ **test:** essai *m* au flotteur
~ **valve:** robinet *m* à flotteur

**floated:** (layer, concrete) taloché

**floating:** finissage *m* à la taloche; *adj* : flottant, désolidarisé
~ **cover:** cloche *f* à gaz (d'épuration de l'eau)
~ **floor:** plancher *m* flottant
~ **foundation:** fondation *f* par caisson flottant
~-**roof tank:** réservoir *m* à toit flottant
~ **slab:** dalle *f* flottante
~ **wood floor:** parquet *m* flottant
~ **zone:** (town planning) zone *f* non affectée

**floc:** (floccule) floc *m* (traitement de l'eau)

**flocculant:** floculant *m*

**flocculated sludge:** boue *f* floculée

**flocculating,** ~ **agent:** floculant *m*
~ **tank:** bassin *m* de floculation, floculateur *m*

**flocculation:** floculation *f*
~ **agent:** floculant *m*
~ **tank:** bassin *m* de floculation, floculateur *m*

**flocculator:** bassin *m* de floculation, floculateur *m*

**flock:** (of fibres) floc *m*
~ **spraying:** flocage *m*

**flocking:** flocage *m*

**flood:** inondation *f*; (of river) crue *f*
~ **control:** lutte *f* contre l'inondation
~ **forecasting:** prévision *f* des crues
~ **level:** niveau *m* de crue; (of sanitary appliance) niveau *m* de débordement
~ **overflow:** déversoir *m* d'orage
~ **plain:** périmètre *m* inondable, zone *f* inondable
~ **wave:** onde *f* de crue

**flooded:** inondé

**floodlight:** projecteur *m*

**floodlighting:** éclairage *m* par projection

**floor:** (storey) étage *m*, niveau *m*; (of a room) plancher *m*, sol *m*
~ **above:** plancher *m* haut
~ **acting compositely with the structure:** plancher *m* collaborant
~ **arch** NA: voûtain *m* de plancher
~ **area:** surface *f* de plancher

~ **batten**: lambourde f (de pose de parquet)
~ **block**: bardeau m (de plancher creux)
~ **covering**: revêtement m de sol
~ **drain**: avaloir m
~ **duct**: canalisation f sous plancher
~ **finish**: revêtement m de sol (permanent)
~ **flange**: (of sanitary appliance) bride f de sol
~ **framing**: ossature f de plancher
~ **guide**: (of sliding door) guidage m inférieur
~ **hanger**: étrier m de plancher
~ **heating**: chauffage m par le sol
~ **joist**: solive f de plancher, solive f courante
~ **joists**: solivage m
~ **layer**: poseur m de parquet, parqueteur m
~ **master key**: passe m d'étage
~ **of excavation**: fond m de fouille
~ **opening**: trémie f de plancher
~ **plan**: plan m d'étage; plan m au sol (d'un étage)
~ **plate**: tôle f à relief
~ **screed**: chape f de sol
~ **slab**: dalle f plancher
~ **tile**: (ceramic) carreau m; (carpet, asphalt) dalle f
~ **-to-ceiling wood panelling**: lambris m de hauteur
~ **tiler**: carreleur m
~ **trap**: siphon m de sol
~ **unit**: meuble m bas

**floorboard**: lame f de parquet, frise f de parquet

**flooring**: revêtement m de sol (permanent)
~ **cement**: ciment m Keene, plâtre m à plancher
~ **plaster**: plâtre m à plancher
~ **saw**: scie f défonceuse
~ **strip**: frise f de parquet, lame f de parquet

**flotation**: flotation f (traitement de l'eau)

**flour**: farine f, fleur f (poudre fine)
~ **paste**: colle f blanche

**flow**: (of a fluid) écoulement m, courant m, débit m; (of electricity, of heat) flux m; (of a metal) fluage m
~ **and return**: (of boiler) départ m et retour
~ **characteristics**: régime m d'écoulement
~ **chart**: organigramme m
~ **diagram**: schéma m de principe
~ **limiting device**: limiteur m de débit
~ **line**: ligne f de courant, ligne de flux
~ **pattern**: configuration f d'écoulement, réseau m des lignes de courant, schéma m d'écoulement, schéma hydraulique
~ **pipe**: (from boiler) départ m d'eau chaude, aller m
~ **rate**: débit m
~ **regulator**: régulateur m de débit
~ **sheet**: schéma m de fabrication, schéma de principe
~ **table**: (concrete) table f à secousses
~ **table test**: essai m d'étalement à la table à secousses

to **flow**: couler
~ **away**, ~ **out**: s'écouler

**flower**: fleur f; (an ornament) fleuron m
~ **bed**: massif m, plate-bande f (de jardin)
~ **-shaped ornament**: fleuron m
~ **tub**: bac m à fleurs

**flowmeter**: débitmètre m

**fluctuating**, ~ **pressure**: pression f variable
~ **price contract**: marché m à prix révisables

**flue**: conduit m [d'évacuation] de fumée, gaine f d'évacuation
~ **block**: boisseau m de cheminée
~ **brush**: hérisson m (de ramonage)
~ **collar**: buse f
~ **effect**: effet m de cheminée
~ **gas**: gaz m brûlés, produits m de combustion
~ **gas loss**: perte f à la cheminée, perte par les fumées
~ **gas recirculation**: recyclage m des gaz de combustion
~ **gases**: gaz m brûlés
~ **lining**: chemisage m de cheminée, gaine f de conduit de fumée
~ **pipe**: conduit m d'évacuation, conduit de fumée; (from appliance to stack) tuyau m de raccordement
~ **tile**: boisseau m de terre cuite

**flued gas appliance**: appareil m à gaz raccordé

**flueless gas appliance**: appareil m à gaz non raccordé

**fluid**: fluide m, adj
~ **-filled column**: poteau m rempli d'eau
~ **mechanics**: mécanique f des fluides

**fluidifier**: fluidifiant *m*

**fluidized bed**: lit *m* fluidisé

**fluorescent**: fluorescent
  ~ **lamp**: lampe *f* à fluorescence
  ~ **lighting**: éclairage *m* fluorescent
  ~ **tube**: tube *m* fluorescent

**fluoridation**: fluoration *f*, fluoruration *f*

**fluosilicate sealing**: fluatation *f*

**flush**: (of w.c.) chasse *f* d'eau; *adj* : arasé, à tête perdue
  ~ **bead**: baguette *f* affleurée
  ~ **bend**: coude *m* de chasse
  ~ **cup pull**: (door handle) cuvette *f* encastrée
  ~ **door**: porte *f* isoplane, porte plane
  ~ **front**: (of lock) têtière *f* affleurante
  ~ **joint**: (mas) joint *m* plein, joint affleuré
  ~ **lock**: (flush with door edge only) serrure *f* encastrée; (flush with door edge and face) serrure entaillée
  ~ **on both sides**: (door panel) arasé sur les deux parements
  ~ **on one side**: (door panel) arasé sur un parement
  ~ **panel**: panneau *m* affleuré, panneau arasé, panneau d'épaisseur
  ~-**panelled door**: porte *f* arasée
  ~ **pipe**: tuyau *m* de chasse
  ~ **pull**: (door handle) poignée *f* encastrée
  ~ **screw**: vis *f* à tête noyée
  ~ **tank** NA: réservoir *m* de chasse
  ~ **with**: à fleur de, à ras de
  ~ **valve**: robinet *m* de chasse
  to **make** ~: (stones) araser

**flushing**: (of w.c.) chasse *f* d'eau; (of sewer) curage *m*, chasse
  ~ **manhole**: regard *m* de curage, regard de chasse
  ~ **rim**: (of appliance) bord *m* à effet d'eau
  ~ **valve**: robinet *m* de chasse

**flushometer** NA: robinet *m* de chasse

**fluted**: cannelé

**fluting**: cannelures *f*

**flux**: (bitumen) produit *m* de fluxage; (wldg) flux *m*, fondant *m*
  ~ **oil**: huile *f* de fluxage

**fly**, ~ **ash**: cendres *f* volantes, envols *m*
  ~ **screen**: moustiquaire *f*

**flyer**: marche *f* droite, marche rectangulaire; (flying shore) étai *m* horizontal

**flying**: volant
  ~ **buttress**: arc-boutant *m*
  ~ **glass**: éclats *m* de verre
  ~ **scaffold**: échafaudage *m* volant

**flyover**: autopont *m*

**flywheel**: volant *m*

**foam**: mousse *f*
  ~ **concrete**: béton *m* mousse, béton cellulaire
  ~ **extinguisher**: extincteur *m* à mousse
  ~ **glass**: mousse *f* de verre expansé
  ~ **inlet**: prise *f* d'incendie à mousse
  ~ **insulation**: mousse *f* isolante
  ~ **rubber**: caoutchouc *m* mousse

**foamed**, ~ **concrete**: béton *m* cellulaire, béton de mousse
  ~-**in-place insulation**: mousse *f* injectée in situ
  ~ **insulation**: isolant *m* moussé
  ~ **plastic**: mousse *f* de plastique
  ~ **slag**: laitier *m* expansé, mousse *f* de laitier

**foaming**: moussage *m* (épuration); *adj* : moussant
  ~ **adhesive**: colle *f* moussante
  ~ **agent**: agent *m* moussant, moussant *m*

**focal plane**: plan *m* focal

**focussed projector**: projecteur *m* convergent

**fog**: brouillard *m*

**foil**: feuille *f* métallique; (architecture) lobe *m*

**fold**: pli *m*
  ~ **nappe**: nappe *f* de recouvrement

**folded plate construction**: voile *m* autoportant polygonal, structure *f* prismatique

**folding**: pliant
  ~ **casements**: fenêtre *f* à deux vantaux; (opening inward) fenêtre à la française; (opening outwards) fenêtre à l'anglaise
  ~ **door**: porte *f* à brisures, porte brisée
  ~ **joint**: (in shutter) brisure *f*

~ **rule**: mètre *m* pliant
~ **stair**: escalier *m* escamotable
~ **wedge**: coin *m* de blocage, détente *f*

**foliage**: feuillage *m*

**foliated**: feuillagé
~ **column**: colonne *f* feuillée

**follow-up**: suivi *m*

**folly**: folie *f*

**font**: (freestanding) bénitier *m*; fonts *m* baptismaux

**foolproof**: à l'épreuve des fausses manœuvres, indéréglable

**foot**: pied *m* (de mur, de colonne)
~ **bath**: pédiluve *m*
~ **iron**: échelon *m* (d'égout)
~ **levelling screw**: (surv) vis *f* calante

**footbridge**: passerelle *f*

**footing**: semelle *f*, empattement *m*
~ **foundation**: fondation *f* directe, fondation superficielle

**footpath**: trottoir *m*

**footprints** GB: pince *f* crocodile

**footstall**: piédestal *m*

**footway**: trottoir *m*

**force**: force *f*, effort *m*
~ **account work**: travaux *m* en régie directe
~ **cup**: débouchoir *m*, dégorgeoir *m*, ventouse *f*
~ **pump**: pompe *f* foulante

**forced**, ~ **air**: air *m* pulsé
~-**air heater**: aérotherme *m*
~-**air heating**: chauffage *m* par air pulsé
~ **circulation hot water heating** NA: chauffage *m* central à circulation forcée
~ **draft**: tirage *m* forcé
~ **vibration**: vibration *f* forcée

**fore observation** NA: visée *f* avant

**forecourt**: avant-cour *f*, (of filling station) piste *f*

**foreground, in the** ~: au premier plan

**forend**: têtière *f*

**foresight**: visée *f* avant

**forfeiture**: défaillance *f* de l'entrepreneur

**forged**: forgé

**forging**: pièce *f* forgée

**forklift truck**: chariot *m* élévateur

**form**: (concreting) coffrage *m*; (a document) formulaire *m*
~ **board**: planche *f* de coffrage
~ **liner**: panneau *m* coffrant
~ **lining**: face *f* coffrante
~ **nail**: clou *m* à deux têtes superposées
~ **oil**: huile *f* de décoffrage, huile *f* de démoulage
~ **panel**: banche *f*
~ **pieces**: forme *f* (de fenêtre à remplage), remplage *m*
~ **release**, ~ **removal**: décoffrage *m*, démoulage *m*
~ **striking**, ~ **stripping**: décoffrage *m*, démoulage *m*
~ **tie**: tirant *m* de coffrage
~-**vibrated concrete**: béton *m* vibré sur coffrage

**formal garden**: jardin *m* à la française

**formation** GB: plate-forme *f* (de terrassements), terrain *m* définitif
~ **level** GB: niveau *m* des terrassements, niveau du terrain définitif

**formed**, ~ **coke**: coke *m* moulé
~ **concrete**: béton *m* banché

**forming**: façonnage *m*, formage *m*, profilage *m*; (concrete) banchage *m*

**formula**: formule *f*

**formwork**: coffrage *m*
~ **bottom**: fond *m* de coffrage
~ **vibrator**: vibreur *m* de coffrage

**fort**: fort *m*, ferté *f*

**fortifications**: fortifications *f*

**fortlet**: fortin *m*

**fortress**: forteresse *f*

**forward**, ~ **bulge**: (of wall) forjeture *f*
~-**curved blade**: aube *f* incurvée vers l'avant
~ **shovel**: pelle *f* en butte

**forwarding agent**: transitaire *m*

**fossil fuel**: combustible *m* fossile

**foul**, ~ **air**: air *m* vicié
  ~ **water**: (as opposed to dirty water) eaux *f* vannes

**foundation**: fondation *f*
  ~ **base**: massif *m* de fondation
  ~ **bed**: assiette *f* des fondations
  ~ **block**: massif *m* de fondation
  ~ **bolt**: boulon *m* de scellement
  ~ **engineering**: technique *f* des fondations
  ~ **failure**: rupture *f* par enfoncement des fondations
  ~ **mat** NA: radier *m*
  ~ **on caissons**: fondation sur caissons
  ~ **on sloping ground**: fondation sur terrain en pente
  ~ **on wells**: fondation sur puits, fondation sur piles-colonnes, fondation sur piles-caissons
  ~ **pit**: puits *m* de fondation
  ~ **raft** GB: radier *m*
  ~ **sill**: sablière *f* basse
  ~ **slab**: dalle *f* de fondation
  ~ **soil**: sol *m* de fondation
  ~ **system**: complexe *m* de fondation
  ~ **unit**: élément *m* de fondation
  ~ **wall**: mur *m* de fondation

**fountain**: fontaine *f* : (in garden) jet *m* d'eau

**four**: quatre
  ~-**centred arch**: arc *m* en accolade
  ~-**centred pointed arch**: arc *m* Tudor, arc brisé aplati
  ~-**edge trimming saw**: équarrisseuse *f*
  ~-**panel door**: porte *f* assemblée au quart
  ~-**way reinforcement**: armature *f* à quatre directions

**foxtail wedge**: queue-de-renard *f*

**foxy timber**: bois *m m* échauffé

**FR** → **fire resisting, fire rated**

**fracture**: cassure *f*, rupture *f*; (geol) fracture
  ~ **load**: charge *f* de rupture

**fragment**: fragment *m*; (of broken tile) tuileau *m*

**frame**: cadre *m*, bâti *m*; (of a structure) charpente *f*, ossature *f*; (in single plane) pan *m* d'ossature; (of excavation) cadre *m*; (portal frame) portique *m*; (of spire, of tower) chaise *f*
  ~ **construction**: construction *f* à ossature en bois
  ~ **member**: élément *m* de charpente
  ~ **saw**: scie *f* à cadre

**framed**: encadré
  ~ **door**: porte *f* menuisée
  ~ **joist**: solive *f* assemblée
  ~ **panel**: panneau *m* encadré
  ~ **partition**: cloison *f* en charpente
  ~ **square**: (door, panel) à glace

**framework**: charpente *f*, ossature *f*

**framing**: charpente *f*, ossature *f*
  ~ **plan**: plan *m* de charpente
  ~ **timber**: gros bois de charpente

**frass**: vermoulure *f*

**free**: libre; gratuit
  ~ **blow**: (a.c.) à soufflage direct
  ~ **burning coal**: charbon *m* flambant
  ~ **fall**: chute *f* libre
  ~ **fall corer**: carottier *m* à chute libre
  ~ **field**: (acoustics) champ *m* libre
  ~-**field room**: salle *f* sourde
  ~ **flow**: écoulement *m* libre
  ~ **lime**: chaux *f* libre
  ~ **on site**: rendu à pied d'œuvre, rendu chantier
  ~ **vibration**: vibration *f* propre
  ~ **water**: eau *f* gravitaire

**freestanding**: autonome, autoportant, isolé
  ~ **wall**: mur *m* isolé

**freestone**: pierre *f* franche

**freezing**: congélation *f*
  ~-**and-thawing test**: essai *m* de gel et dégel
  ~ **point**: point *m* de congélation

**freight elevator** NA: monte-charge *m*

**French**, ~ **chalk**: talc *m*
  ~ **door**: porte-croisée *f*, porte-fenêtre *f*
  ~ **drain**: drain *m* de pierres sèches
  ~ **nail**: pointe *f* de Paris
  ~ **polish**: vernis *m* au tampon
  ~ **roof**: comble *m* à la Mansart
  ~ **window**: porte-fenêtre *f*

**frequency**: fréquence *f*
  ~ **at resonance**: fréquence *f* au moment de la résonance

**fresh**: frais
~ **air**: air *m* frais, air neuf
~ **air inlet**: bouche *f* d'introduction de l'air neuf
~ **air intake**: entrée *f* d'air frais, prise *f* d'air frais
~ **concrete**: béton *m* frais
~ **sewage**: eaux *f* d'égout fraîches
~ **sludge**: boue *f* brute, boue fraîche
~ **wastewaters**: eaux *f* d'égout fraîches
~ **water**: eau *f* douce

**fresnel lens**: lentille *f* de Fresnel, lentille à échelons

**fret**: grecque *f*
~ **saw**: scie *f* à chantourner

**friction**: frottement *m*
~ **foundation**: fondation *f* sur pieux flottants
~ **head**: perte *f* de charge (due au frottement)
~ **pile**: pieu *m* flottant
~ **sleeve**: manchon *m* de frottement
~ **tape** NA: chatterton *m*, ruban *m* isolant
~ **welding**: soudage *m* par friction

**frieze**: (architecture) frise *f* (d'entablature); (part of an inside wall) retombée *f* de plafond; (wallpapering) bordure *f*

**fringe water** NA: eau *f* de la frange capillaire

**frog rammer**: dame *f* sauteuse

**front**: devant *m*; (of a building) façade *f* principale
~ **door**: porte *f* d'entrée
~ **elevation**: façade *f* antérieure, façade sur la rue; (of drawing) vue *f* de face
~ **end loader**: chargeuse *f* à l'avancement, chouleur *m*
~ **hearth**: dalle *f* de foyer, foyère *f*
~ **overhang**: avant-toit *m*
~ **shovel**: pelle *f* équipée en butte
~ **steps**: perron *m*
~ **view**: vue *f* de face

**frontage**: façade *f*, droit *m* de façade, longueur *f* de façade
~ **road**: desserte *f*

**frontager**: riverain *m*

**fronton**: (small, above door or window) fronteau *m*

**frost**: gel *m*
~ **crack**: gélivure *f*
~ **depth**: profondeur *f* [de pénétration] du gel
~ **heave**: gonflement *m* par le gel, soulèvement *m* dû au gel
~ **line**: cote *f* de gel
~ **preventing agent**: antigélif *m*
~ **resistant**: ingélif
~ **riven**: gélif
~ **susceptibility**: gélivité *f*
~ **valve**: robinet *m* incongelable

**frosted**, ~ **bulb**: ampoule *f* dépolie
~ **glass**: verre *m* givré

**frosting**: (glass) dépolissage *m*

**frostproof**: antigélif, incongelable
~ **closet**: (of w.c.) cuvette *f* incongelable
~ **concrete**: béton *m* antigélif

**frothing agent**: agent *m* moussant

**FS** → **factor of safety**

**FTG** → **footing**

**fuel**: combustible *m*
~ **cell**: pile *f* à combustible
~ **economizer**: économiseur *m* de combustible
~ **oil**: mazout *m*, fioul *m*
~ **yard**: parc *m* aux combustibles

**fulcrum**: point *m* d'appui (d'un levier)

**full**: plein
~ **air conditioning**: climatisation *f* totale
~ **bending**: pliage *m* à bloc
~ **body colour**: teinté dans la masse
~ **-centered**: en plein cintre
~ **central heating**: chauffage *m* central général
~ **flow**: plein débit
~ **-flow**: à passage *m* intégral
~ **-flow valve**: robinet *m* plein passage
~ **frame height post**: poteau *m* montant de fond
~ **-scale**: à l'échelle réelle
~ **-scale model**: maquette *f* grandeur nature
~ **-scale test**: essai *m* en grand
~ **size**: (drawing) grandeur *f* d'exécution
~ **-size core**: carotte *f* plein diamètre
~ **-way valve**: robinet *m* plein passage

**fully loaded**: supportant la charge maximale

**function room**: salle *f* de banquets

**functional**: fonctionnel
~ **element**: (of structure) élément *m* constitutif

**fungal growth**: moisissure *f*

**fungicide**: fongicide *m*

**fungicidal paint**: peinture *f* fongicide, peinture anticryptogamique, peinture antifongique, peinture antifungique

**fungus**: champignon *m*

**funicular water**: eau *f* funiculaire

**furnace**: générateur *m* de chaleur; (for warm air heating) calorifère *m*, générateur *m* d'air chaud; (of boiler) chambre *f* de combustion, foyer *m*

**furniture**: meubles *m*, mobilier *m*

**furred**: (pipe) entartré

**furring**: (of boiler) incrustations *f*, tartre *m*; (carp) fourrure *f*; (wall) doublage *m*
~ **brick**: brique *f* creuse de doublage
~ **strip**: fourrure *f*
~ **tile**: plaquette *f* rapportée de terre cuite

**fuse**: (el) fusible *m*, plomb *m*
~ **block**: porte-fusibles *m*
~ **box**: boîte *f* à fusibles, coffret *m* à fusibles
~ **holder**: porte-fusible *m*
~ **link**: élément *m* fusible
~ **tube** NA: porte-fusible *m*
~ **wire**: fil *m* fusible

**fusible plug**: bouchon *m* fusible, rondelle *f* fusible

**fusing salt**: sel *m* de fusion, sel fusible

**fusion**: fusion *f*
~ **joint**: (plastics) joint *m* soudé
~ **welding**: soudage *m* par fusion

**fust**: fût *m* (de colonne)

**fw** → **flash welding**

# G

G → **gas, girder**

**gable**: pignon *m*
~ **bent**: portique *m* à traverse brisée
~ **board**: bordure *f* de pignon, planche *f* de rive, bande *f* de rive, lambrequin *m*
~ **dormer**: lucarne *f* à deux versants
~ **end**: façade *f* à pignon
~ **frame**: portique *m* à traverse brisée
~ **roof**: toit *m* à pignon, comble *m* sur pignons
~ **springer**: sommier *m* de pignon
~ **wall**: mur *m* pignon
~ **window**: lucarne *f* à pignon; (window in gable) lucarne *f* faîtière

**gaboon**: okoumé *m*

**gadroon**: godron *m*

**gadrooned capital**: chapiteau *m* godronné

**gage** NA, → **gauge** GB

**gain**: (carp) embrèvement *m*, entaille *f*

**gallery**: galerie *f*; coursive *f* (d'immeuble); (in church) tribune *f* (au-dessus des bas-côtés)

**galleting**: rocaillage *m* (entre moellons en opus incertum)

**gallows bracket**: console *f* murale triangulaire

**galvanized, ~ iron**: fer *m* galvanisé, tôle *f* galvanisée
~ **iron profile**: petites ondes (plaque ondulée)

**galvanizing**: galvanisation *f*

**gambrel roof** GB: comble *m* brisé, toit *m* en bâtière brisée; NA: comble à la Mansart

**gang**: (of workers) équipe *f*, brigade *f*
~ **boarding**: planche *f* à tasseaux
~ **foreman**: chef *m* d'équipe, chef de brigade
~ **mould**: moule *m* multiple
~ **shore**: batterie *f* d'étais
~ **tool**: outil *m* multiple

**ganged form**: batterie *f* de coffrage

**ganger**: chef *m* d'équipe, chef de brigade

**gangway**: passerelle *f*

**gantry**: chevalet *m* de levage
~ **crane**: grue *f* sur portique, portique *m* de levage

**gap**: joint *m* ouvert; jour *m* (entre planches)
~ **filling adhesive**: colle *f* de remplissage, colle pour joints épais
~**-graded**: à granulométrie discontinue

**gaping**: (joint) baillement *m*

**garage**: garage *m*

**garbage** NA: ordures *f* ménagères
~ **can**: boîte *f* à ordures, poubelle *f*
~ **chute**: vide-ordures *m*
~ **disposal unit**: broyeur *m* d'évier

**garden**: jardin *m*
~ **centre**: jardinerie *f*
~ **city**: cité-jardin *f*
~ **path**: allée *f*
~ **pond**: bassin *m*
~ **suburb**: banlieue *f* jardin

**gargoyle**: gargouille *f*

**garnet**: grenat *m*
~ **hinge**: penture *f*
~ **paper**: papier *m* grenat

**garret**: mansarde *f*

**garth**: préau *m* de cloître

**gas**: gaz *m*; NA → **gasoline**
~ **appliance**: appareil *m* à gaz
~ **cartridge extinguisher**: extincteur *m* à bouteille de gaz
~ **concrete**: béton *m* gaz
~ **cylinder**: bouteille *f* de gaz comprimé

**gasket**     304     **geometrical stair**

~ **extraction**: dégazage m, évacuation f des gaz
~-**filled lamp**: lampe f à atmosphère gazeuse
~ **fire**: radiateur m à gaz
~-**fired**: marchant au gaz
~ **fitter**: gazier m
~ **flame coal**: charbon m flambant
~ **meter**: compteur m de gaz
~ **pipe**: tuyau m de gaz
~ **pocket**: soufflure f de gaz
~ **ring**: réchaud m à gaz
~ **tester**: détecteur m de gaz
~ **trap**: séparateur m de gaz
~ **vent**: conduit m d'évacuation des gaz brûlés

**gasket**: garniture f plate, joint m plat

**gasoline, gas** NA: essence f, → **petrol** GB
~ **interceptor**, ~ **separator**, ~ **trap**: séparateur m d'hydrocarbures

**gate**: barrière f (de clôture), grille f d'entrée; (of town, of castle) porte f
~ **hook**: goujon m de penture
~ **lodge**: pavillon m de garde, pavillon d'entrée
~ **price**: prix m rendu usine
~ **valve**: robinet-vanne m, vanne f

**gatehouse**: (fortification) corps m de garde; (of lock) chambre f des vannes

**gatekeeper**: portier m

**gatepost**: poteau m de barrière, montant m de barrière, pilastre m de grille

**gateway**: porte f monumentale

**gathering**: (in chimney) avaloir m

**gauge** GB, **gage** NA: (an instrument) jauge f, calibre m; (of sheet metal) épaisseur f; (pitch) pas m, écartement m; (of tile, of slate) pureau m; (of slate) échantillon
~ **board**: gâcheur m
~ **glass**: niveau m (de réservoir)
~ **pressure**: pression f manométrique
~ **rod**: pige f

to **gauge**: calibrer; (plaster, mortar) gâcher

**gauged**, ~ **arch**: arc m en brique taillée
~ **brick**: brique f calibrée; brique en coin
~ **plaster**, ~ **stuff**: plâtre m bâtard

**gauging**: calibrage m; (of mortar, of cement) gâchage m, dosage m
~ **plaster**: fleur f de plâtre
~ **water**: eau f de gâchage

**Gaussian curve**: courbe f de Gauss, courbe en cloche

**gauze**: toile f métallique

**gaveting**: rocaillage m (joints entre moellons en opus incertum)

**GC** → **general contractor**

**GCV** → **gross calorific value**

**gear**: matériel m, équipement m; (el) appareillage m

**gel**: gel m (matière)

**gelling agent**: gélifiant m

**gemel**: géminé, jumelé
~ **window**: fenêtre f jumelée

**geminated**: jumelé; (coupled) accouplé

**general**, ~ **arrangement**: (of a building) parti m, ordonnance f
~ **arrangement drawing**: plan m d'ensemble
~ **conditions**: (of the contract) cahier m des clauses générales
~ **contractor**: maître m d'œuvre, entreprise f générale, entreprise pilote
~ **purpose**: polyvalent
~ **view**: vue f d'ensemble

**generator**: générateur m
~ **set**: groupe m électrogène

**generatrix**: génératrice f (géométrie)

**generous coat**: couche f bien nourrie

**gents**: toilettes f messieurs

**geofabric**: géotextile m

**geological**, ~ **horizon**: horizon m géologique
~ **investigation**: étude f géologique
~ **survey**: levé m géologique, étude f géologique

**geomechanics**: géomécanique f

**geometrical stair**: escalier m tournant à jour, escalier à limon courbe

**geotechnical engineer**: ingénieur m géotechnicien

**geotechnics**: géotechnique f

**geotextile**: géotextile m

**geothermal energy**: énergie f géothermique

**GF** → ground floor

**GI** → galvanized iron

**giant, ~ order**: ordre m colossal
~ **rainer**: canon m d'arrosage

**giblet check**: feuillure f extérieure (de porte)

**gimlet**: vrille f

**gin**: bigue f
~ **block**: palan m de chèvre
~ **pole**: mât m de levage, chèvre f à haubans, derrick m à haubans

**girder**: poutre f (grosse poutre f, en métal ou béton); **girders**: poutraison f

**girderage**: poutraison f

**girt** NA: lisse f (d'ossature de façade légère)

**girth joint**: joint m à bague

**to give**: donner
~ **a clearance**: affranchir
~ **possession of the site**: remettre le terrain
~ **way**: (under a load) faiblir, céder

**GL** → glass

**glacial deposit**: dépôt m glaciaire

**gland**: presse-étoupe m

**glare-free lighting**: éclairage m non éblouissant

**glass**: verre m
~ **block**: brique f de verre, dalle f de verre
~ **brick**: brique f de verre
~ **building**: immeuble-mirroir m
~ **concrete**: béton m translucide
~ **cutter**: pointe f de diamant (outil)
~ **fabric**: tissu m de verre
~ **fibre mat**: voile m de verre
~ **furnace**: four m de verrerie

~ **partition**: vitrage m
~ **reinforced concrete**: béton m armé de [fibres de] verre
~ **reinforced plastic**: plastique m armé de verre
~ **roof**: verrière f
~ **silk**: laine f de verre
~ **stop**: (glazing bead) parclose f
~ **tile**: tuile f de verre
~ **wool**: laine f de verre

**glassfibre** GB, **glassfiber** NA: fibre f de verre

**glasshouse**: serre f

**glasspaper**: papier m de verre

**to glaze**: (a building) vitrer; (abrasive) se glacer
~ **in**: poser les vitres

**glaze**: (on paint) glacis m; (ceram) glaçure f

**glazed**: vernissé; vitré
~ **concrete**: béton m émaillé
~ **door**: porte f vitrée
~ **sash**: châssis m vitré
~ **[stone]ware**: grès m vernissé

**glazier**: vitrier m
~**'s putty**: mastic m de vitrier
~**'s brad, ~'s point, ~'s sprig**: pointe f de vitrier

**glazing**: vitrage m; (of brick, of stoneware) émaillage m, vernissage m; (of solar collector) couverture f transparente, revêtement m transparent, vitrage m transparent
~ **bar**: petit fer, petit bois
~ **bead**: parclose f
~ **fillet**: parclose f
~ **rebate**: feuillure f de vitrage

**globe valve**: robinet m d'arrêt sphérique, vanne f à boisseau sphérique

**gloss**: brillant m (d'une peinture)
~ **paint**: peinture f brillante

**glossing**: lustrage m (du verre)

**glue**: colle f
~ **block**: (join) taquet m
~ **failure**: rupture f dans le plan de collage
~ **line**: plan m de collage
~ **penetration**: (in plywood) transpercement m de colle

to **glue**: coller
  ~ **a backing cloth**: maroufler

**glued-laminated timber, glu-lam**: bois *m* lamellé-collé, lamellé-collé *m*

**gluing**: collage *m*

**glyph**: glyphe *f*

**GM** → **graded material**

**godroon**: godron *m*

**godrooning**: godronnage *m*

**going, ~ of flight**: étendue *f* d'un escalier

**gold**; or *m*
  ~ **leaf**: feuille *f* d'or
  ~-**plated**: doré

**good, ~ ground**: bon sol
  ~ **practice**: règles *f* de l'art
  in ~ **condition**: en bon état
  in ~ **repair**: en bon état

**goods lift** GB: monte-charge *m*

**gooseneck**: col-de-cygne *m*; crosse *f* (de rampe d'escalier, d'échelon)

**gore**: pan *m* de dôme

**gorgerin**: gorgerin *m*

**gothic**: gothique

**gothik**: néogothique

**government contract**: marché *m* public

**governor**: régulateur *m*

**GR** → **grade**

**grab**: benne *f* preneuse
  ~ **crane**: grue *f* à benne preneuse
  ~ **rail**: poignée *f* d'appui (pour handicapés)
  ~ **set**: prise *f* instantanée, prise *f* accélérée

**grade**: qualité *f*, classe *f*, (of metal) nuance *f*, NA (gradient) pente *f* (de route, de tuyau); NA (ground level) niveau *m* du sol, surface *f* du terrain définitif
  ~ **beam**: (foundations) longrine *f*
  ~ **level**: sol *m* définitif, niveau *m* des terrassements
  ~ **line**: contour *m* du sol
  ~ **stake**: piquet *m* de nivellement
  ~ **strip**: (concreting) chemin *m*

to **grade**: ménager la pente, niveler, régaler, régulariser (une pente, une route, un talus)

**graded**: trié; calibré; tamisé, criblé
  ~ **aggregate**: granulat *m* calibré
  ~ **filter**: filtre *m* à granulométrie continue
  ~ **material**: matériau *m* classé, matériau trié
  ~ **profile**: profil *m* régularisé

**grader**: niveleuse *f*

**gradient**: inclinaison *f* par rapport à l'horizontale; (of ground) pente *f*, déclivité *f*; (of temperature, electric potential) gradient *m*
  ~ **ratio**: rapport *m* des gradients hydrauliques

**grading**: (according to quality) classification *f*; (according to size) calibrage *m*; (of aggregate) granulométrie *f*; (of ground) nivelage *m*, nivellement *m*, régalage *m* des surfaces
  ~ **curve**: courbe *f* granulométrique
  ~ **range**: fuseau *m* granulométrique

**graduated courses**: (roofing) pureau *m* décroissant

**grain**: grain *m*; (of timber) fil *m*, fibre *f*; (of marble, of wood) veine *f*
  ~ **of the ply**: fil *m* d'un pli
  ~ **raising**: soulèvement *m* du grain
  ~ **size**: granulométrie *f*
  ~ **size analysis**: analyse *f* granulométrique, étude *f* granulométrique
  ~ **size distribution**: distribution *f* granulométrique
  ~-**to-grain stress**: contrainte *f* intergranulaire
  ~-**to-grain pressure**: pression *f* intergranulaire
  **with the ~**: dans le sens du fil

to **grain**: (painting) veiner façon bois

**graining, ~ brush**: veinette *f*
  ~ **comb**: peigne *m* de peintre

**grand, ~ master key**: passe *m* général, clé *f* de groupe
  ~ **staircase**: escalier *m* d'honneur

**grandstand**: tribune *f* d'honneur

**granite**: granit *m*

**granolith**: granito *m*

**granolithic finish**: granito *m*

**grant**: subvention *f*

**granular**, ~ **gypsum**: gypse *m* granulé
~ **material**: matière *f* pulvérulente
~ **soil**: sol *m* pulvérulent, terrain *m* pulvérulent

**graph**: graphique *m*

**graphic statics**: statique *f* graphique

**grapple**: grappin *m*

**grass**: herbe *f*, gazon *m*
~ **table**: embasement *m*, empattement *m*
~ **verge**: bas-côté *m* (de route)

**grate**: grille *f*
~ **bar**: barreau *m* de grille

**graticule**: réticule *m*

**grating**: (wooden grillage) gril *m*; (on drain) grille *f*, (of foundation) grillage *m* de madriers; (as flooring) caillebotis *m*

**gravel**: gravier *m*
~-**cement mixture**: grave-ciment *f*
~ **guard**: (to rainwater outlet) crapaudine *f*
~ **packing**: (to well) couronne *f* de gravier
~ **pit**: gravière *f*, ballastière *f*
~-**sand mixture**: grave *f*
~-**slag mixture**: grave-laitier *f*

**gravestone**: pierre *f* tombale

**gravitational water**: eau *f* gravitaire

**gravity**: gravité *f*
~ **abutment**: culée-poids *f*
~ **chute**: toboggan *m*
~ **circulation**: (of hot water) circulation *f* par thermosiphon
~ **dam**: barrage-poids *m*
~ **feed**: alimentation *f* par gravité
~ **filter**: filtre *m* gravitaire
~ **flow**: écoulement *m* libre
~ **hot water heating**: chauffage *m* central à circulation naturelle
~ **supply**: alimentation *f* par gravité, alimentation en charge
~ **system**: réseau *m* gravitaire
~ **tank**: réservoir *m* en charge
~ **wall**: mur-poids *m*
~ **water**: eau *f* gravitaire

**gray** NA, → **grey** GB

**GRC** → **glass reinforced concrete**

**grease**: graisse *f*
~ **box**: bac *m* à graisse, bac dégraisseur, séparateur *m* à graisses
~ **cup**: godet *m* graisseur
~ **interceptor** NA, ~ **separator**, ~ **trap**: bac *m* à graisse, bac dégraisseur, séparateur *m* à graisses

**greasy**: gras

**great grand master key**: clé *f* maîtresse, passe *m* général

**Greek**, ~ **key**, ~ **moulding**: grecque *f*

**green**: vert
~ **belt**: zone *f* verte
~ **brick**: brique *f* crue
~ **concrete**: béton *m* jeune
~ **sludge**: boue *f* fraîche, boue brute
~ **strength**: résistance *f* initiale (du béton)
~ **timber**: bois *m* vert

**greenhouse**: serre *f*
~ **effect**: effet *m* de serre
~ **glass**: verre *m* jardinier

**grey iron**: fonte *f* grise

**grid**: (coordination) trame *f*, (drawing) quadrillage *m*; (map) grille *f*, (of structure) résille *f*
~ **layout**: plan *m* en damier, plan en grille, plan orthogonal; (pipe network) maillage *m*
~ **plan**: plan *m* en damier, plan en grille, plan orthogonal
~ **system**: (el) réseau *m* de transport de l'électricité

**gridiron**, ~ **plan**: plan *m* quadrillé
~ **system**: réseau *m* maillé

**griffe**: griffe *f* (base de colonne)

**griffin**: griffon *m*

**grillage foundation**: fondation *f* sur gril[lage], semelle *f* en poutrelles enrobées

**grille**: grille *f* de ventilation

to **grind**: (to sharpen a tool) affûter, aiguiser; (glass, marble) égriser (avant polissage); (metal) rectifier

**grinder**: meuleuse f

**grinding**: émeulage m; (of plate glass) doucissage m; (of concrete, of terrazzo) grésage m : (cement manufacture) mouture f
 ~ **wheel**: meule f

**grindstone**: meule f

**grip**: (prestressing of concrete) embout m
 ~ **anchorage**: ancrage m par serrage
 ~ **gear**: parachute m (d'ascenseur)
 ~ **length of reinforcement**: longueur f d'adhérence d'armature

**grit**: (blasting) grenaille f angulaire; (wastewater treatment) sable m; (for icy roads) gravillons m
 ~ **blasting**: grenaillage m à la grenaille angulaire
 ~ **chamber**: dessableur m
 ~ **spreader**: gravillonneuse f
 ~ **stone**: meulière f

**gritstone**: pierre f meulière

**gritter**: gravillonneuse f

**grog**: chamotte f

**groin**: arête f de voûte
 ~ **vault**: voûte f d'arête[s]
 ~ **rib**: nervure f d'arête

**grommet**: passe-fil m

**groove**: rainure f, gorge f, (fluting) cannelure f, (of key) ève f, (welding defect) caniveau m
 ~ **between mouldings**: tarabiscot m

**groover**: fer m à rainurer (dalle de béton)

**grooving plane**: bouvet m à rainure, bouvet femelle

**gross**: brut
 ~ **area**: aire f brute; surface f hors œuvre
 ~ **calorific value**: pouvoir m calorifique supérieur
 ~ **installed capacity**: puissance f brute
 ~ **sample**: échantillon m brut

**ground**: sol m, terrain m, terre f, (for paint) subjectile m, support m; (el) NA: terre f, mise f à la terre
 ~ **beam**: sablière f basse
 ~ **breaking**: ouverture f du sol
 ~ **circuit** NA: circuit m de terre
 ~ **connection**: prise f de terre
 ~ **cover plant**: plante f tapissante
 ~ **frame**: premier cadre (de tranchée)
 ~ **landlord**: propriétaire m foncier
 ~ **leak** NA: fuite f à la terre
 ~ **level** GB: niveau m du sol
 ~ **movement**: mouvement m de terrain
 ~ **plan**: plan m au sol
 ~ **plate**: (of framed structure) sablière f basse
 ~ **reaction**: réaction f du sol
 ~ **return circuit** NA: circuit m de retour par la terre
 ~ **sill**: sablière f basse
 ~ **sleeper**: longrine f
 ~ **table**: empattement m (au bas d'un mur)
 ~ **thrust**: poussée f des terres
 ~ **water**: nappe f phréatique
 ~ **water flow**: circulation f souterraine d'eau, écoulement m souterrain
 ~ **water lowering**: rabattement m de la nappe phréatique
 ~ **water runoff**: écoulement m souterrain
 ~ **wave**: onde f de sol
 ~ **which can be broken up with a pick**: terrain m attaquable à la pioche ou au pic
 ~ **which can be dug with a shovel**: terrain m attaquable à la pelle
 ~ **wire** NA: fil m de terre

**ground**: meulé, rectifié
 ~ **concrete**: béton m grésé
 ~ **glass**: verre m dépoli

**grounded** NA: mis à la terre

**groundfloor** GB: rez-de-chaussée m

**grounding** NA: mise f à la terre; (to body of machine) mise à la masse

**groundwork**: (roofing) lattis m (sur voligeage de toiture), litonnage m

**group**, ~ **heating**: chauffage m en commun
 ~ **of piles**: groupe m de pieux, pieux m groupés
 ~ **vent**: ventilation f secondaire par groupe

**grout**: coulis *m*, mortier *m* clair
  ~ **curtain**: rideau *m* d'injection
  ~ **hole**: trou *m* d'injection
  ~ **pocket**: réservation *f* de scellement
  ~ **pump**: pompe *f* d'injection

**grouting**: barbotine *f*, scellement *m* au mortier clair, scellement au coulis; (cementation) cimentation *f*, (pointing) jointoiement *m* avec mortier liquide; (road) pénétration *f* (du goudron); (under pressure) injection *f*
  ~ **admixture**: adjuvant *m* pour injection

**growth**: croissance *f*
  ~ **ring**: cerne *m* (du bois), couche *f* annuelle
  ~ **wood**: cambium *m*

**GRP** → **glass reinforced platic**

**grub screw**: vis *f* sans tête

**grubbing**: défrichage *m*, essouchement *m*

**guarantee**: garantie *f*

**guard**, ~ **bar**: appui *m* de fenêtre, barre *f* d'appui (de fenêtre)
  ~ **board**: (of scaffolding) plinthe *f*
  ~ **rail**: garde-corps *m*, garde-fou *m*, rambarde *f*
  ~ **ring**: (of lock) cuirasse *f* de canon

**gudgeon**: goujon *m* de penture

**guest quarters**: (of an abbey or convent) hôtellerie *f*

**guesthouse**: pension *f* de famille

**guide**, ~ **coat**: couche *f* de guide
  ~ **rail**, ~ **track**: chemin *m* de guidage
  ~ **vanes**: aubage *m* directionnel

**guilloche**: guillochis *m*

**gully**: bouche *f* d'égout
  ~ **hole**: avaloir *m*

**gum**: gomme *f*; GB: colle *f* de bureau
  ~ **arabic** GB: gomme *f* arabique
  ~ **pocket** GB: poche *f* de résine

**gun**: pistolet *m*
  ~ **application**: application *f* au pistolet, pistolage *m*
  ~-**applied sealant**: joint *m* à la pompe
  ~-**grade sealant**: joint *m* à la pompe
  ~ **nailer**: cloueuse *f* automatique
  ~ **spraying**: projection *f*
  ~ **welder**: pince *f* à souder

**gunning**: projection *f*, (of concrete) gunitage *m*

**gusset**: gousset *m*

to **gut a building**: vider les quatre murs

**gutta**: (architecture) goutte *f*

**gutter**: (in roadway) ruisseau *m*, caniveau *m*; (on roof) gouttière *f*; (heavy type, as used on industrial buildings) chéneau *m*
  ~ **hanger**: étrier *m* de chéneau
  ~ **hook**: crochet *m* de gouttière
  ~ **plank**: volige *f* de fond de chéneau
  ~ **plate**: sablière *f* sous chéneau

**guy**: hauban *m*
  ~ **pole**: derrick *m* à haubans

**gypsum**: gypse *m*
  ~ **block**: carreau *m* de plâtre
  ~ **board**: panneau *m* de gypse
  ~ **concrete**: béton *m* de plâtre
  ~ **plaster**: enduit *m* au plâtre
  ~ **plasterboard**: plaque *f* de plâtre, placoplâtre *m*

**gyratory crusher**: concasseur *m* giratoire

H → hard, hardness

**habitable room**: pièce *f* habitable

**hacksaw**: scie *f* à métaux

**hafting**: emmanchement *m*

**hagioscope**: hagioscope *m*

**ha-ha**: ha-ha *m*, ahah *m*

**hair**: crin *m*
  ~ **crack**: fissure *f* filiforme, microfissure *f*
  ~ **cracking**: faïençage *m*

**hairline cracking**: gerçures *f*, microfissuration *f*

**hairpin**: épingle *f* à cheveux

**half**: moitié *f*, *adj* : demi
  ~-**barrel vault**: voûte *f* en demi-berceau
  ~-**brick wall**: mur *m* de 11 cm
  ~ **dome**: cul-de-four *m*
  ~-**hollow moulding**: gorge *f* à profil demi-circulaire
  ~ **landing**: demi-palier *m*
  ~-**lap joint**: assemblage *m* à mi-bois
  ~-**round bar**: fer *m* demi-rond
  ~-**round cut veneer**: placage *m* semi-déroulé
  ~-**round groove**: (on window) gueule-de-loup *f* (de battant meneau), contre-noix *f* (de bâti dormant)
  ~-**round iron**: fer *m* demi-rond
  ~-**round moulding**: baguette *f* demi-ronde
  ~-**round ridge tile**: faîtière *f* demi-ronde
  ~-**round tongue**: (on window) noix *f* (du montant charnier), mouton *m* (de battant mouton)
  ~-**round trim**: jonc *m* d'habillage
  ~-**round tile**: tuile *f* canal
  ~-**space stair**: escalier *m* à moitié tournante
  ~-**span roof**: toit *m* en appentis, appentis *m*
  ~ **story**: étage *m* mansardé
  ~ **stud**: (in partition) poteau *m* de remplage, poteau de remplissage, potelet *m*
  ~-**timbered house**: maison *f* à colombages
  ~ **truss**: demi-ferme *f*
  ~-**turn stairs**: escalier *m* à double quartier

**halfpace**: moitié *f* tournante
  ~ **stair**: escalier *m* à moitié tournante

**hall**: entrée *f* (de logement), vestibule *m*; salle *f* des fêtes, grande salle; **Hall**: château *m*, manoir *m*
  ~ **church**: église *f* halle

**halved joint**: assemblage *m* à mi-bois

**halving**: (handle to tool) emmanchement *m*; (a joint) assemblage *m* à mi-bois
  ~ **joint**: assemblage *m* à mi-bois

**hammer**: marteau *m*
  ~ **beam**: blochet *m* (saillant)
  ~-**beam roof**: toit *m* à charpente à blochets
  ~ **blow**: coup *m* de marteau; (pile driving) coup de battage
  ~ **breaker**: concasseur *m* à percussion
  ~ **crusher**: concasseur *m* à percussion
  ~ **dressed**: (stone) dressé au marteau
  ~ **drill**: marteau *m* perforateur; (a handtool) perceuse *f* à percussion
  ~ **finish**: peinture *f* à effet de martelage
  ~ **head**: tête *f* de marteau
  ~ **sampler**: carottier *m* battu
  ~ **tacker**: agrafeuse *f* cloueuse marteau

**hammered glass**: verre *m* martelé

**hammerhead crane**: grue *f* marteau

**hand**: main *m*; ouvrier *m*; (of door) main, sens *m* d'ouverture; *adj* : manuel
  ~ **drill**: chignole *f*
  ~ **float**: bouclier *m* d'enduiseur
  ~ **hole**: trou *m* de poing
  ~ **operated**: à main, à bras

~ **punner**: dame *f*
~ **rammer**: demoiselle *f*
~ **reset**: réarmement *m* à la main, réenclenchement *m* manuel
~ **spray**: douchette *f*
~ **winch**: treuil *m* à bras

**handing**: (of door) sens *m* d'ouverture, main *f*

**handle**: poignée *f*, manche *m* (d'outil)

**handling**: manutention *f*

**handpull**: poignée *f* de tirage

**handrail**: rampe *f* d'escalier; main *f* courante, balustrade *f*; (of balcony) lisse

**handsaw**: scie *f* égoïne, scie égohine

**handshower**: douchette *f*

**handwheel**: volant *m*

to **hang**: (wallpaper) poser, coller du papier peint; (a door) poser, monter, ferrer une porte

**hanger**: lien *m* en fer à U; (for pipe) chaise *f*; (for dropped ceiling) suspente *f*
~ **bolt**: boulon *m* de suspension

**hanging**: (of slates) pose *f* au crochet; (of door) ferrage *m*; *adj* : pendant, suspendu
~ **closet** NA: penderie *f*
~ **gutter**: gouttière *f* pendante
~ **keystone**: (mas) clé *f* pendante
~ **light fitting**: suspension *f*
~ **post**: poteau *m* de montage (de porte), poteau *m* ferré (de barrière)
~ **sash**: châssis *m* à guillotine
~ **scaffolding**: échafaudage *m* suspendu, échafaudage volant
~ **shingling**: essentage *m*, bardage *m* (en bardeaux)
~ **stairs**: escalier *m* en encorbellement, escalier pendant, escalier suspendu
~ **step**: marche *f* en encorbellement
~ **stile**: montant *m* de ferrage, montant charnier, montant de suspension;

**hard**: dur
~ **burnt**: (brick, tile, plaster) surcuit
~ **dry**: (paint) sec dur
~ **ground**: sol *m* résistant
~ **hat**: casque *m* (de chantier)
~ **light**: lumière *f* crue

~ **plaster**: plâtre *m* à haute dureté
~ **shoulder**: bande *f* d'arrêt d'urgence
~ **solder**: soudure *f* forte
~ **stone**: pierre *f* froide, pierre dure
~ **water**: eau *f* dure, eau calcaire

**hardboard**: panneau *m* de fibres (type Isorel)

**hardcore**: blocaille *f*, pierres *f* cassées; hérisson *m* de fondation

**hardened**: (metal) trempé
~ **concrete**: béton *m* durci

**hardener**: durcisseur *m*

**hardening**: durcissement *m*
~ **agent**: (for concrete) accélérateur *m* de durcissement

**hardness**: dureté *f*; (of water) minéralisation *f*
~ **test**: essai *m* de dureté; (of water) titre *m* hydrotimétrique

**hardstand**: aire *f* en dur

**hardware**: quincaillerie *f*; (door) ferrure *f*, garniture *f*

**hardwood**: bois *m* feuillu

**harsh**, ~ **concrete**: béton *m* raide
~ **light**: lumière *f* crue

**hatch**: panneau *m* d'accès, trappe *f*; guichet *m*, passe-plats *m*

**hatchings**: hachures *f*

**hatchway**: panneau *m* d'accès (de toit)

**Hathoric capital**: chapiteau *m* hathorique

**haul**: distance *f* de transport (de matériaux), trajet *m*

**haulage**: camionnage *m*

**haulier**: entreprise *f* de transports

**haunch**: gousset *m* de poutre, rein *m* de voûte
~ **board**: joue *f* (de coffrage de poutre)

**haunched**. ~ **beam**: poutre *f* à gousset[s]
~ **tenon**: tenon *m* embrevé

**hawk**: taloche *f* (béton, plâtre)

**hayloft**: grenier *m* à foin

**HAZ** → **heat affected zone**

**hazard**: risque *m*

**hazardous**: dangereux

**haze**: (a paint defect) brouillard *m*

**H-beam**: poutrelle *f* en H

**HBC** → **high breaking capacity**

**H-clip**: agrafe *f* H

**head**: tête *f*; (of door or window) couvrement *m*; (of doorframe) traverse *f* d'huisserie, traverse de dormant; (of dead shore) semelle *f* haute; (of slate, of tile) chef *m* de tête; (of a liquid) charge *f*, hauteur *f* manométrique
  ~ **gate**: (of lock) porte *f* d'amont
  ~ **high**: à hauteur d'homme
  ~ **jamb**: traverse *f* de dormant, traverse d'huisserie
  ~ **joint** NA: (mas) joint *m* montant, joint *m* vertical
  ~ **lap**: recouvrement *m* transversal
  ~ **loss**: perte *f* de charge
  ~ **of water**: hauteur *f* manométrique, colonne *f* d'eau
  ~ **plate**: sablière *f* haute
  ~ **rail**: (of partition) rail *m* de tête
  ~ **tank**: bâche *f* de mise en pression
  ~ **wall**: (of culvert) mur *m* frontal
  ~ **water**: eau *m* d'amont

**headed stud**: goujon *m* à tête

**header**: (mas) boutisse *f*; (plmbg) collecteur *m*
  ~ **joist** NA: chevêtre *m*
  ~ **course**: assise *f* de boutisses

**heading**, ~ **chisel**: bédane *m*
  ~ **course**: assise *f* de boutisses
  ~ **joint**: enture *f*

**headrace**: canal *m* d'amenée

**headroom**: hauteur *f* de passage, hauteur de plafond, hauteur libre; (of stairs) hauteur d'échappée

**headstone**: pierre *f* angulaire; clé *f* (d'arc)

**headway**: hauteur *f* de passage, hauteur de plafond, hauteur libre; (of stairs) hauteur d'échappée

**heap**: tas *m* (de matériaux)

**heaped capacity**: capacité *f* à refus, capacité avec dôme

**heart**: coeur *m*
  ~**-and-dart pattern**: rais-de-coeur *m* et dards
  ~ **leaf**: rai-de-coeur *m*
  ~ **shake**: fente *f* de coeur

**heartboard**: plateau *m* de coeur

**hearthstone**: âtre *m*

**hearting**: (interior of wall or pier) fourrure *f*

**heartrot**: pourriture *f* du coeur

**heartwood**: bois *m* parfait, bois de coeur, duramen *m*
  ~ **rot**: pourriture *f* du coeur

**heat**: chaleur *f*
  ~ **absorbing glass**: verre *m* athermique
  ~**-activated**: (adhesive) thermocollant
  ~ **balance**: bilan *m* thermique
  ~ **barrier**: barrière *f* thermique
  ~ **budget**: bilan *m* thermique
  ~ **capacity**: capacité *f* calorifique
  ~ **carrier**, ~ **carrying fluid**: fluide *m* caloporteur, agent *m* caloporteur, caloporteur *m*
  ~ **conductivity**: conductibilité *f* thermique
  ~ **conductor**: caloporteur *m*
  ~ **content**: contenu *m* calorifique
  ~ **discharge**: rejet *m* de chaleur
  ~ **duct**: caloduc *m*
  ~ **exchanger**: échangeur *m* thermique, échangeur de chaleur
  ~ **gain**: gain *m* de chaleur
  ~ **gun**: décapeuse *f* thermique
  ~ **input**: apport *m* de chaleur, apport thermique, apport calorifique; chaleur *f* consommée, chaleur fournie
  ~ **insulation**: isolation *f* thermique, isolement *m* thermique
  ~ **load**: charge *f* thermique
  ~ **loss**: déperdition *f* de chaleur, déperdition calorifique, perte *f* de chaleur
  ~ **of fusion salt**: sel *m* de fusion, sel fusible
  ~ **of hydration**: chaleur *f* d'hydratation
  ~ **output**: (of radiator) chaleur *f* émise
  ~ **pipe**: caloduc *m*
  ~ **pump**: pompe *f* à chaleur, thermopompe *f*
  ~ **recovery**: récupération *f* de la chaleur

~ **removal**: évacuation f de la chaleur
~ **requirements**: besoins m calorifiques
~ **resistant**: stable à la chaleur
~ **resistant paint**: peinture f réfractaire
~ **sealing**: thermosoudage m
~ **sensitive paint**: peinture f pyrométrique
~ **setting**: (on heater) allure f de chauffe
~ **sink**: source f de froid, source froide
~ **source**: source f chaude
~ **storage**: stockage m thermique
~ **store**: accumulateur m thermique
~ **transfer**: transmission f de la chaleur
~ **transfer fluid**, ~ **transfer medium**; fluide m de transfert de chaleur, fluide caloporteur, fluide thermique, caloporteur m
~ **transfer pump**: pompe f à fluide caloporteur
~ **transmission**: transmission f thermique, transmission calorifique
~ **transmission coefficient**: coefficient m de transmission calorifique
~ **treatment**: traitement m thermique
~ **welding**: (of plastics) soudage m thermique

**heated**, ~ **concrete**: béton m chauffé
~ **towel rail**: radiateur m sèche-serviettes

**heater**: réchauffeur m; GB: générateur m de chaleur; (heating appliance) appareil m de chauffage
~ **and sprayer**: réchauffeuse f répandeuse

**heating**: chauffage m
~ **and cooling**: chauffage m et climatisation
~ **appliance**: appareil m de chauffage
~ **capacity**: puissance f calorifique
~ **coil**: serpentin m de chauffage; (a.c.) batterie f de chauffe
~ **control**: réglage m du chauffage
~ **engineer**: chauffagiste m
~ **medium**: fluide m caloporteur
~ **pad**: coussin m chauffant, thermoplasme m
~ **panel**: panneau m chauffant
~ **power**: puissance f calorifique
~ **surface**: surface f de chauffe
~ **system**: installation f de chauffage
~ **unit**: (a.c.) batterie f de chauffe
~ **value**: pouvoir m calorifique
~ **wire**: fil m chauffant

**heave**: soulèvement m du sol, gonflement m du sol; (geol) recouvrement m horizontal, rejet m heave
**-off hinge**: paumelle f dégondable

**heavily corroded**: (metal) rongé

**heaving failure**: rupture f par soulèvement

**heavy**: lourd
~ **concrete**: béton m lourd
~ **duty**: de grande puissance, pour gros travaux, de grand rendement
~ **duty manhole cover**: tampon m série chaussée
~ **gauge sheet metal**: tôle f forte
~ **rain**: pluie f intense
~ **sludge**: boues f épaisses
~ **soil**: terre f grasse
~ **traffic**: circulation f lourde

**hedge**: haie f

**heel**: (of rafter) pied m; (of retaining wall) talon m

**height**: hauteur f; (of arch, of step) montée f
~ **above ground**: hauteur hors sol, hauteur au-dessus du sol
~ **above impost level**: hauteur sous clé
~ **at crown**: hauteur sous clé
~ **of capillary rise**: hauteur d'ascension capillaire
~ **to underside of ceiling**: hauteur sous plafond
~ **to underside of girders**: hauteur sous poutre
~ **zoning**: réglementation f des hauteurs de construction

**helical**: hélicoïdal, en hélice
~ **binding**: frettage m en hélice
~ **reinforcement**: frettage m en hélice
~ **stair**: escalier m en hélice, escalier hélicoïdal

**heliostat**: héliostat m

**helipad**: plate-forme f d'hélicoptère

**helix**: hélice f

**helm roof**: flèche f rhomboïdale

**helmet**: casque m

**helper** NA: manœuvre m, aide m, garçon m

**hem**: corne *f* (de chapiteau ionique)

**hemihydrate plaster**: plâtre *m* semi-hydrate

**hemp**: chanvre *m*

**herm**: hermès *m*

**herringbone**: (pattern) bâtons *m* rompus, en épi, en arête de poisson
~ **parquet**: parquet *m* à bâtons rompus
~ **strutting**: (of floor) entretoisement *m* en croix de St André
~ **work**: appareil *m* en épi

**hessian** GB: toile *f* à sacs, toile de jute, grosse toile d'emballage

**hexagonal**: hexagonal
~ **head**: tête *f* à six pans

**HGT** → **height**

**hickey**: cintreuse *f*

**hidden**: caché
~ **core gap**: (in plywood) joint *m* ouvert enfermé
~ **defect**: vice *m* caché
~ **stair**: escalier *m* dérobé

**hiding power**: (of paint) pouvoir *m* couvrant, opacité *f*

**high**: haut
~ **altar**: maître-autel *m*
~-**alumina cement**: ciment *m* fondu
~-**bond bar**: barre *f* à haute adhérence
~ **breaking capacity, HBC**: haut pouvoir de rupture
~-**density concrete**: béton *m* lourd
~ **early strength cement**: ciment *m* à haute résistance initiale
~ **elasticity**: superélasticité *f*
~ **flow**: (of river) débit *m* de crue
~ **intensity lamp**: lampe *f* à haute intensité
~-**level suite** GB: w.-c. *m* à réservoir haut
~-**level tank** GB: réservoir *m* de chasse haut
~ **part of corrugation**: sommet *m* d'onde
~ **plasticity clay**: argile *f* à haute plasticité
~ **relief**: haut-relief *m*
~-**rise building**: immeuble *m* de grande hauteur, tour *f* d'habitation
~-**rise construction**: architecture *f* verticale
~ **silica content cement**: ciment *m* à haute teneur en silice
~-**slump concrete**: béton *m* de consistance plastique
~ **spot**: aspérité *f*
~ **street**: grand rue
~-**strength, HS**: à haute résistance
~-**strength friction grip bolt, HSFG**: boulon *m* à haute résistance, boulon à serrage contrôlé
~ **tensile steel**: acier *m* à haute résistance
~ **voltage**: haute tension
~ **wind**: vent *m* violent
with a ~ **ceiling**: haut de plafond

**highway** GB: voie *f* publique
~**s department**: service *m* de la voirie

**hill**: colline *f*, hauteur *f*

**hilly ground**: terrain *m* accidenté

**hinge**: (of door) paumelle *f*, charnière *f*, gond *m*; (design) articulation *f* (d'un arc, d'un portique), joint *m* articulé; (actual component) rotule *f*
~ **jamb**: montant *m* ferré (de cadre de porte)
~ **knuckle**: charnon *m*
~ **stile**: montant *m* de ferrage, montant charnier

**hinged**: à charnière, ferré; (pinned) articulé
~ **at the abutments**: articulé aux appuis, articulé aux naissances
~ **bar**: (securing a door, a shutter, a window) fléau *m*
~-**base frame**: portique *m* articulé aux pieds
~-**end column**: poteau *m* articulé aux extrémités
~ **rooflight**: tabatière *f*
~ **skylight**: tabatière *f*

**hingeless arch**: arc *m* sans articulation, arc encastré

**hip**: arête *f* de croupe
~-**and-valley roof**: combles *m* s'intersectant
~ **bead**: arêtier *m* (de toit en plomb)
~ **edge**: rive *f* en arêtier
~ **jack**: empanon *m* de croupe
~ **rafter**: arêtier *m* de croupe
~ **roof**: toit *m* en croupe
~ **tile**: arêtier *m* cornier, arêtière *f*

**hipped**, ~ **end**: croupe *f* de toit
~ **gable**: pignon *m* coupé
~ **gable roof** GB: toit *m* à demi-croupe

~ **plate construction**: voile m autoportant polygonal, structure f prismatique

**historiated capital**: chapiteau m historié

**historic, ~ building, ~ monument**: monument m historique

**hoarding**: (around building site) palissade f, clôture f; GB: (for posters) panneau m d'affichage

**hob**: plan m de cuisson, table f de cuisson

**hod**: hotte f, oiseau m de maçon

**hog**: contre-flèche f
~-**backed**: en dos d'âne

**hogging**: contre-flèche f (de poutre), flèche f négative; GB: (glass defect) peau f de crapaud
~ **moment**: moment m fléchissant négatif

**hoist**: palan m de levage; (platform type) monte-matériaux m
~ **tower**: sapine f

**hoisting**: levage m

**hoistway** NA: gaine f d'ascenseur, cage f d'ascenseur
~ **door** NA: porte f palière (d'ascenseur)

to **hold down**: assujettir

**holdfast**: pointe f à glace

**holding**: (fixing) ancrage m; (of a liquid) rétention f
~ **time**: temps m de séjour
~ **down bolt**: boulon m d'ancrage, boulon de scellement
~ **zone**: zone f d'aménagement différé

**hole**: trou m
~ **cutter**: scie-cloche f, scie à trous
~ **due to subsidence**: fondis f
~ **saw**: scie f à trous, scie-cloche f

**holiday**: vacances f, congé m; manque m, dimanche m; (in coating) défaut m d'enrobage
~ **bungalow**: chalet m

**hollow**: creux m
~ **area**: (in plaster, in rendering) décollement m

~ **backed**: (carp) évidé, rencreusé
~ **bed**: (mas) joint m rompu
~-**bed**: (mas) à rupture f de joint
~ **block**: (mas) bloc m creux, parpaing m creux
~ **clay tile** NA: corps m creux
~ **core**: âme f cloisonnée (de panneau)
~-**core door**: porte f plane alvéolée, porte f à âme alvéolée
~ **floor slab**: dalle f en corps creux
~ **masonry unit** GB: brique f creuse
~ **moulding**: moulure f creuse
~ **newel**: noyau m creux
~ **newel stair**: vis f à jour, escalier m à noyau creux
~ **part**: élément m creux
~ **partition**: cloison f creuse
~ **pot**: hourdis m, entrevous m
~ **slab**: dalle f alvéolée
~ **structural section, HSS**: profilé m de charpente creux
~ **tile** NA: (structural clay tile) brique f creuse, bloc m perforé en terre cuite,
~ **wall**: mur m creux, mur double

to **hollow out**: évider

**home**: maison f; foyer m (pour enfants, vieillards, étudiants)
~ **heating oil**: fioul m domestique
~ **improvement**: réhabilitation f du logement, bricolage m
~ **ownership**: accession f à la propriété

**homestead**: exploitation f rurale

**honeycomb**: à nid[s] d'abeille, alvéolaire
~ **slating**: couverture f d'ardoises en pointe à trois épaulements, couverture d'ardoises en modèle carré
~ **wall**: mur m ajouré, cloison f ajourée, mur alvéolé

**honeycombed**: alvéolaire, alvéolé, cellulaire

**honeycombing**: (in concrete) nid m de cailloux, nid de gravier

**hood**: (over cooker, over fireplace) hotte f, (a moulding over a window or an arch) larmier m

**hook**: crochet m; (of hinge) goujon m; (of hook-and-eye hinge) gond m
~ **and eye**: crochet m et piton
~-**and-ride hinge**: penture f
~ **bolt**: boulon m à crochet, crampon m fileté
~ **nail**: crampon m

**hooked bar**: barre f crochetée

**hoop**: (for concrete) frette f; **hoops**: frettage m; (around safety ladder) crinoline f
~ **reinforcement**: frettage m
~ **stress**: contrainte f circonférentielle

**hooping**: frettage m

**hopper**: silo m de stockage, trémie f
~-**feed boiler**: chaudière f à trémie de combustible
~ **head**: cuvette f (de chéneau), hotte f (de descente pluviale)
~ **light**, ~ **vent**: fenêtre f à soufflet

**horizon**: horizon m

**horizontal**: horizontal
~ **centre-hung window**: fenêtre f basculante, fenêtre à bascule
~ **features**: (on general plane of a building) accidents m horizontaux
~ **framing**: (of roof, more particularly radiating) enrayure f
~ **joint**: (mas) joint m de lit
~ **panel**: panneau m couchant
~ **pivot window**: fenêtre f à bascule, fenêtre f basculante
~ **sheeting**: blindage m par planches horizontales
~ **slider**: fenêtre f coulissante horizontalement
~ **slot window**: mezzanine f
~ **soil reaction**: réaction f horizontale du sol
~ **vertical weld**: soudure f en corniche
~ **window**: fenêtre f gisante

**horn frame**: (of door) huisserie f montante

**hornwork**: (fortifications) ouvrage m à cornes

**horse**: sabot m (de calibre à traîner)
~ **block**: montoir m
~ **mould**: calibre m à traîner, gabarit m
to ~ **up**: traîner une moulure en plâtre

**horsed joint**: agrafure f simple

**horsehair**: crin m de cheval

**horsehoe**: fer m à cheval
~ **arch**: arc m outrepassé
~ **apse**: abside f outrepassée

**horticultural glass**: verre m jardinier

**hose**: tuyau m flexible, flexible m; lance f d'arrosage

~ **cock**: robinet m d'arrosage
~ **reel**: dévidoir m (de tuyau d'incendie)
~ **valve**: robinet m d'incendie

**hospital**: hôpital m

**hostelry**: hôtellerie f (d'abbaye, de couvent)

**hot**: chaud
~-**air drying**: séchage m à l'étuve
~-**air duct**: gaine f de chauffe
~-**air furnace**: générateur m d'air chaud
~-**air heating**: chauffage m central à air chaud
~ **brittle iron**: fer m cassant à chaud
~ **concrete**: béton m chaud
~-**dip galvanizing**: galvanisation f à chaud
~ **glue**: colle f à chaud
~-**laid mixture**: enduit m d'application à chaud
~ **pressing**: pressage m à chaud
~ **rolled**: laminé à chaud
~-**rolled section**: profilé m à chaud
~-**setting adhesive**: colle f thermodurcissable
~ **short iron**: fer m cassant à chaud
~ **spot**: (in brick) coup m de feu
~ **surface**: (highly absorbent) surface f absorbante
~ **water cylinder**: ballon m d'eau chaude
~ **water storage**: accumulation f d'eau chaude
~ **water tank**: ballon m d'eau chaude
~ **working**: (of metal) corroyage m

**hothouse**: serre f chaude

**hotplate**: plaque f de cuisson

**house**: maison f; (typical of suburban development) pavillon m; (housing machinery) local m technique; **House**: château m, (in town, e.g. Somerset House) hôtel m particulier
~ **automation**: domotique f
~ **coal**: charbon m domestique
~ **connection**: branchement m particulier
~ **drain**: égout m de maison; collecteur m principal
~ **lead-in**: (el) entrée f d'immeuble
~ **on two floors**: maison f à un étage
~ **sewage**: eaux f usées domestiques
~ **sewer**: branchement m particulier d'égout, égout m de maison
~ **start**: mise f en chantier
~ **trap**: siphon m de maison, siphon de sortie d'immeuble
~ **with solid groundfloor**: maison f sur terre-plein
~ **with suspended groundfloor**: maison f sur vide sanitaire

**housed**: logé, encastré
- **string**: limon *m* à la française, limon droit

**household**: domestique
- **bleach**: eau *f* de javel
- **filter**: filtre *m* domestique
- **refuse** GB: ordures *f* ménagères
- **wastewaters**: eaux *f* domestiques

**housekeeping**: entretien *m*, maintenance *f*
- **logbook**: carnet *m* de bord

**housing**: habitat *m*, logement *m*; (carp) entaille *f* simple, embrèvement *m*; (of stairs, in close or housed string) emmarchement *m*; (mech) carter *m*
- **assistance**: aide *f* au logement
- **completions**: nombre *m* de logements terminés
- **estate**: lotissement *m*
- **project**: projet *m* de logement
- **provided by the employer**: logement *m* de fonction
- **shortage**: crise *f* du logement
- **stock**: parc *m* de logements
- **subsidy**: subvention *f* au logement

**H-pile**: pieu *m* en H

**HRC** → **high rupturing capacity**

**HS** → **high strength**

**HSFG** → **high strength friction grip**

**HSS** → **hollow structural section**

**humid**: (air) humide

**humidifier**: humidificateur *m*

**humidistat**: hygrostat *m*

**humidity**: humidité *f* atmosphérique

**humus**: humus *m*, terreau *m*

**hung**: suspendu; (door, window) monté
- **slating**: ardoises *f* posées au crochet, bardage *m* en ardoise, essentage *m*
- **tiling**: revêtement *m* de mur en tuiles
- **window**: fenêtre *f* à guillotine

**hungry**: (application of glue, of paint) mal nourri

**hurricane**: ouragan *m*

**hut**: baraque *f*, baraquement *m*, cabane *f*

**HV** → **high voltage**

**HW** → **hot water**

**hydrant**: bouche *f* d'incendie, poteau *m* d'incendie

**hydrated lime**: chaux *f* éteinte

**hydration**: hydratation *f*

**hydraulic**, **~ accumulator**: accumulateur *m* hydraulique
- **binder**: liant *m* hydraulique
- **bore**: onde *f* à front raide
- **cylinder**: vérin *m* hydraulique
- **fill**: remblayage *m* hydraulique
- **grade line** NA: ligne *f* piézométrique, ligne des niveaux piézométriques
- **gradient**: gradient *m* hydraulique; ligne *f* piézométrique, ligne des niveaux piézométriques
- **head**: charge *f* hydraulique
- **lime**: chaux *f* hydraulique
- **load**: charge *f* hydraulique
- **loss**: perte *f* de charge hydraulique
- **profile**: profil *m* hydraulique (de ruisseau, de conduite)
- **radius**: rayon *m* hydraulique
- **test**: (of sewer pipe) essai *m* sous pression

**hydraulics**: hydraulique *f*

**hydrocarbon**: hydrocarbure *m*

**hydrographer**: ingénieur *m* hydrographe

**hydrophilic**: hydrophile

**hydrophobic**: hydrophobe

**hydrophore pump**: groupe *m* hydrophore

**hydrostatic uplift**: sous-pression *f* hydrostatique

**hygrometer**: hygromètre *m*

**hygrostat**: humidistat *m*, hygrostat *m*

**hygroscopic water**: eau *f* hygroscopique

**hyperbolic paraboloid shell**: voile *m* mince paraboloïde hyperbolique

**hypermarket**: établissement *m* de grande surface

**hyperstatic**: (frame, structure) hyperstatique

**hypochlorination**: hypochloration *f*

**hypostyle**: hypostyle *m*

**hysteresis**: hystérésis *f*

# I

**ice**: glace f
 ~ **boom**: estacade f
 ~ **lensing**: formation f de lentilles de glace

**ichnography**: ichnographie f

**ID** → **internal diameter**

**I-girder**: poutre f en double T

**igneous rock**: roche f ignée

to **ignite**: s'allumer, s'enflammer

**IL** → **invert level**

**illuminated**: lumineux

**illuminating power**: pouvoir m éclairant

**illumination**: éclairement m

**imbrex**: tuile f canal de dessus, tuile canal couvre-joint, tuile canal de couverture

**imbricated**: imbriqué

**imbrication**: imbrication f, couverture f en écailles

**Imhoff tank**: décanteur-digesteur m

**imitation**, ~ **brickwork**: briquetage m
 ~ **stone**: similipierre f

**immature concrete**: béton m jeune

**immersed weight**: poids m sous l'eau

**immersion**, ~ **heater**: thermoplongeur m
 ~ **vibrator**: pervibrateur m

**impact**: choc m
 ~ **bending**: flexion f par choc
 ~ **bending test**: essai m de flexion par choc
 ~ **breaker**: concasseur m à percussion
 ~ **load**: charge f dynamique
 ~ **noise**: bruit m d'impact
 ~ **resistance**: résilience f
 ~ **spanner**: clé f à chocs
 ~ **strength**: résistance f au choc, travail m au choc
 ~ **wrench**: clé f pneumatique, clé à chocs

**impeller**: impulseur m

**imperfect frame**: portique m non isostatique

**impervious**: imperméable
 ~ **blanket**: chape f étanche, masque m étanche, revêtement m étanche

**imposed load**: surcharge f

**impost**: (of column, of bearing arch) imposte f
 ~ **capital**: chapiteau m imposte

**impounding reservoir**: réservoir m de retenue

**impregnated felt**: feutre m imprégné

**impregnation**: (timber treatment) imprégnation f

**improved**, ~ **land**: terrain m viabilisé
 ~ **wood**: bois m m amélioré

**improvement**: amélioration f; (of housing) réhabilitation f; (of soil) amendement m

**impulse turbine**: turbine f à action

**in**, **~-and-out bond**: appareil m en besace, appareil harpé, harpage m
 **~-process inspection**: contrôle m en cours de fabrication
 ~ **situ**: exécuté à pied d'œuvre, exécuté sur place
 **~-situ concrete**: béton m coulé en place, béton banché
 **~-situ foundation**: fondation f coulée en pleine fouille
 **~-situ pile**: pieu m coulé en place

**inactive door**: deuxième vantail de porte

**inbark**: entre-écorce f

**incandescent lamp**: lampe f à incandescence

**inching**: réglage m progressif

**incident angle**: angle m d'incidence

**incineration plant**: usine f d'incinération

**incinerator**: incinérateur m

**incipient failure**: amorce f de rupture

**inclination**: inclinaison f
  ~ **from the horizontal**: inclinaison f par rapport à l'horizontale

**incline**: plan m incliné, rampe f

**inclined, ~ bar**: armature f inclinée
  ~ **force**: force f inclinée
  ~ **member**: (of girder) diagonale f
  ~ **shore**: étai m incliné
  ~ **weld**: soudure f demi-montante

**incombustible**: incombustible

**incoming panel**: (el) panneau m d'arrivée

**incomplete fusion**: (wldg) collage m

to **increase**: augmenter, accroître
  ~ **the height of a building**: exhausser une construction

**increased**: (design requirements) aggravé

**increaser**: (plbg) cône m, divergent m

**incrustation**: (in boiler) dépôt m calcaire, entartrage m, tartre m

to **indemnify**: indemniser

to **indent**: (carp) échancrer; (mas) laisser des briques ou des pierres en attente

**indentation**: (on a surface) empreinte f; (floor covering test) poinçonnement m

**indented**: (fastener) à crans, cranté
  ~ **bar**: barre f à empreintes
  ~ **scarf joint**: assemblage m en trait de Jupiter
  ~ **wire**: fil m à empreintes

**independent scaffold[ing]**: échafaudage m à double rangée d'échasses, échafaudage de pied

**index of plasticity**: indice m de plasticité

**indexed, ~ price**: prix m indexé
  ~ **price contract**: marché m à prix révisables

**indicating lamp**: lampe f de signalisation

**indicator**: voyant m de signalisation
  ~ **lamp**: lampe f de signalisation
  ~ **light**: voyant m lumineux, témoin m (de tableau)

**indirect, ~ expansion**: (refrigération) détente f indirecte
  ~ **lighting**: éclairage m indirect
  ~ **transmission**: (of sound) transmission f indirecte

**individual, ~ footing**: semelle f isolée
  ~ **column footing**: semelle f isolée sous poteau

**indoor**: intérieur
  ~ **pool**: piscine f couverte
  ~ **transformer**: transformateur m d'intérieur

**induced, ~ draft** NA, **~ draught** GB: tirage m forcé, tirage induit

**industrial, ~ building**: bâtiment m à usage industriel
  ~ **park**: zone f industrielle
  ~ **truck**: chariot m électrique
  ~ **waste**: (in solid form) déchets m industriels; (in liquid form) effluents m industriels, eaux f résiduaires industrielles
  ~ **wastewaters**: eaux f résiduaires industrielles

**inelastic, ~ buckling**: flambage m plastique
  ~ **torsion**: torsion f plastique

**inert, ~ gas**: gaz m inerte
  ~ **pigment**: pigment m de charge

**infill, ~ element**: (light cladding) élément m de remplissage
  ~ **piece**: (corrugated sheet) closoir m

**infilling**: remplissage m (d'une paroi)
  ~ **of frame**: remplissage m d'ossature

**infiltration**: infiltration f
  ~ **ditch**: tranchée f absorbante
  ~ **of water**: (into an excavation) venue f d'eau
  ~ **water**: eau f d'infiltration

**infirmary**: (obsolete) hôpital *m*

**inflammable** GB (tends to be replaced by **flammable**): inflammable

**inflatable dam**: barrage *m* gonflable

**inflected arch**: arc *m* renversé, arc *m* infléchi

**influence line**: ligne *f* d'influence

**influent**: (of river) affluent *m*; (to sewage works) eau *f* d'arrivée

**informal garden**: jardin *m* à l'anglaise

**infrared drying**: (of timber) séchage *m* par rayons infrarouges

**infrastructure**: infrastructure *f*

**inglenook**: recoin *m* (près d'une cheminée)

**ingress of underground water**: venue *f* d'eau souterraine

**ingrown bark**: entre-écorce *f*

**inhabitant**: habitant *m*

**inhabited**: habité

**inherent moisture**: humidité *f* interne

**initial, ~ creep**: fluage *m* à vitesse décroissante
~ **set**: début *m* de prise
~ **stress**: contrainte *f* initiale (de précontrainte)

**injection moulding**: moulage *m* par injection

**inlaid parquet**: parquet *m* mosaïque

**inlet**: (for air, for a liquid) admission *f*, entrée *f*; (of a pump) aspiration *f*; (of a fan) ouïe *f*; (a.c.) bouche *f*
~ **pipe**: canalisation *f* amont
~ **side**: coté *m* amont
~ **temperature**: (of heat pump) température *f* d'admission
~ **well**: (of pump) fosse *f* d'aspiration

**inner**: intérieur
~ **batter**: contre-fruit *m*
~ **bead**: latte *f* intérieure
~ **casing**: contre-bâti *m*, contre-chambranle *m*
~ **cone**: (of burner flame) dard *m*

~ **court**: cour *f* intérieure
~ **door**: contre-porte *f*
~ **hearth**: arrière-âtre *m*
~ **lining**: (of sash window) ébrasement *m* intérieur
~ **wall**: contre-mur *m*

**innings**: terres *f* reprises sur la mer

**inorganic clay**: argile *f* inorganique

**inrush of underground water**: venue *f* d'eau souterraine

**insanitary**: insalubre

**insect screen**: moustiquaire *f*

**insecticide**: insecticide *m*

**insert**: (in concrete) cheville *f* de scellement; (in veneer) rapiéçage *m*

**inserted strip**: (in concrete slab) joint *m* rapporté

**inset edge band**: alaise *f* embrevée

**inside**: intérieur
~ **casing**: contre-bâti *m*, contre-chambranle *m*
~ **diameter**: diamètre *m* intérieur
~ **finish**: menus ouvrages de menuiserie intérieure
~ **lot**: terrain *m* intérieur
~ **measurement**: mesure *f* dans œuvre
~ **shutter**: volet *m*
~ **stair**: escalier *m* dans œuvre
~ **stop bead**: (glazing) latte *f* intérieure
~ **the fabric**: dans œuvre
~ **thread**: filet *f* femelle
~ **trim**: contre-bâti *m*, contre-chambranle *m*

**insolation**: ensoleillement *m*

**inspection**: contrôle *m*, examen *m*
~ **chamber**: regard *m* de visite
~ **cover**: tampon *m* de regard
~ **door**: porte *f* de visite
~ **eye**: (plbg) tampon *m* de visite
~ **fitting**: bouchon *m* de visite, tampon *m* de visite
~ **hole**: trou *m* de visite, regard *m* de visite
~ **lamp**: baladeuse *f*

**installed**: (machine, equipment) monté
~ **capacity**: puissance *f* installée

**instantaneous deformation:** déformation *f* instantanée

**institution:** collectivité *f*

**instruction leaflet:** notice *f*
~s **[for use]:** mode *m* d'emploi

**instrument:** appareil *m* (de mesure)
~ **error:** erreur *f* de lecture (due à l'instrument)
~ **panel:** tableau *m* de bord
~ **reading:** valeur *f* indiquée

**instrumentation:** appareillage *m*, appareils *m* de mesure

**insulant:** isolant *m*

**insulating:** isolant
~ **bat:** nappe *f* isolante
~ **board:** panneau *m* isolant
~ **concrete:** isobéton *m*
~ **fibreboard:** panneau *m* de fibres tendre
~ **jacket:** calorifugeage *m*
~ **material:** isolant *m*
~ **tape** GB: chatterton *m*, ruban *m* isolant

**insulation:** isolation *f*, isolement *m*; (insulating material) isolant *m*
~ **board:** isolation *f* en plaque
~ **fault:** (el) défaut *m* d'isolement

**insurable risk:** risque *m* assurable

**insurance:** assurance *f*
~ **certificate:** certificat *m* d'assurance
~ **policy:** police *f* d'assurance

**intact sample** NA: (of soil) échantillon *m* non remanié, échantillon intact

**intake:** prise *f* (d'air, de vapeur etc); entrée *f* (de matière); (of pump) aspiration *f*; (water engineering work) prise *f* d'eau; (in wall surface) retraite *f* horizontale dans un mur

**integral (with):** solidaire (de)
~ **garage:** garage *m* faisant corps avec la maison
~ **tube-and-sheet collector:** (solar heating) collecteur *m* à série de tubes

**intended:** projeté

**intensive projector:** projecteur *m* intensif

**intercepting, ~ sewer:** intercepteur *m*
~ **trap:** (plbg) siphon *m* disconnecteur; (effluent treatment) séparateur *m* (de graisses, d'hydrocarbures)

**interceptor:** (plbg) siphon *m* disconnecteur; (effluent treatment) séparateur *m* (de graisses, d'hydrocarbures)

**interchange:** échangeur *m* (routier)

**intercolumniation:** entre-colonnement *m*

**intercom:** interphone *m*

**intercooler:** réfrigérant *m* intermédiaire, refroidisseur *m* intermédiaire

**interfenestration:** trumeau *m*

**interference:** (el) parasites *m*
~ **eliminator, ~ suppressor:** filtre *m* antiparasites

**intergranular, ~ air void:** vide *m* interstitiel
~ **pressure:** pression *f* intergranulaire
~ **stress:** contrainte *f* intergranulaire

**interim, ~ acceptance:** réception *f* provisoire
~ **claim:** décompte *m* de travaux
~ **payment:** acompte *m*

**interior:** intérieur
~ **architect:** architecte *m* d'intérieur
~ **casing:** contre-bâti *m*, contre-chambranle *m*
~ **column:** poteau *m* intérieur
~ **decorator:** décorateur *m* ensemblier, ensemblier *m*
~ **designer:** architecte *m* d'intérieur; décorateur *m* ensemblier, ensemblier *m*
~ **door:** porte *f* de communication
~ **lot:** terrain *m* intérieur
~ **trim:** menus ouvrages de menuiserie intérieure
~ **wall:** mur *m* de refend, refend *m*
~ **wiring system:** distribution *f* intérieure

**interlace:** entrelacs *m*

**interlacing, ~ arcade, ~ arches:** arcs *m* entrelacés
~ **pattern:** entrelacs *m*

**interlaminar strength:** résistance *f* au délaminage

**interlock**: emboîtement *m*; (sheet piling) enclenchement *m*; (control) verrouillage *m*

to **interlock**: s'emboîter

**interlocked grain**: fibres *f* enchevêtrées

**interlocking, ~ paving block**: pavé *m* autobloquant
~ **tile**: tuile *f* mécanique, tuile à emboîtement

**intermediate**: intermédiaire
~ **floor beam**: poutre *f* intérieure
~ **joist**: solive *f* de remplissage
~ **landing**: palier *m* de repos
~ **purlin**: panne *f* intermédiaire, panne courante
~ **rafter**: chevron *m*

**intermittent weld**: soudure *f* discontinue

**internal**: interne
~ **angle**: angle *m* rentrant; (between two plaster surfaces) cueillie *f*
~ **arrangement**: aménagement *m* intérieur
~ **diameter**: diamètre *m* intérieur
~ **dormer**: lucarne *f* rentrante
~ **eaves gutter**: chéneau *m*
~ **friction**: frottement *m* interne
~ **outlet**: (to gutter) souillard *m*
~ **plumbing**: plomberie *f* sanitaire
~ **sapwood**: lunure *f*
~ **stairs**: escalier *m* dans œuvre
~ **structure**: (of soil) squelette *m*
~ **vibration**: (of concrete) pervibration *f*
~ **vibrator**: pervibrateur *m*

**internally vibrated concrete**: béton *m* pervibré

**interrupted ringing**: sonnerie *f* rythmée

**intersecting, ~ arcade, ~ arches**: arcs *m* entrecroisés
~ **ribs**: croisée *f* d'ogives

**intersection**: (surv) recoupement *m* (levé); NA: croisement *m* (routier)

**interstitial water**: eau *f* interstitielle

**interwoven fencing**: clôture *f* à entrelacs

**intrados**: intrados *m*

**intruder alarm system**: alarme *f* antieffraction

**intrusion**: effraction *f*

**intumescent paint**: peinture *f* intumescente

**inventory**: inventaire *m*; stocks *m*
~ **of fixtures**: état *m* des lieux

**invert**: radier *m* (d'égout)
~ **level**: cote *f* de fil d'eau

**inverted, ~ arch**: arc *m* renversé, voûte *f* renversée
~ **arch foundation**: radier *m* en voûte inversée
~ **block tariff**: tarif *m* par tranches progressives
~ **built-up roofing system**: toiture *f* inversée, toiture à isolant sur étanchéité
~ **drainage well**: puits *m* absorbant de drainage
~ **flat slab foundation**: radier *m* en dalles champignon
~ **roof**: toiture *f* inversée
~ **sewer**: (wastewater disposal) siphon *m*
~ **T-girder**: poutre *f* en T renversé

**inverter**: (el) onduleur *m*

**investment property** GB: immeuble *m* de rapport, maison *f* de rapport

**invitation, ~ to bid** NA, **~ to tender** GB: appel *m* d'offres

to **invite, ~ bids** NA, **~ tenders** GB: faire un appel d'offres, lancer un appel d'offres

**invited bidder**: entreprise *f* consultée (pour appel d'offres)

**invoice**: facture *f*

**involute**: à développante, en spirale

**ion exchange**: échange *m* d'ions

**iron**: fer *m*; (cast iron) fonte *f*
~ **cement**: mastic *m* de fer
~ **corbel**: crampon *m* (de linçoir)
~ **cramp**: queue-de-carpe *f*
~ **removal**: déferrisation *f*
~ **tower**: pylône *m* métallique

**ironmongery**: quincaillerie *f*

**ironwork**: ferronnerie *f*, serrurerie *f*

**irregular alignment**: désalignement *m*

**irregularity**: (a break, a change, in a line, in a surface) accident *m*
~ **in level of ground**: accident de terrain

**irrigation**: irrigation *f*, arrosage *m*; (wastewater disposal) épandage *m*

**island**: (in road) refuge *m* pour piétons

**isolated**: (column, footing) isolé

**isolator**: (el) isolateur *m*

**isostatic frame**: portique *m* isostatique

**isothermal curing**: autoétuvage *m*

**issue**: sortie *f*, issue *f*
~ **order**: bon *m* de sortie

**item**: (accounting) poste *m*; (in document) rubrique *f*
~ **of expenditure**: chef *m* de dépense
~ **of furniture**: meuble *m*

to **itemize**: détailler (un compte)

# J

**jack**: (screw type) vérin *m*; (rack type) cric *m*; (roof frame member) empan[n]on *m*
~ **arch**: arc *m* en plate-bande, plate-bande *f* de baie; GB: voûtain *m* de plancher, entrevous *m* en berceau segmentaire
~ **rafter**: empan[n]on *m*
~ **stud**: montant *m* nain, poteau *m* nain, potelet *m*, quille *f*

**jacket**: chemise *f* (de refroidissement, de chauffage)

**jackhammer**: marteau *m* piqueur, marteau perforateur

**jacking**: soulevage *m* au vérin; (prestressing of concrete) mise *f* en précontrainte au vérin
~ **device**: (prestressing) vérin *m*
~ **stress**: contrainte *f* de précontrainte

**jackscrew**: vérin *m* à vis

**jagged**: (rupture, fracture) dentelé

**jalousie window**: fenêtre *f* jalousie

**jamb**: (arch of bridge or of window) piédroit *m*; (of fireplace, of wall opening) jambage *m*; (of door frame or window frame) montant *m*
~ **anchor**: patte *f* (d'huisserie)
~ **block**: bloc *m* à feuillure
~ **lining**: chambranle *m*, ébrasement *m*

**janitor** NA: concierge *m*

**japan**: vernis *m* du Japon

**javellization**: javellisation *f*

**jaw**: mâchoire *f*, mors *m*
~ **crusher**: concasseur *m* à mâchoires

**jerkinhead**: demi-croupe *f* (de toit)
~ **roof** NA: toit *m* à demi-croupe

**jet**: (of liquid) jet *m*; (of sprayer, of burner) gicleur *m*
~ **drilling**: forage *m* hydrodynamique
~ **height**: hauteur *f* de jet
~ **pipe**: (pipe driving) lance *f* d'injection
~ **pump**: éjecteur *m*

to **jet out**: forjeter (hors de l'alignement)

**jetted**, ~ **pile**: pieu *m* lancé
~ **well**: puits *m* creusé par lançage

**jetting**: fonçage *m* au jet d'eau, lançage *m* (de pieux)

**jetty**: saillie *f*, (in harbour) jetée *f*

**jib**: flèche *f* (de grue)
~ **crane**: grue *f* à flèche
~ **door**: porte *f* en affleurement

**jig**: gabarit *m* de montage; mannequin *m* de soudage

**jigging compaction**: chocage *m*

**jigsaw**: scie *f* sauteuse

**jitterbug**: dame *f* sauteuse

**job**: tâche *f*, travail *m*; exécuté à pied d'œuvre, exécuté sur place
~ **meeting**: réunion *f* de chantier
~ **mix**: béton *m* préparé sur place
~ **office**: bureau *m* de chantier
~ **site**: emplacement *m* des travaux; chantier *m* de construction
~ **site road**: piste *f* de chantier
~ **specification**: (by client, by architect) cahier *m* des charges
~ **superintendent**: chef *m* de chantier

**jobber**: tâcheron *m*

to **join**: joindre; (woodwork) assembler; (pipes) emmancher
~ **edge to edge**: affronter (des panneaux)
~ **end to end**: abouter; (pipes) aboucher

**joined**: (with glue or adhesive) collé

**joiner**: menuisier *m*
~**'s clamp**, ~**'s cramp**: serre-joint *m*, sergent *m*

**joinery** GB: menuiserie f

**joint**: joint m; (carp, join) assemblage m; adj : joint, commun
- ~ **and several liability**: responsabilité f conjointe et solidaire
- ~ **bed**: lit m en joint
- ~ **cutter**: (for concrete) découpeuse f de sol
- ~ **face**: parement m de joint
- ~ **fastener**: agrafe f ondulée
- ~ **filler**: calfeutrage m
- ~ **pourer**: cordon m d'amiante
- ~ **reinforcement**: (in masonry) chaînage m
- ~ **runner**: filasse f
- ~ **sealer, ~ sealing filler**: masse f de remplissage
- ~ **services**: services m généraux
- ~ **tape**: bande f pour joints, ruban m pour joints

**jointed veneer**: placage m jointé

**jointer**: (mas) fer m à joints, lissoir m

**jointing**: (mas) jointoiement m en montant, refoulement m en montant
- ~ **chamber**: puits m à câbles
- ~ **compound**: lut m, pâte f à joints, masse f de remplissage
- ~ **tool**: (mas) fer m à joints, lissoir m, tire-joint m

**jointless flooring**: revêtement m de sol coulé, revêtement de sol sans joints

**joist**: solive f, (steel joist) poutrelle f (de plancher); **joists**: solivage m
- ~ **bridging**: entretoisement m de solives

**jubilee clip**: collier m à vis sans fin

**jump**: ressaut m
- ~ **joint**: joint m à francs bords

**jumper, ~ bar**: barre f à mine
- ~ **lead**: (el) cavalier m, connexion f volante

**junction**: jonction f, raccordement m
- ~ **box**: boîte f de jonction
- ~ **curve**: courbe f de raccordement
- ~ **manhole**: regard m de raccordement

**jurisdiction clause**: clause f de compétence

**jutting out**: saillant, en saillie

**jutty**: saillie f

# K

**K value**: coefficient *m* K

**KD** → **kiln dried, knocked down**

**keel**: bêche *f* (de mur de soutènement)

**Keene's cement**: ciment *m* Keene, plâtre *m* aluné à prise accélérée

**keep**: donjon *m*

to **keep**: conserver, maintenir
~ **dry**: craint l'humidité
~ **in good repair**: entretenir en bon état

**keeper**: (of lock) gâche *f*

**kentledge**: lest *m* (de grue)

**kerb** GB: bord *m* de trottoir

**kerbstone** GB: bordure *f* de trottoir

**kerf**: trait *m* de scie

**kettle**: (for bitumen or asphalt) fondoir *m*

**key**: clé *f* (épelé également "clef"); clé *f* d'assemblage, clavette *f*, (de serrure) clé; (bonding surface) surface *f* rugueuse favorisant un bon accrochage
~ **blank**: clé *f* brute
~ **drop**: cache-entrée *m*
~**-operated service box**: bouche *f* à clé
~ **pattern**: grecque *f*
~ **pinch**: broche *f* de serrure
~ **plan**: plan *m* guide
~ **plate**: entrée *f* de serrure
~ **valve**: robinet *m* à clé

to **key [in] an arch**: bander un arc

**keyed**, ~ **arch**: arc *m* à clé
~ **joint**: (carp) assemblage *m* à clé; (mas) joint *m* refoulé arrondi, joint en canal

**keyhole**: entrée *f* de serrure
~ **plate**: cache-entrée *m* de serrure
~ **saw**: scie *f* à guichet

**keying**: clavetage *m* (d'un joint de dalle)

**keystone**: clé *f* de voûte; (road) concassé *m* de fermeture

**keyway**: rainure *f* de clavette

**kickplate**: plinthe *f* (de porte)

**kieselguhr**: kieselguhr *m*

**kiln**: étuve *f*, four *m*
~**-dried wood**: bois *m* étuvé, bois séché en étuve
~ **drying**: séchage *m* à l'étuve

**kinetic energy**: énergie *f* cinétique

**king**, ~ **post**: aiguille *f*, poinçon *m* (de comble)
~ **post truss**: ferme *f* simple, ferme à poinçon et contrefiches
~ **rod**: aiguille *f*, poinçon *m* (de comble)

**kiosk**: kiosque *m*

**kitchen**: cuisine *f*
~ **cabinet**, ~ **cupboard**: placard *m* de cuisine
~ **range**: fourneau *m* de cuisine
~ **unit**: meuble *m* de cuisine, élément *m* de cuisine

**kitchenet[te]**: coin *m* cuisine

**kite winder**: marche *f* d'angle (en triangle côté mur)

**knee**: genou *m*, jarret *m* (de portique); (timber) bois *m* coudé, bois courbant
~ **brace**: jambe *f* de force
~ **piece**: équerre *f* de support
~ **wall**: mur *m* nain (de combles)

**knife**: couteau *m*
~ **check**: (in veneer) fissure *f* de déroulage
~**-cut veneer**: placage *m* coupé au couteau

**knob**: bouton *m*, poignée *f*
　~ **stem**: carré *m* de manœuvre (de serrure)

**knocked down**: démonté

**knot**: nœud *m*
　~ **cluster**: grappe *f* de nœuds

**knotted, ~ pillar**: pilier *m* à fûts noués
　~ **shafts**: fûts *m* noués

**knotting varnish**: vernis *m* couvre-nœuds

**knotty**: noueux
　~ **wood**: bois *m* noueux

**knotwork**: entrelacs *m*

**knuckle**: (of hinge) nœud *m*, charnon *m*
　~ **joint**: brisure *f* de comble

**knurled**: moleté
　~ **nut**: écrou *m* moleté

**KP** → **kickplate**

**kraft paper**: papier *m* kraft

**label**: étiquette *f*
~ **moulding**: larmier *m* carré
~ **stop**: arrêt *m* de larmier

**labor** NA, **labour** GB: main-d'œuvre *f*
~ **force**: effectifs *m* de main-d'œuvre

**labourer**: manœuvre *m*

**laced valley**: noue *f* entrecroisée, noue à tuiles croisées

**lacing**: treillis *m* en X (charpente métallique)
~ **bar**: barre *f* de treillis
~ **course**: (mas) chaîne *f* horizontale

**lacquer**: laque *f*

**lacuna[r]**: caisson *m* de plafond

**ladder**: échelle *f*
~ **dredge**: drague *f* à godets

**ladies' toilets** GB, **ladies'room** NA: toilettes *f* de dames

**Lady chapel**: chapelle *f* de la Vierge

**lag**: (el) retard *m*
~ **screw**, ~ **bolt**: tire-fond *m*

**lagging**: calorifugeage *m*, revêtement *m* calorifuge; (supporting an arch) couchis *m* (de cintre); *adj* : (el) en retard

**lagoon**: lagune *f*

**lagooning**: lagunage *m*

**laid on moulding**: moulure *f* rapportée

**laitance**: laitance *f* (sur béton)

**lake**: lac *m*, plan *m* d'eau

**lamellar tearing**: arrachement *m* lamellaire

**laminar, ~ flow**: écoulement *m* laminaire
~ **velocity**: vitesse *f* laminaire

**laminate**: panneau *m* stratifié, stratifié *m*
~ **sheet**: lamifié *m*

**laminated**: lamifié, stratifié; (glass) feuilleté
~ **beam**: poutre *f* lamellée-collée
~ **clay**: argile *f* feuilletée
~ **glass**: verre *m* feuilleté
~ **plastic**: matière *f* plastique stratifiée, stratifié *m*
~ **sheet glass** GB: verre *m* à vitres feuilleté
~ **window glass** NA: verre *m* à vitres feuilleté
~ **wood**: bois *m* lamellé

**laminboard**: panneau *m* contreplaqué à âme lamellée, contreplaqué *m* lamellé

**lamp**: lampe *f*
~ **base** NA: culot *m* de lampe
~ **bracket**: applique *f* pour lampe
~ **bulb**: ampoule *f* d'éclairage
~ **cap** GB: culot *m* de lampe
~ **holder**: douille *f*
~ **socket**: douille *f*

**lamphole**: regard *m* de lampe, trou *m* de lampe

**lamppost**: lampadaire *m* (d'éclairage public)

**lancet**: lancette *f*
~ **arch**: arc *m* en lancette
~ **window**: fenêtre *f* à lancette

**land**: terrain *m*, terre *f*, sol *m*; (occupied by road) emprise *f*
~ **arch**: (of bridge) arche *f* de rive
~ **development**: aménagement *m* du terrain
~ **drainage**: assèchement *m*, drainage *m*
~ **form**: forme *f* du terrain
~ **reclamation**: mise *f* en valeur agricole
~ **register**: cadastre *m*
~ **released for site development**: terrain *m* constructible

**landfill** 329 **lath**

~ **subsidence**: tassement *m* de terrain
~ **survey[ing]**: levé *m* topographique, arpentage *m*
~ **surveyor**: géomètre *m*
~ **surveyor's certificate**: procès-verbal *m* de bornage
~ **tenure survey**: étude *f* foncière
~ **use plan**: plan *m* d'occupation des sols

**landfill**: enfouissement *m* sanitaire
~ **compactor**: compacteur *m* pour enfouissement sanitaire

**landholder**: propriétaire *m* foncier

**landing**: (at floor level) palier *m*
~ **door**: porte *f* palière (d'appartement)
~ **tread**: marche *f* palière
~ **trimmer**: chevêtre *m* sous marche palière
~ **valve**: (firefighting) vanne *f* d'étage

**landlord**: propriétaire *m*
~**'s fixture**: immeuble *m* par destination
~**'s liability**: responsabilité *f* du bailleur
~**'s protective liability**: responsabilité *f* indirecte du bailleur

**landowner**: propriétaire *m* foncier

**landscape**: paysage *m*
~ **contractor**: entrepreneur *m* paysagiste
~ **design**: architecture *f* de paysage
~ **designer**: architecte *m* de paysage, paysagiste *m*
~ **gardener**: jardinier *m* paysagiste, paysagiste *m*
~ **lighting**: éclairage *m* paysager
~ **scheme**: parti *m* paysagiste
~ **study**: étude *f* paysagère
~ **treatment**: traitement *m* paysager

**landscaped, ~ area**: zone *f* d'aménagement paysager
~ **garden**: jardin *m* à l'anglaise
~ **office**: bureau *m* paysager

**landscaper**: jardinier *m* paysagiste, paysagiste *m*

**landscaping**: aménagment *m* paysager, paysagisme *m*

**landslide, landslip**: glissement *m* de terrain, éboulement *m* de terrain

**lane**: (in the country) chemin *m*; (in town) ruelle *f*, venelle *f*; (part of a road) voie *f*; (for buses only) couloir *m*
~ **marking**: tracé *m* de voies

**lantern**: lanterne *f*
~ **opening**: œil *m* de dôme
~ **tower**: tour *f* lanterne

**lap**: chevauchement *m*, recouvrement *m*; (of centre-hung slate) revêtement *m*
~ **joint**: assemblage *m* à recouvrement
~ **length**: (of reinforcement) recouvrement *m*
~ **mark**: (in glass) pli *m* de coulée
~ **siding**: bardage *m* à clins, clins *m*
~ **weld**: soudure *f* à clin, soudure à recouvrement

**lapped**: à chevauchement
~ **dovetail**: queue *f* d'aronde semirecouverte
~ **joint**: joint *m* monté; (slating, tiling) chevauchement *m*

**larder**: garde-manger *m*

**large**: gros, grand
~ **aggregate concrete**: gros béton
~ **bore**: gros diamètre
~ **dab**: (of plaster) polochon *m*
~ **housing estate**: grand ensemble de logements
~ **glazed area**: (in a wall) verrière *f*
~ **section of wall**: pan *m* de mur
~ **window**: baie *f* vitrée

**last course**: (mas) arase *f*

**latch**: (of lock) pêne *m* demi-tour, bec-de-cane *m*

**latchkey**: clé *f* de serrure de sûreté

**late, ~ delivery**: retard *m* de livraison
~ **gothic**: bas gothique
~ **romanesque**: bas roman
~ **wood**: bois *m* final

**latent heat**: chaleur *f* latente

**lateral, ~ bulging**: (of soil) étalement *m* latéral
~ **earth pressure**: poussée *f* latérale des terres
~ **wall**: (of canal lock) bajoyer *m*
~ **yield**: (of material) fluage *m* latéral; (s.m.) déformation *f* latérale

**latest finish time**: temps *m* au plus tard, date *f* de réalisation au plus tard

**latex paint**: peinture *f* au latex

**lath**: latte *f*; (slating, tiling) liteau *m*
~ **and plaster**: lattes et enduit
~ **hammer**: hachotte *f*

**lathe**: tour *m* (d'usinage)
  ~ **check**: fissure *f* de déroulage

**lathing**: lattage *m*, lattis *m*; (slating, tiling) litonnage *m*
  ~ **hatchet**: hachotte *f*

**lathwork**: lattis *m*

**lattice**: lattis *m*, treillis *m*
  ~ **beam**: poutre *f* triangulée, poutre à treillis
  ~ **boom**: flèche *f* en treillis
  ~ **girder**: poutre *f* à treillis, poutre *f* triangulée
  ~ **tower**: pylône *m* en treillis
  ~ **web**: âme *f* en treillis

**latticed purlin**: panne *f* en treillis

**latticework**: treillis *m*

**laundry**: blanchisserie *f*
  ~ **chute**: vide-linge *m*
  ~ **tray** NA, ~ **tub**: bac *m* à linge

**laurel leaf**: feuille *f* de laurier

**lavatory**: toilettes *f*
  ~ **block**: bloc *m* sanitaire, sanitaires *m*

**Law Courts**: Palais *m* de Justice

**lay**: (window, panel) gisant

to **lay**: poser; (utilities) installer
  ~ **bricks keeping the perpends**: poser à joints croisés
  ~ **dry**: poser à sec
  ~ **on edge**: poser de chant
  ~ **the dust**: abattre la poussière
  ~ **the foundation stone**: poser la première pierre
  ~ **the last stone of a course**: fermer un cours d'assises

**layer**: couche *f*; (of cables) nappe *f*
  ~ **of hardcore**: hérisson *m* de fondation

**layered rock**: roche *f* litée

**laying**: pose *f*

**layout**: (of a town) tracé *m*; (on builiding plot) implantation *f*; (inside a building) agencement *m*, disposition *f*, distribution *f* des pièces
  ~ **dimension**: cote *f* d'implantation
  ~ **grid**: trame *f*
  ~ **plan**: plan *m* d'implantation, plan de masse

**lazy susan**: carrousel *m*

**LDG** → **landing**

**leachable salt**: sel *m* lixiviable

**leaching**: lixiviation *f*; (of soil) lessivage *m*
  ~ **cesspool**: puisard *m* d'absorption, puits *m* perdu

**lead**: plomb *m*
  ~ **burning**: soudage *m* au plomb
  ~ **joint**: joint *m* au plomb
  ~ **paint**: peinture *f* au minium
  ~ **plug**: cheville *f* en plomb
  ~ **wool**: laine *f* de plomb

**lead**: (el) avance *f* (de phase); (a cable) fil *m* d'amenée de courant, amenée *f* de courant
  ~**-in cable**: entrée *f* de courant, entrée d'immeuble
  ~**-in wire**: (el) fil *m* d'amenée de courant, amenée *f* de courant

**leader** NA: (for rainwater) descente *f* pluviale
  ~ **head**: cuvette *f*
  ~ **shoe**: dauphin *m*

**leaders**: (of pile driver) jumelles *f* de sonnette

**leading**: (stained glass) mise *f* en plombs

**leading edge**: (of blade) bord *m* avant, bord d'attaque

**leaf**: (of plant) feuille *f*; (of cavity wall) feuillet *m*; (of door) vantail *m*, battant *m*; (of hinge) patte *f*
  **-and-dart pattern**: rais-de-coeur *m* et dards

**leafing pigment**: pigment *m* pelliculant

**leafwork**: (carving) feuillage *m*

**leak**: fuite *f*, échappement *m*
  ~ **meter**: fuitemètre *m*
  ~ **test**: (on pipes) vérification *f* de l'étanchéité

to **leak**: fuir

**leakage**, ~ **detector**: détecteur *m* de fuites
  ~ **path**: ligne *f* de fuite
  ~ **test**: essai *m* d'étanchéité

**lean**: maigre, pauvre
 ~ **coal**: charbon *m* maigre
 ~ **concrete**: béton *m* maigre
 ~ **lime**: chaux *f* maigre
 ~ **mixture**: (for combustion) mélange *m* pauvre
 ~ **mortar**: mortier *m* maigre
 ~ **sand**: sable *m* maigre

to **lean**: pencher

**lean-to**: bâtiment *m* en appentis, appentis *m*
 ~ **roof**: toit *m* en appentis

**leaning tower**: tour *f* penchée

**lease**: bail *m*

**lectern**: lutrin *m*

**lecture room**: salle *f* de conférences; amphithéâtre *m*

**ledge**: (geol) assise *f* rocheuse, roche *f* de fond; (join) barre *f* (de porte en frises, réunissant panneaux à plat joint); (forming a narrow shelf) rebord *m*, saillie *f*; (of window) pièce *f* d'appui, tablette *f* d'appui, appui *m*
 ~ **rock** NA: socle *m* rocheux, fond *m* rocheux, sous-sol *m* rocheux, assise *f* rocheuse

**ledged**, ~-**and-braced door**: porte *f* sur barres et écharpes
 ~ **door**: porte *f* sur barres

**ledger**: (of scaffolding) longrine *f*, (support for formwork) filière *f*
 ~ **strip**: lambourde *f* de plancher (sur poutre)

**leeward**: sous le vent

**left**: gauche
 ~~-**hand side**: côté *m* gauche
 ~~-**hand thread**: filet *m* à gauche

**leg**: (of portal frame) béquille *f*, piédroit *m*

**length**: longueur *f*
 ~ **of pipe**: tronçon *m* de tuyau
 ~ **of span under load**: longueur *f* d'application de la charge
 ~ **of walling**: pan *m* de mur

**lengthening**: allongement *m*
 ~ **joint**: enture *f*
 ~ **piece**: rallonge *f*

**lens**: lentille *f*, (over warning light) cabochon *m*

**leper**, ~ **hospital**: lazaret *m*, maladrerie *f*
 ~**s' squint**: guichet *m* des lépreux

**lesene**: bande *f* lombarde

**lessee**: locataire *m* à bail

**lessor**: bailleur *m*

**letter box** GB: boîte *f* à lettres

**letting**: (of property) location *f*

**levee**: levée *f* (ouvrage hydraulique)

**level**: niveau *m*, cote *f* d'altitude; (a tool) niveau; (floor) niveau, étage *m*; *adj*: (surface) plan, horizontal, égal, uni
 ~ **book**: carnet *m* de nivellement
 ~ **contour**: courbe *f* de niveau
 ~ **ground**: terrain *m* de niveau
 ~ **indicator**: niveau
 ~ **with**: à ras de, à fleur de
 to **make** ~: (a wall) araser
 **on one** ~: (building) de plain pied

to **level**: régaler (un terrain horizontal)
 ~ **a plot**: égaliser un terrain
 ~ **down stones**: (by cutting) déraser
 ~ **off**: araser
 ~ **up**: niveler

**levelled**: nivelé, régalé, mis à niveau

**levelling**: (of ground) égalisation *f*, (elevator) nivelage *m*; (surv) nivellement *m*
 ~ **board**: planche *f* de régalage
 ~ **coat**: enduit *m* [général] de dressage, enduit *m* de lissage
 ~ **course**: (mas) arase *f*
 ~ **rod** NA: mire *f* de nivellement
 ~ **screed**: chape *f* de ragréage
 ~ **screw**: vis *f* de calage
 ~ **staff** GB: mire *f* de nivellement
 ~ **up**: dressage *m* (d'une surface)
 ~ **up coat**: couche *f* de dégrossissage

**lever**: levier *m*, manette *f*
 ~ **handle**: (of door) béquille *f*

**lewis**: louve *f*
 ~ **hole**: trou *m* de louve
 ~ **wedge**: louveteau *m*

**liability**: responsabilité *f*
 ~ **to frost damage**: gélivité *f*

**lien**: privilège *m*

**lierne [rib]**: lierne *f*

**life**: vie f, durée f (d'un produit)
~ **cycle cost**: coût m global

**lift**: (concreting) banchée f, levée f de bétonnage; (eol) force f utile, portance f; GB: ascenseur m
~ **-and-force pump**: pompe f aspirante et foulante
~ **bridge**: pont m levant
~ **door**: porte f palière (d'ascenseur)
~ **machinery**: machinerie f d'ascenseur
~ **pit**: cuvette f d'ascenseur
~ **pump**: pompe f aspirante, pompe f élévatoire
~ **shaft** GB: cage f d'ascenseur, gaine f d'ascenseur
~ **station**: poste m élévatoire, station f de relèvement
~ **well** GB: puits m d'ascenseur

**lifter-roof tank**: réservoir m à toit respirant

**lifting**: levage m; (uplift (by wind) soulèvement m; (of flame) décollement m
~ **beam**: palonnier m
~ **block**: moufle f
~ **tackle**: appareil m de levage
~ **-off hinge**: charnière f dégondable, paumelle f dégondable

**light**: lumière f, jour m; adj : léger
~ **and power lines**: lignes f lumière et force
~ **bulb**: ampoule f d'éclairage
~ **carpenter**: menuisier m
~ **cladding**: façade f légère
~ **cladding element**: élément m de façade légère
~ **court**: courette f
~ **current**: courant m faible
~ **diffuser**: paralume m
~ **engineer**: éclairagiste m
~ **fastness**: stabilité f à la lumière
~ **fitting**, ~ **fixture**: luminaire m, appareil m d'éclairage
~ **flux**: flux m lumineux
~ **-gauge sheet metal**: tôle f mince
~ **-load tariff**: tarif m hors pointe
~ **-section iron**: fer m de faible échantillon
~ **source**: foyer m lumineux
~ **switch**: interrupteur m d'éclairage
~ **time switch**: minuterie f
~ **well**: courette f, puits m d'éclairage

to **lighten**: alléger; (the appearance by rebating, canting etc.) élégir

**lighting**: éclairage m
~ **bollard**: borne f d'éclairage
~ **branch circuit**: distribution f lumière
~ **column**: candélabre m, lampadaire m
~ **engineer**: éclairagiste m
~ **fixture**: appareil m d'éclairage
~ **outlet**: prise f lumière
~ **power**: pouvoir m éclairant
~ **source**: foyer m lumineux, source f lumineuse

**lightning**: foudre f
~ **arrester**: parafoudre m
~ **conductor**: paratonnerre m
~ **rod**: tige f de paratonnerre

**lightweight**: léger, allégé
~ **brick**: brique f allégée
~ **concrete**: béton m léger
~ **trussed rafter**: fermette f

**limb**: (surv) limbe m

**lime**: chaux f
~ **-and-cement mortar**: mortier m bâtard
~ **kiln**: four m à chaux
~ **milk**: lait m de chaux
~ **mortar**: mortier m de chaux
~ **paste**: pâte f pure de chaux
~ **plaster**: enduit m en mortier de chaux
~ **putty**: chaux f en pâte, pâte f de chaux
~ **slag cement**: ciment m de laitier à la chaux

**limestone**: pierre f calcaire, calcaire m

**limewash**: badigeon m à la chaux, lait m de chaux

**limit**, ~ **design**: calcul m à la limite
~ **state**: état m limite
~ **switch**: interrupteur m fin de course

**limited**, ~ **area excavation**: fouille f en puits
~ **clearance**: (under a bridge) hauteur f limitée
~ **tendering**: appel m d'offres restreint

**line**: (drawing) ligne f, trait m; (piece of string) cordeau m
~ **diagram**: épure f
~ **of collimation**: ligne f de collimation
~ **of flow**: ligne f de courant
~ **of sight**: ligne f de visée
~ **of travel**: ligne f de foulée
~ **pin**: (mas) chevillette f
~ **wire**: fil m de secteur

to **line**: doubler, garnir
 ~ **out**: établir (bois, pierre)
 ~ **up**: aligner

**linear**: linéaire
 ~ **diagram**: épure f
 ~ **diffuser**: diffuseur m rectiligne
 ~ **expansion**: dilatation f linéaire
 ~ **measure**: mesure f linéaire, mesure de longueur

**lined well**: puits m cuvelé, puits citerne

**linen**, ~ **pattern**: serviette f pliée
 ~ **room**: lingerie f

**linenfold pattern**: serviette f pliée

**liner**: (door case) chambranle m, contre-chambranle m

**lining**: habillage m, revêtement m intérieur; (of wall) doublage m; (of shaft, of tunnel) blindage m; (of excavation) boisage m; (for door or window) chambranle m, encadrement m
 ~ **paper**: papier m d'apprêt

**link**: liaison f; (of chain) maillon m; NA: (concreting) étrier m, épingle f
 ~ **houses**: maisons f siamoises, maisons indépendantes à fondations reliées

**linkspan, linkway**: passerelle f

**linseed**, ~ **oil**: huile f de lin
 ~ **oil putty**: mastic m à l'huile de lin

**lintel, lintol**: linteau m
 ~ **block**: bloc m de linteau, bloc en U
 ~ **course**: plate-bande f (de baie)

**lip**: lèvre f; rebord m (arrondi), saillie f (arrondie); (a masonry defect) balèvre f
 ~ **seal**: joint m à lèvre
 ~ **urinal**: urinoir m à bec

**lipping**: alaise f de porte plane, alaise rapportée

**liquefied**, ~ **natural gas**: gaz m naturel liquéfié
 ~ **petroleum gas**: gaz m de pétrole liquéfié

**liquid**: liquide m, adj
 ~-**cooled collector**: (solar heating) capteur m à circulation d'eau
 ~ **fuel**: combustible m liquide

 ~ **indicator**: viseur m de liquide
 ~ **limit**: (of soil) limite f de liquidité
 ~ **membrane curing compound**: badigeon m de cure
 ~-**type collector**: (solar heating) capteur m à liquide
 ~ **waste**: eaux f usées

**liquidated damages for delay**: indemnité f forfaitaire pour retard

**liquidity**: liquidité f
 ~ **index**: indice m de liquidité

**L-iron**: équerre f

**list**: liste f
 ~ **of parts** GB: nomenclature f
 ~ **of pearls**: baguette f à perles

**listed building**: monument m classé

**listel**: (moulding) listeau m, listel m, bandeau m

**litter bin**: corbeille f

**live**: (el) sous tension
 ~ **knot**: nœud m sain
 ~ **load**: charge f variable, surcharge f
 ~ **room**: salle f réverbérante
 ~ **weight**: poids m roulant
 ~ **wire**: fil m sous tension

**livering**: (of paint) épaississement m

**living**, ~ **force**: force f vive
 ~ **rock**: roche f vive
 ~ **room**: salle f de séjour, living m

**LL** → **live load**

**LM** → **lime mortar**

**LNG** → **liquefied natural gas**

**LOA** → **overall length**

**load**: charge f; (force) effort m
 ~ **bearing**: porteur
 ~-**bearing wall**: mur m porteur
 ~ **carried to the ground**: descente f de charge
 ~ **distribution**: répartition f de la charge
 ~ **equivalent**: équivalent m de la charge
 ~ **factor**: facteur m de sécurité; (el) facteur d'utilisation
 ~-**free start**: démarrage m à vide
 ~ **resisting section**: section f résistante

~ **reversal**: renversement *m* de la charge
~**-settlement curve**: courbe *f* de charge-tassement
~ **shedding**: (el) délestage *m*; (a.c.) réduction *f* de la charge
~ **test**: essai *m* en charge

**loaded**: chargé, supportant une charge

**loader**: chargeuse *f*

**loading**: chargement *m*; (of a structure) mise *f* en charge
~ **bay** GB: quai *m* de chargement (d'usine)
~ **carried to the ground**: descente *f* de charge
~ **dock**: quai *m* de chargement (de port)
~ **frame**: portique *m* de mise en charge
~ **hopper**: trémie *f* d'attente
~ **platform** NA: quai *m* de chargement
~ **shovel**: chargeuse *f* pelleteuse, pelle *f* chargeuse

**loan**: prêt *m*

**lobby**: hall *m* d'entrée, salle *f* des pas perdus; (of hotel, of theatre) vestibule *m*

**lobe**: lobe *m*

**local**, ~ **authority**: collectivité *f*
~ **council**: municipalité *f*
~ **labour**: main-d'œuvre *f* indigène
~ **regulations**: réglementation *f* locale
~ **road**: chemin *m* vicinal

**locating link**: étrier *m* (de montage d'armature)

**location**: emplacement *m*, implantation *f*
~ **plan**: plan *m* de situation

**lock**: serrure *f*, (on a canal) écluse *f*
~ **block**: fourrure *f* de serrure à encastrer
~ **case**: coffre *m* de serrure
~ **face plate**: têtière *f*
~ **forend** GB: têtière *f*
~ **front** NA: têtière *f*
~ **gate**: porte *f* d'écluse
~ **joint**: agrafure *f* (de couverture métallique)
~ **rail**: traverse *f* intermédiaire, traverse du milieu (de vantail de porte)
~ **reinforcement**: renfort *m* de serrure
~ **seam**: agrafure *f* (de couverture métallique)

~ **set**: ensemble *m* de serrure et garniture
~ **stile**: battant *m* (de porte), montant *m* de battement
~ **strike**: gâche *f*

to **lock**: fermer à clé

**locker**: casier *m*, armoire *f* (de vestiaire)
~ **room**: vestiaire *m*

**locking**: condamnation *f*, verrouillage *m*
~ **button**: bouton *m* de condamnation

**locknut**: contre-écrou *m*, écrou *m* indesserrable

**lockshield**: tête *f* cache-entrée
~ **valve**: robinet *m* à cache-entrée

**lockup garage**: box *m*

**locus**: lieu *m* géométrique

**locutory**: parloir *m* (de monastère)

**lodge**: loge *f*, pavillon *m* de garde, pavillon d'entrée

**loess**: loess *m*

**loft**: grenier *m*
~ **conversion**: aménagement *m* des combles
~ **ladder**: échelle *f* escamotable

**log**: (of timber) bille *f*, grume *f*, (fuel) bûche *f*, (a written record) cahier *m*, carnet *m*
~ **after butt log**: première surbille
~ **boom**: estacade *f*

**logging**: (of borehole) diagraphie *f*

**long**: long
~ **column**: poteau *m* élancé
~ **flame coal**: charbon *m* flambant
~ **float**: latte *f* de régalage
~ **grain**: fibres longues
~ **grained plywood**: contreplaqué *m* à fil en long
~ **life**: pérennité *f*
~ **line system**: système *m* par grands bancs, méthode *f* des torons tendus sur grands bancs
~ **nipple**: mamelon *m* double
~ **radius**: grand rayon
~ **radius elbow**: coude *m* à grand rayon
~ **screw**: longue vis
~ **side**: (of roof) long pan
~ **sweep fitting**: raccord *m* à grand rayon

~ **term test**: essai *m* de longue durée
~ **wall**: mur *m* de long pan (as opposed to gable end wall)

**longhorn beetle**: capricorne *m*

**longitudinal**, ~ **facade**: long pan
~ **profile**: (of a plot) profil *m* en long
~ **reinforcement**: armature *f* longitudinale
~ **section**: coupe *f* longitudinale

**lookout**, ~ **rafter**: chevron *m* en porte-à-faux
~ **turret**: (in castle wall) guérite *f*

**loop**: boucle *f*

**looped-pile carpet**: moquette *f* bouclée

**loophole**: arbalétrière *f*, archère *f*, barbacane *f* de tir, meurtrière *f*

**loose**: lâche; (soil) meuble; (materials) en vrac
~ **brick**: brique *f* déchaussée
~ **earth**: terre *f* meuble, sol *m* meuble
~-**fill insulation**: isolant *m* en vrac, isolation *f* en vrac, isolation en granulés
~ **flange**: bride *f* folle
~ **ground**: sol *m* meuble, terre *f* meuble
~ **joint butt**: charnière *f* dégondable
~ **joint hinge**: paumelle *f* dégondable
~ **knot**: nœud *m* sautant, nœud décollé
~ **moulding**: moulure *f* rapportée
~ **piece**: pièce *f* rapportée
~-**pin butt hinge**: charnière *f* à broche démontable
~ **side**: (of plywood) côté *m* ouvert, face *f* distendue
~ **soil**: sol *m* meuble, terrain *m* meuble, terrain inconsistant
~ **tongue**: fausse languette; (of mitred joint) pigeon *m*

**loosening**: (of the soil) ameublissement *m*

**lorry** GB: camion *m*
~-**mounted crane**: grue *f* sur porteur, grue sur camion

to **lose the seal**: (siphon) se désamorcer

**loss**: perte *f* (de chaleur, de pression, de charge)
~ **apportionment**: répartition *f* entre assureurs
~ **of head**: perte de charge
~ **of pressure**: perte de charge
~ **of use**: privation *f* de jouissance, perte de jouissance
~ **of working time**: immobilisation *f* (du personnel)
~ **on ignition**: perte *f* au feu

**lost roof space**: combles *m* perdus

**lot** NA: terrain *m*, parcelle *f*
~ **line** NA: limite *f* d'un terrain
~ **size**: (stats) effectif *m* du lot

**loudness**: intensité *f* sonore
~ **contour**: courbe *f* d'intensité sonore
~ **level**: niveau *m* d'intensité sonore

**loudspeaker**: haut-parleur *m*

**lounge**: salon *m*

**louver** NA, → **louvre** GB

**louvered** NA, → **louvred** GB

**louvre** GB: lame *f* de persienne
~ **blade**: ventelle *f*
~ **board**: ventelle *f*
~ **boards**: abat-vent *m*
~ **door**: porte *f* persienne
~ **sash**: châssis *m* d'aération à lames mobiles
~ **window**: fenêtre *f* jalousie

**louvred**, ~ **door**: porte *f* persienne
~ **shutter**: persienne *f*
~ **vent**: aérateur *m* à lames, évent *m* à lames

**low**: bas; (speed) à petite allure (de marche)
~ **angle light**: lumière *f* rasante
~ **cost housing** NA: logements *m* sociaux, habitation *f* à loyer modéré
~-**down tank** NA: réservoir *m* de chasse bas
~ **flow**: basses eaux
~ **gradient**: faible pente
~ **heat cement**: ciment *m* à faible chaleur d'hydratation
~-**level cistern**: réservoir *m* de chasse bas
~-**level suite** GB: w.-c. à réservoir bas
~-**pitched roof**: toit *m* à faible pente
~-**rise building**: immeuble *m* bas
~ **setting**: faible allure
~ **speed**: petite allure (de marche)
~ **volatile coal**: charbon *m* maigre
~ **voltage**: basse tension
**of** ~ **flammability**: difficilement inflammable

**low-relief**: bas-relief *m*

**lowbed trailer, lowboy**: remorque *f* surbaissée

**lower**: inférieur
~ **leaf of stable door**: portillon *m* de vantail coupé
~ **part**: partie *f* basse
~ **plate**: (surv) limbe *m*

**lowering, ~ of the groundwater**: abaissement *m* de la nappe [souterraine]
~ **wedge**: coin *m* de blocage, détente *f*
~-**in**: (of pipe) mise *f* en fouille

**lowest**: le plus bas
~ **bid** NA: soumission *f* la moins disante, offre *f* la moins disante
~ **bidder** NA: soumissionnaire *m* le moins disant, soumissionnaire le mieux disant
~ **tender** GB: soumission *f* la moins disante, offre *f* la moins disante
~ **tenderer** GB: soumissionnaire *m* le moins disant, soumissionnaire le mieux disant
~ **water level**: niveau *m* d'étiage

**lozenge moulding**: pointe *f* de diamant (moulure)

**L&P** → **lath and plaster**

**LPG** → **liquefied petroleum gas**

**LR** → **living room**

**LS** → **loudspeaker**

**luffer board**: ouïe *f*

**luffing jib crane**: grue *f* à portée variable

**lug**: (a fastenr) patte *f*; (of cable) cosse *f*; (of sill) oreillon *m*

**lukewarm**: tiède

**lumber**: bois *m* de sciage
~ **room**: débarras *m*

**luminaire** NA: luminaire *m*

**luminous, ~ ceiling**: plafond *m* éclairant
~ **flux**: flux *m* lumineux

**lump**: (of earth) motte *f*
~ **lime**: chaux *f* en mottes
~ **sum**: somme *f* forfaitaire
~ **sum contract**: marché *m* à prix global, marché au forfait, marché forfaitaire
~ **sum price**: prix *m* forfaitaire

**lune**: pan *m* de dôme

**lunette**: lunette *f* (architecture)

**lute**: lut *m*

**luthern**: lucarne *f*

**lye**: lessive *f*

# M

**macadam**: macadam *m*, empierrement *m*

**machicolated**: à mâchicoulis

**machicolation**: mâchicoulis *m*

**machine**: machine *f*, engin *m*
~ **bolt**: boulon *m* mécanique
~ **room**: machinerie *f*
~ **screw**: vis *f* mécanique

**machinery**: machines *f*, machinerie *f*
~ **room**: (of lift) local *m* des machines

**machining**: usinage *m*

**made**, ~ **ground**: remblai *m*, terrain *m* rapporté
~-**up ground**: terrain *m* remblayé
~-**up soil**: sol *m* d'apport

**magnesia cement**: ciment *m* magnésien

**magnesite flooring**: revêtement *m* magnésien

**magnesium oxychloride cement**: ciment *m* sorel

**magnetic catch**: loquet *m* magnétique

**mahogany**: acajou *m*

**mail box** NA: boîte *f* à lettres

**main**: canalisation *f* principale, conduite *f* de distribution (gaz, eau); *adj*: principal; → also **mains**
~ **bar**: barre *f* principale (d'armature)
~ **beam**: poutre *f* maîtresse, poutre principale
~ **cable**: câble *m* de distribution
~ **contractor**: entreprise *f* générale, entreprise pilote, maître *m* d'œuvre
~ **distribution**: distribution *f* principale
~ **door**: portail *m*
~ **drainage**: tout-à-l'égout *m*
~ **elevation**: façade *f* principale
~ **gate**: portail *m* (dans clôture)
~ **meter** NA: compteur *m* général
~ **part**: (of a building) corps *m* (d'un bâtiment)
~ **pipe**: canalisation *f* principale
~ **plane**: (of a wall) nu *m* (d'un mur)
~ **quadrangle**: cour *f* d'honneur
~ **rafter**: chevron *m*
~ **road**: route *f* principale; (in a town) grande artère
~ **sewer**: collecteur *m* principal, grand collecteur, égout *m* collecteur, égout principal
~ **soil and waste vent** NA: ventilation *f* primaire
~ **stack**: chute *f* à ventilation primaire
~ **structure**: gros œuvre
~ **surface**: (of a component) nu *m* (d'un élément)
~ **switch**: interrupteur *m* général
~ **tie**: (of truss) entrait *m*
~ **vent**: colonne *f* de ventilation secondaire
~ **wall**: mur *m* de gros-œuvre, gros mur

**mains**: (gas, el) réseau *m* de distribution; (el) secteur *m*
~ **junction**: nœud *m* de canalisation
~ **transformer**: transformateur *m* d'alimentation
~ **voltage**: tension *f* de secteur
~ **water**: eau *f* de ville

to **maintain**: entretenir
~ **in good repair**: entretenir en bon état

**maintenance**: entretien *m*, maintenance *f*
~ **bond**: garantie *f* de parfait achèvement
~ **contract**: contrat *m* entretien, marché *m* d'entretien
~ **costs**: frais *m* d'entretien
~ **logbook**: carnet *m* de bord
~ **manual**: manuel *m* d'entretien
~ **period**: (for a building) délai *m* de garantie

**maison[n]ette** GB: appartement *m* en duplex, duplex *m*

**major**, ~ **project**: grand projet
~ **repair**: réfection *f*

to **make**: faire, exécuter
 **~ flush**: affleurer
 **~ good**: remettre en état; (paintwork) retoucher
 **~ good the damage**: réparer les dégâts
 **~ higher**: réhausser
 **~-up feed**: eau f d'appoint
 **~-up piece**: pièce f jointive
 **~-up water**: eau f d'appoint

**makeshift repair**: réparation f de fortune

**male thread**: filet m mâle

**mall** NA: centre m commercial

**malleable iron**: fonte f malléable

**mallet**: maillet m

**man lock**: sas m pour le personnel

**managing contractor**: entreprise f pilote

**mandatory**: obligatoire

**manhole**: trou m d'homme; regard m (d'égout)
 **~ cover**: tampon m de regard d'égout
 **~ frame and cover**: cadre m et tampon (de regard d'égout)

**manifold**: collecteur m (sur tuyauterie), nourrice f

**manipulated variable** NA: valeur f de réglage, grandeur f de réglage

**manor house**: demeure f seigneuriale, manoir m

**manpower**: main-d'œuvre f, personnel m, effectifs m

**mansard roof** GB: toit m en bâtière brisée, comble m à la Mansart; GB, NA toit m brisé en pavillon

**manse**: demeure f du pasteur

**mansion**: château m; **mansions**: immeuble m divisé en appartements

**mantel**: manteau m de cheminée (en avant-corps dans la pièce); (a decorative mantelpiece) chambranle m

**mantelshelf**: tablette f de cheminée

**manual**: manuel m, adj
 **~ control**: commande f manuelle, intervention f manuelle

**manway**: trou m d'homme

**map**: carte f, (of a town) plan m
 **~ crack**: (in paint, in rendering) gerçure f
 **~ cracking**: faïençage m à mailles larges

to **map a site**: lever un plan, faire un levé

**maple**: érable m

**mar resistant**: résistant aux maculations

**marbelizing** NA: marbrure f

**marble**: marbre m

**marbling**: marbrure f

**margin**: marge f, (of tile, of slate) pureau m
 **~ draft**: (stonework) ciselure f relevée
 **~ strip**: bordure f de parquet
 **~ trowel**: truelle f carrée

**marigold window**: rosace f

**mark**: trait m de repère, repère m

to **mark**: marquer, repérer
 **~ out**: (wood, stone) établir
 **~ out the boundary**: borner, faire le bornage
 **~ up a drawing**: corriger un dessin, annoter un plan

**marker**: repère m
 **~ thread**: fil m d'identification

**market value**: valeur f commerçante

**marking**: marquage m; repérage m
 **~ gauge**: trusquin m
 **~ out**: (stonework) art m du trait; (of plot) bornage m

**marl**: marne f

**marquee**: marquise f

**marquetry**: marqueterie f

**marring**: maculations f

**marshy ground**: terrain m marécageux

**mascaron**: mascaron m

**mask**: cache m; (carving) masque m

**masking**, **~ paper**: papier m cache
 **~ tape**: ruban m cache

**mason**: maçon m
 **~'s mark**: marque f de tâcheron
 **~'s scaffold**: échafaudage m à double rangée d'échasses

**masonry**: maçonnerie f; GB: (stonework) maçonnerie en pierre
 ~ **anchor**: patte f de scellement
 ~ **cement**: ciment m de hourdage, ciment à maçonner
 ~ **filler unit**: hourdis m, entrevous m
 ~ **fixings**: scellements m
 ~ **mortar**: mortier m de hourdage
 ~ **reinforcement**: chaînage m
 ~ **tie**: agrafe f, agrafe en double queue d'aronde
 ~ **unit**: bloc m de maçonnerie, parpaing m, aggloméré m
 ~ **veneer**: maçonnerie f de parement

**mass**: masse f
 ~ **concrete**: béton m de masse
 ~ **flow rate**: débit m massique
 ~ **of fallen masonry**: éboulis m de construction

**mast**: mât m (d'engin)

**master**, ~ **bedroom**: chambre f de maître
 ~ **clock**: horloge f mère
 ~ **instrument**: appareil m d'étalonnage
 ~ **key**: passe-partout m, passe m
 ~ **meter** NA: compteur m général
 ~ **plan**: plan m directeur
 ~ **specifications**: devis m directeur
 ~ **tap**: robinet m général

**mastic**: produit m de consistance pâteuse
 ~ **asphalt**: mastic m d'asphalte

**mat**: (foundation) radier m; tapis m; adj : mat
 ~ **foundation** NA: fondation f sur radier

**match**, ~ **plane**: bouvet m à joindre, bouvet en deux morceaux
 ~ **joint**: assemblage m bouveté

**matchboard**: planche f bouvetée, planche à rainure et languette

**matchboarding**: planches f bouvetées

**matched**: bouveté, à rainure et languette
 ~ **board**: planche f bouvetée, planche à rainure et languette
 ~ **joint**: assemblage m bouveté
 ~ **with a V-edge**: à rainure et languette en grain d'orge

**matcher**: bouveteuse f

**mate** GB: manœuvre m, aide m, garçon m

**material**: matière f, matériau m
 ~ **handling crane**: grue f de manutention
 ~ **hoist**: monte-matériaux m
 ~ **test**: essai m de matériau
 ~**s handling**: manutention f des matériaux

**mating flange**: contre-bride f

**matrix**: (mortar, terrazzo) liant m, matrice f; (geol) gangue f, matrice, pâte f

**mattock**: pioche f, décintroir m

**maturing**: maturation f (du béton, du plâtre)

**maximum**: maximum m; adj : maximal
 ~ **bearing stress**: taux m de travail admissible (du sol)
 ~ **demand tariff**: tarif m de pointe
 ~ **probable precipitation**: précipitation f maximale probable
 ~ **stress**: contrainte f limite

**maze**: labyrinthe m

**MC** → **moisture content**

**meal**: farine f

**mean**: moyenne f; adj : moyen
 ~ **annual rainfall**: précipitation f moyenne annuelle
 ~ **annual runoff**: ruissellement m annuel moyen
 ~ **deviation**: (stats) écart m moyen
 ~ **free path**: libre parcours moyen
 ~ **level**: niveau m moyen
 ~ **monthly precipitation**: précipitation f mensuelle moyenne
 ~ **sea level**: niveau m moyen de la mer
 ~ **solar day**: jour m solaire moyen
 ~ **time between failures**: durée f moyenne utile (d'un appareil)

**meandering crack[ing]**: fissure f en dents de scie

**means**: moyen m
 ~ **of egress**: moyen m de sortie, sortie f, dégagement m

**measure**: mesure f

to **measure**: mesurer; (timber, stone) métrer, cuber
 ~ **ground**: arpenter

**measured**: mesuré
 ~ **contract**: marché m sur bordereaux de prix, marché au métré
 ~ **drawing**: relevé m d'architecture

**measuring**: mesurage *m*
 ~ **chain**: chaîne *f* d'arpenteur
 ~ **tape**: mètre *m* à ruban, roulette *f* (de géomètre)

**mechanic's lien**: privilège *m* de main d'œuvre

**mechanical**: mécanique
 ~ **anchor**: (for concrete) ancrage *m* mécanique
 ~ **application**: (of plaster, of mortar) projection *f*
 ~ **bond**: accrochage *m* mécanique
 ~ **core**: (of a buildling) noyau *m* technique
 ~ **draught**: tirage *m* mécanique
 ~ **efficiency**: rendement *m* mécanique
 ~ **engineering**: mécanique *f*
 ~ **equipment room**: local *m* des machines (d'ascenseur)
 ~ **equivalent of heat**: équivalent *m* mécanique de la chaleur
 ~ **float**: talocheuse *f* mécanique
 ~ **floor**: étage *m* technique, plateau *m* technique
 ~ **room** NA: local *m* technique
 ~ **ventilation**: ventilation *f* mécanique

**mechanics**: mécanique *f*

**medallion**: médaillon *m*

**median strip** NA: terre-plein *m* central (de route)

**medical centre**: centre *m* medical

**medium**: agent *m*, milieu *m*, véhicule *m*; *adj* : moyen
 ~ **density fibreboard**: panneau *m* de fibres de densité moyenne
 ~ **[density] hardboard**: panneau *m* de fibres mi-dur

**medullary ray**: rayon *m* médullaire

**meeting**: réunion *f*
 ~ **rail**: (of sash window) traverse *f* du milieu
 ~ **stile**: (of double door) battant *m*; (of french window) montant *m* de battement

**melamine**: mélamine *f*

to **melt**: fondre

**member**: membre *m*, pièce *f* (de charpente), élément *m* (de structure)
 ~ **in compression**: pièce *f* travaillant à la compression

**membrane**: membrane *f*
 ~ **curing**: cure *f* sous antiévaporant

**memorial**: monument *m*

**men's room** NA: toilettes *f* messieurs

**mercury vapour lamp**: lampe *f* à vapeur de mercure

**merlon**: merlon *m*

**mesh**: maille *f* (de tamis, de grillage)
 ~ **core door**: porte *f* à âme alvéolée
 ~ **reinforcement**: armature *f* en treillis

**meshed network**: réseau *m* maillé

**metal**: métal *m*; GB: (for road) empierrement *m*
 ~ **arc welding**: soudage *m* à l'arc métallique
 ~ **chimney cowl**: champignon *m* de cheminée
 ~ **cramp**: (mas) agrafe *f*
 ~ **decking**: bac *m* métallique
 ~ **detector**: détecteur *m* de métal
 ~ **doors and windows**: menuiserie *f* métallique
 ~ **float**: taloche *f*
 ~ **frame**: ossature *f* métallique
 ~ **gate**: grille *f* d'entrée
 ~ **grillage**, ~ **grillwork**: gril *m* en métal, grillage *m* en métal
 ~ **lathing**: lattis *m* en métal déployé
 ~ **millwork** NA: menuiserie *f* métallique
 ~ **pan**: (in ceiling) bac *m* métallique
 ~ **primer**: peinture *f* primaire
 ~ **sheeting**: tôle *f*
 ~ **spraying**: métallisation *f*
 ~ **window**: fenêtre *f* métallique

**metallic paint**: peinture *f* métallisée

**metalling**: empierrement *m* (de route)

**metalwork**: ferronnerie *f*, serrurerie *f*, métallerie *f*, ouvrages *m* métalliques

**metamer**: métamère *m*

**metamorphic rock**: roche *f* métamorphique

**meter**: compteur *m*; NA → **metre** GB
 ~ **control**: robinet *m* de commande de compteur
 ~ **reading**: relevé *m* de compteur
 ~ **stop**: robinet *m* de compteur

**metered system**: réseau *m* muni de compteurs

**metes and bounds**: tenants *m* et aboutissants

**methane**: méthane *m*
~ **digester**: méthaniseur *m*
~ **digestion**: digestion *f* méthanique
~ **fermentation**: fermentation *f* méthanique

**method**: méthode *f*; filière *f* industrielle

**methyl**, ~ **methacrylate organic glass**: plexiglas *m*
~**-orange alkalinity**: titre *m* alcalimétrique complet

**methylated spirit**: alcool *m* à brûler, alcool dénaturé

**metre** GB, **meter** NA: mètre *m*

**mezzanine**: (floor within height of story) mezzanine *f*
~ **floor**: entresol *m*

**MH** → **manhole**

**MI** → **malleable iron**

**mica**: mica *m*
~ **flakes**: paillettes *f* de mica
~ **paint**: peinture *f* au mica

**microbial slime**: film *m* biologique (sur parois de canalisations)

**microbore**: (central heating system) très petit diamètre

**micropollutant**: micropolluant *m*

**microswitch**: minirupteur *m*

**middle**: milieu *m*; *adj* : médian
~ **aisle**: (of church) vaisseau *m* central
~ **rail**: (of door leaf) traverse *f* du milieu
~ **strip**: (of slab) bande *f* médiane
~ **third**: tiers *m* médian, tiers central

**midfeather**: paroi *f* intermédiaire (d'un conduit de fumée)

**midrail**: (of guard rail) sous-lisse *f*

**midspan loading**: charge *f* au milieu

**mid-season**: demi-saison *f*

**migration of mud to the surface**: remontée *f* de boue

**mild**, ~ **iron**: fer *m* doux
~ **steel**: acier *m* doux

**mildew**: moisissure *f*, piqûres *f* d'humidité, taches *f* d'humidité

**milk of lime**: lait *m* de chaux

**mill**: usine *f*; (rolling mill) laminoir *m*; (sawmill) scierie *f*; (woodworking) menuiserie *f*, (water mill) moulin *m*
~ **leat**: canal *m* d'amenée
~ **lengths**: (of wood) longueurs *f* diverses et mélangées
~**-mixed** NA: (cement) prêt à l'emploi
~**-run**: tout-venant
~ **scale**: calamine *f*

to **mill**: (metal) fraiser

**millboard**: carton *m* fort

**milled lead**: plomb *m* laminé

**milling**: (machining) fraisage *m*
~ **cutter**: fraise *f*
~ **machine**: fraiseuse *f*

**millstone**: pierre *f* meulière

**millwork** NA: menuiserie *f* préfabriquée

**mineral**, ~ **fibre**: fibre *f* minérale
~ **resin**: résine *f* minérale
~ **properties of water**: minéralisation *f* de l'eau
~ **spirit**: essence *f* minérale
~ **surfaced felt**: feutre *m* surfacé
~ **wool**: laine *f* minérale

**minibore**: (central heating) petit diamètre

**minimum**: minimum *m*; *adj* : minimal

**minor**: mineur
~ **buckle**: flambage *m* secondaire
~ **change** NA: modification *f*
~ **defect**: défaut *m* mineur
~ **defective**: présentant un défaut mineur

**mint**: Hôtel *m* de la Monnaie

**mirror**: miroir *m*
~ **bracket**: patte *f* à glace
~ **finish**: poli *m* miroir

**miscellaneous**: divers

**miserere, misericord**: miséricorde *f*

**misrepresentation**: déclaration *f* mensongère

**mission tile** NA: tuile f canal

**miter** NA, → **mitre** GB

**mitre** GB, **miter** NA: onglet m
  ~ **arch**: arc m en mitre
  ~ **box**: boîte f à onglets
  ~ **cutting machine**: machine f à couper d'onglet
  ~ **joint**: assemblage m à onglet
  ~ **saw**: scie f à dos
  ~ **square**: équerre f d'onglet

to **mitre**: couper d'onglet, tailler d'onglet

**mitred edge**: (of slate, of tile) tranchis m

**mix**: mélange m; composition f (du béton); gâchée f
  ~ **design**: (of concrete) calcul m du dosage, dosage m

to **mix**: mélanger; (plaster, mortar) gâcher

**mixed**: mélangé; mixte; composé
  ~ **construction**: construction f mixte
  ~**-flow fan**: ventilateur m hélicocentrifuge
  ~**-flow pump**: pompe f hélicocentrifuge
  ~ **glue**: colle f préparée
  ~**-media bed**: lit m multicouche

**mixer**: malaxeur m
  ~ **tap**: robinet m mélangeur, mélangeur m

**mixing**: mélange m; gâchage m, malaxage m
  ~ **time**: durée f de malaxage
  ~ **valve**: mitigeur m
  ~ **water**: eau f de gâchage

**mixture**: mélange m

**moat**: douve f, fossé m (de château fort)

**mobile**: mobile
  ~ **crane** GB: grue f automotrice
  ~ **load**: surcharge f
  ~ **partition**: cloison f mobile
  ~ **plant**: centrale f mobile, usine f foraine
  ~ **space heater**: radiateur m à bouteille incorporée

**mock-up**: maquette f grandeur nature

**model**: modèle m; maquette f
  ~ **analysis**: étude f sur modèle
  ~ **house** NA: maison f témoin

**modelling**: modélisation f

**modillion**: modillon m

**modular**, ~ **component**: composant m modulaire
  ~ **construction**: construction f modulaire
  ~ **grid**: quadrillage m modulaire
  ~ **ratio**: rapport m modulaire; (of concrete) coefficient m d'équivalence
  ~ **space grid**: réseau m modulaire

**module**: module m (de coordination)

**modulus**: module m (résistance des matériaux)
  ~ **of compressibility**: module m de déformation volumétrique, module de compressibilité
  ~ **of elasticity**: module m d'élasticité
  ~ **of resilience**: énergie f de déformation élastique maximale
  ~ **of rigidity**: module m d'élasticité au cisaillement
  ~ **of rupture**: module m de rupture
  ~ **of shear**: module m d'élasticité au cisaillement
  ~ **of toughness**: énergie f de déformation à la rupture

**Mohr's circle**: cercle m de Mohr

to **moisten**: mouiller, humidifier

**moisture**: humidité f
  ~ **barrier**: pare-vapeur m
  ~ **content**: degré m d'humidité, taux m d'humidité; (of soil) teneur f en eau
  ~ **equivalent**: humidité équivalente
  ~ **expansion**: dilatation f due à l'humidité, foisonnement m
  ~ **indicator**: indicateur m d'humidité
  ~ **migration**, ~ **movement**: migration f d'humidité

**mold, molding** NA, → **mould, moulding** GB

**mole**: taupe f

**molten**: en fusion
  ~ **metal**: (wldg) métal m en fusion

**moment**: moment m
  ~ **about points of support**: moment m aux appuis
  ~ **equilibrium**: équilibre m des moments
  ~ **of inertia**: moment m d'inertie
  ~ **of resisting forces**: moment m des forces résistantes

**momentum**: force *f* vive

**monastery**: monastère *m*

**monial**: meneau *m* (en pierre)

**monitor**: (CCTV) moniteur *m*, écran *m* de contrôle; (in roof) lanterneau *m*
~ **roof**: comble *m* à lanterneau, toit *m* à lanterneau

**monkey**: mouton *m* (à chute libre)
~ **tail**: crosse *f* (de rampe d'escalier)

**monofuel**: monocombustible

**monolith**: monolithe *m*

**monolithic**: monolithique; solidaire, incorporé
~ **concrete**: béton *m* monolithe

**monopitch roof**: toit *m* à un seul versant

**monopteral**: monoptère

**monostyle**: monostyle

**monument**: monument *m*

**mopboard** NA: plinthe *f*

**moraine**: moraine *f*

**morning**: matin *m*
~ **room**: petit salon
~ **shift**: poste *m* du matin

**mortar**: mortier *m*
~ **bed**: bain *m* de mortier
~ **box**: gâcheur *m*, gâchoir *m*
~ **fillet**: (between roof and wall) ruellée *f*
~ **patch**: témoin *m* de fissure
~ **tray**: (for V-bricks) cadre *m* métallique, auge *f* à joints

**mortgage**: hypothèque *f*
~ **loan**: prêt *m* hypothécaire

**mortgagee**: créancier *m* hypothécaire

**mortgager, mortgagor**: débiteur *m* hypothécaire

**mortice, mortise**: mortaise *f*
~-**and-tenon joint**: assemblage *m* à tenon et mortaise
~ **bolt**: verrou *m* à larder
~ **cheek**: jouée de mortaise
~ **lock**: serrure *f* lardée
~ **machine**: mortaiseuse *f*
~ **wedge**: rossignol *m*

**mosaic**: mosaïque *f*

**motor**: moteur *m*
~ **blower**: motosouffleur *m* (nettoyage des routes)
~ **patrol**: motoniveleuse *f*, niveleuse *f* automotrice

**motorgrader**: motoniveleuse *f*, niveleuse *f* automotrice

**motorized valve**: robinet *m* motorisé

**motorscraper**: décapeuse *f* automotrice

**motte**: motte *f* (de château fort)

**mouchette**: mouchette *f* (style flamboyant)

**mould** (mould GB), **mold** NA: moisissure *f*, moule *m*; (stone cutting) panneau *m*
~ **cavity**: empreinte *f* de moule
~ **oil**: huile *f* de démoulage

**mouldboard**: lame *f* frontale (de bouteur)
~ **pitch**: angle *m* de pénétration, angle de coupe (de la lame)

**moulded** GB, **molded** NA: moulé
~ **brick**: brique *f* moulurée
~ **insulation**: coquille *f* (d'isolation de tuyau), isolation *f* en coquille
~ **plywood**: contreplaqué *m* moulé

**moulding** GB, **molding** NA: (casting in a mould) moulage *m*; pièce *f* moulée; (carving) moulure *f*, (bead) baguette *f*
~ **plane**: mouchette *f*
~ **plaster**: plâtre *m* à mouler
~ **stop**: arrêt *m* de chanfrein

**mouldy**: moisi

to **mount**: assembler, monter

**mounting**: assemblage *m*, montage *m*
~ **block**: montoir *m*

**mouse**: contrepoids *m* (de châssis à guillotine)

**mouth**: (of river) embouchure *f*; (of mill) abée *f*

**movable**: mobile
~ **anchorage of bearing**: ancrage *m* mobile d'appui
~ **mirror**: (solar heating) miroir *m* orientable, miroir tournant, miroir mobile
~ **sash**: ouvrant *m* (de fenêtre à guillotine)

to **move**: bouger (bois, sol)

**moveable** → **movable**

**movement**: mouvement *m*; (wood) travail *m*
~ **joint**: joint *m* de rupture

**moving**, ~ **bed**: lit *m* mobile
~ **form**: coffrage *m* mobile
~ **staircase**: escalier *m* mécanique, escalier roulant
~ **walkway**: trottoir *m* roulant
~ **weight**: (on bridge) poids *m* roulant

**MR** → **mill run**

**MRTR** → **mortar**

**MS** → **mild steel**

**mucilage** NA: colle *f* de bureau, gomme *f* arabique

**muck**: sol *m* organique; NA: (excavated material) déblai *m*
~ **shifting** NA: terrassement *m*
~ **shifting plant** NA: engin *m* de terrassement

**mud**: boue *f*
~ **floor**: sol *m* en terre battue
~ **jacking**: injection *f* de boue
~ **wall**: mur *m* en pisé, mur en torchis

**mudsill** NA: sablière *f* basse

**mullion**: meneau *m* vertical

**mullioned window**: fenêtre *f* à meneaux

**multiaxial stress**: contrainte *f* pluriaxiale

**multibucket excavator**: excavateur *m* à chaîne à godets

**multicurved gable**: pignon *m* chantourné

**multicyclone dry dust collector**: dépoussiéreur *m* à multicyclones

**multifamily housing**: logement *m* collectif

**multifired power station**: centrale *f* pluricombustible

**multifoil arch**: arc *m* polylobé

**multifolding door**: porte *f* accordéon

**multifuel plant**: installation *f* pluricombustible

**multilayer**: multicouche

**multimedia filter**: filtre *m* multicouche

**multiple**: multiple
~ **dwelling**: bâtiment *m* d'habitation collectif, habitation collective, immeuble *m* collectif, logement *m* collectif
~ **frame**: portique *m* à travées multiples
~ **occupancy**: affectations *f* multiples (d'un immeuble)
~ **occupancy building**: bâtiment *m* à usages multiples
~ **rate [tariff]**: tarif *m* multiple
~ **sampling**: échantilllonnage *m* multiple
~**-span frame**: portique *m* à travées multiples

**multiply**: (plywood) multipli

**multipoint lock**: serrure *f* multipoints

**multipurpose**: polyvalent

**multirun weld**: soudure *f* en plusieurs passes

**multistage stressing**: précontrainte *f* fractionnée

**multistorey**: à plusieurs étages
~ **building**: immeuble *m* à étages
~ **car park**: silo *m* de stationnement
~ **frame**: portique *m* à étages
~ **structure**: structure *f* à étages

**multivariate quality control**: contrôle *m* de qualité à plusieurs variables

**multiwheel roller**: rouleau *m* à pneus, cylindre *m* à pneus

**municipal**, ~ **buildings**: mairie *f*
~ **engineering**: génie *m* municipal

**muntin**: (door) montant *m* intermédiaire; (window) meneau *m* vertical; NA: petit bois

**museum**: musée *m*

**mushroom**, ~ **floor**: plancher *m* champignon
~ **headed pushbutton**: bouton *m* coup-de-poing
~ **slab**: dalle *f* champignon

**mutule**: mutule *f*

**MUW** → **make-up water**

nail: clou *m*, pointe *f*
~ claw: tire-clous *m*
~-head moulding: pointe *f* de diamant (moulure)
~ puller: arrache-clous *m*
~ punch: chasse-clou *m*
~ set NA: chasse-clou *m*

nailed joint: assemblage *m* cloué

nailing: clouage *m*
~ brick: brique *f* de bois *m*
~ ground: fond *m* de clouage
~ gun: cloueuse *f*
~ strip: bande *f* de clouage, tasseau *m* de clouage, règle *f* (clouage de parquet)

naked, ~ flame, ~ light: flamme *f* nue

name plate: plaque *f* signalétique

napkin pattern: serviette *f* pliée

nappe: (geol) nappe *f*

narrow: étroit
~ angle floodlight: projecteur *m* intensif
~ end: (of step) collet *m*
~-ringed: (wood) à couches minces
~ strip foundation: rigole *f*
~ width: faible largeur

narthex: narthex *m*

national, ~ heritage: patrimoine *m* national
~ park: parc *m* national
~ water supply: patrimoine *m* de l'eau

native labour: main-d'œuvre *f* indigène

natural, ~ bed: (geol) assise *f* naturelle
~ cement: ciment *m* naturel
~ circulation: (in central heating system) circulation *f* non forcée, circulation par thermosiphon
~ cleft stone: pierre *f* délitée
~ draft: tirage *m* naturel, tirage thermique
~ drainage: écoulement *m* naturel
~ face: (of stone) lit *m* de carrière
~ foundation: fondation *f* directe, terrain *m* d'assise
~ frequency: fréquence *f* propre
~ gas: gaz *m* naturel
~ grade: pente *f* naturelle du sol; NA: terrain *m* naturel
~ ground: sol *m* en place, terrain *m* naturel
~ hydraulic lime: chaux *f* hydraulique naturelle
~ seasoning: (of wood) séchage *m* à l'air, séchage *m* naturel
~ soil: sol *m* en place, sol *m* naturel
~ stone: pierre *f* véritable
~ subgrade: sol *m* naturel
~ through ventilation: aération *f* naturelle

naval stores NA: produits *m* résineux

nave: nef *f*, vaisseau *m* (d'église)
~ arcade: grandes arcades
~ in three parts: nef à 3 vaisseaux

navigation arch: arche *f* marinière

navvy GB: (man using mainly hand tools) terrassier *m*; (crane with excavator attachments) excavateur *m*
~ pick: pic *m* de terrassement

NCV → net calorific value

neat: non dilué; (cement, plaster) pur
~ cement grout: pâte *f* pure de ciment
~ line: alignement *m* des fondations
~ plaster: enduit *m* pur

nebulé moulding, nebuly moulding: nébules *f*

neck: (on classical column) gorgerin *m*

necking: (classical architecture) gorgerin *m*
~ [down]: striction *f*

needle: (architecture) aiguille *f*, obélisque *m*; (underpinning) couchis *m*
~ nozzle: injecteur *m* à aiguille
~-shaped: aciculaire
~-tufted carpet: tapis *m* aiguilleté
~ valve: robinet *m* à pointeau

**needleloom carpet:** moquette *f* aiguilletée

**negative, ~ bending moment:** moment *m* fléchissant négatif
~ **booster transformer:** transformateur *m* dévolteur
~ **deviation:** (stats) écart *m* en moins
~ **reinforcement:** armature *f* de moment négatif
~ **skin friction:** frottement *m* [latéral] négatif
~ **well:** puits *m* absorbant

**negotiated contract:** marché *m* de gré à gré

**neighborhood** NA: quartier *m*

**neogothic:** néogothique

**neon:** néon *m*
~ **sign:** enseigne *f* au néon, enseigne lumineuse

**neoprene:** néoprène *m*
~ **rubber:** caoutchouc *m* néoprène

**nervure:** arête *f* de voûte

**net, ~ area:** (of room, of building, of floor) aire *f* nette
~ **calorific value:** pouvoir *m* calorifique inférieur
~ **curtains:** voilage *m*
~ **energy ratio:** rapport *m* énergétique net, quotient *m* énergétique net
~ **floor area:** surface *f* habitable, surface de plancher
~ **line:** (of foundations) alignement *m* des fondations
~ **plan area:** surface *f* hors œuvre
~ **radiation:** bilan *m* radiatif

**network:** réseau *m*
~ **loss:** perte *f* de réseau

**neutral, ~ axis:** axe *m* neutre
~ **fibre:** fibre *f* neutre

**new:** nouveau; neuf
~ **town:** ville *f* nouvelle
~ **work:** travaux *m* neufs

**newel:** noyau *m* d'escalier
~ **post:** balustre *m* de départ, départ *m* de rampe, poteau *m* de départ

**nib:** mentonnet *m* de tuile, tenon *m* de tuile

**nibbler:** grignoteuse *f*

**niche:** niche *f*

**nick:** entaille *f*

to **nidge,** to **nig:** (stone finish) piquer

**night:** nuit *f*
~ **bolt:** verrou *m* de nuit
~ **rate:** tarif *m* de nuit
~ **shift:** poste *m* de nuit
~ **vent:** vasistas *m*

**nightwatchman:** gardien *m* de nuit, veilleur *m* de nuit

**nippers:** pince *f*

**nipple:** mamelon *m* (raccord)

**no, ~ admittance:** entrée *f* interdite
~-**cut no-fill line:** ligne *f* des zéros (terrassement)
~-**fines concrete:** béton *m* sans sable, béton *m* sans granulats fins, béton caverneux
~ **load:** à vide
~-**load loss:** perte *f* à vide
~-**load test:** essai *m* à vide
~ **longer used as originally:** (church, building) désaffecté
~ **parking:** stationnement *m* interdit
~-**slump concrete:** béton *m* de consistance "terre humide"
~ **thoroughfare:** voie *f* sans issue

**node:** (of truss) nœud *m* de ferme
~ **of fault:** point *m* de faille

**nogging:** hourdis *m* (de pan de bois)

**noise:** bruit *m*
~ **abatement:** réduction *f* du bruit, affaiblissement *m* acoustique
~ **barrier:** écran *m* antibruit
~ **control:** lutte *f* contre le bruit
~ **insulation:** isolation *f* phonique
~ **level:** niveau *m* sonore
~ **reduction:** réduction *f* du bruit, affaiblissement *m* acoustique

**nonaerated burner:** brûleur *m* à flamme blanche

**nonalloy steel:** acier *m* non allié

**nonbearing wall:** mur *m* non porteur

**noncohesive soil:** sol *m* sans cohésion, sol non cohérent

**noncombustible:** incombustible

**nondestructive test:** essai *m* non destructif

**nondrying oil:** huile *f* non siccative

**nonflammable:** ininflammable

**nonheating season:** saison *f* sans chauffage

**nonhydraulic lime**: chaux *f* aérienne

**nonloadbearing**: non porteur

**nonmineral aggregate**: granulat *m* végétal

**nonnewtonian liquid** GB: liquide *m* à viscosité variable

**nonoperable transom light**: châssis *m* de tympan fixe

**nonperformance of contract**: non exécution du marché

**nonrebated door leaf**: vantail *m* sans recouvrement

**nonrecoverable**: (formwork, timbering) perdu

**nonredundant**: (frame) isostatique

**nonreflecting glass**: verre *m* antiréfléchissant, verre antireflet

**nonreturn valve**: clapet *m* de non-retour

**nonreturnable packing**: emballage *m* perdu

**nonrising stem**: (of valve) tige *f* de robinet fixe

**nonshrink**: sans retrait

**nonsiphon trap**: siphon *m* antisiphonage

**nonskid**: antidérapant

**nonslip**: antidérapant

**nontrafficable**: (road, roof) inaccessible

**nonvented hood**: hotte *f* à recyclage

**nonwoven fabric**: textile *m* non tissé

**normal**, ~ **dip**: (geol) pendage *m* général
~ **distribution curve**: courbe *f* de distribution normale
~ **working conditions**: (of a machine) régime *m* normal
~ **working speed**: vitesse *f* de régime
~ **year**: (hydrology) année *f* moyenne

**normalizing**: (of steel) normalisation *f*

**Norman architecture** GB: architecture romane de 1066 à l'arrivée de l'architecture gothique

**north**: Nord *m*
~ **light**: vitrage *m* au nord (d'un toit en shed)
~-**light roof**: shed *m*
~-**south line**: ligne *f* méridienne

**Norway spruce**: épicéa *m*

**nose**: nez *m*

**nosing**: profil *m* arrondi; nez *m* (de marche, de plancher)
~ **line**: pente *f* normale de l'escalier
~ **strip**: bande *f* de protection de nez de marche

**not**, ~ **included**: non compris
~ **readily ignited**: difficilement inflammable
~ **susceptible to attack by frost**: ingélif
~ **to scale**: non à l'échelle

**notch**: encoche *f*, entaille *f*, cran *m*; (carp) ruinure *f*
~ **effect**: effet *m* d'entaille

to **notch**: échancrer, pratiquer une encoche, pratiquer une entaille; (post, beam) ruiner

**notchboard**: GB: limon *m* à crémaillère; NA: limon, limon droit

**notched**: cranté
~ **bar**: barreau *m* entaillé
~ **bar test**: essai *m* sur barreau entaillé
~ **bend test**: essai *m* de pliage sur cordon entaillé
~ **trowel**: truelle *f* brettée, truelle brettelée

**notching**: (join) embrèvement *m* à entaille; (of metal beam) grugeage *m*; (stone finish) bretture *f*, brettelure *f*

**notebook**: carnet *m*

**notice**, ~ **board**: tableau *m* d'affichage
~ **to proceed**: ordre *m* de démarrage des travaux, ordre de commencement des travaux

**noxious gases**: gaz *m* nocifs

**nozzle**: gicleur *m*, ajutage *m*; nez *m* de robinet; (to gutter) moignon *m* (de descente pluviale)

**N-truss**: poutre *f* à treillis en N

**NTS** → **not to scale**

**nut**: écrou *m*

# O

**OA** → **overall**

**OAI** → **outside air intake**

**oak**: chêne *m*

**oakum**: étoupe *f*, filasse *f* de chanvre

**obelisk**: obélisque *m*

**oblique**: oblique
~ **barrel vault**: voûte *f* en berceau oblique
~ **bending**: flexion *f* déviée, flexion gauche
~ **grain**: (of timber) fibre *f* tranchée, fil *m* tranché

**oblong**: rectangulaire

**obscured glass**: verre *m* non transparent

**obsolete**: désuet, périmé

to **obstruct**: (flow, traffic) entraver; (a pipe) boucher

**obstruction**: (in pipe, in filter) engorgement *m*

**obtuse**, ~ **angle**: angle *m* obtus
~ **bevel**: équerrage *m* en gras

**occasional storm**: orage *m* exceptionnel

**occupancy**: occupation *f*
~ **rate**: densité *f* d'occupation, taux *m* d'occupation

**occupational hazard**: risque *m* professionnel

**occupier**: occupant *m*

**ocrating**: ocratation *f*

**octahedral stress**: contrainte *f* octahédrale

**oculus**: oculus *m*

**OD** → **outside diameter**

**odometer**: œdomètre *m*

**odor control**: élimination *f* des odeurs

**oedometer**: œdomètre *m*
~ **test**: essai *m* œdométrique

**off**: hors service; (el) hors tension
~**-centre**: désaxé
~**-centre load**: charge *f* excentrée, charge excentrique
~**-form concrete**: béton *m* brut de décoffrage
~**-highway tractor**: tracteur *m* de chantier
~**-highway vehicle**: véhicule *m* tout terrain
~**-load voltage**: tension *f* en circuit ouvert
~**-peak hours**: heures *f* creuses
~**-peak tariff**: tarif *m* des heures creuses, tarif hors pointe
~**-site**: extérieur, hors de l'emprise du chantier
~**-street parking**: stationnement *m* hors chaussée
~**-the-shelf**: prêt à l'emploi
~**-the-shelf delivery**: livraison *f* immédiate
~**-white**: blanc *m* cassé

**office**: bureau *m*
~ **block**, ~ **building**: immeuble *m* de bureaux
~ **landscape screen**: cloison *f* de bureau paysage
~ **tower**: tour *f* de bureaux

**official**: officiel
~ **approval**: homologation *f*
~ **opening**: inauguration *f*
~ **report**: procès-verbal *m*

**offset**: excentrement *m*, dévoiement *m*; (plbg) esse *f* simple; (in wall face) retraite *f*, (in wall, for floor beams) retranche *f*, *adj* : déporté, désaxé
~ **screwdriver**: tournevis *m* coudé

**ogee**: (moulding) doucine *f*, talon *m*
~ **arch**: arc *m* en accolade
~ **roof**: toit *m* en carène

**oil**: huile f; (a fuel) mazout m, fuel m, fioul m
- ~ **boom**: estacade f
- ~ **buffer**: amortisseur m hydraulique
- ~ **can**: burette f à huile
- ~-**filled heater**: radiateur m à circulation d'huile
- ~-**fired**: marchant au fioul, marchant au mazout
- ~-**immersed**: à bain d'huile
- ~ **interceptor**: séparateur m d'huile
- ~ **length**: longueur f en huile
- ~ **of turpentine**: essence f de térébenthine
- ~ **paint**: peinture f à l'huile
- ~ **remover**: séparateur m d'huile
- ~ **separator**: séparateur m d'huile
- ~ **sump**: carter m d'huile
- ~ **tank**: réservoir m à mazout, cuve f à fioul
- ~ **varnish**: vernis m gras

**oilstone**: pierre f à huile, pierre à aiguiser, pierre à repasser

**okoume**: okoumé m

**oleoresin**: oléorésine f

**olive moulding**: olives f

**on**: en service, en marche; (el) sous tension
- ~ **center distance** NA: entraxe m
- ~ **edge**: de chant
- ~-**load voltage** GB: tension f en circuit fermé
- ~/**off**: marche/arrêt, en service/hors service
- ~/**off control**: commande f par tout ou rien
- ~/**off operation**: fonctionnement m par tout ou rien
- ~/**off switch**: interrupteur m
- ~ **site**: à pied d'œuvre
- ~-**site factory**: usine f foraine
- ~-**site processing**: traitement m sur place

**one**, ~-**and-a-half brick wall**: mur de 34 cm
- ~-**brick wall**: mur de 22 cm
- ~-**coat work**: enduit m une couche
- ~-**dimensional stress**: contrainte f simple
- ~-**half pitch**: pente f à la demie
- ~-**part**: (adhesive, sealant) monocomposant
- ~-**piece**: monobloc
- ~-**room flat** GB: studio m
- ~-**way slab**: dalle f armée dans un seul sens
- ~-**way switch**: interrupteur m simple
- ~-**way traffic**: circulation f à sens unique

**on ~ floor**: de plain pied

**oolitic limestone**: calcaire m oolithique

**opal**, ~ **glass**: verre m opalin
- ~ **lamp bulb** NA: ampoule f opaline

**opaque glass**: verre m opaque

**open**: (excavation) à ciel ouvert; (boarding) non jointif; (el) non protégé; (site) non abrité; (mas) ajouré; (tank, conduit) à surface libre
- ~-**air**: de plein air
- ~-**air swimming pool**: piscine f de plein air
- ~-**air reservoir**: réservoir m à ciel ouvert
- ~-**air work**: ouvrage m [hydraulique] à surface libre
- ~-**and-shut action**: réglage m par tout ou rien
- ~-**assembly time**: (of an adhesive) temps m d'assemblage ouvert
- ~ **bidding** NA: appel m d'offres public
- ~ **boarding**: planches f non jointives; (roofing) voligeage m non jointif
- ~ **bore hole**: trou m de sondage non tubé
- ~ **burning**: combustion f à l'air libre
- ~ **burning coal**: charbon m flambant
- ~ **cell**: cellule f ouverte
- ~-**cell ceiling**: plafond m ajouré
- ~ **channel**: canal m à surface libre, canal à écoulement libre
- ~ **circuit**: circuit m ouvert
- ~ **cut**: tranchée f à ciel ouvert
- ~ **dovetail**: queue f d'aronde ouverte, queue d'aronde passante, queue d'aronde découverte
- ~ **drain**: égout m à ciel ouvert
- ~-**ended pipe pile**: pieu m tube non obturé
- ~ **excavation**: fouille f à ciel ouvert
- ~ **fence**: clôture f à claire-voie
- ~ **fire**: foyer m ouvert
- ~ **floor**: plancher m à solives apparentes
- ~ **flow**: écoulement m à surface libre, écoulement libre
- ~-**frame girder**: poutre f échelle
- ~ **grain**: (of wood) grain m grossier
- ~-**grown**: (wood) à couches larges
- ~ **joint**: joint m ouvert
- ~ **mortise tenon**: assemblage m à enfourchement
- ~ **newel**: noyau m ouvert, noyau creux

~ **newel stair**: escalier *m* à noyau creux, vis *f* à jour
~ **pediment**: (at the apex) fronton *m* brisé
~ **plan**: librement aménageable
~-**plan office**: bureau *m* paysager, bureau paysagé
~ **policy**: police *f* flottante
~ **roof**: comble *m* à charpente apparente
~ **slating**: couverture *f* d'ardoise à claire-voie
~ **space**: espace *m* non bâti
~ **spaces**: espaces *m* verts
~ **spandrel arch**: arc *m* à tympan ajouré
~ **split**: fente *f* ouverte
~ **stair[s]**: escalier *m* ajouré, escalier *m* en échelle de meunier, échelle *f* de meunier
~ **system**: (central heating) installation *f* avec vase d'expansion à l'air libre
~ **tendering**: appel *m* d'offres public
~-**vented expansion tank**: vase *m* d'expansion ouvert
~ **web**: âme *f* triangulée, âme en treillis
~-**web steel joist**: poutrelle *f* en treillis
~ **well**: (of stairs) noyau *m* ouvert
~-**well stair**: escalier *m* à jour

**opening**: ouverture *f*, (in wall) ouverture *f*, baie *f*, (for door or window) embrasure *f*, (in floor, for chimney or stairs) trémie *f*, (through existing constructions) percement *m* (de rue); (in existing wall) percée *f*, *adj* : ouvrant
~ **bridge**: pont *m* mobile
~ **fanlight**: vasistas *m*
~ **leaf**: (of door) vantail *m* ouvrant
~ **light**: ouvrant *m* (de fenêtre)
~ **of tenders**: ouverture *f* des plis

**openwork**: à claire-voie, à jour

**operable**: ouvrant, mobile
~ **partition**: cloison *f* mobile

**operating**, ~ **conditions**: (of machine) régime *m*
~ **costs**: coûts *m* d'exploitation, frais *m* d'exploitation
~ **handwheel**: volant *m* de manœuvre
~ **load**: charge *f* de fonctionnement, charge d'exploitation
~ **manual**: manuel *m* d'exploitation

**operation**: exploitation *f*, (of machine) manœuvre *f*
~ **waste**: (drainage, irrigation) perte *f* d'eau à l'exploitation

**operational risk**: risque *m* d'exploitation

**operatives**: main-d'œuvre *f*

**operator**: conducteur *m* (de machine)

**OPNG** → **opening**

**opposing**: (force) antagoniste
~ **torque**: couple *m* antagoniste

**opposite**, ~ **moulding**: contre-profil *m* de moulure
~ **sign**: (of a force) signe *m* contraire

**optical square**: équerre *f* optique (d'arpenteur)

**option**: variante *f*

**opus**, ~ **incertum**: maçonnerie *f* en moellons irréguliers
~ **spicatum**: appareil *m* en épi

**orange peel**: peau *f* d'orange

**oratory**: oratoire *m*

**orbital sander**: ponceuse *f* orbitale

**order**: commande *f* (commerciale); ordre *m* (d'architecture)

**ordinary**, ~ **dovetail**: queue *f* d'aronde ouverte, queue d'aronde passante, queue d'aronde découverte
~ **Portland cement**: ciment *m* Portland sans constituants secondaires

**organ loft**: tribune *f* d'orgue

**organic**, ~-**coated steel**: tôle *f* prélaquée
~ **matter**: matière *f* organique
~ **rock**: roche *f* organique

**organisation chart**: organigramme *m*

**oriel, oriel window**: oriel *m*

**orifice**: orifice *m*
~ **plate**: plaque *f* à orifice

**original**, ~ **grade**: niveau *m* du terrain primitif
~ **inspection**: contrôle *m* en première présentation
~ **of document**: minute *f*
~ **porosity**: (of soil) porosité *f* primaire

**orillon**: orillon *m*

**O-ring**: joint *m* torique

**orle**: orle *m*

**ornament**: ornement *m*

**ornamental, ~ gable**: (e.g. over church door) gâble *m*
~ **terminal**: couronnement *m*

**orthographic projection**: projection *f* orthogonale

**orthotropic**: orthotrope

**ossuary**: ossuaire *m*

**out, ~ of action**: hors de service
~ **of alignment**: désaligné
~ **of centre**: désaxé
~ **of court settlement**: règlement *m* à l'amiable
~ **of order**: en dérangement
~ **of plumb**: dévers, dévoyé, hors d'aplomb
~ **of square**: hors d'équerre
~ **of straight**: ayant du biais
~ **of true**: dévers, gauchi, voilé
~-**to-out measurement**: mesure *f* hors œuvre

**outage** NA: dérangement *m*, panne *f*

**outbuilding**: dépendance *f*

**outdoor**: extérieur
~ **plant**: installation *f* à ciel ouvert
~ **temperature**: température *f* extérieure

**outer, ~ bailey**: lice *f*, première enceinte (de château fort)
~ **end of step**: queue *f* de marche
~ **hearth**: dalle *f* de foyer, foyère *f*
~ **sill**: (of window) appui *m* extérieur
~ **string**: limon *m*

**outfall**: décharge *f* (d'égout)
~ **channel**: canal *m* de décharge
~ **sewer**: émissaire *m* [d'évacuation]

**outgo**: orifice *m* d'écoulement (d'un appareil sanitaire)

**outlet**: sortie *f* (de fluide); (of pipe) débouché *m*, sortie *f*; (of washbasin) bonde *f*; (water engineering) point *m* de restitution; (of sewer) exutoire *m*; (el) prise *f* de courant (fixe ou femelle)
~ **grille**: (a.c.) bouche *f* de soufflage
~ **pipe**: canalisation *f* en aval
~ **side**: côté *m* en aval
~ **to sewer**: départ *m* vers égout
~ **ventilator**: aérateur *m* statique

**outline**: contour *m*; (of building on plan) tracé *m* d'une construction; (of a project) grandes lignes
~ **specifications**: devis *m* sommaire, devis préliminaire

**output**: production *f*, puissance *f*, rendement *m*

**outrigger**: poutre *f* bascule (d'échafaudage), bascule *f*
~ **scaffold**: échafaudage *m* en bascule

**outside**: extérieur
~ **air intake**: prise *f* d'air frais
~ **diameter**: diamètre *m* extérieur
~ **measurement**: mesure *m* hors œuvre
~ **paint**: peinture *f* extérieure
~ **plant**: installation *f* à ciel ouvert
~ **staircase**: escalier *m* hors d'œuvre

**outward pressure**: (on wall) poussée *f* au vide

**outwork**: (fortification) ouvrage *m* avancé

**oven**: four *m*, étuve *f*
~-**dried**: étuvé
~ **dry**: (timber) sec absolu

**over, ~ the bank dumping**: déversement *m* en contre-haut
~ **the rim supply**: (of sanitary fitting) alimentation *f* par le dessus

**overall**: général, global; (measurement) hors tout
~ **dimension**: dimension *f* hors tout
~ **length**: longueur *f* hors tout
~ **measurement**: (of a construction) mesure *m* hors œuvre
~ **settlement**: tassement *m* global
~ **size**: dimension *f* d'encombrement

**overburden**: mort-terrain *m*, terrain *m* de couverture, terres *f* de couverture

**overburnt material**: surcuits *m*

**overcompaction**: surcompactage *m*

**overconsolidated**: surconsolidé

**overcrossing**: passage *m* supérieur

**overcrowding**: surpeuplement *m*

**overcurrent**: surintensité *f*

**overdesign[ing]**: surdimensionnement *m*

**overdevelopment**: surexploitation *f*

**overdoor**: dessus *m* de porte

**overflow**: trop-plein *m*
~ **channel**: canal *m* de trop-plein
~ **pipe**: tuyau *m* de trop-plein

**overhang**: saillie *f*, débord *m*, avancée *f*, porte-à-faux *m*, surplomb *m*

**overhanging**: en porte-à-faux, en surplomb
~ **beam**: poutre *f* en console
~ **eaves**: débord *m* de toit

**overhaul**: transport *m* des déblais payé

**overhead**: aérien; **overheads**: frais *m* généraux
~ **crane**: grue *f* sur portique
~ **door**: porte *f* basculante, porte escamotable en plafond
~ **lighting**: éclairage *m* vertical par plafonniers
~ **line**: ligne *f* aérienne
~ **travelling crane**: pont *m* roulant
~ **weld**: soudure *f* au plafond
~ **wire**: ligne *f* aérienne

**overhung door**: porte *f* roulante suspendue

**overlaid plywood**: contreplaqué *m* revêtu

**overlap**: chevauchement *m*, recouvrement *m*; (in plywood) joint *m* monté, joint recouvert, bois *m* monté, bois recouvert

**overlapping**: à chevauchement, à recouvrement
~ **astragal**: battement *m* (de fenêtre à la française, de porte à deux battants); couvre-joint *m* (de porte-croisée, de porte à deux battants)
~ **leaf**: (of swing door) vantail *m* à recouvrement

**overlay**: feuille *f* de revêtement, film *m* de revêtement
~ **flooring**: parquet *m* sans fin

**overmanned**: suréquipé (en main-d'œuvre)

**overpanel**: imposte *f* opaque, imposte pleine

**overpass**: passage *m* supérieur, passage en-dessus

**overplanted**: suréquipé (en matériel)

**overplus**: balèvre *f* (de mortier)

**oversailing**: en surplomb
~ **course**: assise *f* en saillie, assise en surplomb sur le nu d'un mur

**oversanding**: excès *m* d'agrégat fin

**oversite concrete**: béton *m* de propreté, forme *f* en béton (sous dalle de rez-de-chaussée)

**oversize**: surdimensionné
~ **material**: refus *m* (de tamisage)

**overthrow**: couronnement *m* (de grille en fer forgé)

**overthrust**, ~ **fold**: pli *m* en retour
~ **nappe**: nappe *f* de chevauchement

**over-tile**: (imbrex) tuile *f* de dessus

**overtime**: heures *f* supplémentaires

to **overtrowel**: (plaster, mortar) battre à mort, épuiser

**overturning**: basculement *m*, déversement *m*, renversement *m*
~ **moment**: moment *m* de renversement, moment de basculement

**overvoltage**: surtension *f*

**ovhd** → **overhead**

**ovolo**: quart-de-rond *m*

**own load**: charge *f* permanente

**owner**: (of a property) propriétaire *m*; (in contract) maître *m* de l'ouvrage, maître d'ouvrage
~**'s liability**: responsabilité *f* du propriétaire
~**'s representative**: délégué *m* du maître d'ouvrage

**oxidation**: oxydation *f*
~ **ditch**: fossé *m* d'oxydation

**oxyacetylene torch**: chalumeau *m* à flamme oxyacétylénique

**oxygen**: oxygène *m*
~ **cutting**: oxycoupage *m*
~ **deficit**: déficit *m* d'oxygène

**ozone**: ozone *m*

**ozonizer**: ozonateur *m*, ozoneur *m*, ozoniseur *m*

# P

**PA** → public address

**PABX** → private automatic branch exchange

**pace**: pas *m*; (of stairs) palier *m*

**package, ~ builder**: ensemblier *m* [industriel]
  ~ **dealer**: ensemblier *m*
  ~ **policy**: police *f* multirisque

**packaged**: conditionné; autonome
  ~ **concrete**: béton *m* en sacs
  ~ **room air conditioner**: climatiseur *m* individuel
  ~ **unit**: appareil *m* totalement équipé

**packing**: emballage *m*; (plbg) garniture *f* de presse-étoupe; (in stonework) rocaillage *m*
  ~ **gland**: presse-étoupe *f*

**packless**: sans garniture

**pad**: (padstone) pierre *f* d'appui; (template) appui *m* de poutre
  ~ **footing**: semelle *f* isolée

**padded door**: porte *f* matelassée

**paddle**: (rendering) moulinet *m*

**padlock**: cadenas *m*

**padstone**: sommier *m* (assise de maçonnerie), pierre *f* d'appui

**paging sytem**: recherche *f* de personnes

**paint**: peinture *f*
  ~ **remover**: décapant *m*
  ~ **roller**: rouleau *m* à peinture
  ~ **sprayer**: pistolet *m* à peinture
  ~ **stripper**: décapant *m*
  ~ **system**: système *m* de peintures

**paintbrush**: brosse *f*, pinceau *m*

**painter**: peintre *m*

**painting**: peinturage *m*

**paintwork**: peinture *f*

**palace**: palais *m*

**pale**: (fencing) pieu *m*; (of picket fence) palis *m*

**Palladian window**: baie *f* palladienne, serlienne *f*

**pallet**: palette *f*
  ~ **entry**: prise *f* de palette

**palm capital**: chapiteau *m* palmiforme

**palmate**: palmé

**palmette**: palmette *f*

**palmiform**: palmiforme

**pan**: cuvette *f* (de w.c.); bac *m* (de plafond, de toiture)
  ~ **handle**: poutre *f* de redressement, poutre de rigidité
  ~ **head**: tête *f* tronconique, tête conique

**pane**: carreau *m* (de fenêtre), vitre *f*

**panel**: panneau *m*; (formwork) banche *f*; (of slab, of truss) maille *f*, panneau; (el) tableau *m*
  ~ **door**: porte *f* à panneaux
  ~ **heating**: chauffage *m* à surface radiante
  ~ **point**: nœud *m* (de ferme, de poutre tirangulée)
  ~ **radiator**: radiateur-panneau *m* mural, radiateur *m* plat
  ~ **strip**: couvre-joint *m* (entre des panneaux)
  ~ **wall cladding**: façade *f* panneau

**panelled, ~ door**: porte *f* à panneaux
  ~ **ceiling**: plafond *m* lambrissé
  ~ **room**: pièce *f* lambrissée

**panelling**: panneaux *m*; boiseries *f*, lambris *m*

**panic, ~ bolt**: barre *f* antipanique
  **~ exit device**: barre *f* antipanique
  **~ hardware**: fermeture *f* antipanique

**pantile**: tuile *f* flamande, tuile panne

**pantry**: garde-manger *m*, placard *m* à provisions

**pap**: amorce *f* de tuyau de descente

to **paper**: (a wall) tapisser

**papyriform capital**: chapiteau *m* papyriforme

**paraboloid**: paraboloïde

**paraboloidal solar concentrator**: paraboloïde *m*

**parade ground**: place *f* d'armes

**paradise**: (of cathedral) parvis *m*; (of cloisters) préau *m*

**parallel**: parallèle
  **~ chord truss**: poutre *f* à membrures parallèles
  **~ connection**: (el) montage *m* en parallèle
  **~ distribution**: distribution *f* en dérivation
  **~ gutter**: chéneau *m* encaissé
  **~ parking**: stationnement *m* en file

**parapet**: parapet *m*; garde-corps *m*, garde-fou *m*
  **~ gutter**: chéneau *m* encaissé
  **~ walk**: chemin *m* de ronde
  **~ wall**: (above roof level) acrotère *m* (de toit moderne)

**parcel**: (of land) parcelle *f*

to **parcel out land**: morceler un terrain

to **pare**: démaigrir, délarder

**parent metal**: (wldg) métal *m* de base

**parge coat**: hourdis *m* (de conduit de fumée)

**pargetting**: enduit *m* hydrofuge (de mur de cave), enduit *m* intérieur (de cheminée)

**parian plaster**: plâtre *m* boraté

**parish, ~ church**: église *f* paroissiale
  **~ hall**: salle *f* des fêtes

**park**: parc *m* (espace vert), jardin *m* public

**parking**: stationnement *m*
  **~ area**: aire *f* de stationnement, zone *f* de stationnement
  **~ bay**: emplacement *m* de stationnement
  **~ lot** NA: parc *m* de stationnement, parking *m*
  **~ on both sides**: stationnement bilatéral
  **~ place**: créneau *m* de stationnement

**parlour**: salon *m* (au 19e siècle); (in convent) parloir *m*

**parpend stone**: pierre *f* en parpaing, parpaing *m*

**parquet**: parquet *m*
  **~ border**: encadrement *m* de parquet
  **~ floor**: parquet *m*, parquet à la française

**parquetry**: parquet *m* en marqueterie

**parsonage**: presbytère *m*

**part**: partie *f*; (of a structure) élément *m*; (of machine) pièce *f*; *adj* : partiel
  **~ jutting out**: forjeture *f* (hors de l'alignement)
  **~ sample**: échantillon *m* partiel

**partial**: partiel
  **~ acceptance**: réception *f* partielle
  **~ dormer**: lucarne *f* pendante
  **~-height partition**: cloisonnette *f*
  **~ occupancy**: occupation *f* partielle

**partially, ~ fixed**: à encastrement partiel
  **~ separate sewer**: égout *m* pseudo-séparatif
  **~ separate sewer system**: réseau *m* semi-séparatif, réseau pseudo-séparatif

**particle**: particule *f*
  **~ analysis**: analyse *f* granulométrique
  **~ board**: panneau *m* de particules
  **~ size distribution**: granulométrie *f*
  **~ size grading envelope**: fuseau *m* granulométrique

**parting**: séparation *f*
  **~ agent**: agent *m* de décoffrage
  **~ bead**: latte *f* de guidage, moulure *f* de guidage (de fenêtre à guillotine)
  **~ compound**: agent *m* de décoffrage
  **~ tool**: grain *m* d'orge

**partition**: cloison f
 ~ **block**: brique f plâtrière
 ~ **cap**: sablière f de cloison, semelle f haute de cloison
 ~ **head**: sablière f de cloison, semelle f haute de cloison
 ~ **plate**: sablière f de cloison, semelle f haute de cloison
 ~ **slab**: carreau m de plâtre
 ~ **stud**: poteau m de cloison
 ~ **tile**: carreau m de plâtre
 ~ **unit**: élément m de cloison

**partly louvered shutter**: volet m persienne

**party wall**: mur m mitoyen

**pass**: (wldg) passe f

**passage**: couloir m

**passageway**: (within thickness of wall) coursière f

**passenger lift** GB, **passenger elevator** NA: ascenseur m

**passing place**: garage m

**passivation**: passivation f

**passive**, ~ **earth pressure**, ~ **earth resistance**: butée f des terres
 ~ **reinforcement**: aciers m passifs, armature f passive
 ~ **solar energy**: énergie f solaire passive

**pass-through**: guichet m, passe-plats m

**paste**: pâte f; (an adhesive) colle f

**pasting**: (of wallpaper) encollage m

**patch**: (in veneer) bouchon m, pastille f

**patent**: brevet m
 ~ **fuel**: boulets m, aggloméré m (de houille)
 ~ **glazing**: vitrage m industriel de façade
 ~ **stone**: similipierre f

**patera**: patère f (décoration)

**paternoster**: patenôtre f

**path**: chemin m; (in garden) allée f

**patina**: patine f

**patio**: terrasse f (de jardin)
 ~ **door**: porte f panoramique coulissante, porte-fenêtre f coulissante

**pattern**: (moulding) modèle m
 ~ **cracking**: faïençage m
 ~ **staining**: thermophorèse f

**pavement**: revêtement m (de route); pavage m, dallage m; (for pedestrians) trottoir m; NA: chaussée f
 ~ **breaker**: marteau-piqueur m
 ~ **grinder**: ponceuse f à sols
 ~ **light**: dallage m en verre, dallage éclairant, verre-dalle m, pavé m de verre
 ~ **milling machine**: raboteuse f routière
 ~ **profiler**: reprofileuse f

**paver**: (paving stone, paving brick, paving tile) pavé m; (road) bétonnière f motorisée

**pavilion**: pavillon m
 ~ **roof**: toit m en pavillon

**paving**: pavage m, dallage m
 ~ **asphalt**: bitume m routier
 ~ **block**: pavé m
 ~ **breaker**: marteau-piqueur m
 ~ **brick**: brique f de pavage
 ~ **concrete**: béton m routier
 ~ **repair**: repiquage m
 ~ **stone**: pavé m
 ~ **tile**: carreau m de pavage
 ~ **train**: train m à béton

**pavior** NA, **paviour** GB: paveur m
 ~**'s beetle**: dame f de paveur, hie f

**pay dirt** NA, **payload** GB: (earthmoving) charge f utile (du godet)

**payment**: paiement m, règlement m
 ~ **certificate**: certificat m de paiement
 ~ **schedule**: échéancier m

**pea gravel**: mignonette f

**peak**: pointe f, crête f
 ~ **load**: charge f de pointe
 ~ **rate**: tarif m des heures de pointe
 ~ **spreading**: étalement m de la période de pointe

**pear switch**: poire f

**pearl bulb** GB: ampoule f opale

**peat**: tourbe f

**pebble**: galet *m*
  ~ **bed**: lit *m* de galets
  ~ **bed storage**: accumulation *f* sur lit de galets
  ~ **dash finish**: enduit *m* à la mignonette

**pedestal**: (of statue) piédestal *m*; (for small statue, vase) piédouche *m*; (of stanchion) dé *m*; (of sanitary ware) colonne *f*
  ~ **pile**: pieu *m* à bulbe
  ~ **urinal**: urinoir *m* sur colonne
  ~ **washbasin**: lavabo *m* sur colonne, lavabo sur pied

**pedestrian**: piéton *m*
  ~ **area** GB: zone *f* piétonnière, zone piétonne
  ~ **bridge**: passerelle *f*
  ~-**controlled**: (vehicle) à conducteur à pied
  ~ **crossing** GB: passage *m* pour piétons
  ~ **island**: refuge *m* pour piétons
  ~ **precinct** NA: zone *f* piétonnière, zone piétonne
  ~ **traffic**: circulation *f* piétonne, circulation piétonnière

**pediment**: fronton *m*
  ~ **arch**: arc *m* en mitre

**pedology**: pédologie *f*

**peeler log**: grume *f* de déroulage

**peeling**: (of paint, of plaster) écaillage *m*, pelage *m*, décollement *m*; (of wood) déroulage *m*

**peel-off coating**: vernis *m* pelable

**peen**: panne *f* de marteau

**peephole**: judas *m*

**peg**: piquet *m* (de clôture, d'implantation); (roofing) cheville *f*
  ~ **hole assembly**: enlaçure *f*

to **peg out**: faire le bornage, piqueter

**pegboard**: fibre *f* perforée, panneau *m* dur perforé

**pegging [out]**: piquetage *m*, bornage *m*

**pellet**: pastille *f*

**pelmet**: boîte *f* à rideaux, lambrequin *m*

**penalty for delay**: pénalité *f* de retard, indemnité *f* de retard

**pencil round beading**: baguette *f* à chant rond

**pendant**: (architecture) pendant *m*; (lighting) lampe *f* à suspension
  ~ **bracket**: chaise *f* pendante
  ~ **keystone**: clé *f* pendante
  ~ **luminaire**: suspension *f*

**pendentive**: pendentif *m*

**pendulum level**: niveau *m* de maçon

**penetration**: pénétration *f*
  ~ **arch**: arc *m* de pénétration
  ~ **grade bitumen** GB: bitume *m* routier
  ~ **record**: (pile driving) carnet *m* de battage, rapport *m* de battage
  ~ **resistance**: résistance *f* au battage
  ~ **run**: (wldg) passe *f* de pénétration
  ~ **test**: essai *m* au pénétromètre, essai de pénétration

**penetrometer**: pénétromètre *m*

**peninsula**: péninsule *f*
  ~ **arrangement**: (of kitchen) plan *m* en épi

**pent**: bâtiment *m* en appentis, appentis *m*
  ~ **roof**: toit *m* à un seul versant, toit à un égout

**penthouse**: construction *f* hors-toit

**pentice**: construction *f* hors-toit; (an appentice) appentis *m*, bâtiment *m* en appentis

**pepper box turret**: poivrière *f*

**per**, ~ **unit of area**: surfacique
  ~ **unit of length**: linéique

**percentage**: pourcentage *m*
  ~ **elongation**: allongement *m* pour cent
  ~ **reinforcement**: pourcentage *m* d'armature

**perched water table**: nappe *f* d'eau suspendue

**percolating**, ~ **filter**: filtre *m* percolateur, lit *m* percolateur
  ~ **water**: eau *f* d'infiltration

**percolation**: (of water, of gas) infiltration *f* dans le sol

**percussion, ~ boring**: sondage *m* par percussion, sondage *m* par battage
~ **drill**: foreuse *f* à câble

**perfect**: parfait; (frame) isostatique
~ **fluid**: fluide *m* parfait
~ **frame**: portique *m* statiquement déterminé, structure *f* isostatique

**perforated, ~ brick**: brique *f* perforée
~ **casing**: tubage *m* perforé, tube *m* crépiné
~ **hardboard**: fibre *f* perforée, panneau *m* dur perforé
~ **metal pan**: bac *m* en métal perforé

**performance**: (of a material) comportement *m*, tenue *f*; (of a machine) rendement; (of a contract) exécution *f*
~ **bond**: cautionnement *m* de bonne fin, cautionnement d'exécution
~ **energy ratio**: (of heat pump) rapport *m* d'amplification
~ **specifications**: caractéristiques *f* techniques de performance

**pergola**: pergola *f*

**peri-apsidal chapel**: chapelle *f* rayonnante

**periform**: piriforme

**perimeter**: périmètre *m*
~ **heating**: chauffage *m* périmétrique
~ **insulation**: isolation *f* périphérique
~ **shear**: cisaillement *m* au contour, cisaillement périmétral

**periodic sampling**: échantilllonnage *m* systématique

**periphery wall**: mur *m* périphérique

**peristyle**: péristyle *m*

**perlite**: perlite *f*

**permafrost**: pergélisol *m*

**permanent, ~ building**: bâtiment *m* en dur, construction *f* en dur
~ **casing**: (of pile) tubage *m* définitif
~ **form**: coffrage *m* perdu
~ **load**: charge *f* permanente
~ **pile shell**: tubage *m* définitif
~ **set**: déformation *f* permanente
~ **structure**: (c.e.) ouvrage *m* d'art
~ **work**: (c.e.) ouvrage *m* d'art

**permeability**: perméabilité *f*

**permeameter**: perméamètre *m*

**permissible, ~ clearance**: jeu *m* admissible
~ **load**: charge *f* à admettre

**perpend** GB: (mas) joint *m* vertical, joint *m* montant (partie visible en parement); pierre *f* en parpaing, parpaing *m*; **perpends**: (slating, tiling) trait *m* carré
~ **stone**: parpaing *m*, pierre *f* en parpaing

**perpendicular to**: perpendiculaire à

**personal, ~ equation**: (surv) équation *f* personnelle
~ **liability insurance**: assurance *f* responsabilité civile

**personnel and material hoist**: ascenseur *m* mixte

**perspective**: perspective *f*
~ **drawing**: dessin *m* en perspective

**perspex**: plexiglas *m*

**pervious**: perméable (à l'eau, aux gaz)

**perviousness**: perméabilité *f*

**pet cock**: robinet *m* de purge, purgeur *m*

**petrifying paint**: peinture *f* pétrifiante

**petrol** GB: essence *f*
~ **intercepting trap, ~ interceptor**: séparateur *m* d'hydrocarbures
~ **station**: station-service *f*

**petroleum, ~ jelly**: vaseline *f*
~ **spirit**: essence *f* minérale

**pew**: banc *m* d'église

**pewter**: étain *m*

**PFD** → **preferred**

**P&G** → **post-and-girder**

**PG** → **plate girder**

**phantom horizon**: horizon *m* fantôme

**phase**: (el, chemistry) phase *f*
~ **change material**: matière *f* à changement de phase

~ **difference**, ~ **displacement**: décalage *m* de phase
~ **lagging**: déphasage *m* en arrière
~ **leading**: déphasage *m* en avant
~ **of work**: tranche *f* de travaux
~ **shift**: déphasage *m*
~ **swinging**: rupture *f* de synchronisme

**phased construction**: construction *f* par tranches

**phenol**: phénol *m*
~ **resin**: résine *f* phénolique

**phenolphtalein alkalinity**: titre *m* alcalimétrique simple

**phon**: phone *m*

**phosphating**: phosphatation *f*

**photoelectric cell**: cellule *f* photoélectrique

**PI** → **plasticity index**

**piano**, ~ **hinge**: charnière *f* piano
~ **lines**: (on glass) peignage *m* fin
~ **nobile**: étage *m* noble

**piazza**: piazza *f*

**pick**: pic *m*
~ **dressing**: taille *f* au pic
~ **hammer**: marteau *m* de couvreur

**pick-up**: capteur *m* de mesure

**pickaxe**: pioche *f*

**picket**: pieu *m* (de clôture), piquet *m*; (of picket fence) palis *m*
~ **fence**: (fortifications) palissade *f*

**pickling**: décalaminage *m* chimique

**pictogram**: pictogramme *m*

**picture**, ~ **rail**: cimaise *f*, cymaise *f*
~ **window**: fenêtre *f* panoramique

**pier**: (against a wall) contrefort *m*, demi-pilier *m*; (arch of bridge, of window) piédroit *m*; (between two openings in a wall) trumeau *m*; (a heavy pillar) pile *f* (de nef, de pont); (in harbour) jetée *f*
~ **buttress**: culée *f* d'arc-boutant
~ **glass**: glace *f* en trumeau
~ **panel**: trumeau de façade légère

**pierced work**: ouvrage *m* ajouré, ouvrage à jour

**pigeonhole**: (for scaffolding) trou *m* de boulin; (in pigeon loft) boulin *m*

**pigment**: pigment *m*

**pilaster**: pilastre *m*
~ **strip**: bande *f* lombarde, lésène *f*

**pile**: pieu *m* (de fondation); (of carpet) velours *m*
~ **bent** NA: groupe *m* de pieux, palée *f*
~ **bounce**: rebondissement *m* du pieu
~ **cage**: armature *f* de pieu
~ **cap**: (on individual piles) casque *m* de battage, casque de pieu; (over pile bent) chapeau *m* de palée, longrine *f*
~ **cluster**: faisceau *m* de pieux, groupe *m* de pieux, palée *f*
~ **drawer**: arrache-pieu *m*
~ **driver**: sonnette *f* de battage
~ **driving**: battage *m* de pieux, fonçage *m* de pieux
~ **driving formula**: formule *f* de battage
~ **extension**: faux-pieu *m*
~ **extraction resistance**: résistance *f* à l'arrachage
~ **extractor**: extracteur *m* de pieux
~ **hammer**: marteau *m* de battage, mouton *m* de battage
~ **head**: tête *f* de pieu
~ **helmet**: casque *m* de battage, casque de pieu
~ **hoop**: frette *f*
~ **load test with yoke and jack**: essai *m* de chargement au vérin
~ **pattern**: réseau *m* de pieux
~ **refuses**: pieu refuse, pieu refoule
~ **ring**: frette *f*
~ **shoe**: sabot *m* de pieu
~-**supported**: fondé sur pieux
~-**supported continuous footing**: semelle *f* fondée sur pieux
~-**supported raft**: radier *m* fondé sur pieux

**piled foundation**: fondations *f* sur pieux

**piling**: (of materials) mise *f* en tas; (ground for foundation) palification *f*; (support or retaining structure, usually braced) palée *f*; (a number of piles) pieux *m*; (pile driving) fonçage *m*, battage *m*
~ **formula**: formule *f* de battage
~ **plant**: sonnette *f* de battage
~ **vibrator**: vibrofonceur *m*

**pillar**: pilier *m*
~ **tap**: robinet-pilier *m*

**pillow capital**: chapiteau *m* cubique

**pilot**, ~ **borehole**: trou *m* à l'avancement
~ **hole**: avant-trou *m*
~ **light**: (of gas appliance) veilleuse *f*

**pilotis**: pilotis *m*

**pin**: cheville *f*, goupille *f*, (el) broche *f* (de prise de courant); (of loose-joint hinge) gond *m*; (of loose-pin hinge) broche
~-**connected truss**: poutre *f* en treillis articulée
~ **joint**: rotule *f* cylindrique, articulation *f* cylindrique
~-**jointed**: articulé
~ **key**: clé *f* bénarde
~-**key lock**: serrure *f* bénarde
~ **knot**: (in wood) œil-de-perdrix *m*
~ **tumbler lock**: serrure *f* à pistons

**pinboard**: panneau *m* à fiches

**pincers**: tenaille[s] *f*

**pinch bar**: pied-de-biche *m*, pince *f* à levier

**pine**: pin *m*

**pinhole**: (in wood, in plaster) piqûre *f*

**pink noise**: bruit *m* rose

**pinnacle**: clocheton *m*, pinacle *m*

**pinned**: (structure) articulé
~-**base frame**: portique *m* articulé aux pieds

**pintle**: (of hinge) gond *m*, lacet *m*

**pipe**: tuyau *m*; (for water supply) conduite *f*, (for wastewater) canalisation *f*, (of lock) canon *m*
~ **bed**: lit *m* de pose
~ **bending**: cintrage *m* de tuyaux
~ **bracket**: collier *m* de tuyau
~ **chased in wall**: tuyau *m* en entaille
~ **clamp**: collier *m* de serrage
~ **clip**: collier *m* de fixation
~ **column**: poteau *m* tubulaire
~ **compound**: garniture *f* pour joints de tuyauterie
~ **coupling**: raccord *m*
~ **cross**: Té *m* double
~ **cutter**: coupe-tubes *m*
~ **duct**: gaine *f* technique
~ **finder**: détecteur *m* de conduite
~ **fitting**: raccord *m*
~ **gallery**: galerie *f* technique; (water engineering) galerie *f* de conduites
~ **hanger**: étrier *m* à tube
~ **layer**: pose-tubes *m*
~ **laying**: pose *f* de tuyaux
~ **left in place**, ~ **left in the ground**: tubage *m* non récupéré
~ **passing through floor or through a wall**: tuyau *m* en traversée
~ **plug**: bouchon *m* mâle
~ **pushing machine**: pousse-tube *m*
~ **rack**: (over an obstacle) passerelle *f* pour canalisations
~ **rammer**: pousse-tube *m*
~ **reducer**: raccord *m* de réduction
~ **ring**: collier *m* de canalisation
~ **run**: ligne *f* de tuyauterie
~ **saddle**: collier *m* de prise en charge
~ **setting**: cintrage *m* de tuyaux
~ **sleeve**: fourreau *m* (de tuyau en traversée)
~ **tail**: tuyau *m* en attente
~ **tee**: té *m*
~ **tongs**: pince *f* à tubes, serre-tubes *m*
45° ~ **lateral**: Té *m* à 45°

**piped water supply**: adduction *f* d'eau

**pipework**: tuyauterie *f*

**piping**: canalisations *f*, tuyauterie *f*, (erosion) formation *f* de renards

**piscina**: piscine *f* (architecture religieuse)

**piston corer**: carottier *m* à piston

**pit**: fosse *f*, fouille *f*, (underpinning) puits *m*; (of elevator) cuvette *f*
~ **boards** GB: blindage *m* de puits (de fondations)
~ **floor**: fond *m* de fouille
~-**run gravel**: gravier *m* tout venant

**pitch**: (coal tar) brai *m*; (resin) poix *f*; (of bolts, of rivets) pas *m*; (of roof) déclivité *f*, pente *f*
~ **pine**: pitchpin *m*
~ **pocket** NA: poche *f* de résine
~ **streak**: veine *f* résineuse

**pitched**, ~ **chord**: membrure *f* inclinée
~ **roof**: toit *m* en pente, toit à deux versants

**pitcher**: pavé *m* équarri

**pitching**: (revetment) perré *m*; (road) hérisson *m*
~ **chisel**: chasse *f* (outil)
~ **piece**: appui *m* de limon
~ **tool**: chasse *f* (outil)

**pith**: moelle *f* (du bois)
~ **fleck**: tache *f* médullaire
~ **ray**: rayon *m* médullaire

**pitting**: (a surface defect) piqûres f

**pivot**: pivot m

**pivoted**: (door, window) à pivot, pivotant

**PL** → **plastic limit, public lighting**

**place**: lieu m, endroit m; (town planning) place f
 ~ **of assembly**: lieu de rassemblement
 ~ **of public worship**: édifice m de culte

**placing**, ~ **of concrete**: bétonnage m, mise f en place du béton, mise en coffrage
 ~ **of reinforcement**: ferraillage m

**plain**: ordinaire, courant; (surface) lisse, uni
 ~ **bar**: (reinforcement) rond m lisse
 ~ **colour**: teinte f unie, teinte plate
 ~ **concrete**: béton m non armé, béton ordinaire, béton courant
 ~ **glass**: verre m ordinaire
 ~ **moulding**: bandeau m (décoration)
 ~ **reinforcement**: armature f lisse
 ~ **rolled glass**: verre m de toiture
 ~ **sawing**: débit m en plots
 ~ **settling**: décantation f simple
 ~ **shaft**: fût m de colonne lisse
 ~ **tile**: tuile f plate
 ~ **washer**: rondelle f plate

**plan**: plan m
 ~ **view**: vue f en plan

**planar structure**: structure f plane

**plane**: plan m; (tool) rabot m, bouvet m; adj : plan
 ~ **bending**: flexion f plane
 ~ **deformation**: déformation f biaxiale
 ~ **iron**: fer m de rabot
 ~ **of least resistance**: plan m de la moindre résistance
 ~ **of rupture**: (of retained earth) plan m de rupture
 ~ **of stratification**: plan m de stratification
 ~ **strain**: déformation f plane, déformation biaxiale
 ~ **surface**: surface f plane; (of wall) nu m
 ~ **surveying**: planimétrie f
 ~ **table**: (surv) planchette f
 ~ **table survey**: levé m à la planchette
 ~ **table traversing**: cheminement m à la planchette
 ~ **tabling**: levé m à la planchette

**planed across the grain**: raboté de biais

**planer**: (carp) raboteuse f; (road) fraiseuse f

**planetary rotating paddles**: (of concrete mixer) train m valseur

**planimeter**: planimètre m

**planing**: rabotage m
 ~ **machine**: raboteuse f

**plank**: planche f
 ~ **decking**: platelage m en madriers

**planking**: planchéiage m

**planned**: projeté, prévu
 ~ **maintenance**: entretien m systématique

**planner**: planificateur m; (city planner) urbaniste m

**planning**: planification f; (of project) établissement m de projet; (town planning) urbanisme m
 ~ **stage**: stade m du projet

**plant**: (hort) plante f; (equipment) matériel m, engin m (de travaux publics); (a factory) usine f;
 ~ **cover**: couvert m végétal, couverture f végétale
 ~ **hire**: location f de matériel
 ~ **mix**: mélange m en centrale
 ~**-mixed concrete**: béton m de centrale
 ~ **room**: local m technique, machinerie f
 ~ **trailer**: remorque f porte-engins

to **plant**: (a nail, a stake) ficher; (hort) planter

**planted moulding**: moulure f rapportée

**planter**: jardinière f

**planting**: plantation f (espaces verts)

**plaster**: enduit m
 ~ **base**: préenduit m
 ~ **bead**: baguette f d'angle
 ~ **finish**: enduit m de plâtre
 ~ **ground**: arrêt m d'enduit
 ~ **of Paris**: plâtre m de Paris
 ~ **pad**: (for crack) témoin m de fissure
 ~ **slab**: carreau m de plâtre

to **plaster**: (a wall) enduire, plâtrer
 ~ **up**: (a hole, a crack) boucher, plâtrer

**plasterboard**: plaque *f* de plâtre cartonnée, plaque à peindre, placoplâtre *m*

**plasterer**: enduiseur *m*, plâtrier *m*
~'s **putty**: pâte *f* de chaux

**plastering**: enduisage *m*, plâtrage *m*
~ **lime**: chaux *f* en mottes

**plasterwork**: plâtrage *m*, enduisage *m*; (in specifications) plâtrerie *f*

**plastic**: matière *f* plastique; *adj* : plastique
~-**coated steel**: tôle *f* plastifiée
~ **concrete**: béton *m* de consistance plastique
~ **deformation**: déformation *f* plastique
~ **design**: calcul *m* en plasticité
~ **film**: film *m* en matière plastique
~ **flow**: déformation *f* plastique
~ **foam**: mousse *f* de plastique
~ **hinge**: rotule *f* plastique
~ **laminate**: stratifié *m*
~ **limit**: limite *f* de plasticité
~ **range**: domaine *m* plastique
~ **wood**: bois *m* liquide
~ **yield**: déformation *f* plastique

**plasticity**: plasticité *f*
~ **index**, ~ **limit**: indice *m* de plasticité (d'un sol)

**plasticized**: plastifié

**plasticizer**: plastifiant *m*

**plastigel**: plastigel *m*

**plastisol**: plastisol *m*

**plat** NA: plan *m* cadastral, plan parcellaire

**platband**: plate-bande *f* (moulure)

**plate**: plaque *f* (de métal), tôle *f* forte; (a flat slab) dalle *f* simple; (of hinge) patte *f*; (of lock case) platine *f*; (of roof, of wall) sablière *f*
~ **beam**: poutre *f* à âme pleine
~ **dowel**: (for door) doguet *m*; (fixing on stone or concrete post) patte à goujon
~ **girder**: poutre *f* à âme pleine
~ **glass**: verre *m* à glace, glace *f*
~ **glass door**: porte *f* de glace

**plateau**: (geography) plateau *m*

**plated beam, plated girder**: poutre *f* composée

**platen pressed particle board**: panneau *m* de particules pressé à plat

**platform**: plate-forme *f*; (of railway station) quai *m*
~ **framing**: charpente *f* à plate-forme, ossature *f* à plate-forme
~ **hoist**: monte-matériaux *m*

**plating**: électroplastie *f*, galvanoplastie *f*

**play**: jeu *m*
~ **area**: aire *f* de jeux, terrain *m* de jeux

**playfield** NA: terrain *m* de sports

**playground**: terrain *m* de jeux; (of school) cour *f* de récréation

**playing field** GB: terrain *m* de sports

**pleat**: (in veneer) placage *m* monté

**plenum**: plénum *m*; (solar heating) entrées-sorties de l'insolateur

**PLG** → **piling**

**pliers**: pince *f* (outil)

**plinth**: (base of a column, pedestal or pier) plinthe *f*, socle *m*; (of wall) embasement *m*
~ **block**: socle *m* de chambranle
~ **course**: assise *f* d'embase

**plot** GB: terrain *m* (bâti ou à bâtir), parcelle *f*
~ **plan**: plan *m* parcellaire
~ **with all services**: terrain *m* viabilisé

**to plot**, ~ **a curve**: tracer une courbe
~ **a survey**: faire le rapport d'un levé
~ **out**: morceler un terrain
~ **the ground**: établir le plan du terrain

**plotting**: représentation graphique (d'un levé), levé *m* d'un plan ; (aerial survey) restitution *f*
~ **instrument**, ~ **machine**: restituteur *m*

**plough** GB, **plow** NA: charrue *f*
~ **and tongue**: assemblage *m* à rainure et languette
~ **plane**: bouvet *m* à approfondir

**plug**: (of cock) boisseau *m*, noix *f*; (fixing in masonry) cheville *f*, tampon *m* de scellement; (el) fiche *f*; (in veneer) pastille *f*, bouchon *m*

~ **cock**: robinet *m* à boisseau, robinet à tournant [conique]
~ **hole**: (of washbasin, of sink) trou *m* d'écoulement, bonde *f*
~-**in**: (el) embrochable, enfichable
~ **waste**: bonde *f* à bouchon
~ **weld**: soudure *f* en bouchon

to **plug in**: brancher (un appareil électrique) sur une prise de courant

**plugging**: tamponnement *m*
~ **chisel**, ~ **drill**: tamponnoir *m*

**plugmold** NA: plinthe *f* à couvercle

**plumb**: d'aplomb, vertical
~ **bob**: plomb *m* (de fil à plomb)
~ **level**: niveau *m* de maçon
~ **line**: fil *m* à plomb
~ **with**: à l'aplomb de

to **plumb**: mettre d'aplomb
~ **line a wall**: plomber un mur

**plumber**: plombier *m*
~'**s friend**: dégorgeoir *m*

**plumbing**: plomberie *f*
~ **fittings**: robinetterie *f*
~ **fixture**: appareil *m* sanitaire
~ **system**: installation *f* sanitaire
~ **unit**: bloc-eau *m*

**plummet**: plomb *m* (de fil à plomb)

**plunger**: dégorgeoir *m* à ventouse

**pluvial index**: indice *m* de pluie

**pluviometer**: pluviomètre *m*

**ply**: pli *m* (de contreplaqué)

**plywood**: contreplaqué *m*

**pneumatic**: pneumatique, à air comprimé
~ **caisson**: caisson *m* à air comprimé
~ **cylinder**: vérin *m* pneumatique
~ **hammer**: marteau *m* pneumatique
~ **rock drill**: perforatrice *f* à air comprimé, marteau *m* perforateur à air comprimé
~ **structure**: structure *f* gonflable
~ **tyre**: pneu *m*
~-**tyred roller**: cylindre *m* à pneus, rouleau *m* à pneus
~ **water supply**: distribution *f* par réservoir à surpresseur, distribution par réservoir à pression hydropneumatique

**pocket**: poche *f*
~ **rot**: pourriture *f* alvéolaire

**point**: point *m*, pointe *f*, *adj*: ponctuel
~ **bearing pile**: pieu *m* à pointe portante, pieu chargé en pointe, pieu travaillant en pointe
~ **load**: charge *f* ponctuelle
~ **of failure**: point *m* de rupture, point de détérioration
~ **of support**: point *m* d'appui
~ **source**: source *f* ponctuelle

to **point**: (brickwork) jointoyer; (stone) ficher

**pointed**, ~ **arch**: arc *m* brisé
~ **barrel vault**: voûte *f* en berceau brisé
~ **Norse arch**: arc *m* brisé outrepassé

**pointer**: aiguille *f* (d'instrument)

**pointing**: (mas) jointoiement *m*, regarnissage *m*
~ **trowel**: truelle *f* à jointoyer

**Poisson's ratio**: coefficient *m* de Poisson

**poker vibator**: vibrateur *m* interne, pervibrateur *m*, aiguille *f* vibrante

**polar**, ~ **coordinates**: coordonnées *f* polaires
~ **moment of inertia**: moment *m* d'inertie polaire

**pole**: (of magnet) pôle *m*; (of scaffolding) écoperche *f*, montant *m*, poteau *m*
~ **plate**: panne *f* sablière, sablière *f*

**policy**: police *f* d'assurance

**poling board**: planche *f* verticale (de blindage de fouille)

to **polish**: polir

**polishing**: vernissage *m*
~ **varnish**: vernis *m* à polir

**poll**: tête *f* de marteau

**pollutant**: matière *f* polluante, polluant *m*

**pollution**: pollution *f*
~ **control**: lutte *f* contre la pollution
~ **load**: charge *f* en pollution
~ **survey**: relevé *m* de pollution

**pollutional**, ~ **index**: indice *m* de pollution
~ **load**: charge *f* polluante

**polyester**: polyester *m*
~ **resin**: résine *f* polyester

**polyethylene**: polyéthylène *m*

**polygonal**: polygonal
~ **ragwork**: maçonnerie *f* en moellons irréguliers
~ **rubble**: moellons *m* irréguliers

**polyisobutylene**: polyisobutylène *m*

**polymer**: polymère *m*

**polypropylene**: polypropylène *m*

**polystyrene**: polystyrène *m*
~ **foam**: mousse *f* de polystyrène

**polythene**: polyéthylène *m*

**polyurethane**: polyuréthane *m*
~ **resin**: résine *f* de polyuréthane

**polyvinyl**: polyvinyle *m*
~ **acetate**: acétate *m* de polyvinyle
~ **chloride**: chlorure *m* de polyvinyle
~ **resin**: résine *f* polyvinylique

**pond**: étang *m*, plan *m* d'eau; (of an abbey) vivier *m*

**pondage**: (water engineering) retenue *f*

**ponding**: (on flat roof) étangs *m*, flaques *f* d'eau

**pool**: bassin *m* (de piscine), piscine *f*

**pooling**: (of resources) mise *f* en commun

**poor house**: hospice *m* pour indigents (en Angleterre, au 19e s)

**poor soil**: mauvais sol

**popout**: (in concrete) cratère *m*; (in GRP) défibrage *m*

**popping**: (plaster) soufflures *f*

**population equivalent**: équivalent-habitant *m*

**popup waste**: vidage *m* à mécanisme extérieur

**porch**: porche *m*

**pore**: pore *m*
~ **pressure**: pression *f* interstitielle
~ **ratio**: indice *m* des pores, taux *m* de porosité
~ **water**: eau *f* interstitielle
~ **water pressure**: pression *f* interstitielle

**porosity**: porosité *f*, taux *m* de porosité

**porous**: poreux

**portable**: (tool, machine) portatif
~ **building**: bâtiment *m* démontable
~ **conveyor**: sauterelle *f*
~ **freestanding heater**: appareil *m* de chauffage mobile
~ **scaffolding**: échafaudage *m* roulant
~ **traffic lights**: feux *m* de circulation mobiles

**portal**: portail *m*
~ **frame**: portique *m* (une structure)

**portculllis**: herse *f*

**porter**: concierge *m*
~**'s lodge**: conciergerie *f*

**portico**: portique *m* (architecture)

**Portland, ~ blastfurnace cement**: ciment *m* métallurgique mixte
~ **blastfurnace slag cement**: ciment *m* Portland de fer
~ **cement**: ciment *m* Portland

**position**: site *m*

**positioned weld**: soudure *f* en position

**positive, ~ bending moment**: moment *m* fléchissant positif
~ **booster transformer**: transformateur *m* survolteur
~ **deviation**: écart *m* en plus
~ **displacement meter**: compteur *m* volumétrique

**possession**: (of property) jouissance *f*
**giving ~ of site**: mise *f* à disposition des lieux

**post**: poteau *m*; (in fence) piquet *m*; (in metal structure, heavy, non cylindrical) pilier *m*
**~-and-beam construction, ~-and-lintel construction**: construction *f* à poteaux et poutres

**postchlorinated polyvinyl chloride**: chlorure *m* de polyvinyle surchloré

**post-tensioned concrete**: béton *m* postcontraint

**post-tensioning**: post-tension f, précontrainte f par câbles

**postern**: poterne f

**pot**, ~ **clay**: glaise f
~ **floor**: plancher m à hourdis de terre cuite
~ **life**: temps m maximal d'utilisation

**potable water**: eau f potable

**pothead**: tête f de câble

**pothole**: nid m de poule

**pour**: coulée f
~ **coat**: asphalte m coulé

**poured concrete wall**: mur m en béton banché

**pouring**: (of concrete) coulage m, mise f en place
~ **rope**: filasse f

**powder room**: toilettes f de dames

**powdered-fuel burner**: brûleur m à pulvérisé

**power**: puissance f, force f, adj : à moteur, mécanique
~ **barrow**: brouette f automotrice
~ **cut**: panne f de courant, coupure f de courant
~ **factor**: facteur m de puissance
~ **failure**: interruption f de courant, panne f de courant
~ **float**: talocheuse f mécanique
~ **grid**: réseau m d'énergie électrique
~ **input**: puissance f absorbée
~ **load**: (el) facteur m de charge
~ **mains**: distribution f de force
~ **outage** NA: coupure f de courant
~ **plant**: génératrice f
~ **point** GB: prise f de courant
~ **shovel**: pelle f mécanique
~ **station**: centrale f électrique
~ **takeoff**: prise f de force
~ **transmission**: transport m d'énergie électrique
~ **trowel**: truelle f mécanique
~ **wrench**: clé f pneumatique

**pozzolan, pozzolana**: pouzzolane f
~ **cement**: ciment m pouzzolanique, ciment aux pouzzolanes

**pozzolanic, ~ blastfurnace cement**: ciment m pouzzolanométallurgique
~ **reaction**: effet m pouzzolanique

**pozzuolana**: pouzzolane f

**Pratt truss**: poutre f à treillis en N

**preassembled**: tout monté

**precast**: (concrete component) préfabriqué
~ **concrete**: béton m manufacturé, béton préfabriqué; (on site) béton m coulé au sol
~ **concrete block**: bloc m en béton, aggloméré m de béton, parpaing m
~ **on site**: coulé au sol
~ **pile**: pieu m préfabriqué
~ **plaster block**, ~ **plaster slab**: carreau m de plâtre
~ **plasterwork partition**: cloison f en carreaux de plâtre

**precasting**: préfabrication f (d'éléments en béton)
~ **table**: table f de préfabrication

**precipitation**: précipitation f

**precoated sheet**: tôle f prélaquée

**preconstruction phase**: stade m de préparation des travaux

**predella**: prédelle f

**predesign**: avant-projet m

**pre-engineered**: préfabriqué
~ **construction**: construction f industrialisée

**prefabricated**: préfabriqué; (house, construction) industrialisé
~ **joint filler**: profil m (obturant un joint)
~ **plumbing unit**: ensemble m sanitaire préfabriqué, bloc-eau m

**preferred**: préférentiel

**preformed**, ~ **joint filler**: corps m de joint prémoulé, joint m prémoulé
~ **sealant**: joint m d'étanchéité prémoulé, mastic m pâteux préformé

**preheater**: préchauffeur m, réchauffeur m

**preheating time**: durée f de mise en température

**prehung door unit**: bloc-porte m

**preliminary, ~ design**: avant-projet m
~ **filter**: filtre m dégrossisseur
~ **sketch**: croquis m

~ **specifications**: devis *m* sommaire, devis préliminaire
~ **study**: étude *f* préliminaire
~ **survey**: reconnaissance *f* (du sol, du terrain)

**premature stiffening**: fausse prise

**premises**: lieux *m*, local *m*

**premium**: prime *f* (d'assurance)

**premixed**: prêt à l'emploi, prêt à mouiller

**prepacked concrete**: béton *m* de blocage

**prepainted**: prépeint

**preparation of tender documents**: établissement *m* du dossier d'appel d'offres

**prepayment meter**: compteur *m* à paiement préalable

**preplaced-aggregate concrete**: béton *m* de blocage

**pre-posttensioning**: précontrainte *f* par prétension et post-tension

**presbytery**: presbytère *m*

**presence chamber**: chambre *f* du Trône

**presentation drawing**: dessin *m* de présentation, plan *m* de présentation

**preservation**: (of wood) conservation *f*

**preservative**: produit *m* de conservation

**preserved wood**: bois *m* traité

**presettling**: prédécantation *f*

to **press**: presser, appuyer
~ **back**: (a joint) refouler
~ **hard**: (an adherend) maroufler

**pressed**, ~ **brick**: brique *f* pressée
~ **glass**: verre *m* moulé
~ **sheet**: tôle *f* emboutie
~ **steel**: tôle *f* pliée

**pressing**: (of sheet metal) emboutissage *m*; (on a press-brake) pliage *m*

**pressure**: pression *f*
~ **bell**: aire *f* de pression en forme de cloche
~ **bulb**: bulbe *m* des pressions
~ **cell**: cellule *f* manométrique, capteur *m* de pression, capsule *f* manométrique
~ **component**: composante *f* de la pression
~ **drop**: chute *f* de pression, perte *f* de charge
~ **gauge**: manomètre *m*
~ **gradient**: gradient *m* de pression, gradient barométrique
~ **head**: hauteur *f* de charge, charge *f* (d'une colonne de liquide)
~ **lock**: sas *m* sous pression
~ **meter**: pressiomètre *m*
~ **pipe**: conduite *f* en charge
~ **reducer**: détendeur *m*
~ **reducing station**: poste *m* de détente
~ **reducing valve**: (for a gas) détendeur *m*; (for liquids) réducteur *m* de pression
~ **surge**: à-coup *m* de pression, saute *f* de pression
~ **switch**: pressostat *m*, manocontact *m*
~ **tank**: réservoir *m* sous pression
~ **tapping point**: prise *f* de pression
~ **vessel**: récipient *m* sous pression
~ **wave**: onde *f* de pression

**pressurized**, ~ **fluid bed combustion**: combustion *f* en lit fluidisé sous pression
~ **staircase**: cage *f* d'escalier en surpression

**pressurizing**: mise *f* en pression

**prestress**: précontrainte *f*

**prestressed**, ~ **concrete**: béton *m* précontraint
~ **concrete wire**: fil *m* prétendu

**prestressing**: mise *f* en précontrainte
~ **bar**: acier *m* de précontrainte, barre *f* de précontrainte
~ **duct**: gaine *f* de précontrainte
~ **wire**: fil *m* de précontrainte

**pretensioning**: prétension *f*, précontrainte *f* par prétension, précontrainte par fils adhérents
~ **bed**, ~ **bench**: banc *m* de précontrainte

**pretreatment**: prétraitement *m*, traitement *m* préalable

**prevailing wind**: vent *m* dominant

**price**: prix *m*
~ **adjustment**: révision *f* de prix
~ **delivered to the site**: prix *m* rendu chantier
~ **each**: prix *m* unitaire
~ **ex works**: prix *m* départ usine
~ **increase**: majoration *f* de prix
~ **index**: indice *m* des prix
~ **schedule**: (of contractor) bordereau *m* de prix, (of official body) série *f* de prix

**pricing**: établissement *m* des prix; (by utilitites) tarification *f*

**pricked rendering**: enduit *m* piqué

**primary**: primaire
~ **creep**: fluage *m* à vitesse décroissante
~ **crusher**: concasseur *m*
~ **excavation**: excavation *f* dans le sol vierge
~ **filter**: préfiltre *m*
~ **meter** GB: compteur *m* général
~ **porosity**: porosité *f* primaire
~ **sewage treatment**: épuration *f* primaire
~ **strength**: résistance *f* initiale

**prime**, ~ **coat**: couche *f* primaire, couche d'apprêt, couche d'impression
~ **contractor**: entrepreneur *m* principal, entreprise *f* générale, maître *m* d'œuvre
~ **cost**: prix *m* de revient
~ **mover**: avant-train *m* [tracteur]

**primer**: primaire *m*, primer *m*, apprêt *m*; (on absorbent substrate) peinture *f* d'impression; (on nonporous substrate) peinture de fond
~ **pump**: pompe *f* d'amorçage

**priming**: (of pump) amorçage *m*; (water engineering) mise *f* en eau; (painting) couche *f* d'apprêt
~ **burner**: brûleur *m* de mise en route

**princess post**: jambette *f*, poinçon *m* intermédiaire

**principal**: (~ rafter) arbalétrier *m*
~ **beam**: poutre *f* maîtresse, poutre principale
~ **member**: (of a frame) maîtresse pièce, pièce *f* principale
~ **rafter**: arbalétrier *m*
~ **reinforcement**: armature *f* principale

**printed form**: formule *f*

**private**: privé; (garden, garage) privatif
~ **apartments**: petits appartements
~ **automatic branch exchange**: autocommutateur *m*
~ **hospital**: clinique *f*
~ **sewage disposal system**: installation *f* septique privée
~ **sewer**: égout *m* privé

**probability of coincidence**: probabilité *f* de simultanéité

**probe**: capteur *m* (d'un instrument)

**probing**: sondage *m* d'exploration

**procedure**: marche *f* à suivre, mode *m* opératoire

**process**: procédé *m*, filière *f*
~ **water**: eau *f* de fabrication

**procurement**: approvisionnement *m*

**product**: produit *m*
~ **liability**: responsabilité *f* produit

**professional**, ~ **ethics**: déontologie *f*
~ **liability insurance**: assurance *f* professionnelle

**profile**: profil *m*; (of cornice, of moulding) modénature *f*; GB: (excavations) chevalet *m* d'implantation, chaise *f* d'implantation

**profitability**: rentabilité *f*

**programmer**: (a.c.) programmateur *m*

**progress**: avancement *m* des travaux
~ **certificate**: certificat *m* d'avancement
~ **chart**: tableau *m* d'avancement des travaux
~ **claim**: décompte *m* de travaux
~ **payment**: acompte *m*
~ **report**: état *m* d'avancement des travaux
~ **scheduling**: ordonnancement *m* des travaux

**progression**: (surv) nivellement *m* par cheminement, cheminement *m*

**progressive collapse**: effondrement *m* de proche en proche, effondrement en chaîne

**prohibited**: proscrit

**project**: projet *m*, ouvrages *m*, travaux *m*, entreprise *f*
~ **brief**: énoncé *m* du projet

~ **implementation**: réalisation f du projet
~ **inspector**: inspecteur m de chantier, inspecteur de travaux
~ **leader**: chef m de projet
~ **management**: pilotage m
~ **owner**: maître m de l'ouvrage, maître d'ouvrage
~ **representative**: délégué m du maître d'ouvrage; maître m d'œuvre délégué
~ **site**: emplacement m des travaux, chantier m de construction
~ **status report**: état m d'avancement des travaux
~ **time schedule**: calendrier m de projet

to **project**: projeter; forjeter (hors de l'alignement)

**projecting**: saillant, en saillie; (outside the main walls) hors d'œuvre
~ **course**: assise f saillante
~ **reinforcement**: acier m en attente
~ **scaffold**: échafaudage m en bascule

**projection**: saillie f; (of a building) forjet m, forjeture f; (in main plane of wall) ressaut m; (drawing) projection f; (through roof) pénétration f;
~ **of footing**: empattement m de semelle, débord m de semelle
~ **welding**: soudage m par bossages

**prone**, ~ **cyma reversa**: talon m renversé
~ **moulding**: moulure f renversée

**proof pressure**: pression f d'épreuve

**prop**: étai m

**propeller**: hélice f (de ventilateur)
~ **fan**: ventilateur m à hélice, ventilateur hélicoïdal

**property**: bien m [foncier]; (characteristic) caractéristique f
~ **covered**: biens garantis, biens assurés
~ **damage**: dommages m matériels
~ **damage liability**: responsabilité f pour dommages matériels
~ **line** NA: limite f de propriété
~ **line wall** NA: mur m de clôture

**proportioning**: (of concrete mix) dosage m
~ **design**: calcul m du dosage

**proportions**: proportions f; (of concrete mix) composition f, dosage m
~ **and profile of moulding**: modénature f

**proposal**: proposition f

**proposed construction**: construction f projetée

**propping**: soutènement m, étaiement m

**protected from the weather**: à l'abri des intempéries

**proud**: désaffleuré

to **provide**: fournir; (an opening, an exit) ménager; (in an existing structure) percer
~ **a transition**: racheter

**proving ring**: (of penetrometer) anneau m dynamométrique

**provisional acceptance**: réception f provisoire

**proximity switch**: détecteur m de proximité

**psychrometer**: psychromètre m

**P-trap**: siphon m à sortie horizontale

**public**: public m, adj
~ **address system**: sonorisation f
~ **baths**: piscine f municipale
~ **building**: édifice m public, établissement m recevant du public
~ **contract**: marché m public
~ **gallery**: tribune f publique
~ **gardens**: square m
~ **health control**: réglementation f sanitaire
~ **health department**: service m d'hygiène
~ **health engineer**: ingénieur m hygiéniste
~ **health inspector**: inspecteur m sanitaire
~ **holiday**: fête f légale, jour m férié
~ **liability**: responsabilité f civile
~ **liability insurance**: assurance f responsabilité civile
~ **sewer**: égout m public
~ **transport**: transport m en commun
~ **utilities**: services m publics, services utilitaires
~ **way** NA: voie f publique
~ **works**: travaux m publics

**puddle**: corroi m

**puddled earth**: béton m de terre

**puddling**: corroi m; NA: (of concrete) piquage m

**pugging**: (of rough floors with plaster) hourdage m, hourdis m

**pull**: poignée *f* (de porte, de fenêtre)
 ~ **box** NA: boîte *f* de tirage
 ~ **cord**: tirette *f*
 ~**-out strength**: (of a nail) résistance *f* à l'arrachement
 ~ **shovel**: pelle *f* rétro[caveuse]
 ~ **switch**: interrupteur *m* à tirette

to **pull**: tirer; (a nail, a pile) arracher
 ~ **down**: (a building) démolir

**pulley**: poulie *f*
 ~ **block**: moufle *f*
 ~ **sheave**: réa *m*
 ~ **stile**: (of sash window) montant *m* de rive

**pulpit**: chaire *f*

**pulsating load**: charge *f* périodique

**pulverizing mixer, pulvimixer**: triturteuse *f*

**pumice**: ponce *f*
 ~ **concrete**: béton *m* de ponce
 ~ **stone**: pierre *f* ponce

**pump**: pompe *f*; (central heating) accélérateur *m*
 ~ **handle**: poutre *f* de redressement, poutre *f* de rigidité
 ~ **pit**: chambre *f* des pompes

to **pump**: pomper
 ~ **dry**: assécher par pompage

**pumped concrete**: béton *m* pompé

**pumping**: pompage *m*; (cycling) instabilité *f*
 ~ **from open sumps**: pompage *m* au moyen de puisards
 ~ **out**: (from foundations) épuisement *m*, exhaure *f*
 ~ **station**: (water engineering) poste *m* de relèvement, poste de pompage, station *f* de pompage

to **pun**: damer

**punch**: poinçon *m* (outil)

**punched**: (with nail punch) chasse-cloué
 ~ **fracture**: rupture *f* de poinçonnement

**puncheon**: potelet *m*

**punching**: poinçonnement *m*
 ~ **shear**: contrainte *f* de poinçonnement
 ~ **shear reinforcement**: armature *f* de poinçonnement
 ~ **stress**: contrainte *f* de poinçonnement

**puncturing**: (of sheet materials, roofing, vapour barrier) poinçonnement *m*

**punner**: dame *f*, demoiselle *f*, hie *f*

**punning**: damage *m* léger, damage à la main

**purchase**: achat *m*
 ~ **order**: bon *m* d'achat
 ~ **requisition**: demande *f* d'approvisionnement

**pure**: pur; (stress) simple
 ~ **bending**: flexion *f* simple, flexion pure

**purge valve**: robinet *m* de purge

**purification**: (of water) purification *f*; (of sewage) épuration *f*

**purifier**: purificateur *m*

**purlin**: panne *f* (de toit)
 ~ **cleat**: chantignol[l]e *f*, échantignol[l]e *f*
 ~ **plate**: panne *f* de brisis

**push**: poussée *f*
 ~ **button**: bouton-poussoir *m*; (on cistern) bouton-pression *m*
 ~ **moraine**: moraine *f* de poussée
 ~ **plate**: (on door) plaque *f* de propreté

to **push**: pousser, enfoncer
 ~ **home**: enfoncer à fond

**pusher tractor**: tracteur *m* pousseur

**putlog**: boulin *m*
 ~ **hole**: trou *m* de boulin

**putty**: mastic *m*
 ~ **and plaster**: plâtre *m* bâtard
 ~ **knife**: couteau *m* à mastiquer

**puttying**: masticage *m*

**PW** → **party wall**

**PVC** → **polyvinyl chloride**

**pylon**: pylône *m*

**pyramid**: pyramide *f*
 ~ **roof**: toit *m* en pavillon

**pyramidal hipped roof**: toit *m* en pavillon

**pyranometer**: pyranomètre *m*

**pyrometer**: pyromètre *m*

**QA** → **quality assurance**

**quad** → **quadrangle**

**quadra**: cadre *m* (de bas-relief)

**quadrangle**: cour *f* carrée (d'un édifice public)

**quadrant**: quart-de-rond *m*

**quadripartite vault**: voûte *f* quadripartite

**qualified bidder**: entreprise *f* admise à soumissionner

**quality**: qualité *f*
~ **assurance**: assurance *f* qualité
~ **control**: contrôle *m* de qualité

**quantitative survey**: métré *m*

**quantity**: quantité *f*
~ **survey**: métré *m*
~ **surveyor**: métreur *m*, métreur vérificateur, économiste *m* de la construction

**quarrel**: carreau *m* de vitrail (surtout en diagonale)

**quarry**: carrière *f*
~ **bed**: lit *m* de carrière
~ **face**: (of stone) parement *m* brut
~ **glass**: petit carreau de verre (vitrail) (surtout en diagonale)
~ **run**: tout-venant
~ **sap**: eau *f* de carrière
~ **stone**: moellon *m*
~ **tile**: carreau *m* de terre cuite, tom[m]ette *f* (d'ordinaire hexagonale)

**quarter**: quart *m*
~ **bend**: coude *m* en équerre
~ **girth measurement**: cubage *m* au quart
~ **hollow**: cavet *m*
~ **round**: (bead moulding) quart-de-rond *m*
~ **sawing**: débit *m* sur maille, débit sur quartier
~-**sawn timber**: bois *m* scié sur maille, bois maillé, bois scié sur quartier
~-**turn stairs**: escalier *m* à quartier tournant

**quarterpace, quarterspace landing**: quartier *m* tournant

**quartz**: quartz *m*
~ **sand**: sable *m* de quartz

**quatrefoil**: quadrilobe *m* (arcs de cercle); (pointed) quatre-feuilles *m*

**quay**: quai *m* (d'un port)

**queen, ~ closer**: mulot *m*
~ **post**: aiguille *f* pendante latérale, faux poinçon

**quenching**: trempe *f*

**quick, ~-acting coupling**: raccord *m* pompier
~ **clay**: argile *f* extrasensible, argile fluide
~-**drying varnish**: vernis *m* à séchage rapide
~ **lime**: chaux *f* vive
~ **set**: prise *f* accélérée, prise instantanée
~ **setting cement**: ciment *m* à prise rapide, ciment prompt
~ **sweep**: (of curve) petit rayon

**quiet lime**: chaux *f* maigre

**quirk**: carré *m*, grain *m* d'orge
~ **bead**: carré *m* et baguette, moulure *f* grain d'orge

**quoin**: pierre *f* d'angle; **quoins**: chaîne *f* d'angle, chaîne d'encoignure
~ **bonding**: besace *f* (appareil de maçonnerie)
~ **post**: tourillon *m* (d'écluse)
~ **stones**: chaîne *f* d'angle, chaîne d'encoignure

**quotation, quote**: proposition *f* de prix, devis *m* estimatif

**QR** → **quarter round**

# R

**rabbet**: feuillure *f*
~ **joint**: assemblage *m* à feuillure
~ **plane**: feuilleret *m*

to **rabbet**: feuiller

**rabbeted**: à feuillure
~ **door leaf**: vantail *m* à recouvrement
~ **frame**: dormant *m* à feuillure

**raceway**: canalisation *f* électrique, caniveau *m*

**rack**: crémaillère *f*
~ **of gas burners**: rampe *f* à gaz

**racking**: déformation *f* diagonale, déformation en parallélogramme
~ **back**: (masonry courses) déharpement *m*

**radial**: radial
~ **arch**: arc *m* doubleau rayonnant
~ **arch roof**: voûte *f* tournant sur noyau, voûte tournant sur pilier
~ **brick**: brique *f* en coin
~ **chapel**: chapelle *f* rayonnante
~ **crack**: étoile *f*
~ **road**: voie *f* radiale

**radiant**: rayonnant
~ **energy of the sun**: énergie *f* du rayonnement solaire
~ **heat**: chaleur *f* rayonnante
~ **heating**: chauffage *m* par rayonnement
~ **panel**: panneau *m* radiant
~ **sensor**: capteur *m* d'énergie radiante

**radiating**: rayonnant
~ **brick**: brique *f* en coin
~ **chapel**: chapelle *f* rayonnante

**radiation**: radiation *f*, rayonnement *m*

**radiator**: radiateur *m*
~ **air valve**: purgeur *m* d'air de radiateur
~ **casing**: cache-radiateur *m*
~ **valve**: robinet *m* de radiateur

**radius**: rayon *m* (de cercle); (wldg) congé *m* de raccordement
~ **brick**: brique *f* en coin
~ **of bend**: rayon de cintrage, rayon de pliage

**raft**: radier *m* (de fondations), dalle *f* flottante
~ **foundation** GB: fondation *f* sur radier

**rafter**: chevron *m*

**ragbolt**: boulon *m* de scellement à crans

**raglet, raggle, raglin**: saignée *f* d'engravure

**ragwork**: appareil *m* assisé en dalles

**rail**: rail *m*; (of handrail) lisse *f*, main *f* courante; (of door, of sash) traverse *f*; (of window, of parapet) accoudoir *m*; **rails**: grille *f* de clôture
~ **post**: barreau *m* de rampe, poteau *m* de balustrade, potelet *m*

**railing**: rambarde *f*, garde-corps *m*, garde-fou *m*; **railings**: grille *f* de clôture, clôture *f*

**railway, ~ arch**: voûte *f* de pont de chemin de fer
~ **bridge**: pont-rail *m*
~ **embankment**: talus *m* de chemin de fer

**rain**: pluie *f*
~ **barrier**: pare-pluie *m*
~ **cap**: parapluie *m* (de cheminée)
~ **chart**: carte *f* pluviométrique
~ **gauge**: pluviomètre *m*
~ **leader** NA: tuyau *m* de descente pluviale, descente *f* pluviale

**rainbow roof**: toit *m* bombé

**rainfall**: hauteur *f* de pluie, précipitations *f*

**raingun**: canon *m* d'arrosage

**rainwash**: érosion *f* pluviale

**rainwater**: eau *f* de pluie
~ **conductor**: descente *f* pluviale, tuyau *m* de descente pluviale
~ **head**: cuvette *f* de descente pluviale, hotte *f* de descente pluviale
~ **hopper**: trémie *f* de gouttière
~ **outlet**: (of flat roof, of balcony) avaloir *m*
~ **pipe** GB: descente *f* pluviale, tuyau *m* de descente pluviale
~ **shoe**: dauphin *m*

**rainy wind**: vent *m* de pluie

to **raise**: réhausser, surélever; exhausser (une construction), relever (un plancher, un plafond)

**raised**: surélevé, surhaussé, relevé
~**-and-fielded panel**: panneau *m* à table saillante
~ **countersunk head screw**: vis *f* à tête goutte-de-suif
~ **edge**: rebord *m*
~ **floor**: faux plancher
~ **flooring system**: plancher *m* surélevé en dalles amovibles
~ **grain**: (of wood) fibres *f* soulevées
~ **moulding**: moulure *f* grand cadre
~ **platform**: estrade *f*
~ **skylight**: lanterneau *m*

**raising**: plate-bande *f* (de panneau à table saillante)
~ **piece**: réhausse *f*
~ **plate**: poutre *f* sablière, sablière *f*

**rake**: pente *f* (d'un terrain); GB: inclinaison *f* par rapport à la verticale; NA: inclinaison par rapport à l'horizontale

to **rake out**: dégarnir (un joint de maçonnerie)

**raked**, ~ **joint**: joint *m* raclé
~ **plaster**: enduit *m* gratté

**raker**: (raking shore) contrefiche *f*; (raking pile) pieu *m* incliné

**raking**: incliné, en pente, rampant
~ **back**: (masonry courses) déharpement *m*
~ **bond**: appareil *m* rampant
~ **cornice**: corniche *f* rentrante
~ **course**: assise *f* rampante
~ **cutting**: (of gable) taille *f* en sifflet
~ **pile**: pieu *m* incliné
~ **riser**: contre-marche *f* chanfreinée
~ **shore**: contrefiche *f* (d'étaiement), étai *m* oblique
~ **shore system**: batterie *f* de contrefiches

**ram**: (plunger) vérin *m*

**rammed**, ~ **clay**: béton *m* d'argile
~ **earth**: béton *m* de terre

**rammer**: dame *f*

**ramming**: damage *m*, pilonnage *m*
~ **in layers**: pilonnage *m* par couches

**ramp**: rampe *f* (plan incliné)

**rampant arch**: arc *m* rampant

**rampart**: rempart *m*
~ **walk**: chemin *m* de ronde

**ramped**, ~ **step**: marche *f* rampante
~ **steps**: pas *m* d'âne

**random**: aléatoire
~ **courses**: appareil *m* assisé
~ **lengths**: (of timber) longueurs *f* diverses et mélangées
~ **paving**: dallage *m* en opus incertum
~ **quarry rock**: enrochement *m* tout-venant
~ **range ashlar**, ~ **range work**: maçonnerie *f* en appareil irrégulier rectangle, maçonnerie *f* à joints rectilignes, mosaïque *f* moderne
~ **rubble**: moellons *m* irréguliers
~ **rubble [work]**: maçonnerie *f* en moellons irréguliers, maçonnerie en appareil à joints incertains, maçonnerie en opus incertum
~ **rubble backing**: blocage *m* (de moellons)
~ **sample**: échantillon *m* pris au hasard, échantillon aléatoire
~ **widths**: (of timber) largeurs *f* non assorties
~ **work**: (mas) mosaïque *f* moderne

**range**: domaine *m*, plage *f* (d'instrument), fourchette *f* (de valeurs); GB: cuisinière *f* à charbon; NA: cuisinière *f*; (mas): assise *f*
~ **masonry**: maçonnerie *f* en appareil réglé
~ **of measurement**: étendue *f* de mesure
~ **pole**, ~ **rod**: jalon *m*
~ **work** NA: maçonnerie *f* en appareil réglé

**ranging**, ~ **out**: jalonnement *m*
~ **pole**, ~ **rod**: jalon *m*

**rapid hardening cement**: ciment *m* à haute résistance initiale

**rare storm**: pluie *f* centennale

**rasp**: râpe *f*

**ratchet**: rochet *m*
~ **brace**: vilebrequin *m* à cliquet, vilebrequin à rochet
~ **screwdriver**: tournevis *m* à cliquet

**rate**: taux *m*, vitesse *f*; (of heater, of fan) allure *f*
~ **of creep**: vitesse *f* de fluage
~ **of flow**: débit *m*
~ **of flow controller**: régulateur *m* de débit
~ **of heating**: allure *f* de chauffe
~ **of loading**: vitesse *f* de mise en charge
~ **of shear**: vitesse *f* de cisaillement

**rated**: nominal

**rating**: puissance *f* nominale
~ **plate**: plaque *f* signalétique

**ratio**: rapport *m*

**rattler test**: essai *m* au rattler

**raw**: brut, cru
~ **lead**: plomb *m* d'œuvre
~ **linseed oil**: huile *f* de lin crue
~ **material**: matière *f* première; (construction) matériau *m* amorphe
~ **sewage**: eaux *f* résiduaires brutes
~ **sludge**: boue *f* brute, boue fraîche
~ **water**: eau *f* brute
~ **wastewater**: eaux *f* d'égout brutes

**ray**: rayon *m*

**RC** → **reinforced concrete**

**reaction**: réaction *f*, force *f* antagoniste
~ **of ground upward**: réaction ascendante du sol
~ **shear**: cisaillement *m* à l'appui
~ **wood**: cœur *m* excentré

to **read**: (a meter, an instrument) relever

**reading**: (of meter) relevé *m*
~ **error**: erreur *f* d'indication

**ready**, ~ **for use**: prêt à l'emploi
~-**mixed concrete**: béton *m* prêt à l'emploi, béton prémalaxé
~-**primed**: prépeint

**real**, ~ **estate**: (land only) bien-fonds *m*, biens *m* fonciers; (land and construction) biens *m* immobiliers, propriété *f* immobilière

~ **estate developer**: promoteur *m* immobilier
~ **property**: propriété *f* immobilière, biens *m* immobiliers

**realtor** NA: agence *f* immobilière

**realty**: propriété *f* immobilière

**reamer**: alésoir *m*

**rear**: arrière, postérieur
~ **arch**: arrière-voussure *f*
~-**dump truck**: camion-benne *m*
~ **elevation**: façade *f* postérieure
~ **yard** NA: arrière-cour *f*

**rebar**: barre *f* d'armature

**rebate, rebated** → **rabbet, rabbeted**

to **rebuild**: reconstruire

**receiver**: collecteur *m* (bâche), réservoir *m*, accumulateur *m*

**receiving bin**: trémie *f* d'attente

**receptacle** NA: socle *m* de prise de courant
~ **outlet** NA: prise *f* de courant femelle

**receptor** NA: receveur *m* à douche, bac *m* à douche

**recess**: enfoncement *m*, encastrement *m*

**recessed**, ~ **edge**: (of plasterboard) bord *m* aminci
~ **fitting**: luminaire *m* encastré
~-**head screw**: vis *f* à tête cruciforme
~ **joint**: (mas) joint *m* creux
~ **pointing**: jointoiement *m* à joints creux

**reciprocal friction test**: essai *m* d'usure par frottement réciproque

**reciprocating**, ~ **compressor**: compresseur *m* alternatif
~ **saw**: scie *f* alternative

**recirculation**: recyclage *m*

**reclaimed ground**: terrain *m* repris sur l'eau

**reclaimer**: engin *m* de reprise

**reclaiming**: (from stockpile) reprise *f* au tas

**reclamation**: (of waste ground) bonification *f*

**recommended**: recommandé, préconisé

**reconditioning**: (of timber) ressuyage *m*

to **reconnect**: (utilities) remettre en service

**reconstituted stone, reconstructed stone**: pierre *f* reconstituée

**recorder**: appareil *m* enregistreur

**recording rain gauge**: pluviomètre *m* enregistreur

**recovery**: (of waste material) récupération *f*; (after removal of stress) recouvrance *f*

**recreation ground**: terrain *m* de jeux

**rectangular**: rectangulaire
~ **grid**: résille *f* bidirectionnelle
~ **frame**: portique *m* à traverse droite

**rectifier**: redresseur *m*
~ **station**: poste *m* de redressement

**rectilinear moulding**: moulure *f* plate

**rectory**: presbytère *m*

**recumbent fold**: pli *m* couché

**red**, ~ **heartwood**: cœur *m* rouge
~ **lead**: minium *m*

**redoubt**: redoute *f*

to **reduce**: (a drawing) réduire; (a beam, a stone) amaigrir
~ **to width**: tirer de largeur (une planche)

**reduced**, ~ **inspection**: contrôle *m* réduit
~ **rate tariff**: tarif *m* réduit

**reducer**: (plbg) convergent *m*, cône *m*, manchon *m* de réduction, réduction *f*, réducteur *m* de pression

**reduction in area**: striction *f*

**redundant frame**: portique *m* hyperstatique

**reed**: (for roofing) roseau *m*

**reeding**: rudenture *f*

**reel**: bobine *f*; (for hose pipe) dévidoir *m*

**reentrant corner**: angle *m* rentrant

to **reface a wall**: ravaler un mur

**refectory**: réfectoire *m*

**reference**: référence *f*
~ **grid**: quadrillage *m* de référence
~ **line**: base *f* d'implantation
~ **mark**: repère *m*
~ **space grid**: réseau *m* de référence
~ **surface**: (of a component) nu *m*

to **refill**: (a trench) reboucher

**refined tar**: goudron *m* raffiné

**reflected**, ~ **light**: lumière *f* réfléchie
~ **radiation**: rayonnement *m* réfléchi
~ **wave**: onde *f* réfléchie

**reflection**: réflexion *f*, réverbération *f*

**reflective**: réflecteur, réfléchissant
~ **coating**: surface *f* réflectrice, surface réfléchissante
~ **glass**: verre *m* réfléchissant

**reflector**: (lighting) réflecteur *m*; (solar engineering) miroir *m*
~ **lamp**: lampe *f* à réflecteur incorporé

**reflux valve**: vanne *f* antireflux

**refraction index**: indice *m* de réfraction

**refractory**: réfractaire
~ **brick**: brique *f* réfractaire
~ **cement**: ciment *m* réfractaire
~ **concrete**: béton *m* réfractaire
~ **lining**: garnissage *m* réfractaire

**refrigerant**: fluide *m* frigorigène, frigorigène *m*
~ **fluid**: fluide *m* frigorigène
~ **vapour**: vapeur *f* de réfrigérant

**refrigerating**: frigorigène
~ **medium**: fluide *m* frigorigène
~ **plant**: installation *f* frigorifique
~ **system**: circuit *m* frigorifique

**refrigeration**: réfrigération *f*, froid *m*
~ **compressor**: compresseur *m* frigorifique
~ **engineering**: réfrigération *f*, froid *m*

**refurbishment**: rénovation *f*

**refusal**: (of pile) refus *m*

**refuse**: détritus *m*, ordures *f* ménagères
 ~ **chute**: vide-ordures *m*
 ~ **collection**: collecte *f* des ordures ménagères, enlèvement *m* des ordures ménagères
 ~ **disposal**: traitement *m* des ordures ménagères

to **refuse**: (pile) refouler, refuser

**REG** → **register**

**regained land**: terrain *m* repris sur l'eau

**regime, regimen**: régime *m* (d'un cours d'eau)

**register**: registre *m*; (a.c.) bouche *f* de chaleur (réglable)

**reglet**: (a moulding) réglet *m*

**regrating**: (of stone) regrattage *m*, ragrément *m*

**regular coursed rubble** GB: maçonnerie *f* en appareil réglé

**regular**: régulier; (surface) égal, uniforme
 ~ **supplier**: fournisseur *m* attitré

**regulating**, ~ **condition** GB: valeur *f* de réglage
 ~ **variable** GB: grandeur *f* de réglage

**regulation**: règlement *m*; **regulations**: réglementation *f*
 ~ **in force**: règlement en vigueur

**rehabilitation**: réhabilitation *f*

**reheating**: réchauffage *m*

**rehousing**: relogement *m*

to **reinforce**: (a beam, a wall) renforcer; (concrete) armer; (a construction) conforter, consolider

**reinforced**: armé
 ~ **bitumen felt**: feutre *m* bitumé armé
 ~ **concrete**: béton *m* armé
 ~ **earth**: terre *f* armée
 ~ **mortar**: mortier *m* grillagé

**reinforcement**: renfort *m*; (for concrete) armature *f*, ferraillage *m*
 ~ **bar**: barre *f* d'armature, rond *m* à béton
 ~ **bond**: adhérence *f* des armatures
 ~ **drawing**: plan *m* de ferraillage
 ~ **ratio**: rapport *m* d'armature

**reinforcing**: (of a structure) confortation *f*

**reject**: rebut *m*

**relative humidity**: degré *m* hygrométrique

**relay**: relais *m*

**release**: (el) déclenchement *m*; (from mould) démoulage *m*; (from formwork) décoffrage *m*, démoulage *m*; (of gas) émission *f*
 ~ **agent**: agent *m* de décoffrage, agent de démoulage
 ~ **membrane**: film *m* de démoulage, peau *f* de démoulage
 ~ **wedge**: détente *f*

**reliability**: fiabilité *f*
 ~ **engineering**: ingénierie *f* de la fiabilité

**relief**: (of land surface) relief *m*; (of pressure) décharge *f*
 ~ **valve**: clapet *m* de décharge
 ~ **well**: puits *m* de décharge

to **relieve**: (the load, the strain) décharger, soulager

**relieving arch**: (architecture) arc *m* de décharge; (c.e.) arche *f* de soutènement

**relocatable partition**: cloison *f* démontable, cloison amovible

**remaking**: (of joints) réfection *f*

**remedial**, ~ **action**: mesure *f* corrective
 ~ **work**: réfection *f*, remise *f* en état

**remedy**: remède *m*; (legal) recours *m*

to **remedy**: remédier (à), rectifier (un défaut)

**remixing**: regâchage *m*

**remodelling**: (of a building) remaniement *m*

**remolded** NA, → **remoulded** GB

**remote**: éloigné; (control) télé-
 ~ **control**: télécommande *f*
 ~ **metering**: télémesure *f*
 ~ **switch**: télérupteur *m*

**remoulded** GB: (soil, sample) remanié

**remoulding**: remaniement *m* (du sol)

**removable**: amovible, démontable
~ **stop** NA: parclose *f*

**removal**: (of materials, of refuse) enlèvement *m*, évacuation *f*
~ **from mould**: démoulage *m*
~ **of formwork**: décoffrage *m*
~ **of load**: allègement *m* de la charge
~ **of plant**: enlèvement *m* du matériel
~ **of pressure**: soulagement *m* d'une pression

**render**: enduit *m*
~ **and set**: enduit bicouche
~ **float and set**: enduit *m* trois couches

to **render**: enduire
~ **and set**: crépir et enduire

**rendered masonry**: maçonnerie *f* enduite

**rendering**: enduit *m* extérieur
~ **coat**: (in three-coat work) gobetis *m*

**renewable energy**: énergie *f* renouvelable

**renewal**: renouvellement *m*; (of contract) reconduction *f*

to **renovate**: remettre en état; (a building) rénover; (a wall) ravaler

**rent**: loyer *m*
~ **value**: valeur *f* locative

to **rent**: louer

**rental** NA: immeuble *m* en location, immeuble à usage locatif, maison *f* en location
~ **housing**: logement *m* locatif

**rented**: loué, en location
~ **accommodation**: logement *m* locatif
~ **property** GB: maison *f* en location, immeuble *m* en location

**renting**: location *f*

**repair**: réparation *f*

**repeat**: (of wallpaper pattern) rapport *m*

**repeatability**: répétabilité *f*, fidélité *f*

**replacement**: remplacement *m*
~ **cost**: coût *m* de remplacement
~ **value**: valeur *f* de remplacement, valeur à neuf

**replotting**: (of land) remembrement *m*

**repointing**: rejointoiement *m*, regarnissage *m* de joints

**report**: compte-rendu *m*, procès-verbal *m*, rapport *m*

**representative sample**: échantillon *m* type

**reprocessed**: régénéré

**reproducible**: reproductible

**required fire flow**: débit *m* incendie requis

**requirement**: impératif *m*, sujétion *f*, besoin *m*

**reredos**: retable *m*

**reroofing**: réfection *f* de toiture

**rescue services**: secours *m*

**reservoir**: réservoir *m* (ouvrage hydraulique)

**reset[ting]**: (of instrument) remise *f* à zéro; (el) réarmement *m*, réenclenchement *m*

**resident**: (of street) riverain *m*

**residential**, ~ **area**: quartier *m* résidentiel
~ **building**: bâtiment *m* à usage d'habitation
~ **district**: quartier *m* résidentiel

**residue**: résidu *m*

**resilience**: résistance *f* vive; résilience *f*

**resin**: résine *f*
~-**impregnated wood**: bois *m* imprégné
~ **pocket** GB: poche *f* de résine
~ **streak**: veine *f* résineuse
~-**treated wood**: bois *m* imprégné

**resistance**: résistance *f*
~ **seam welding**: soudage *m* à la molette
~ **to dirtying**: résistance aux salissures
~ **to marring**: résistance aux maculations
~ **welding**: soudage *m* par résistance

**resistor**: (an electrical component) résistance *f* électrique

**resolution**: (of forces) décomposition *f*

**resonance**: résonance *f*

**resorcinol**: résorcinol *m*, résorcine *f*
~ **adhesive**: colle *f* résorcine-formol

**resource**: ressource *f*

**rest**: repos *m*
~ **bend**: coude *m* à patin
~ **room** NA: salle *f* de repos attenante aux toilettes (dans un magasin); (par euphémisme) toilettes *f*

to **restart**: remettre en marche

**restoration**: (of building) réfection *f*, restauration *f*

to **restore**: remettre en état (après travaux); (utilities) remettre en service

**restrained**: encastré
~ **against rotation**: encastré contre la rotation
~ **against rotation but not held in position**: encastré contre la rotation mais avec translation

**restraining moment**: moment *m* d'encastrement

**restraint**: encastrement *m*

**restricted**: limité, restreint; (by shoring, in trench) dans l'embarras

to **resume work**: reprendre le travail

to **resurface**: (a wall) ravaler; (a road) refaire le revêtement

**resurfacing**: (of road) réfection *f* du revêtement; (of wall) ravalement *m*

**RET** → **return**

**retail shop**: magasin *m* de vente

**retainage** NA: retenue *f* de garantie

**retaining wall**: mur *m* d'épaulement, mur de soutènement

**retarder**: (concreting) retardateur *m* de prise

to **retemper**: (mortar, plaster) rebattre, regâcher

**retention**, ~ **money**: retenue *f* de garantie

~ **period**: (in contract) période *f* de garantie; (water engineering) temps *m* de séjour

**retest**: contre-essai *m*

**reticle, reticule**: réticule *m*

**retrochoir**: arrière-chœur *m*

**retrofit**: rattrapage *m*, installation *f* après coup

**return**: retour *m*
~ **air**: (a.c.) air *m* de reprise
~ **air inlet**: bouche *f* de reprise, bouche d'aspiration
~ **bend**: coude *m* à 180°, coude double, coude en U
~ **circuit**: circuit *m* de retour
~ **pipe**: tuyau *m* de retour
~ **wall**: mur *m* en retour
**on the ~**: (wall, moulding) en retour

**returned**: (wall, moulding) en retour

**reuse**: remploi *m*, réemploi *m*

**reusable**: remployable, réemployable

**reveal**: tableau *m* de baie
~ **lining**: ébrasement *m*

**reverberation**: réverbération *f*

**reversal**: renversement *m*; (of a force) changement *m* de signe d'une force
~ **of stress**: inversion *f* des sollicitations

**reverse**: inverse *m*, adj
~ **bend**: pliage *m* à l'envers
~ **bend test**: essai *m* de pliage à l'envers
~ **bending**: flexion *f* alternée
~ **blading**: (by bulldozer) travail *m* en marche arrière
~ **dip**: pendage *m* inverse
~ **profile**: contre-profil *m*, profil *m* renversé

**revetment**: revêtement *m* (de talus), perré *m*
~ **wall**: mur *m* de revêtement (d'un ouvrage hydraulique)

**revolution**: tour *m*
~**s per minute**: tours/minute

**revolving**: tournant, pivotant
~ **chimney cowl**: gueule-de-loup *f*
~ **crane**: grue *f* pivotante, grue tournante

~ **door**: porte f revolver, porte pivotante, porte à tambour, tambour m tournant
~ **screen**: tamis m rotatif
~ **shelf**: carrousel m

**RF** → **roof**

**RFG** → **roofing**

**RH** → **relative humidity, round head**

**rheology**: rhéologie f

**rib**: (architecture) nervure f, nerf m; (of centering) vau m, veau m; (under base of retaining wall) bêche f
~-**and-tile floor**: plancher m à nervures avec hourdis de terre cuite

**ribbed**: nervé, nervuré; (surface) strié
~ **floor**: plancher m nervuré
~ **fluting**: cannelures f à listel
~ **glass**: verre m strié, verre cannelé
~ **mat**: radier m nervuré, radier plat à nervures
~ **plate**: tôle f striée
~ **slab**: dalle f nervurée
~ **vault**: voûte f nervée, voûte à nervures

**ribbon**: ruban m
~ **development**: construction f tentaculaire
~ **grain**: rubanage m
~-**grained wood**: bois m rubané
~ **saw**: scie f à ruban (étroite)

**ridge**: (of roof) faîtage m, faîte m, arête f (de toit à deux versants)
~ **beam**: poutre f de faîte, faîtière f
~ **board**: panne f faîtière, faîtière f
~ **capping**, ~ **covering**: enfaîtement m, faîtage m
~ **piece**, ~ **pole**, ~ **plate**: faîtage m, faîtière f
~ **purlin**: panne f faîtière, faîtière f
~ **rib**: nervure f de ligne de faîte
~ **roll**: tasseau m de faîtage
~ **roof**: toit m à deux versants
~ **stop**: arrêt m de faîte
~ **tile**: enfaîteau m, tuile f faîtière, faîtière f
~ **tree**: faîtage m
~ **turret**: tourelle f à cheval

**ridging**: (ridge capping) enfaîtement m; (on a surface) rides f

**rift-grained wood**: bois m maillé

**rigged as**: (earthmoving equipment) équipé en

**right**: droit m, adj
~ **angle**: angle m droit
~-**angle bend**: courbe f d'équerre
~-**hand thread**: filet m à droite
~-**hung casement**: vantail m ouvrant à droite
~ **of way**: jouissance f de passage; (land occupied by a road, a railway line, a power line) emprise f
~ **side**: endroit m
**at ~ angles to**: à angle droit par rapport à, d'équerre, en équerre, normal

**rigid**: rigide; (structure) indéformable
~ **footing**: semelle f rigide
~ **frame**: cadre m rigide; portique m indéformable, portique simple
~ **joint**: nœud m rigide
~ **mat**: radier m rigide
~ **pavement**: chaussée f rigide
~ **plastic**: de plasticité f absolue, de plasticité totale
~ **reinforcement**: armature f rigide

**rim**: rebord m
~ **lock**: serrure f en applique, serrure encloisonnée

**ring**: anneau m; (on column) bague f; (distribution system) ceinture f
~ **groove nail**: pointe f à stries annulaires
~ **main**: canalisation f bouclée, canalisation en ceinture
~ **main system**: circuit m en ceinture
~ **porous wood**: bois m à zones poreuses
~ **road**: voie f de ceinture
~ **shake**: roulure f
~ **shank nail**: pointe f à stries annulaires

**ringed**, ~ **column**: colonne f baguée
~ **network**, ~ **system**: réseau m bouclé

**ringing of bell**: sonnerie f

**ringlock nail**: pointe f à stries annulaires

**riparian**: riverain m, adj

**ripper**: défonceuse f

**ripping**: sciage m en long
~ **bar**: pied-de-biche m

**rippled glass**: verre m strié

**ripples**: (on painted surface) ridage m

**riprap**: enrochement *m* de protection, perré *m*

**ripsaw**: scie *f* à refendre

**ripsawing**: refente *f*, sciage *m* en long

**ripsawn timber**: bois *m* de fil

**rise**: élévation *f* (de la pression, de la température); (of an arch) flèche *f*, hauteur *f* sous clé; (of flight of stairs) hauteur à franchir, montée; (of step) hauteur de marche
  **~-and-fall pendant**: lampe *f* à contrepoids
  **~ and run**: (of roof) pente *f* en m/m
  **~ in temperature**: échauffement *m*, élévation de la température

**risen moulding**: moulure *f* grand cadre

**riser**: (rising main) colonne *f* montante; (gas) conduite *f* montante; (stairs) contre-marche *f*

**rising**: (of pile) remontée *f*, soulèvement *m*; *adj* : ascensionnel, montant; (raking) rampant
  **~ barrel vault**: voûte *f* en berceau rampant
  **~ damp**: humidité *f* ascensionnelle
  **~ main**: colonne *f* montante, conduite *f* montante
  **~ pipe**: conduite *f* montante
  **~ stem**: tige *f* de robinet montante
  **~-stem valve**: robinet-vanne *m* à tige montante

**riven lath**: latte *f* refendue

**rivet**: rivet *m*
  **~ set, ~ snap**: bouterolle *f*

to **rivet**: river, riveter

**rivet[t]ed joint**: rivure *f*

**rivet[t]ing**: rivetage *m*
  **~ hammer**: rivoir *m*

**road**: route *f*, voie *f*, artère *f*, GB: rue *f* (de quartier moderne)
  **~ asphalt**: bitume *m* routier
  **~ breaker**: brise-béton *m*, marteau-piqueur *m*
  **~ bridge**: pont-route *m*
  **~ finisher**: finisseur *m* routier
  **~ form**: coffrage *m* de route
  **~ grader**: motoniveleuse *f*
  **~ haulage**: transport *m* routier
  **~ marking paint**: peinture *f* de signalisaton routière
  **~ markings**: signalisation *f* horizontale
  **~-milling machine**: fraiseuse *f* routière
  **~ narrows** GB: chaussée *f* rétrécie
  **~ passable for vehicles**: route carrossable
  **~ signs**: signalisation *f* verticale
  **~ surface**: revêtement *m* routier
  **~ sweeper**: balayeuse *f*
  **~ widening**: élargissement *m* (de rue, de route)

**roadway** GB: chaussée *f*

**roadworks**: travaux *m* de voirie

**rock**: roche *f*
  **~ drill**: marteau *m* perforateur, perforatrice *f*
  **~ fall**: éboulement *m* de rocher
  **~ formation**: formation *f* rocheuse
  **~ garden**: jardin *m* de rocaille
  **~ pocket**: nid *m* de cailloux, nid de graviers
  **~ pressure**: pression *f* de formation
  **~ shooting** NA: travail *m* aux explosifs
  **~ wool**: laine *f* de roche

**rocker bearing**: appui *m* oscillant

**rockery**: rocaille *f* (jardin)

**rocket tester**: cartouche *f* fumigène

**rockfill**: enrochement *m*
  **~ dam**: barrage *m* d'enrochements

**rockwork**: rocaille *f*

**rod**: (reinforcement) fer *m* rond; tige *f*; (rodding of concrete) tige de piquage; (drilling) tige de sonde; (levelling) mire *f*, tringle *f* (de rideau, de crémone)
  **~ man** NA: porte-mire *m*
  **~ mill**: broyeur *m* à barres

to **rod a drain**: dégorger un égout

**rodding**: (of concrete) piquage *m*; (of drain) débouchage *m*, dégorgement *m*
  **~ eye**: tampon *m* de dégorgement

**rodent**: rongeur *m*
  **~ screen**: grillage *m* antirongeur

**roll**: (of material, of an arch) rouleau *m*; (of roman tile) bourrelet *m*; (metal roofing) tasseau *m*
  **~-and-fillet moulding**: tore *m* à listel
  **~-formed**: profilé sur machine à galets
  **~ moulding**: boudin *m*, tore *m*
  **~-up door**: rideau *m* métallique à lames, porte *f* à rideau métallique

**~-up process**: (wind energy) processus *m* d'enroulement

**rolled**: roulé, cylindré, laminé
~ **beam**: poutre *f* laminée
~ **fill**: remblai *m* roulé, remblai compacté
~ **glass**: verre *m* laminé
~ **hollow section**: profilé *m* creux
~ **lean concrete**: grave-ciment *f*
~ **section**: profilé *m*
~ **steel joist**: poutrelle *f* (profilé métallique)

**roller**: rouleau *m*; galet *m* de roulement; (roadmaking) rouleau *m* de compactage, cylindre *m*, compacteur *m*
~ **blind**: store *m* à rouleau; (outside) volet *m* roulant
~ **coating**: (paint application) application *f* au rouleau
~ **cut veneer**: placage *m* déroulé
~ **mark**: (on glass) marque *f* de rouleau
~ **support**: appui *m* à rouleaux

**rolling**: roulement *m*; (of metal) laminage *m*; (of ground) cylindrage *m*; *adj* : roulant
~ **door**: porte *f* roulante
~ **grille**: (security) grille *f* articulée, rideau *m* métallique à grille
~ **load**: charge *f* roulante
~ **mill**: laminoir *m*
~ **out into thin threads**: cylindrage *m* en filaments, cylindrage en fils
~ **resistance**: résistance *f* au roulement
~ **shutter**: (of window) volet *m* roulant, volet mécanique; (of shop window) rideau *m* métallique
~ **till complete compaction**: compactage *m* jusqu'à la limite de compressibilité, cylindrage *m* à refus

**rollstring**: chapelet *m*

**Roman**, ~ **cement**: ciment *m* romain
~ **tile**: tuile *f* canal, tuile creuse, tuile ronde, tuile romaine, tige *f* de botte

**romanesque**: roman

**rood**: crucifix *m* (sur poutre de gloire, jubé)
~ **arch**: arche *f* du jubé
~ **beam**: poutre *f* de gloire
~ **loft**: tribune *f* (d'église)
~ **screen**: jubé *m*
~ **spire**: flèche *f* à la croisée du transept
~ **tower**: tour *f* à la croisée du transept

**roof**: toit *m*; toiture *f*; (of tunnel) voûte *f*
~ **board**: volige *f* (sous ardoises ou tuiles)
~ **boarding**: forme *f* en bois, voligeage *m*
~ **boss**: clé *f* de voûte ornée
~ **cladding**, ~ **covering**: couverture *f* (par opposition à la charpente)
~ **decking**: support *m* d'étanchéité, éléments *m* préfabriqués de sous-toiture, panneaux *m* de sous-toiture
~ **framing**: charpente *f* de toit
~ **hatch**: panneau *m* d'accès (de toit)
~ **ladder**: échelle *f* à tasseaux
~ **overhang**: débord *m* de toit
~ **parapet**: acrotère *m*
~ **plate**: poutre *f* sablière, sablière *f* de toit
~ **principal**: ferme *f*
~ **sheathing**: forme *f* de sous-toiture, support *m* de couverture
~ **space**: vide *m* sous comble, combles *m*
~ **terminal**: (of pipe) sortie *f* de toit
~ **timbers**, ~ **timberwork**: charpente *f* de toit (en bois)
**~-top enclosure**: construction *f* hors-toit
~ **truss**: ferme *f*
~ **vent**: outeau *m*
~ **ventilator**: aérateur *m* de toiture, aspirateur *m* de toit
~ **void**: vide *m* sous comble

**roofer**: couvreur *m*

**roofing**: couverture *f* (de toit), toiture *f*
~ **felt**: feutre *m* pour toiture, roofing *m*
~ **glass**: verre *m* de toiture
~ **hammer**: marteau *m* de couvreur
**~-in**: mise *f* hors d'eau
~ **membrane**: complexe *m* d'étanchéité
~ **sheet**: plaque *f* de couverture, plaque de toiture
~ **tile**: tuile *f* de couverture

**rooflight**: lucarne *f*, lanterneau *m*
~ **sheet**: plaque *f* d'éclairement

**rooftree**: (now replaced by ridge, ridgeboard) faîtage *m*, faîte *m*

**room**: pièce *f* (d'une construction)
~ **air**: (a.c.) air *m* intérieur
~ **air conditioner**: climatiseur *m* individuel
~ **divider**: cloisonnette *f* mobile, meuble *m* de séparation
~ **sealed appliance**: appareil *m* en circuit étanche
~ **temperature**: température *f* ambiante

~ **thermostat**: thermostat *m* d'ambiance

**roomheater**: poêle *m* de chauffage

**root**: racine *f*; (wldg) fond *m* du chanfrein, racine de la soudure; (of web) naissance *f* de l'âme
~ **barrier**: écran *m* antiracine
~ **pass**, ~ **run**: (wldg) passe *f* de fond

**rooter**: défonceuse *f*

**rope**: corde *f*
~ **moulding**: cordelière *f*

**ropiness**: (painting) cordage *m*

**rose**: (decoration) patère *f*, (for switch) rosace *f*, (of lock) rosette *f*, (of shower) pomme *f* de douche
~ **nail**: clou *m* à tête de diamant
~ **window**: rosace *f*

**rosewood**: palissandre *m*, bois *m* de rose

**rosin**: colophane *f*

**rot**: pourriture *f*
~ **pocket**: pourriture *f* alvéolaire

**rotary**: rotatif
~ **boring**: sondage *m* par rotation
~ **cut veneer**: bois *m m* de placage déroulé
~ **cutting**: déroulage *m* (du bois)
~ **drilling**: forage *m* rotary
~ **drum strainer**: tamis *m* rotatif
~ **fan**: ventilateur *m* rotatif
~ **kiln**: four *m* rotatif
~ **screen**: trommel *m*
~ **sprinkler**: arroseur *m* rotatif

**rotation tensor**: tenseur *m* des rotations

**rotproof**: imputrescible

**rotproofing paint**: peinture *f* sanitaire

**rotten rock**: roche *f* pourrie

**rough**: brut
~ **buck** NA: précadre *m* dormant
~ **coat**: crépi *m*, gobetis *m* (de préparation)
~ **cut**: (of stone) épannelage *m*; (of file) grosse taille
~ **dressing**: (of stone) taille *f* brute
~ **floor** NA: plancher *m* brut, plancher en bois brut
~ **grading**: terrassement *m* général

~ **masonry**: (of rubble and plaster) hourdis *m*
~ **opening**: ouverture *f* brute
~ **planer**: corroyeuse *f*
~ **polishing**: (of glass) débrutissage *m*
~ **rendering**: mouchetis *m*
~ **siding**: parement *m* rustique
~ **sketch**: croquis *m*
~ **work**: gros ouvrages; maçonnerie *f* non apparente

**roughcast**: crépi *m* (visible), crépi rustique

**roughing**, ~ **filter**: filtre *m* dégrossisseur
~ **in**: gobetage *m*; (plbg) plomberie *f* brute
~-**in coat**: gobetis *m*
~ **tank**: bassin *m* dégrossisseur

**roughness**: rugosité *f*

**round**: rond *m*; (by nightwatchman) ronde *f* (de surveillance); *adj* : rond, circulaire
~ **aggregate**: granulat *m* roulé
~ **arch**: arc *m* en plein cintre
~ **bar**: fer *m* rond
~ **end step**: marche *f* arrondie
~ **gravel**: gravier *m* roulé
~ **head**: tête *f* ronde
~-**headed**: (door, window) [couvert] en plein cintre
~-**headed bolt**: boulon *m* à tête hémisphérique
~-**hole screen**, ~-**hole sieve**: passoire *f*
~ **hollow section**: profilé *m* creux rond
~ **timber**: bois *m* rond, bois en grumes
~ **wood**: bois *m* rond

**roundel**: (a moulding) rondeau *m*; (in door) oculus *m*

**route**: itinéraire *m*, acheminement *m*

to **route**: (pipes) faire passer

**routine**, ~ **maintenance**: entretien *m* courant
~ **test**: essai *m* de contrôle, essai courant

**routing**: (of pipes, of cables) acheminement *m*, passage *m*

**row**: rang *m*; rangée *f* (de maisons, de pieux), file *f* (de poteaux)
~ **houses** NA: maisons *f* en bande

**rowlock**: brique *f* posée de chant; (stone) boutisse *f* posée de chant

**RSJ** → **rolled steel joist**

**rub** NA: (on glass) écrasure *f*

**to rub:** frotter
~ **down**: (paint preparation) poncer, égrener

**rubbed finish:** enduit *m* frotté

**rubber:** caoutchouc *m*; brique *f* tendre
~ **emulsion paint**: peinture *f* au latex
~ **extrusion**: profilé *m* en caoutchouc
~**-tyred roller**: compacteur *m* à pneus

**rubbish:** détritus *m*; ordures *f* ménagères
~ **chute** GB: vide-ordures *m*
~ **tip**: décharge *f* publique

**rubble:** (ruins, demolition) décombres *m*; (rubbish) gravats *m*; (broken stone) blocaille *f*, blocage *m*
~ **arch**: arc *m* bloqué au mortier
~ **built to courses**: moellons *m* assisés
~ **concrete**: béton *m* cyclopéen; béton de rebuts
~ **drain**: drain *m* en pierres sèches
~ **stone**: moellon *m*
~ **stones**: (for backfill) blocaille *f*
~ **walling**: maçonnerie *f* de moellons, limo[u]sinage *m*
~ **work**: maçonnerie *f* en moellons irréguliers; (centre of pillars, foundations) blocage *m*

**rudder:** (wind energy) empennage *m*

**ruderation:** rudération *f*

**ruins:** ruines *f*

**rule:** règle *f*; **rules:** règlement *m*, réglementation *f*

**ruled finish:** enduit *m* dressé, enduit lissé

**ruler:** règle *f*

**run:** (of pipes) parcours *m*, passage *m*, tronçon *m*; (of stairs) déploiement *m* au sol; (painting) coulure *f*
~**-of-bank gravel**: gravier *m* tout venant
~**-of-the-quarry**: tout-venant *m*

to **run**, ~ **a beading**: pousser une moulure; (in plaster) traîner une moulure
~ **off**, ~ **out**: s'écouler
~ **uninterrupted**: (feature on an elevation) régner

**rung:** barreau *m* d'échelle

**runner:** coulisse *f* (de tiroir, de porte)

**running:** (of machine, of plant) marche *f*, exploitation *f*, *adj* : (measure) courant, linéaire
~ **bond**: appareil *m* de panneresses, appareil à joints croisés
~ **costs**: frais *m* d'exploitation
~ **foliage decoration**: rinceaux *f*
~ **ground**: terrain *m* boulant
~ **mould**: (for plasterwork) calibre *m* à traîner, gabarit *m*
~ **resistance**: résistance *f* au roulement
~ **rule**: règle *f* de guidage
~ **sand**: sable *m* boulant
~ **trap**: siphon *m* horizontal
~ **water**: eau *f* courante

**runoff:** eau *f* de ruissellement
~ **rate**: débit *m* de ruissellement

**rust:** rouille *f*
~**-inhibiting paint**: peinture *f* antirouille

**rustic:** (architecture) rustique
~ **arch**: arc *m* bloqué au mortier
~ **brick**: brique *f* rustique
~ **work**: rusticage *m*, bossage *m* [rustique]

**rusticated:** rustiqué
~ **column**: colonne *f* à bossages

**rustication:** (stone finish) rusticage *m*, rustiquage *m*; (mas) bossages *m* [rustiques]

**rusty:** rouillé

**RW** → **rainwater**

# S

**sabin**: sabine *f*

**sabre saw**: scie *f* sabre

**sack, ~ rub, ~ finish**: chiffonnage *m*

**sacrificial anode**: anode *f* soluble

**sacristy**: sacristie *f*

**saddle**: (behind chimney stack) besace *f*; (plbg) empattement *m*, sellette *f* (de tuyau de branchement); (water pipe connection) collier *m* de prise en charge
~ **bar**: (of leaded lights) barlotière *f*
~ **fitting**: collier *m* de prise en charge
~ **joint**: (metal roofing) agrafure *f* simple
~ **piece**: (metal roofing) tête *f* de tasseau
~ **roof**: toit *m* en bâtière

**saddleback**: bâtière *f*
~ **coping**: chaperon *m* à deux égouts; bahut *m* (d'un parapet)
~ **roof**: toit *m* en bâtière

**safe**: admissible, sûr
~ **bearing capacity**: capacité *f* portante admissible
~ **load**: charge *f* admissible
~ **working load**: (of lifting gear) charge *f* nominale

**safety**: sécurité *f*, sûreté *f*
~ **arch**: arc *m* de décharge
~ **barrier**: glissière *f* de sécurité
~ **catch**: linguet *m* de sécurité
~ **chain**: chaîne *f* de sûreté
~ **engineering**: ingénierie *f* de la sûreté

~ **factor**: coefficient *m* de sécurité, facteur *m* de sécurité
~ **gear**: (of lift) parachute *m*
~ **glass**: verre *m* de sécurité
~ **hoop**: crinoline *f*
~ **instruction**: consigne *f* de sécurité
~ **nosing**: nez *m* antidérapant
~ **officer**: agent *m* de sécurité
~ **standard**: norme *f* de sécurité
~ **valve**: soupape *f* de sûreté

to **sag**: faire flèche, fléchir, plier sous le poids, s'affaisser

**sagging**: fléchissement *m*; (painting) festons *m*
~ **moment**: moment *m* fléchissant positif

**sailing**: en surplomb
~ **course**: assise *f* en surplomb sur le nu d'un mur

**sail-over**: surplomb *m*

**Saint Andrew's cross**: croix *f* de Saint André

**sale**: vente *f*
~ **of property**: vente *f* immobilière

**salinometer**: salinomètre *m*

**salt**: sel *m*
**~-glazed earthenware, ~-glazed clayware**: grès *m* vernissé
~ **spray**: brouillard *m* salin

**saltpetre**: salpêtre *m*

**salvage value**: valeur *f* de sauvetage

**sample**: échantillon *m*

**sampler**: échantillonneur *m*; (boring) carottier *m*

**sampling**: prélèvement *m* d'échantillon, prise *f* d'échantillon, échantillonnage *m*
~ **cock**: robinet *m* d'échantillonnage

**S-anchor**: ancre *f* en forme de S

**sanctuary**: sanctuaire *m*

**sand**: sable *m*
~ **asphalt**: asphalte *m* sablé
~ **bedding**: forme *f* en sable
~ **blinding**: sable de propreté
~ **box**: boîte *f* à sable
~ **equivalent**: équivalent *m* de sable

~ **filter**: filtre *m* à sable
~ **interceptor**: dessableur *m*
~ **jack**: boîte *f* à sable
~-**lime brick**: brique *f* silico-calcaire
~ **pile**: pieu *m* de sable, pieu drainant
~ **pit**: sablière *f*
~ **point**: pointe *f* filtrante
~ **silting**: ensablement *m*
~ **trap**: dessableur *m*

to **sand**: (floor) poncer

**sandblasted concrete**: béton *m* sablé

**sandblasting**: sablage *m*

**sanded**, ~ **felt**: feutre *m* grésé
~ **plaster**: plâtre *m* amaigri
~ **plywood**: contreplaqué *m* poncé

**sander**: ponceuse *f*

**sandfaced brick**: brique *f* sablée

**sanding**: ponçage *m*
~ **block**: bloc *m* de ponçage
~ **machine**: ponceuse *f*
~-**through**: (in veneer) perce *f*

**sandpaper**: papier *m* de verre

to **sandpaper**: (wood) poncer

**sandstone**: grès *m* (roche)

**sandwich**, ~ **construction**: (carp) moisage *m*
~ **panel**: panneau *m* sandwich

**sandwiched between double members**: (carp) moisé

**sandy limestone**: calcaire *m* sableux

**sanitary**: sanitaire, hygiénique
~ **appliance**: appareil *m* sanitaire
~ **cross**: croix *f* de pied-de-biche
~ **engineering**: assainissement *m*, génie *m* sanitaire
~ **fitting**, ~ **fixture**: appareil *m* sanitaire
~ **sewage**: eaux *f* domestiques, eaux usées
~ **sewer**: égout *m* d'eaux usées
~ **Tee**: Té *m* pied-de-biche

**sanitation**: assainissement *m*

**sap**: sève *f*
~ **stain**: tache *f* de sève

**sapele [mahogany]**: sapelli *m*

**saponification**: saponification *f*

**sapwood**: aubier *m*

**sarking**, ~ **boards**: (under slates or tiles) voligeage *m*
~ **felt**: feutre *m* de sous-toiture

**sash**: châssis *m* de fenêtre (surtout à guillotine)
~ **balance**: équilibreur *m*
~ **bar**: petit bois, fer *m* à vitrage
~ **door**: porte *f* vitrée
~ **frame**: encadrement *m* de châssis
~ **iron**: fer *m* à vitrage
~ **stop**: latte *f* intérieure
~ **weight**: contrepoids *m* (de châssis à guillotine)
~ **window**: fenêtre *f* à guillotine

**saturated**: saturé; (ground) gorgé d'eau
~ **felt** NA: feutre *m* imprégné
~ **vapour**: (a.c.) vapeur *f* saturée

**saturation curve**: courbe *f* de saturation

**saucer dome**: lanterneau *m* circulaire

**saw**: scie *f*
~ **cut**: trait *m* de scie
~ **set**: pince *f* à avoyer, tourne-à-gauche *m*

to **saw**: scier
~ **off**: (to length) araser; (end of beam) ébouter

**sawdust**: sciure *f*

**sawed** → **sawn**

**sawhorse**: chevalet *m* (de sciage)

**sawing**: sciage *m*; (of timber) débit *m*

**sawmill**: scierie *f*
~ **residues**: chutes *f* de scierie, chutes de sciage

**sawn**: scié
~ **joint**: joint *m* scié
~ **lath**: latte *f* de sciage
~ **on four sides**: à quatre sciages
~ **timber**, ~ **wood**: bois *m* de sciage, sciage *m*

**sawtooth**: dent *f* de scie
~ **pattern**: dents de scie
~ **truss**: ferme *f* en shed
~ **roof**: toit *m* à redans, toit à redents, toiture *f* en sheds

**SBC** → **styrene butadiene copolymer**

**SBR** → **styrene butadiene rubber**

**scabbling hammer**: smille f

**scaffold[ing]**: échafaudage m
~ **board**: planche f d'échafaudage
~ **ledger**: filière f, longrine f
~ **nail**: clou m à deux têtes superposées
~ **pole, ~ standard**: baliveau m, écoperche f, échasse f, perche f

**scagliola**: scagliola f

**scale**: écaille f; (of drawing) échelle f; (from hard water) dépôt m calcaire, tartre m; (sur acier) calamine f
~ **drawing**: dessin m à l'échelle, plan m à l'échelle
~ **model**: maquette f à échelle réduite, modèle m réduit
~ **of prices**: tarif m
~ **of professional charges**: barème m des honoraires
~ **preventive**: antitartre m, tartrifuge m
~ **removal**: détartrage m
~ **solvent**: désincrustant m (de chaudière)

**scaled down**: à échelle réduite

**scaling**: (of concrete) écaillage m; (of pipes, of boiler) entartrage m
~ **hammer**: marteau m à piquer

**scalloped**: festonné
~ **capital**: chapiteau m à godrons, chapiteau festonné
~ **cushion capital**: chapiteau m cubique festonné

**scallops**: festons m

**scamillus**: socle m (de colonne, sous plinthe)

**scandent plant**: plante f grimpante

**scant**: (dimension) faible, de faible échantillon, maigre

**scantlings**: bois m équarri, bois d'équarrissage

**scape**: (shaft of a column) escape f; (wrongly) apophyge f

**scapus**: escape f

**scarcement**: retraite f (dans mur)

**scarf joint**: assemblage m à [simple] sifflet, enture f à [simple] sifflet

to **scarf timbers**: enter

**scarfed plywood**: contreplaqué m jointé

**scarifier**: scarificateur m

**scarp**: escarpe f

**scattered, ~ development**: aménagement m dispersé
~ **radiation**: rayonnement m diffusé

**schedule** NA: (list of parts) nomenclature f; (insurance) tableau m de biens expressément assurés, conditions f particulières; (planning) programme m, échéancier m
~ **of loads**: tableau m des puissances
~ **of prices, ~ of rates**: bordereau m des prix

**scheduled, ~ property**: biens m expressément assurés
~ **work**: travaux m prévus

**scheduling**: ordonnancement m

**schematic** NA: schéma m électrique

**scheme**: projet m; (of architectural composition) parti m
~ **arch**: arc m segmentaire

**school**: groupe m scolaire
~ **playground**: cour f de récréation

**scissors**: ciseaux m
~ **roof**: toit m à entrait brisé
~ **truss**: ferme f à écharpes

**sclerometer**: scléromètre m

**scoop**: godet m (de pelle mécanique)
~ **loader**: chargeuse f à l'avancement, chouleur m

**scope**: objet m (d'une norme)
~ **of test**: domaine m d'essai
~ **of works**: (in contract) étendue f des prestations

to **score**: rayer

**scotia**: scotie f

**scoured concrete**: béton m décapé

**scouring**: (by water) affouillement m

**scrap**, ~ **iron**: ferraille f
 ~ **value**: valeur f à la casse

to **scrap**: mettre au rebut

**scraped**, ~ **finish**: enduit m gratté
 ~ **plywood**: contreplaqué m raclé

**scraper**: raclette f, (for woodwork) grattoir m; (roadbuilding) scraper m, décapeuse f
 ~ **excavator**: excavateur m à chaîne, excavateur à godets
 ~ **plane** NA: racloir m de menuisier

to **scratch**: rayer, gratter

**screed**: (floor finishing) chape f
 ~ **rail**: chemin m (bétonnage)
 ~ **strip**: chemin m (enduisage)

**screeding**: finissage m à la règle [à araser], dressage m à la règle

**screen**: écran m; (a type of sieve) crible m; (to a pipe) pom[m]elle f, (water treatment) dégrilleur m
 ~ **deck**: toile f de criblage
 ~ **door**: contre-porte f à moustiquaire
 ~ **mesh**: toile f de criblage
 ~ **wall**: claustra m

**screened**: criblé, tamisé; (graded) calibré
 ~ **material**: tamisat m
 ~ **vent**: évent m grillagé

**screenings**: refus m (de crible); retenues f de grilles (épuration de l'eau)

**screw**: vis f
 ~ **bolt**: boulon m
 ~ **cap**: écrou m borgne, écrou creux à chapeau; bouchon m taraudé; (of lamp) culot m à vis
 ~ **eye**: piton m à vis
 ~ **flowmeter**: compteur m à moulinet
 ~ **jack**: vérin m à vis
 ~ **nail**: pointe f torsadée
 ~ **pile**: pieu m à vrille, pieu à vis
 ~ **stair**: escalier m en hélice, escalier hélicoïdal, escalier à vis, vis
 ~ **thread**: filetage m de vis

to **screw**: visser
 ~ **home**: visser à fond
 ~ **tight**: visser à bloc, serrer à refus

**screwdriver**: tournevis m

**screwed**: vissé; (tube, fitting) fileté
 ~-**and-glued**: vissé-collé
 ~ **joint**: (plbg) joint m fileté
 ~ **on**: vissé

**screwnail**: pointe f fausse vis, fausse vis

**scriber**: pointe f de traçage, pointe à tracer, trusquin m

**scrim**: toile f (renfort de plâtre)

**scriptorium**: (writing room) écritoire f

**scroll**: enroulement m, volute f
 ~ **saw**: scie f sauteuse
 ~ **step**: marche f en volute

**scrolled pediment**: fronton m brisé à volutes supérieures rentrantes

**scrubboard** NA: plinthe f

**scuff mark** GB: (on glass) écrasure f

**scullery**: arrière-cuisine f

**scum**: (fermentation) écume f, (on sewage) chapeau m (d'égout); (on cement, on brick) efflorescence f
 ~ **board**: pare-écume m
 ~ **chamber**: chambre f à écume

**scuncheon**: battée f

**SD** → **siding**

**SE** → **square edged**

**sea packing**: emballage m maritime

**seal**: (méc) joint m; (a barrier) joint m d'étanchéité, étanchéité f, (of trap) garde f d'eau
 ~ **coat**: (painting) couche f d'impression, imbue f
 ~ **weld**: soudure f d'étanchéité

to **seal**: fermer hermétiquement
 ~ **a porous surface**: abreuver
 ~ **cracks**: obturer des fissures

**sealant**: joint m [d'étanchéité], mastic m d'étanchéité, étanchéité f, produit m de calfeutrement
 ~ **caulking gun**: pompe f de calfeutrement

**sealed**: (airtight) hermétique
 ~ **bid** NA: soumission f cachetée
 ~ **compressor**: compresseur m hermétique
 ~ **end**: (of electric cable) extrémité f isolée
 ~ **tender** GB: soumission f cachetée

**sealer**: (against damp) étanchéité f, (for wood) bouche-pores m liquide

**sealing**: calfeutrement m, calfeutrage m; (of holes) rebouchage m; (of blastholes) bourrage m
~ **box**: (el) boîte f à masse de remplissage
~ **coat**: enduit m de scellement
~ **compound**: mastic m d'étanchéité, produit m d'étanchéité; bouche-pores m pâteux
~ **end**: tête f de câble
~ **joint**: (in concrete) joint m d'étanchéité
~ **run**: (wldg) reprise f à l'envers
~ **strip**: boudin m d'étanchéité, garniture f d'étanchéité

**seam**: (wldg) couture f, soudure f [continue]; (metal roofing) agrafure f; (wallpapering) joint m; (geol) veine f
~ **roller**: roulette f (de pose de papier peint)

**seamless**: (piping, tubing) sans couture, sans soudure
~ **flooring**: revêtement m de sol coulé

**season**: saison f
~ **check**: gerce f de séchage

**seasonal tariff**: tarif m saisonnier

**seasoning**: (of wood) séchage m

**seat**: siège m, banquette f; (of w.c.) abattant m simple
~ **and cover**: abattant double
~ **of fire**: foyer m d'un incendie

**seating**: places f assises, sièges m
~ **capacity**: nombre m de places assises
~ **cleat**: équerre-tasseau f

**secant modulus**: module m sécant

**second**: second
~ **floor** GB: deuxième étage; NA: premier étage
~ **floor slab** NA: plancher m haut du rez-de-chaussée, plancher m bas du premier étage
~ **head of rivet**: rivure f
~ **length**, ~ **log**: première surbille, bille f No 2

**secondary**: secondaire, auxiliaire
~ **beam**: poutre f secondaire
~ **crusher**: broyeur m
~ **distribution**: distribution f secondaire
~ **distribution mains** NA: ligne f de consommateur
~ **glazing**: survitrage m
~ **meter** GB: compteur m de décompte
~ **settling tank**: décanteur m secondaire

**secret**: invisible, caché
~ **door**: porte f dérobée
~ **dovetail**: queue f d'aronde perdue
~ **dungeon**: oubliette f
~ **fixing**: fixation f invisible
~ **joggle**: (stone) tenon m interne
~ **nailing**: clouage m à tête perdue, clouage caché
~ **stair**: escalier m dérobé

**section**: profil m; (design) section f; (drawing) vue f en coupe, coupe f; (of pipe) tronçon m; GB: fer m profilé, profilé m; (specifications) lot m (d'après corps d'état); **sections**: demi-produits m, matériaux m demi-finis
~ **modulus**: module m de résistance, module m d'inertie
~ **modulus in torsion**: module m d'inertie polaire
~ **of converted timber**: équarrissage m
~ **of vault**: canton m (de voûte), voûtain m

**sectional**, ~ **door**: porte f à panneaux articulés
~ **formwork**: coffrage-outil m
~ **iron**: fer m profilé
~ **overhead door**: porte-rideau f
~ **view**: vue f en coupe

to **secure**: assujettir, fixer

**security**: sécurité f, sûreté f; adj : antieffraction
~ **lock**: serrure f de sûreté

**sedimentary rock**: roche f sédimentaire

**sedimentation**: sédimentation f; (water treatment) décantation f
~ **analysis**: analyse f sédimentométrique, sédimentométrie f
~ **tank**: décanteur m, bassin m de décantation

**see-through mirror** NA: miroir m semi-réfléchissant, miroir espion

**seepage**: infiltration f, suintement m
~ **water**: eau f d'infiltration

**segment**: segment m; (of ribbed vault) voûtain m

**segmental arch**: arc m en segment, arc segmentaire

**segmented mirror**: (solar energy) miroir *m* à facettes

**seismic**: séismique, sismique
~ **exploration**, ~ **prospecting**: exploration *f* s[é]ismique
~ **wave**: onde *f* s[é]ismique

**seismograph**: s[é]ismographe *m*

to **seize up**: gripper

**selected**, ~ **bidder** NA, ~ **tenderer** GB: adjudicataire *m*

**selective**, ~ **bidding** NA, ~ **tendering**: appel *m* d'offres restreint

**selector**, ~ **dial**: cadran *m* mobile
~ **switch**: commutateur *m*

**self-cleaning**: autolavable, autolaveur

**self-cleansing**: autocurage *m*

**self-climbing tower crane**: grue *f* télescopique

**self-closing door**: porte *f* automatique
~-**closing fire door**: porte *f* coupe-feu à fermeture automatique

**self-contained**: autonome; (housing) indépendant
~ **battery-powered lighting unit**: bloc *m* autonome d'éclairage de sécurité

**self-curing**: à autoétuvage

**self-erecting tower crane**: grue *f* autodépliable

**self-extinguishing**: autoextinguible

**self-frequency**: fréquence *f* propre

**self-illuminating exit unit**: bloc *m* autonome d'éclairage de sécurité

**self-induction**: auto-induction *f*

**self-levelling**: (by lift) isonivelage *m*
~ **floor screed**: chape *f* autolissante

**self-priming pump**: pompe *f* à amorçage automatique

**self-propelled**: automoteur
~ **crane**: grue *f* automotrice
~ **vehicle**: engin *m* automoteur

**self-reading**, ~ **[levelling] rod** NA,
~ **staff** GB: mire *f* parlante

**self-reset**: réarmement *m* automatique

**self-siphonage**: autosiphonage *m*

**self-sufficiency**: autonomie *f*

**self-supporting**: autoportant, autoporteur

**self-weight**: poids *m* propre

**selvage, selvedge**: (of lock) têtière *f*

**semibasement**: sous-sol *m* surélevé, niveau *m* semi-enterré
~ **house**: maison *f* sur sous-sol surélevé

**semibungalow**: rez-de-chaussée *m* à combles aménagés, rez-de-chaussée à étage partiel

**semicircular**: en demi-cercle; en hémicycle; (arch) en plein cintre
~ **apse**: abside *f* en demi-cercle
~ **groove**: gueule-de-loup *f* (sur montant de fenêtre à la française)
~ **vault**: voûte *f* en plein cintre

**semidetached house**: pavillon *m* jumelé, maison *f* individuelle jumelée

**semidome**: (apse) cul-de-four *m*

**semidomical apse**: abside *f* voûtée en cul-de-four

**semiskilled labour**: main-d'œuvre *f* spécialisée

**sensible**, ~ **heat**: chaleur *f* sensible
~ **horizon**: horizon *m* sensible
~ **clay**: argile *f* sensible

**sensor**: capteur *m*, sonde *f*

**separate**, ~ **sewer**: égout *m* d'eaux usées
~ **sewer system**: réseau *m* séparatif

**separator**: (formwork) écarteur *m*

**septic tank**: fosse *f* septique

**sequence**: (of layers, of strata) série *f* de couches, succession *f* des couches
~ **of trades**: ordre *m* de succession des corps d'état

**series connection**: montage *m* [en] série

**serliana**: serlienne *f*

**serrated**: en dents de scie
  ~ **grating**: grille f à crevés
  ~ **spreader**: (for adhesive) spatule f crantée

**servant**, ~ **key**: clé f particulière, clé individuelle
  ~**s' hall**: salle f du commun

**service**: (of machine) entretien m, dépannage m; **services**: réseaux m
  ~ **board**: tableau m d'arrivée du secteur
  ~ **box**: (key-operated) bouche f à clé
  ~ **cable**: branchement m d'abonné
  ~ **clamp**: collier m de prise en charge
  ~ **conditions**: conditions f d'exploitation
  ~ **contract**: marché m de prestations de service
  ~ **drop** NA: branchement m sur ligne aérienne
  ~ **duct**: gaine f technique
  ~ **earth** GB: prise f de terre d'abonné
  ~ **ell**: coude m mâle et femelle
  ~ **engineer**: dépanneur m, réparateur m
  ~ **entrance**: entrée f des fournisseurs
  ~ **entrance conductor**: ligne f d'amenée de courant
  ~ **equipment** NA: tableau m d'arrivée de secteur
  ~ **failure**: rupture f en exploitation
  ~ **floor**: étage m technique
  ~ **ground** NA: prise f de terre d'abonné
  ~ **hatch**: guichet m, passe-plats m
  ~ **hoist**: monte-plats m
  ~ **life**: durée f utile, durée de vie, longévité f
  ~ **lift**: (for goods) monte-charge m; (for staff) ascenseur m de service
  ~ **line**: ligne f de branchement
  ~ **load**: charge f de service, charge d'exploitation, charge pratique
  ~ **mains**: canalisations f (d'eau, gaz, électricité, air comprimé)
  ~ **pipe**: branchement m d'eau général, branchement d'abonné
  ~ **road**: voie f de desserte, desserte f
  ~ **space**: vide m technique
  ~ **stair**: escalier m de service
  ~ **Tee**: Té m mâle et femelle

**serviced land**: terrain m viabilisé

**services**: prestations f de service

**servicing**: (of equipment) entretien m

**servient**, ~ **land**, ~ **estate**: fonds m servant

**serving hatch**: passe-plats m

**set**: jeu m, ensemble m; (of drawings, of documents) liasse f; (of concrete, of plaster) prise f; (of saw) voie f
  ~ **value**: point m de consigne

to **set**: (an instrument) régler; (a saw) avoyer; (plaster) prendre
  ~ **back**: en retrait
  ~ **on edge**: poser de chant
  ~ **out a slope**: déterminer une pente

**setback**: (in face of wall) retraite f, décrochement m; recul m d'une construction (par rapport à l'alignement)

**sett**: pavé m (en granit)

**setting**: calage m, réglage m, point m de consigne; (concrete, plaster) prise f; (mas) pose f, mise f en œuvre
  ~ **agent**: accélérateur m de prise
  ~ **coat**: couche f de finition (plâtre)
  ~ **of boundaries**: bornage m
  ~ **of runners**: (for excavation) cours m de planches
  ~ **out**: (on building land) piquetage m; (carp, stonework) art m du trait
  ~ **time**: temps m de prise

to **settle**: (foundations) se tasser; (a liquid, paint) se déposer

**settleable solids**: matières f décantables

**settlement**: (foundations) tassement m; (of a dispute) règlement m; → (settling) décantation f
  ~ **contour**: courbe f d'égal tassement, ligne f d'égal tassement
  ~ **crack**: lézarde f de tassement
  ~ **gauge**: tassomètre m
  ~ **joint**: joint m de tassement
  ~ **meter**: tassomètre m

**settling**: décantation f
  ~ **tank**: décanteur m, bassin m de décantation
  ~ **velocity**: vitesse f de décantation

**severy**: pan m (de voûte, de plafond)

**sewage**: eaux f usées, eaux d'égout
  ~ **disposal**: assainissement m des eaux usées
  ~ **engineering**: technique f des eaux usées
  ~ **farm**: champ m d'épandage
  ~ **gas**: gaz m d'égout
  ~ **lift station**: station f de relevage des eaux usées

~ **pump**: pompe f de relevage des eaux d'égout
~ **pumping station**: station f de pompage des eaux d'égout
~ **sludge**: boues f d'épuration
~ **treatment plant**: station f d'épuration
~ **treatment**: épuration f des eaux d'égout
~ **works**: station f d'épuration des eaux d'égout

**sewer**: égout m (de réseau)
~ **design**: calcul m des égouts
~ **gas**: gaz m d'égout
~ **manhole**: regard m d'égout
~ **outfall**: débouché m d'égout
~ **pipe**: canalisation f d'assainissement
~ **system**: réseau m d'assainissement, réseau d'égouts
~ **trench**: tranchée f d'égout

**sewerage**: assainissement m

**sewerman**: égouttier m

**sexpartite vault**: voûte f sexpartite

**sgraffito**: sgraffite m

**SH** → sheet, shower, single hung

**shade**: ombre f; (colour) nuance f; NA: store m de fenêtre
~ **card**: nuancier m
~-**loving plant**: plante f d'ombre
~ **plant**: plante f d'ombrage
~ **screen**: pare-soleil m

**shading**: nuançage m
~ **paint**: peinture f antisolaire

**shadow**: ombre f portée
~ **board**: panneau m silhouetté

**shaft**: (of column) fût m; (deep into ground) puits m
~ **ring**: anneau m de puits

**shake**: secousse f, (in wood) fente f (ayant origine sur l'arbre)

**shaking test**: essai m aux secousses

**shale**: schiste m
~ **tar**: goudron m de schiste

**shallow**: peu profond
~ **foundation**: fondation f sur semelle superficielle, fondation superficielle
~ **well**: puits m de surface

**shaly clay**: argile f schisteuse

**shank**: (of rivet, of bolt) fût m, tige f

**shanty**: baraquement m, cabane f (d'habitation)
~ **town**: bidonville m

**shape**: forme; NA: profilé m

**shaped**: formé; (arch, gable) chantourné

**shaping**: (of wood, of metal) façonnage m; (earthworks) modelage m, profilage

**sharp**: (tool) tranchant, coupant
~ **angle**: angle m vif
~ **break**: cassure f franche, cassure nette
~ **cut**: coupure f franche, coupure nette
~ **edge**: arête f vive
~ **paint**: peinture f d'impression à séchage rapide
~ **sand**: sable m mordant, sable anguleux

to **sharpen**: (a tool) affûter

**shattering**: fragmentation f (du verre)

**shatterproof glass**: verre m sandwich, verre triplex, verre de sécurité

**shavehook**: grattoir m triangulaire, triangle m (outil), ébardoir m, ébarboir m

**shear**: cisaillement m; **shears**: cisaille f
~ **box**: boîte f de cisaillement
~ **box with strain control**: boîte f de cisaillement à déformation contrôlée
~ **centre**: centre m de cisaillement
~ **failure**: rupture f par cisaillement
~ **force**: effort m de cisaillement
~ **legs**: chèvre f à trois pieds
~ **modulus**: module m d'élasticité au cisaillement
~ **pattern**: réseau m de cisaillement
~ **plane**: plan m de cisaillement
~ **plate connector**: plaque f d'assemblage de cisaillement
~ **strain**: déformation f de cisaillement
~ **strength**: résistance f au cisaillement
~ **stress**: contrainte f de cisaillement
~ **thickening**: rhéoépaississement m

**shearing**, ~ **machine**: cisaille f
~ **force**: effort m tranchant
~ **stress**: contrainte f de cisaillement
~ **wedge**: prisme m de glissement

**shearlegs**: ciseaux *m* (de levage), bigue *f*, chèvre *f*

**shears**: cisaille *f*; ciseaux *m* (de levage), bigue *f*, chèvre

**sheath**: gaine *f* (de câble, de passage)

**sheathed cable**: câble *m* sous gaine

**sheathing**: (excavation) blindage *m*, coffrage *m*; (roof) forme *f* de toiture, support *m* de couverture, voligeage *m*
~ **board**: planche *f* de blindage

**sheave**: réa *m*

**shed**: cabane *f*, cabanon *m*
~ **dormer**: lucarne *f* en chien-assis, chien-assis *m*
~ **roof**: toit *m* à un seul versant, toit à un égout

**sheepsfoot roller**: rouleau *m* à pieds-de-mouton

**sheer drapes** NA: voilage *m*

**sheerlegs**: chèvre *f*, bigue *f*

**sheet**: feuille *f* (de papier, de matière plastique)
~ **erosion**: érosion *f* en nappe
~ **glass**: verre *m* en feuille, verre à vitres
~ **iron**: tôle *f*
~ **lead**: plomb *m* en feuille
~ **metal screw**: vis *f* à tôle
~ **metal**: tôle *f* mince
~ **of hardboard**: feuille *f* de fibre dure, plaque *f* de fibre dure
~ **of vortex**: nappe *f* d'un tourbillon
~ **pile**: palplanche *f*
~ **pile wall**: écran *m* de palplanches, rideau *m* de palplanches
~ **piling**: palplanches *f*, écran *m* de palplanches, rideau *m* de palplanches

**sheeter**: palfeuille *f*

**sheeting**: palplanches *f*; (of excavation) blindage; (roofing) forme *f*, voligeage *m*
~ **board**: planche *f* de blindage

**shelf**: étagère *f*, tablette *f*, rayon *m*
~ **batten**, ~ **cleat**: tasseau *m* de tablette
~ **life**: durée *f* de conservation, durée limite de stockage
~ **strip**: tasseau *m* de tablette

**shell**: coque *f*; (of a building) gros-œuvre *m*, enveloppe *f*, parois *f*; (of lock) stator *m*; (curved slab, curved plate) voile *m* mince
**~-and-tube condenser**: condenseur *m* à faisceau tubulaire
**~-and-tube evaporator**: évaporateur *m* à faisceau tubulaire
~ **auger**: tarière *f* à cuiller
~ **bedding**: (mas) pose *f* à rupture de joint
~ **building**: immeuble *m* banalisé
~ **construction**: construction *f* en voile mince
~ **roof**: toit *m* en voile mince
~ **sand**: sable *m* coquillier
~ **shake**: fente *f* de roulure

**shellac**: gomme-laque *f*

**shelling**: (of veneer) écaillage *m*; (of paint, of plaster) gerçures *f*

**shelter**: abri *m*; (for watchman) guérite *f*

**sheltered**: (from sun, from wind) abrité
~ **housing**: foyer-logement *m*
~ **position**: site *m* protégé

**shelving**: (of ground) glacis *m*; (for storage) rayonnage *m*

**shield**: (of lock) cuirasse *f* de canon; (tunnel construction) bouclier *m*

**shielded**: (cable) blindé
~ **metal arc welding**: soudage *m* à l'arc métallique sous atmosphère gazeuse

**shift**: poste *m*, brigade *f*, équipe *f*
~ **electrician**: électricien *m* de service
~ **work**: travail *m* à brigades relevées

**shim**: cale *f*, (in veneer) flipot *m*

**shingle**: (a stone) galet *m*; (roofing) bardeau *m*

**shingling**: bardage *m*; (on walls) essentage *m*

**shiplap siding**: bardage *m* en planches à feuillure

**shipping**: expédition *f*
~ **dry**: sec à l'expédition
~ **end**: (of cable) tête *f* de câble

**shock**: choc *m*
~ **absorber**: amortisseur *m*
~ **wave**: onde *f* de choc

**shoe**: (of caterpillar track) patin *m*; (of pile) sabot *m*
~ **molding** NA: contre-plinthe *f*

**shoot** NA: goulotte *f*

**shooting**: dressage *m* (des rives d'une planche)

**shop**: magasin *m*, commerce *m*; (in factory) atelier *m*
~ **awning**: banne *f* de magasin
~ **drawing**: dessin *m* d'atelier
~ **fitting**: agencement *m* de magasin
~ **front**: devanture *f* de magasin
~-**primed**: (metal) prépeint
~ **shutter**: volet *m*
~ **sign**: enseigne *f*
~ **steward**: délégué *m* du personnel
~ **window** GB: vitrine *f*
~ **work**: exécution *f* en atelier

**shopping**, ~ **arcade**: galerie *f* marchande
~ **area**: quartier *m* commerçant
~ **centre**: centre *m* commercial
~ **mall**: centre *m* commercial; (enclosed) galerie *f* marchande
~ **precinct**: centre *m* commercial
~ **street**: rue *f* commerçante

**shore**: étai *m*, étançon *m*

to **shore**: étayer, buter

**shoring**: étaiement *m*
~ **up**: (for underpinning) enchevalement *m*

**short**: court; (metal) aigre, cassant
~ **circuit**: court-circuit *m*
~ **list**: (of tenderers) liste *f* restreinte
~ **range aggregate**: granulat *m* à granulométrie serrée

**shortage**: manque *m*

to **shorten**: raccourcir

**shortening**: raccourcissement *m*

**shortfall**: déficit *m*, manque *m*

**shortness**: (of metal) fragilité *f*

**shot**: grenaille *f* [ronde]; (explosives) tir *m*
~ **bit**: couronne *f* à grenaille
~ **blasting**: grenaillage *m*
~ **boring**: sondage *m* à la grenaille
~ **drill**: foreuse *f* à grenaille
~ **hole**: trou *m* de tir, trou *m* de mine
~ **point**: point *m* de tir

**shotcrete**: béton *m* projeté, gunite *f*
~ **gun**: guniteuse *f*

**shotcreting**: gunitage *m*

**shoulder**: épaulement *m*; (on side of road) accotement *m*; (of arch stone) crossette *f*

**shouldered**, ~ **arch**: arc *m* droit à encorbellement
~ **housed joint**: embrèvement *m* d'angle
~ **voussoir**: claveau *m* à crossette

**shove moraine**: moraine *f* de poussée

**shovel**: (a hand tool) pelle *f*, bêche *f*; (of loader, of excavator) godet *m*

**show**, ~ **flat** GB: appartement *m* témoin
~ **house** GB: maison *f* témoin
~ **window** NA: vitrine *f* (sur la rue)

**showcase**: vitrine *f* (à l'intérieur)

**shower**: (rain) averse *f*; (plbg) douche *f*
~ **cubicle**: cabine *f* de douche
~ **diverter**: inverseur *m* de douche
~ **handset**: douchette *f*
~ **head**: pomme *f* de douche
~ **pan**: receveur *m* de douche, bac *m* à douche, pédiluve *m*
~ **receptor**: receveur *m* de douche, bac *m* à douche, pédiluve *m*
~ **room**: salle *f* d'eau
~ **rose**: pomme *f* de douche
~ **screen**: pare-douche *m*
~ **stall** NA: cabine *f* de douche
~ **tray** GB: receveur *m* de douche, bac *m* à douche, pédiluve *m*

**showroom**: hall *m* d'exposition, magasin *m* d'exposition, salle *f* d'exposition

**shreadhead**: demi-croupe *f* (de toit)
~ **roof**: toit *m* à demi-croupe

**shredder**: dilacérateur *m*

to **shrink**: rétrécir, raccourcir; (wood) jouer
~ **on**: emmancher à chaud

**shrinkage**: perte *f* de volume, retrait *m*
~ **compensating**: (mortar, concrete) sans retrait
~ **joint**: joint *m* de retrait
~ **limit**: limite *f* de retrait
~ **reinforcement**: armature *f* de retrait

**shrub**: arbuste *m*

**shunt, ~ circuit**: circuit *m* en dérivation
  **~ system**: (flue) conduit *m* shunt

**shutdown**: fermeture *f* (de machine, d'usine)

**shutter**: (of window) volet *m*; (in door) guichet *m*
  **~ bar**: fléau *m*
  **~ blind**: jalousie *f*
  **~ piece**: tapée *f* (de persienne)

**shuttering**: coffrage *m*
  **~ floor slab**: prédalle *f*
  **~ slab**: dalle *f* coffrante
  **~ panel**: banche *f*

**shutting**: fermeture *f*
  **~ post**: poteau *m* battant
  **~ stile**: montant *m* battant

**side**: côté *m*, flanc *m*; (of a board, of a panel) face *f*; (of spire, of turret) pan *m*; *adj*: latéral
  **~ aisle**: bas-côté *m*, collatéral *m*, nef *f* latérale, basse-nef *f*
  **~ apse**: abside *f* latérale
  **~ boom**: pose-tubes *m*
  **~ construction tile**: brique *f* creuse à perforations horizontales
  **~ dumping**: déversement *m* latéral
  **~ elevation**: façade *f* latérale, vue *f* de côté
  **~ formwork**: joue *f* de coffrage
  **~ hook**: crochet *m* d'établi
  **~-hung door**: porte *f* battante, porte pivotante
  **~-hung double-leaf door**: porte *f* à deux battants
  **~-hung window**: fenêtre *f* à battants, fenêtre battante
  **~ lap**: (roof sheeting) recouvrement *m* transversal
  **~ outlet**: (plbg) sortie *f* horizontale
  **~ post**: (princess post) jambette *f*
  **~ rail** GB: lisse *f* (d'ossature)
  **~ slope**: (of dam) pente *f* du talus
  **~ sway**: déplacement *m* latéral
  **~ view**: vue *f* de côté
  **~ wall**: paroi *f* latérale; (of lock) bajoyer *m*

**sidewalk** NA: trottoir *m*

**siding** NA: bardage *m* (en planches), parement *m* en bois
  **~ shingle**: bardeau *m* de revêtement

**sieve**: tamis *m*

**sifted**: tamisé

**sight**: (surv) visée *f*
  **~ gauge, ~ glass**: viseur *m* (de liquide)
  **~ glass and moisture indicator**: viseur *m* de liquide avec indicateur d'humidité
  **~ size**: (of window) surface *f* d'éclairement

**sign**: panneau *m* de signalisation

**silica**: silice *f*
  **~ brick**: brique *f* de silice
  **~ gel**: gel *m* de silice

**silicate paint**: peinture *f* silicatée

**siliceous cement**: ciment *m* sursilicé

**silicone**: silicone *m*
  **~ resin**: résine *f* de silicone
  **~ rubber**: caoutchouc *m* silicone

**silky, ~ failure, ~ fracture, ~ rupture**: cassure *f* soyeuse, fracture *f* soyeuse, rupture *f* soyeuse

**sill**: (a dead shore) semelle *f* basse; (door sill) seuil *m*; (a sill plate) lisse *f* basse, longrine *f*; (of window) appui *m*, rebord *m*
  **~ cock** NA: robinet *m* d'arrosage
  **~ height**: hauteur *f* d'appui
  **~-high**: à hauteur d'appui
  **~ plate**: lisse basse, lisse d'appui, longrine *f* de fondation

**silo**: silo *m*

**silt**: limon *m*

**silty clay**: argile *f* limoneuse

**silver grain**: (of wood) maillure *f*

**simple**: simple; (stress) pur, direct
  **~ beam**: poutre *f* simplement appuyée, poutre simple, poutre sur appuis libres
  **~ bridge**: pont *m* à une travée
  **~ frame**: portique *m* simple, structure *f* isostatique
  **~ shear**: cisaillement *m* simple, cisaillement direct
  **~ support**: appui *m* libre
  **~-supported beam**: poutre *f* simplement appuyée

**single**: seul, simple
  **~ acting**: à simple effet
  **~-bevel [butt] weld**: soudure *f* en demi-V
  **~-column footing**: semelle *f* isolée sous pilier ou sous poteau

~-**family dwelling**: logement *m* individuel
~ **floor**: plancher *m* à solivage simple
~ **footing**: semelle *f* isolée
~-**framed floor**: plancher *m* sur poutres, plancher à solivage composé
~ **gate**: portillon *m*
~-**hole mixer tap**: mélangeur *m* monotrou
~-**hung window**: fenêtre *f* à guillotine à un seul vantail mobile
~-**joisted floor**: plancher *m* à solivage simple
~ **knot**: noeud *m* isolé
~-**lap tile**: tuile *f* à simple recouvrement
~-**layer**: monocouche
~-**layer space structure**: structure *f* en résille simple
~-**line diagram**: schéma *m* unifilaire
~-**lock welt**: agrafure *f* simple
~ **measure**: (panel) à cadre sur un parement
~-**part**: monocomposant
~-**phase current**: courant *m* monophasé
~-**pitch roof**: toit *m* monopente
~-**plane frame**: pan *m* (d'ossature)
~-**ply roofing**: étanchéité *f* monocouche
~-**point load**: charge *f* isolée
~-**pole**: unipolaire
~-**pole scaffold**: échafaudage *m* à une rangée d'échasses
~-**sided**: (equipment, lift) simple service
~-**skin cladding**: bardage *m* simple peau
~-**storey building**: bâtiment *m* à simple rez-de-chaussée
~-**storey house**: maison *f* de plain-pied
~-**strength sheet glass** GB, ~-**strength window glass** NA: verre *m* simple
~-**thickness sheet glass** GB, ~-**thickness window glass** NA: verre *m* simple
~-**U butt weld**: soudure *f* en tulipe, soudure en U
~-**Vee butt weld**: soudure *f* en V

**sink**: évier *m*, lavabo *m*
~ **unit**: bloc-évier *m*; (to receive a sink) meuble *m* sous évier
~ **water heater**: chauffe-eau *m*

to **sink**: (structure, ground) s'affaisser
~ **a pile**: foncer (un pieu)
~ **a well**: forer un puits
~ **boreholes**: faire des sondages
~ **in**: (paint) s'emboire

**sinker bar**: maîtresse tige

**sinking of groundwater**: rabattement *m* de la nappe aquifère

**sintered**: fritté

**siphon**: siphon *m*
~ **jet closet**: cuvette *f* à action siphonique à jet d'amorçage
~ **trap**: siphon, garde *f* d'eau

**siphonic w.c.**: w.c. *m* à action siphonique

**S-iron [plate]**: esse *f*

**site**: emplacement *m*; terrain *m* à construire, chantier *m*; (siting) assiette *f*, implantation *f*
~ **assembly**: montage *m* sur place
~ **clearing**: nettoyage *m* du terrain
~ **development**: aménagement *m* du terrain
~ **facilities**: installations *f* de chantier
~ **factory**: usine *f* foraine
~ **fence**: clôture *f* de chantier
~ **hut**: baraque *f* de chantier
~ **meeting**: réunion *f* de chantier
~ **prefabrication**: préfabrication *f* foraine
~ **report**: rapport *m* de chantier
~ **sign**: panneau *m* de chantier
~ **supervision**: surveillance *f* des travaux

**siting**: (on plot) implantation *f*

**size**: taille *f*, dimensions *f*; (of slate) échantillon *m*; (wallpapering) colle *f* d'apprêt
~ **distribution**: (of aggregate) répartition *f* par grosseur
**to ~** : de mesure

**sized**: calibré
~ **aggregate**: granulat *m* calibré
~ **slate**: ardoise *f* d'échantillon

**sizing**: mise *f* à dimensions; (wallpapering) encollage *m* d'apprêt
~ **screen**: crible *m* classeur

**skeleton**: ossature *f* (d'une structure)
~ **key**: crochet *m* de serrurier
~ **step**: marche *f* ajourée

**skew**: biais
~ **arch**: arc *m* biais
~ **block**, ~ **butt**: sommier *m* de pignon
~ **bridge**: pont *m* biais
~ **nailing**: clouage *m* en biais
~ **vault**: voûte *f* biaise
**on the ~**: en biais

**skewness**: (stats) dissymétrie f

**skid**: patin m (de ripage); cale f (de pose de pierres à joints réglés)

**skilled, ~ labour**: main-d'œuvre f qualifiée
~ **labourer**: ouvrier m qualifié

**skim coat**: couche f de finition (d'enduit), couche de lissage

**skimmer shovel**: pelle f niveleuse

**skimming**: écumage m; **skimmings**: matières f flottantes
~ **coat**: couche f de finition (d'enduit), couche de lissage

**skin**: peau f, (light cladding) paroi f
~ **coat**: revêtement m pelliculaire

**skintled brickwork**: briquetage m irrégulier, briquetage rustique

**skip**: benne f, (painting) dimanche m; (wood dressing) omission f, (in coating) solution f de continuité, discontinuité f
**~-graded**: à granulométrie discontinue

**skirting**: plinthe f
~ **block**: (mas) soldat m
~ **board** GB: plinthe f
~ **heater**: plinthe f chauffante
~ **radiator** GB: radiateur-plinthe m
~ **trunking**: plinthe électrique, plinthe à couvercle

**sky**: ciel m
~ **factor**: facteur m de ciel

**skylight**: lucarne f, tabatière f

**skyscraper**: gratte-ciel m

**slab**: (of marble) tranche f, (of compressed straw, of woodwool) plaque f, (of structure) dalle f
~ **board**: dosse f
~ **floor**: plancher-dalle m
~ **form**: table f de coffrage
~ **on grade, ~ on ground**: dallage m (sur hérisson)
~ **stop**: arrêt m de dalle

**slack**: (belt) mou m, adj
~ **side**: (of veneer) côté m ouvert, face f distendue

to **slacken**: donner du jeu

**slag**: laitier m
~ **cement**: ciment m de laitier
~ **wool**: laine f de laitier

**slaked lime**: chaux f éteinte

**slaking**: (of lime) extinction f

**slanting**: oblique

**slat**: lamelle f, latte f, (of Venetian blind) latte, lame f

**slate**: ardoise f
~ **batten**: liteau m (over rafters or counterbattens)
~ **boarding**: voligeage m sous ardoises
~ **hanging**: bardage m (en ardoise), essentage m
~ **lath**: liteau m (over rafters or counterbattens)

**slater**: couvreur m
~**'s hammer**: marteau m à ardoise

**slating**: couverture f en ardoise
~ **batten, ~ lath**: latte f à ardoises

**slatted shutter**: persienne f

**slash sawing**: débit m en plots

**sledgehammer**: masse f, marteau m à deux mains, marteau à frapper devant

**sleeve**: (of baluster) col m; (of paint roller) manchon m; (prestressing of concrete) gaine f, (a pipe fitting) manchon; (through wall) fourreau m
~ **coupling**: joint m à manchon

**slender**: (column) élancé

**slenderness ratio**: élancement m

**slewing**: (of crane) orientation f, giration f

**slice**: tranche f
~ **method**: méthode f des tranches

**slickenside**: miroir m de faille

**slide**: glissière f, glissement m
~ **bolt**: targette f
~ **rule**: règle f à calcul

**sliding**: ripage m; adj: glissant; (on runners) à coulisse, coulissant
~ **bevel**: fausse équerre
~ **door**: porte f coulissante; (garage door) porte roulante et coulissante

~ **folding door**: porte *f* pliante accordéon
~ **form**: coffrage *m* glissant vertical
~ **mass**: (s.m.) masse *f* intéressée par le glissement
~ **resistance**: résistance *f* au glissement
~ **scale tariff** GB: tarif *m* dégressif
~ **wedge**: coin *m* de glissement, prisme *m* de glissement, prisme d'éboulement
~ **window**: fenêtre *f* coulissante, fenêtre à coulisse

**sling**: élingue *f*; (of lift) étrier *m*, arcade *f*
~ **psychrometer**: psychromètre *m* à fronde

**slip**: glissement *m*; (ceramics) engobe *m*
~ **band**: ligne *f* de glissement
~ **feather**: languette *f* rapportée, fausse languette
~ **form**: coffrage *m* glissant
~ **joint**: joint *m* coulissant
~ **line**: ligne *f* de glissement
~ **mortise**: enfourchement *m*
~ **of the bank**: glissement *m* de la berge
~-**on flange**: bride *f* coulissante
~ **sill**: seuil *m* rapporté
~ **surface**: plan *m* de glissement, surface *f* de glissement
~ **tongue**: languette *f* rapportée, fausse languette

**slipform paver**: machine *f* à coffrage glissant

**slipper bath**: baignoire *f* sabot

**slipstream**: (wind energy) sillage *m* (d'une hélice en rotation)

**slitting**: (of steel strip) refendage *m*

**slope**: pente *f*, inclinaison *f* par rapport à l'horizontale; (artificial and gentle) glacis *m*; (of roof) égout *m*, pan *m*, versant *m*
~ **angle**: pente *f* de talus
~ **brick**: brique *f* en sifflet
~ **circle**: cercle *m* de talus
~ **wash**: érosion *f* de pente

**sloped**: à glacis
~ **column footing**: semelle *f* isolée pyramidale
~ **footing**: semelle *f* tronconique, semelle pyramidale

**sloper**: taluteuse *f*

**sloping**: en pente, rampant
~ **barrel vault**: voûte *f* en berceau rampant
~ **flange**: aile *f* à épaisseur variable
~ **footing**: empattement *m* en tronc de pyramide, semelle *f* en tronc de pyramide
~ **ground**: sol *m* en pente
~ **support**: appui *m* rampant

**slot**: entaille *f*, encoche *f*, rainure *f*; fente *f* (de tête de vis)
~ **diffuser**: diffuseur *m* rectiligne
~ **meter**: compteur *m* à paiement préalable
~ **mortise joint**: assemblage *m* à enfourchement, enfourchement *m*
~ **opening**: (in tower, in stairs) rayère *f*

**slotted**, ~ **casing**: tubage *m* perforé
~ **head**: (of screw) tête *f* fendue
~ **hole**: boutonnière *f*
~ **screw**: vis *f* à tête fendue

**slotting**: mortaisage *m*

**slow**: lent
~ **bend**: coude *m* à grand rayon
~ **combustion stove**: poêle *m* à feu continu
~ **grown wood**: bois *m* à couches minces

**sludge**: boue *f* (d'épuration)
~ **cake**: gâteau *m* de boues
~ **digestion tank**: digesteur *m*
~ **dryer**: sécheur *m* de boues
~ **foaming**: moussage *m* des boues
~ **gas**: gaz *m* de digestion
~ **holding tank**: bassin *m* à boues
~ **incinerator**: incinérateur *m* à boues
~ **pump**: pompe *f* à matières épaisses
~ **ripening**: maturation *f* des boues
~ **stirrer**: agitateur *m* à boue

**slum**: habitat *m* insalubre, quartier *m* insalubre, taudis *m*
~ **clearance**: élimination *f* des taudis
~ **clearance area**: quartier *m* insalubre à démolir
~ **improvement**: amélioration *f* des taudis

**slump**: affaissement *m* (du béton)
~ **cone**: cône *m* d'Abrams
~ **test**: essai *m* d'affaissement

**slung cradle**: sellette *f*

**slurry**: boue *f* liquide; coulis *m*, barbotine *f* (de ciment)

**slushed [up] joint**: (bricklaying) joint *m* coulé

**small**: petit
~ **board**: planchette *f*
~**-bore central heating** GB: chauffage *m* central à circulation forcée
~ **courtyard**: courette *f*
~ **gravel**: gravillon *m*
~ **joist**: soliveau *m*
~ **lantern light**: lanterneau *m*
~ **masonry work**: menus ouvrages
~ **park**: square *m*
~ **post**: potelet *m*
~ **roof vent**: châtière *f*
~ **shutter**: (in door) guichet *m*
~ **squinch**: trompillon *m*

**smoke**: fumée *f*
~**-and-fire venting damper**: trappe *f* de désenfumage, exutoire *m* à fumée
~ **chamber**: chambre *f* à fumée
~ **control**: désenfumage *m*
~ **detector**: détecteur *m* de fumée
~ **extraction**: désenfumage *m*
~ **meter**: fumimètre *m*
~ **rocket**: cartouche *f* fumigène
~ **room**: fumoir *m*
~ **sensor**: détecteur *m* de fumée
~ **shelf**: plate-forme *f* antirefoulante, tablette *f* antirefoulante
~ **test**: épreuve *f* d'étanchéité à la cartouche fumigène
~ **vent**: exutoire *m* de fumée
~ **venting**: désenfumage *m*

**smoked glass**: verre *m* fumé

**smokeless**: (appliance) fumivore
~ **fuel**: combustible *m* sans fumée

**smokiness**: fumosité *f*

**smooth**: (surface) lisse, uni
~ **cut**: (of file) taille *f* douce
~ **dressing**: (of stone) taille *f* plane
~ **one side**: (wood) à une face lisse
~ **roller**: rouleau *m* lisse

to **smooth**: lisser
~ **down**: (a plaster surface) égrener
~ **off**: (an angle) adoucir

**smoothing**: égalisation *f*, lissage *m* (d'un enduit)
~ **board**: latte *f* de régalage

**smoothness**: (of coat of paint) arrondi *m*

to **smother a fire**: étouffer un incendie

**smouldering fire**: feu *m* couvant

**snake**: (plbg) furet *m*; (glass) casse *f* en long

**snap, ~-action**: à déclic
~**-action switch**: interrupteur *m* instantané
~ **bolt**: verrou *m* à ressort
~ **head**: tête *f* ronde
~ **line**: cingleau *m*, cordeau *m* (de lignage de toit)

**snips**: cisaille *f* à tôle

**snow**: neige *f*
~ **and wind loads**: surcharge *f* neige-vent
~ **gauge**: nivomètre *m*
~ **load**: surcharge *f* de neige

**soakaway**: puisard *m*, puits *m* perdu

**soaker**: noquet *m*

**socket**: (end of pipe) emboîture *f*; (el) prise *f* de courant femelle; (door pivot) crapaudine *f*
~**-and-spigot joint**: joint *m* d'emboîture
~ **end** GB: emboîture (de tuyau)
~ **fitting**: raccord *m* à emboîtement
~ **hinge**: penture *f* à crapaudine
~ **outlet**: prise *f* de courant (fixe, femelle)
~ **spanner**: clé *f* à douille

**sod**: plaque *f* de gazon

**sodding**: gazonnage *m*, gazonnement *m*

**sodium vapour lamp**: lampe *f* à vapeur de mercure

**soffit**: (of beam) sous-face *f*; (of arch) intrados *m*
~ **cladding**: parement *m* de sous-face

**soft**: doux, mou, tendre
~ **architecture**: architecture *f* textile
~ **bed**: (of stone) lit *m* tendre
~ **body impact**: choc *m* de corps mou
~ **burnt**: peu cuit
~ **energy**: énergie *f* douce
~ **ground**: mauvais sol
~ **landscaping**: aménagement *m* végétal
~ **metal**: métal *m* mou, métal tendre
~ **rock**: roche *f* tendre
~ **solder**: soudure *f* tendre
~ **stone**: pierre *f* tendre
~ **verge**: accotement *m* non stabilisé
~ **water**: eau *f* douce (non calcaire)

**softboard**: panneau *m* de fibres tendre

to **soften**: (water) adoucir

**softening**: (of hard material) ramollissement *m*; (of water) adoucissement *m*
~ **point**: point *m* de ramollisement (du bitume)

**softwood**: bois *m* résineux

**soil**: sol *m*, terre *f*, terrain *m*; (sewerage) eaux-vannes *f*
~ **absorption**: absorption *f* par le sol
~ **and subsoil**: fonds *m* et tréfonds
~**-and-waste stack**: tuyau *m* de chute unique, chute *f* unique
~ **bearing capacity**: portance *f*, taux *m* de travail admissible
~ **bearing value**: indice *m* portant du sol
~ **cement**: sol-ciment *m*
~ **compacting**: compactage *m* du sol
~ **corrosion**: corrosion *f* tellurique
~ **creep**: solifluxion *f*
~ **engineering**: technique *f* des ouvrages en terre
~ **improvement**: amendement *m*
~ **in place**: sol *m* en place
~ **internal structure**: squelette *m* du sol
~ **liable to scour**: terrain affouillable, sol affouillable
~ **mass**: masse *f* de sol
~ **mechanics**: mécanique *f* des sols
~ **not liable to scour**: sol *m* inaffouillable
~ **particle**: particule *f* de sol
~ **porosity**: porosité *f* du sol
~ **pressure at rest**: pression *f* du sol au repos, poussée *f* des terres au repos, pression *f* des terres au repos
~ **profile**: profil *m* du sol
~ **science**: pédologie *f*
~ **stabilisation**: stabilisation *f* du sol
~ **stack**: chute *f* d'eaux-vannes
~ **strength**: résistance *f* du sol
~**-supported structure**: ouvrage *m* supporté par le sol
~ **survey**: étude *f* pédologique, étude du sol
~ **vent**: ventilation *f* primaire
~ **water percentage**: pourcentage *m* d'eau dans le sol
~ **waterproofing**: étanchement *m* du sol

**solar**: solaire
~ **architecture**: architecture *f* solaire
~ **array**: batterie *f* de capteurs solaires
~**-assisted**: avec appoint d'énergie solaire
~ **blanket**: couverture *f* solaire
~ **collector**: capteur *m* solaire
~ **concentrator**: concentrateur *m*
~ **control glazing**: vitrage *m* pare-soleil
~ **day**: jour *m* solaire
~ **energy**: énergie *f* solaire
~ **energy collection system**: système *m* collecteur d'énergie solaire
~ **energy technology**, ~ **engineering**: héliotechnique *f*
~ **heat**: chaleur *f* solaire
~ **heat gain**: (a.c.) apport *m* solaire
~ **heating**: chauffage *m* solaire
~ **house**: maison *f* solaire
~ **load**: (a.c.) apport *m* solaire
~ **power**: énergie *f* hélio-électrique
~ **power farm**: centrale *f* hélio-électrique, centrale *f* [électro]solaire
~ **radiation data**: données *f* solarimétriques
~ **radiation**: rayonnement *m* solaire
~ **radiation measurements**: mesures *f* solarimétriques
~ **simulator**: simulateur *m* de rayonnement solaire
~ **tower**: tour *f* solaire

**solarimeter**: solarimètre *m*

**solder**: soudure *f* indirecte, soudure à l'étain

**soldering**: soudage *m*
~ **iron**: fer *m* à souder

**soldier**: bloc *m* de maçonnerie placé debout; semelle *f* verticale (de boisage de fouille), montant *m* (de paroi berlinoise)
~ **course**: assise *f* de bout, assise de bahut, assise de briques posées debout

**sole**, ~ **piece**: (of prop, of raking shore) patin *m*, couche *f*, couchis *m*, semelle *f*, pied *m* de contrefiche; (balloon framing) sablière *f* basse
~ **plate**: (of a machine) taque *f*, plaque *f* d'assise; (of a structure) sablière *f* basse

**solenoid valve**: électrovanne *f*

**solid**: plein, massif; **solids**: matières *m* solides
~ **brick**: brique *f* pleine
~**-core door**: porte *f* à âme pleine
~**-filled arch**: arc *m* à tympan plein
~ **floor**: plancher *m* massif
~ **fuel**: combustible *m* solide
~ **glass block**: pavé *m* de verre
~ **groundfloor**: rez-de-chaussée *m* sur terre-plein

~ **moulding**: moulure f poussée dans la masse
~ **newel**: noyau m plein, noyau massif
~-**newel stair**: escalier m à noyau plein, vis f à noyau plein
~ **part**: élément m massif
~ **partition**: cloison f pleine
~-**point pipe pile**: pieu-tube m à pointe
~ **rib**: vau m, veau m (de cintre)
~ **rock**: roche f vive, roche f en place
~ **timber**: bois m massif
~ **tyre** GB, ~ **tire** NA: bandage m plein
~ **wastes**: déchets m solides
~ **web girder**: poutre f à âme pleine

**solidity**: (wind power) coefficient m de plénitude

**solifluction, solifluxion**: solifluction f

**soluble glass**: verre m soluble

**solvent**: (of paint) diluant m; (for plastics) colle f
~ **welded joint**: (plastic pipes) joint collé

**sone**: sone f

**soot**: suie f
~ **door** GB: porte f de ramonage, trappe f de ramonage
~ **pocket**: pot m à suie
~ **stain**: bistrage m

**sound**: son m, bruit m; adj : sain
~-**absorbing material**: matériau m absorbant phonique
~ **absorption**: absorption f acoustique
~ **absorption coefficient**: coefficient m d'absorption acoustique
~ **amplification system**: sonorisation f
~ **attenuation**: affaiblissement m sonore, insonorisation f
~ **boarding**: sous-plancher m
~ **damping**: amortissement m acoustique
~ **energy**: énergie f acoustique
~ **insulation**: insonorisation f, isolation f phonique, isolation acoustique, isolant m acoustique
~ **knot**: nœud m sain
~ **level**: niveau m sonore
~-**level meter**: sonomètre m
~ **pressure**: pression f sonore, pression acoustique
~ **reduction**: affaiblissement m sonore
~ **spectrum**: spectre m acoustique
~ **transmission loss**: indice m d'affaiblissement sonore
~ **trap**: piège m à sons
~ **wave**: onde f sonore
~ **weld**: soudure f saine
~ **wood**: bois m sain

**soundboard, sounding board**: abat-voix m

**soundproofing**: insonorisation f

**source**: source f (origine)
~ **of heat**: foyer m de chaleur
~ **of sound**: source de bruit

**space**: espace m; vide m
~ **above suspended ceiling**: vide au-dessus du faux-plafond
~ **between girders**: entrevous m
~ **cooling**: climatisation f des locaux, rafraîchissement m des locaux
~ **deck**: structure f spatiale
~ **frame structure**: structure f spatiale, structure tridimensionnelle
~ **grid**: résille f spatiale
~ **heating**: chauffage m d'ambiance, chauffage des locaux
~ **lattice**: treillis m tridimensionnel, treillis spatial
~ **saving**: peu encombrant

**spaced**: espacé
~ **slating**: couverture f d'ardoise à claire-voie, couverture en ardoises sans liaison

**spacer**: entretoise f; (concrete) distancier m, distanceur m, écarteur m, espaceur m; (drying of timber) épingle f

**spacing**: écartement m

**spackle, spackling, spachtling** NA: reboucheur m

**spade**: bêche f

**spading**: mélange m à la pelle

**spall**: épaufrure f, éclat m de pierre

**spalling**: (stone) épaufrage m; (concrete) éclatement m
~ **stress**: effort m d'éclatement

**span**: portée f, distance f entre appuis; (of portal frame, of truss) travée f, (wind energy) envergure f (d'une aile)
~-**by-span construction**: travail m par travées, construction f à l'avancement
~ **roof**: toit m à deux versants
~-**to-depth ratio**: flèche f, rapport m déformation/portée

**spandrel**: (between arches) écoinçon *m*; (between window and floor) allège *f*; (of stairs) échiffre *f*
- **~ beam**: poutre *f* de tympan
- **~-braced arch**: arc *m* à tympan rigide
- **~ panel**: panneau *m* de tympan, panneau d'allège
- **~ step**: marche *f* délardée
- **~ wall**: mur *m* d'allège, mur d'appui

**spandril**, → **spandrel**

**Spanish tile** GB: tuile *f* canal

**spanner**: clé *f* (outil)

**spar**: (common rafter) chevron *m*

**spare part**: pièce *f* détachée

**spark**: étincelle *f*
- **~ arrester**: pare-étincelles *m*
- **~ discharge**: décharge *f* à aigrettes

**spatterdash**: (key to plaster coat) gobetis *m*

**special**, **~ conditions**: conditions *f* particulières
- **~ conditions of contract**: cahier *m* des clauses spéciales

**species of tree**: essence *f* d'arbre

**specific**, **~ gravity**: densité *f*
- **~ heat**: chaleur *f* massique
- **~ retention**: rétention *f* spécifique (d'eau capillaire)

**specifications**: fiche *f* technique; (by bidder) devis *m* descriptif; (by employer or architect) cahier *m* des charges
- **~ and estimates**: devis *m* descriptif et estimatif

**specifier**: descripteur *m*; prescripteur *m*

**specimen**: échantillon *m*; (a plant) sujet *m*

**specular reflection**: réflexion *f* spéculaire

**speed**: vitesse *f*; (of machine) allure *f* de marche

**spigot**: bout *m* uni, bout mâle (de tuyau à emboîtement)
- **~-and-socket joint** GB: joint *m* à emboîtement

**spike**: pointe *f* de fer; **spikes**: (on top of wall, of gate) hérisson *m*
- **~ connector**: connecteur *m* à pointes
- **~ knot**: nœud *m* plat

**spillway**: déversoir *m*, évacuateur *m* de crue
- **~ tunnel**: galerie *f* d'évacuation

**spindle**: (of valve) tige *f*; (of lock) tige *f* carrée; (woodwork) toupie *f*; (of banisters) fuseau *m*
- **~ baluster**: balustre-fuseau *m*
- **~ moulder**: toupilleuse *f*
- **~-shaped**: fuselé

**spinning**: (of concrete, of pipes) centrifugation *f*

**spiral**: spirale *f*, hélice *f*
- **~ binder**: frettage *m* hélicoïdal
- **~ collector**: capteur *m* à absorbeur en spirale
- **~ column**: colonne *f* torse
- **~ grain**: fil *m* tors, fibres *f* torses
- **~ grain wood**: bois *m* vissé
- **~ reinforced column**: poteau *m* fretté en hélice
- **~ reinforcement**: frettage *m* hélicoïdal
- **~ sash balance**: équilibreur *m* à spirale
- **~ spring**: ressort *m* à boudin
- **~ stair**: éscalier *m* en hélice, escalier à vis, escalier hélicoïdal, escalier en [co]limaçon
- **~ welded pipe**: tuyau *m* soudé en spirale
- **~ wound**: spiralé

**spire**: flèche *f* d'église

**spirit**: alcool *m*
- **~ level**: niveau *m* à bulle
- **~ stain**: teinture *f* à l'alcool
- **~ varnish**: vernis *m* à l'alcool
- **~s of salt**: esprit-de-sel *m*
- **~s of turpentine**: essence *f* de térébenthine

**spit**: profondeur *f* de fer de bêche

**spitter**: moignon *m* (de descente pluviale)

**splashback**, **splashboard**: dosseret *m*

**S-plate**: esse *f*

**splay**: chanfrein *m*, biseau *m*, pan *m* coupé; (window opening) ébrasement *m*
- **~ brick**: brique *f* en sifflet
- **~ knot**: nœud *m* plat

**splayed**: chanfreiné, biseauté, en pan coupé
~ **arch**: arc *m* ébrasé; (order of an arch) voussure *f*
~ **baseboard** NA: plinthe *f* chanfreinée
~ **coping**: chaperon *m* en glacis, chaperon à un versant
~ **corner**: angle *m* en pan coupé
~ **edge**: chant *m* avivé, chant biais
~ **failure**, ~ **fracture**: fracture *f* en sifflet
~ **heading joint**: enture *f* en sifflet
~ **indent scarf**: enture *f* à trait de Jupiter
~ **jamb**: montant *m* ébrasé
~ **scarf**: enture *f* en sifflet
~ **skirting board** GB: plinthe *f* chanfreinée

**splice**, ~ **bar**, ~ **piece**, ~ **plate**: éclisse *f*

**splicing**: (of cables) épissure *f*

**spline**: languette *f* rapportée, fausse languette

**splinter**: (stone, wood) éclat *m*; (wood) écharde *f*

**splinterproof glass**: verre *m* triplex, verre sandwich, verre de sécurité

**split**: fente *f*; (in wood) fente traversante profonde; (brick) chantignol[l]e *f*; (system) en deux parties
~ **astragal**: double battement (de porte à deux battants)
~ **brick**: chantignol[l]e *f*
~ **component air conditioner**: climatiseur *m* en deux blocs séparés
~ **course**: assise *f* refendue
~**-face block**: bloc *m* éclaté
~ **face finish**: (of stone) taille *f* éclatée
~ **fitting**: (el) domino *m*
~ **level**: demi-niveau *m*
~ **pin**: goupille *f* fendue
~ **ring connector**: (carp) anneau *m* fendu
~ **stuff**: bois *m* de fente
~ **system**: (a.c., heat pump) système *m* bibloc, split-system *m*

to **split**: fendre, se fendre; (slates) refendre; (stone) se déliter

**splitting**: fendage *m*; (of slates) refendage *m*
~ **failure**, ~ **fracture**: cassure *f* par fendage, rupture *f* par fendage
~ **tensile strength**: résistance à la traction par fendage
~ **tensile test**: essai *m* de traction par fendage, essai brésilien

**spoil**: (cut and fill) matériau *m* en excès, matériau excavé excédentaire; déblais *m*
~ **area**: décharge *f*
~ **bank**: cavalier *m* de déblais

**spokeshave**: vastringue *f*

**sponge rubber**: caoutchouc *m* mousse

**spoon auger**: tarière *f* à cuiller

**spot**: point *m*; (dab) plot *m* de colle; (lighting) spot *m*
~ **gluing**: application *f* de colle en plots, collage *m* en plots
~ **welding**: soudage *m* par points
~ **zoning**: zonage *m* ponctuel

**spotlight**: projecteur *m* intensif, spot *m*

**spotted**: tacheté; (damp marks) piqué par l'humidité

**spout**: bec *m* verseur

**spray**: projection *f*; (of liquid) aspersion *f*, pulvérisation *f*
~ **booth**: cabine *f* de peinture
~ **drying**: séchage *m* par pulvérisation
~ **gun**: pistolet *m* de projection
~ **irrigation**: arrosage *m* par aspersion
~**-on**: projeté
~ **painting**: peinture *f* par projection

**sprayed**: projeté
~ **concrete**: béton *m* projeté, gunite *f*
~**-on insulation**: isolant *m* projeté

**spraying**: (with a gun) application *f* au pistolet, projection *f*; (in fine drops) pulvérisation *f*

**spread**: (of fire, of flame) propagation *f*; (stats, data) écart *m*, fourchette *f*

**spreader**: (for adhesive) spatule *f*; (of door frame) barre *f* d'écartement (huisserie); (of formwork) entretoise *f*, étrésillon *m* provisoire; (a machine) épandeuse *f*, répandeuse *f*

**spreading**: (of adhesive) étalement *m*; (over a large area) épandage *m*
~ **rate**: (of paint) rendement *m* superficiel spécifique

**sprig**: pointe *f* de vitrier

**spring**: ressort *m*; (of water) source *f*, fontaine *f*; (of board) gauchissement *m* de chant, voilement *m* longitudinal de rive; (a season) printemps *m*

**~-and-fall heating**: chauffage *m* de demi-saison
~ **bolt**: (masonry fixing) cheville *f* à ressort; (of lock) pêne *m* à ressort
~ **hinge**: paumelle *f* à ressort
~ **latch**: serrure à [pêne] demi-tour
~ **lock**: bec-de-cane *m*
~ **washer**: rondelle *f* élastique
~ **water**: eau *f* de source
~ **wood**: bois *m* de printemps

**springer**: imposte *f* (de colonne), sommier *m* (d'arc)

**springing**: naissance *f* de voûte, retombée *f* de voûte
~ **course**: assise *f* de retombée
~ **line**: ligne *f* des naissances
~ **stones**: (on pier) tas *m* de charge

**sprinkler**: (landscaping) arroseur *m*, aspergeur *m*, asperseur *m*; (fire control) sprinkler *m*, sprinkleur *m*, extincteur *m* automatique
~ **pipe**: rampe *f* d'arrosage

**sprocked eaves**: égout *m* relevé

**sprocket**: coyau *m*

**sprocketed eaves**: égout *m* relevé

**spruce**: épicéa *m*

**spud**: patte *f* à goujon (d'huisserie)
~ **vibrator**: vibrateur *m* à aiguille

**spun**: centrifugé
~ **concrete**: béton *m* centrifugé
~ **iron pipe**: tuyau *m* en fonte centrifugée

**spur**: (on base of column) griffe *f*; (branch of a circuit) alimentation *f* en dérivation, antenne *f*

**spy hole**: guichet *m* (dans une porte), judas *m*

**square**: carré *m*; (town planning) place *f* (pas toujours carrée); *adj* : carré; (at right angles) à angle droit, d'équerre
**~-angle joint**: assemblage *m* en équerre simple
~ **bond**: (wall or floor tiling) pose *f* normale, pose en alignement continu
~ **butt weld**: soudure *f* à bords droits
~ **corner halving [joint]**: assemblage *m* droit à mi-bois, assemblage à mi-bois avec coupe droite
~ **corner joint**: assemblage *m* en équerre simple

~ **dome**: voûte *f* en arc de cloître
~ **edge**: arête *f* vive
**~-edged**: (wood) avivé d'équerre; (strip flooring) à plat joint
**~-edged and sound**: (wood) avivé d'équerre et sain
~ **elbow**: genou *m* vif
~ **fillet moulding**: tringle *f*
~ **footing**: semelle *f* carrée
**~-framed**: (door, panel) à glace
~ **grid**: résille *f* bidirectionnelle
**~-headed**: (door or window opening) carré
**~-headed trefoil arch**: arc *m* droit à encorbellement
~ **hollow section**: profil *m* creux carré
~ **joint**: assemblage *m* à plat joint
~ **measure**: mesure *f* de superficie
~ **panelled door**: porte *f* à glace
~ **sawing**: (of timber) équarrissage *m*
~ **sawn timber**: bois *m* équarri, bois carré
**~-turned baluster**: balustre *m* carré

to **square**: (stone, timber) équarrir; mettre d'équerre

**squared**: équarri
~ **rubble**: moellons *m* équarris

**squareness**: (of a frame) équerrage *m*

**squaring**: mise *f* d'équerre, équerrage *m*

**squat closet**: w.-c. *m* à la turque

**squeegee**: raclette *f* en caoutchouc

**squeezed water**: eau *f* expulsée sous charge

**squinch**: trompe *f*

**squint**: fenêtre *f* des lépreux, hagioscope *m*

**SS** → **stainless steel, suspended solids**

**S-shaped wall anchor**: esse *f*

**St Andrews cross**: sautoir *m*

to **stab**: (brick) piquer

**stabilizer**: agent *m* stabilisant, stabilisateur *m*

**stable door**: porte *f* à vantail coupé, porte coupée

**stack**: (of materials) pile *f*, tas *m*; (chimney) souche *f* de cheminée; (plbg) chute *f*; (a pipe) tuyau *m* vertical (de chute)

**stack**

~ **bond**: appareil *m* en damier
~ **door**: porte *f* pliante escamotable, porte accordéon escamotable
~ **effect**: effet *m* de cheminée
~ **gas**: gaz *m* brûlés
~ **vent[ing]**: ventilation *f* primaire

to **stack**: (raw materials) empiler, mettre au tas (des matériaux); (goods) gerber

**stadia**, ~ **angle**: angle *m* stadimétrique
~ **hairs**: traits *m* stadimétriques
~ **rod** NA, ~ **staff** GB: stadia *f*
~ **work**: stadimétrie *f*

**staff** GB: mire *f* (de nivellement); (plastering) ) staff *m*
~ **bead**: protège-angle *m*
~ **man** GB: porte-mire *m*

**stage**: (of work) phase *f*, étape *f*

**staging**: échafaudage *m*

**staggered**: décalé; (over at least three rows) en quinconce
~ **joints**: (tiling) joints *m* croisés; (mas) plein sur joint
~ **riveting**: rivets *m* en quinconce

**stain**: salissure *f*, tache *f*; (for wood) teinture *f*

**stained**: teinté; taché
~ **glass**: vitrail *m*
~ **glass window**: verrière *f*

**staining**: (of wood) mise *f* à la teinte, mise en couleur

**stainless steel**: acier *m* inoxydable

**stair**: (step) marche *f* d'escalier, escalier *m*; → also **stairs**
~ **flight**: volée *f* d'escalier
~ **flight slab**: paillasse *f*
~ **headroom**: échappée *f* d'escalier
~ **horse**: crémaillère *f*
~ **nosing**: nez *m* de marche, bande *f* de protection de nez de marche
~ **riser**: contremarche *f*
~ **tread**: dessus *m* de marche
~ **well**: cage *f* d'escalier
~ **width**: emmarchement *m*

**staircase**: cage *f* d'escalier, escalier *m*

**stairhead**: haut *m* d'un escalier

**stairs**: escalier *m*
~ **interrupted by landings**: escalier *m* rompu en paliers

**stairway**: cage *f* d'escalier
~ **bulkhead**: sortie *f* d'escalier

**stairwell**: cage *f* d'escalier

**stake**: (of picket fence) piquet *m*, palis *m*; (in loam work) palançon *m*

to **stake out**: faire le bornage, piqueter

**staking**, ~ **out**: bornage *m*, piquetage *m*

**stale**: éventé
~ **air**: air *m* vicié

**stalk**: âme *f* (de T)

**stall urinal**: urinoir *m* à stalles

**stamping**: matriçage *m*

**stanchion**: montant *m*, poteau *m* (de construction métallique)
~ **base**: pied *m* de poteau
~ **casing**: enrobage *m* de poteau métallique

**stand**: socle *m*; (of stadium) tribune *f*
~ **oil**: standolie *f*
~ **roof**: couverture *f* de tribune
~ **sheet**: châssis *m* dormant

**standard**: norme *f*; (of scaffolding) écoperche *f*, montant *m*; (of fence, of railing) montant *m*; *adj* : (type) courant, normal, régulier, du commerce, normalisé
~ **air**: (a.c.) air *m* normal
~ **atmospheric pressure**: pression *f* atmosphérique standard
~ **brick**: brique *f* normalisée
~ **conditions**: conditions *f* normalisées
~ **deviation**: écart *m* type
~ **form**: modèle *m* (de document)
~ **lamp**: lampadaire *m* (d'éclairage intérieur)
~ **meter**: compteur *m* étalon
~ **method**: méthode *f* normalisée
~ **mortar**: mortier *m* un pour trois, mortier normal
~ **[steel] section**: laminé *m* marchand, profilé *m* du commerce, profilé marchand
~ **temperature and pressure**: température *f* et pression normales
~**s of professional practice**: règles *f* de déontologie
**of ~ dimensions**: (brick, tile) d'échantillon
**to ~**: conforme à la norme

**standardized**: normalisé
~ **ready-mixed concrete**: béton *m* à caractéristiques normalisées

**stand-by**: de réserve, de secours; (heating) d'appoint
 ~ **generator**: groupe *m* électrogène de secours
 ~ **lighting**: éclairage *m* de secours
 **on** ~: (machine) en attente

**standing**: debout
 ~ **bevel**: équerrage *m* en gras
 ~ **derrick**: derrick *m* à haubans
 ~ **gutter**: gouttière *f* anglaise
 ~ **panel**: panneau *m* de hauteur
 ~ **seam**: (metal roofing) joint *m* debout
 ~ **stone**: menhir *m*
 ~ **waste and overflow**: vidage *m* système américain

**staple**: agrafe *f*, cavalier *m*; (keeper of door lock) empênage *m*
 ~ **gun**: agrafeuse *f*
 ~ **hammer**: marteau *m* agrafeur
 ~ **hasp**: moraillon *m*

**stapler**: agrafeuse *f*

**stapling hammer**: marteau *m* agrafeur

**star**: étoile *f*
 ~**-delta connection**: montage *m* étoile-triangle
 ~ **fort**: fort *m* étoilé
 ~ **plywood**: contreplaqué *m* en étoile
 ~ **shake**: cadranure *f*
 ~**-shaped**: étoilé

**starch**, ~ **gum** NA, ~ **paste** GB: colle *f* d'amidon

**start**: démarrage *m*, mise *f* en route
 ~ **of building work**: mise *f* en chantier
 ~ **of crack**: amorce *f* de crique
 ~ **of work**: démarrage *m* des travaux, ouverture *f* de chantier

**starter**: (of engine) démarreur *m*; (of discharge lamp) starter *m*; (of strip slates) bande *f* d'égout
 ~ **bars**: aciers *m* en attente, chevelu *m*
 ~ **frame**: (of formwork) amorce *f*
 ~ **strip**: (shingling) bande *f* d'égout
 ~ **tile**: tuile *f* du premier rang

**starting**: mise *f* en marche, mise en route
 ~ **burner**: brûleur *m* de mise en route
 ~ **course**: (of tiles) premier rang
 ~ **point**: origine *f*
 ~ **step**: marche *f* de départ
 ~ **strip**: (of strip slates) bande *f* d'égout

**starved**: (of paint, of glue) mal nourri

**stat** → **thermostat**

**state**, ~ **apartments**: grands appartements
 ~**-of-the-art**: (technology) de pointe
 ~ **room**: pièce *f* d'apparat

**statement**: relevé *m* de compte

**static**: statique
 ~ **head**: charge *f* statique (d'une colonne de liquide)
 ~ **suction head**: hauteur *f* géométrique d'aspiration

**statical**, ~ **indeterminateness**, ~ **indeterminacy**: hyperstaticité *f*, surabondance *f*

**statically**, ~ **determinate**: (frame) isostatique, statiquement déterminé
 ~ **indeterminate frame**: portique *m* statiquement indéterminé

**statics**: statique *f*

**station**: poste *m* (de travail)
 ~ **constant**: constante *f* de station
 ~ **roof**: parapluie *m*

**stationary**: fixe, à poste fixe

**statutory undertaker**: concessionnaire *m* de service public

**staunchion** → **stanchion**

**stave**: barreau *m* d'échelle

**stay**: buton *m*, contrefiche *f*, entretoise *f*, jambe *f* de force, tirant *m*; (small brace, small strut) bracon *m*
 ~ **bar**: entrebailleur (de porte, de fenêtre)
 ~ **block**: (c.e.) semelle *f* d'ancrage
 ~ **plate**: bretelle *f*, barrette *f*, traverse *f* de liaison (de construction métallique)
 ~ **rod**: tirant *m*

**steady flow**: écoulement *m* permanent, régime *m* permanent

**steam**: vapeur *f*
 ~**-cured concrete**: béton *m* étuvé
 ~ **curing**: étuvage *m*
 ~ **ejector**: éjecteur *m* à vapeur
 ~ **heating**: chauffage *m* à vapeur à haute pression
 ~ **stripper**: machine *f* à décoller le papier peint
 ~ **trap**: purgeur *m* de vapeur

**steel**: acier *m*
 ~ **bender**: ferrailleur *m*
 ~-**clad building**: immeuble *m* à revêtement métallique
 ~ **column**: colonne *f* métallique, poteau *m* métallique
 ~ **construction**: construction *f* métallique
 ~ **erector**: monteur *m* de charpentes métalliques
 ~ **fabric**: treillis *m* soudé
 ~ **fixer**: ferrailleur *m*
 ~ **fixing**: mise *f* en place des aciers, ferraillage *m*
 ~ **float**: (plastering, concreting) taloche *f*
 ~ **frame**: charpente *f* métallique, ossature *f* métallique; (of wall) pan *m* de fer
 ~ **frame construction**: construction *f* à ossature métallique
 ~ **section**: profilé *m*
 ~ **strip**: feuillard *m* d'acier
 ~ **tower**: pylône *m*
 ~ **trough deck roofing**: couverture *f* en bacs acier
 ~ **wool**: laine *f* d'acier

**steelwork**: construction *f* métallique; ouvrages *m* métalliques
 ~ **contractor**: constructeur *m* métallique, entreprise *f* de construction métallique
 ~ **erector**: charpentier *m* en fer

**steep gradient**: forte pente, pente *f* raide

**steeple**: flèche *f* d'église

**stellated**: étoilé

**stem**: (of Tee) âme *f*; (of pile) fût *m*; (of valve) tige *f*; (of retaining wall) voile *m*

**stench trap**: siphon *m* coupe-odeurs

**step**: marche *f*, degré *m* (d'autel, de perron, de terrasse); (in a line) décrochement *m*, ressaut *m*; → also **steps**
 ~-**down transformer**: transformateur *m* abaisseur
 ~ **gable**: pignon *m* à redans, pignon à redents
 ~ **iron**: échelon *m* (d'égout)
 ~ **rate [tariff]**: tarif *m* à échelons
 ~-**up transformer**: transformateur *m* élévateur de tension
 ~ **with half-round end**: marche de départ arrondie

**stepped**: en escalier; (wall on sloping ground) à redents, à redans; (false arch, corbel arch) à ressauts
 ~ **arch**: arc *m* à crossettes en escalier, arc extradossé en escalier
 ~ **extrados**: extrados *m* en escalier
 ~ **footing**: semelle *f* à gradins, semelle à redans, semelle à redents
 ~ **foundation**: fondation *f* à redans, fondation à redents, fondation en escalier
 ~ **gable**: pignon *m* à redents
 ~ **ramp**: pas *m* d'âne
 ~ **structure**: construction *f* à étagères
 ~ **voussoir**: claveau *m* en escalier

**stepping**: bois *m* pour marches
 ~ **down**: (slating of tapered roof) dessautage *m*
 ~ **stones**: pas *m* japonais

**steps**: marches *f*, degrés *m*; escalier *m* extérieur; (usually in stone leading to front entrance) perron *m*

**stereotomy**: stéréotomie *f*

**STG** → **storage**

to **stick**: coller
 ~ **a backing cloth**: maroufler
 ~ **a moulding**: pousser une moulure dans la masse
 ~ **construction**: façade *f* légère sur ossature secondaire
 ~ **down**: poser à la colle

**sticker**: épingle *f* (séchage du bois)

**stiff**: rigide; consistant, raide
 ~ **concrete**: béton *m* sec
 ~ **plaster**: plâtre *m* gâché serré
 ~ **raft**: radier *m* rigide

**stiffener**: raidisseur *m*; nervure *f* (de voûte, de panneau)

**stiffening**: renforcement *m* raidisseur

**stiffness**: raideur *f*

**stile**: (upright of door leaf, of window light) montant *m*, battant *m*

**stilling**: (baffle, partition) de tranquillisation

**stillson wrench**: clé *f* serre-tubes

**stilted**, ~ **arch**: arc *m* surélevé
 ~ **pointed arch**: arc *m* brisé surélevé

**stipple finish**: enduit *m* gouttelette

**stirrer**: agitateur *m*

**stirrup**: étrier *m*; (hanger) lien *m* en fer à U; (reinforcement) étrier, épingle *f*

**stitch welding**: soudage *m* par points

**stock**: du commerce, marchand
 ~ **pond**: vivier *m*
 ~ **section**: profilé *m* marchand
 ~ **size**: taille *f* courante

**stockade**: palissade *f*

**stockman** NA: magasinier *m*

**stockpile**: tas *m* (de matériaux)

**stockpiling**: mise *f* en tas

**stone**: caillou *m*, pierre *f*; (coarse aggregate) granulat *m* concassé
 ~ **chippings**: cailloutis *m*
 ~-**dressed window**: fenêtre *f* encadrée de pierre, fenêtre à jambage de pierre
 ~ **pier**: (end of partition wall) jambe *f* étrière; (in brickwork) jambe boutisse, chaîne *f* verticale
 ~ **revetment**: perré *m*
 ~ **slate**: lauze *f*

**stonecutter**: tailleur *m* de pierre

**stonemason**: tailleur *m* de pierre

**stoneware**: grès *m* cérame

**stonework**: maçonnerie *f* en pierre, ouvrage *m* en pierre

**stool**: (support) tabouret *m*; NA: rebord *m* de fenêtre

**stoop** NA: petit porche ou plate-forme, souvent en haut d'un perron

**stop**: arrêt *m*; (a stop bead) cochonnet *m*
 ~ **bead**: cochonnet *m*
 ~ **board**: (formwork) arrêt *m* de dalle
 ~ **box**: (over curb cock) bouche *f* à clé
 ~ **cock**: robinet *m* d'arrêt
 ~ **end**: (el) tête *f* terminale isolée (de câble); (roofing) about *m* (d'arêtier, de faîtière), pied *m* de tasseau (couverture métallique), tête *f* de gouttière, talon *m* de gouttière
 ~ **key**: clé *f* de manœuvre
 ~ **moulding**: moulure *f* arrêtée

**to stop**: arrêter; (a pipe, an aperture) obturer
 ~ **out**: (plaster, wood) reboucher

**stopcock**: robinet *m* d'arrêt

**stopped**: arrêté
 ~ **dado**: entaille *f* simple arrêtée
 ~ **end**: tête *f* de mur, tête *f* de gouttière, talon *m* de gouttière
 ~ **flute column**: colonne *f* cannelée aux 2/3 supérieurs
 ~ **mortice**: mortaise *f* aveugle, mortaise borgne
 ~ **moulding**: moulure *f* arrêtée

**stopper**: (a stopping compound) futée *f*, bouche-pores *m*; (plbg) bouchon *m*

**stopping**: (of minor defects) masticage *m* (avant peinture); (of large holes) bourrage *m*, obturation *f*; (of surface holes) rebouchage *m*; (of concrete surface) débullage *m*
 ~ **knife**: couteau *m* à reboucher

**storage**: stockage *m*; (in factory) emmagasinage *m*, magasinage *m*; rangement *m*; (heating) accumulation *f*
 ~ **heater**: radiateur *m* à accumulation
 ~ **heating**: chauffage *m* par accumulation
 ~ **life**: durée *f* limite de stockage
 ~ **reservoir**: (water engineering) réservoir *m* de retenue
 ~ **space**: volume *m* de rangement
 ~ **unit**: élément *m* de rangement, meuble *m* de rangement

**store**: magasin *m* (de stockage)
 ~ **room**: réserve *f*

**storekeeper**: magasinier *m*

**storeman**: magasinier *m*

**storey** GB, **story** NA: étage *m*; → also **story**
 ~ **height**: hauteur *f* d'étage

**storm**: orage *m*, tempête *f*
 ~ **door**: contre-porte *f*
 ~ **drain**: égout *m* pluvial
 ~ **flow**: débit *m* d'orage
 ~ **overflow**: déversoir *m* d'orage (d'égout unitaire)
 ~ **overflow sewer**: égout *m* de trop-plein d'orage
 ~ **runoff**: écoulement *m* d'averse
 ~ **sash**: contre-châssis *m*
 ~ **sewer**: égout *m* pluvial
 ~ **water**: eaux *f* d'orage, eaux *f* pluviales

~ **water run-off**: apport *m* pluvial
~ **window**: contre-fenêtre *f*, double fenêtre

**story** NA: étage *m*; → also **storey** GB
**~-and-half house**: maison *f* à premier étage mansardé, rez-de-chaussée *m* à étage partiel

**stoup**: bénitier *m* mural

**stove**: poêle *m*
~ **enamel** GB: émail *m* au four
~ **pipe**: tuyau *m* de poêle

**stoving**: (of paint) cuisson *f* au four

**STR** → **structural**

**straight**: droit
~ **arch**: plate-bande *f* (de baie)
~ **barrel vault**: voûte *f* en berceau droit
~ **edge**: règle *f*
~ **flight**: volée *f* droite
~ **flight of stairs**: escalier *m* à la française
~ **grain**: (of wood) droit fil, fibres *f* régulières *f*
**~-grain timber**, **~-grained wood**: bois *m* de [droit] fil
~ **joint**: (mas) joint *m* droit; (carp) assemblage *m* à plat joint
**~-joint tiles**: tuiles *f* posées à joints droits
~ **nailing**: clouage *m* de face, clouage droit
**~-run double-track top-hung door**: porte *f* coulissante droite à vantaux parallèles sur deux plans différents
~ **stair**: escalier *m* à limons droits , escalier à la française

**straightener**: dégauchisseuse *f*

**strain**: déformation *f* (sous sollicitation)
~ **energy**: énergie *f* de déformation, énergie interne
~ **gauge**: extensomètre *m*, jauge *f* d'extensométrie
~ **hardening**: écrouissage *m*
~ **tensor**: tenseur *m* des déformations

**strainer**: crépine *f*,
~ **tube**: tube *m* crépiné
~ **well**: puits *m* crépiné

**straining beam**: faux-entrait *m*

**strand**: toron *m*

**S-trap**: siphon *m* vertical

**strap**: lien *m* en fer à U
~ **butt joint**: assemblage *m* à couvre-joint
~ **hinge**: penture *f*
~ **joint**: assemblage *m* à couvre-joint

**strapwork**: tresse *f* (ornement sculpté)

**stratification plane**: plan *m* de stratification

**stratified rock**: roche *f* stratifiée

**stratigraphic**, ~ **heave**, ~ **throw**: rejet *m* stratigraphique, recouvrement *m* stratigraphique

**stratum**: couche *f* géologique, strate *f*

**straw**: paille *f*
~ **mat**: paillasson *m* de cure

**strawboard**: carton-paille *m*

**stray**, ~ **current**: courant *m* vagabond
**~-current corrosion**: corrosion *f* par courants vagabonds
~ **heat**: chaleur *f* perdue (par dissipation)

**streak**: (painting) fusée *f*, traînée *f*

**stream**: cours *m* d'eau; (flow pattern) filet *m*
~ **pollution**: pollution *f* de cours d'eau
~ **velocity**: (wind energy) vitesse *f* d'écoulement
**on ~**: en fonctionnement, en production, en service

**streamline**: ligne *f* de courant

**street**: rue *f*, GB: surtout dans les quartiers anciens
~ **closed to traffic**: rue barrée
~ **ell**: coude *m* mâle et femelle
~ **floor** NA: rez-de-chaussée *m*
~ **fountain**: borne-fontaine *f*
~ **furniture**: mobilier *m* urbain
~ **lighting**: éclairage *m* public
~ **line**: alignement *m* de voirie

**streetlamp**: lampadaire *m* (d'éclairage public)

**strength**: force *f*, (of materials) résistance *f*

to **strengthen**: consolider, renforcer, conforter

**strenghtening**: renforcement *m*; (of structure) confortation *f*
~ **wall**: contre-mur *m*

**stress**: contrainte f, sollicitation f, travail m, tension f interne; (loosely) effort m; NA: charge f
  ~ **concentration**: concentration f de contraintes
  ~ **concentration factor in fatigue**: coefficient m de concentration des contraintes en fatigue
  ~ **contour**: ligne f d'égales contraintes principales
  ~ **corrosion**: corrosion f sous contrainte
  ~ **corrosion cracking**: fissuration f par corrosion sous contrainte
  ~ **distribution**: répartition f des contraintes
  ~ **field**: champ m des contraintes
  ~-**graded timber**: bois m classé selon sa résistance
  ~ **relaxation**: relaxation f (des contraintes)
  ~ **relieving**: détensionnement m, traitement m de détente
  ~ **relieving joint**: joint m de dilatation
  ~ **reversal**: inversion f des sollicitations
  ~-**strain curve**: courbe f des contraintes-déformations
  ~ **tensor**: tenseur m des tensions, tenseur des contraintes

to **stress**: faire travailler (une structure)

**stressed**: travaillant
  ~ **construction**: construction f en contrainte
  ~ **skin**: revêtement m travaillant
  ~ **skin construction**: construction f à revêtement travaillant

**stressing**: (of tendons): mise f en précontrainte, mise en tension
  ~ **jack**: vérin m de tension
  ~ **record**: fiche f des tensions appliquées

**stretch of water**: étendue f d'eau

**stretched**: tendu
  ~ **fabric**: (wall covering) tenture f tendue, tissu m tendu

**stretcher**: panneresse f, carreau m de pierre
  ~ **course**: assise f allongée, assise de panneresses
  ~ **face**: parement m de panneresse

**stretching**, ~ **bed**, ~ **bench**: banc m d'étirage, banc de mise en tension

**stria**: listel m (entre cannelures)

**striding level**: niveau m cavalier

**striga**: strie f (de colonne)

**strike**: (of lock) gâche f; (by labour force) grève f
  ~ **plate**: gâche f
  ~ **through**: (of paint) remontée f, ressuage m, saignement m

to **strike**: (a blow) frapper, percuter; (drilling) atteindre, rencontrer (la roche, une nappe d'eau); (the centres of an arch) décintrer; (formwork) décoffrer
  ~ **a moulding**: tailler une moulure dans la masse
  ~ **off**: (plaster, concrete) araser à la règle; (a masonry joint) jointoyer en montant à la truelle
  ~ **off piles**: recéper des pieux

**striker**: gréviste m; percuteur m (de fusible)
  ~ **plate**: gâche f

**striking**: (of centering) décintrage m; (of formwork) démoulage m, décoffrage m
  ~ **face**: tête f (de marteau)
  ~ **plate**: gâche f
  ~ **point**: centre m de tracé d'un arc
  ~ **post**: poteau m battant
  ~ **stile**: battant m (de porte), montant m de battement
  ~ **wedge**: coin m de blocage, coin de décoffrage; (under a shore) détente f

**string**: ficelle f, cordeau m; (of stairs) limon m
  ~ **course**: (mas) bandeau m
  ~ **wall**: mur m d'échiffre

**stringer** NA: limon m (d'escalier)

**strip**: bande f, (of metal) feuillard m; (of wooden floor) lame f de parquet; (a shelf support) tasseau m
  ~ **chart recorder**: enregistreur m à bande
  ~ **curtain**: porte f souple
  ~ **diffuser**: diffuseur m rectiligne
  ~ **flooring**: parquet m à l'anglaise, parquet à frises, parquet à coupe perdue, parquet à joints perdus
  ~ **flooring with alternate joints**: parquet m à coupe de pierre
  ~ **footing**: semelle f filante, semelle continue
  ~ **foundation**: fondation f par semelle filante, fondation par rigole
  ~ **lamp**: réglette f
  ~ **slates**: bardeaux m bitumineux, bardeaux d'asphalte
  ~ **steel**: feuillard m d'acier

to **strip**: (el) mettre à nu, dénuder (un câble); (wallpaper) détapisser, décoller; (paint, woodwork) décaper; (formwork) décoffrer; (to clear the ground) débroussailler
~ **down**: démonter
~ **a site**: enlever les terrains de couverture
~ **the top soil**: décaper, enlever la terre végétale

**stripper**: (of paint) décapant *m*; (of formwork) décoffreur *m*

**stripping**: (of site) débroussaillage *m*; (of paint, of top soil) décapage *m*; (of forwmwork) décoffrage *m*, démoulage *m*; (of coating) désenrobage *m*; (of metal, before painting) dérochage *m*
~ **agent**: agent *m* de décoffrage, agent de démoulage
~ **knife**: couteau *m* à égrener

**stronghold**: ferté *f*, forteresse *f*, place *f* forte

**strongroom**: chambre *f* forte

**struck**, ~ **capacity**: capacité *f* à ras
~ **joint**: joint *m* jointoyé en montant à la truelle
~ **moulding**: moulure *f* poussée dans la masse
~ **off**: arasé

**structural** GB: de charpente, porteur; NA: (has a wider sense) de construction
~ **clay tile** NA: brique *f* creuse, bloc *m* perforé en terre cuite
~ **design**: calcul *m* des constructions, calcul des ouvrages
~ **engineer**: ingénieur *m* en construction, ingénieur architecte
~ **engineering**: technique *f* des ponts et charpentes
~ **failure**: (by fracture) rupture *f*; (not by fracture) ruine *f*
~ **floor**: plancher *m* brut
~ **floor tile** GB, ~ **floor unit** NA: entrevous *m*
~ **foam**: mousse *f* à peau intégrée
~ **glazing**: verre *m* extérieur collé
~ **hollow section**: profil *m* creux de construction
~ **iron**: fer *m* de construction
~ **level**: (of floor slab) niveau *m* brut
~ **lumber**: bois *m* de charpente
~ **scheme**: parti *m* constructif
~ **section** GB, ~ **shape** NA: profilé *m* de construction

~ **steel**: acier *m* de charpente, acier de construction
~ **steelwork**: charpente *f* métallique
~ **test**: essai *m* de structure
~ **timber**: bois *m* de charpente
~ **wall**: mur *m* porteur, gros mur

**structure**: charpente *f*, ossature *f*, gros œuvre; (c.e.) ouvrage *m* d'art; NA: (has a wider meaning) construction *f*
~**-borne noise**: bruit *m* de structure

**strut**: (of trench) étai *m*, étrésillon *m*; (in truss) jambe *f* de force; **struts**: (raking shores) moisage *m*

**strutting**: (of excavation) étaiement *m* (soutien des terres); (between joists) entretoisement *m*, étrésillonnement *m*

**stub**: souche *f*; (of tile) mentonnet *m*

**stuc**: stuc *m* (imitant le marbre)

**stucco**: enduit *m* extérieur (à base de ciment, chaux et sable)

**stuck**: collé
~ **down**: posé à la colle
~ **moulding**: moulure *f* poussée dans la masse

**stud**: goujon *m*; (driven in with a stud gun) spit *m*; (of frame) poteau *m* (d'ossature murale); (nonslip flooring) pastille *f*
~ **bolt**: goujon *m* fileté
~ **driving**: spittage *m*
~ **gun**: pistolet *m* de scellement
~ **shooting**: spittage *m*
~ **welding**: soudage *m* de goujons

**studded flooring**: revêtement *m* de sol pastillé

**students' halls of residence**: cité *f* universitaire

**studio apartment** NA: studio *m*

**stuffing gland**: presse-étoupe *m*

**stump**: souche *f* (d'arbre)
~ **wood**: bois *m* de souche

**STW** → **storm water**

**subangular**: (grain, particle) à arêtes arrondies

**subassembly**: sous-ensemble *m*

**subbase:** (road) couche *f* inférieure

**subbasement:** deuxième sous-sol

**sub-buck** NA: (of door) précadre *m*; (for panel) ossature *f* secondaire

**subcontract:** marché *m* en sous-traitance

**subcontractor:** sous-traitant *m*

**subcooler:** (heat pump) sous-refroidisseur *m*

**subdividing of land** NA: lotissement *m*, morcellement *m*

**subfeeder:** feeder *m* secondaire

**subfloor:** faux plancher, sous-plancher *m*

**subflooring:** support *m* de revêtement de sol

**subframe:** prébâti *m*

**subgrade** NA: (foundations) plate-forme *f*, couche *f* de fondation, fond *m* de forme; (of excavation, of pit) fond *m* de la fouille; (sub-soil) sous-sol *m*, sol *m* de fondation
~ **reaction:** réaction *f* du sol de fondation
~ **shear:** réaction *f* du sous-sol au cisaillement

**submaster key:** passe *m* partiel

**submerged,** ~ **orifice:** orifice *m* noyé
~ **pump:** pompe *f* immergée

**subscriber:** abonné *m* (au téléphone)

**subsellium:** patience *f*

**subsidence:** affaissement *m* (du terrain)

**subsidiary conduit:** dérivation *f* latérale (de canalisation)

**subsidy:** subvention *f*

**subsoil:** (below formation level) tréfonds *m*; (below topsoil) sous-sol *m*
~ **contour:** profil *m* du sous-sol

**substation:** sous-station *f*

**substitute:** de remplacement, de substitution

**substrate:** (painting) subjectile *m*

**substructure:** fondement *m*, infrastructure *f* d'une construction

**subsurface:** (utility) enterré
~ **erosion:** érosion *f* souterraine
~ **exploration:** exploration *f* du sous-sol

**suburb:** banlieue *f*

**suburban:** de banlieue
~ **house:** pavillon *m* (logement de banlieue)

**suburbia:** banlieue *f* pavillonnaire

**subway:** passage *m* souterrain, souterrain *m*

**successful,** ~ **bidder** NA, ~ **tenderer** GB: adjudicataire *m*

**suction:** aspiration *f*, succion *f*; (draught) appel *m* d'air; (on leeside) dépression *f*
~ **air:** air *m* aspiré
~ **cup:** ventouse *f*
~ **dredge:** drague *f* suceuse
~ **head:** hauteur *f* d'aspiration
~ **loss:** perte *f* à l'aspiration
~ **pit:** (of pump) fosse *f* d'aspiration
~ **pressure:** pression *f* d'aspiration
~ **pump:** pompe *f* aspirante
~ **transformer:** transformateur *m* suceur
~ **wind loading:** dépression *f* du vent

**sudden change:** (in temperature, in pressure) saute *f*

**suitability:** aptitude *f* à l'emploi

**suite:** pièces *f* formant un ensemble; appareils *m* assortis

**sulf-** NA, → **sulph-** GB

**sullage:** boue *f* alluvionnaire; (wastewater) eaux *f* usées, eaux d'égout

**sulphate:** sulfate *m*
~ **resistant cement:** ciment *m* à haute résistance chimique aux sulfates

**sulphoaluminate cement:** ciment *m* aluminosulfaté

**summer:** (a season) été *m*; (structural) sommier *m*
~ **beam:** poutre *f* de plancher
~ **house:** kiosque *m* de jardin

~ **piece**: rideau *m* de cheminée, tablier *m* de cheminée
~ **tree**: poutre *f* de plancher
~ **wood**: bois *m* d'été

**sump**: (suction pit, wet well of pump) fosse *f* d'aspiration; (in cellar, in excavation) puisard *m*; (in boiler house) fosse de relevage
~ **pump**: pompe *f* de cave, pompe d'assèchement, pompe d'épuisement

**sumping**: assèchement *m* au moyen de puisards, épuisement *m* au moyen de puisards

**sun**: soleil *m*
~ **tracking mirror**: miroir *m* asservi au mouvement du soleil

**sunbreaker**: pare-soleil *m*, brise-soleil *m*

**sundial**: cadran *m* solaire

**sundown** NA: coucher *m* du soleil

**sundry works**: travaux *m* divers

**sunk**: enfoncé
~ **draft**: refend *m* (maçonnerie de pierre)
~ **face**, ~ **panel**: table *f* rentrante

**sunken**, ~ **fence**: ha-ha *m*
~ **garden**: jardin *f* en contrebas, jardin encaissé
~ **joint**: joint *m* déprimé (contreplaqué)

**sunlight**: lumière *f* solaire

**sunlit hours**: heures *f* insolées

**sunny**: ensoleillé

**sunrise**: lever *m* du soleil, soleil *m* levant

**sunroof**: toiture *f* solarium

**sunscreen**: (on wall opening) claustra *m*

**sunset**: coucher *m* du soleil, soleil *m* couchant
~-**sunrise factor**: facteur *m* couchant-levant

**sunshade**: pare-soleil *m*, brise-soleil *m*

**sunshine**: lumière *f* solaire, soleil *m*
~ **duration**: durée *f* d'insolation, durée d'ensoleillement
~ **recorder**: héliographe *m*

**sunup** NA: lever *m* du soleil

**superheated steam**: vapeur *f* surchauffée

**superheater**: surchauffeur *m*

**superheating**: (of steam) surchauffage *m*

**superimposed**, ~ **fill**: remblai *m* d'apport
~ **load**: surcharge *f*
~ **soil**: sol *m* rapporté

**supermarket**: établissement *m* de grande surface

**supersulfated cement** NA, **supersulphated cement** GB: ciment *m* sursulfaté

**supervision**: surveillance *f*, contrôle *m*

**supervisory staff**: maîtrise *f*

**supplementary**, ~ **general conditions**: cahier *m* des clauses particulières
~ **heating**: chauffage *m* d'appoint

**supplied and fixed**: fourni et posé

**supplier**: fournisseur *m*

**supply**: fourniture *f*, approvisionnement *m*; (to equipment) alimentation *f*; (part of a circuit) aller *m*
~ **and exhaust**: (a.c.) admission *f* et extraction
~ **and fix**: fourniture *f* et pose
~ **contract**: marché *m* de fournitures
~ **line**: conduite *f* d'alimentation

**support**: appui *m*, support *m*
~ **reaction**: réaction *f* d'appui

**supported**, ~ **beam**, ~ **girder**: poutre *f* appuyée

**supporting**: (mas) soutènement *m*
~ **moulding**: moulure *f* droite pleine
~ **soil**: sol *m* d'assise, sol d'appui, sol porteur

**surbase**: corniche *f* (de piédestal)

**surbased arch**: arc *m* surbaissé

**surcharge**: surcharge *f*

**surface**: surface *f*, *adj* : superficiel
~ **active**: tensio-actif
~ **arcade**: arcs *m* aveugles

~ **box**: bouche *f* à clé
~ **check**: fente *f* superficielle (bois)
~ **coefficient**: coefficient *m* d'échange de surface
~ **course**: (road) couche *f* de roulement
~ **dressing**: (of road) enduit *m* d'usure, enduit superficiel; (on wall) enduit *m* de lissage, produit *m* de ragréage
~ **dry**: hors poussière
~ **earthworks**: terrassements *m* en découverte
~ **evaporation**: évaporation *f* superficielle
~ **filler**: bouche-pores *m*
~ **loading**: charge *f* superficielle
~ **lock**: serrure *f* en applique
~ **moraine**: moraine *f* superficielle
~-**mounted**: (ironmongery, lock) en applique; (hinge) fixé sur plat
~-**mounted door**: porte *f* en affleurement
~ **planer**: dégauchisseuse *f*
~ **pressure**: pression *f* superficielle
~ **roughness**: rugosité *f*
~ **runoff**: ruissellement *m*
~ **sealer**: (of wooden floor) vitrificateur *m*
~ **soil**: terre *f* arable
~ **water**: eaux *f* de surface, eaux superficielles
~ **water drainage**: évacuation *f* des eaux superficielles

**surfaced**: (wood) corroyé, raboté
~ **two edges**: raboté sur deux côtés
~ **two sides**: raboté sur deux faces

**surfacer**: (carp) dégauchisseuse *f*

**surfacing**: surfaçage *m*; (road) couche *f* de surface

**surge**: coup *m* de liquide, surpression *f*; (el) surtension *f*
~ **tank**: réservoir *m* amortisseur, bac *m* tampon, bac d'expansion
~ **voltage**: surtension *f*

**surmounted arch**: arc *m* en plein cintre surhaussé

**survey**: (investigation) étude *f*, enquête *f*; (topographical survey) levé *m* (de terrain), métré *m*; (insurance) inspection *f*, expertise *f*
~ **benchmark**: repère *m* topographique
~ **team**: équipe *f* de topographes
~ **traverse**: cheminement *m*

to **survey**: lever un plan, faire un levé

**surveying**: topographie *f*, opérations *f* topographiques
~ **instrument**: appareil *m* topographique

**surveyor**: (of land) arpenteur *m*, géomètre *m*, topographe *m*; (of quantities) métreur *m*; (insurance) expert *m*
~'**s level**: niveau *m* à lunette
~'**s report**: état *m* des lieux
~'**s tape**: roulette *f*

**susceptible to frost**: gélif

**suspended**: (ceiling, floor) suspendu
~ **scaffold**: échafaudage *m* volant, échafaudage suspendu
~ **solids**: matières *f* en suspension

**sustained**, ~ **load**: charge *f* de longue durée
~ **vibration**: vibration *f* entretenue

**swan neck**: col-de-cygne *m*; (of stairs) crosse *f*

**sway**: mouvement *m* latéral d'une construction
~ **brace**: entretoise *f* de contreventement
~ **frame**: palée *f* de stabilité, portique *m* de contreventement
~ **rod**: entretoise *f* de contreventement

**sweat joint** NA: joint *m* capillaire, joint *m* soudé par capillarité

**sweating**: (damp wall) suintement *m*, ressuage *m*

**sweep**: courbe *f* de grand rayon

to **sweep**: balayer; (a chimney) ramoner

**swelling**: gonflement *m*, foisonnement *m*
~ **clay**: argile *f* gonflante
~ **pressure**: pression *f* de gonflement
~ **soil**: sol *m* gonflant, terrain *m* gonflant

**swept valley**: noue *f* arrondie, noue *f* ronde

**swimming pool**: piscine *f* (de natation)

**swing**: battement *m* (d'une porte)
~ **bridge**: pont *m* tournant
~ **door**: porte *f* battante
~ **gate**: barrière *f* pivotante
~ **leaf**: ouvrant *m* (de porte), battant *m* ouvrant le premier

**swinging, ~ post**: poteau *m* ferré (de barrière)
  **~ scaffold**: échafaudage *m* volant

**switch**: interrupteur *m*, commutateur *m*

to **switch, ~ off**: mettre hors tension, fermer le courant
  **~ on**: mettre sous tension, ouvrir le courant

**switchboard**: (el) tableau *m* de commande, tableau électrique; (tel) standard *m*

**switchgear**: appareillage *m* de commutation

**swivel**: orientable
  **~ nozzle**: bec *m* orientable (de robinet)

**SWL** → **safe working load**

**synthetic**: (resin, rubber) synthétique

**syphon** → **siphon**

**system**: système *m*; (el) réseau *m*, installation *f*
  **~ loss**: perte *f* de réseau
  **~ with solidly earthed neutral**: réseau *m* au neutre directement à la terre

# T

**T**: té *m*; → also **Tee**

**tab**: (of shingle) jupe *f*

**tacheometer**: tachéomètre *m*

**tack**: (nailing) semence *f*, (bonding) accrochage *m*
~ **bolt**: boulon *m* d'assemblage
~ **coat**: couche *f* d'accrochage
~ **rivet**: rivet *m* d'assemblage
~ **welding**: soudage *m* par points

**tackiness**: adhésivité *f*

**tackle**: palan *m*

**tail**: queue *f*, (of slate) culée *f*, chef *m* de base; (of tile) base *f*
~ **bay**: travée *f* contiguë au mur
~ **edge**: (of slate) chef *m* de base
~ **gate**: (of lock) porte *f* d'aval
~ **joist** NA: solive *f* boîteuse, solive bâtarde
~ **piece** NA: solive *f* boîteuse, solive bâtarde
~ **trimmer**: linçoir *m* (d'enchevêtrure)
~ **water**: eau *f* d'aval

to **tail in[to]**: (beam) encastrer

**tailing**: (of stone) queue *f*, **tailings**: refus *m* de crible

**tailrace**: canal *m* de fuite, point *m* de restitution

to **take**: prendre
~ **down**: démonter
~ **down to a certain height**: déraser (un mur)
~ **out quantities**: faire le devis
~ **the level**: niveler
~ **the plumb**: prendre l'aplomb
~ **the strain**: (off a beam) soulager (une poutre)
~ **up**: (the slack) rattraper; (a thrust) reprendre

**taking**, ~ **off sheet**: feuille *f* de métré
~ **over**: prise *f* de possession

**talc, talcum, talcum powder**: talc *m*

**talon**: talon *m* (de moulure)

**talus wall**: mur *m* en talus

**tambour**: tambour *m* (de dôme, de porte)

**tamped concrete**: béton *m* damé

**tamperproof**: inviolable

**tamping**: damage *m*
~ **in layers**: pilonnage *m* par couches
~ **roller**: rouleau *m* à pieds dameurs

**tang**: soie *f* (d'un outil)

**tank**: réservoir *m*, citerne *f*, cuve *f*, bâche *f*; (water treatment, wastewater treatment) fosse *f*, bassin *m*
~ **farm**: parc *m* à réservoirs, parc de stockage (d'hydrocarbures)

**tankage**: capacité *f* de réservoir; frais *m* de stockage en réservoir

**tanker**: camion-citerne *m*

**tanking**: cuvelage *m*

**tap**: robinet *m*; (on water supply) prise *f* en charge; (tool) taraud *m*
tarauder
~ **holder**: patère *f* de robinet de puisage
~ **wrench**: tourne-à-gauche *m*

**tape**: bande *f*, ruban *m*
~ **measure**: mètre *m* à ruban; (in circular case) roulette *f*

**taper**: conicité *f*
~ **pipe**: cône *f*, convergent *m*, réduction *f*
~ **thread**: filetage *m* conique

**tapered**: conique
~ **diffuser**: diffuseur *m* conique
~ **edge**: bord *m* aminci
~ **footing**: semelle *f* pyramidale

~ **reducer**: raccord *m* conique
~ **step**: marche *f* gironnée
~ **tile**: tuile *f* gironnée
~ **washer**: rondelle *f* biaise

**tapping**: (of supply) piquage *m*, prise *f*, dérivation *f*; (machining) taraudage *m*

**tar**: goudron *m*
~**-bitumen mixture**: goudron *m* composé, goudron-bitume *m*
~ **concrete**: béton *m* goudronneux
~**-grouted macadam**: empierrement *m* au goudron
~**-grouted surfacing**: revêtement *m* par pénétration du goudron
~ **paint**: peinture *f* au goudron
~ **spraying**: goudronnage *m*

**target**: but *m*, objectif *m*; (surv) voyant *m* (de mire)
~ **rod** NA, ~ **staff** GB: mire *m* à glissière, mire à voyant
~ **setting**: désignation *f* des objectifs

**tariff** GB: (utilities) tarif *m*

**tarmac, tarmacadam**: macadam *m* au goudron

to **tarmac**: macadamiser

**tarpaulin**: bâche *f* goudronnée, banne *f* (sur camion)

**tarred felt**: feutre *m* goudronné

**tarspraying**: goudronnage *m*

**TC** → **terra cotta**

**t.c.e.** → **ton coal equivalent**

**teak**: teck *m*

**team**: équipe *f*

**tear**: déchirure *f*

**tears**: (a glass defect) larmes *f*

**tease tenon, teaze tenon**: tenon *m* en croix

**technical**, ~ **achievement**: réalisation *f* technique
~ **specifications**: (by owner) clauses *f* techniques; (by contractor) devis *m* descriptif, descriptif *m*

**tectonic** → **architectonic**

**Tee**: Té *m*
~ **connection**: Té de raccordement
~ **iron**: fer *m* [en] Té
~ **joint**: assemblage *m* de rencontre
~ **section**: fer *m* [en] Té

**tegula**: tégule *f*

**telegraphing**: transparence *f* (défaut)

**telephone**: téléphone *m*
~ **box**: cabine *f* téléphonique
~ **exchange**: central *m* téléphonique
~ **line**: ligne *f* téléphonique
~ **outlet**: prise *f* téléphone
~ **subscriber**: abonné *m* au téléphone
~ **switchboard**: standard *m*

**telltale**: témoin *m* (de fissure)

**temper**: (of steel) revenu *m*

to **temper**: gâcher

**temperature**: température *f*
~ **differential**: écart *m* de température
~ **gradient**: gradient *m* de température
~ **rise**: échauffement *m*
~ **sensor**: sonde *f* de température
~ **setting**: température *f* de consigne
~ **stress** NA: contrainte *f* thermique

**tempered**: trempé (traitement thermique)
~ **glass** NA: verre *m* trempé
~ **hardboard**: panneau *m* de fibres extra-dur

**template**: gabarit *m*; (for mouldings) calibre *m*; (a padstone) appui *m* de poutre; (for curved profile) cerce *f*

**temporary**, ~ **casing**: tubage *m* provisoire
~ **hardness**: (of water) dureté *f* temporaire, dureté carbonatée, degré *m* hydrotimétrique temporaire
~ **repair**: réparation *f* provisoire
~ **work**: ouvrage *m* provisoire

**ten-year**: (guarantee, liability) décennal

**tenant**: locataire *m, f*
~**-controlled central heating**: chauffage *m* central individuel
~**'s improvements and betterments**: améliorations *f* locatives
~**'s liability**: responsabilité *f* locative
~**'s repair**: réparation *f* locative
~**'s risk**: risque *m* locatif

**tender** GB: offre *f*, soumission *f*
~ **bond**: cautionnement *m* de soumission, garantie *f* de soumission

**~ documents**: dossier *m* d'appel d'offres, pièces *f* du marché
**~ drawings**: dessins *m* du projet
**~ form**: formule *f* de soumission, modèle *m* de soumission
**~ notice**: avis *m* d'appel d'offres

to **tender for**: soumissionner

**tenderer** GB: soumissionnaire *m*
**~ s' list**: liste *f* des entreprises admises à la consultation

**tendon**: acier *m* de tension, acier de précontrainte, câble *m* (d'armature de béton armé); **tendons**: armature *f* de précontrainte

**tenement, ~ building**: immeuble *m* collectif (type logements ouvriers)
**~ house**: maison *f* de rapport

**tenon**: tenon *m*
**~ saw**: scie *f* à dos

**tensile**: de traction
**~ bar**: éprouvette *f* de traction
**~ bending test**: essai *m* de traction par flexion
**~ force**: effort *m* de traction
**~ load**: effort *m* de traction, charge *f* de traction
**~ reinforcement**: armature *f* tendue
**~ strength**: résistance *f* à la traction
**~ stress**: sollicitation *f* de traction, travail *m* en traction
**~ test**: essai *m* de traction

**tension**: traction *f*; (el) tension *f*
**~ pile**: pieu *m* en traction
**~ pressure**: pression *f* en traction
**~ reinforcement**: armature *f* de traction
**~ test specimen**: éprouvette *f* de traction
**~ wood**: bois *m* de tension (cœur excentré)
**in ~**: tendu, travaillant à la traction, travaillant en traction

**tensioner**: tendeur *m*

**tensioning** GB: (of tendons): mise *f* en précontrainte, mise en tension
**~ jack**: (prestressing) vérin *m* de traction

**tensor**: tenseur *m*

**tepid water**: eau *f* tiède

**TER** → **total energy requirements**

**terminal**: (architecture) amortissement *m* décoratif, couronnement *m*; (el) borne *f*; (of pipeline) terminal *m*
**~ block**: barrette *f* à bornes
**~ building**: aérogare *f*
**~ end bell**: tête *f* de câble
**~ unit**: (a.c.) élément *m* terminal

**termination**: (of contract) résiliation *f*
**~ by the contractor**: résiliation *f* au bénéfice de l'entrepreneur

**termite shield**: bouclier *m* antitermites

**terms of contract**: cahier *m* des charges général

**terne plate**: acier *m* plombé étamé, acier pré-revêtu d'étain-plomb

**terra cotta** GB: terre *f* cuite décorative (surtout en usage au 19e s); NA: terre cuite

**terrace**: (agriculture) terrasse *f*; (a flat roof) toiture *f* terrasse
**~ houses** GB: maisons *f* en bande

**terrain**: terrain *m*

**terrazo**: (in tile form) granito *m*; (cast in place) terrazzo *m*

**tertiary**: tertiaire
**~ creep**: fluage *m* à vitesse croissante
**~ crushing**: gravillonnage *m*

**tessera**: tesselle *f*

**test**: épreuve *f*, essai *m*
**~ bar**: éprouvette *f*
**~ bench**: banc *m* d'essai
**~ boring**: sondage *m*
**~ conditions**: régime *m* d'essai
**~ joint**: assemblage *m* témoin
**~ piling**: battage *m* d'essai
**~ pit**: puits *m* de sondage, puits *m* d'essai
**~ pressure**: pression *f* d'épreuve
**~ report**: procès-verbal *m* d'essai
**~ specimen**: éprouvette *f* d'essai
**~ to failure**: essai *m* jusqu'à la ruine

**texture**: texture *f*; (of surface) grain *m*

**textured, ~ coating**: enduit *m* tramé
**~ finish**: enduit texturé, enduit grenu

**T&G** → **tongue and groove**

**T-girder**: poutre *f* en T

**thatch**: chaume *m*
~ **roof**: couverture *f* en chaume

**T-head**: (of shore) console *f*

**theodolite**: théodolite *m*

**thermal**: thermique
~ **balance**: bilan *m* thermique
~ **break**: coupure *f* thermique
~ **conductivity**: conductibilité *f* thermique
~ **conversion efficiency**: rendement *m* de conversion thermique
~ **discharge**: rejet *m* thermique
~ **efficiency**: rendement *m* thermique
~ **expansion**: dilatation *f* thermique
~ **inertia**: inertie *f* thermique
~ **insulation**: isolation *f* thermique, isolement *m* thermique
~ **mass**: masse *f* thermique, inertie *f* thermique
~ **power plant**: centrale *f* thermique
~ **requirements**: besoins *m* calorifiques
~ **shock**: choc *m* thermique
~ **stability**: résistance *f* thermique, stabilité *f* thermique
~ **stress breakage**: (of glass) casse *f* thermique
~ **stress** GB: contrainte *f* thermique, sollicitation *f* thermique
~ **switch**: interrupteur *m* thermique

**thermit welding**: soudage *m* aluminothermique

**thermocouple**: thermocouple *m*

**thermometer**: thermomètre *m*
~ **well**: doigt *m* de gant

**thermoplastic**: thermoplastique
~ **resin**: résine *f* thermoplastique
~ **tile** GB: dalle *f* thermoplastique

**thermosetting**: thermodurcissable

**thermosiphon, thermosyphon**: thermosiphon *m*

**thermostat**: thermostat *m*

**thermostatic, ~ expansion valve**: détendeur *m* thermostatique
~ **valve**: robinet *m* thermostatique

**thick**: épais
~ **end**: (of log) culée *f* (de grume)
~ **[drawn sheet] glass**: verre *m* épais
~ **joint**: joint *m* gras
~ **laid**: (paint) bien nourri

to **thicken**: épaissir

**thickener**: épaississeur *m*

**thickening**: épaississement *m*

**thickness**: épaisseur *f*; (of horizontal work) profondeur *f*; (of plaster, of rendering) [épaissseur de] charge *f*
~ **of a course**: hauteur *f* d'assise

to **thickness a board**: tirer d'épaisseur une planche

**thicknessing**: mise *f* à épaisseur

**thimble**: virole *f*

**thin**: mince; (consistency) clair, fluide
~ **[drawn sheet] glass**: verre *m* mince
~ **mortar**: mortier *m* clair
~ **plaster**: plâtre *m* gâché clair
~ **shell**: voile *m* mince
~ **shell roof**: toit *m* en voile mince
~**-walled pipe pile**: pieu *m* tube à paroi mince

to **thin down**: (a beam, a stone) amaigrir, démaigrir

**T-hinge**: charnière *f* en Té, penture *f* à T, penture anglaise

**thinner**: diluant *m* (de peinture)

**third party insurance**: assurance *f* aux tiers

**thixotropic fluid**: liquide *m* thixotropique

**THK** → **thick**

**thread**: (of bolt, of screw) filet *m*, filetage *m*

**threaded rod**: tige *f* filetée

**threadlike**: filiforme

**three, ~ coat work**: enduit *m* trois couches
~**-component**: (mixture, concrete) ternaire
~ **dimensional**: tridimensionnel
~**-heat heater**: appareil *m* à trois allures de chauffe
~**-hinged arch**: arc *m* à trois articulations, portique *m* à trois articulations
~**-light window**: fenêtre *f* en trois parties
~**-panel door**: porte *f* assemblée au tiers

**~-phase current**: courant *m* triphasé
**~-pinned arch**: arc *m* à trois articulations
**~-pointed arch**: arc *m* en tiers point
**~-quarter S-trap**: siphon *m* en S à sortie oblique
**~-way grid**: résille *f* tridimensionnelle
**~-way tipper**: camion *m* tribenne

**threshold**: seuil *m*
 ~ **of audibility**: seuil *m* d'audibilité

**throat**: goutte *f* d'eau, mouchette *f* (de larmier), larmier *m*; (of chimney) gorge *f*; (wldg) hauteur *f* de gorge

**throated sill**: appui *m* avec larmier

**throating of drip mould**: gorge *f* de larmier

**throttle valve**: robinet *m* de réglage

**through**: (hole, bolt) débouchant, traversant
 **~-and-through sawing**: débit *m* en plots
 ~ **coal**: charbon *m* tout venant
 ~ **colour**: teinté dans la masse
 ~ **dovetail**: queue *f* d'aronde ouverte, queue d'aronde passante
 ~ **lot**: terrain *m* traversant, terrain *m* à double façade
 ~ **mortise**: mortaise *f* passante
 ~ **stone**: pierre *f* en parpaing, parpaing *m*
 ~ **tenon**: tenon *m* passant
 **~-tenon joint**: assemblage *m* à tenon passant
 ~ **traffic**: circulation *f* de transit

**throughput**: capacité *f* (de production), débit *m* (de production), quantité *f* traitée

**throw**: (excavation) jet *m*; (geol) rejet *m*

**throwaway**: uniservice

**thru** NA, → **through** GB

**thrust**: poussée *f*
 ~ **passing outside the material**: poussée au vide

**thumb**, ~ **latch**: loquet *m* à poucier
 ~ **moulding**: tore *m* en demi-cœur
 ~ **nut**: écrou *m* à oreilles, écrou moleté
 ~ **piece**: poucier *m*

**thumbscrew**: vis *f* moletée

**thuya**: thuya *m*

**tidal**, ~ **range**: marnage *m*
 ~ **zone**: zone *f* de marnage

**tie**: (in masonry) agrafe *f*; (of cavity wall) lien *m*; (concrete reinforcement) épingle *f*, étrier *m*; (column reinforcement) ligature *f*; (of gutter hook) paillette *f*; **ties**: (concrete reinforcement) aciers *m* transversaux (de poteau, de poutre)
 ~ **bar**: tirant *m*; (reinforcement) acier *m* de couture
 ~ **beam**: (of roof) entrait *m*
 ~ **bolt**: tirant *m* de coffrage
 **~-in weld**: soudure *f* de raccordement
 ~ **plate**: plaque *f* de liaison, bretelle *f*
 ~ **rod**: tirant *m*
 ~ **wire**: fil *m* de ligature

**tied**, ~ **column**: poteau *m* à ligatures
 ~ **cottage**: (of farm worker) logement *m* de fonction

**tier**: (theatre seating) gradin *m*
 ~ **building**, ~ **structure**: bâtiment *m* à étages

**tierceron**: tierceron *m*

**TIG welding**: soudage *m* TIG

**tight**: serré; étanche
 ~ **bending**: pliage *m* serré
 ~ **joint**: joint *m* étanche
 ~ **knot**: nœud *m* adhérent
 ~ **sand**: sable *m* compact, sable peu perméable
 ~ **side**: (of veneer) face *f* comprimée

**tightening**: serrage *m*

**tile**: (on floor or wall) carreau *m*, dalle *f*; (on roof) tuile *f*
 **~-and-half**: tuile *f* et demie
 ~ **batten**: latte *f* à tuiles; (over rafters or counter battens) liteau *m*
 ~ **clay**: argile *f* téguline
 ~ **fillet**: dévirure *f*
 ~ **hanging**: essentage *m*
 ~ **lath**: latte *f* à tuiles; (over rafters or counter battens) liteau *m*
 ~ **works**: tuilerie *f*

to **tile**: (wall, floor) carreler; (roof) poser des tuiles

**tiled**: carrelé
 ~ **roof**: couverture *f* en tuiles

**tiler**: carreleur *m*; couvreur *m* (en tuiles)

**tiling**: carrelage *m*; couverture *f* de tuiles
  ~ **adhesive**: ciment-colle *m*
  ~ **cement**: ciment-colle *m*
  ~ **lath**: latte *f* à tuiles

**till** NA: argile *f* à blocaux

to **tilt**: basculer
  ~**-and-turn window**: fenêtre *f* oscillo-battante
  ~**-up construction**: mise *f* en place par relèvement

**tiltdozer**: bulldozer *m* à lame inclinable

**tilting**: basculant
  ~ **fillet**: (under starting tiles) chanlatte *f*
  ~ **mixer**: bétonnière *f* à tambour basculant
  ~ **moment**: moment *m* de basculement
  ~ **skip**: benne *f* basculante
  ~ **window**: fenêtre *f* basculante

**timber**: bois *m*, gros bois, bois d'œuvre;
  **timbers**: charpente *f*
  ~ **floor**: plancher *m* en bois (ossature)
  ~ **frame**: charpente *f* en bois; (traditional style of walls) pan *m* de bois; (modern construction) ossature *f* en bois
  ~**-frame house**: maison *f* en pans de bois; (apparent frame) maison à colombage; (modern construction) maison à ossature en bois
  ~ **in the log**: bois de brin, bois en grumes
  ~ **in the round**: bois rond

**timbering**: (of excavation) boisage *m*, blindage *m*

**timberwork**: charpente *f*; (of spire, of tower) chaise *f*

**time**: temps *m*, heure *f*, délai *m*, durée *f*
  ~ **for completion**: délai *m* d'exécution
  ~**-lag relay**: relais *m* temporisé
  ~ **limit**: délai *m*
  ~ **schedule**: calendrier *m*, programme *m* d'avancement [des travaux]
  ~ **share**: multipropriété *f*, propriété *f* saisonnière

**timekeeper**: pointeur *m*, pointeau *m*

**timer**: programmateur *m*, horloge *f*

**tin**: étain *m*
  ~ **snips**: cisaille *f* de ferblantier

**tine**: dent *f* (d'engin de terrassement)

**tinned**: étamé

**tinplate**: fer-blanc *m*

**tinted glass**: verre *m* teinté dans la masse

**tip**: bout *m*, pointe *f*; (of burner) bec *m*; (for rubbish) décharge *f*, dépotoir *m*
  ~ **vortex**: (wind energy) tourbillon *m* d'extrémité

to **tip**: benner

**tipper**: camion-benne *m*, camion à benne basculante

**tipping**: basculement *m*
  ~ **lorry** GB, ~ **truck** NA: camion-benne *m*, camion *m* à benne basculante

**tire** NA, → **tyre** GB

**title**, ~ **block**, ~ **panel**: cartouche *m* de plan

**T-joint**: (carp) assemblage *m* en équerre double; (wldg) piquage *m*

**T-key**: (for surface box) clé *f* à béquille

**t.o.e.** → **ton oil equivalent**

**toe**: (of slope) pied *m*; (of pile) pointe *f*
  ~ **berm**: berme *f* de pied
  ~ **circle**: cercle *m* de pied
  ~ **failure**: rupture *f* de base (de talus)
  ~ **nailing**: clouage *m* en biais
  ~ **wall**: mur *m* de pied

**toeboard**: garde-pieds *m* (de passerelle, d'échafaudage); plinthe *f* (d'élément de cuisine)

**toggle bolt**: cheville *f* à segment basculant, cheville basculante

**toilet**: toilette *f*
  ~ **block**: bloc *m* sanitaire, sanitaires *m*
  ~ **lid**: abattant *m*
  ~ **seat and lid**: abattant *m* double

**tolerance**: tolérance *f*

**toll**, ~ **booth**: poste *m* de péage
  ~ **gate**: barrière *f* de péage

**tombstone**: pierre *f* tombale

**ton**: tonne *f*
  ~ **coal equivalent**: tonne d'équivalent charbon
  ~ **oil equivalent**: tonne d'équivalent pétrole

**tongs**: pince f

**tongue**: languette f
~ **and groove**: rainure f et languette
~**-and-groove joint**: assemblage m à rainure et languette

**tongued**, ~ **and grooved**: assemblé à rainure et languette
~ **and grooved and V-jointed**: assemblé à baguette rainure et grain d'orge
~ **stile**: montant m de noix (de fenêtre à la française)

**tonguing**, ~ **and grooving planes**: bouvet m mixte
~ **plane**: bouvet mâle à languette

**tool**: outil m
~ **marks**: traces f d'outil

**tooled joint**: joint m lissé au fer, joint tiré au fer

**tooth ornament**: dents f de chien

**toothed**: denté
~ **plate**: crampon m (connecteur)
~ **round reinforcing bar**: barre f crénelée, rond m crénelé

**toother**: (in new work) brique f en attente, pierre f d'attente

**toothing**: harpe f d'attente; (old work) arrachements m; (stone finish) brettelure f, bretture f
~ **stone**: pierre f d'attente, pierre d'arrachement

**top**: dessus m, partie f haute; faîte m (de cheminée, de toit)
~ **bars**: (slab reinforcement) chapeau m
~ **beam**: entrait m retroussé
~ **boom**: membrure f supérieure
~ **chord**: (of roof truss) membrure f supérieure, arbalétrier m
~ **coat**: couche f de finition
~ **course**: (mas) assise f supérieure; (of bricks or stones on edge) hérisson m
~ **edge**: (of slate, of tile) chef m de tête; (of roof) rive f de tête
~ **face**: lit m de dessus
~ **frame**: (timbering of excavation) premier cadre
~ **hat section**: oméga m
~**-hung sliding door**: porte f coulissante suspendue
~ **landing**: palier m d'arrivée

~ **layer**: (reinforcement) nappe f supérieure, chapeau m
~ **lighting**: éclairage m zénithal
~ **mop**: asphalte m coulé
~ **plate**: (carrying roof framing) sablière f haute (de mur); (of partition) semelle f haute
~**-projected window**: fenêtre f à l'italienne
~ **rail**: (of door leaf, of window sash) traverse f haute; (of partition) rail m haut
~ **step**: marche f d'arrivée
~ **ventilation**: ventilation f haute
~ **wall plate**: sablière f de comble

**topographic[al] survey**: levé m topographique, levé de terrain

**topography**: topographie f

**topping**: (on slab) chape f; (of hollow tile floor) dalle f de compression; (road surface) revêtement m routier, couche f de roulement

**topsoil**: couche f arable, sol m vivant

**torch**: chalumeau m

**tore**: tore m (grande moulure)

**torn grain**: fibres f arrachées, fil m déchiré, fil arraché

**torque**: couple m
~ **wrench**: clé f dynamométrique

**torsion**: torsion f
~ **stress**: sollicitation f de torsion

**torsional**, ~ **center**: centre m de torsion
~ **strain**: déformation f de torsion
~ **strength**: résistance f à la torsion

**torso**: colonne f torse

**torus**: tore m (grande moulure)

**tot lot** NA: terrain m de jeux pour les tout petits

**total**, ~ **dissolved solids**: matières f totales dissoutes
~ **energy requirements**: besoins m totaux d'énergie
~ **energy system**: système m à énergie totale
~ **hardness**: (of water) dureté f totale
~ **solids**: matière f sèche

**touch dry**: (paint) sec au toucher

to **touch up**: (paint) retoucher

**toughened glass**: verre *m* trempé

**toughness**: (of metal) ténacité *f*

**towed**: tracté
~ **roller**: compacteur *m* tracté

**towel**, ~ **holder**, ~ **rail**: porte-serviettes *m*

**tower**: tour *f*
~ **block**: immeuble-tour *m*, tour *f* d'habitation
~ **crane**: grue *f* à tour

**towing tractor**: tracteur *m* attelé

**town**: ville *f*, cité *f*
~ **centre**: centre *m* ville
~ **hall**: mairie *f*, hôtel *m* de ville
~ **house**: hôtel *m* particulier (autrefois), pied-à-terre *m*; maison *f* en bande, maison de ville
~ **planning** GB: urbanisme *m*
~ **planner**: urbaniste *m*

**townscape**: paysage *m* urbain

**toxic waste**: rejet *m* toxique

**trabeated**: à entablement, à poutres et poteaux

to **trace**: (a drawing) calquer

**tracery**: remplage *m*, réseau *m* (d'une fenêtre)

**track**: piste *f*, chemin *m*; (caterpillar track) chenille *f* (d'engin); (of sliding door) chemin de roulement, coulisse *f*
~ **laying vehicle**: engin *m* à chenilles
~ **shoe**: patin *m* de chenille

**tracking**: (on road surface) frayées *f*
~ **collector**: (solar energy) collecteur *m* orienté
~ **system**: (solar energy) système *m* orienteur

**tractive resistance**: coefficient *m* de traction (d'un engin)

**tractor**: tracteur *m*
~ **loader**, ~ **shovel**: tractopelle *f*

**trade**: corps *m* d'état, corps de métier
~ **practice**: règles *f* de l'art

**trademark**: marque *f* commerciale; (of an official organisation) label *m* de qualité

**tradesmen's entrance**: entrée *f* des fournisseurs

**traffic**: (transports) circulation *f*
~ **calmer**: casse-vitesse *m*
~ **lane**: voie *f* de circulation
~ **lights**: feux *m* de circulation
~ **load**: charge *f* de circulation
~ **paint**: peinture *f* de signalisation routière

**trafficable**: (road) carrossable; (roof) circulable

**trailer**: remorque *f*

**trailing**, ~ **edge**: (of blade) bord *m* de fuite
~ **vortex**: tourbillon *m* libre
~ **vortex flow field**: champ *m* d'écoulement en tourbillons libres

**transducer**: capteur *m* de mesure

**transenna**: transenne *f*

to **transfer**: (a force, load) reporter

**transformation range**: domaine *m* critique

**transformer**: transformateur *m*
~ **station**: poste *m* de transformation, station *f* de transformation

**transient**: passager
~ **clouds factor**: facteur *m* passage de nuages

**transit**, ~**-mix truck**: camion *m* malaxeur, toupie *f*
~**-mixed concrete**: béton *m* prêt à l'emploi
~ **mixer**: camion *m* malaxeur, toupie *f*

**transition curve**: courbe *f* de raccordement

**translucent glass**: verre *m* translucide

**transmission**: (of electricity) transport *m*
~ **loss**: pertes *f* de transport, pertes en ligne

**transmissivity**: (of glass) pouvoir *m* de transmission

**transmittance**: coefficient *m* de transmission thermique utile

**transom**: imposte *f*, (a transom bar) traverse *f*, meneau *m* horizontal
~ **bar**: traverse *f* d'imposte

~ **lift**: ferme-imposte *m*
~ **light**: imposte (de fenêtre); (non operable) châssis *m* de tympan
~ **operator**: ferme-imposte *m*
~ **stop**: arrêt *m* d'imposte
~ **window**: imposte

**transparent varnish**: vernis *m* blanc

**transverse**: transversal
~ **arch**: arc *m* doubleau
~ **deformation**: déformation *f* transversale
~ **gradient**: pente *f* transversale
~ **modulus of elasticity**: module *m* d'élasticité transversale
~ **reinforcement**: armature *f* transversale
~ **section**: coupe *f* transversale
~ **slope**: pente *f* transversale

**trap**: (plbg) siphon *m*; (for grease, for oil) intercepteur *m*, séparateur *m*
~ **door**: trappe *f*
~ **seal**: garde *f* d'eau

**trash** NA: détritus *m*, ordures *f*
~ **basket**: (street furniture) corbeille *f*
~ **can**: poubelle *f*
~ **chute**: vide-ordures *m*
~ **rack**: grille *f* (de dégrilleur)

**trass**: trass *m*
~ **cement**: ciment *m* de trass

**travel**: (of tool) course *f*
~ **allowance**: frais *m* de déplacement

**travelling**: mobile
~ **plant**: centrale *f* mobile
~ **crane**: grue *f* roulante, pont *m* roulant
~ **distributor**: chariot *m* baladeur (assainissement)
~ **form**: coffrage *m* roulant, coffrage travelling

**traversing**: (surv) cheminement *m*

**tray**: (for paint roller) camion *m*; (steel roofing) bac *m*

**tread**: dessus *m* de marche
~ **length**: emmarchement *m*
~ **nosing**: nez *m* de marche
~ **plate**: tôle *f* antidérapante
~ **run**: giron *m*
~ **width**: largeur *f* de marche

**treatment**: traitement *m*
~ **chemical**: agent *m* chimique de traitement

**tree**: arbre *m*
~ **guard**: corset *m*

**trefoil**: trèfle *m*; *adj* : trilobé, tréflé
~ **apse**: abside *f* tréflée
~ **arch**: arc *m* tréflé, arc trilobé

**trellis**: (fencing) treillis *m*

**tremie**: tube *m* plongeur
~ **concrete**: béton *m* immergé, béton mis en place sous l'eau

**trench**: tranchée *f*; (for foundations) rigole *f*; (carp) entaille *f* simple
~ **bottom**: fond *m* de fouille
~ **brace**: étrésillon *m* de tranchée
~ **excavation**: fouille *f* en rigole
~ **excavator**: excavateur *m* rotatif, trancheuse *f*, fraise *f* à tranchée
~ **shore**, ~ **strut**: étrésillon *m* de tranchée

**trencher**: excavateur *m* rotatif, trancheuse *f*, fraise *f* à tranchée

**trenching**: excavation *f* de tranchée, fouille *f* en tranchée, fouille en rigole
~ **machine**: trancheuse *f*, fraise *f* à tranchée

**trestle**: tréteau *m*

**trial**: essai *m*
~ **assembly**: montage *m* à blanc
~ **batch**: lot *m* d'essai
~ **boring**: sondage *m*
~ **hole**: sondage *m*, puits *m* de reconnaissance
~ **pit**: puits *m* de recherche, puits d'exploration
~ **run**: marche *f* d'essai

**triangle**: triangle *m*

**triangular**: triangulaire
~ **arch**: arc *m* en mitre
~ **file**: tiers-point *m*

**triangularly braced**: triangulé

**triangulation**: triangulation *f*
~ **point**: point *m* de triangulation

**triaxial**: triaxial
~ **compression test**: essai *m* triaxial
~ **shear test**: essai *m* de cisaillement à l'appareil triaxial

**tributary area**: zone *f* desservie

**trick of the trade**: recette *f* de métier, tour *m* de main

**trickling**, ~ **filter**: lit *m* bactérien
   ~ **water collector**: (solar energy) capteur *m* à ruissellement

**triconch**: triconque *m*

**triforium**: triforium *m*

**triglyph**: triglyphe *m*

**trim**: ouvrages *m* de menuiserie légère, boiseries *f*, moulures *f*, (around door) chambranle *m* rapporté, couvre-joint *m*; (on structure) habillage *m*

to **trim**: tailler légèrement, rogner; (wallpaper) émarger; (an edge, an end) affranchir; (joists) enchevêtrer
   ~ **off [level]**: araser

**trimmed**, ~ **joist** GB: solive *f* boîteuse, solive bâtarde
   ~ **veneer**: placage *m* dressé

**trimmer**: décapeuse *f* niveleuse; (carp) → **trimmer joist**
   ~ **joist** GB: chevêtre *m*; NA: solive *f* d'enchevêtrure

**trimming**: (of excavation) dressage *m*, réglage *m* du fond de fouille; (carp) mise *f* à dimensions; (for floor opening) enchevêtrure *f*
   ~ **joist** GB: solive *f* d'enchevêtrure

**tripping**: (of circuit breaker) disjonction *f*

**tripteral**: triptère

**triumphal arch**: arc *m* de triomphe

**troffer**: chemin *m* lumineux

**Trombe wall**: mur *m* Trombe

**trommel**: trommel *m*

**tropicalization**: tropicalisation *f*

**trough**: (roofing) bac *m*; (sanitary ware) lavabo *m* collectif
   ~ **collector**, ~ **concentrator**: (solar energy) miroir *m* cylindro-parabolique, réflecteur *m* cylindro-parabolique
   ~ **core**: (geol) noyau *m* synclinal
   ~ **decking**: couverture *f* en bacs acier

**trowel**: truelle *f*, lisseuse *f*
   ~ **finish**: lissage *m* à la truelle

**trowelling**: lissage *m* à la truelle

**truck**: camion *m*
   ~ **crane**: grue *f* sur porteur, grue automotrice
   ~-**mixed concrete**: béton *m* malaxé durant le transport, béton prêt à l'emploi
   ~ **mixer**: camion *m* malaxeur, toupie *f* à béton
   ~-**mounted crane**: grue *f* sur camion, grue sur porteur

**trunk**: (of tree) tronc *m*
   ~ **room**: débarras *m*
   ~ **sewer**: égout *m* collecteur, égout *m* principal, collecteur *m* principal, grand collecteur

**trunking**: gaine *f* (par ex. de ventilation)

**truss**: ferme *f*
   ~ **and stanchion frame**: portique *m* simple
   ~ **girder**: poutre *f* à treillis
   ~ **panel**: panneau *m* de ferme
   ~ **rod**: bielle *f*, tirant *m*

**trussed**: en treillis, à treillis, triangulé
   ~ **beam**: poutre *f* à treillis

**try square**: équerre *f*

**tub**: bac *m*

**tube**: tube *m*
   ~ **bundle**: faisceau *m* de tubes
   ~ **cutter**: coupe-tubes *m*
   ~ **expanding**: dudgeonnage *m*
   ~-**in-strip collector**: (solar energy) collecteur *m* à série de tubes

**tuberculation**: champignonnage *m*, tuberculisation *f*

**tubercule**: champignon *m* de rouille, tubercule *m* de rouille

**tubewell pump**: pompe *f* pour forage tubé

**tubing**: tubage *m*

**tubular**: tubulaire
   ~-**and-split rivet**: rivet *m* tubulaire et fendu
   ~ **lock**: serrure *f* tubulaire
   ~ **saw**: scie-cloche *f*
   ~ **well**: puits *m* crépiné

**tuck-in**: engravure *f* par saignée

**Tudor arch**: arc *m* en carène, arc Tudor

**tuft**: touffe f

**tufted carpet**: moquette f tuftée, moquette touffetée

**tumbler**: (of lock) gorge f
~ **lock**: serrure f à gorges
~ **switch**: tumbler m

**tumbling**, ~ **home**, ~**-in**: rentrée f (de pilier)

**tunnel**: galerie f, tunnel m
~ **boring machine**: tunnelier m
~ **excavation**: fouille f en souterrain, fouille couverte, fouille en galerie
~ **form[work]**: coffrage m tunnel

**tunnelling**: fouille f en souterrain, fouille couverte, fouille en galerie
~ **machine**: tunnelier m

**tup**: mouton m (de sonnette)

**turbidimeter**: turbidimètre m

**turbine**: turbine f
~ **casing**: bâche f de turbine
~ **meter**: compteur m à turbine

**turbulent flow**: écoulement m turbulent

**turf**: gazon m

**turfing**: gazonnage m, gazonnement m

**turn**: tour m
~ **button**: bouton m tournant
~ **step**: marche f tournante

to **turn**: tourner; (steps) balancer
~ **off**: (a tap) fermer
~ **on**: (a tap) ouvrir

**turnbuckle**: tendeur m à lanterne, lanterne f de serrage

**turncap**: gueule-de-loup f (fumisterie)

**turned**, ~ **bolt**: boulon m tourné
~**-in nosing**: (roofing) bord m abaissé et replié
~ **off**: (el) hors tension
~ **on**: (el) sous tension
~ **screw**: vis f mécanique

**turning**: (of steps) balancement m
~ **saw**: scie f à chantourner

**turnkey**, ~ **contract**: marché m clés en main
~ **contractor**: ensemblier m

~ **developer**: ensemblier m
~ **job**: ouvrage m clés en main

**turnpike**: barrière f de péage

**turnpin**: (plbg) toupie f

**turnspit**: tournebroche m

**turnstile**: tourniquet m, moulinet m

**turnup**: (metal roofing) relevé m d'étanchéité, relief m

**turpentine**: essence f de térébenthine
~ **substitute**: white spirit

**turps** → **turpentine substitute**

**turret**: tourelle f
~ **step**: marche f portant noyau

**tusk**: brique f en attente
~ **nailing**: clouage m en biais

**twice rebated**: à double feuillure

**twist**: torsion f, effort m de torsion; (of turbine blade) vrillage m
~ **drill**: mèche f hélicoïdale

to **twist**: tordre

**twisted**: tordu
~ **bar**: barre f torsadée
~ **board**: panneau m voilé
~ **column**: colonne f câblée, colonne torsadée
~ **fibres**, ~ **grain**: (of wood) fibres f enchevêtrées, fil m tors
~**-grain wood**: bois m vissé
~ **wire**: fil m torsadé

**twisting**: torsion f; (defect) gauchissement m
~ **moment**: moment m de torsion

**two**, ~**-bladed wind system**: éolienne f à deux pales, éolienne bipale
~**-brick wall**: mur m de 46 cm
~**-burner ring**: réchaud m à deux feux
~**-centered arch**: arc m brisé à deux segments
~**-coat work**: enduit m bicouche
~**-component concrete**: béton m binaire
~**-dimensional stress** GB: contrainte f plane, contrainte biaxiale
~**-family dwelling**: habitation f bifamiliale
~**-glass collector**: (solar energy) capteur m à double vitrage

~-**hinged arch**: portique *m* à deux articulations
~-**light window**: fenêtre *f* en deux parties
~-**pack**, ~-**part**: (mixture) binaire
~-**part tariff**: tarif *m* binôme
~-**part tariff meter** GB: compteur *m* à double tarif
~-**pipe system**: (for soil and waste) évacuation *f* séparative
~-**position action** NA: réglage *m* par tout ou rien
~-**rate meter** NA: compteur *m* à double tarif
~-**story house** NA: maison *f* à un étage
~-**tier linkspan**: passerelle *f* à deux niveaux
~-**way action lock**: serrure *f* va-et-vient
~-**way grid**: résille *f* bidirectionnelle
~-**way mirror** GB: miroir *m* semi-réfléchissant
~-**way reinforced footing**: semelle *f* armée dans les deux sens

~-**way switch**: interrupteur *m* va-et-vient, va-et-vient *m*
~-**way valve**: robinet *m* à deux voies
~-**year guarantee**: garantie *f* biennale
~-**year liability**: responsabilité *f* biennale

**tying**: (mas) chaînage *m* (de mur)

**tympanum**: tympan *m*

**type**, ~ **of occupancy**: affectation *f* d'un bâtiment
  ~ **test**: essai *m* de conformité

**typical**, ~ **floor**: (of tower block) étage *m* courant
  ~ **highway loading** GB, ~ **truck loading** NA: convoi *m* type

**tyre** GB: bandage *m* (d'engin); pneu *m*

**Tyrolean finish**: crépi *m* tyrolien, enduit *m* tyrolien

**UB** → universal beam

**U-block**: bloc *m* de linteau, bloc en U

**UC** → U-channel

**U-channel**: coulisse *f*

**U-gauge**: manomètre *m* à tube en U

**ultimate, ~ bearing capacity**: capacité *f* portante limite
~ **capacity**: capacité *f* limite
~ **design**: calcul *m* à la rupture
~ **load**: charge *f* limite, charge à la rupture
~ **moment**: moment *m* de rupture
~ **set**: (of a pile) fiche *f*
~ **settlement**: tassement *m* définitif
~ **strength**: résistance *f* à la rupture

**ultrasonic testing**: essai *m* aux ultrasons

**ultraviolet radiation**: rayonnement *m* ultraviolet

**umbrella roof**: parapluie *m*

**unaffected**: (by water, by air) inaltérable (à l'eau, à l'air)

**unbonded, ~ screed**: chape *f* désolidarisée
~ **tendon**: (prestressed concrete) câble *m* non adhérent

**unbraced frame**: ossature *f* non contreventée

**unburnt, ~ fuel**: imbrûlés *m*
~ **lump**: (lime, cement, plaster) incuit *m*

**uncased**: (fan) sans carter
~ **pile**: pieu *m* non chemisé
~ **well**: puits *m* non tubé

**uncompacted ground**: terrain *m* meuble

**unconfined sample**: échantillon *m* à contrainte latérale nulle, échantillon non fretté

**unconsolidated rock**: roche *f* meuble, roche non cimentée
~ **undrained test**: essai *m* non consolidé non drainé

**uncoursed**: non assisé

**under**: sous
~ **construction**: en cours de construction
~ **cover**: à l'abri
~ **flexure**: en flexion
~ **repair**: en réparation
~ **water**: (land) inondé

**underbevelling**: équerrage *m* maigre

**underbraced beam**: poutre *f* sous-bandée

**undercloak**: (slating) doublis *m*; (plain tiles) battellement *m*

**undercoat**: (painting) apprêt *m*, sous-couche *f*

**undercroft**: crypte *f*

**undercut**: caniveau *m* de soudage; détalonné

**underdesigned**: sous-dimensionné

to **underestimate**: sous-estimer, sous-évaluer

**underfelt**: (roofing) feutre *m* de sous-toiture; (carpeting) thibaude *f*

**underfiring**: combustion *f* incomplète

**underfloor heating**: chauffage *m* par le sol

**underground**: (structure) souterrain; (pipe, cable) enterré
~ **car park**: parking *m* souterrain
~ **disposal**: épandage *m* souterrain
~ **tank**: réservoir *m* enterré
~ **water**: nappe *f* d'eau souterraine

**underlay**: (carpeting) thibaude *f*

**underlayer**: couche f sous-jacente

**underlayment**: (on subfloor) support m (de revêtement de sol); (roofing) feutre m de sous-toiture

**underlining felt**: feutre m de sous-toiture

**underlying soil**: terrain m sous-jacent

**undermanned**: sous-équipé (en personnel)

**undermining**: affouillement m

**underpass**: (for cars) passage m inférieur, passage en-dessous; (for pedestrians) passage m souterrain, souterrain m

to **underpin**: reprendre en sous-œuvre

**underpinning**: reprise f en sous-œuvre
~ **pit**: puits m de reprise en sous-œuvre

**underplanted**: sous-équipé (en matériel)

to **underream**: élargir (la base d'un pieu)

**underseepage**: infiltration f (sous rideau de palplanches)

**underside**: sous-face f, dessous m

**undersize material**: (screening) passant m, tamisat m

**undersized**: sous-dimensionné

**underslating felt**: feutre m de sous-toiture

**underthroating**: mouchette f (de larmier)

**undertile**: (Roman tile) tuile f de courant

**underwash[ing]**: affouillement m

**underwater**, ~ **concrete**: béton m coulé sous l'eau
~ **foundation**: fondation f sous l'eau

**undigested sludge**: boue f fraîche, boue brute

**undisturbed**: (soil sample) non remanié, intact
~ **compacted sample**: échantillon m intact compacté
~ **earth**: terre f en place
~ **soil**: sol m naturel, terrain m naturel

**undressed**: (lumber) non corroyé; (stone) non taillé

**unequal**, ~ **angle**: cornière f à ailes inégales
~ **settlement**: (of supports) dénivellation f des appuis

**uneven**: inégal, irrégulier
~-**grained wood**: bois m hétérogène
~ **ground**: terrain m irrégulier, terrain accidenté
~-**textured wood**: bois m hétérogène

**unevenness**: (of a surface) irrégularité f
~ **in level of ground**: accident m de terrain

**unfinished**: inachevé

**unframed door**: porte f sur barres

**unfree water**: eau f d'absorption

**unfulfilled obligation**: obligation f non remplie

**uniform**, ~ **colour**: teinte f unie, teinte plate
~ **mat**: radier m plan épais
**of** ~ **section**: d'échantillon uniforme

**uniformity coefficient**: coefficient m d'uniformité

**uniformly distributed load**: charge f uniformément répartie

**uninhabited**: inhabité

**union**: (trade union) syndicat m
~ **fitting**: raccord m union
~ **representative**: délégué m du personnel

**unit**: élément m, ensemble m; (mechanical) groupe m; (of measure) unité f; **units**: matériaux m finis
~ **air conditioner**: climatiseur m individuel
~-**built**: construit en éléments préfabriqués
~ **construction**: construction f modulaire
~ **cooler**: climatiseur m individuel
~ **of length**: unité de longueur
~ **of exit width**: unité de passage
~ **owner**: (of condominium) copropriétaire m
~ **price**: prix m unitaire
**per** ~ **of area**: surfacique
**per** ~ **of length**: linéique
**per** ~ **of volume**: volumique

**universal beam**: poutrelle *f*

to **unload**: (goods) décharger; (a structure) soulager

**unoccupied**: inoccupé, inhabité

**unplasticized polyvinyl chloride**: chlorure *m* de polyvinyle non plastifié

**unreinforced concrete**: béton *m* courant, béton non armé

**unrestrained bearing**: appui *m* libre

**unsanitary**: insalubre

**unscreened coal**: charbon *m* tout venant

to **unseal**: (siphon) se désamorcer

**unsealing of trap**: entraînement *m* de la garde d'eau

**unslaked lump**: (of lime) incuit *m*

**unsound knot**: nœud *m* vicieux

**unsuitable**: impropre

**unsupported**: (at the end) portant à faux
~ **length**: longueur *f* libre
~ **span**: portée *f* libre

**unsymmetrical bending**: flexion *f* déviée, flexion gauche

**untreated**: (stone, timber, concrete) brut

**unvented heater**: appareil *m* non raccordé à une conduite d'évacuation

**unwanted drying**: (of timber) dessication *f*

**unwoven fabric**: textile *m* non tissé

**unwrought timber** GB: bois *m* non corroyé

**UP** → **unit price**

**up-and-over door**: porte *f* escamotable en plafond, porte basculante

**updated price**: prix *m* actualisé

**updating**: (of document) mise *f* à jour; (of price) actualisation *f*

**upending**: (of metal) refoulement *m*

**upfold**: pli *m* anticlinal

**upgrading**: amélioration *f*
~ **of coal**: valorisation *f* du charbon

**uphand weld**: soudure *f* montante

**upkeep**: entretien *m*, frais *m* d'entretien

**uplift**: sous-pression *f* (du sol sur fondation)
~ **pile**: pieu *m* travaillant à l'arrachement

**uplighter**: luminaire *m* éclairant vers le haut

**upper**: supérieur, haut
~ **floor**: plancher *m* haut
~ **leaf**: (of stable door) battant *m* supérieur
~ **slope**: (of Gambrel or Mansard roof) terrasson *m*

**upright**: (a vertical structural member) montant *m*; (of scaffolding) écoperche *f*, échasse *f*; *adj* : debout
~ **fold**: pli *m* normal
~ **joint**: joint *m* montant

to **upset**: renverser; (a metal) refouler
~ **beam**: poutre *f* renversée
~ **welding**: soudage *m* par refoulement

**upside-down roof**: toiture *f* inversée

**upstand**: (metal roofing) relief *m*, relevé *m* d'étanchéité

**upstream**: en amont
~ **cutwater**: avant-bec *m*

**upturn**: (metal roofing) relief *m*, relevé *m* d'étanchéité

**upturned beam**: poutre *f* renversée

**UPVC** → **unplasticized polyvinyl chloride**

**upward**: de bas en haut
~ **filtration**: filtration *f* de bas en haut
~ **pressure** GB: sous-pression *f* (du sol sur fondations)
~ **reaction of ground**: réaction *f* ascendante du sol

**urban**, ~ **fabric**: tissu *m* urbain
~ **planning** NA: urbanisme *m*
~ **renewal**: rénovation *f* urbaine
~ **sprawl**: extension *f* anarchique des villes

**urea-formaldehyde**: urée-formol f
  ~ **glue**: colle f urée-formol

**urinal**: urinoir m

U/S → **underside**

**usable**: utilisable
  ~ **floor area**: surfce f utile de plancher
  ~ **life**: temps m maximal d'utilisation

**use**: utilisation f
  ~ **of a building**: affectation f d'un bâtiment
  ~ **of property**: jouissance f
  ~ **value**: valeur f d'usage
  ~ **zoning**: zonage m par affectation

to **use**: utiliser, employer, mettre en œuvre

**useable** → **usable**

**useful**: utile
  ~ **heat**: (heat pump) puissance f thermique effective
  ~ **storage**: capacité f utile (d'un ouvrage hydraulique)

**user**: utilisateur m; (of utilities) usager m

**U-stirrup**: (concrete reinforcement) épingle f

**utile**: sipo m, utile m, assié m

**utilisation factor**: (el) facteur m d'utilisation

**utilities**: fluides m (eau, gaz, él, air comprimé), réseaux m

**utility**: service m [public]
  ~ **undertaker**: concessionnaire m de service public

**V-** → **Vee**

**vacant**: inoccupé
  ~ **possession**: jouissance *f* immédiate

**vacuum**: vide *m*, dépression *f*
  ~ **asphalt**: bitume *m* sous vide
  ~ **breaker**: antivide *m*, casse-vide *m*
  ~ **breaker valve**: clapet *m* casse-vide
  ~ **cleaner**: aspirateur *m* (de nettoyage)
  ~ **collector**: collecteur *m* sous vide
  ~ **concrete**: béton *m* [essoré] sous vide
  ~ **filter**: filtre *m* à vide
  ~ **pump**: pompe *f* à vide
  ~ **tube**: tube *m* sous vide

**valley**: (geography) vallée *f*; (in roof) noue *f*; (of corrugation) fond *m* d'onde; **valleys**: (painting) vallonnement *m*
  ~ **board**: fonçure *f* de noue, planche *f* de noue
  ~ **flashing**: noue *f* métallique
  ~ **jack**: empanon *m* de noue
  ~ **rafter**: noue, chevron *m* de noue, arêtier *m* de noue
  ~ **tile**: noue *f*

**value**: valeur *f*
  ~ **for money**: rapport *m* qualité/prix

**valve**: soupape *f*, clapet *m*, robinet *m*, vanne *m*
  ~ **bag**: sac *m* à valve de remplissage
  ~ **box**: bouche *f* à clé
  ~ **chamber**: tabernacle *m*
  ~ **key**: clé *f* à béquille
  ~ **pit**: tabernacle *m*
  ~ **seat**: siège *m* de soupape, siège de clapet

**valving**: robinetterie *f*

**vane**: pale *f*, aube *f*, girouette *f*; **vanes**: aubage *m*
  ~ **flowmeter**: compteur *m* à moulinet

**vaned outlet**: bouche *f* à ailettes

**vanishing line**: (perspective) ligne *f* fuyante

**vapor** NA, **vapour** GB: vapeur *f*
  ~ **barrier**: pare-vapeur *m*
  ~ **heating**: chauffage *m* à vapeur à basse pression
  ~ **lock**: bouchon *m* de vapeur

**variance allowed**: dérogation *f*

**variation**: modification *f*
  ~ **order**: ordre *m* de modification

**varnish**: vernis *m*
  ~ **stain**: vernis-teinte *m*

**varved clay**: argile *f* feuilletée

**vase**: corbeille *f* (de chapiteau corinthien)

**VAT** → **vinyl asbestos tile**

**vault**: voûte *f*

**vaulted**: en voûte, voûté

**vaulting**: voûtes *f*

**VC** → **vitrified clay**

**Vee**: Vé, V
  ~ **belt**: courroie *f* trapézoïdale
  ~ **brick**: (for cavity wall) brique *f* à rupture de joint, brique creuse à perforations verticales
  ~ **channel**: anglet *m*
  ~ **cut**: taille *f* en anglet
  ~ **gutter**: gouttière *f* en V, gouttière de section triangulaire
  ~ **joint**: (mas) joint *m* en anglet; (on face of matchboards) grain *m* d'orge
  ~**-shaped joint**: (mas) joint *m* en anglet
  ~ **tongue and groove**: bouvetage *m* triangulaire
  ~ **tool**: grain-d'orge *m*
  ~**-tooled joint**: (mas) joint *m* en anglet
  ~ **thread**: filet *m* triangulaire

**vegetable**: végétal
  ~ **blanket**: tapis *m* végétal
  ~ **glue**: colle *f* végétale
  ~ **oil**: huile *f* végétale
  ~ **soil**: sol *m* vivant, terre *f* végétale

**vegetation cover**: couvert *m* végétal, couverture *f* végétale

**vehicle**: (traffic) véhicule *m*; (for site work) engin *m*; (a medium) véhicule

**vein**: veine *f*

**velocity**: (of a fluid) vitesse *f* d'écoulement

**velvet pile carpet**: moquette *f* (à velours coupé ou bouclé)

**vending machine** GB: distributeur *m* automatique

**veneer**: bois *m* de placage, feuille *f* de placage; (mas) placage *m*
~ **bolt**: bille *f* de placage
~ **brick**: brique *f* de placage
~ **peeler**: dérouleuse *f*

to **veneer**: plaquer

**veneering**: plaquage *m*

**Venetian**, ~ **blind**: store *m* vénitien
~ **window**: serlienne *f*, baie *f* palladienne

**vent**: évent *m*, reniflard *m*; (plbg) ventilation *f*
~ **cap**: chapeau *m* de ventilation
~ **gases**: gaz *m* brûlés, gaz évacués, gaz rejetés dans l'atmosphère
~ **hole**: trou *m* d'évent
~ **pipe**: tuyau *m* d'aération (d'un égout, d'une canalisation)
~ **sash**: vasistas *m*
~ **stack**: colonne *f* de ventilation secondaire
~ **valve**: purgeur *m*

to **vent**: mettre à l'air libre; purger (air); ventiler

**vented hood**: hotte *f* à évacuation

to **ventilate**: (a room) ventiler

**ventilating tile**: tuile *f* châtière, châtière *f*

**ventilation**: ventilation *f*; (of a space) aération *f*
~ **duct**: gaine *f* de ventilation
~ **rate**: taux *m* de renouvellement d'air
~ **space**: vide *m* sanitaire

**ventilator**: aérateur *m*

**venting**: purge *f*, évacuation *f* des gaz; (plmbg) ventilation *f*
~ **of combustion products**: évacuation des produits de la combustion

**ventlight**: vasistas *m*

**verandah**: véranda *f*

**verdigris**: vert-de-gris *m*

**verge**: (of road) accotement *m*; (of roof) rive *f* latérale, saillie *f* de rive
~ **tile**: tuile *f* de rive

**vergeboard**: bordure *f* de pignon, planche *f* de rive

**vermiculated**: vermiculé

**vermiculite**: vermiculite *f*
~ **plaster**: plâtre *m* de vermiculite

**vertical**: montant *m* (de treillis); *adj* : vertical
~ **blind**: store *m* à lames verticales
~ **bond**: appareil *m* en damier
~ **double-hung sash**: fenêtre *f* à guillotine
~ **excavation**: fouille *f* en puits
~ **-grained wood**: bois *m* maillé
~ **-lift bridge**: pont *m* levant
~ **sand drain**: pieu *m* drainant, pieu de sable
~ **sash**: fenêtre *f* à guillotine
~ **shingling**: bardage *m*, essentage *m* (en bardeaux)
~ **slider**, ~ **sliding window**: fenêtre *f* à guillotine (à mécanisme à rochet ou à friction)
~ **uphand welding**: soudage *m* en position verticale montante
~ **velocity curve**: profil *m* vertical des vitesses (dans canalisation)
~ **wall collector**: (solar energy) collecteur *m* mural, collecteur sur façade

**vertically perforated brick**: brique *f* creuse à perforations verticales

**very hard stone**: pierre *f* froide

**vessel**: récipient *m*

**vestibule**: vestibule *m*; (of revolving door) tambour *m*

**vestpocket park** NA: square *m*

**vestry**: sacristie *f*

**vibrated concrete**: béton *m* vibré

**vibrating**: vibrant
~ **and finishing machine**: vibrofinisseur *m*, vibrofinisseuse *f*
~ **beam**: poutre *f* vibrante
~ **float**: taloche *f* vibrante

~ **needle**: aiguille *f* vibrante
~ **pile driver**: vibrofonceur *m*
~ **plate [compactor]**: plaque *f* vibrante
~ **poker**: aiguille *f* vibrante
~ **probe**: vibrolance *f*
~ **rammer**: vibropilonneuse *f*
~ **roller**: rouleau *m* vibrant
~ **screed board**, ~ **screeder**: règle *f* vibrante
~ **screen**: crible *m* vibrant
~ **table**: table *f* à secousses, table vibrante

**vibration**: vibration *f*
~ **isolator**: isolateur *m* antivibratile
~ **mount**: isolateur *m* antivibratile
~**-mounted**: désolidarisé
~ **plate**: patin *m* vibrant
~ **table**: table *f* vibrante

**vibrator**: vibrateur *m*

**vibratory roller**: rouleau *m* vibrant

**vibrocompaction**: compactage *m* par vibroflottation

**vicarage**: presbytère *m*

**vice**: étau *m*
~ **stair**: escalier *m* à vis, vis *f*

**video surveillance**: surveillance *f* vidéo

**Vierendeel girder**: poutre-échelle *f*

**view**: vue *f*

**village hall**: salle *f* des fêtes

**vinyl**: vinyle *m*; *adj* : vinylique
~ **asbestos**: (floor tiles) vinyl-amiante *m*
~**-asbestos tile**: dalle *f* vinyl-amiante
~ **coating**: enduction *f* vinylique
~ **floor covering**, ~ **flooring**: revêtement *m* de sol vinyl, sol *m* vinyl

**vis viva**: force *f* vive

**visbreaking**: viscoréduction *f*

**viscosity**: viscosité *f*

**viscous flow**: écoulement *m* visqueux, écoulement laminaire

**vise**: escalier *m* à vis

**visible**: visible
~ **defect**: vice *m* apparent
~ **face**: face *f* vue
~ **horizon**: horizon *m* visible

**vision**, ~ **light**: regard *m* vitré (dans porte), oculus *m*
~ **light door**: porte *f* à oculus
~ **panel**: oculus *m*
~**-proof glass**: verre *m* non transparent

**visual**, ~ **examination**: examen *m* à l'œil nu, examen visuel
~ **inspection**: contrôle *m* visuel, contrôle d'aspect

**vitreous**: vitreux; vitrifié

**vitrified clay**: grès-cérame *m*; (glazed ware) grès *m* vernissé, grès vitrifié

**void**: vide *m* (porosité)
~ **content**: (of concrete) teneur *f* en vides
~ **porosity ratio**: taux *m* de porosité, indice *m* des pores
~**s ratio**: indice *m* des vides, teneur *f* en vides

**voltage**: tension *f*
~ **drop**: chute *f* de tension
~ **surge**: surtension *f* transitoire
~ **transformer**: transformateur *m* de tension

**volume**: volume *m*
~ **batching**: dosage *m* volumétrique

**volumeter**: compteur *m* volumétrique

**volumetric**, ~ **coefficient**: coefficient *m* volumétrique (d'un granulat)
~ **feeder**: doseur *m* volumétrique
~ **meter**: compteur *m* volumétrique

**volute**: volute *f*; (of Ionic capital) hélice *f*, volute *f*
~ **pump**: pompe *f* à colimaçon

**vortex**: tourbillon *m*
~ **shedding**: (wind energy) formation *f* des tourbillons
~ **system**: système *m* tourbillonnaire

**voucher**: pièce *f* justificative

**voussoir**: (with curved intrados and extrados) voussoir *m*; (with straight extrados and/or intrados) claveau *m*

**VP** → **vent pipe**

**VS** → **vent stack**

**vulcanization**: (caoutchouc) vulcanisation *f*

**vulcanized fibre**: fibre *f* vulcanisée

**vyce**, **vys**: escalier *m* à vis

# W

**waffle slab**: dalle f caissonnée

**wainscot**: lambris m d'appui
~ **cap**: cimaise f (de lambris)

**wainscoting**: boiseries f

**waist**: (of concrete stairs) paillasse f

**waiting room**: salle f d'attente

**waiver**: dérogation f

**wale, waler, waling**: (excavations) longrine f

**walk**: allée f
~**-up**: appartement m ou bureau m dans un immeuble sans ascenseur

**walking line**: ligne f de foulée

**walkway**: (a catwalk) passerelle f, (between buildings) galerie f

**wall**: mur m; (of pipe) paroi f; **walls**: (high, defensive) muraille f (souvent au pluriel); (of a town) remparts m
~ **angle**: (plastering) cueillie f verticale
~ **arch**: arc m formeret, formeret m
~ **base**: soubassement m de mur
~ **beam**: poutre-cloison f
~ **block**: rosace f (d'interrupteur)
~ **bracket**: console f murale, applique f murale
~ **cabinet**: placard m mural
~ **covering**: revêtement m mural intérieur; (wallpaper or fabric) tenture f
~ **effect**: effet m de paroi
~ **face**: nu m (d'un mur)
~ **fitting**: applique f (d'éclairage)
~ **form**: banche f
~ **forming**: banchage m
~ **hanger**: étrier m de solive encastrée, étrier mural
~**-hung closet** NA: cuvette f suspendue
~ **hung washbasin**: lavabo m mural, lavabo suspendu
~**-hung w.c. pan** GB: cuvette f suspendue
~ **lamp**: lampe f en applique, applique f (d'éclairage)
~ **line**: alignement m d'un mur
~**-mounted**: mural
~ **niche tomb**: enfeu m
~ **outlet**: prise f de courant murale
~ **paint**: peinture f murale
~ **piece**: (shoring) applique f, montant m
~ **plane**: nu m (d'un mur)
~ **plate**: (for roof framing) poutre f sablière, sablière f; (for floor, on corbels) lambourde f de plancher, linçoir m; (built into wall) filière f (de plancher); (shoring) applique f, montant m; (for wall fitting) rosace f
~ **plug**: tampon m (de maçonnerie)
~ **pocket**: réservation f (dans un mur)
~ **rib**: arc m formeret, nervure f de formeret
~ **shuttering**: banchage m
~ **socket** GB: prise f de courant murale
~ **string[er]**: faux limon m
~ **stud**: poteau m mural
~ **tie**: ancre f de mur; (of cavity wall) agrafe f
~**-to-wall carpet**: tapis m en pose tendue, tapis mur à mur
~ **unit**: (in kitchen) élément m haut; (a.c.) climatiseur m en allège
~ **urinal**: urinoir m à cuvette
~ **with cracks**: mur m lézardé

to **wall**, ~ **in**: emmurer
~ **up**: murer (une ouverture)

**wallboard**: panneau m mural, panneau de revêtement

**walling**: maçonnerie f

**wallpaper**: papier m peint

to **wallpaper**: poser du papier peint, tapisser (une pièce)

**walnut**, ~ **tree**, ~ **wood**: noyer m

**wane**: flache f (sur planche équarrie)

**waney edge**: bord m flacheux

**War memorial**: monument *m* aux Morts

**ward**: (of lock) garde *f*, garniture *f*

**warehouse**: entrepôt *m*, magasin *m*
~ **set**: (of cement) éventement *m*

**warehouseman**: magasinier *m*

**warm**: chaud
~ **air discharge**: ventilation *f* haute
~ **air furnace**: générateur *m* d'air chaud
~ **air heating**: chauffage *m* à air chaud
~ **air outlet**: bouche *f* de chaleur
~ **air register**: bouche *f* d'air chaud
~ **roof**: toiture *f* chaude

to **warp**: [se] gauchir, se gondoler, se voiler

**warping**: gauchissement *m*, gondolement *m*, voilement *m*

**warranty**: garantie *f*
~ **period**: délai *m* de garantie, période *f* de garantie

**Warren truss**: poutre *f* Warren, poutre à treillis en V

**wash**: lavage *m*; (of soil) érosion *f*; (colour wash) badigeon *m*; NA: (of window) glacis *m* (formant jet d'eau)
~ **bit**: trépan *m* à orifices d'évacuation de l'eau
~ **boring**: forage *m* à injection d'eau
~ **bowl**: cuvette *f* de lavabo
~ **point penetrometer**: pénétromètre *m* à pointe de curage
~ **primer**: peinture *f* primaire réactive

**washbasin**: lavabo *m*
~ **pedestal**: colonne *f* de lavabo

**washdown closet**: cuvette *f* à chasse directe

**washed**, ~ **concrete**: béton *m* lavé
~ **plaster**: enduit *m* lavé

**washer**: rondelle *f*

**wash-out hydrant**: bouche *f* de lavage

**washroom**: cabinet *m* de toilette, salle *f* d'eau; NA: (public) toilettes *f*

**washtub**: bac *m* à linge

**waste**: débris *m*; (after sawing, cutting) chutes *f*, pertes *f*; (of cut-and-fill) matériau *m* excavé, matériaux en excès; NA: (demolition rubble) gravats *m*, gravois *m*; (from household) ordures *f*, eaux *f* ménagères; (of sink, of washbasin) trou *m* d'écoulement, écoulement *m*, vidage *m*
~ **aggregate concrete**: béton *m* de rebuts
~ **disposal**: évacuation *f* des déchets
~ **disposal unit** GB: broyeur *m* d'évier
~ **gas[es]**: gaz *m* brûlés, produits *m* de combustion, gaz perdus, gaz d'échappement
~ **ground**: terrain *m* vague
~ **heat**: chaleur *f* perdue, chaleur dissipée, perte *f* de chaleur, rejets *m* thermiques
~ **heat boiler**: chaudière *f* de récupération
~ **mould**: moule *m* perdu
~ **oil**: huile *f* usée
~ **outgo**: orifice *m* d'écoulement (d'un appareil sanitaire)
~ **outlet**: bonde *f*
~ **pipe**: tuyau *m* de vidange, tuyau d'évacuation
~ **plug**: bouchon *m* (d'évier, de lavabo)
~ **stack**: tuyau *m* de descente d'eaux ménagères, descente *f* d'eaux ménagères
~ **trap**: siphon *m* de vidange
~ **vent**: ventilation *f* primaire

**wastewater**: eaux *f* usées, eaux *f* d'égout
~ **disposal**: rejet *m* des eaux usées
~ **outfall**: exutoire *m* (d'égout)
~ **treatment**: épuration *f* de l'eau usée
~ **treatment plant**: installation *f* d'épuration *f*

**wasting**: (stone cutting) dégrossissage *m*

**watchman**: gardien *m*

**watchtower**: tour *f* de guet

**watchturret**: échauguette *f* (sur mur)

**water**: eau *f*
~ **and irrigation engineering**: hydraulique *f*
~ **back**: bouilleur *m* (de foyer ouvert)
~ **bar**: jet *m* d'eau, rejéteau *m*, bande *f* d'arrêt d'eau, arrêt *m* d'eau
~ **balance**: bilan *m* hydrologique
~ **-bearing rock**: roche *f* aquifère
~ **bowser**: tonne *f* à eau
~ **budget**: bilan *m* hydrologique
~ **cart**: arroseuse *f*
~ **/cement ratio**: rapport *m* d'eau à ciment

~ **check**: rainure *f* anticapillaire
~ **closet**: w.c. *m*
~ **cooling tower**: (a.c.) tour *f* de refroidissement d'eau
~ **curtain**: rideau *m* d'eau
~ **distributing pipe**: tuyau *m* de distribution d'eau (dans bâtiment)
~ **drops**: (glass) larmes *f*
~ **ejector**: hydro-éjecteur *m*
~ **engineering**: hydraulique *f*
~ **factor**: dosage *m* en eau
~ **gain**: reprise *f* d'eau, reprise d'humidité
~ **gauge**: colonne *f* d'eau
~ **glass**: verre *m* soluble
~ **hammer**: bélier *m*, coup *m* de bélier
~ **hammer arrester**: antibélier *m*
~ **hardness measurement**: hydrotimétrie *f*
~ **heater**: chauffe-eau *m*
~ **holding**: rétention *f* d'eau
~ **hose**: lance *f* d'arrosage
~ **infiltration**: (into excavation) venue *f* d'eau
~ **intake**: prise *f* d'eau (d'ouvrage hydraulique)
~ **jacket**: chemise *f* d'eau
~-**jet driving**: (of piles) lançage *m*
~ **leaf**: feuille *f* d'eau
~ **level**: niveau *m* d'eau; (levelling) niveau caoutchouc
~ **level gauge**: indicateur *m* de niveau d'eau, limnimètre *m*
~ **level recorder**: limnigraphe *m*
~ **main**: canalisation *f* principale
~ **main system**: réseau *m* de distribution d'eau
~ **meter**: compteur *m* d'eau
~ **mill**: moulin *m* à eau
~ **of hydration**: eau d'hydratation
~ **paint**: peinture *f* à l'eau
~ **pollution control**: dépollution *f* de l'eau
~ **power**: énergie *f* hydro-électrique, hydro-eléctricité *f*
~ **quality standard**: norme *f* de qualité de l'eau
~-**reducing agent**: réducteur *m* d'eau
~-**reducing plasticizer**: plastifiant *m* réducteur d'eau
~ **repellent**: agent *m* hydrofuge, hydrofuge *m*, imperméabilisant *m*
~ **resources engineering**: génie *m* de l'hydro-économie
~-**retaining agent**: réteneur *m* d'eau
~-**retaining plasticizer**: plastifiant *m* réteneur d'eau
~ **right**: droit *m* d'usage de l'eau
~ **seal**: (on trap) garde *f* d'eau
~ **softener**: adoucisseur *m* d'eau
~ **stain**: teinture *f* à l'eau; (defect) tache *f* d'eau

~ **stop**: étanchéité *f* (entre parois d'un mur)
~ **supply**: distribution *f* d'eau; (piped) adduction *f*
~ **supply pipe**: tuyau *m* d'amenée d'eau
~ **supply pump**: pompe *f* d'adduction d'eau
~ **supply system**: réseau *m* d'adduction d'eau
~ **table**: nappe *f* phréatique
~ **tap**: robinet *m* (d'appareil sanitaire)
~ **test**: essai *m* hydraulique (d'un tuyau)
~-**thinned paint**: peinture *f* diluée à l'eau
~ **tower**: château *m* d'eau
~ **trap**: pot *m* de purge
~ **treatment**: épuration *f* de l'eau
~ **tube boiler**: chaudière *f* aquatubulaire
~ **turbine**: turbine *f* hydraulique
~ **year**: année *f* hydrologique

to **water**: arroser (des plantes)

**waterbearing sand**: sable *m* aquifère

**waterbound macadam**: macadam *m* à l'eau

**watering**: arrosage *m*
~ **hydrant**: poteau *m* d'arrosage

**waterlogged ground**: terrain *m* gorgé d'eau, terrain imbibé d'eau, terrain détrempé, terrain saturé

**waterproof**: imperméable, hydrofuge
~ **blanket**: revêtement *m* étanche
~ **layer**: masque *m* étanche (sous plancher de rez-de-chaussée)
~ **paint**: peinture *f* hydrofuge
~ **sheet**: bâche *f* (de protection)

**waterproofing**: imperméabilisation *f*, hydrofugation *f*, imperméabilisation *f*
~ **additive**: additif *m* hydrofuge
~ **asphalt**: asphalte *m* d'étanchéité
~ **compound**: produit *m* d'étanchéité
~ **finish**: enduit *m* d'imperméabilisation
~ **of soil**: étanchement *m* du sol

**watershed**: ligne *f* de partage des eaux; NA: bassin *m* hydrographique, bassin *m* versant

**watertight**: étanche à l'eau

**waterway**: (of tile) rigole *f* d'écoulement

**wave**: onde f (son, force)
- ~ **mouldings**: flots m grecs

**wavy grain**: (of wood) fibre f ondulée

**way**: voie f (de robinet)
- ~ **in**: entrée f (pour personnes)

**WBT** → **wet bulb temperature**

**w.-c.**: w.-c. m
- ~ **bowl**: cuvette f de w.c.
- ~ **cistern**: réservoir m de chasse
- ~ **flush**: chasse f de w.c.
- ~ **pan**: cuvette f de w.c.
- ~ **seat**: abattant m simple

**WD** → **wood**

to **weaken**: affaiblir

**weakened cement**: ciment m amaigri

**wear**: usure f

**wearing, ~ course**: (of road) couche f de roulement
- ~ **plate**: plaque f de frottement
- ~ **surface**: couche f d'usure

**weather**: temps m, intempéries f; (of shingles) revêtement m; (roofing) pureau m
- ~ **bar**: jet m d'eau, rejéteau m
- ~ **boarding**: bardage m (en planches), clins m
- ~ **check**: (throat) larmier m; goutte f d'eau (sous face de couronnement de cheminée)
- ~ **cock**: girouette f
- ~ **coefficient**: coefficient m de rigueur climatique
- ~ **door**: contre-porte f
- ~ **fillet**: (of cement, mortar or plaster) solin m, ruellée f
- ~ **forecast**: prédictions f météorologiques
- ~ **map**: carte f météorologique
- ~ **moulding**: (stone) larmier m; (of door, of window) jet m d'eau, rejéteau m
- ~ **shingling**: bardage m (en bardeaux), essentage m (en bardeaux)
- ~ **slating**: revêtement m de mur en ardoises, bardage m (en ardoise), essentage m (en ardoise)
- ~ **strip**: calfeutrage m
- ~ **struck joint**: joint m creux chanfreiné
- ~ **tiling**: revêtement m de mur en tuiles, essentage m (en tuiles)
- ~ **vane**: girouette f

to **weather**: (stone, brick) se patiner

**weatherability**: résistance f aux intempéries

**weathered**: patiné; (mas) à glacis
- ~ **glass**: verre m altéré, verre m impressionné
- ~ **joint**: joint m creux chanfreiné, joint en glacis

**weathering**: exposition f à l'atmosphère, tenue f aux intempéries; (mas) glacis m
- ~ **steel**: acier m patinable
- ~ **test**: essai m de vieillissement aux intempéries

**weathertight**: étanche aux intempéries

**web**: (of girder) âme f; (of hollow block) paroi f intérieure
- ~ **cleat**: équerre f
- ~ **members**: (of lattice girder) montants m et diagonales
- ~ **plate**: âme m pleine
- ~ **reinforcement**: armature f d'âme

**wedge**: coin m, cale f biaise
- ~ **coping**: chaperon m en glacis, chaperon à un versant

**wedging cone**: (prestressing) cône m mâle

**weed**: mauvaise herbe

**weephole**: (in wall) chantepleure f, barbacane f, exutoire m

**weighbridge**: bascule f

**weight**: poids m
- ~ **batcher**: doseur m pondéral
- ~ **batching**: dosage m pondéral
- ~ **box**: (of sash window) caisson m de contrepoids
- ~ **per unit area**: poids par unité de surface
- ~ **pocket**: (of sash window) caisson m de contrepoids
- ~ **space**: (of sash window) caisson m de contrepoids
- ~-**to-strength ratio**: rapport m résistance-poids
- **by ~**: en poids

**weighting**: (of factors) pondération f

**weir**: déversoir m

**weld**: soudure f (autogène)
  ~ **bead**: cordon m de soudure
  ~ **face**: endroit m de la soudure
  ~ **metal**: métal m d'apport
  ~ **reinforcement**: surépaisseur f (de soudure en congé)

**weldability**: soudabilité f

**welded**: soudé
  ~ **joint**: joint m soudé; (in copper or lead pipes) nœud m de soudure
  ~ **plate girder**: poutre f reconstituée soudée
  ~ **wire fabric**, ~ **wire mesh**: treillis m soudé

**welder**: soudeur m

**welding**: soudage m (autogène)
  ~ **position**: position f de soudage
  ~ **set**: poste m de soudage
  ~ **undercut**: caniveau m

**well**: puits m; (stairs) cage f d'escalier
  ~ **casing**: tubage m
  ~ **cribbing**: cuvelage m d'un puits
  ~ **foundation**: fondation f sur puits, fondations par puits
  ~ **hole of stairs**: jour m d'escalier
  ~ **point**: pointe f filtrante, puits m instantané

**welt**: agrafure f
  ~ **drip edge**: bord m à pince plate

**West door**: portail m (d'église)

**western framing**: charpente f à plate-forme, ossature f à plate-forme

**westing**: (surv) orientement m

**wet**: mouillé, humide; (process) à voie humide
  ~ **blasting**: sablage m humide
  ~ **bulb temperature**: température f du thermomètre mouillé
  ~ **bulb thermometer**: thermomètre m mouillé
  ~ **combustion**: (sewerage) combustion f en phase aqueuse
  ~ **connection**: (of water pipe) raccordement m sous pression
  ~ **ground**: terrain m détrempé
  ~ **meter**: compteur m humide
  ~ **oxidation**: oxydation f en milieu liquide
  ~ **paint**: peinture f fraîche; (warning sign) attention à la peinture
  ~~**pipe system**: réseau m d'incendie à eau sous pression, réseau armé

  ~ **riser**: colonne f en charge, colonne humide
  ~ **rot**: pourriture f humide
  ~ **shotcreting**: projection f de béton par voie humide
  ~ **strength**: résistance f à l'état mouillé
  ~ **well**: (of pumping station) bâche f d'aspiration, fosse f d'aspiration

to **wet**: mouiller
  ~ **the forms**: arroser les coffrages

**wettability**: mouillabilité f

**wetted perimeter**: périmètre m mouillé

**wetting**, ~ **agent**: agent m mouillant
  ~ **power**: mouillabilité f

**WG** → **water gauge**

**whaleback roof**: toit m bombé

**wharf**: quai m (d'un port), appontement m

**wheel**: roue f
  ~ **load**: charge f roulante
  ~ **loader**: chargeuse f sur pneus
  ~ **step**: marche f rayonnante

**wheelbarrow**: brouette f

**wheeled**: sur roues, à pneus (engin)

**wheeler, wheeling step**: marche f rayonnante

**whetstone**: pierre f à aiguiser, pierre à repasser

**whispering gallery**: galerie f acoustique

**white**: blanc
  ~ **coat**: (plastering) couche f de finition
  ~ **lead**: céruse f
  ~ **noise**: bruit m blanc
  ~ **rust**: rouille f blanche
  ~ **spirit**: white spirit

**whitewash**: badigeon m à la chaux, lait m de chaux

**whitewood**: bois m blanc

**whiting**: blanc m d'Espagne, blanc de Meudon

**whole**, ~ **brick wall**: mur m de 22cm
  ~~**house central heating**: chauffage m central d'immeuble
  ~ **timber**: bois m de brin

**WI** → **wrought iron**

**wicket**, ~ **door**, ~ **gate**: portillon *m*

**wide**: large
~-**angle floodlight**: projecteur *m* extensif
~ **joint**: joint *m* ouvert
~-**ringed**: (wood) à couches larges

to **widen**: élargir
~ **at the base**: (wall) avoir du pied

**widened**: élargi
~ **base**: empattement *m*
~ **bulb**: (of pile) patte *f* d'éléphant, bulbe *m* formant semelle

**width**: largeur *f*; (of stair) emmarchement *m*; (of roll of wall paper, of roofing felt) laize *f*, lé *m*

**winch**: treuil *m*

**wind**: vent *m*
~ **barrier**: pare-vent *m*
~-**blown sand**: sable *m* éolien
~ **bracing**: contreventement *m*
~-**driven generator**: générateur *m* éolien, aérogénérateur *m*
~ **energy**: énergie *f* éolienne
~ **farm**: ferme *f* éolienne
~ **field**: champ *m* des vitesses du vent
~ **gauge**: anémomètre *m*
~ **load**: surcharge *f* de vent
~ **machine**: éolienne *f*
~ **power**: énergie *f* éolienne
~ **power plant**: centrale *f* éolienne
~ **power unit**: génératrice *f* éolienne
~ **pressure**: pression *f* du vent
~ **shear**: cisaillement *m* du vent
~ **survey**: étude *f* du régime des vents
~ **turbine**: turbine *f* éolienne, éolienne *f*
~ **uplift**: soulèvement *m* par le vent

to **wind**: enrouler
~-**up tape measure**: roulette *f* à manivelle

**windage loss**: (of cooling tower) eau *f* perdue entraînée par la ventilation

**windbreak**: pare-vent *m*, brise-vent *m*

**winder**: marche *f* tournante, marche rayonnante

**winding**: enroulement *m*; (el) bobinage *m*
~ **stair**: escalier *m* en colimaçon, escalier à vis, escalier hélicoïdal, escalier en hélice, escalier tournant à jour, escalier à révolution

**windmill**: moulin *m* à vent; (driving a well pump) éolienne *f*
~ **[driven] pump**: pompe *f* éolienne

**window**: fenêtre *f*; (in bank, in post office) guichet *m*; **windows**: ensemble *m* des fenêtres, fenêtrage *m*
~ **air conditioner**: climatiseur *m* en allège
~ **arrangement**: fenêtrage *m*
~ **bar**: barreau *m* de fenêtre; (hinged) fléau *m*
~ **bars**: (glazing) petit bois; (security) barreaudage *m*
~ **bead**: latte *f* intérieure
~ **board**: rebord *m* de fenêtre
~ **box**: jardinière *f*
~ **frame**: bâti *m* dormant, dormant *m*
~ **glass**: verre *m* à vitres
~ **glazing bar**: petit bois
~ **head**: traverse *f* haute du dormant
~ **jack**: potence *f* (d'échafaudage)
~ **jack scaffold**: échafaudage *m* sur potence
~ **lead**: plomb *m* de vitrail
~ **opening**: embrasure *f*
~ **pane**: vitre *f*
~ **post**: (in stone) jambage *m*; (wooden frame) poteau *m* de fenêtre
~ **rail**: accoudoir *m*, appui *m* de fenêtre
~ **sash**: châssis *m* de fenêtre (surtout à guillotine)
~ **schedule**: liste *f* des fenêtres
~ **seat**: banquette *f* de fenêtre
~ **shade** NA: store *m*
~ **sill**: appui *m* de fenêtre
~ **stile**: montant *m* de rive (de fenêtre à guillotine)
~ **stop**: latte *f* intérieure
~ **unit**: bloc-fenêtre *m*; (a.c.) climatiseur *m* de fenêtre, climatiseur en allège

**windrow**: cordon *m* (formé par niveleuse)

**windrowing**: mise *f* en cordons

**windward**: au vent, contre le vent, du côté du vent
~ **side**: face *f* au vent

**wing**: aile *f* (d'un bâtiment)
~ **nut**: écrou *m* à ailettes, écrou à oreilles, écrou papillon
~ **screw**: vis *f* à ailettes
~ **wall**: mur *m* en aile, mur de culée

**winter**: hiver *m*
~ **garden**: jardin *m* d'hiver

**wiped joint**: nœud *m* de plomberie

**wire**: fil *m* de fer; (el) fil; (netting) grillage *m*
- ~ **brush**: brosse *f* métallique
- ~ **bundle**: (el) faisceau *m*
- ~ **clip**: (hung slating) crochet *m* d'ardoise
- ~ **cloth**: toile *f* métallique
- ~ **cutters**: pince *f* coupante
- ~ **drawing**: tréfilage *m*
- ~ **edge**: morfil *m*
- ~ **fencing**: grillage *m*, treillage *m*
- ~ **gauge**: calibre *m* pour fils
- ~ **gauze**: toile *f* métallique
- ~ **glass**: verre *m* armé
- ~ **insulating compound**: enrobage *m* de câbles
- ~ **mesh**: treillis *m* métallique
- ~ **mesh reinforcement**: armature *f* en treillis soudé
- ~ **nail**: pointe *f* de Paris
- ~ **netting**: grillage *m* en fil de fer, treillage *m*
- ~ **rope**: câble *m* métallique
- ~ **saw**: (stone cutting) scie *f* hélicoïdale
- ~ **strainer**, ~ **stetcher**: tendeur *m* de fil de fer
- ~ **tie**: attache *f*
- ~ **tightener**: tendeur *m* de fil de fer

**wirecut brick**: brique *f* filée

**wired**: câblé
- ~ **cast glass**: verre *m* de sécurité armé
- ~ **in**: raccordé
- ~ **safety glass**: verre *m* de sécurité armé

**wiring**: câblage *m*, filerie *f*; (of a building) installation *f* électrique
- ~ **diagram**: schéma *m* électrique
- ~ **regulation**: règlement *m* d'installation

**withe**: (of cavity wall) feuillet *m*; (of flue) languette *f*

to **withstand**: (a pressure, a temperature) supporter

**wobble**, ~ **saw**: scie *f* circulaire oscillante
- ~ **wheel roller**: compacteur *m* à pneus isostatique

**wood**: bois *m*
- ~ **base**: (of switch) embase *f* en bois, rosace *f*
- ~-**based**: dérivé du bois
- ~ **block**: (of switch) rosace *f*
- ~ **block floor**: parquet *m* mosaïque
- ~ **borer**, ~ **boring insect**: insecte *m* xylophage
- ~-**burning stove**: poêle *m* à bois
- ~ **cement concrete**: fibragglo *m* (marque commerciale)
- ~ **finishings**: menuiserie *f*
- ~ **floor[ing]**: parquet *m*, plancher *m* en bois
- ~ **flour**: farine *f* de bois
- ~ **frame**: (of wall) pan *m* de bois
- ~ **glue**: colle *f* à bois
- ~ **grounds**: (for mirror) parquet *m* de glace
- ~ **gutter lined with metal**: chéneau *m* à encaissement
- ~ **lathing**: bacula *m*
- ~ **meal**: farine *f* de bois
- ~ **panelling**: boiseries *f*, lambris *m*
- ~ **preservation**: préservation *f* du bois
- ~ **preservative**: lasure *f*
- ~ **products**: produits *m* ligneux
- ~ **rays**: rayons *m* ligneux
- ~ **screw**: vis *f* à bois
- ~ **siding**: parement *m* en bois
- ~ **stain**: teinture *f* pour bois
- ~ **tar**: goudron *m* de bois
- ~ **wool**: laine *f* de bois

**wooden**, ~ **brick**: brique *f* de bois
- ~ **gallery**: (of castle) hourd *m*
- ~ **pole**: perche *f*

**woodwork**: menuiserie *f*

**wooly-grained wood**: bois *m* pelucheux

**work**: travail *m*, ouvrage *m*; **works**: ouvrages *m*, travaux *m*; (a factory) usine *f*
- ~ **hardening**: écrouissage *m*
- ~ **in progress**: travaux *m* en cours
- ~ **injury**: accident *m* du travail
- ~ **order**: commande *f* de travaux; ordre *m* de service
- ~ **platform**: plate-forme *f* de travail
- ~ **schedule**: calendrier *m* des travaux
- ~ **section**: (of specifications) lot *m* d'après travaux
- ~ **site**: chantier *m*
- ~ **station**: poste *m* de travail
- ~ **surface**: plan *m* de travail
- ~ **stoppage**: interruption *f* du travail
- ~ **top**: plan *m* de travail, table *f* de travail

to **work**: travailler
- ~ **loose**: prendre du jeu

**workabilitiy**: (of soft concrete) maniabilité *f*, ouvrabilité *f*; (of hardened concrete) façonnabilité *f*

**worker**: ouvrier *m*; **workers**: main-d'œuvre *f*

**workhouse**: hospice *m* pour indigents (Angleterre, surtout au 19e siècle)

**working**: travail *m*, exploitation *f*; (shaping of wood or metal) façonnage *m*; (movement of wood) travail *m*
~ **conditions**: conditions *f* d'exploitation, conditions de service
~ **day**: jour *m* ouvrable
~ **drawing**: dessin *m* d'exécution, plan *m* d'exécution
~ **hours**: heures *f* de travail
~ **life**: temps *m* maximal d'utilisation
~ **load**: charge *f* d'exploitation, charge de service
~ **order**: état *m* de marche
~ **tank**: réservoir *m* de charge
~ **voltage** NA: tension *f* en circuit fermé

**workmanlike, in a ~ manner**: selon les règles de l'art

**workmanship**: qualité *f* de l'exécution, facture *f*

**workshop**: atelier *m*

**worm gear**: vis *f* sans fin

**wormeaten**: piqué des vers, rongé des vers, vermoulu

**wormhole**: vermoulure *f*

**worn**: usé
~ **out**: hors d'usage

**worst conditions**: hypothèse *f* la plus défavorable

**wound**: enroulé, bobiné

**woven**: tissé
~ **valley**: noue *f* entrecroisée

**WP** → **waterproof, weatherproof**

**wracking**: déformation *f* diagonale, déformation en parallélogramme

**wraparound astragal**: battement *m*, couvre-joint *m* (de croisée)

**wreath**: arc *m* de rampant (d'escalier)
~ **piece**: retour *m* de limon courbé

**wreathed**: ~ **column**: colonne *f* à cannelures torses
~ **stair**: escalier *m* à limon courbe
~ **string**: limon *m* débillardé

**wreckage value**: valeur *f* après démolition

**wrecking** NA: démolition *f*
~ **bar** NA: pied-de-biche *m*

**wrench** NA: clé *f* (outil)

**wrinkle**: ride *f*; **wrinkles**: ridage *m*
~ **finish**: fini *m* ridé, fini vermiculé

**wrinkling**: ridage *m* (peinture)

**wrong side**: envers *m*

**wrought**: (timber) corroyé
~ **iron**: fer *m* forgé
~ **ironwork**: ferronnerie *f*

**WT** → **weight, watertight**

**wye, ~ branch, ~ fitting**: culotte *f*

**wythe** → **withe**

**X**, ~-**brace**: croisillon *m*
  ~-**plate**: ancre *f* en forme de X

**Y** → **wye**

**yard** GB: cour *f*, NA jardin *m*; (for storage) parc *m* de stockage
  ~ **trap**: siphon *m* de cour

**yardage charges**: frais *m* de dépôt

**yield**: (production) rendement *m*, débit *m*; (under load) fléchissement *m*, affaissement *m*
  ~ **point**: limite *f* élastique
  ~ **stress**: limite *f* apparente d'élasticité, limite conventionnelle d'élasticité à 2%

to **yield**: céder, fléchir, s'affaisser

**yoke**: traverse *f* d'huisserie

**YP** → **yield point**

**Z, zed** GB, **zee** NA: Z
~ **bar**: zed *m*
~ **purlin**: panne *f* Z

**zero**, ~ **energy house**: maison *f* à énergie nulle
~ **mark**: point *m* zéro

**zigzag**: zigzag *m*
~ **bond**: appareil *m* en épi
~ **fold**: pli *m* en chevron
~ **riveting**: rivets *m* en quinconce

**zinc**: zinc *m*
~ **flexible metal roofing**: zinguerie *f*
~ **oxide**: blanc *m* de zinc
~-**plated iron**: tôle *f* électrozinguée
~ **plating**: zingage *m*
~ **white**: blanc *m* de zinc

**zone**: zone *f*
~ **of semicontinuous soil moisture**: zone *f* funiculaire

**zoning**: zonage *m*
~ **map**: plan *m* de zonage